建筑的发展
与设计方法

JIANZHU DE FAZHAN YU SHEJI FANGFA

主　编　毕　芳　朱兵司　刘柯岐
副主编　金　浩　王瑾瑜　林　铿　贺生云

内 容 提 要

本书分为建筑的发展和建筑的设计方法上下两篇内容。建筑的发展篇中首先对建筑的基本知识进行了简要阐述，接着以时间为线索对不同时期的建筑发展进行了详细阐述；建筑的设计方法篇中首先对建筑设计的基本知识进行了简要阐述，接着对建筑的不同设计方法进行了详细阐述。总体来说，本书叙述详细、理论明确、结构清晰，从多个角度对我国建筑进行了分析与研究，相信本书的出版能够为弘扬中国建筑文化作出一定的贡献。

图书在版编目(CIP)数据

建筑的发展与设计方法/毕芳，朱兵司，刘柯岐主编.—北京：中国水利水电出版社，2014.11（2022.10重印）

ISBN 978-7-5170-2666-2

Ⅰ.①建… Ⅱ.①毕…②朱…③刘… Ⅲ.①建筑史—中国 Ⅳ.①TU－092

中国版本图书馆 CIP 数据核字(2014)第 257323 号

策划编辑：杨庆川 责任编辑：杨元泓 封面设计：崔 蕾

书 名	建筑的发展与设计方法
作 者	主 编 毕 芳 朱兵司 刘柯岐 副主编 金 浩 王瑾瑜 林 铓 贺生云
出版发行	中国水利水电出版社 (北京市海淀区玉渊潭南路 1 号 D 座 100038) 网址：www.waterpub.com.cn E-mail：mchannel@263.net(万水) sales@mwr.gov.cn 电话：(010)68545888(营销中心)、82562819（万水）
经 售	北京科水图书销售有限公司 电话：(010)63202643、68545874 全国各地新华书店和相关出版物销售网点
排 版	北京鑫海胜蓝数码科技有限公司
印 刷	三河市人民印务有限公司
规 格	184mm×260mm 16 开本 27.25 印张 697 千字
版 次	2015年6月第1版 2022年10月第2次印刷
印 数	3001-4001册
定 价	92.00 元

凡购买我社图书，如有缺页、倒页、脱页的，本社发行部负责调换

前言

作为一种人为创造的艺术形式，建筑的产生与发展和社会的生产方式、思想意识、民族的文化传统及其风俗习惯息息相关，同时它又为地理、气候等自然条件所制约。自从有人类以来，为了满足生产、生活的需要，建筑从构木为巢、掘土为穴的原始操作开始，到今天能制造摩天大厦、万米长桥，经历了漫长的发展历程。

作为四大文明古国之一，中国建筑的发展源远流长，它曾与古代埃及建筑、古代西亚建筑、古代印度建筑一起傲视东方，创造了引人瞩目的伟大成就。中国古代建筑自成体系、著称于世，它以独特的建筑技术和风格以及蕴含中国传统文化思想的艺术表象，成为中华民族悠久历史的见证和东方建筑文化的代表。进入近现代以后，受各种因素的影响，中国建筑虽然曾一度停滞，但却很快恢复迅猛的发展势头，因而逃脱了被历史摒弃的命运，并以其独具特色的建筑结构和建筑外观，与后起的伊斯兰建筑和欧洲建筑并称为世界三大建筑体系。因此，要想深入了解中国建筑的文化与内涵，首先必须了解中国建筑的发展历程。只有在一定的时代背景下，去深入了解中国建筑在当时的特色，才能使我们更深刻地把握中国建筑的文化脉络和精神。

纵观中国建筑的发展史，可以发现建筑的发展与人类文明密切相关，而其中起关键作用的除了人类的生产力之外，还包括人类对各种建筑的巧妙设计。这些巧妙的设计是在人类生产力不断提高的基础上产生的。生产力的提高，使得人类的社会生活水平和剩余生产资料也得到相应的提高，人类开始有精力去改善自己的居住环境与生活环境，开始在建筑中花费更多的精力去做一些巧妙的设计，这些巧妙的设计一方面能够使建筑更好地为人类提供各种居住性保证，另一方面也为建筑赋予了深刻的艺术内涵，使其脱离物质材料本身成为一种艺术形式。因此可以说，设计是建筑的灵魂，而各种设计方法便是凸显这些建筑灵魂的有效通道。建筑的设计方法是蕴含在建筑的发展历程中的一种精华，是十分值得我们学习和了解的。基于此项目的，我们编写了《建筑的发展与设计方法》一书。

本书分上下两篇，上篇是建筑的发展，先总述了建筑的相关内容，包括建筑的内涵、建筑与人、建筑与社会、建筑与自然。之后按照时间顺序，详细阐述了先秦时期的建筑、秦汉魏晋南北朝时期的建筑、唐宋时期的建筑、元明清时期的建筑、近现代时期的建筑。下篇是建筑的设计方法，先概述了与建筑设计有关的内容，包括建筑设计的内涵、建筑设计的内容与依据。之后分别详述了建筑平面的设计方法、建筑空间构成与组合的设计方法、建筑造型与场地的设计方法、几种常见的建筑设计方法、不同类型建筑的设计方法。本书以中国建筑的发展与各种建筑设计方法的介绍为线索，结合中国社会发展的时代背景，提纲挈领、删繁就简，试图构建时代变迁大潮中中国建筑图景。

本书的主编由河南工业大学毕芳、朱兵司，西南科技大学刘柯岐担任；副主编由吉林建筑大学金浩，河南城建学院王瑾瑜，吉林建筑大学林铓，宁夏大学贺生云担任。全书由毕芳、朱兵司、刘柯岐统稿。具体分工如下。

第九章,第十一章:毕芳;

第一章,第六章,第十章:朱兵司;

第四章,第五章第一节、第二节,第七章:刘柯岐;

第二章,第八章:金浩;

第三章:王瑾瑜;

第十二章第三节、第五节:林铠;

第五章第三节,第十二章第一节、第二节、第四节:贺生云。

本书在编写的过程中参阅了大量有关中国建筑和建筑设计方面的著作,同时也引用了许多专家和学者的研究成果,在此表示诚挚的谢意!由于时间仓促,编者水平有限,错误和不当之处在所难免,恳请广大读者在使用中多提宝贵意见,以便本书日后的修改与完善。

编　者

2014 年 7 月

目录

上篇 建筑的发展

下篇 建筑的设计方法

上篇　建筑的发展

第一章　建筑概述

建筑与人们的日常生活密切相关，它是科学技术与艺术的统一，既具有使用价值，又体现着艺术思想。与音乐、绘画、雕塑等其他艺术相比，建筑需要消耗大量的人力、物力和财力，即受材料、技术和经济条件的制约要比其他艺术严重得多。作为一种人为环境，建筑的产生与发展受到了社会的生产方式、思想意识、民族的文化传统及风俗习惯等诸多因素的影响，与人、社会和自然有着十分紧密的联系。

第一节　建筑的内涵

一、建筑的定义

建筑是建筑物与构筑物的统称。建筑物指供人们在其中生产、生活或从事其活动的房屋或场所，如住宅、医院、学校、体育馆和影剧院等；构筑物则是指人们不能直接在其内生产、生活的建筑，如水塔、烟囱、桥梁、堤坝和囤仓等。无论是建筑物还是构筑物，都是为了满足一定功能，运用一定物质材料和技术手段，依据科学规律和美学原则而建造的相对稳定的人造空间。它既要满足人们生产、生活的物质需要，又要满足人们审美的精神追求。

二、建筑的基本要素

建筑从根本上看是由三个基本要素构成的，即建筑功能、建筑技术和建筑形象，这三个要素一般被统称为"建筑三要素"。

（一）建筑功能

建筑功能是人们对建筑的具体使用要求，体现的是建筑的实用性。当人们说某个建筑适用或不适用时，一般是指它能够满足某种功能要求。换句话来说，作为合格的建筑，必须要具备能够满足人们需要的功能，如生产性建筑应满足不同的生产要求；学校建筑以满足教学活动要求为目的；住宅建筑应满足人们的居住要求；园林建筑供人游览、休息和观赏；纪念碑可以满足人们的精神生活要求等。不同的功能要求产生了不同的建筑类型，不同的建筑类型又会具有不同的建筑特点，因此，可以说，建筑功能是决定各种建筑物性质、类型和特点的主要因素。

需要指出的是，人们对建筑功能的要求不是一成不变的，随着社会生产力的发展，人类的生产、生活和社会等活动不断改革和发展，人们会对建筑功能产生更高的要求。

（二）建筑技术

建筑技术是建造房屋的手段，是建筑发展的重要因素。它包括建筑材料、建筑结构、建筑施工和建筑设备等方面的内容。建筑材料是构成建筑的物质基础；建筑结构通过一定的技术手段，运用建筑材料构成的建筑骨架，形成了建筑物空间的实体；建筑施工是实现建筑的生产过程和方法；建筑设备是保证建筑达到某种要求的技术条件。

需要指出的是，建筑水平的提高，离不开建筑技术的发展，而建筑技术的发展又与社会生产力水平和科学技术的进步密切相关。以高层建筑在西方世界的发展为例，19 世纪中叶以后，金属框架和蒸汽动力升降机的出现，高层建筑设备的完善，新材料的出现，新结构体系的产生，为促进高层建筑的广泛发展奠定了良好的物质基础。

（三）建筑形象

建筑形象是指建筑的艺术形象，是建筑内外观的具体表现，它是建筑功能、建筑技术、自然条件和社会文化等诸多因素的综合艺术体现，包括建筑群体和单体的体形、内部外部的空间组合、立面构图、细部处理、材料色彩和质感以及光影和装饰的处理等，用以反映建筑物的性质、时代风采、民族风格和地方特色等。建筑形象可以给人某种精神享受和艺术感染力，满足人们精神方面的要求，如宏伟庄严、朴素亲切、生动活泼等。恰当的建筑形象处理，还能表现出某个时代的生产力水平、文化生活水平、社会精神面貌、文化传统、民族特点和地方特征等。

需要注意的是，建筑功能、建筑技术和建筑形象三要素是辩证统一的，它们相互制约、互不可分，在一个优秀的建筑作品中，这三者应该是和谐统一的。在这三个基本构成要素中，建筑功能常常是主导的，对建筑技术和建筑形象起决定作用；物质技术条件是实现建筑的手段，因而建筑功能和建筑形象在一定程度上受到它的制约；建筑形象也不完全是被动的，在同样的条件下，根据同样的功能和艺术要求，使用同样的建筑材料和结构，也可创造出不同的建筑形象，达到不同的美学要求。

三、建筑的基本属性

建筑主要有以下几个基本属性。

（一）时空性

建筑的时空性主要表现在建筑的时间性和空间性两个方面。

1. 建筑的时间性

建筑的时间性主要表现在以下几方面。

（1）建筑的存在具有时间性

建筑都会随着时间的流逝而破损、倒塌、消失，或者随着历史的变迁而更迭。尽管有些建筑非常“长寿”，似乎是“永恒”的，如古埃及的金字塔、古希腊的神庙等，它们都已经存在数千年了，但是，今天的这些古建筑，在形象上已经与刚建成的时候不尽相同的，换句话说，它们事实上已经被刻上了时间的印记。比如那些古希腊神庙，很多都已经倒塌了，剩下的那几座也已相当残破了。又如古代的两河流域，即今之伊拉克一带，这里曾经有古巴比伦王国，并且还曾经有古代七大奇迹之一的“空中花园”，但现在都已经消失不见了。

(2)建筑的使用功能具有时间性

随着时间的推移，建筑的使用功能会发生变化。例如，建成于537年伊斯坦布尔的圣索菲亚大教堂，在当时是一座东正教堂。后来，东罗马帝国被奥斯曼帝国所灭，这座教堂变成了伊斯兰教的清真寺。第二次世界大战以后，该教堂又变成为了博物馆。又如北京的故宫，过去是明、清两朝的皇宫，现在则成了博物馆。再如上海南京西路上的美术馆，最早是外国人开设的跑马总会，后来改为上海市图书馆，如今又变成了美术馆。这种随着时间的变化而改变使用功能的建筑，在建筑历史上不胜枚举。

(3)建筑的审美具有时间性

人们对于建筑的审美观点会随着时间的变化而发生改变。有些建筑(指形式)，当初曾轰动一时，但过了三年五载，人们就对它不怎么感兴趣了。例如20世纪50年代，为配合新中国成立10周年，在北京建造了10座重要的建筑，称“十大建筑”，曾轰动一时，但如今当我们去看这些建筑时，已经无法感受到当年的激动了。又如佛塔的形式，古代对它的审美基本上是从宗教出发的，但今天我们欣赏佛塔，就转化为从它的形式美出发了。

2. 建筑的空间性

建筑是空间的存在，是实体和空间的统一性，我们所用的建筑物，用的虽然是它的空的部分，实的部分只是它的外壳，但如果没有这个“实”的外壳，“空”的部分也就不复存在了。例如，用墙或其他的实物材料把所需的空间围合起来，就构成了房间，又如用屋顶、楼板或其他材料的实体置于所需空间之上(当然须用支撑物将它固定住)，其下部就形成了建筑空间。

(二)工程技术性

建筑的工程技术性包括建筑结构与材料、建筑物理、建筑构造、建筑设备、建筑施工和经济等。随着人类社会的不断进步，关于建筑的工程技术也在不断地提高。原始人最开始寻找的是天然洞穴，但是后来就开始对洞穴进行改造，再后来就是按照自己的需求来进行建造。我国陕西西安的半坡村发掘出了原始社会的遗址，据考古分析，这些建筑就是原始人利用自然材料(土、木、石等)，按自己的生活活动的需要而构筑成的。斜坡的屋顶既不会倒塌，又可以排雨水，屋顶上开有小口，可以排气和烟，也可以采光，但雨水却进不来(在侧面开口)，室内地面的中间略凹，据研究，这里是个火坑，可以取暖和烧烤食物；出入口做门，可以开闭，这样就有利于使用，既方便出入，又能防敌、兽的侵袭。伴随着科学技术的发展，建筑的材料、技术等都在不断地提高，从而使得建筑的工程技术性在沿着更高的方向发展着。

(三)历史性

不同历史时期的建筑形态也有较大的差异。例如中国住宅的建筑形式。19 世纪至 20 世纪,中国主要出现了三种住宅类型,如图 1-1 所示,从中我们可以看出中国住宅的变迁情况。又如中国的斗栱,唐代斗栱比较硕大、粗犷,到了宋代就比较小巧了,而到了明清时,变得更加小巧精致了。再如门窗的形态。古罗马建筑的门窗是圃拱形的,中世纪建筑的门窗则多为尖拱形的,即哥特式,后来,文艺复兴时期建筑的门窗虽也是圆拱形,但它与古罗马的又有所不同,形态更为丰富,内涵也更多,到了近现代,门窗更是发生了明显的变化(图 1-2)。虽然它们的形式各不相同,但仔细看来,却是有关联的,这种关联是连续变化的,又是"螺旋形"发展的。从古罗马的半圆拱到尖拱,又回到半圆拱,这一循环就表示了一个大的历史时期(即西方古代)的终结,然后进入到一个新的历史时期,即近现代。

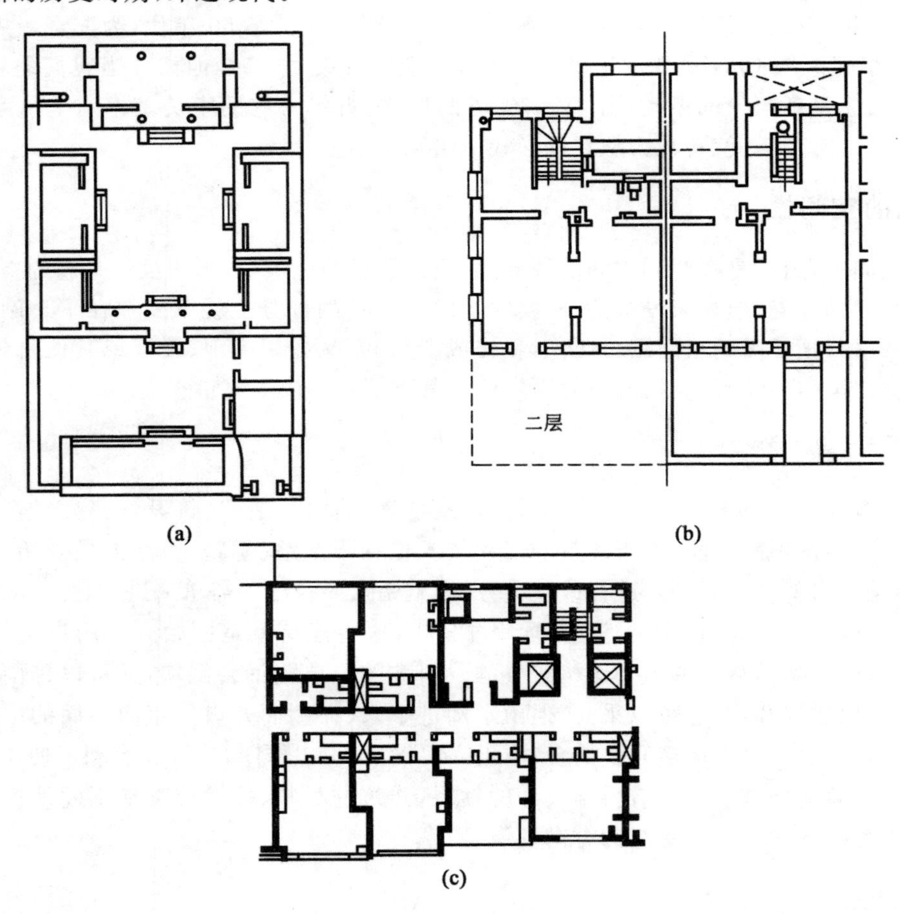

图 1-1　中国住宅的变迁

(a)古代的四合院住宅;(b)近代大城市的里弄住宅;(c)现代公寓式住宅

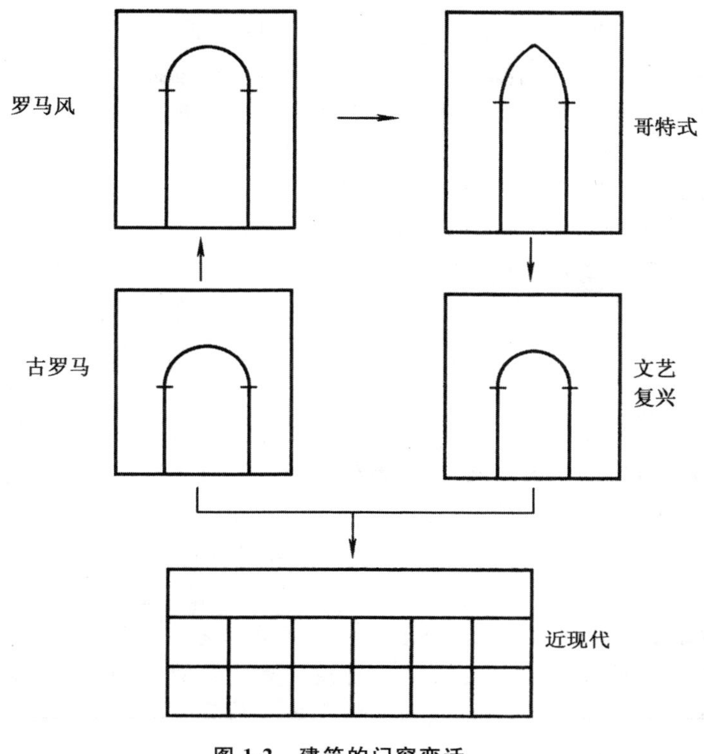

图 1-2　建筑的门窗变迁

(四)时代性

时代引起了社会的进步,从而导致生产力的迅猛发展以及生产方式的巨大变革,其中,科学技术是这个变革中最能动的部分。从建筑的发展来看,建筑与时代的关系是密不可分的。现代建筑与古代建筑有明显的区别。一般来说,现代建筑更能反映出时代特征,这种特征就形式的变化来说,其节奏是相当快的。例如从建筑流派上来说,仅从 19 世纪 80 年代到 20 世纪 30 年代,就有芝加哥学派、维也纳分离派、工艺美术运动、新建筑运动、表现主义、风格派、未来派、现代主义等,正如当时的一位建筑师所说,一种风格还来不及理解就已经过时了!从 19 世纪末到 20 世纪末这一百年,建筑的时代性之明显,可想而知。

(五)民族性

不同的民族有不同的建筑形式,因此建筑具有民族性。民族的前身是部落或氏族,是一个社会集合,在这个社会集合中,有自己的政治、经济结构,有自己的生产能力,也有自己的宗教、伦理体系,还有自己的文化艺术和民俗风情等。建筑作为一种空间形态,满足着诸民族各自的活动要求,同时它作为一种形象,表现着诸民族不同特点。综合来说,建筑的民族性主要体现在建筑的伦理特征和宗教特征上。

1. 建筑的伦理特征

很多的建筑都会体现出当时的伦理系统。在中国,这种伦理性体现地更为明显。例如,在中国的封建社会时期，建筑物的高度代表着封建的等级制度。在元明清时期，北京从没有很高的建筑物，这是因为故宫的太和殿代表着“至高无上”，平民的房屋不能高过它。又如建筑上的色彩，《礼记》中记载：“楹，天子丹，诸侯黝，大夫苍，士黈。”意思是说，建筑中的柱子颜色是分等级的，不同的颜色代表屋主人的不同的身份。皇帝用的房子，其柱子用红色；诸侯用的房子，其柱子用黑色；大夫（一般的官职）用的房子，其柱子用蓝色；士的等级最低，其柱子用土黄色（在殷周时期，士是最低级的贵族阶层）。建筑物的形态也会体现出一定的伦理性，如北京传统民居，胡同里面的那些四合院式的建筑，外面封闭，内向开窗，一个院子，满足了传统家族组织的生活活动需求（包括物质的和精神的各种活动），这种家族制，从社会形态上说是一个“细胞”，整个国家由许多这种“细胞”有机地组合而成，而“国”在结构上又是“家”的放大。北京故宫的建筑布局事实上就是放大了的四合院。

2. 建筑的宗教特征

不同的民族有着不同的宗教信仰，这导致他们的建筑也具有一定的宗教特征，特别是在宗教建筑上，很多的建筑细节都表现着它所代表着的宗教教义。例如西方天主教哥特式教堂建筑、东正教的圆尖顶式建筑以及伊斯兰教建筑、佛教建筑等，都与其教义有关。需要注意的是，即使是同一种宗教，在不同的民族文化的影响下，其宗教建筑也会显示出一些不同来。例如我国的楼阁式佛塔（图 1-3）与印度塔（图 1-4），就存在着明显的不同。这是因为，佛教从印度传到中国，经过东汉和魏晋南北朝的吸收和消化，改变了许多印度佛教的原型，合于国情，加入了许多世俗的、与传统礼教相协调的内容，因此也改变了佛教建筑形象。与印度佛教建筑给人以遁世之感相比，我国的佛教建筑多了些民间情态。

图 1-3　我国的楼阁式佛塔

图 1-4　印度塔

(六)地域性

建筑的地域性是指不同地区,由于气候、地理等条件的不同,建筑材料的不同以及当地民族风情的不同,从而使得建筑形式也不相同。从整体上来看,建筑的地域性之所以会存在是由客观和主观两个方面的原因造成的。

1. 建筑地域性的客观原因

建筑地域性的客观原因主要涉及气候、地貌、自然资源和生态等因素。

(1)气候

不同的气候会影响人们对建筑物的实用性要求,从而影响建筑形态。在我国的东北、西北和华北地区,由于气候比较寒冷,因此建筑都比较厚重(图 1-5),而在我国的南方诸地,由于气候温和湿润,因此建筑多轻巧而开敞(图 1-6)。在雨雪稀少的地方,建筑物的屋顶会做得比较平缓,如我国甘肃、陕西及东北的一些地方,建筑的屋顶就做得比较平,被称为屯顶,而在雨雪比较多的地方,如欧洲北部,屋顶都做得比较尖,这样就不容易积攒雨雪。

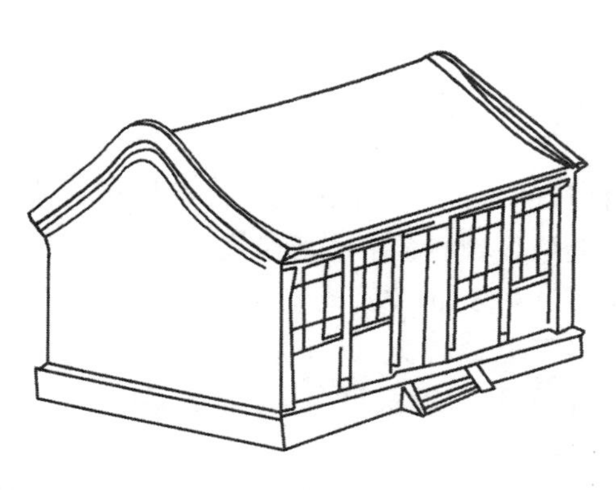

图 1-5　北方建筑的典型样式

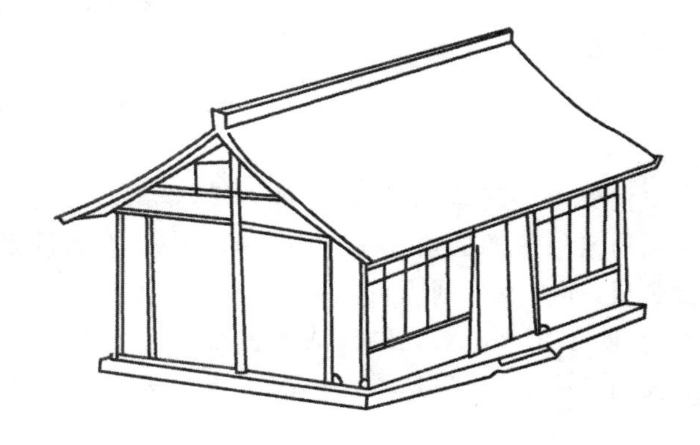

图 1-6　南方建筑的典型样式

(2)地貌

地貌是指地面的形态,如地形的高低、土质的软硬、地面面积的大小等。地貌差异也会对建筑形式产生较大的影响。在我国,浙江、皖南、江西诸地,往往利用地形的高低,创造出形式多样的建筑。人们凭着自己的聪明才智，对高低不平的地形巧妙地进行处理，不但争得了更多的空间，而且造型别致，图 1-7 就是这种建筑的一个剖面图，上面是房间，下面是街道。

图 1-7　依山而建的建筑剖面图

在我国的江南，即苏、浙两省，太湖流域和钱塘江两岸，由于水把地分割成一小块一小块的，因此多通过桥梁建筑来进行连接。当地的建筑形式也多是前门为路，后门外面是河，水陆并行(图 1-8)，富有情趣。

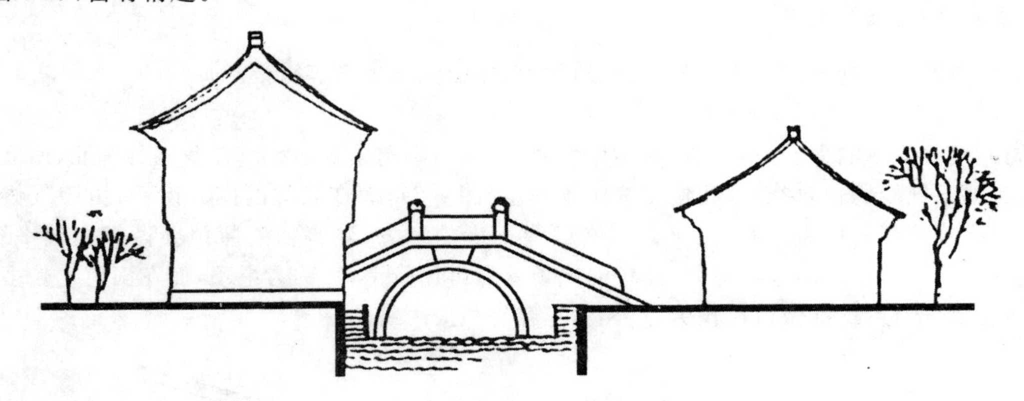

图 1-8　依水而建的建筑剖面图

(3)自然资源

世界上的建筑，其形式各种各样，丰富多彩，其中，材料的不同也是原因之一，而材料的使用与当地自然资源的情况是分不开的，例如，在古埃及，无论是著名的金字塔还是太阳神庙，都用石材筑成，而古罗马则因可供建筑用的大型石材比较少，火山灰多，所以，他们凭借自己的聪明才智，发明了用火山灰黏结而成的整石，同时，由于这些材料不能做得太大，不能做成梁，所以他们又发明了拱券形式，这不仅解决了建筑材料的问题，而且也使建筑形式更多样，也更美。

(4)生态

生态是指生物体的生存条件和生活习性，同时也指许多生物共存于这个区域中，相互之间的“相生、相克”的关系。对人来说，生活在一个环境之中，该环境存在的各种生物体或多或少的都会对人产生影响，如何能够因地制宜，克服对有人害，达到对人有利的目的是建筑需要解决的问题之一。在我国，广西、贵州、云南的很多地方的民居建筑形式为“干阑”式，即把建筑物架起来，用木或竹做梁、柱，上铺楼面板，上面住人，其下部空间用于一般的杂物堆放，或关牲口，或者什么也不用，让它空着。这样，既避免了蛇、虫来犯，又能防止潮气侵入室内。可以说，这些地方的建筑的形式正是由当地的生态决定的。

2. 建筑地域性的主观原因

人们聚合起来，形成自己的社会形态、文化艺术和风俗习惯等，这些都会形成建筑的地方性差异，但是在某些情况下，人们会根据自己的主观意愿对建筑进行改造。例如，我国清代皇帝对江南的风土人情和建筑形态都十分钦羡，因此，康熙、乾隆皇帝在数次南巡中见到江南建筑绚美无比，遂命工匠在北方陆续建造起许多仿江南的建筑和园林，如北京颐和园的昆明湖对杭州的西湖进行了模仿，其中的万寿山后面的沿河一带，即模仿了当时江南水乡的市井形态建成了苏州街。又如颐和园东部的谐趣园模仿了无锡的寄畅园。需要指出的是，这种模仿建成的建筑与被模仿的建筑之间还是存在差别的，如颐和园昆明湖上的西堤六桥，其堤和桥的形态本想模仿杭州西湖的苏堤六桥，但这两者的形式和风格却很不相同：西湖六桥形态自然，颐和园的六座桥富有皇家气。这种不同，一方面是由于地域的差异（一南一北），另一方面是人文的差异（一个重民间，一个重宫廷）。再如承德的避暑山庄，其中许多景观都追求江南的自然形态，就连取名也都带有江南文化气质，如"烟波致爽""云山胜地""月色江声""金莲映日"等。其中有座楼名叫烟雨楼，更是试图模仿浙江嘉兴的南湖烟雨楼，但两者建筑风格的差异却很大，有着明显的不同。

（七）艺术性

建筑的艺术性多指建筑形式，或建筑造型。一般来说，建筑要遵循变化与同一、均衡与稳定、比例与尺度、节奏与韵律、虚实与层次等原则，正是在这些原则的指引下，建筑才有了艺术性。世界上很多的著名建筑都体现出了其艺术性，给人们带来了美感。例如巴黎圣母院的正立面，美在整体和各部分之间的比例恰当；北京天坛祈年殿，美在它外轮廓的完整性；悉尼歌剧院，美在它的形态组合之美；华盛顿国家美术馆东馆美在其形体的切割、组合与对位。又例如苏州的拙政园中的远香堂、倚玉轩、玉兰堂、留听阁、倒影楼、听雨轩、玲珑馆、海棠春坞、绣绮亭、绿漪亭、见山楼等，虽然形式各异，但风格统一，体现出了变化与统一的建筑艺术法则。

四、建筑的分类与等级

（一）建筑的分类

根据不同的标准，建筑可以分为不同的类别。

1. 按建筑的使用性质划分

按照建筑的使用性质的不同，可以将建筑分为民用建筑、工业建筑和农业建筑。

（1）民用建筑

民用建筑是指非生产性建筑，包括居住建筑和公共建筑。

①居住建筑。

居住建筑是指供人们集体和家庭生活起居用的建筑物，如住宅、宿舍和公寓等。

②公共建筑。

公共建筑是指供人们进行各种社会活动的建筑物，根据使用功能特点，其主要分类见表1-1。

表1-1 公共建筑的分类

类型	举例	类型	举例
商业建筑	商店、商场等	托幼建筑	托儿所、幼儿园等
行政办公建筑	写字楼、办公楼等	交通建筑	火车站、地铁站、航空港、水上客运站等
旅馆建筑	旅馆、宾馆等	展览建筑	展览馆、博物馆等
医疗建筑	门诊所、医院、疗养院	观演建筑	电影院、剧院、音乐厅、杂技场等
文教建筑	学校、图书馆	通信广播建筑	广播电视台、电信楼、邮电楼等
体育建筑	体育馆、体育场	纪念性建筑	纪念堂等
科研建筑	各种实验楼等	园林建筑	动物园、公园、植物园等

(2)工业建筑

工业建筑是指为工业生产服务的各类生产性建筑，如生产车间、辅助车间、动力车间和仓储建筑等。其形式包括单层工业厂房、多层工业厂房和单、多层混合的工业厂房。

(3)农业建筑

农业建筑是指供农业、牧业生产和加工服务的建筑，如农机修理站、温室、畜牧饲养场、粮仓、水产品养殖场等。

2. 按照建筑的规模划分

按照建筑规模的不同，可以将建筑划分为大量性建筑和大型性建筑(表1-2)。

表1-2 按照建筑的规模对建筑进行划分

类型	内涵	举例
大量性建筑	指单体建筑规模不大，但兴建数量多的建筑	住宅、学校、中小型办公楼、商店、医院等
大型性建筑	指单体建筑规模大、投资大、影响大的建筑	大型体育馆、博物馆、大型火车站、航空港等

3. 按照主要承重结构材料划分

按照主要承重结构材料的不同，可以将建筑分为砖木结构建筑、砖混结构建筑、钢筋混凝土结构建筑、钢结构建筑和其他结构建筑。

(1)砖木结构建筑

砖木结构建筑，指砖或石材砌筑墙体，木屋顶、木楼板的建筑。

(2)砖混结构建筑

砖混结构建筑，指砖(石材、砌块)砌筑墙体，钢筋混凝土楼板和屋顶的建筑。

(3)钢筋混凝土结构建筑

钢筋混凝土结构建筑，指钢筋混凝土柱、梁、板承重的建筑。

(4)钢结构建筑

钢结构建筑,指全部用钢柱、钢梁或屋架承重的建筑。

(5)其他结构建筑

其他结构建筑,指充气建筑、塑料建筑等。

4. 按照建筑物的层数或总高度分类

层数是建筑物的一项重要控制指标,但必须结合建筑物总高度综合考虑。对不同的建筑物一般可按以下标准分类。

(1)住宅建筑的分类

住宅建筑中,1～3 层为低层建筑,4～6 层为多层建筑,7～9 层为中高层建筑,10 层及以上为高层建筑。

(2)公共建筑及综合性建筑的分类

公共建筑及综合性建筑中,总高度不超过 24m 为多层建筑,总高度超过 24m 为高层建筑。

(3)超高层建筑的分类

当建筑总高度超过 100m 时,不论是住宅建筑或公共建筑均为超高层建筑。

(二)建筑的等级

建筑的等级一般包括耐久等级、耐火等级、防水等级和抗震等级等内容。

1. 建筑的耐久等级

建筑的耐久等级是根据建筑物的使用年限来进行划分的。影响建筑的使用年限的因素主要是建筑的结构体系和结构构件的选材。建筑的耐久等级是决定建筑投资、建筑设计和选用建筑材料的重要依据。

建筑的耐久等级的划分情况见表 1-3。

表 1-3　建筑的耐久等级

建筑等级	耐久年限	适用建筑物的性质
一	100 年以上	重要建筑与高层建筑
二	50～100 年	一般性建筑
三	25～50 年	次要建筑
四	15 年以下	临时性建筑

2. 建筑的耐火等级

建筑的耐火等级是由建筑构件的燃烧性能和耐火极限决定的。

建筑构件的燃烧性能指的是构件在空气中受到火烧或高温作用时的不同反应。按照建筑构件的燃烧性能的不同可以将构件分为燃烧体、非燃烧体和难燃烧体,具体见表 1-4。

表 1-4　构件的燃烧性能

类型	内涵	举例
燃烧体	在空气中受到火烧或高温作用时立即起火燃烧，离开火源后仍继续燃烧或微燃	未经处理的木材和普通胶合板等
非燃烧体	在空气中受到火烧或高温作用时不起火、不微燃和不碳化	金属、混凝土和砖石等
难燃烧体	在空气中受到火烧或高温作用时难燃烧、难碳化，离开火源后燃烧或微燃立即停止	石膏板和经防火处理的木材等

建筑构件的耐火极限是指建筑构件受到火的作用时起，到失去支持能力[①]或完全破坏[②]，或失去隔火能力[③]作用时为止的这段时间，用小时(h)表示。当建筑构件出现失去支持能力或完全破坏，或失去隔火能力作用时，就认为其达到了耐火极限。

建筑的耐火等级分为四级，部分建筑构件的燃烧性能和耐火极限，见表 1-5 所示。

表 1-5　部分建筑构件的燃烧性能和耐火等级

构件名称 \ 燃烧性能和耐火极限(h) \ 耐火等级		一级	二级	三级	四级
墙	防火墙	非燃烧体 4.00	非燃烧体 4.00	非燃烧体 4.00	非燃烧体 4.00
墙	承重墙、楼梯间、电梯井的墙	非燃烧体 3.00	非燃烧体 2.50	非燃烧体 2.50	难燃烧体 0.50
墙	非承重外墙、疏散走道两侧的隔墙	非燃烧体 1.00	非燃烧体 1.00	非燃烧体 0.50	难燃烧体 0.25
墙	房间隔墙	非燃烧体 0.75	非燃烧体 0.50	难燃烧体 0.50	难燃烧体 0.25
柱	支承多层的柱	非燃烧体 3.00	非燃烧体 2.50	非燃烧体 2.50	难燃烧体 0.50
柱	支承单层的柱	非燃烧体 2.50	非燃烧体 2.00	非燃烧体 2.00	燃烧体
梁		非燃烧体 2.00	非燃烧体 1.50	非燃烧体 1.00	难燃烧体 0.50
楼板		非燃烧体 1.50	非燃烧体 1.00	非燃烧体 0.50	难燃烧体 0.25
屋顶承重构件		非燃烧体 1.50	非燃烧体 0.50	燃烧体	燃烧体

① 失去支持能力是指建筑构件自身垮塌或解体，如楼板、梁等受弯承重构件，当挠曲速率发生突变就是失去支持力的象征。

② 完全破坏是指具有分隔作用的建筑构件如楼板、隔墙等，在试验中出现穿透裂缝或较大的孔隙。

③ 失去隔火能力是指具有分隔作用的建筑构件，在试验中背火面测点测得的不包括背火面起始温度的平均温升达140℃，或背火面测温点中任意一点的温度达到180℃，或不考虑起始温度的情况下背火面任一测点的温度达220℃。

续表

构件名称 \ 燃烧性能和耐火极限(h) \ 耐火等级	一级	二级	三级	四级
疏散楼梯	非燃烧体 1.50	非燃烧体 1.00	非燃烧体 1.00	燃烧体
吊顶(包括吊顶搁栅)	非燃烧体 0.25	难燃烧体 0.25	难燃烧体 0.15	燃烧体

3.建筑的防水等级

建筑物的防水等级主要是根据建筑物的性质、重要程度、使用功能要求、建筑结构特点和防水层耐用年限来确定。在划分防水等级时要综合考虑以下几种情况:(1)渗漏后会造成巨大损失,甚至人身伤亡;(2)渗漏后会造成重大的经济损失;(3)渗漏后会造成一般经济损失;(4)渗漏后会影响美观。

依据上述原则,建筑物的防水等级共分为四级。各级要求及适用范围如表1-6所示。

表1-6　防水等级的要求及适用范围

防水等级	防水要求	适用范围
一级	使用25年。不允许渗水,结构表面无湿渍。要三道或三道以上防水设防,宜选用合成高分子防水卷材、高聚物改性沥青防水卷材、金属板材、合成高分子防水涂料、细石防水混凝土等材料	人员长期停留的场所;因少量湿渍会使物品变质、失效的储物场所;严重影响设备正常运转和危及工程安全运营的部位;极重要的战备工程
二级	使用15年。不允许漏水,结构表面可有少量湿渍。要两道防水设防,宜选用高聚物改性沥青防水卷材、合成高分子防水卷材、金属板材、合成高分子防水涂料、高聚物改性沥青防水涂料、细石防水混凝土、平瓦、油毡瓦等材料	人员经常停留的场所;因少量湿渍不会使物品变质、失效的储物场所;基本不影响设备正常运转和工程安全运营的部位;重要的战备工程
三级	使用10年。可少量漏水点,不得有线流和漏泥沙。要一道防水设防,宜选用高聚物改性沥青防水卷材、合成高分子防水卷材、三毡四油沥青防水卷材、金属板材、高聚物改性沥青防水涂料、合成高分子防水涂料、细石防水混凝土、平瓦、油毡等材料	人员临时活动场所;一般战备工程
四级	使用5年。用于临时性的建筑。要一道防水设防,可选用二毡三油沥青防水卷材、高聚物改性沥青防水涂料等材料	对渗漏无严格要求的工程

屋面防水等级按《屋面工程质量验收规范》(GB 50207—2002)的规定分为Ⅰ、Ⅱ、Ⅲ、Ⅳ级,一般的工业与民用建筑,如普通住宅、办公楼、学校、旅馆等,合理使用年限一般为10年。

4. 建筑的抗震等级

抗震等级是设计部门依据国家有关规定，在进行建筑设计时按“建筑物重要性分类与设防标准”，并根据烈度、结构类型和房屋高度等条件而确定的，一般来说，甲类、乙类建筑的抗震设防烈度为6～8度时，应符合该地区抗震设防烈度提高一度的要求；当该地区的设防烈度为9度时，应符合比9度抗震设防更高的要求。丙类建筑震设防烈度除6度外，应允许按本地区抗震设防烈度降低一度的要求采取抗震构造措施，按建筑类别及场地调整后用于确定抗震等级烈度，按调整后的抗震等级烈度。

第二节　建筑与人

建筑与人的关系是不言而喻的，人的生存和发展离不开建筑及建筑活动，建筑如果离开人就会失去存在与发展的动力，因此建筑与人的关系在建筑实践活动中是基本的也是极为重要的。在本节内容中，我们主要从建筑为人所需、为人所造、为人所用和为人所鉴这四个角度来阐述建筑与人之间的关系。

一、建筑为人所需

（一）建筑是人类的基本需要之一

人类为了遮风避雨、防寒避暑、防御野兽、抵抗敌侵，就自觉地寻求避所。在原始社会，社会生产力落后，人类只好在地上挖一个洞穴，或者在树上架一个棚架，借此为生，很明显就是为了解决其最基本生存的需要。伴随着社会生产力的发展，人类进入现代工业社会后，各种类型的生产建筑也就应运而生了。随着人群的集聚、城镇的出现，社会活动场所随之不断扩大，公共交往逐步增多，社会生活方式也日益丰富多样，也就出现了多种多样的满足社会公共活动需求的各类公共建筑，如教堂、市场、影坛、剧院及各类宾馆……这些建筑需求的空间都是按照人的活动需要而构成的。

可以说，人的衣、食、住、行离不开建筑；人要生存、要生产也离不开建筑。建筑不仅要满足人的各种物质生活需要，同时也要满足人的精神生活的需要。例如，人在建筑中要有安全感，因此楼梯、露天天台、外廊、屋顶都要设置栏杆或女儿墙，并且要有一定的高度；人在室内活动都希望开敞、自在一点，而不喜欢阴暗或有闭塞感，因此窗子的开设不宜太高。此外，建筑空间的形状、大小、高低甚至建筑的材料和色彩的使用，也会受到人的影响，同时也会带给人关于亲切感、可居性、舒适性等不同的心理感受。

（二）建筑必须满足单个人与群体人的需要

建筑不仅要满足单个人的需求，而且也要满足群体中人与人之间的交往乃至社会整体的需要，换句话来说，就是也要满足群体人的需要。例如，在学校建筑中，教室不仅要满足单个学生的学习活动的需要，还要满足教师与学生、学生与学生之间相互交往的需要。教室的空间形状、大小、光线、桌椅布置等，都应该最大限度地满足这些需要。

（三）建筑必须满足人当前的需要、未来的需要和未来人的需要

建筑会随着时间的变化而变化，正如前文所述，建筑具有时间性，会随着时间的推移而产生变化，这种变化主要体现在两个方面，首先，建筑的存在是有时间性的，换句话来说，建筑是有一定寿命的，很多建筑会随着时间的推移而变得破旧；其次，建筑的使用会随着时间的流逝而发生变化，甚至出现功能上的改变。例如，北京的“798”街区原本是纺织厂，现在已经变成展览室、咖啡馆了。正是因为如此，建筑必须要考虑时间的因素，不仅要满足人当前的需要、未来的需要，也要满足未来人的需要。

二、建筑为人所造

（一）建筑是由人类用物质手段建造的

建筑必须是通过实际的物质材料（如石、木、砖、瓦、水泥、钢材、玻璃等）及相应的技术手段将其构筑起来，只有人类才能使用这些物质材料和技术手段，因此，建筑是由人类用物质手段建造的，其他的任何一种形式都不能和建筑相比。

（二）建筑会随着人类物质技术的发展而发展

随着社会的发展、生产力的提高，人们的物质和精神活动渐渐地增多起来，对建筑提出了越来越多、越来越高的要求，从而也促进和推动了建筑物质技术的发展。远古时期，由于物质技术的原因，建筑的室内空间只能小而简陋，后来由于技术进步，人们利用梁和柱来构筑房屋，才使得建筑有了突飞猛进的发展。自 19 世纪起，资本主义在产业革命后，科学技术和工业生产发展较快。从 1855 年贝式炼钢法（锅炉炼钢法）出现，到 1870 年代钢铁开始用在建筑工程上，建筑完全摆脱了传统材料、技术的束缚，从而在造型与空间上获得了极度自由。近代钢筋混凝土结构的出现及应用使穹顶的厚度大大地降低，薄壳穹顶由此受到人们极大关注，从而开辟了结构工程新领域。随着钢、铁、铝合金等轻质高强材料出现及应用，一种新的空间结构——网架结构产生了，其特点是空间刚度大，整体性能好，并且具有良好的抗震性能。此外，悬索结构、膜结构在 20 世纪中叶以后也开始被广泛应用，为创造大空间、大跨度提供了可靠的物质手段。这些都说明，建筑随着人类物质技术的发展而有了更大的发展空间，如果没有人类，没有人类的物质技术的进步，建筑的发展就无从谈起。

三、建筑为人所用

（一）建筑必须符合人提出的实用要求

人们建造建筑是为了要“用”它，“用”是建造的基本目的，因此，建筑必须符合人提出的实用要求。早在公元前 1 世纪古罗马的建筑理论家维特鲁威就在他所著的《建筑十书》中提出了建筑三要素，即适用、坚固、美观，把建筑的适用性放在了第一位。20 世纪美国芝加哥学派的代表性

人物建筑师路易斯·亨利·沙利文甚至提出了“形式服从功能”，把功能放在了绝对重要的地位。可见，不顾“适用”，不讲经济，只是玩弄形式的建筑是不可取的。

需要指出的是，只讲究实用而不注重建筑的艺术性也是不可取的。建筑要适用，也要好看，这是适用与美观的统一，是理性思维解决功能技术问题的科学性与情感思维及塑造形象的艺术性的统一，二者不能偏废。

（二）建筑必须体现出个性化和人性化

好的建筑必须要体现出个性化和人性化的特点，只有这样，建筑才能真正地为人所用。在工业社会中，人是“物化”的人，个性差异被忽视，导致缺乏个性和人性化的设计比比皆是，如偌大的商场布满了售货台，就没有顾客休息之处，甚至连卖鞋子的柜台区，也不设座位；许多公共建筑的地面乃至街道的人行道、广场的铺地都采用磨光的花岗石面或大理石面，没有考虑行人易滑倒的问题；部分公共建筑没有设残疾人通道，洗手间没有为残疾人和儿童设置专用便器等，这些都反映了建筑需要进一步加强自身的实用功能，要充分考虑人的各种需求，做到真正的人性化设计。

四、建筑为人所鉴

（一）建筑要体现人类的社会责任

建筑自始至终都反映着政治、社会、经济、文化等各方面的情况，因此，好的建筑必须要体现出人类的社会责任，要能够满足人们对功能的需求，同时也要能够引导人们去认识、理解建筑所包含的深层次内容。

（二）建筑要接受人类的评鉴

建筑物建成之后需要接受人类的评鉴，一般来说，建筑物会受到三大阵营的评论，即媒体、公众和行家，尤其是对那些在城市中有影响的建筑，来自各方面的议论会更多。由于人们的评鉴标准不同，因此，对于同一座建筑会产生不同的评鉴结果，对此，我们需要以包容的心态来看待人们对于建筑物的评鉴，不能以偏概全。

第三节　建筑与社会

社会是人类生活的共同体，包含有政治、经济、意识形态、人口、行为、心理等要素。建筑作为社会物质文明和精神文明的综合产物，塑造着社会生活的物质环境，同时也反映着社会生活、社会意识形态和时代精神的全部内在，因此，建筑与社会之间的关系也是极为密切的，这主要表现在建筑反映社会生活、社会意识形态和社会发展等方面。

一、建筑反映社会生活

（一）建筑源于社会生活

建筑的产生是社会生活需求的结果，并随着社会生活的不断变化而发生着变化。社会生产力逐步提高以后，人类生活的载体——城市得以出现。社会活动场所不断扩大，公共交往逐步增多，社会生活方式也日益丰富，这使得建筑类型大量涌现，如神庙、教堂、商业区街、剧院等，每一种建筑类型都是相应社会生活的“物化”形式，因此，可以说，建筑来源于社会生活。

（二）建筑反映民族特征

建筑与民族之间的关系密切，可以说，建筑能够反映出民族特征。例如藏族地区的碉楼、傣族的干阑式住房、新疆维吾尔族的“阿以旺”、蒙古的轻骨架毡包房与汉族的院落式住房在布局、空间组织、装饰色彩等方面呈现出明显不同的特征。从世界范围来看，中华民族传统建筑同印度、埃及、希腊、罗马以及拉美国家的传统建筑都存在着明显的特征差异，这不仅仅是自然环境状况差异的体现，更是民族性特征的外化。由此可以看出民族文化特征对建筑风格的影响是非常强烈的。

（三）建筑反映地域特征

不同的地域有着不同的建筑形式，如中原大地上封闭而华丽的合院建筑、江南通透清灵的水乡建筑、黄土高原上淳厚质朴的窑洞建筑，都充分体现出了各自地域中的自然特征和人情风俗。又如福建龙岩、上杭、永定一带别具一格的客家土楼，是历史上中原地区民众南迁（当地称之为客家），为防卫械斗侵袭而采取的一种住宅形式，长期沿袭，以圆形、方形为主，外墙坚实，内设完整的生活空间，建筑布局及形态都反映出客家传统的历史人文风貌。由此可以得知，建筑能反映地域特征。

二、建筑反映社会意识形态

社会意识形态包括政治、法律、道德、宗教、伦理等内容。建筑服务于一定的社会主体，与一定时期的社会意识思想相联系，因而不可避免地受到来自社会政治制度、宗教精神和伦理道德的制约，在内容及形式上反映出社会意识形态的种种历史和现实。具体来说，建筑对意识形态的反映主要体现在以下几方面。

（一）建筑体现社会统治阶层的意志

在各历史时期中，建筑一直是展示和突出统治阶层权力、地位和思想的有效凭借。在农业社会中，为君主专制服务的皇宫、皇陵、坛庙是人类最早趋向成熟的建筑类型，在城市布局中占据最为显赫的位置，在规模、形式、艺术性等方面更是体现出作为环境主体的形象特征，这些建筑形象可以说是这一时期统治阶层意志的物化形式。例如北京的故宫，从其极端严整的布局和空间、形体处理中，我们可以体会出中国农业社会王权的至高无上。

(二)建筑表现宗教思想

宗教是社会意识形态的另一种重要形式,对宗教精神的追求是人类社会中尤其是农业社会时期的社会生活主题之一,这一点也充分地体现在建筑发展的历程中。神庙、教堂、寺庙等宗教类建筑类型的演进构成了建筑发展史的重要内容。在欧洲中世纪时期,神权成为社会政治、经济、文化、思想的主宰,教堂建筑成为建筑历史舞台上的主角,对神权的表现也提升到极为崇高的程度。这一时期,教堂建筑遍布欧洲城市和乡村,不仅在布局上占据着主导地位,更以其突出的空间形象、巨大的体量规模强化着神权的统治性地位。

不同的宗教思想会形成了不同的建筑,例如西欧哥特式建筑体系和东欧拜占庭建筑体系,就是在两种不同的宗教思想下形成的。在哥特式教堂中,高耸向上的垂直感成为统治一切的力量,而东欧的拜占庭教堂则是以穹隆顶覆盖立方体空间为形式特征,若干穹隆结合在一起形成巨大的集中式建筑空间,在风格上与哥特教堂大异其趣。因此,可以说,建筑表现着宗教思想,通过建筑,我们也可以对其宗教思想进行了解。

(三)建筑体现道德礼制规范

在建筑发展过程中,长期传承的道德伦理规范对不同建筑类型的形式有深层的约定性,这种约定性在中国几千年来各类传统建筑形制的发展中体现得最为明显。在中国建筑中,道德伦理规范特别是礼制等级思想体现得尤为明显。《考工记》对传统的城市规划、建筑布局设计有着非常深远的影响。例如,“左祖右社,面朝后市,市朝一夫”的礼制规范是历代都城布局的楷模,“前朝后寝”则是各朝皇宫布局严格遵循的礼制规则。现存的明清北京城廓及故宫建筑群的布局都反映出了这种礼制模式。

(四)建筑体现社会价值观

价值观是人们对于某一事物经济性及社会作用的综合判断。它对建筑发展的影响是十分显著的。个人及单位业主的价值观是影响建筑设计的重要因素;建筑师的价值观会左右一幢建筑的形式特征;而一个民族长期秉承的价值观会对建筑风格体系的形成产生重大的影响。例如,在中国,汉文化中“崇高俭德”“不求原物长存”的传统价值观导致中国崇尚木构建筑,而西方古典建筑在实践中,耐久性长的砖石结构则成了他们的追求。

三、建筑反映社会发展

建筑是一本石刻的史书。建筑史上每一个重要的发展都同时代的进步、科技水平的提高、美学思想的延伸以及由此引起的时代精神的更新有着密切的关联。因此,建筑能够反映出社会的发展状况。例如,古希腊时期的建筑布局自由、舒展,以典雅、匀称、秀美见长,客观地反映着这一时期的社会精神所在。作为这个时期的代表性建筑作品——帕提农神庙、伊瑞克提翁神庙及雅典卫城建筑群就充分体现出了这个时期人们对神的崇拜,特别是帕提农神庙、伊瑞克提翁神庙这两座神庙,可以说是人与神性特征兼具的建筑。既有为神而造的封闭、幽暗的室内空间,又有为人而造的适中的尺度、明朗轻快的性格;多立克、爱奥尼柱式比例和谐拟人,女像柱廊雕饰精巧写实。这与其前古埃及的金字塔和神庙所表现出来的超人尺度和神秘压抑的氛围有着显著的差异。在欧洲中世纪时期，神性是社会的精神内核，宗教文化活动是社会生活的主旋律。与此相对应，教堂建筑成为最主要的建筑型制，以哥特式教堂为代表形成独特的建筑风格，垂直向上的动势成为统治一切的形象特征，体现了人们对宗教精神的崇尚和追求。到了文艺复兴时期，人们摆脱了宗教思想的桎梏，人性自由、人文主义精神得到颂扬，这使得这一时期的建筑复兴了古希腊、古罗马的古典柱式和古典规范，特别是在宗教建筑上，大型穹隆顶代替了哥特式的尖顶，给人以宏阔和开敞感，体现出了人类与上帝同在的自信，突出了文艺复兴时期人文主义的精神。到了17世纪，启蒙思想运动兴起，使科学与理性精神得到极大的弘扬，人的理性成为这一时期衡量一切和判断一切的尺度。古典主义柱式与构图被奉为建筑制作的金科玉律，纯粹的几何构图和数学关系被视为建筑的绝对规则，体现出理性主义的内涵特征。进入到工业社会以后，人们的生活方式、人文思想、美学观念发生了革命性的变化，在这样的背景之下，现代主义建筑应运而生，建筑的世俗性得到了进一步地体现，随着新技术、新材料、新思想的出现，建筑在形式、空间的组织上摆脱了传统模式的束缚，表现出了前所未有的自由与舒展。

第四节　建筑与自然

作为与人类俱生的社会活动，建筑与自然密不可分，建筑的实践过程，实际上是一个利用自然—改造自然—攫取自然—与自然和谐共生的历程。建筑是人与自然的中介，作为人类改良自然气候和塑造人工气候的技术手段，建筑通过作用于自然来满足人的各种要求，因此建筑与人的关系，实际上就是人与自然的关系。了解建筑与自然的关系，有益于建筑走向一条健康、可持续的发展道路。

一、建筑与自然关系的演变

人类刚刚在地球上诞生时，对大自然是恐惧的，整个自然界对人类来说充满着危险，人类只能等待着大自然的恩赐，对各种自然灾害几乎没有抵抗能力。随着人类的不断发展，其适应自然、利用自然的能力在不断地增强。在原始社会中，人类的生产技术、生产工具极为简陋，生产力水平低下，人类对周围自然环境及其规律缺乏了解，因此只能本能地“服从”于自然环境，形成原生的建筑。为了创造基本的生存、防卫空间，人们常常直接从自然界中获取物质资源、利用自然条件，石块、树枝、兽皮成为当时的建材。进入农业社会后，人类开始利用已经掌握的各种技术，对自然进行开发，并开始掠夺自然，大自然是一种可以制服并被用来为人类需要服务的对象。在人与自然的关系中，人类逐渐占有主动地位。进入工业社会以后，在短短的二百多年间，工业社会创造的财富已远远超过农业社会和原始社会。这时，西方哲学开始影响着科学方法论，也影响着人与自然的关系的进展。西方文化认为人应当成为自然界的主人，科学技术是改造自然的宏伟力量。人与自然的关系在这时期出现历史性逆转。在人与自然的力量比较中，人第一次在历史上占了上风，处于支配地位，这种人与自然关系的发展导致的后果是人对自然利用的过度化。例如，为了取得建筑、工业等的原料而滥伐木材；为了扩大城市、道路而侵占绿地；为了发展农业而毁坏森林、草原等，都对绿色植物的初级生产力造成了极大的损害。随着人们对自然认识的不断提高，人类也开始反思与自然的关系，并意识到必须把自然作为人的自然生存环境来加以恢复和保护，形成人与自然之间全面的、协调的发展，否则，人类将自掘坟墓。受这一观念的影响，在现在建筑领域，人们已经开始有了可持续发展意识，如在城市建设中，排污系统的建设不仅要考虑对本地环境的污染，而且要考虑对下游城市的取水系统的影响及整个区域环境的影响。

二、建筑与自然的相互作用

建筑与自然的相互作用主要表现在以下几方面。

(一)气候造就建筑

自然环境所涵盖的内容丰富，包括气候、地表、形态、水文、植被、动物群落等，在这些自然环境因素中，对建筑而言最重要的是气候，气候不仅造成了自然界本身的特殊性，如地表肌理、水文、植被等，而且还是地域文化特征及人类行为习惯特征的重要成因。从这个意义上来看，特定地区的气候条件是建筑形态最重要的决定因素，也可以说是气候造就了建筑。气候因素对一个地区的生产、生活方式的影响都会反映在建筑上，会使之在布局、形式、功能构成等方面有明显的地域特征。

(二)资源是建筑的物质基础

传统的建筑活动大多是以适应当地自然条件，利用当地建筑材料、资源为原则，由此环境资源状况成为形成地域建筑风格特征、结构体系特征的重要约定性因素。例如，古希腊建筑采用石料是因为在当地资源中，石料资源丰富，而中国古代建筑采用木料是因为中国早期发祥地黄河、长江流域林木资源丰富。

(三)地形、地貌、地质、水源等自然条件是建筑形成的外因

基地环境的地形、地貌、地质、水源条件的优劣会影响建筑的选址、布局及形式。在人类的早期建筑活动中，地形、地貌、地质、水源条件更是城市及重要建筑选址、形成总体布局框架的决定性因素。中国黄河、长江中下游地区，非洲尼罗河三角洲，西亚幼发拉底河、底格里斯河两河流域，都是人类古代文明的重要发祥地，云集了众多早期的大都市，这些大都市的形成就与其早期优越的自然条件密切相关。

(四)建筑向自然学习

丰富的自然界不仅为人类提供了赖以生存的物质资源，也是人类创造的源泉。在现代社会生活中，人类已经从自然的形态中获取了很多有益的启示和灵感，在建筑领域中也不例外。自然形态有很多优良的品质值得建筑学习。例如动物的皮肤只允许水分单向透过，允许汗液蒸发而水却不能进入；动物依靠毛皮的保温能力可以在严酷的气候条件下求得生存等。这些品质对建筑都是很有意义的。德国著名建筑师托马斯·赫尔佐格从生物学研究成果中得到启发，效仿北极熊体表白色的毛具有热阻作用，而毛下的黑色皮肤易于吸收太阳辐射热的生物特征，发明了兼具隔热和储热两方面特性的墙体材料，起到了良好的集热保湿的节能作用。

第二章　先秦时期的建筑

先秦时期，我国的建筑发展十分缓慢。在漫长的历史长河中，先民们从穴居野处和构木为巢开始，逐渐掌握了营建屋舍的技术，开启了我国古代建筑的序幕。而随着先民们对原始的木架建筑与金属工具的掌握，建筑又有了巨大的发展，逐渐出现了宏伟的都城、宫殿、陵墓等，从而为我国封建时期建筑技术的发展奠定了良好的基础。

第一节　原始社会时期的建筑

就原始社会时期建筑发展的地域而言，这一时期，中国原始建筑主要集中显现于华夏文明中心的中原大地，除此之外，在北方古文化、南方古文化的许多地域，也留下了重要遗迹。发现于内蒙古赤峰敖汉旗的兴隆洼遗址就是这一时期的典型建筑遗迹，也是距今 8 000 年前的原始村落。在这个被誉为“华夏第一村”的遗址中，考古学家们发掘出半穴居房址 170 余座，都是井然有序地成行分布，最大的房址面积达 $140m^2$，充分显示出北方古文化的悠久建筑历史。南方古文化地域的代表性建筑是余姚河姆渡遗址。这里发掘出新石器时代的干阑建筑遗存，在石制、骨制、角制、木制的工具条件下，已能采用榫卯结合，并已具备多种榫卯类别，表明早在 7 000 年前，长江下游和杭州湾地区的木结构已达到惊人的技术水平。

就原始社会时期建筑的形式而言，这一时期，先民们的建筑形式主要有“构木为巢”的“巢居”和“穴而处”的“穴居”两种主要构筑方式。这两种原始构筑方式，在古文中，既有“下者为巢，上者为营窟”（地势低下而潮湿的地区作巢居，地势高上而干燥的地区作穴居）的记载，也有“冬则居营窟，夏则居橧巢”的记载，反映出不同地段的高低、干湿和不同季节的气温、气候对原始建筑方式的制约。原始建筑遗迹显示，中国早期建筑的确存在着建筑考古学家杨鸿勋所指出的“巢居发展序列”和“穴居发展序列”，前者经历了由单树巢、多树巢向干阑建筑的演变，后者经历了由原始横穴、深袋穴、半穴居向地面建筑的演变。值得注意的是，这两个序列的演进，在母系氏族公社时期均已完成。到父系氏族公社时期，半穴居并没有消失，盛行一种适应父系小家庭居住的吕字形的半穴居。

就原始社会时期建筑的成就而言，这一时期是中国土木相结合的建筑体系发展的技术渊源。其中，穴居发展序列所积累的土木混合构筑方式成为跨入文明门槛的夏商之际直系延承的建筑文化，自然成了木构架建筑生成的主要技术渊源。而巢居发展序列所积累的木构技术经验，也通过文明初始期的文化交流，成为木构架建筑生成的另一技术渊源。此外，原始建筑的空间组织也有长足的进展。半坡 F24 的规整柱网，已是后来木构架建筑“一明两暗”基本型的萌芽；半坡 F1 的“一堂三室”格局，兼备首领居所和公共集会的功能，是已知最早的“前堂后室”实例。而辽宁建平县牛河梁的女神庙遗址，已呈多重空间组合，庙内有相当于真人大小的泥塑女像，并有墙面彩绘和线脚装饰；甘肃秦安大地湾 F901，更以完整的、带有前堂、后室、两旁、两夹的平面，显现出“夏后氏世室”的雏形，生动地展示出华夏文明过渡期的建筑风采，散射出文明建筑的曙光。

一、旧石器时代的建筑

旧石器时代是石器时代的早期，距今约 50 万年。当时生产力极端低下，人类使用比较粗糙的打制石器，过着采集和渔猎的生活。先民们或者像野兽一样居住在洞穴里，或者模仿鸟类构木为巢，建造简易的居所。

（一）穴居野处

在人类社会产生初期，极端低下的生产力让人类只能依靠集体劳动获得有限的生活资料。在衣食没有保证的情况下，当时的人类祖先对住所的需求极为原始和简单。《易・系辞下》中记载：“上古穴居而野处。”说明原始人类在早期是以天然洞穴作为自己和家族最宜居的“家”的。他们在这里进行栖息和活动，避风雨、驱寒暑、保存火种和生活资料。从发现的一些典型的、原始堆积完好的旧石器时代人类居住的洞穴遗址来看，远古先民一般会选择洞穴海拔高度、洞穴内相对高度、离水源地的距离比较适宜的地方居住。

在旧石器时期，人们穴居的洞穴主要有以下两种形式。

1. 天然洞穴

近年来，考古学家们发现了若干旧石器时代人类的居住遗迹。距今约 50 万年前的北京周口店中国猿人——北京人所居住的天然山洞，就是其中最早的一处。这时的人类刚刚从自然中独立出来，还不具有建造能力，只有利用天然洞穴。《易・系辞》曰：“上古穴居而野处”。在生产力水平低下的状况下，天然洞穴显然成为最宜居住的“家”。从早期人类的北京周口店、山顶洞穴居遗址开始，原始人居住的天然岩洞在辽宁、贵州、广州、湖北、江西、江苏、浙江等地都有发展，可见穴居是当时的主要居住方式，它满足了原始人对生存的最低要求。

中国猿人大约是几十人结成一群的原始人群，依靠狩猎和采集树籽果实为生。他们居住的洞穴在周口店附近的龙骨山东侧，东临小河。河的两岸是他们的主要猎场，河滩的砾石和山中出产的燧石、石英是他们制作石器的原料。他们在洞里躲避风雨，用火来御寒、烧熟食物和抵御野兽。根据洞内的堆集层，可知原始人群曾经长期在这里居住。

在山西垣曲、广东韶关和湖北长阳曾经发现旧石器时代中期“古人”所居住的山洞。距今约 5 万年以前旧石器时代晚期的“新人”居住的山洞，则有广西的柳江、来宾，北京周口店龙骨山的山顶洞等处。其中，山顶洞的洞口向东，长约 12m，宽约 8m，内分两部：近洞口较高处是住人的地方，洞深处的低凹部分除曾作住处外，后来还埋葬死人。这时候，中国原始社会已经进入母系氏族公社时期。

穴居方式虽早已退出历史舞台，但作为一定时期内、特定地理环境下的产物，对我们祖先的生存发展起到了重要作用，同时，鲜明的地方特色也构成了这样独特的人文景观。至今在黄土高原依然有人在使用这类生土建筑，这也说明了它对环境的极端适应。

2. 人工洞穴

进入氏族社会以后，穴居依然是氏族部落主要的居住方式，只不过人工洞穴取代了天然洞穴，且形式日渐多样，更加适合人类的活动。例如在黄河流域有广阔而丰厚的黄土层，土质均匀，含有石灰质，有壁立不易倒塌的特点，便于挖作洞穴。因此，原始社会晚期，竖穴上覆盖草顶的穴居成为这一区域氏族部落广泛采用的一种居住方式。同时，在黄土沟壁上开挖横穴而成的窑洞式住宅，也在山西、甘肃、宁夏等地广泛出现，其平面多为圆形，和一般竖穴式穴居并无差别。山西还发现了“地坑式”窑洞遗址，即先在地面上挖出下沉式天井院，再在院壁上横向挖出窑洞，这是至今在河南等地仍被使用的一种窑洞。穴居的形式在仰韶文化和龙山文化中体现为利用植物和泥土构成，虽说是简陋之极，但这都表现出了人的创造力，也可以说是人创造的产物。

根据穴居下部凿入地下而形成的空间实体的程度不同，人工穴居可粗分为原始横穴、深袋穴和半穴居三种类别(表 2-1)。穴居的发展经历了从原始横穴、深袋穴、袋形半穴居、直壁半穴居最后上升到地面建筑的演进过程。这个过程在母系氏族公社时期已经完成。其中，深袋穴的穴口内收呈袋状，是因为当时的工程难点在于穴顶，缩小穴口是为了减小穴顶的跨度。袋形半穴居仍沿袭袋状的缩小穴口，到穴顶有了立柱的支撑，可加大跨度，半穴居也进展到直壁。从深穴到半穴居，意味着居住面上升的功能改善，意味着土木相结合的构筑方式，从以土为主逐渐向以木为主的方向过渡。吕字形的半穴居出现于父系氏族公社时期，它以双室相连的套间为特征，这是一夫一妻及其子女的父系家庭人口增多的需要。穴内设自家的窖穴，是私有观念的展露。

随着原始人营建屋舍经验的不断积累和技术提高，穴居从竖穴逐步发展到半穴居，最后又被地面建筑所代替。

表 2-1 人工穴居的三种形态

原始横穴		宁夏海原林子梁遗址 F13：利用坡地削出崖壁，横挖窑室。居住面呈马蹄形，面积约 25m²，顶部为穹窿顶，人口作筒拱门洞。椭圆形灶面长径达 2.2m，穴壁有密集的松明灯孔。此穴应是集体活动场所
深袋穴		河南偃师汤泉沟遗址 H6：可能是居住空间或窖藏，穴形呈袋状，穴深超过一人高度。据穴底、穴壁的洞迹，可知设有兼作登梯和支柱的梯架，顶盖复原采用斜架椽木，覆茅草、树叶的低级茅茨

续表

<table>
<tr><td rowspan="3">半穴居</td><td>圆形</td><td></td><td>洛阳孙旗屯半穴居遗址：穴口内收，呈袋形半穴，穴底有火台，无柱洞痕迹，未施中心柱，穴顶当系斜椽向心构架，据穴内堆积，顶盖可能用树枝、茅草铺装</td></tr>
<tr><td>方形、长方形</td><td></td><td>西安半坡遗址 F21：穴直壁，深约 50.1cm，属直壁半穴居。据穴底柱洞，复原为四根栽柱，上加四根大叉手，构成方锥形顶盖。穴底、穴壁抹面经烧烤防潮，入口门道设大叉手雨篷</td></tr>
<tr><td>吕字形</td><td></td><td>西安客省庄龙山文化半穴居遗址：平面为吕字形，呈双室相连的套间式半穴居。内室与外室均有烧火面，外室设有窖穴，供家庭储藏，套间的布置反映出以父系小家庭为单位的住居生活。穴内设窖的做法，是私有观念的展露</td></tr>
</table>

旧石器时代的穴居遗址，在我国的北京、辽宁、贵州、广东、湖北、江西、江苏、浙江等地都有发现。可见，当时把天然洞穴当作住所已经成为一种先民们普遍接受的居住方式，因此洞穴就成为我国最早的“建筑”。

（二）构木为巢

随着时间的推移，原始先民们逐渐掌握了更多的生存技巧和方式，他们的居住条件也随之改变。在南方湿热的地区多虫蛇野兽，人们除利用地势较高的天然溶洞或者挖掘洞穴居住外，也开始巢居，即在树上构筑巢所。相传，这种构巢技艺是一名叫有巢氏的人传授的。《庄子·盗跖》中载：“古者禽兽多而民少，于是民皆巢居以避之。昼拾橡栗、暮栖木上，故命之曰有巢氏之民。”

产生巢居的缘由到底是什么呢？《韩非子·五蠹》曰：“上之世，人民少而禽兽众，人民不胜禽兽虫蛇，有圣人作，构木为巢，以避群害。”《孟子·滕文公》曰：“下者为巢，上者为营窟。”从上述文献可以得知，旧石器时代的人们生活在遮天蔽日的森林里和猛兽逼人的原野上，在当时生产力低下的情况下，人们为了躲避猛兽的袭击，便在树上建巢，居住在里面，以适应狩猎、采集和原始农耕生活。

巢居可以说是干阑式建筑的源头。最早的巢居形式是在一棵树上构巢，即用树枝和藤条在高大的树干上建造房屋。房屋的四壁和屋顶都用树枝遮挡得严严实实，然后发展到在相邻的几棵树上架屋，后来又发展到由桩、柱构成架空的干阑式建筑。

二、新石器时代的建筑

大约在八九千年前，中国进入了新石器时代，此时已出现了农业和畜牧业，人类生活有了可靠的来源，开始了定居生活，出现了半穴居建筑。农耕文明出现后，原始先民生活的日趋安定，这使得他们逐渐可以运用自己的劳动来创造生活、把握命运，也必然导致人工营造屋室的出现。

由于各地气候、地理、建筑材料等条件的不同，新石器时代原始建筑的营建方式也多种多样，其中具有代表性的房屋主要有两种：一种是黄河流域由穴居发展而来的木骨泥墙建筑；另一种为长江流域多水地区由巢居发展而来的干阑式建筑。

（一）半穴居建筑

当先民们走出洞穴与丛林，来到空旷的原野之上时，他们已经找不到现成的居所，不得不开始动手营造简单的庇护所了，从而出现了用木架和草泥建造的简单半穴居建筑，这种建筑成为后世房屋的雏形。

半穴居建筑主要分布在北方的黄土高原上，因为这里气候相对干燥，土壤呈垂直结构，壁直立而不易塌陷，适合挖洞居住。发现于内蒙古赤峰敖汉旗的兴隆洼遗址就是典型的半穴居建筑，它距今有 8 000 年左右，在这里发掘出半穴居房址 170 余座，都是井然有序地成行分布，最大的房址面积达 $140m^2$。它是目前国内唯一一处经过全面考古发掘、保存最完整、年代最早的原始村落。

半穴居建筑在北方仰韶文化早期遗址中居多，但后期的建筑已进展到地面建筑，并已有了分隔成几个房间的房屋。

（二）木骨泥墙建筑

到了新石器时代，出现了以木或者竹作为墙筋，然后在上面、两边涂泥，再用火烧，使墙体变得坚硬的技术，即所谓“木骨泥墙”。用火烧的墙体，可以经受住风吹雨打，非常结实。这种木骨泥墙的建筑在新石器时期，主要集中于黄河流域。黄河流域有广阔而丰厚的黄土层，土质均匀，含有石灰质，有壁立不易倒塌的特点，便于挖作洞穴。因此，在原始社会晚期，竖穴上覆盖草顶的穴居方式成为这一区域氏族部落间广泛应用的一种建筑方式。

木骨泥墙建筑持续的时间非常长，直到 20 世纪长江三峡地区的农村还存在这种方式建造的房子。而最具代表性的原始社会时期的木骨泥墙建筑就是位于安徽省蒙城的尉迟寺聚落遗址，它属于新石器时代晚期大汶口文化。尉迟寺人是山东大汶口人的一个分支，属于古老的东夷民族。早在 5 000 年前，大汶口人由山东南下，长途跋涉，当一部分人到达皖北时，由于当时优越的自然气候和生态环境，尉迟寺一带便住下了第一批东夷客人。自从大汶口人落户于尉迟寺一带后，他们建造了中国原始社会史上的一个奇迹——大型红烧土排房。尉迟寺红烧土排房的建造，大致经过了挖槽、立柱、抹泥、烧烤四道工序，以木为骨，以泥成墙，最后把房子烧制成一个坚硬的壳，达到冬暖夏凉的效果。可以说，红烧土排房是原始人烧制的最大、最硬的一件“陶制品”。

考古人员发现，红烧土排房的墙体被烧烤得非常坚硬，居住面加工得十分光滑，有的与现代的水泥面近似，有的墙体表面还涂有均匀的白灰面或红色涂料。学者通过放射光谱法对红色涂料进行定性分析，结果显示其主要成分为大量的硅和铁，并含有一定的钠，同时掺入了石灰——一种天然的红色土质涂料，说明 5 000 年前的人们就已经知道对居住空间进行装饰。

木骨泥墙建筑出现的原因与其当时的社会背景息息相关。当时的社会性质处于原始社会末期，属于一夫一妻制，所以住房也是以个体家庭为生活单位的居住形式。大家住在一个氏族部落中，同属氏族部落酋长领导，过着以农耕为主的定居生活。这在构建上有所体现：这些房子都是单间独立，无论是两间一组、四间一组，还是十间一组，都是经过统一规划和营建的。每组房子由一个家庭或若干个家庭使用，体现了以个体家庭为单位的生活方式。在一排四间一组的建筑前面，有一处人工铺垫的大型广场，面积为 1 300 多平方米，表面光滑、平整、坚硬，广场中央有一处直径为 4m 的火烧堆痕迹，这是原始人集会、祭祀和举行篝火晚会的地方。广场不仅反映出了该部落的等级，而且也说明了氏族成员在部落酋长的领导下具有很强的凝聚力。

（三）干阑式建筑

新石器时代的河姆渡地区，盛行一种栽桩架板高于地面的干阑式建筑。在河姆渡遗址各文化层，都发现了与这种建筑遗迹有关的圆桩、方桩、板桩、梁、柱、木板等木构件，共达数千件。该遗址已发掘出部分长约 23m、进深约 7m 的木构架建筑痕迹，推测是一座长条形的、体量相当大的干阑式建筑。遗址第 4 层出土了一座干阑式长屋，其中桩木和紧靠的长圆木残存 220 余根，较规则地排列成 4 行，互相平行，西北—东南走向，现存最长一行桩木长 23m。由西南到东北的第 1、2、3 行之间的距离大体相等，合计宽约 7m，推知室内面积在 $160m^2$ 以上。第 3 和第 4 行的间距为 1.3m，这是设在面向东北一边的前廊过道。建筑遗迹范围内，出土了芦席残片、许多陶片以及人们食后丢弃的大量植物皮壳、动物碎骨等。这座大型干阑式建筑当属公共住宅，室内很可能隔成若干小房间。

干阑式建筑是我国古代建筑中独有的一种建筑形式，也是世界上唯一以木结构为主的建筑体系，其建筑特点是以木和土作为主要的构架和建筑材料。有了这样的技艺，华夏先民们从“穴居而野处”，到“上栋下宇”，用木头为自己构造了一个可避风雨、禽兽的住处，走过了一个由自然形态的“野处”向人工形态“建筑”的转变，从此，建筑的成长变化与中国的发展壮大密不可分。

而干阑式建筑的发展也在很大程度上促进了我国古代建筑中榫卯技术的发展。榫卯是靠构件相互间的阴阳咬合来连接构件的方法，不同类型的榫卯被用于受力不同的构件上。

在新石器时期的河姆渡建筑遗址中发现的榫卯有燕尾榫和企口板等多种形式，是中国已知的最早采用榫卯技术构筑木结构房屋的一个实例。不少构件上发现有多种类型的榫卯、榫头，如方榫、圆榫，甚至还有双层榫，卯眼也是有圆有方，加工精致。河姆渡遗址出土的建筑木构件上的这些凿卯带榫痕迹，尤其是发明使用了燕尾榫、带销钉孔的榫和企口板，标志着当时木作技术的突出成就。遗址中还出土了一些工具，有凿、锥、锯、匕和针等，大都用兽骨制成。这些古物可以说明，在河姆渡文化时期，南方干阑式建筑技术已经相当成熟。

此后经过漫长的时间磨砺，我国古代一些技术高超的工匠可以不用外加铁钉等辅助连接方式，完全靠榫卯就能连接众多木构件，盖起体量巨大的建筑。榫卯技术充分体现了我国先民卓越的创造力，它不但是日后成熟的中国古代木构建筑体系的技术关键，也是这一体系区别于世界其他古代建筑体系的重要特点所在。

第二节　夏商周时期的建筑

中国第一个王朝——夏代的建立，标志着中国跨入了“文明时代”，进入了奴隶社会。夏代的建筑已不可考，现如今我们只能通过在考古已发现的两处夏代城址和两座夏代宫殿遗址来了解夏代的建筑。商周时期创造了灿烂夺目的青铜文化，并进而完成了由青铜时代向早期铁器时代的转变。社会形态和经济生活的发展鲜明地反映在当时的城市，特别是作为国家象征和社会政治、经济、文化中心的都城中。从夏商都城到东周列国都城，可以看出中国城市的两种形态——“择中型”布局和“因势型”布局均已出现；以小城作宫城，以大城（郭城）划分里坊的封闭性都城格局，已具雏形。

就夏商周三代的建筑成就而言，这三代的中心地区都在黄河中下游，属湿陷性黄土地带。承继原始穴居和干阑式建筑的营造经验，华夏先民突出地发展了夯土技术。在大型建筑工程中，把木构技术与夯土技术相结合，形成了“茅茨土阶”的构筑方式。晚夏的二里头宫殿遗址充分展示了这一点。西周的凤雏宫殿、召陈宫殿进一步将“茅茨”演进为“瓦屋”，奠定了中国建筑以土、木、瓦、石为基本用材的悠久传统。春秋、战国时期盛行台榭建筑，推出了以阶梯形土台为核心、逐层架立木构房屋的一种土木结合的新方式，把简易技术建造大体量建筑的潜能发挥到极致。在这一时期，木构架建筑体系有了很大的发展；夯土技术已达到成熟阶段；木构榫卯已十分精巧；梁柱构架已在柱间用阑额，柱上用斗，开启运用斗栱之滥觞；组群空间的庭院式布局已经形成，既有体现“门堂之制”的廊院，也出现了纵深串联的合院。中国木构架建筑体系的许多特点，均已初见端倪。

一、夏代的建筑

公元前21世纪，夏代的建立，标志着原始社会的解体，奴隶社会的开始。

夏代是我国有文献记载的最早的奴隶社会朝代，这一时期人们已经开始使用青铜器与大自然积极的斗争，这充分显示了夏代人民生产力的提高。较强的生产力也催生了一系列建筑的诞生。据文献记载，夏代曾兴建城池、宫殿。然而随着历史的发展，这些夏代所兴建的城池、宫殿等都已不可考，我们只能通过一些留存于黄河中下游一带的考古遗迹来了解当时的建筑。有关夏代的建筑考古资料发现不多，因此当前对夏代建筑所知甚微。至今所发现最大的夏代建筑考古遗址，是两座相连的城堡遗址，它位于河南嵩山南麓王城岗，据推测它是夏代初期遗址，东城已被大水冲毁，西城平面近似方形，近 $90m^2$，由鹅卵石夯筑而成。

（一）夏代的都城

原始社会晚期已出现城垣，主要用于防避野兽侵害和其他部族侵袭。进入奴隶社会后，城垣的性质起了变化。据《吕氏春秋》记载：“鲧筑城以卫君，造郭以守民”，可见，在夏代时期，起着保护国君、看守国人的职能的城郭便已出现。文献记载夏代从禹开始，曾先后在阳城、安邑、斟鄩等地建都。现在河南登封王城岗发掘出一座距今约4 000年的城堡遗址，可能就是夏代初期的阳城。此外，在山西夏县东下冯村也发现一座相当于夏代的城址，其地理位置与夏都安邑颇吻合。另外，河南偃师二里头遗址也被认为是夏都之一的斟鄩，其城垣遗址尚未探明。

（二）夏代的宫殿

1960年我国考古学家在河南偃师二里头发现了一处规模宏大的宫殿遗址，这是我国迄今发现的时间最早的宫殿遗址，众学者们认为这座宫殿应兴建于夏代时期。这处遗址的发现一方面丰富了我们对夏代历史的认识，另一方面也为研究我国历史早期国家的出现及特点，提供了最宝贵的资料。下面主要介绍一下其一号宫殿和二号宫殿。

1. 偃师二里头一号宫殿遗址

该宫殿遗址被认为兴建于晚夏时期，有可能是夏都斟鄩的一组宫殿，是已发掘的最早的大型殿址，堪称“华夏文明第一殿”。

偃师二里头一号宫殿略呈折角正方形，东西长108m，南北宽100m。原地表不平，北高南低，整组建筑建在低矮、平整的夯土台上。庭院北部正中的主体殿堂，东西宽30.4m，南北深11.4m，下部有宽大的夯土台基(图2-1)。柱洞排列整齐，组成面阔8间、进深3间的殿身平面。殿堂内柱不存。据《考工记》关于“夏后氏世室”的记载，有关专家将殿内平面复原为一堂、五室、四旁、两夹的格局。庭院四周回廊环绕。南廊正中有大门门址，也呈8开间，复原为中部穿堂、两边带东西塾的“塾门”形式。东廊折入处另有一侧门。除西廊为单面廊外，其他三面均为双面廊。大门与殿堂大体对位，没有完全对准。

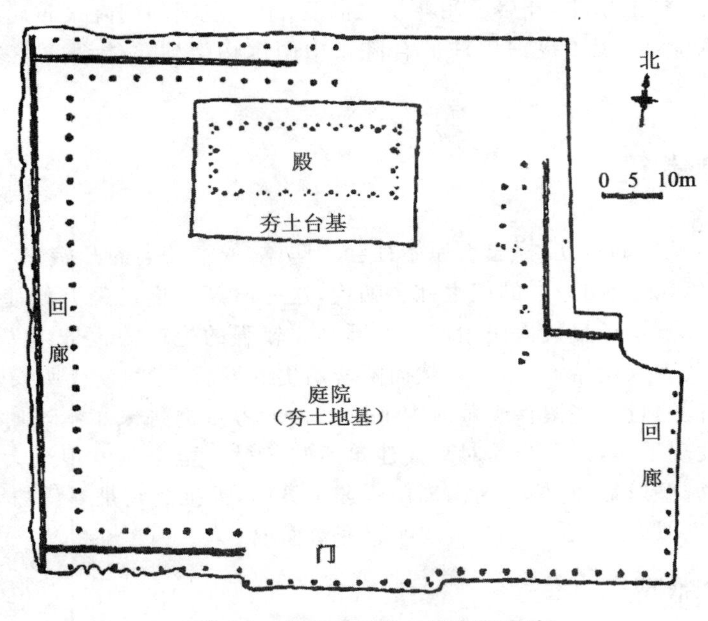

图2-1 偃师二里头一号宫殿遗址

在这里非常值得注意的一点是，该遗址未发现瓦件，因此可以推断这座宫殿的构筑方式应是以茅草为屋顶、以夯土为台基的“茅茨土阶”形态。主体殿堂檐柱前各有一对小柱洞，有的专家认为是擎檐柱的痕迹，据此复原“四阿重屋”式的重檐屋顶(图2-2)。有的专家则认为小柱洞应是廊下支承木地板的永定柱的遗迹。

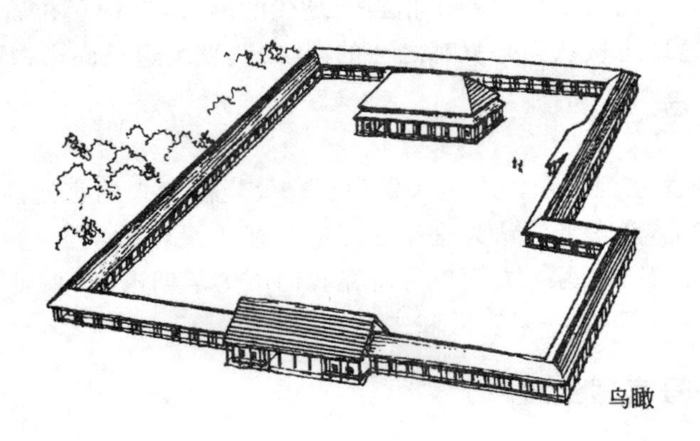

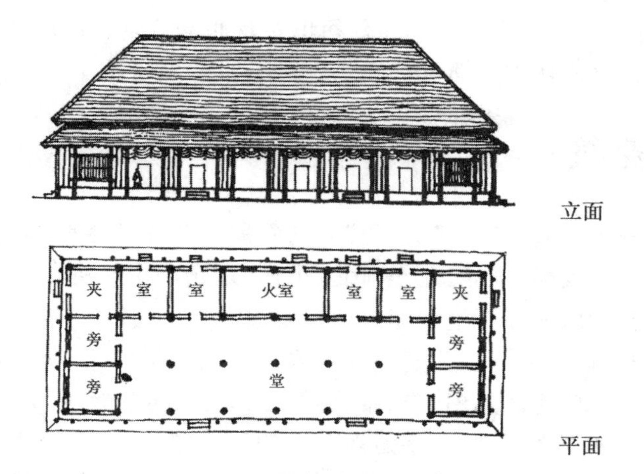

图 2-2　偃师二里头一号宫殿复原图(杨鸿勋复原)

可以说，偃师二里头宫殿开创中国宫殿建筑的先河。它表明华夏文明初始期的大型建筑采用的是土木相结合的“茅茨土阶”的构筑方式；单体殿屋内部已可能存在“前堂后室”的空间划分；建筑组群已呈现庭院式的格局；庭院构成已突出“门”与“堂”的主要因子，形成廊庑环绕的廊院式布局。中国木构架建筑体系的许多特点，都可以在这里找到渊源。

2. 偃师二里头二号宫殿遗址

偃师二里头二号宫殿(图 2-3)也是晚夏建筑遗址。它的面积较一号宫殿略小，同样是门、堂

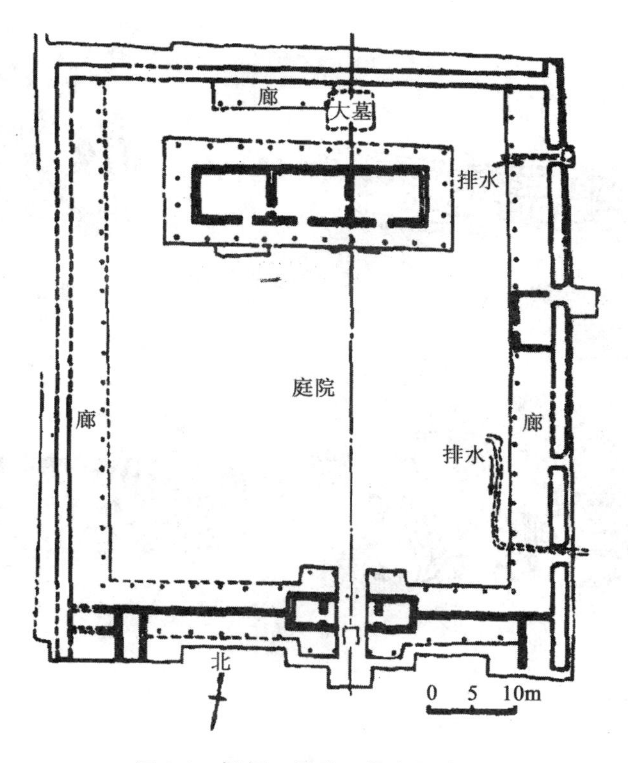

图 2-3　偃师二里头二号宫殿遗址

与回廊的组合，说明庭院式在晚夏已是大型建筑的常规布局方式。门屋与主殿仍未对准，但殿后大墓与门屋轴线正对。有人认为此遗址可能是一座宗庙。

二、商代的建筑

奴隶社会自夏代开始兴起，到商代有了较大的发展。商代的版图，以河南黄河两岸为中心，东至山东，西至山西，南至安徽、湖北，北至河北、山西、辽宁。由于青铜器的使用，生产力得到发展，建筑技术随之得到提高，从而促进了建筑业的发展。

从甲骨文中，我们可以探测到商代建筑的形象。商代的甲骨文，是我国文字的原始雏形，很多是象形字，其中宫、京、高、室、宅、门、户、席、墉等字都是模仿建筑象形而来的。例如“宫”字，好像是两坡顶或四坡顶的两层楼房；“京”字是高台上的一座建筑；“高”字也像一高台建筑；“门”字像是院子的衡门，两柱之间上面加一横棍，左右各安装一门扇；“席”字，像后世的苇席，当时人席地而坐。从这些文字的形象中，我们可以看到当时建筑的形象：封闭的墙垣，人字形的屋面，上下两层的楼房，房屋底部的台基，门窗的样式等。

就其建筑形式而言，从出土遗址看，商代建筑有上层社会的建筑，如城池、宫殿等；也有社会底层的穴居。建筑平面有方形、长方形、圆形、凹形、凸形、条状形。

就其建筑装饰而言，商代建筑多用细密的花纹为底，衬托高浮雕的主要纹饰。最常见的纹饰有云纹（图 2-4）、雷纹（图 2-5）、饕餮纹（图 2-6）、蝉纹（图 2-7）、圆圈纹（图 2-8）等。这些精巧的雕饰，给人以富丽严肃的印象。花纹的题材可能和商人的迷信思想有关，也可能是氏族徽记的残余。

图 2-4　云纹

图 2-5　雷纹

图 2-6　饕餮纹

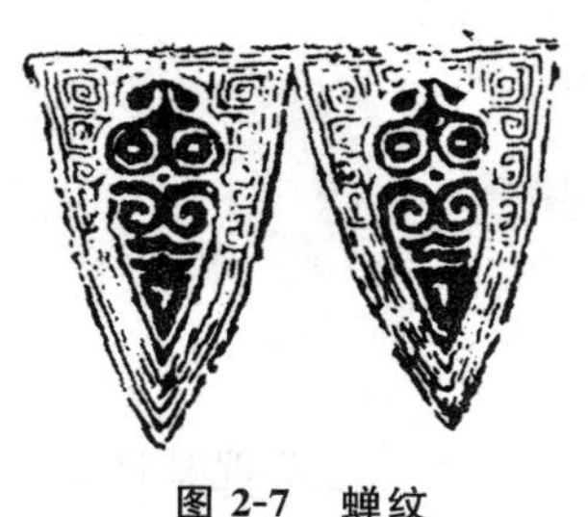
图 2-7　蝉纹

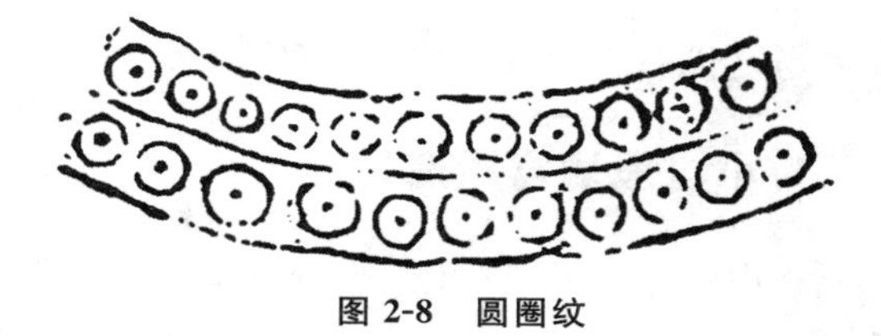
图 2-8　圆圈纹

(一)商代的都城

商代数次迁都,因而其都城较夏代多,然而目前可考的均已湮没在历史中,现已发现的都城为河南郑州商城遗址。

在商代中期,河南郑州一带曾是一个非常重要的城市。经过部分发掘,发现若干居住和铜器、陶器、骨器等作坊遗址。其中一处炼铜作坊的面积达 1 000m² 以上;一处包括十四座窑的陶器作坊,总面积在 1 200m² 以上。在手工业作坊附近的住所,多为长方形的半地穴,地面敷有白灰,可能是手工业奴隶的住所。另有一些建在地面上较大的房屋遗址,平面里长方形,有版筑墙和夯土地基,可能是奴隶主的住所。更重要的是在郑州发现商代的夯土高台残迹,用夯杵分层捣实而成。夯窝直径约 3cm,夯层匀平,层厚约 7～10cm,相当坚硬,可见当时夯土技术已达到成熟阶段。有了这种夯土技术,就可利用黄河流域经济而便利的黄土来做房屋的台基和墙身,后来春秋战国时代还广泛应用于筑城和堤坝工程。夯土的出现是中国古代建筑技术的一大发展。

据推算,郑州商城遗址应属早商遗址,其始建年代与偃师二里头晚夏遗址可能略有先后。夯土城垣周长近 7km。城内东北部有夯土的大面积宫殿基址,夯层匀平,夯土技术已达到成熟阶段。城外分布有铸铜、制陶、制骨等作坊遗址(图 2-9)。

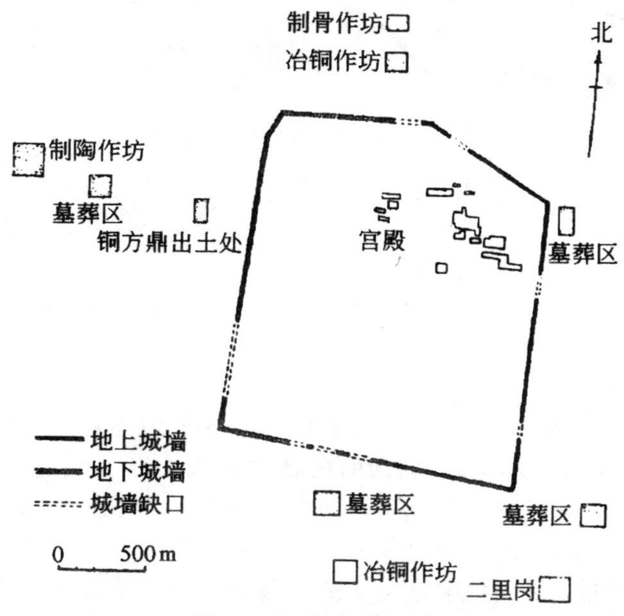

图 2-9　河南郑州商城遗址

(二)商代的宫殿

与夏代一样,商代的宫殿也只能通过一系列的宫殿遗址来展现。

1. 小屯殷墟宫殿遗址

小屯殷墟宫殿遗址位于河南安阳,是迁都于殷的晚商宫殿遗址。已发现基址 50 余座,分甲、乙、丙三区。未发现瓦,仍属"茅茨土阶"。遗址有"铜锧"出土,是置于柱下的、带纹饰的支垫物,显示出木柱已从栽柱演进为露明柱的迹象,表明上部木构的稳定性已有进步。

据历史记载,商代的首都曾数次迁移。最后建都于殷,在今河南安阳西北两公里的小屯村一带。这里洹水自西北折而向南,又转而向东流去。小屯殷墟宫殿遗址的西南约 300m 处有一段壕沟遗迹,深约 5m,宽 10m,最宽处达 20m,长约 750m,可能是保护宫殿的防御措施。洹水北岸迤西约 3～4km 处是商王和贵族的陵墓区。宫殿的西、南、东南以及洹河以东的大片地段,则是平民及中小贵族的居住地、墓地和炼铜、制骨器的作坊等(图 2-10)。

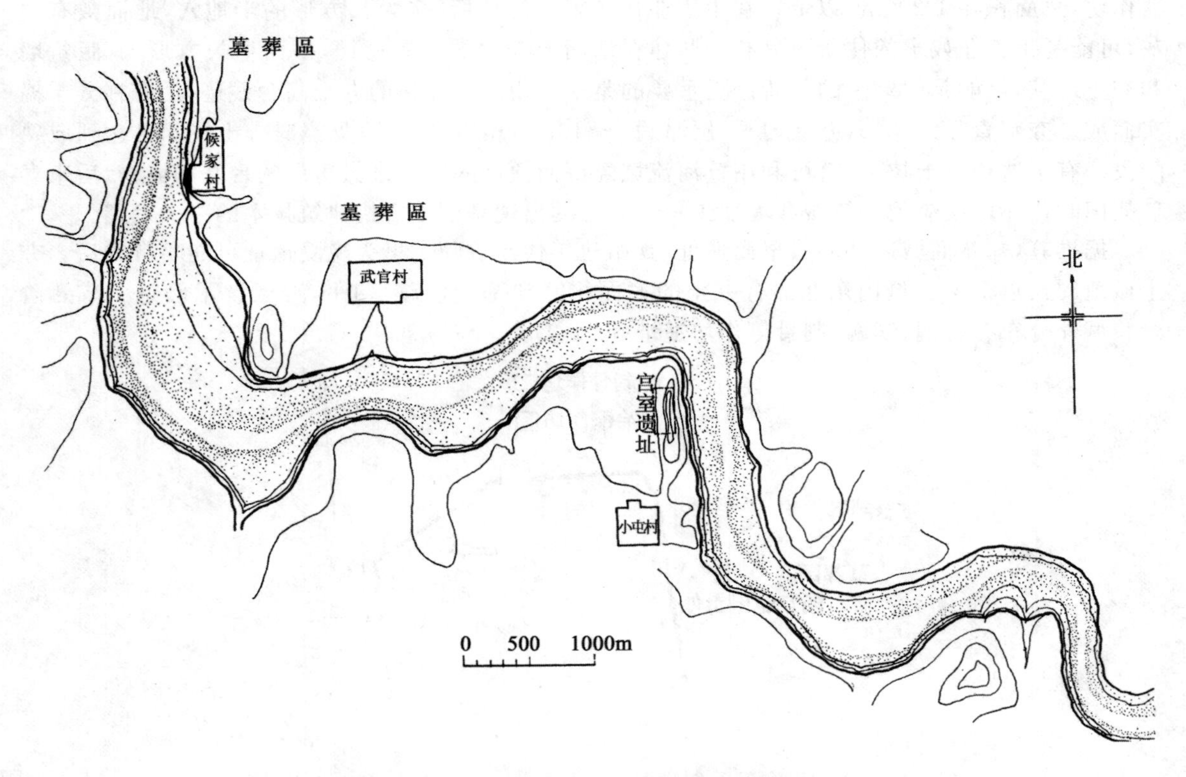

图 2-10 河南安阳市小屯殷墟宫殿遗址位置图

宫殿遗址的东面和北面接近洹水。宫殿的东部,被洹水冲刷已不完整。据发掘的房屋基址、窖穴及埋葬牲人、牲畜的分布情况,可将小屯殷墟宫殿遗址大致可分为甲、乙、丙三区(图 2-11)。

甲区有大小基址十五处。其中大型基址的平面作长方形或凹字形,方向朝东;小型的作方形或长方形,朝南。此区基址的分布情况颇为分散,也没有人畜墓葬,可能是王室的居住地区。

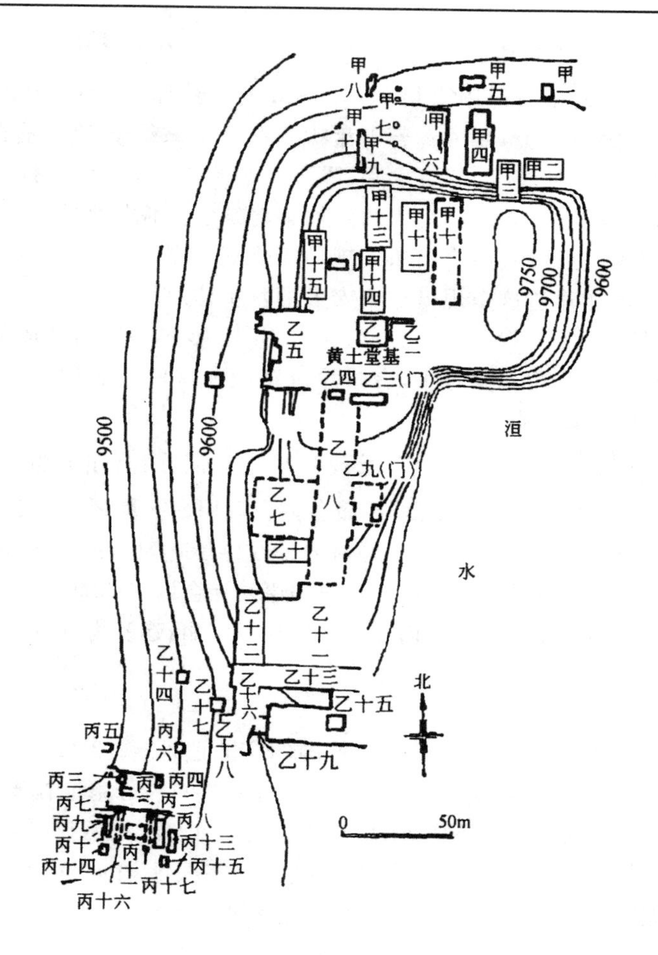

图 2-11　小屯殷墟宫殿遗址

乙区南北约长200m，有大小基址二十一处，布局较北区整齐，而北端的黄土台显然是这区的主要建筑遗址。自此台往南，轴线略偏西。沿着轴线有门址三处。南端第一道门址内有一组较大的基址，夯土层互相重叠，其东端又为洹水啮去，原来形状已不明了。紧接着这座基址之北，西侧有南北长达80m的条状基址。基址的东侧低而窄，可能是前廊，而西侧是主屋。与此基址相对的部分，被河水冲成一个大缺口。第二道门址位于条状基址的中段稍北。第三道门址则与条状基址的北端相接。由于有些基址压于下层基址之上，可看出此区建筑经过改造与扩充。基址下埋有牲人和牲畜，而每一门址下有四五个牲人持戈、盾和贝。推测中区应是商代的宗庙与处理政务的地区，也是王宫的核心部分。

丙区位于中区的西南，规模小，但有大小基址十七处，而以北端方形基址为全组的中心。它的前部以两个南北长、东西狭的条状基址对峙左右。其间有一座横列的基址，可能是门址。其他较小基址对称排列于两侧方形基址之上。此区内牲畜埋于东侧，牲人埋于西侧，有条不紊，无疑是商王的祭祀地区，但建造年代比北区和中区为晚。由此可见殷的宫室是陆续建造的，并且用单体建筑，沿着与子午线大体一致的纵轴线，有主有从地组合为较大的建筑群。后来中国封建时代的宫室常用的前殿后寝和纵深的对称式布局方法，在奴隶制的商代后期宫殿中已经略具雏形了。

小屯殷墟宫殿遗址的基址在平面上是方形、长方形、条状、凹形、凸形等。最大的基址达

14.5×80m。基址全部用夯土筑成，高 0.5m 至 1.2m 不等。有很多基址上面残存着有一定间距和直线行列的石柱础。所有础石都用直径 15～30cm 的天然卵石，而以其较平的一面向上。其中北区最大的条状基址的石础上，还留着若干盘状的铜盘——铜锧，其中有隐约看出盘面上具有云雷纹饰的。这些铜锧垫在柱脚下，起着取平、隔潮和装饰三重作用，并且在础石附近还发现木柱的烬余，可证明商代后期已经有了相当大的木构架建筑了。根据考古发掘，当时建筑工具已有青铜制的斧、凿、钻、铲等，也许还有锯(山东发现用于锯骨料的青铜锯)。正因为有了这些工具，加上大量的奴隶劳动，才能建造这个规模相当宏大的宫室建筑群。

在这个宫殿遗址附近，还发现了若干方形、长方形、圆形和不规则平面的穴居，以土阶升降，穴内壁面有些不加修整，有些用木棒打平，有些涂有草泥。这些穴居和宫室相比较，充分说明当时阶级差别对建筑发生了深刻的影响。

根据甲骨文“席”作“□”，“宿”作“□”，及现存某些青铜器物，知道当时宫殿内，人们坐于席上，家具则有床、案、俎和置酒器的“禁”。此外，陵墓内发现用白石雕琢的鸟兽，背后有凹槽，可能是某种器物的座子。还有在木料上雕有以虎为题材的云纹浮雕，表面涂朱；木料虽已腐朽，花纹和朱彩清楚地压印在泥土上，可能也是器物的残部。根据原始社会以来的埋葬习惯，这些随葬品应是死者生前用品的一部分，不难想象当时宫室内部的陈设相当华丽，建筑物也可能有某些雕饰。

2. 盘龙城宫殿遗址

该遗址位于湖北黄陂县，是中商时期一个方国的宫殿遗址(图 2-12)。整个宫殿区坐落在约 1m 高的夯土台面上。已发现三座南北向的平行殿基，最北的一号基址在周边檐柱内有 4 间木骨泥墙的横列居室。前后檐列柱数目不等，未形成进深方向的横向柱列。估计构架采用的是纵架支承斜梁的做法。远在长江之滨的盘龙城，营造技术与二里头遗址、小屯宫殿遗址已属同一传统，一号基址当用于寝居，其前方的二号基址似是大空间的厅堂，这个遗址有可能是迄今所知最早的“前朝后寝”的布局实例。

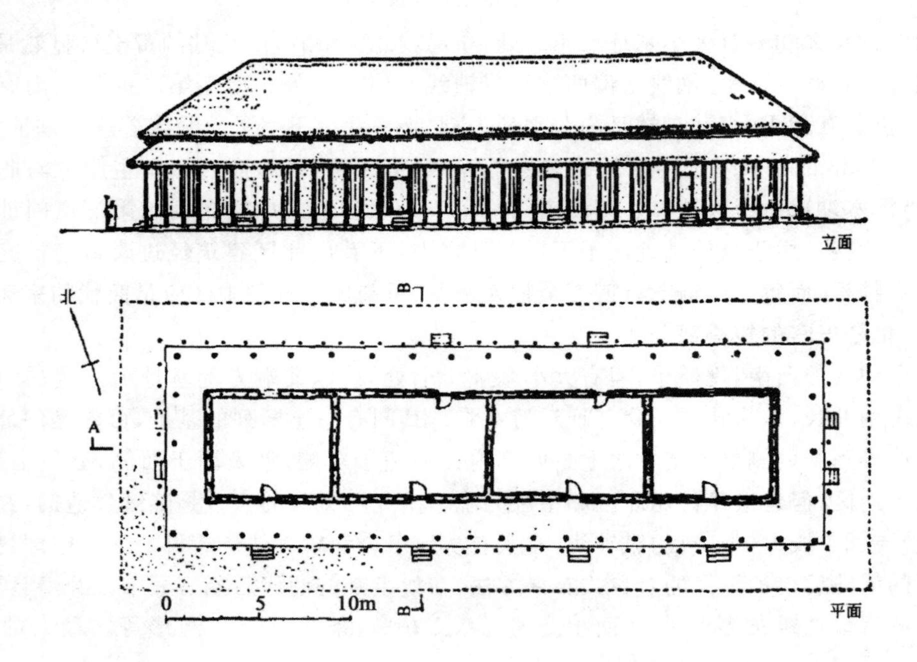

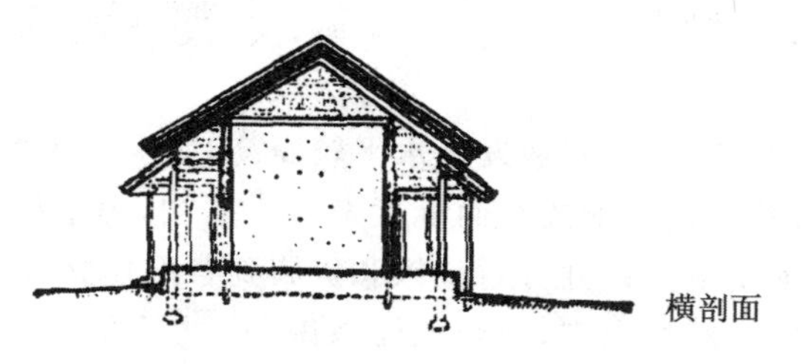

图 2-12　盘龙城宫殿遗址

(三)商代的陵墓

在河南安阳市小屯殷商城遗址中，还发现了陵墓区，该发现有助于我们了解商代的陵墓建筑。该陵墓区内发现了十几处大墓。这些墓内有数以百计的人殉，是中国早期奴隶社会的重要特点。墓的形状是在土层中挖一方形深坑作为墓穴。墓穴向地面掘有斜坡形墓道。小型墓仅有南墓道，中型墓有南北二墓道(图 2-13)。大型墓则具有东西南北四墓道。穴深一般在 8m 以上，最深的达 13m。小墓的墓穴面积约 40～50m^2。最大的墓，面积达 460m^2，墓道各长 32m。穴中央用巨大的木料砍成长方形断面，互相重叠，构成井干式墓室——称为椁。

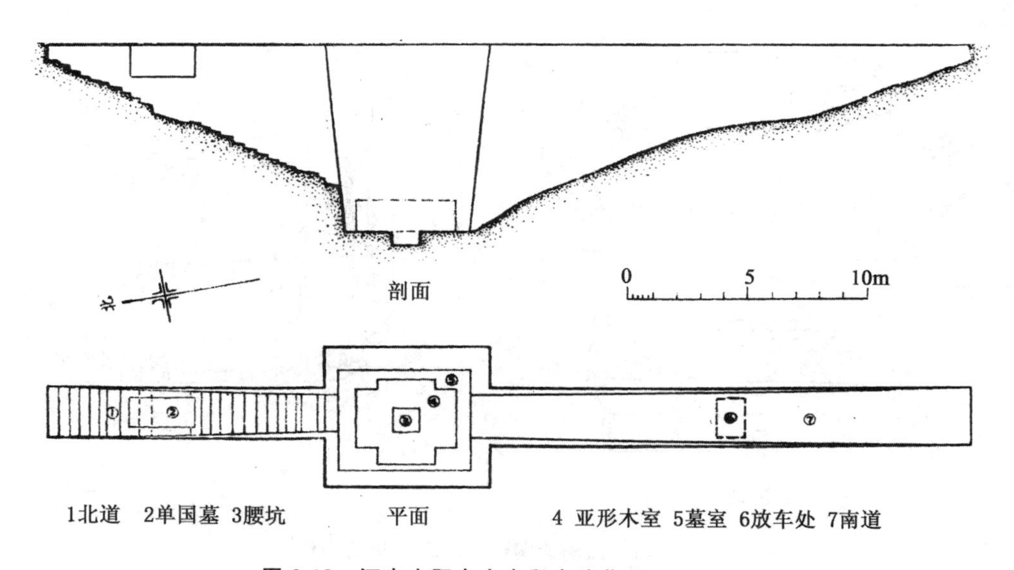

图 2-13　河南安阳市小屯殷商陵墓平面、剖面图

三、周代的建筑

周代是中国历史上继商代之后的朝代，共传 30 代 37 王，共计约 791 年(另一说是 868 年)。期间，周代共经历了西周和东周两个时期，西周由周武王姬发创建，当时定都镐京。周平王元年(公元前 770 年)，平王东迁，定都雒邑(成周)，此后周朝的这段时期称为东周。

(一)西周的建筑

商代后期，居住于陕西岐山之南一带的周族兴盛起来，文王时其势力有了很大的发展。在武王即位的第二年，联合许多方国部落，大败商军于牧野，灭商建周，迁都于镐(今陕西西安西南)，史称西周。

周族原来生活在陕西、甘肃一带，农业发展水平较商高，而手工业发展水平则较商低，灭商以后，在经济和文化等方面继承了商朝的成就而继续发展。周初，为了控制中原的商族，除首都镐以外，还建立了东都洛邑(河南洛阳)，并分封王族和贵族到各地建立若干诸侯国来统治全国。周的疆域西至甘肃，东北至辽宁，东至山东，南至长江以南，超过了商朝。西周已有少数铁器，到春秋时代铁工具开始推广，工程技术也有很大的进步。

总体上而言，西周时期的建筑具有如下特点。

第一，就其建筑构件而言，根据西周的青铜器，我们可以发现西周建筑的局部形象。如"殷"的四足做成方形短柱，柱上置栌斗，再在两柱之间，干栌斗斗口内施横枋，枋上置二方块，类似散斗，和栌斗一起承载上部版形的座子。这些构件的形状和组合与后代檐柱上的构造方法大体相同。更重要的是"殷"的制作年代，上距武王灭商仅二十多年，因此，我们有充分理由推测商朝末期柱上可能已有栌斗，不过栱的出现应在此以后。此外，西周兽足方鬲的下部，在正面设双扇版门，门扉划分为上下二格，门的两侧各有卧棂造栏杆一段，反映了建筑物入口的形状；其余三面开窗，窗中仅施简单的十字棂格（图 2-14）。

令 殷

兽足方鬲

图 2-14　西周青铜器中表现的建筑构件

第二，就其建筑内部的家具而言，当时室内仍席地跪坐，但席下垫以筵，据《考工记》所载，筵应是宫室建筑计算面积的基本单位的一种。家具类型除商朝已有的几种以外，又有凭靠的几和屏风(扆)、衣架(椸枷)等，而几又是计算室内面积的基本单位。

第三，就其建筑材料而言，西周已出现板瓦、筒瓦、人字形断面的脊瓦和圆柱形瓦钉。这种瓦嵌固在屋面泥层上，解决了屋顶防水问题，瓦的出现是中国古代建筑的一个重要进步。

第四，就其建筑色彩而言，《论语》中有"山节藻棁"的说法，而《春秋穀梁傅注疏》也有"礼楹，天子丹，诸侯黝垩，大夫苍，士黈"等记述，其中所谓楹即是柱，节是坐斗，棁是瓜柱。由此证明，春秋时代已在抬梁式木构架建筑上施彩画，而且在建筑色彩方面也有严格的等级制度了。

第五，就其建筑纹饰而言，西周的建筑上的饕餮纹(图 2-15)、龙纹(图 2-16)、云纹(图 2-17)、凤纹（图 2-18）、涡纹（图 2-19）、波纹（图 2-20）、方形纹（图 2-21）、窃曲纹（图 2-22）等花纹，由承袭商朝旧型开始向新的方向发展。高浮雕的纹饰主题，在构图上已不是丛密而是比较疏朗，线条比较柔和，高低层次的相差比较大，给人一种清新的感觉。这种趋向到春秋时代更为显著。它反映了当时人们的审美观念正在不断改变。

图 2-15　饕餮纹

图 2-16　龙纹

图 2-17　云纹

图 2-18　凤纹

图 2-19　涡纹

图 2-20　波纹

图 2-21　方形纹

图 2-22　窃曲纹

1. 西周的都城

据记载，西周时期最著名的都城为镐与洛邑，其城址尚在探索中，有关建筑遗址还未发现。一般认为战国间流传的《考工记》，记载了周朝的都城制度："匠人营国，方九里，旁三门，国中九经九纬，经涂九轨，左祖右社，面朝后市。"这些制度虽尚待实物印证，但现存春秋战国的城市遗址，如晋侯马、燕下都、赵邯郸王城等，确有以宫室为主体的情况，若干小城遗址还有整齐规则的街道布局，因此《考工记》所记载的至少有若干事实作依据，而非完全出于臆造。汉以后有些朝代的都城为了附会古制，在这段记载的规划思想上进行建设，并作出若干新发展。

2. 西周的宫殿

《左传》与汉初所传《礼记》曾叙述西周宫殿的外部有为防御与揭示政令的阙，此外，还有五层门（皋门、库门、雉门、应门、路门）和处理政务的三朝（大朝、外朝、内朝）。其中，阙在汉唐间依然使用，后来逐步演变为明、清的午门。三朝和五门被后代附会、沿用，在很大程度上影响了隋朝以后历代宫殿的外朝布局。至于当时内廷宫殿的布局虽不明了，但是春秋时代的鲁国已有东西二宫。鲁国的宗庙的前堂称大庙，中央有重檐的大室屋，可能后部还有建筑。从汉朝起，统治阶级的祭祀建筑如太庙、社稷、明堂、辟雍等也多附会周朝流传下来的文献和传统进行建造。

3. 西周的住宅

西周时期的住宅，到如今并未有较大的研究与发现。现已发现的西周住宅中，凤雏西周建筑遗址和召陈建筑遗址都展示了西周时期士大夫的住宅特点。而关于平民的住宅，发现则较少。

(1)凤雏西周建筑遗址

凤雏西周建筑遗址（图 2-23）位于陕西岐山凤雏村，是西周早期的建筑遗址。整组建筑建在

1.3m 的夯土台面上，呈严整的两进院格局。南北通深 45.2m，东西通宽 32.5m。中轴线上依次为屏、门屋、前堂、穿廊、后室。两侧为南北通长的东庑、西庑。这个遗址保持着若干项“第一”的记录。

第一，它是迄今发现的最早的四合院，表明四合院在中国至少也有 3 000 年的历史。

第二，它是最先发现的两进式组群，显示出院与院串联的纵深布局的久远传统。

第三，它是第一个出现的完全对称的严谨组群，意味着建筑组群布局水平的重要进展。

第四，它是第一次见到的完整的“前堂后室”格局，此前的盘龙城宫殿仅是前堂后室的雏形。

第五，它是第一次出现的用“屏”建筑。“屏”也称“树”，就是后来的照壁，由此可知照壁最晚在西周初期就已出现。

第六，它是迄今所知最早的用瓦建筑，只是出土瓦的数量不多，可能只用在屋脊、屋檐和天沟等关键部位，标志着中国建筑已突破“茅茨土阶”的状态，开始向“瓦屋”过渡。

在木构技术上，该遗址显示堂的柱子在纵向均已成列，而在横向有较大的左右错位。室、庑的前后墙柱子和檐柱之间，也是纵向成列而横向基本不对位。因此专家推测其构架做法是：在纵向柱列上架楣（檐额）组成纵架；在纵架上承横向的斜梁；斜梁上架檩；檩上斜铺苇束做屋面。从傅熹年的复原图上，可以看出这组由夯土筑基、筑墙，以纵架、斜梁支撑，屋顶局部用瓦的建筑的外观景象。无论是从空间组织还是从构筑技术来说，这个遗址在中国建筑史上都具有里程碑的意义。

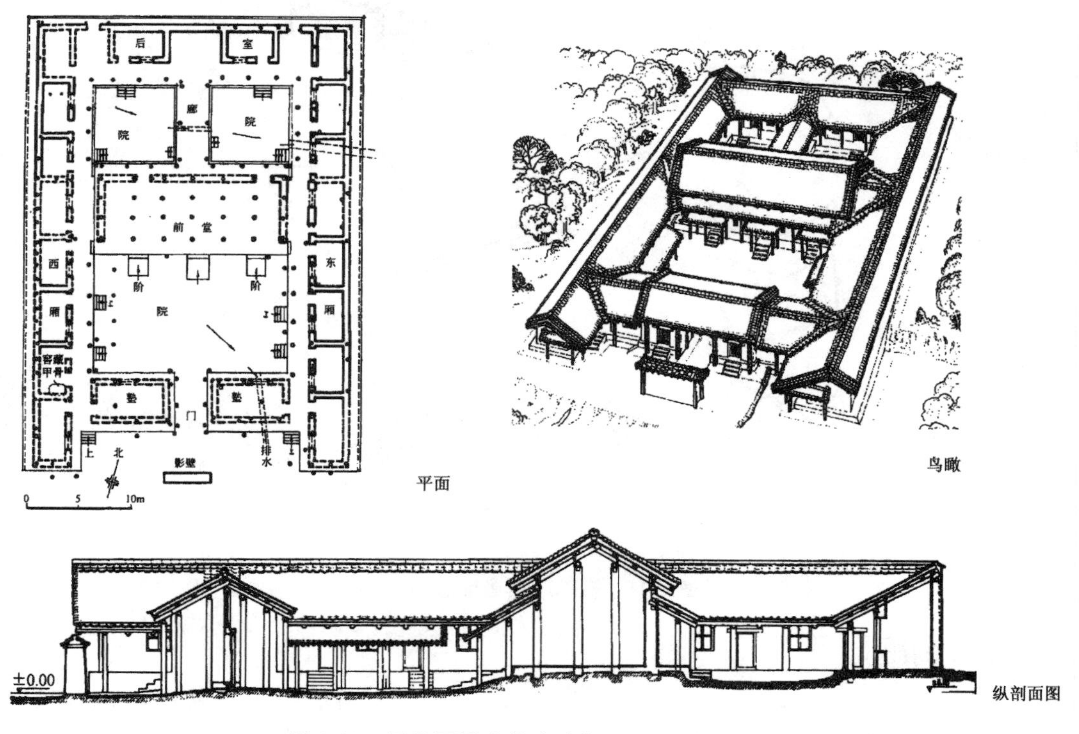

图 2-23　凤雏西周建筑遗址复原图(傅熹年复原)

（2）召陈建筑遗址

该遗址位于陕西扶风召陈村，建筑学家傅熹年对其进行了复原（图 2-24）。遗址已发掘出基址 14 座，除 2 座属西周早期外，其他属西周中期，其中以 3 号、5 号、8 号三座基址面积最大，保存也较完整。各座建筑没有明确的对位，殿屋的功能性质尚不清楚，值得注意的是，3 号基址的最大开间已达到 5.6m，是木构技术的新进展。遗址发现大量瓦件（图 2-25），表明西周中期的重要建筑已采用满铺的瓦屋面，完成了由“茅茨”向“瓦屋”的过渡。

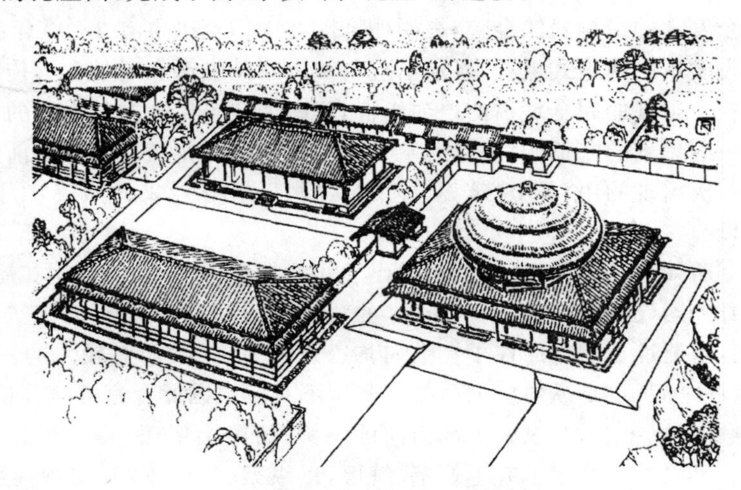

图 2-24　召陈建筑遗址（傅熹年复原）

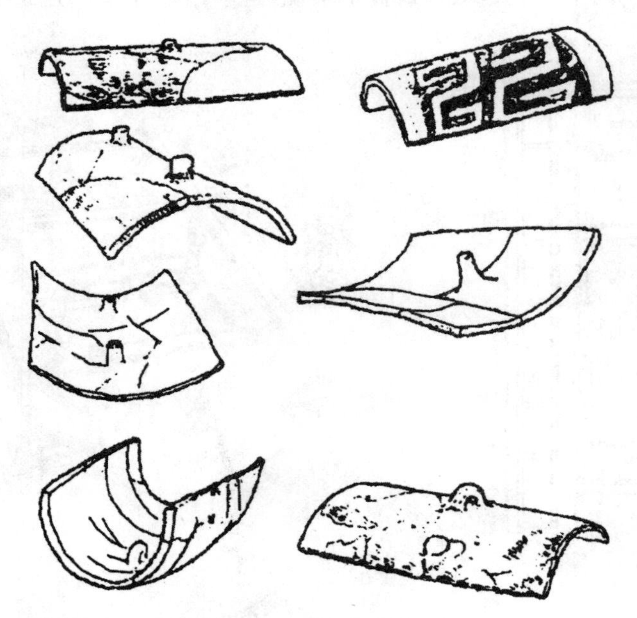

图 2-25　召陈建筑遗址的瓦件

（二）东周的建筑

东周的前半期，诸侯争相称霸，持续了 200 多年，称为“春秋时期”。东周的后半期，周天子地位渐失，各诸侯相互征伐，持续了 200 多年，称为“战国时期”。

1. 春秋时期的建筑

春秋时期，王道中落，群雄争霸，给我国文化带来了活力，“百家争鸣”的局面，乃是我国思想史上最动人的一页，奠定了中国古代哲学的基础。但是，从社会的角度来看，群雄并立，只是大家族分化为小家族，由天子的一统王权变成诸侯的一统霸权，本质并没有改变。群雄的争斗就好像兄弟的打斗，是一家人之内的斗争，显然也是血淋淋的，王权虽被分化，最终总会有一个长大到一统天下，重新建立绝对的君权。春秋时期，诸侯的王城、宫寝在实质上与商、周的也并无本质不同，只是规模上略逊一筹。这是因为其国力毕竟不比"家天下"的天子。另外，还有礼教因素，使各国的公侯不敢轻易犯僭越的罪名。"挟天子以令诸侯"，就是这种正统思想的最好表现。权势大似天子，但仍要以天子的名义行事。

这一时期，多国并存，生产力水平提高，财富集中于城市中，促进了城市的发展，产生了与《考工记》所述严整的王城规划不同的自由规划，丰富了城市建设理论，对后世的城市发展有很大的影响。另外，春秋时期诸侯宫殿常常修在高高的夯土台上，称为高台建筑。这种建筑形式的产生，多半是由于诸侯国之间争斗残酷，使得公侯们企图以高台来保卫自身安全的结果。大量的高台建筑是这一时期建筑发展的一大特点。

在建筑材料的使用上，春秋时期，瓦的使用逐渐普遍，建筑的屋顶坡度由草屋顶的 1∶3 降至瓦屋顶的 1∶4(见《考工记》)。这时除板瓦以外，又出现了表面有纹饰的瓦当(图 2-26)。

图 2-26　春秋时期的瓦当

在建筑纹饰上，春秋时期的建筑纹饰主要有绳纹（图 2-27）、凤纹（图 2-28）、三角纹（图 2-29）等。

图 2-27　绳纹

图 2-28　凤纹

图 2-29　三角纹

（1）春秋时期的都城

春秋时期存在着大大小小一百多个诸侯国。各国的经济不断发展，生产水平逐步提高，能维持不断增长的城市人口的消费，而财富也集中于城市中，再加上各国之间战争频繁，用夯土筑城自然成为当时一项重要的国防工程。

"使封人虑事，以授司徒。量功命日，分财用，平板榦，称畚筑，程土物，议远近，略基址，具餱粮，度有司。……"

由此可想象当时各诸侯国都有一个或大或小的城，其中少数城址已被发现，并正在探掘中。由于筑城活动增多，逐渐形成一套筑墙的标准方法，如《考工记》所载，墙高与基宽相等，顶宽为基宽的三分之二；门墙的尺度以"版"为基数等。

（2）春秋时期的宫殿

春秋时期，在宫殿建筑上，出现了一种高台建筑，它是一种以高大土台为中心，并借助于它，所建起来的类似层层叠叠宫殿、楼阁的庞大建筑群。

当时的统治者、各诸侯国为了政治、军事上的需要，为了贪图享乐建造了大量的高台宫殿。此种建筑到春秋、两汉时期达到了高峰，而后慢慢减少，但一直延续到清代。北海公园的"团城"，就是这种高台建筑的遗风。

以下挖掘出的建筑图像和建筑遗址复原图像有助于我们进一步了解春秋时期的宫殿样式。

①秦咸阳一号宫殿遗址复原图像。

该遗址位于陕西咸阳，是秦咸阳宫的一座台榭基址。我国建筑学家杨鸿勋对其进行了复原（图 2-30）。复员后的宫殿平面呈曲尺形，一层夯土台体南部有 5 室，北部有 2 室，周边绕回廊。二层中部矗起两层楼的主殿屋，西部有 2 室，东南角有 1 室，东北部呈转角敞厅；除敞厅外，均绕以回廊；台面南部留出宽大的露台。上下层各室主要用作居室、浴室。各层排列灵活，形体高低错落。这座基地只是东西对称的一组宫观的“西观”，它与东观之间有飞阁复道相连，为我们展示了宫观建筑的生动形象和台榭建筑的丰富表现力。

台榭建筑是大体量的夯土台体与小体量的木构廊屋的结合体，它反映出当时在防卫上和审美上需要高大建筑的特点，而木构技术水平尚难以达到，不得不通过阶梯形的夯土台体来支承、联结。这种土台可以做得很大，可以高达数层，可以取得庞大的规模和显赫的形象。但夯土工作量极为繁重，夯土台体自身占去很大结构面积，在空间使用和技术经济上都有很大局限。因此，随着木构技术的进步和大量奴隶劳动的终止，台榭建筑在汉以后，已趋于淘汰。

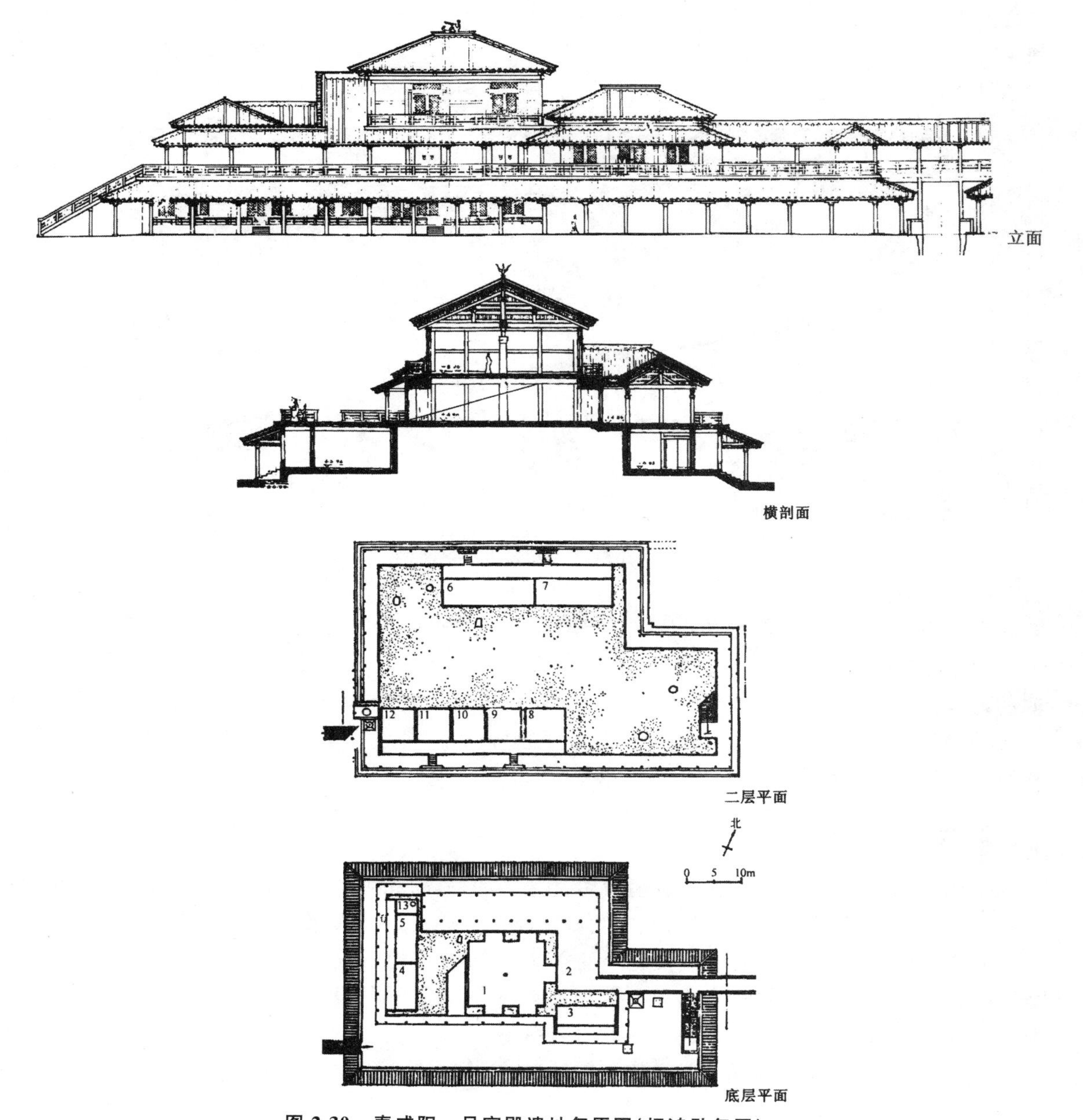

图 2-30　秦咸阳一号宫殿遗址复原图(杨鸿勋复原)

②辉县赵固“宴乐射猎图案”刻纹铜鉴中的建筑图像。

春秋时期掀起一股“高台榭，美宫室”的建筑潮流。台榭建筑的基本特点是以阶梯形土台为核心，逐层架立木构房屋。在辉县赵固发现的“宴乐射猎图案”刻纹铜鉴的图案中，刻有一座三层建筑，底层中为土台，外接木构外廊；二、三层均为木构，均带回廊并挑出平台伸出屋檐。整个图像为我们显示了土木混合结构的台榭建筑的直观形象。

③中山王陵园全景想象复原图。

河北省平山县春秋时期中山王墓出土了一块铜板兆域图。版面刻出陵园的平面图。傅熹年据此图和王墓的发掘资料，绘出了想象复原图(图2-31)。图上可见，在两道围墙内，突起一组凸字形的高台。台上中部并列王与后三座享堂，两侧各有一座稍低、稍小的夫人享堂，5座享堂下部是对应的坟丘。5座享堂自身都是台榭建筑。这组兆域图生动地显示出台榭建筑组合体的庞大体量和雄大气势，也标志着战国时期大型组群所达到的规划设计水平。

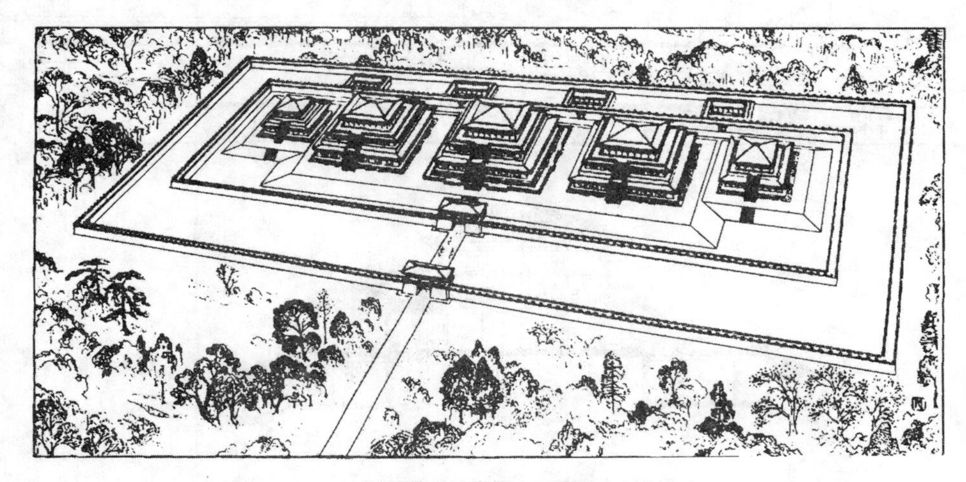

图2-31　中山王陵园全景想象复原图(傅熹年复原)

(3)春秋时期的住宅

目前为止，对春秋时期的住宅研究主要集中于士大夫的住宅上，对平民住宅研究较少。

根据《仪礼》所载礼节，研究春秋时代士大夫的住宅，已大体判明住宅前部有门。门是面阔3间的建筑，中央明间为门，左右次间为塾。门内有院。再次为堂。堂是生活起居和接见宾客、举行各种典礼的地点，堂的左右有东西厢，堂后有寝卧的室，都包括于一座建筑内。堂与门的平面布置，到汉朝初期没有多大改变。

2. 战国时期的建筑

战国时期，由于铁工具的开始普遍应用、生产力的提高和生产关系的改变，促进了农业和手工业生产的发展，扩大了社会分工，商业与城市经济都逐步繁荣起来。在这时期，士阶层的知识分子在学术上的百家争鸣，引起了文化上的空前活跃和发展。在这样的社会基础上，反映在建筑上的是大城市的出现，大规模宫室和高台建筑的兴建，以及瓦的发展和砖的出现，装饰纹样也更加丰富多彩。铁工具——斧、锯、锥、凿等的应用，对于制作复杂的榫卯和花纹雕刻，提供了有利条件，从而提高了木构建筑的艺术和加工质量，加快了施工的速度。

(1)战国时期的宫殿

战国时期,宫殿建筑多为高台建筑,其原因主要有以下四个方面。

①在高台上建宫殿,高大雄伟,气势磅礴,是地位、权势的象征。

②春秋时140多个诸侯国战争兼并,你争我夺,到战国时仅剩齐、楚、燕、韩、赵、魏、秦七国,战争仍接连不断。为了防御敌人入侵,把宫殿建在高台上,便于瞭望与防守。

③以土台为中心,以小体量建筑层叠,形成大的建筑群,在当时材料、技术的局限下,是一种巧妙的解决途径。

④古人崇拜上天,住在高台上,离天更近一些。

现今保存下来的高台遗址有战国秦咸阳宫殿、燕下都老姆台、邯郸赵王城的丛台、山西侯马新田故城内的夯土台等。

(2)战国时期的住宅

与宫室相同,战国时期的住宅也多为台榭建筑,有许多二层、三层的台榭。这种住宅建筑不仅能够防潮,也利于自我防卫。

(3)战国时期的陵墓

战国时期,等级制度化和《周礼》使诸国风行厚葬,大小诸侯不仅生前生活穷奢极欲,死后也要厚葬,所谓"事死如事生",因此陵墓建筑都特别讲究。于是,墓葬礼仪等级化更加明显,随之而来的墓葬礼仪是身份越高、权势愈大,墓坑就愈深、台阶就愈多、墓道就愈长。高层贵族的椁分多室,棺有多层,出现分隔椁室的隔板、隔墙、门窗、立柱等建筑构件,初步形成地下宫殿式建筑形式。

战国时期,陵墓多分为地上与地下部分,地下部分为墓室。杨鸿勋先生依据河北省平山县出土的中山王陵(图2-32)及兆域图,复原出《据兆域图所绘制的原规划设计的总体鸟瞰图》,从中我们可以看到当时的陵墓规模及享堂的形象。

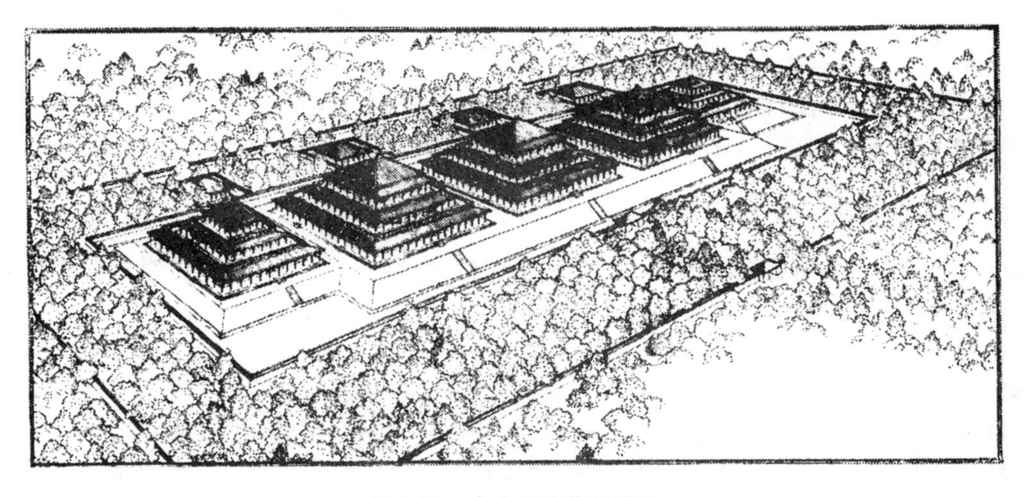

图2-32　中山王陵墓复原图

中山王陵墓地面上也是一种高台建筑,在具有明显收分的高台上,设有建筑基座,基座上第一层是单坡的回廊;回廊顶部是平台,四周设栏杆,栏杆往里是平台,平台往里又是第二层回廊;回廊顶部又是平台,平台四周设栏杆,栏杆往里为四周环廊的四阿式享堂,屋面有一阶跌落。

第三章 秦汉魏晋南北朝时期的建筑

秦汉时期，城市逐渐发展，经济逐步繁荣，建筑也随之兴起，许多大规模的宫殿和陵墓以及万里长城等，无一不体现出恢宏的气势。之后的魏晋南北朝时期既是社会动乱时期，也是民族大融合的时期，这一时期的建筑虽然较之两汉时期没有多少创造和革新，但是在宗教建筑方面却有着突出的成就，融入了许多新的因素，使汉代比较质朴的建筑风格，开始朝着成熟的方向发展。

第一节 秦汉时期的建筑

一、秦代的建筑

公元前 221 年，秦灭六国，建立了中国历史上第一个真正实现统一的国家。秦都咸阳原计划沿着渭河两岸，以渭水贯都，横桥飞渡，弥山跨谷，广布宫苑，建置空前庞大的都城，因秦王朝仅存在 15 年而未能完成。但咸阳的大兴土木，集中了全国巧匠、良材，起到了交流技艺的作用。强盛而短暂的秦帝国，在长城、宫苑、陵寝等工程上，投入的人力物力之多，建造的规模之大，都令人吃惊。从遗留至今的阿房宫、骊山陵遗址，可以想见当年建筑的恢宏气势。同时，这些宫苑由于模仿战国时代各国的宫殿建筑，使当时各种不同的建筑形式和不同的技术经验初步得到了融合和发展。由于秦代延续时间较短，遗留下来的多为皇室宫殿、帝王陵墓和军事建筑等其他建筑，都城和民间住宅尚待发掘。所以此处我们仅对秦代的宫殿、陵墓和其他建筑进行详细介绍。

(一)秦代的宫殿

公元前 221 年，秦始皇统一六国，建立了一统天下的君主专制王朝。秦始皇(嬴政)在统一中国的过程中，吸取各国不同的建筑风格和技术经验，于始皇二十七年(公元前 220)兴建新宫。新宫的建设程序是首先在渭水南岸建起一座信宫，作为咸阳各宫的中心；然后由信宫前开辟一条大道通骊山，建甘泉宫。继信宫和甘泉宫二组建筑之后，又在北陵高爽的地方修筑北宫。信宫是大朝，咸阳旧宫是正寝和后宫，其他宫殿是妃嫔居住的离宫，而甘泉宫则是避暑处，并为太后所居。此外，还有兴乐宫、长杨宫、梁山宫以及上林、甘泉等苑。这些庞大的建筑组群都是用强制劳动的方式，征调人民在十年内陆续建成的。

秦始皇三十五年(公元前 212)，秦国力强盛，秦始皇认为都城咸阳人太多，而先王的皇宫又小，下令在故周都城丰、镐之间渭河以南的皇家园林上林苑中，仿集天下的建筑之精英灵秀，营造一座新朝宫，开帝王为自己建造宫殿之先河。朝宫的前殿就是历史上有名的阿房宫。这次建宫计划，在渭南上林苑中，以阿房宫为中心，建造许多离宫别馆。有关阿房宫的文献很多，《史记》中就有多处记载："先作前殿阿房，东西五百步，南北五十丈，上可以坐万人，下可以建五丈旗。周驰为阁道，自殿下直抵南山。表南山之颠以为阙，为复道，自阿房渡渭，属之咸阳。""因地形，用制险塞，起临洮，至辽东，延袤万余里。"等，《阿房宫赋》中也有"阿房宫，三百里"的说法，阿房宫建筑在历史上堪称空前(图 3-1)。

图 3-1　阿房宫景区

秦二世(胡亥)即位后，为了集中力量修筑始皇的陵墓，把阿房宫的兴建工程停工一年，第二次开工缩小了计划范围，然而没有等到竣工，秦代就被农民革命所推翻。现在阿房宫只留下长方形的夯筑土台，东西约长 1 000m 余，南北约长 500m，后部残高 7～8m。台上北部中央还残留了不少秦瓦。

依据当代现有考古证据，阿房宫并未建成。唐人杜牧在《阿房宫赋》中描写为"复压三百余里，隔离天日"的秦阿房宫是一处规模宏大的宫殿建筑群，也是我国历史上规模最宏大的建筑之一。根据勘探发掘确定，仅阿房宫前殿遗址夯土台基东西长 1 270m，南北宽 426m，现存最大高度 12m，夯土面积 541 020m²，是迄今所知中国乃至世界古代历史上规模最宏大的夯土基址。据考古专家推算，阿房宫前殿遗址的面积规模与史书记载的"东西长 500 步，高达数十仞，殿内举行宴飨活动可坐万人"所描写的基本一致(图 3-2)。

图 3-2　阿房宫复原图

此外，秦始皇在渭水之南做上林苑，苑中建了很多离宫。在咸阳"作长池，引渭水，……筑土为蓬莱山”，开创了人工堆山造湖的先河。

(二)秦代的陵墓

在秦代，封土为覆斗形“方上”陵墓形制，地宫位于封土之下，已开始形成地上和地下相结合的建筑群体。秦代陵墓仿宫廷建筑格式，有高大的覆斗形封土和豪华的地下宫殿，封土周围有双重陵垣，四向辟门，有广阔的陵园。

中国历史上第一个皇帝的陵园是秦始皇陵(图 3-3)。它位于陕西临潼骊山北麓、渭河南岸的平原上。据北魏时期的郦道元解释：“秦始皇大兴厚葬，营建冢圹于骊戎之山，一名蓝田，其阴多金，其阳多美玉，始皇贪其美名，因而葬焉。”郦道元的观点受到学术界多数学者的肯定。不过也有学者提出过异议，持否定意见的一方认为，秦始皇陵选在骊山，一是取决于当时的礼制，二是受“依山造陵”传统观念的影响。秦代“依山环水”的造陵观念对后代建陵产生了深远的影响。西汉帝陵如高祖长陵、文帝霸陵、景帝阳陵、武帝茂陵等就是仿效秦始皇陵“依山环水”的风水思想选择的，以后历代陵墓基本上继承了这个建陵思想。

图 3-3 陕西临潼县秦始皇陵墓遗迹

陵园按照秦始皇死后照样享受荣华富贵的原则，仿照秦国都城咸阳的布局建造，大体呈回字形，平面呈长方形，有两重夯土垣墙。内垣周长约 2 500m，外垣周长约 6 300m。除内垣北墙开二门外，内外垣各面均开一门。陵墓封土在内垣南半部，为夯土建造，底部方形，每边长约 350m，现存残高 43m。封土的原来形状，因年久塌毁，已不甚明显，估计应为覆斗形，其体量也当比现状更为高大。内垣北半部已发现建筑遗迹，可能是寝殿或寝殿附属建筑的所在。史书记载，秦始皇曾征调劳力 70 余万人建陵，前后延续 30 余年，工程极为浩大。墓室极为考究，“穿三泉，下铜而致椁，宫观百官奇器珍怪徙藏满之”。

秦陵工程的设计者不仅在墓地的选择方面表现了独特的远见卓识，而且对陵园总体布局的设计也是颇具匠心。整个陵园由南北两个狭长的长方形城垣构成。内城中部发现一道东西向夹墙，正好将内城分为南北两部分。高大的封冢坐落在内城的南半部，它是整个陵园的核心。陵园的地面建筑集中在封土北侧，陵园的陪葬坑都分布在封冢的东西两侧，形成了以地宫和封冢为中心，布局合理，形制规范的帝王陵园。陵园东边有始皇诸公子、公主的殉葬墓，有埋置陶俑、活马的葬坑群，还有模拟军阵送葬的兵马俑坑(图 3-4)。其中最大的坑，东西长 230m，南北长 62m，深 5m，出土兵马俑 6 400 件之多，还出土了一些兵器，兵马俑的出土震撼了全世界。这是中国历史上规模最大、最雄伟、最壮观的陵墓，对后代帝王陵寝也产生了深远影响。

图 3-4　秦皇陵兵马俑

秦始皇陵东侧约 1km 处共发现 4 座俑坑。1 号坑平面呈长方形，面积 12 600m²，约 6 000 人马，是以步兵为主的军阵。2 号坑平面呈曲尺形，面积约 6 000m²，是以战车和骑兵为主的军阵。3 号坑平面呈凹字形，面积约 520m²，东西长 17.6m，南北宽 21.4m，深 5.2～5.4m，坑内建筑平面分为南、中、北三部分，相互通联，兵马俑仅 70 个，似是统帅三军的指挥部，但未发现将军俑。1 号、2 号、3 号俑坑都是土木结构的地下建筑。其构造是坑的周围立断面为 30cm×25cm 的方木柱，柱上置 30cm 见方的枋木。枋木上排列棚木，棚木的圆径为 20～50cm。棚木上覆盖一层人字形编芦席，然后填土夯筑。坑的底部全用条形青砖墁铺。3 号坑未经火焚，属自然塌陷，但塌陷前曾遭人为的严重破坏。4 号坑仅有三面围墙，是未建成而废弃的空坑。这批兵马俑有可能是送葬军阵的模拟，守陵卫戍部队的模拟，这些兵马俑、战车实物以及实战兵器的出土，形象地展示了秦始皇时代军队的兵种、编制和武器装备情况。

20 世纪 70 年代在岭东 1.5km 处发现的秦兵马俑和铜马车，史书上对此并无记载。兵马俑估计有陶俑、陶马七八千件，至今完成了局部开发。陶俑队伍由将军、士兵、战马、战车组成 38 路纵队，面向东方。兵马的尺度与真人真马相等，兵佣所持青铜武器完好而锋利，可以想象，这一支守皇陵的卫队将是一支十分庞大的队伍。陶俑替代真人殉葬，不能不说是一种进步。

与其他国君陵园相比，秦始皇陵园的总体布局有以下显著特点。

首先，秦始皇陵的封冢位置有别于其他国君陵园。其他国君陵园大多是将封冢安置在回字形陵园的中部，而秦始皇陵封冢位于内城南半部。从陵园总体布局来看，始皇陵封冢并不在西半部。封冢围起于陵园南半部正是封冢“树草木以象山”的设计思想决定的。

其次，秦始皇陵在布局上体现了一家独尊的特点。过去发现的魏国国君陵园，其中并列着三座大墓，中山国王陵园内也排列着五座大墓，秦始皇陵园内只有一座高大的坟墓，充分显示了一家独尊的特点。其他国君陵园的布局则显示了以国君、王后、夫人多中心的特点。这一区别正是秦国尊君卑臣的传统思想在陵寝布局上的反映。

总之，秦始皇陵是中国历史上第一座帝王陵园，是我国劳动人民勤奋和聪明才智的结晶，是一座历史文化宝库，在所有封建帝王陵墓中以规模宏大、埋藏丰富而著称于世。

(三)秦代的其他建筑

秦统一六国后,大筑长城,西起临洮东到辽东连为一个整体,全长两千多公里。长城所经地区包括黄土高原、沙漠地带和无数高山峻岭与河流溪谷,各处地形、地貌、地质不同,因而筑城工程采用了因地制宜、就材筑造的方法,创造了中外建筑史上的奇迹。在黄土高原一般用土版筑或土墼,现存临洮秦长城就是用版筑建成。玉门关一带的汉长城则用沙砾石与红柳或芦苇层层压叠,残垣高 5～6m,层次还清晰可辨。无土之处则垒石为墙,如赤峰附近的一段,用石块砌成,底宽 6m,残高 2m,顶宽 2m,并有显著的收分。山岩溪谷之处则又杂用木石建造。这个伟大工程是用了很大劳动力,牺牲了很多生命建成的,在当时曾经起着防御的作用。秦长城因年久颓废,仅留存部分遗址(图 3-5)。

图 3-5　甘肃临洮县秦长城遗迹

二、西汉的建筑

经过秦末的农民起义战争,继秦而统一中国的是西汉(公元前 206—公元前 8)。在公元前 2 世纪后期,西汉的疆域比秦代更大,开辟了通过西域的中西贸易往来和文化交流的通道。西汉的封建经济进一步巩固,工商业不断发展,促进了城市繁荣,出现了大地主、大商人。汉武帝刘彻罢黜百家,尊崇儒术,确立礼制,以巩固皇权,形成了此后两千年封建社会统治阶级的主导思想。由于建筑是“威四海”的精神统治工具，汉代都城的规模更加宏阔，宫殿苑囿更加巨大和华美，未央、长乐两宫都是周围长达十公里左右的大建筑组群。礼制思想也深刻地影响着都城、宫殿和祭祀建筑的布局以及住宅的等级制度。儒家“慎终追远”的思想加强了商朝以来传统的厚葬制度，从而陵墓的规模更加宏大。同时，儒家与阴阳五行等迷信相结合的谶纬之说也在西汉末年流行起来，对人们生活和建筑都产生了影响。在工程技术方面，西汉建筑的平面和外观日趋复杂，高台建筑日益减少，楼阁建筑逐步增加，并且大量使用了成组的斗栱。木建筑的结构方法有抬梁式、穿斗式和井干式三种。这时木椁墓已逐渐减少，而空心砖墓、砖券墓、石板墓和崖墓等不断增多，可以看出当时砖石结构技术正处于迅速发展的阶段。因此，西汉是中国封建社会中政治、经济、文化以至建筑方面的第一个高潮时期。

(一)西汉的宫殿

汉代的宫殿建筑，不仅大而且注意空间发展。《三辅黄图》记载未央宫有天禄阁、麒麟阁，高可越城，长可跨池。两汉时期的宫殿园囿建筑规模很大，装饰华丽，并明显具有屋顶、屋身、屋基“三段式”构建的纵向特征。此时砖、瓦等制造和建筑技术已很成熟，尤其以空心砖技术更为精致，种类也更为繁多，使得大型宫殿、宫殿建筑的出现成为必然。其宫殿、宫殿建筑的独特风格与艺术成就，如建筑呈现体量大、气势磅礴、装饰豪华的特点，宫殿建筑内大宫套小宫，宫中有宫但各宫又自成一区的建筑形态，对后世具有深远的影响。

西汉之初，仅修建未央宫、长乐宫和北宫(图 3-6)，到汉武帝才大建宫苑，有建章宫等。

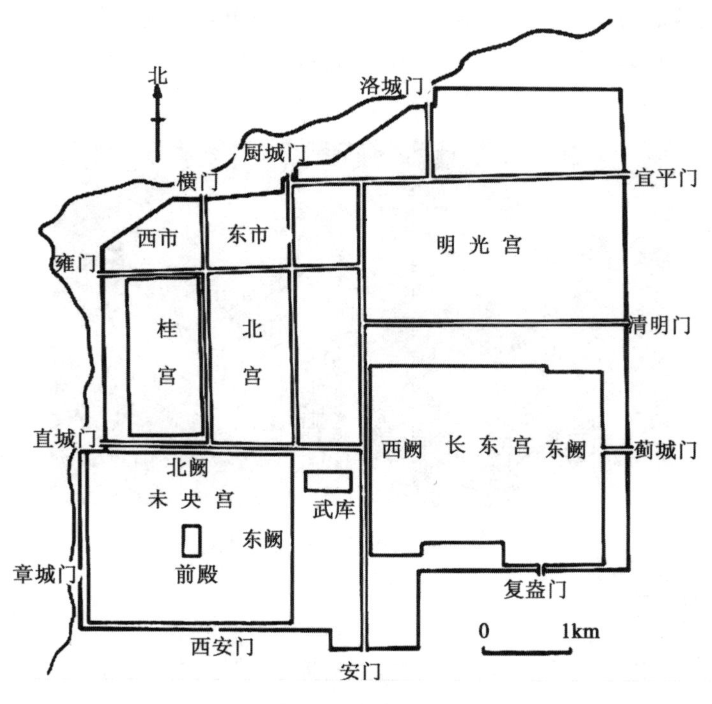

图 3-6 西汉宫殿

未央宫是大朝所在地，周回 14 000m，位于长安城内之西南部，利用龙首山岗地，削成高台，为宫殿的台基，可见战国时代高台建筑在西汉时期依然盛行。未央宫以前殿为其主要建筑，前殿东西 166.67m，深 50m，高 116.67m，平面面阔大而进深浅，呈狭长形，是这时期宫殿建筑的一个特点。疏龙首山为殿台，不假板筑，高出长安城。“以木兰为棼橑，文杏为梁柱；金铺玉户，华榱壁珰；雕楹玉碣，重轩缕槛；青琐丹墀，左碱右平，黄金为壁带，间以和氏珍玉”。殿内两侧有处理政务的东西厢。这种在一个殿内划分为三部分，兼大朝、日朝的方法与周朝前后排列三朝的制度有所不同。这个宫城周围 8 900m，宫内除前殿外，还有十几组宫殿和武库、藏书处、织绣室、凌室（藏冰室）、兽园、渐池与若干官署。

太后住的长乐宫位于长安城的东南隅，北面和明光宫连属。长乐宫周回 10 000m，在长安城内东南部，内有长信、长秋、永寿和永宁四组宫殿，其前殿东西 165.67m，两序中 116.67m，深 40m，除去两序，其修广略如今北京清宫太和殿。

北宫在未央宫之北，是太子居住地点。

建章宫位于长安西郊，是苑囿性质的离宫。周回约 10 000m，其前殿高过未央宫。有约 66.67m 的凤阙，脊饰铜凤。又有井干楼和置仙人承露盘的神明台。宫内有数十里虎圈，还有河流、山岗和辽阔的太液池，池中起蓬莱、方丈、瀛洲三岛；并在宫内豢养珍禽奇兽，种植奇花异木。在建章宫前殿、神明台及太液三岛等遗址中曾发现夯土台和当时下水道所用的五角形陶管。

从未央、长禾和建章等宫的文献和遗迹可以得知，西汉“宫”的概念是大宫中套有若干小宫，而小宫在大宫（宫城）之中各成一区，自立门户，并充分结合自然景物。这些宫殿的规模与所占面积之大，说明汉代统治阶级的奢侈享受，其庄严的格局和宏伟的气魄，又是为了表示皇权专治的威严。

从 1956—1957 年，在陕西省西安市西郊（汉长安城南郊）发掘出了一座西汉时期的礼制建筑遗址。这座建筑的实际功用大概有举行祭祀典礼、举行颁布政令的典礼、举行召见王公大臣的典礼、举行学习礼乐的典礼以及“占云望气”。这座遗址的发掘，给现代人研究汉代一般大型建筑提供了珍贵的材料（图 3-7）。

图 3-7　汉长安南郊礼制建筑总体复原图

（二）西汉的住宅

西汉时期有些贵族和豪富建有富于自然风景的园林，如文献所载茂陵富豪袁广汉，在茂陵北山下建一座花园宅第（图 3-8），东西约 1 600m，南北约 2 000m。园中房屋重阁回廊，徘徊相连，并构石为山，引水为池，池中积沙为洲。园内养着奇兽珍禽，培植着各种花草树木。

河南郑州出土的汉墓空心砖（图 3-9）上刻有前后两院的住宅。宽敞的前院绕以围墙，右侧建门阙，面临大道。来访宾客的车马络绎于途，而停踕于前院二进门外。第二道门偏于左侧，门上覆以重檐庑殿顶，门内为居住部分。前后院都盛植花木。王莽时曾下令："宅不树艺者为不毛，出三夫之布"。这幅图像充分展示西汉住宅重视绿化的景象。

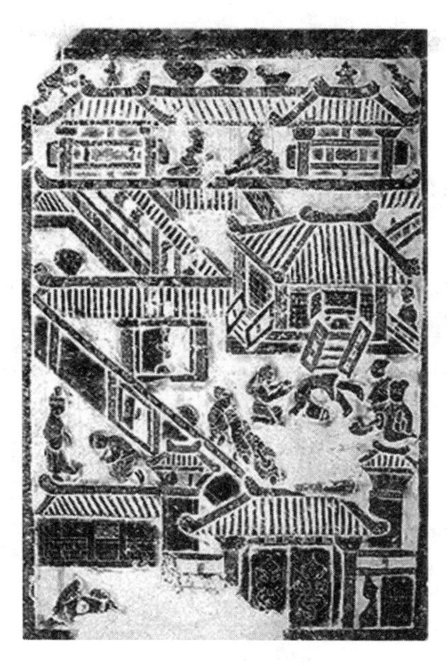

图 3-8　茂陵花园宅第图

图 3-9　郑州汉墓空心砖宅院图

从上述住宅所反映的规模和居住者的生活情况来看，应是当时官僚、地主或富裕商人的住宅。由此可知，两汉时期贵族的大型宅第，外有正门，屋顶中央高，两侧低，其旁设小门，便于出人。大门内又有中门，它和正门都可通行车马。门旁还有附属房间可以居留宾客，称为门庑。院内以前堂为其主要建筑。堂后以墙、门分隔内外，门内有居住的房屋，但也有在前堂之后再建饮食歌乐的后堂的。这种布局应自春秋时代的前堂后室扩展而成。除了这些主要房屋以外，还有车房、马厩、厨房、库房以及奴婢的住处等附属建筑。

（三）西汉的陵墓

西汉初期承袭秦制，建造大规模的陵墓，往往一陵役使数万人，工作数年。这些陵墓大部分位于长安西北咸阳至兴平一带（图 3-10）。西汉 11 个皇帝陵均在汉长安附近，其中高祖长陵、惠帝安陵、景帝阳陵、武帝茂陵、昭帝平陵、元帝渭陵、成帝延陵、哀帝义陵和平帝康陵分布在汉长安以北的咸阳原上，文帝灞陵和宣帝杜陵分别坐落在汉长安东南的白鹿原与少陵原上。

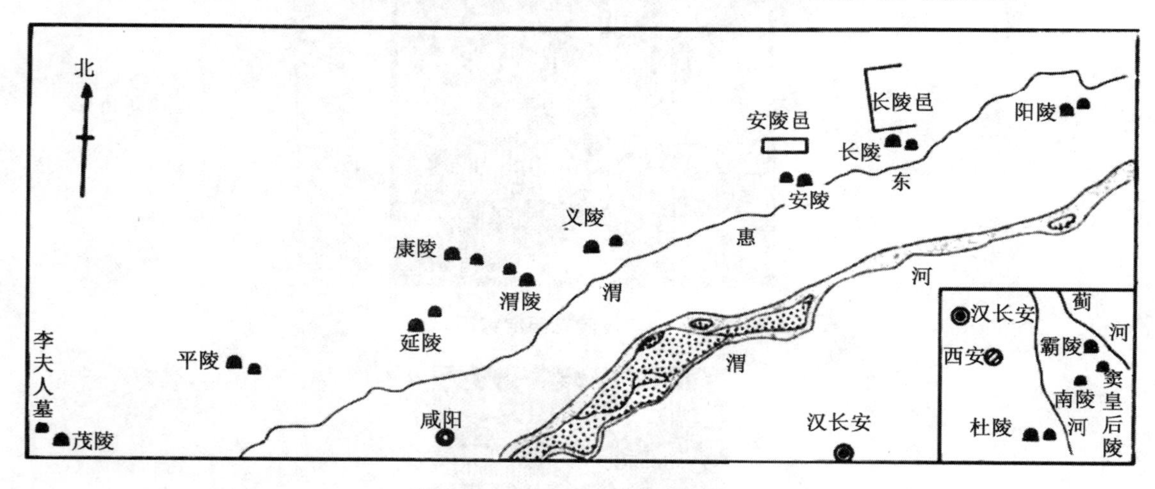

图 3-10　陕西兴平县陵墓分布图

西汉皇陵的突出特点是：广阔的陵园一望无边；高大的覆斗形封土气势非凡；陵上面建寝殿，四周建围墙，呈十字轴线对称；有大型的神道石雕塑像；实行帝陵居西、后陵居东的“同陵不同穴”规制。帝陵旁有后妃、功臣贵戚的坟墓，并创陵邑制。西汉逐步形成了完整皇陵建制，“梓宫、便房、黄肠题凑”的葬具体系成为西汉时期天子使用的最高级葬制，对后代产生了极大的影响。

坟的形状承袭秦制，累土为方锥形而截去其上部，称为“方上”。最大的方上约高 20m。其上应有享堂建筑，四周筑城墙，神道两侧排列石羊、石虎与戴翼石狮，最外建有仿木质石阙。地下墓室初期仍为木椁墓“题凑之室”（黄肠提凑），即墓室内加一层以顶端向内的柏木枋累成的木壁，梓棺停放在黄肠题凑内。至东汉时期除木构的墓室外，更多的是砖墓，券顶或穹窿顶。有的整座墓室就像地面上的大宅院，有前、中、后三室，如同厅、堂、室。陵墓享堂，每日要献食上供。

汉武帝刘彻的茂陵（图 3-11）是其中规模最大的一座，位于陕西兴平县城东 15km 处。其北面远依九骏山，南面遥屏终南山。东西为横亘百里的“五陵原”。此地原属汉时槐里县之茂乡，故称“茂陵”。汉武帝继位的第二年（公元前 139）就开始建陵，持续建了 53 年。建陵时曾从各地征调建筑工匠、艺术大师 3 000 余人，工程规模之浩大，令人瞠目结舌。汉承秦制，陵山呈覆斗形，显得庄严稳重。底边各长 230m，高 46.5m，周围为夯土垣墙，东西长 430m，南北长 414m，每面正中各辟一门，门外立夯土筑的双阙。方上为夯土筑造，顶部残留少数柱础，方上的斜面也堆积很多瓦片，表明其上曾有建筑。史籍提到陵园内建有用于祭祀的寝、庙、便殿以及宫女、守陵人员居住的大批房屋，设有 5 000 人在此管理陵园，负责浇树、洒扫等差事。每天都由宫女理被枕，具盥水，日四上食，事死如事生。而且在茂陵东南营建了茂陵县城，许多文武大臣、名门豪富迁居于此，人口达 277 000 多人。据记载，汉武帝曾动用全国赋税收入的三分之一作为建陵和搜置随葬品的费用。这个数字可能有所夸大，但陵墓工程之巨大精丽，随葬品之奢侈丰厚，由此也可想见。

图 3-11　陕西兴平县茂陵

汉武帝的梓宫，是五棺二椁。五层棺木，置于墓室后部椁室正中的棺床上。墓室的后半部是一椁室，它有两层，内层以扁平立木叠成“门”形。南面是缺口，外层是黄肠题凑。五棺所用木料，是楸、梓和楠木，三种木料，质地坚细，均耐潮湿，防腐性强。梓宫的四周，设有四道羡门，并设有便房和黄肠题凑的建筑，便房的作用和目的，是“藏中便坐也”。《汉书·霍光传》曰：“便坐，谓非正寝，在于旁侧可以延宾者也。”简单地说，便房是模仿活人居住和宴飨之所，将其生前认为最珍贵的物品与死者一起殉葬于墓中，以便在幽冥中享用。“黄肠题凑”是“以柏木黄心，致累棺外，故曰黄肠。木料皆内向，故曰题凑。”汉武帝死后，所作的黄肠题凑，表面打磨十分光滑，颇费人工，由长 90cm，高宽各 10cm 的黄肠木 15 880 根，堆叠而成。茂陵建筑宏伟，墓内殉葬品极为豪华丰厚，史称“金钱财物、鸟兽鱼鳖、牛马虎豹生禽，凡百九十物，尽瘗藏之”。相传武帝的金镂玉衣、玉箱、玉杖等一并埋在墓中。它是汉代帝王陵墓中规模最大、修造时间最长、陪葬品最丰富的一座，被称为“中国的金字塔”。

茂陵的西北有汉武帝最宠爱的李夫人的英陵，东边有霍去病、卫青、金日殚、霍光等人的 12 座陪葬墓，形成了一组庞大的墓葬群。霍去病墓在其东侧，仅存方上及陵上石刻十余件。石刻有虎、羊、牛、马等，手法古拙，其中马踏匈奴最为著名(图 3-12)，是中国早期石刻艺术的杰作。

图 3-12　马踏匈奴

该系列石雕不仅展现了早期粗犷而写意的石雕风格，也使我们第一次看到了这种由石雕组成的墓前神道。通常，墓前神道的最前方为左右一对石阙，然后是马、虎、骆驼、羊等动物，神道之后才是陵墓的地上建筑部分。石阙形象有如一块石碑顶上安有木结构形式的石屋顶，阙身和阙顶上不但雕有柱、枋、斗栱、椽子、瓦等木建筑的构件，还附有人物等花纹。四川雅安高颐阙是现存实例中最为精美的一例，阙身为一大一小拼为一体，称为子母阙（图 3-13），阙位于墓前神道的前方，成为陵墓的入口标志，在有的汉墓前还立有石柱，也是墓前的一种标志性建筑。

图 3-13　四川雅安高颐墓阙

西汉初期仍广泛使用木椁墓，据文献所载帝后陵的墓室，用坚实的柏木做主要构材；防水措施依旧以沙层与木炭为主。同时，战国末年出现的空心砖逐步应用于墓葬方面。据河南洛阳一带发掘的圹墓，空心砖约长 1.10m，宽 0.405m，厚 0.103m，砖的表面压印各种美丽的花纹，而砖的形式仅数种，每一墓室只用 30 块左右的空心砖，不但施工迅速，而且比木椁墓更能抗湿防腐，因而河南一带小型圹墓多采用这种预制拼装的砖墓。接着出现了长 0.25～0.378m，宽 0.125～0.188m 的普通小砖，于是墓室结构改为墓道用小砖而墓顶仍用梁式空心砖。不久墓顶改为以两块斜置的空心砖自两侧墓壁支撑中央的水平空心砖由此发展为多边形砖拱，到西汉末年改进为半圆形筒拱结构的砖墓。

（四）西汉的其他建筑

西汉为了保护通往西域的河西走廊，除修葺秦长城外，又加建了东西两段长城。西段长城及亭障经过甘肃敦煌一直建到新疆；东段则经内蒙古的狼山、阴山、赤峰东达吉林（图 3-14）。

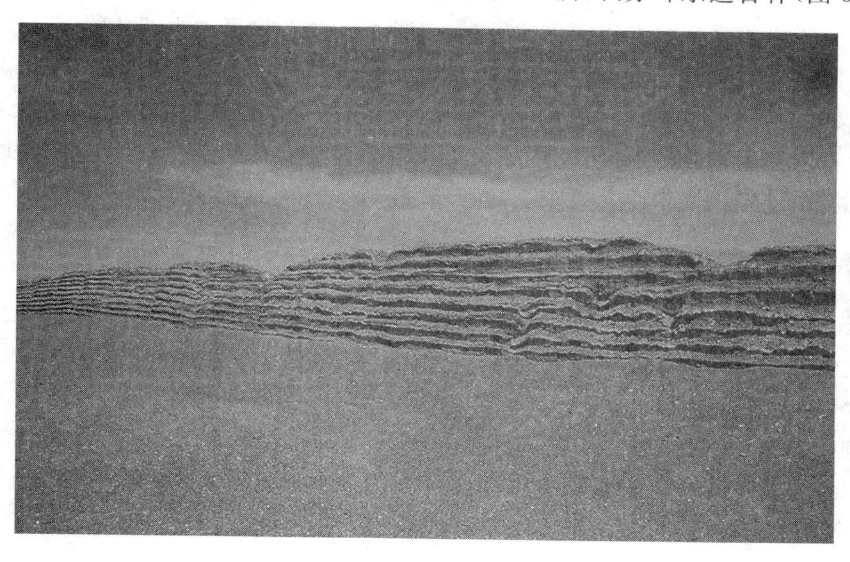

图 3-14 甘肃敦煌汉代长城遗址

从文献记载和残迹来看，西汉长城沿着长城建城堡和烽火台，连属相望，规模十分宏伟（图 3-15）。

图 3-15 甘肃敦煌县玉门关附近汉代长城戍所遗址（大方盘城）

三、东汉的建筑

经王莽的短期代汉和农民起义后，东汉(25—220)统一全国，建都洛阳。东汉时期形成了中国古代建筑的基本类型：包括宫殿、陵墓等皇家建筑，明堂、辟雍、宗庙等礼制建筑，坞壁、第宅、中小住宅等居住建筑，在东汉末期还出现了佛教寺庙建筑；木构架的两种主要形式——抬梁式、穿斗式都已出现；斗栱的悬挑机能正在迅速发展，多种多样的斗栱形式表明斗栱正处于未定型的活跃探索期；多层重楼的兴起和盛行，标志着木构架结构整体性的重大进展，盛行于春秋、战国的台榭建筑到东汉时期，已被独立的、大型多层的木构楼阁所取代；建筑组群已达到庞大规模，未央宫有“殿台四十三”，建章宫号称“千门万户”，权贵第宅也是“并兼列宅”“隔绝闾里”。由于许多建筑都尚未被发掘，在这里我们主要介绍东汉的宫殿、住宅和陵墓。

(一)东汉的宫殿

东汉宫殿建筑在技术上有了很大的进步，开始大量使用斗栱，并继承秦风，“天子以四海为家，非壮丽无以成威”。“阙”作为古建筑的重要构件，尤其在陵墓、庙宇中大量使用。木建筑的抬梁式、穿斗式、井干式成为当时最主要的建筑构架模式。

东汉洛阳宫殿根据西汉旧宫建造南北二宫，其间联以阁道，仍是西汉宫殿的布局特点(图 3-16)。北宫主殿德阳殿，平面为 1∶5.3 的狭长形，也与西汉未央前殿相类似。这时期已很少建造高台建筑，如德阳殿的台基仅高 4.5m，就是一个证明。

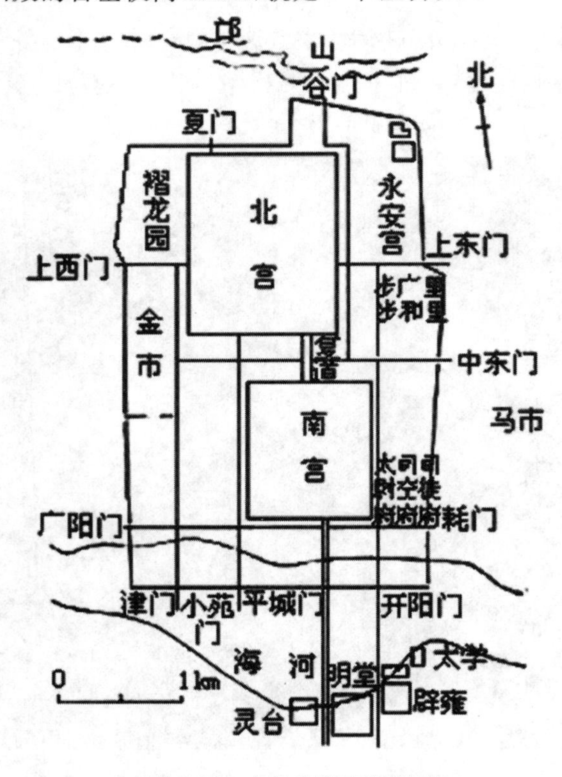

图 3-16　东汉洛阳宫平面图

(二)东汉的住宅

东汉的住宅已有不同等级的名称,列侯公卿"出不由里,门当大道"者,称为"第";"食邑不满万户,出入里门"者,只能称为"舍"。住宅的贫富差别极为悬殊,贵族豪富的大第,"高堂邃宇,广厦洞房";而贫民所居多是上漏下湿的白屋、摶屋、狭庐、土圜之类。汉代住宅没有实物遗存,但数量颇多的汉画像石、画像砖和明器陶屋,为我们提供了丰富的形象资料,从中可以看到东汉城堡型住宅坞壁、大型宅第和中小型宅舍的大体状况。

1. 城堡型住宅坞壁

东汉建筑有在门前设左右双阙的传统,"坞壁阙"是这种双阙的发展。四川羊子山就出土了东汉"坞壁阙"画像砖(图 3-17),说明东汉时期双阙不再孤立于门外两边,而是后退与大门组合,联结成一体,但仍保持着阙体的形象和双阙对峙的传统构图。这种做法有助于加强坞门的防守机能和壮大坞门的形象、气势。羊子山东汉墓出土的"坞壁阙"画像,比例合度,构图完美,是一座很精彩的坞壁阙。

图 3-17　羊子山出土的东汉"坞壁阙"画像砖

甘肃的武威和张掖也出土了东汉坞壁明器。武威出土的东汉坞壁明器(图 3-18),很典型地反映了东汉坞壁的形象。平面为方形,周围环以高墙,四角均有高两层的角楼,角楼之间有阁道相通。院内套院,中央矗立起高五层的望楼。高耸的望楼与四角角楼、坞门门楼(图上缺损)相互呼应,组构了坞壁建筑的丰富体形。

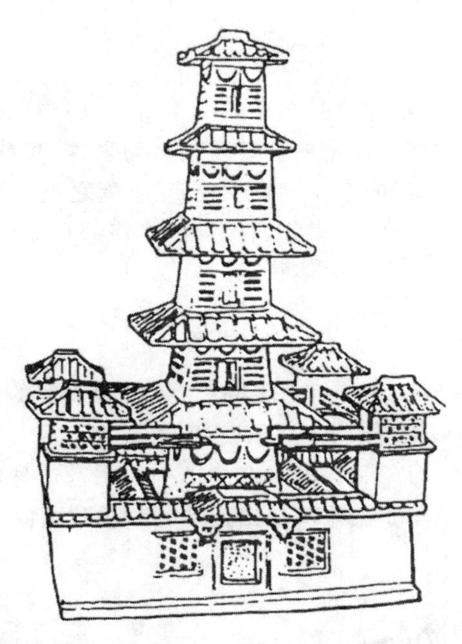

图 3-18　武威出土的东汉坞壁明器

张掖出土的也是一座带望楼的坞壁(图 3-19),值得注意的是城堡大门两侧突起一对阙形墩体,已近似“坞壁阙”的做法。

图 3-19　张掖出土的东汉坞壁明器

广州还出土了两件坞壁明器,这两件明器都是不带望楼的坞壁(图 3-20)。它们都是方形平面,以高墙围护,在四角设角楼,坞门不用“坞壁阙”,上设门楼,城堡后墙上也起城楼。门楼、城楼均为四注顶。坞堡内置有两座两层高的房舍,表示坞内排列着许多住屋。这也是当时盛行的一种坞壁形式。

图 3-20　广州出土的东汉坞壁明器

2. 大型宅第

规模更大的住宅见于四川成都出土的画像砖中(图 3-21)。画面显示住宅分主体部分和附属部分。右侧有门、堂,是住宅的主要部分,外部有装置栅栏的大门,门内又分为前后两个庭院,绕以木构的回廊,后院颇宽大,内有一座三开间的悬山顶房屋,用插在柱内的斗栱承托前檐,而梁架是抬梁式结构,屋内有两人席地对坐,应该是堂屋。左侧是附属建筑,也分为前后二院,各有回廊环绕。前院较小,进深稍浅,前廊设栅栏式大门,后廊正中开中门,院内有厨房、水井、晒衣的木架等,是用作厨房、杂务的服务性内院。后院中竖立一方形木构望楼,四注式屋顶下有硕大的斗栱支承,颇似"观"的形象,可能是用以瞭望、防卫和储藏贵重物品之用。这幅庭院画像生动地展示了汉代大型住宅的建筑状况和生活情景。

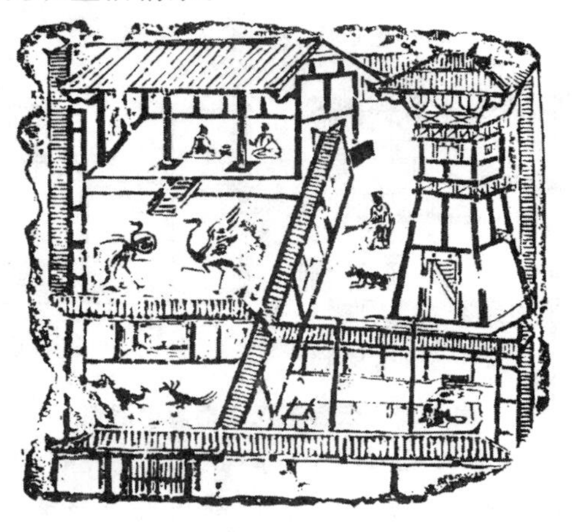

图 3-21　成都出土的庭院画像砖

从出土于湖北云梦的一座东汉晚期的砖石墓(图3-22)中可以看出,陶楼由前后两列房屋组成。前列楼屋是建筑主体,有上下两层,各横分为数间,是主要居住用房。后列为辅助用房。东部由厕所和猪圈组成小院。厕所蹲坑高高架起,便于清理粪便。粪坑与猪圈相连,一头肥猪正伸头吃粪。中部设厨房,单层的厨房因需通风而占了两层高度。西部是高高耸立的望楼。这组建筑平面布局自由、合理,没有轴线对称关系。前列楼屋上层覆四注顶,下层设披檐。前列楼屋下层左右两端和望楼二层西侧均伸出由曲拱支承的挑楼。后列楼屋覆高低不等的悬山顶。望楼突起于后楼悬山顶上,腰部带四注腰檐。整组建筑高低错落,体形极富变化。陶楼外部,在东南角处另置一独立的亭状小建筑,上覆短脊四注顶。这组陶楼明器是很难得的珍贵史料,我们从中可以获得距今1 800年前,东汉晚期盛行的楼房宅院的许多信息。

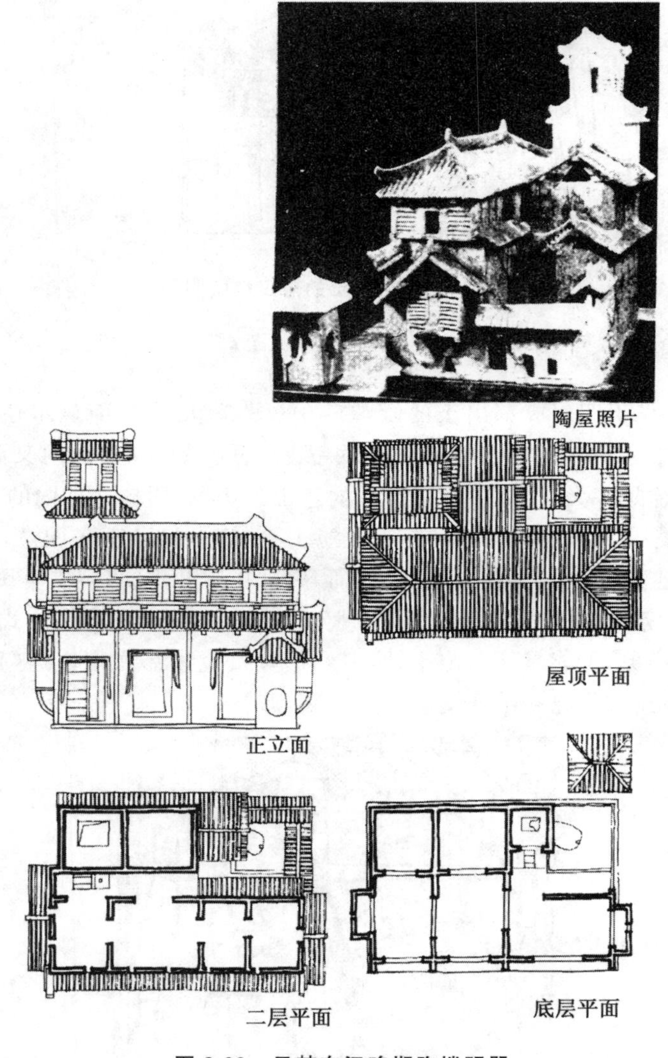

图3-22　云梦东汉晚期陶楼明器

山东省沂南县出土的东汉墓画像石建筑图(图3-23)表现的是一座祠堂建筑的形象。整个祠堂有两进院落,门前与左侧各有一对双阙。大门前还设有鼓架、庖架。前院前后廊正中辟大门、二门,均用双扇带铺首的板门。院内有水井、井架。后院正屋正中有带大型斗栱的大柱,把正屋辟成偶数开间，洞开门户，不设门扇。院内有案，两侧放有祭祀用的酒壶、器皿。这组建筑虽然不是住宅，但可以推知当时的住宅必然也盛行这种前后进的庭院式布局。

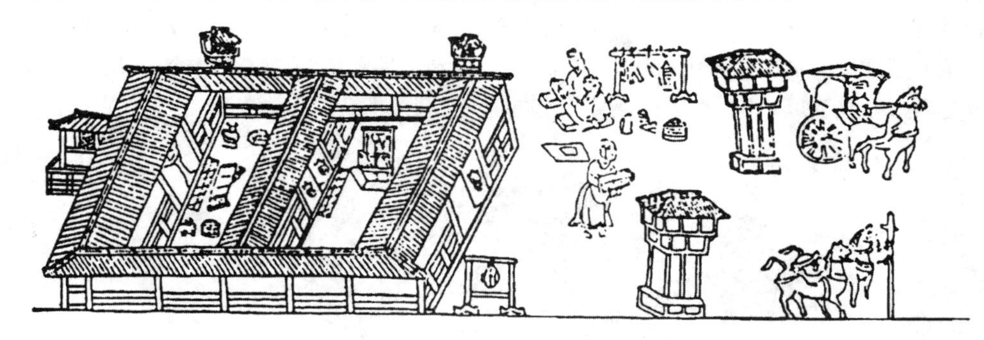

图 3-23　沂南东汉墓画像石建筑图

河北安平逯家庄也发掘了一座东汉晚期的墓，墓室壁画（图 3-24）中有一座大型宅院，至少有二十几个院落。中心部分由前院、主院、后院组成明显的主轴线。主院呈纵长方形，尺度宏大。正面是开敞的堂。堂后为横向后院，当是主人居所。主院两侧有窄长的火道。全宅以主轴三进院为核心，向左右及后部布置了一系列不同形状、大小的附属落，形成总体布局大致平衡而不绝对对称的格局。宅后方有一座匠层高的砖砌望楼，上建四面出挑的哨亭。亭内设鼓，当为打更报警之用。这个大宅是迄今所见规模最大的汉代住宅图。

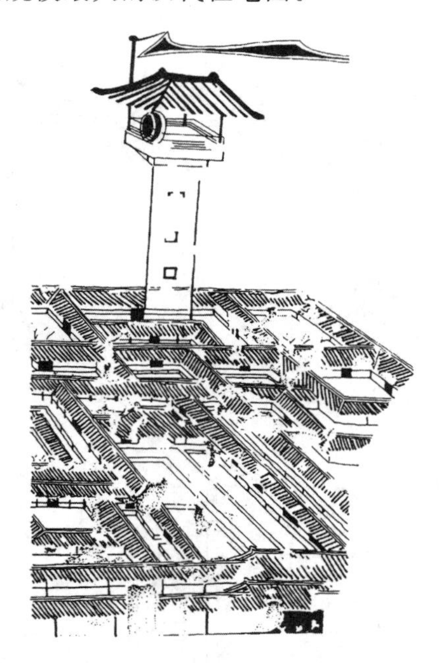

图 3-24　安平东汉墓壁画

3. 中小型宅舍

规模较小的住宅，平面为方形或长方形。广州出土的汉墓明器，生动地反映出汉代中小型宅舍的多样形式，平面有一列式、曲尺式（图 3-25），前后两进组成的日字式和三合式（图 3-26）等。屋门开在房屋一面的当中，或偏在一旁。房屋的构造除少数用承重墙结构外，大多数采用木构架结构。墙壁用夯土筑造。窗的形式有方形、横长方形、圆形多种。屋顶多采用悬山式顶或囤顶。有的住宅规模稍大，无论平面是一字形或曲尺形，平房或楼房，都以墙垣构成一个院落。日字式有前后两个院落，而中央一排房屋较高大，正中有楼高起，其余次要房屋都较低矮，构成主次分明的外观。有的陶屋用的是干阑式（图 3-27）做法。此外，明器中还有坞堡，是东汉地方豪强割据的情况在建筑上的反映。东汉时期，地主豪强盛行结坞自保。

图 3-25 曲尺形住宅

图 3-26 日字式平面（左）与三合式住宅（右）

图 3-27 干阑式住宅

(三)东汉的陵墓

东汉皇陵从选址、布局到地宫建制基本承接西汉,所不同的是将“梓宫、便房、黄肠题凑”改为“方石治黄肠题凑”;改“同陵不同穴”为“帝后合葬”;并确立了一整套上陵礼制。东汉一整套上陵礼制不仅完善了皇陵礼制,还逐步废除了每个皇帝各有一庙的制度,对后代产生了广泛与深远的影响。至此,中国古代陵墓建筑、丧葬文化基本定型,“陵”成为帝王之墓之专称。据记载,陵上有高墙、象生及殿屋,现在某些方上还残留少数柱础,方上的斜面也堆积很多瓦片,可证其上确有建筑。陵内置寝殿与苑囿,周以城垣,设官署和守卫的兵营。陵旁往往有贵族陪葬的墓,并迁移各处的富豪居于附近,号称“陵邑”。实际上是为了解决当时统治阶级的内部矛盾,将富豪、大地主集中于首都附近,便于控制。后来东汉帝后多葬于洛阳邙山上,废止陵邑,方上的体量也远不及西汉诸陵的宏巨。

东汉晚期大型画像石墓(图 3-28),位于山东沂南县北寨村内。墓主姓名无考,可能是一名高级官吏。墓室沿南北轴线,分前、中、后三个主室,另有西侧室二间,东侧室三间(后附设厕所)。墓内净空南北总长 8.7m,东西总宽 7.55m,占地面积 88.2m²。墓门由中间立柱分为两间,前室、中室各有一八角中心柱,后室由隔墙分为两间,是放置棺木的地方。八角中心柱下部有柱础,上部有大尺度的斗栱。各室顶部用条石抹角或叠涩砌成藻井。全墓由 280 块多种形状的预制石构件装配而成,材质为石灰岩、砾岩、砂岩等。构件表面琢磨精细,对缝严密。从墙面刻出的线脚可以反映出汉代室内用壁柱、壁带的景象。画像主要分布于墓门和前、中、后三室,刻有两军激战、车骑出行、乐舞百戏、宴饮庖厨、家居生活、历史故事、神话故事和仙禽神兽等画题,大部分用减地平面线刻,刻工细腻,气象雄伟,生动地反映了当时豪强大族的生活情景。

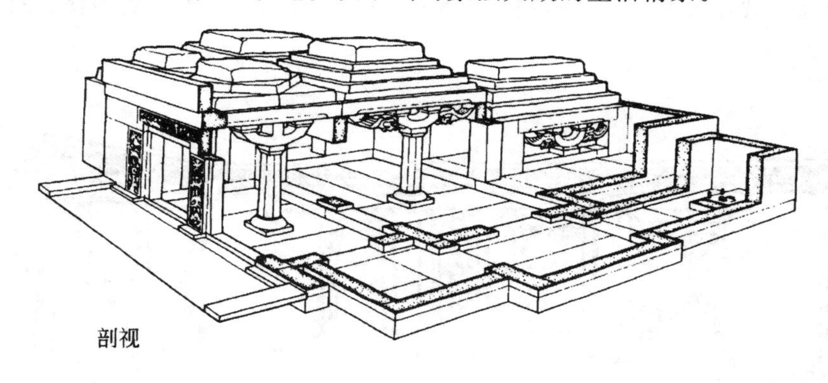
剖视

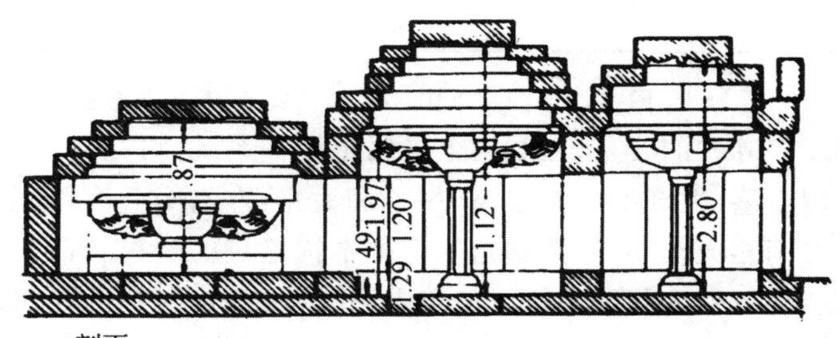

剖面

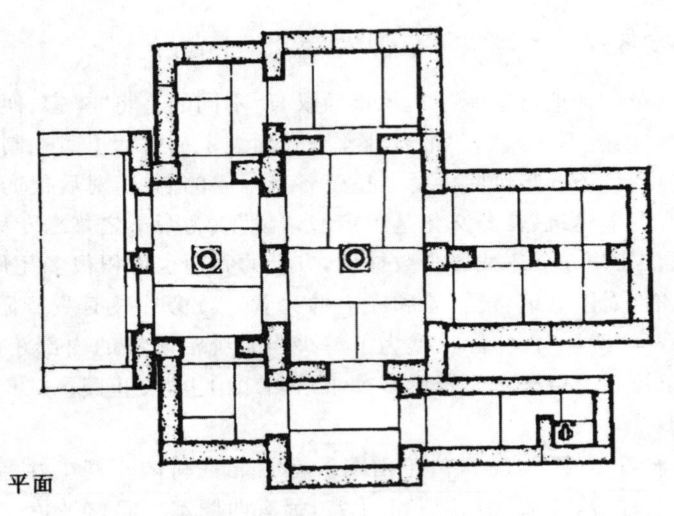

图 3-28　沂南东汉画像石墓

东汉初年，砖筒拱又发展为砖穹窿，至此，墓的布局不但数室相连，面积扩大，并可随需要构成各种不同的平面，墓内还可绘制壁画，或用各种花纹的贴面砖，也有的在砖上涂黑白二色以组成几何图案，反映了这时砖结构有了很大的进展。此外，四川一带盛行的崖墓，以乐山崖墓规模最大。其中白崖崖墓在长达一公里的石崖上，共凿有五十六个墓，而以第 45 号墓所表现的建筑手法最为丰富。此墓外开凿三门，门上施雕刻。门内有长方形平面的祭堂(图 3-29)，壁面隐起柱枋。北壁中央有凹入的龛，顶部加覆斗形藻井。龛的两侧各辟一门，门内为纵深的墓室，设灶、龛和石棺。这是汉代家族合葬的一种形式。此外，第 41 号墓入口处雕有双阙，反映了地上建筑的形制。

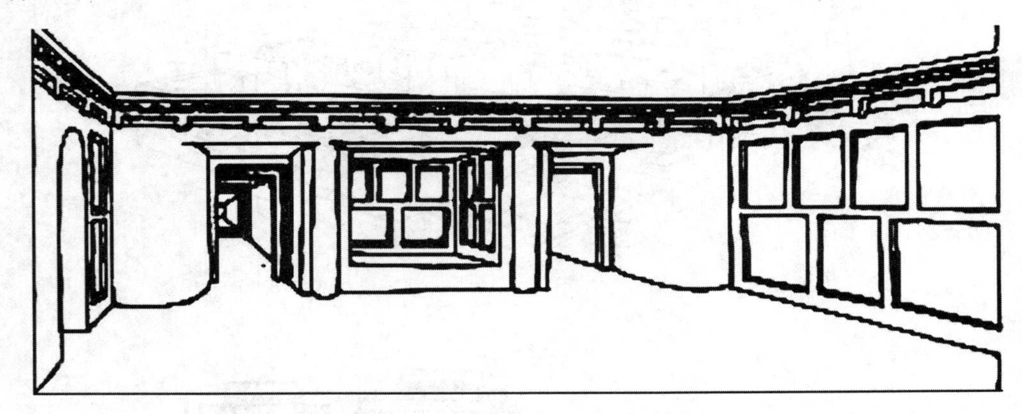

图 3-29　四川乐山县白崖崖墓第 45 号墓祭堂

山东、江苏、辽宁等省的石墓，在结构上虽属于梁柱系统，可是墓的平面布局复杂，如建于东汉的山东沂南画像石墓(图 3-30)，具前室、中室和后室，左右又各有侧室二、三间，显然受住宅建筑的影响。各室之间相通相连，显然这是生活中木构建筑的一种仿制。此墓前室和中室的中央各建八角柱，上置斗栱，壁面与藻井饰以精美雕刻，为研究这时期的建筑式样提供了若干参考资料。由于砖墓、崖墓和石墓的发展，商、周以来长期使用的木椁墓逐步减少，到汉末三国间几乎绝迹。

图 3-30　山东沂南县古画像石墓

汉代贵族官僚们的坟墓也多采用方锥平顶的形式。坟前置石造享堂；其前立碑；再前，于神道两侧，排列石羊、石虎和附冀的石狮。最外，模仿木建筑形式，建石阙两座，其台基和阙身都浮雕柱、枋、斗栱与各种人物花纹，上部覆以屋顶。其中以上文提到的四川雅安高颐阙的形制和雕刻最为精美，是汉代墓阙的典型作品。此外，东汉墓前还有建石制墓表的。下部的石础上浮雕二虎，其上立柱。柱的平面将正方形的四角雕成弧形，但不是正圆形，柱身上刻凹槽纹。上端以二虎承托矩形平板，镌刻死者的官职和姓氏(图 3-31)，但也有在柱身上表面刻束竹纹的。这种墓表到南北朝时期，仍为南朝陵墓所使用。

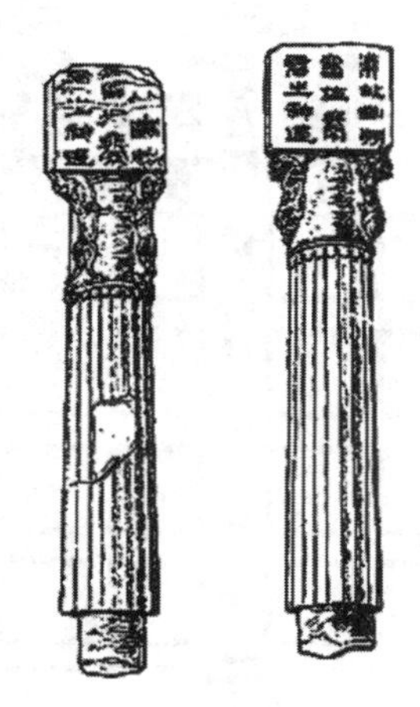

图 3-31　北京市西郊东汉秦君墓墓表

第二节　魏晋南北朝时期的建筑

魏晋南北朝是中国历史上政权更迭最为频繁的时期，全称为三国两晋南北朝，其中所包含的朝代和国家多达几十个。东汉末年，在农民大起义后，出现了军阀混战，中原地区遭到巨大破坏，东汉灭亡后，中国分裂为魏(220—265)、蜀(221—263)、吴(222—280)三国。三国灭亡之后，由司马氏所建立的西晋王朝重新统一了中原地区。公元 316 年，刘渊族子刘曜攻占长安，俘晋愍帝，西晋亡国，共历四帝 52 年。公元 317 年，镇守建康的晋宗室司马睿在江南重建晋室，史称东晋，北方从此进入所谓的“五胡十六国”时代。南北朝自公元 420 年刘裕篡东晋建立南朝宋开始，至公元 589 年隋灭南朝陈为止，上承东晋、五胡十六国，下接隋朝，南北两势虽然各有朝代更迭，但长期维持对峙，所以称为南北朝。南朝依次是宋、齐、梁、陈；北朝是北魏、东魏、西魏、北齐、北周。这一时期，在城市建设和建筑方面，他们按照汉族的城市规划，结构体系和建筑形象，在洛阳、邺城的旧址上修建都城和宫殿。西北和北方地区也建造了龙城（今辽宁朝阳县）、统万城（今陕西靖边县）并扩建了盛乐城（今内蒙古和林格尔县）、平城（夸山西大同市）。这些城市的建设促进了各民族建筑形式的融合。

一、三国时期的建筑

（一）三国时期的都城

公元 216 年曹操建设的邺城与其他时期的建筑相比有了一些新的发展，邺城是曹操在旧城基础上扩建的，城西北隅自北而南有水井台、铜雀台、金虎台（图 3-32）。

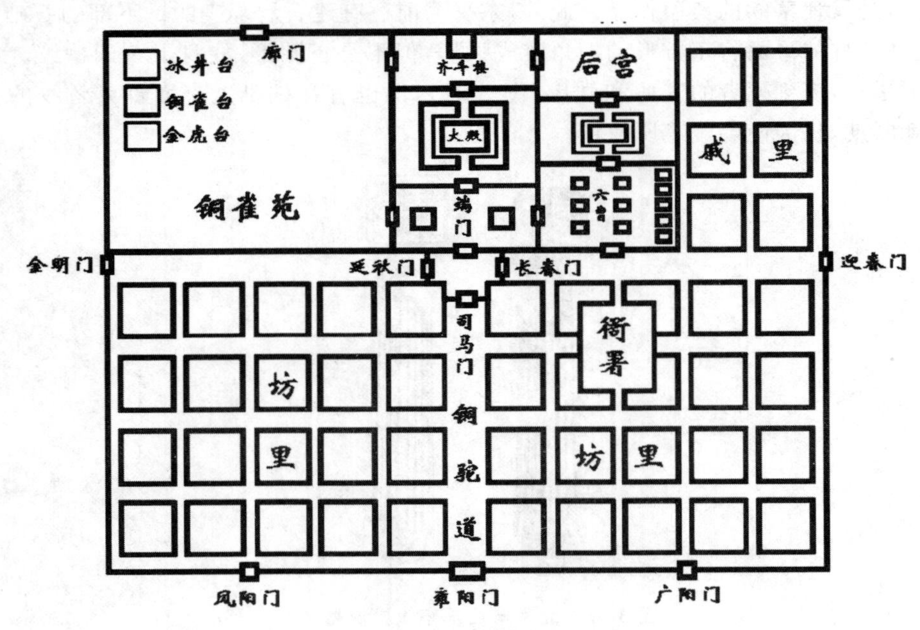

图 3-32　曹魏邺城平面想象图

（二）三国时期的宫殿

魏文帝（曹丕）自邺迁都洛阳，初居北宫，就原来东汉宫殿故址营建新宫，殿朝群臣。在布局上，不因袭汉代在前殿内设东西厢的方法，而且在大朝太极殿左右建有处理日常政务的东西堂。这种布局方式可能从东西厢扩充而成，后来为两晋、南北朝沿用了约三百余年，到隋朝才废止。

后来明帝又营造宫殿。《三国志·魏志·明帝纪注引魏略》记载：（明帝）“起昭阳、太极殿，筑总章观……”,“高十余丈,建翔凤于其上。又于芳林园中起陂池,……通引谷水,过九龙殿前,为玉井绮栏,蟾蜍含受,神龙吐珠……”。又治许昌宫,起景福承光殿。工程之宏,为三国之最。

吴国与蜀国没有太大的宫殿土木,吴国之都建业,至孙皓时,方营建昭明宫。蜀国基本没有像样的宫殿工程,人力、物力、财力基本用于军事,“起传舍,筑亭障,自成都至白水关四百余区,殆尽力于军事国防之建筑也”。

(三)三国时期的陵墓

三国时期的墓葬制度是从“汉制”向“晋制”的过渡。曹魏时期多为砖室墓,由墓道、甬道、前室、过道、后室等几部分组成,通常有侧室和耳室。墓道多为长斜坡,甬道则是拱券,主墓室多为方形,穹窿顶结构,也有少数为券顶、四角攒尖顶结构。

陪葬器物在组合方面基本沿用东汉晚期的组合,常见的有鼎、钵、壶、案、碗、灶、奁盒、耳杯等,同时也出现了一些新器型,如空柱盘、双系罐、四系罐、子槅、帷帐、男女仆俑、神兽镜、凤纹镜、五铢(图 3-33、图 3-34)等。

图 3-33　南京上坊三国时期孙吴墓出土的瓷俑

图 3-34　河南商水三国时期古墓出土的五铢

二、两晋时期的建筑

266 年司马炎登基,国号晋,定都洛阳,史称西晋。280 年,西晋灭了吴,统一了全国,政权还没有巩固，统治阶级内部就爆发了争权夺位的混战，使得西晋皇朝很快就瓦解了。当时匈奴、鲜卑、羯、氐、羌等西北民族的上层分子，趁机进行地盘的争夺，建立起了很多的割据政权。从 304 年到 439 年先后在中原和西北建立了十几个国家，这就是历史上所称的十六国时期。这时北方的民族矛盾和阶级矛盾呈现出错综复杂的形势，直到 460 年北魏灭掉北凉在新疆的残余政权才统一了中原和北方。在南部，317 年，晋元帝司马睿建立了东晋。这一时期的建筑虽然较之两汉时期没有多少创造和革新，但是在宗教建筑方面却有着突出的成就，融入了许多新的因素，使汉代比较质朴的建筑风格，开始朝着成熟、圆淳的方向发展。420 年，刘裕建立宋，东晋灭亡。

(一)两晋时期的都城

两晋时期由于朝代众多，都城也较多，其中规模较大的为建康，在这里我们主要对其进行简要的介绍。

自 317 年东晋奠都起，至 589 年陈亡止，建康一直是当时南部各朝代的都城。建康位于长江的东南岸，北接玄武湖，东北依钟山，西倒是丘陵起伏，东侧有湖泊和青溪萦回其间，城外的南面和西面是秦淮河。

东晋时期的建康是在三国时代吴建业的旧址上发展起来的，之后宋、齐、梁、陈各朝也都建都于此(图 3-35)，并陆续有所营建。建康城南北长，东西略狭。宫城在城的北部，略偏东，平面也是长方形，南面有二门，东、西、北各一门。宫城外的西南有永安宫。苑囿位于城外东北一带。

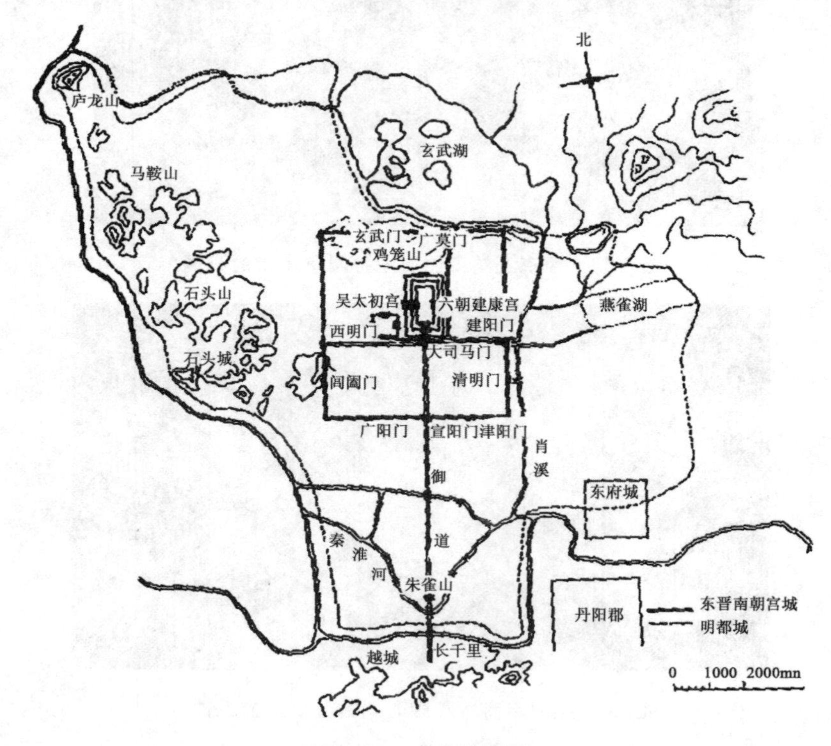

图 3-35 东晋建康城

都城的南北轴线上有大道向南延伸，跨秦淮河，建有浮桥，直达南郊。大道的东西方向散布着民居、商铺和佛寺等，青溪的附近则为贵族集聚区。此外为了军事需要，又在城外西北建石头城，东南建东府城。

（二）两晋时期的宫殿

两晋时期的宫殿多延续三国时期的宫殿特色，东晋时期稍有变动，北宫布局分为前后两部分，前为办公的朝区，后为魏帝的家宅，即寝区。朝区主殿为太极殿，为举行大典之处。太极殿东西并列建有东堂、西堂，是皇帝日常听政和起居之处，东南建有朝堂和最高行政机构尚书省。寝区主殿昭阳殿在太极殿北，也在全宫中轴线上，号称皇后正殿。昭阳殿左右还各有几条次要轴线，建有若干大小宫院，是后妃的居住场所，其中以西侧的九龙殿最著名。寝区后的华林园凿池堆山，建有大量亭馆，是宫后的苑囿。

（三）两晋时期的住宅

两晋时期的贫民和贵族的住宅有着很大的区别，此处仅介绍贵族的住宅。

由于两晋时期佛教盛行，当时有不少贵族官僚舍宅为寺，因此有若干大型厅堂和庭院回廊等。需要指出的是，鸱尾原本仅用于宫殿，对住宅来说，如果使用鸱尾是需要特许的。这一时期住宅的室内地面铺席，人们多席地而坐。

受民族大融合的影响，这个时期室内家具发生了若干变化。一方面，传统家具有了不少新的改进，如睡眠的床已增高，上部还加床顶，周围施以可拆卸的矮屏，起居用的床（榻）加高加大，下部以壶门作装饰，人们既可以坐于床上，又可垂足坐于床沿。床上出现了倚靠用的长几、隐囊和半圆形凭几（又称曲儿）（图 3-36）。这一时期的两摺四牒可以移动的屏风发展为多摺多牒式。另一方面，受民族大融合的影响，西北民族进入中原地区以后，不仅胡床（3-37）逐渐普及到民间，而且还有了各种形式的高坐具，如椅子（图 3-38）、方凳（图 3-39）、圆凳，束腰形圆凳（图 3-40）等。这些新家具对当时人们的起居习惯与室内的空间处理产生了一定影响，成为唐以后逐步废止床榻和席地而坐的前奏。

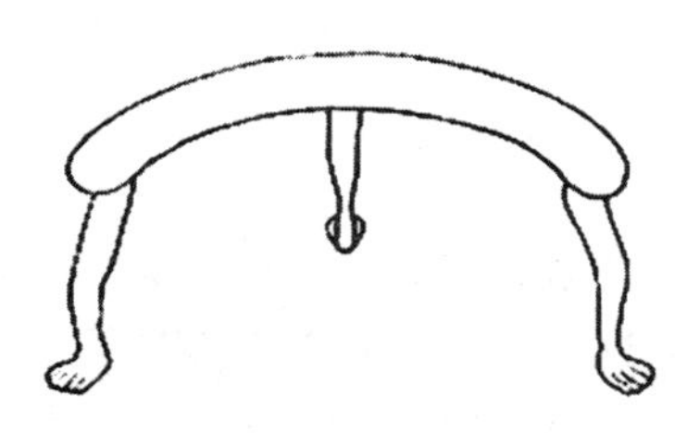

图 3-36　凭几

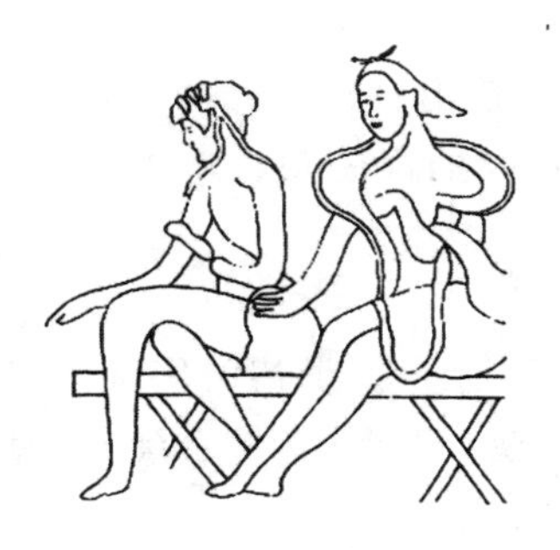

图 3-37　胡床

图 3-38　椅子

图 3-39　方凳

图 3-40　束腰形圆凳

(四)两晋时期的陵墓

两晋时期,政权更替频繁,经济凋敝,民不聊生,佛教大兴,不管是帝王还是贵族,都提倡薄葬乃至潜葬,受这种丧葬倾向的影响,这一时期的帝王陵墓较少。西晋时,陵墓的规制和墓室都远小于东汉时。东晋南渡后,国力更为衰弱。1964 年在市区富贵山发现晋恭帝的冲平陵、1981 年在北郊幕府山发现晋穆帝司马聃的永平陵、1972 年在南京大学北园发现晋元帝的兴平陵,这些均为考古界的主观推测,并无定论,在南京的东晋帝王陵至今竟然无一座能够被确认。虽然这些陵墓无法被确认,但总的来说,陵墓多依山而建,下为长 7m 左右的矩形筒壳墓室,宽仅 5m,上起高约 10m 的陵山,规模只相当于东汉时的官员大墓。

(五)两晋时期的宗教建筑

西晋洛阳和长安两地,有佛寺 180 余所。最初的佛寺以塔为中心,四周用堂、阁围成方形庭院,但属于这时期的佛寺遗址尚未发现。东晋时,综合建筑、雕塑和绘画于一体的石窟艺术开始兴起,如开始在甘肃敦煌建设石窟等。

三、南北朝时期的建筑

420年，宋武帝刘裕夺取了东晋的政权，建立了宋，从而开始了南部的宋、齐、梁、陈与北部的北魏、东魏和西魏、北齐和北周相对峙的南北朝时期。北朝的统治者，大多是中国西北部的游牧民族。他们进入中原以后，极力吸取汉族的文化，尤以北魏孝文帝拓跋宏励行汉化政策，产生相当大的影响。在城市建设和建筑方面，他们按照汉族的城市规划，结构体系和建筑形象，在洛阳、邺城的旧址上修建都城和宫殿。西北和北方地区也建造了龙城（今辽宁朝阳县）、统万城（今陕西靖边县），并扩建了盛乐城（今内蒙古和林格尔县）、平城（今山西大同市）。这些城市的建设促进了各民族建筑形式的融合。

（一）南北朝时期的都城

南北朝时期的都城主要有平城、建康、邺城、长安、江陵、洛阳。此处主要介绍邺城和洛阳。

1. 邺城

邺城的范围包括今河北临漳县西（邺北城、邺南城遗址等）、河南安阳市北郊（曹操高陵等）一带。它是曹魏、后赵、冉魏、前燕、东魏、北齐六朝的都城。十六国时期的后赵，在4世纪初沿用曹魏旧城的布局，重新将邺城建造起来，一般称其为邺北城。城墙的外面用砖建造，城墙上每隔百步建一楼，城墙的转角处建有角楼。

天平元年（534），东魏自洛阳迁都于邺，在旧城的南侧增建新城。新城东西约3 240m，南北约4 428m，一般称为邺南城。它的布局大体继承了北魏洛阳的形式，其中宫城位于城的南北轴线上，宫城北面为苑囿。宫城以南为官署及居住用的里坊。城外东西郊建有东市和西市。

550年，北齐灭东魏后，仍以邺为都城，增建了不少宫殿，并在旧城西部建造大规模的苑囿，又重建铜雀等三台，将其改称为金凤、圣应、崇光。旧城东部从东魏起开始作为贵族的居住地区。577年北齐为北周所灭，邺城受到了严重的破坏，逐渐成为了废墟。

2. 洛阳

曹魏时期，统治者在东汉旧洛阳城的基础上进行了修整，之后，西晋时期又进行了修建，但永嘉乱后这座都城次第被毁。

494年，北魏孝文帝下令将都城由平城迁往洛阳（图3-41），对洛阳进行了重新的规划。北魏时期的洛阳有都城与宫城两重城垣。都城即汉魏洛阳的故城，东西约3 100m，南北约4 000m，南西各开四门，东三门，北面二门。都城西面的西阳门外，有著名的商业区洛阳大市。附近是商人和手工业工人的居住区。北至邙山一带都是北魏贵族的居住地点。都城南面正门宣阳门外，有交易贵重货物的四通市和外国商人聚居的区域。交易农产品和牲畜的小市则位于都城外东侧。至于都城的外郭，虽见于记载，但其遗址尚未证实。

宫城在都城的中央偏北一带，基本上是曹魏时期的北宫地位，宫北的苑囿也是曹魏芳林园故处。宫城之前有一条大道贯通南北，这就是著名的铜驼街，铜驼街的两侧分布着官署和寺院。干道北端的西侧为永宁寺。干道南端的东西两侧则是太庙和太社，其余部分是居住的里坊。各坊之间有方格形的道路网。

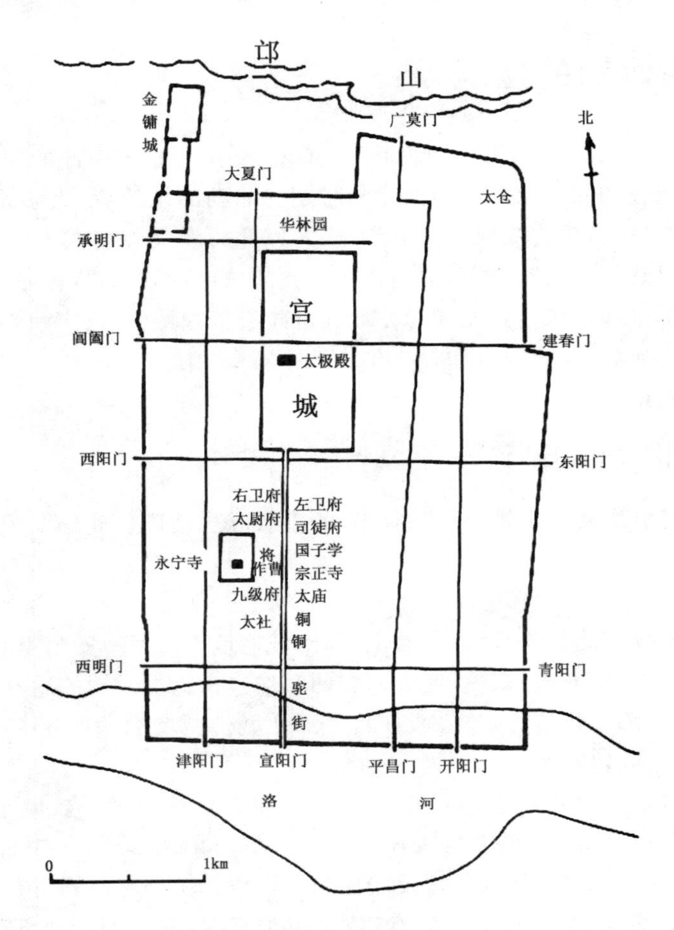

图 3-41　北魏洛阳城

(二)南北朝时期的宫殿

南北朝时期的宫殿也与三国时期相差无几。北魏时期的宫殿也可分为朝、寝两区。朝区中以主殿太极殿和与之并列的东堂、西堂为中心,殿南有广庭。太极殿与东堂、西堂之间有横墙,墙上有门,门内即寝区。寝区有前后两组宫院。前一组为式乾殿和显阳殿,后一组为宣光殿和嘉福殿。这四座四殿前后相重,都处在中轴线上,左右各有一座翼殿,形成和太极殿及东西堂相似的三殿并列布局,并前有殿门,左右有廊庑,围成四个宫殿庭院。在显阳殿和宣光殿之间有一条横街,称为永巷。永巷东西经东西面宫墙上的三重门可通到宫外。

北魏宫寝区的布局虽然和魏晋时基本相同,但在性质上已有改变。式乾、显阳两所宫院已不再是帝寝、后寝,而成为了皇帝进行公务活动的地方,性质近于东堂、西堂,这种使用性质上的变化,为隋唐时期宫殿布局发生新变化打下了基础。

(三)南北朝时期的住宅

受长期战乱的影响,南北朝各个地方的乡镇都建造了大量的坞堡。一般都住有几十户到几百户人家,最大的多至万户。

北魏和东魏时期贵族住宅的正门，据雕刻所示往往用庑殿式屋顶和鸱尾，围墙上有成排的直棂窗，并常常挂有竹帘和帷幕，形成与外界有隔有通的格局。

在建筑技术方面，单栋建筑在原有建筑艺术及技术的基础上得到了进一步的发展，楼阁式建筑相当普遍，平面多为方形。斗栱有卷杀、重叠、跳出，人字栱开始大量使用。屋顶的样式渐多，尾脊已有生起曲线，屋角也已有起翘。这些都为隋唐建筑的进一步发展打下了良好的基础。

(四)南北朝时期的陵墓

南北朝时期，只有南朝时期宋、齐、梁、陈四代因偏安江南一角，社会经济相对超过北方，所以还有陵墓保存下来。

南朝四代共延续160余年，有27位帝王。帝陵绝大部分集中在江苏省的南京和丹阳两地，很多地面建筑都已毁坏，有的甚至连陵前石雕也湮投土中，已经无迹可寻。目前尚有遗迹可考的帝陵共13处，计宋帝陵3处(南京)，齐帝陵5处(丹阳)，梁帝陵2处(丹阳)，陈帝陵3处(南京)。此外，墓前石雕保存得比较好的还有梁代宗室王公墓多处。

从现有的陵墓来看，帝王陵寝上多具有规整的布局、地面建筑与地宫均有一定规模，特别是陵前普遍设有石兽、石柱、石碑，其造型设计和雕刻手法已经在汉代雕塑艺术传统的基础上有了很大的进步，可以说已经进入了更成熟的阶段。这时期的陵墓多依山而筑，陵园方向无一定规律，视当地山水形势而定。一般在山坡上开凿规整的长方形墓室，然后填土堆成高度不大的坟丘。陵前平地设有享堂和不长的神道，神道两侧对称布置石雕。南朝帝陵的石雕通常是三种六件，即石兽一对(左天禄——双角兽，右麒麟——独角兽)，神道石柱(图3-42)一对，石碑一对。王公墓前石雕制度与帝陵无太大差别，惟石兽是石狮。陵墓里面的墓室为砖砌栱券顶，前建甬道，设两重石门，门上浮雕人字形叉手。

图3-42　南朝萧景墓神道石柱

目前南朝陵寝中所存的石雕中以石兽数量最多。无论是天禄、麒麟或狮子，都是用整块的巨石雕刻成的，形体硕大，气势非凡，轮廓线富有力度，造型夸张而生动，形体优美呈现出一种矫健灵活的态势。神道石柱的柱身上部雕有矩形石额一方，额上刻有文字；柱身顶部为一仰莲形圆盖，上有石兽一头；柱身表面刻有凹槽。这种石柱比例匀称，造型别致可爱，目前只有梁宗室王公萧景墓、萧绩墓前的石柱还保存完好。从石兽的夸张造型和富有力度的轮廓，以及石柱的仲莲纹饰和柱身凹槽中，可隐约发现南亚、西亚雕塑艺术和罗马建筑文化的痕迹，显示出了汉代以来东西方文化交流的发展。

(五)南北朝时期的宗教建筑

由于佛教的盛行，两晋、南北朝时期的宗教建筑较多。南北朝时，由于诸帝崇佛，佛教进一步发展。南朝的梁国有寺 2 846 座，仅建康(今南京)就有大寺 700 余所。北魏人也崇佛，统一北方，定都洛阳后，有寺 3 万余座，仅洛阳就有佛寺 1 367 所，并开始在龙门进行大规模石窟艺术造像。

1. 永宁寺

根据北魏的著作《洛阳伽蓝记》记载，当时洛阳有 40 多所重要佛寺，而以永宁寺为最大。这座寺是永北魏熙平元年(516)由胡灵太后所建，属于前塔后殿的形式。寺的主体部分由塔、殿和廊院组成，采取中轴线对称布局，中心为三层台基上的九层方塔，塔北建佛殿，四面环绕围墙形成矩形院落。院落的东、南、西三面中央开门，门上都建有门楼；院北是简单的乌头门。僧舍等附属建筑在主体建筑的后面和西侧。寺墙四角建角楼，墙上有短椽并盖瓦，墙外挖壕沟环绕，并栽种有槐树。

永宁寺中曾建有 9 层的木塔(图 3-43)，该木塔建成 18 年后毁于雷火。目前，木塔的遗址已被发掘。从遗址和相关史料的记载可以得知，这座木塔的塔基为素土夯筑，东西 101m，南北 98m，厚 2.5m 以上。塔基上部筑素土夯实的方形台基，长宽 38.2m，高 2.2m，四周用青石包砌。台基上分布着纵横 9 间的柱网。中部的柱网插在土墼实体中，核心部位以密集的 16 根木柱(分 4 组，每组 4 根)组成坚实的中心柱束。塔的四角各由 6 根柱子组成转角支撑结构，整个木塔的高度达 147m，可能是中国古典最高的木构建筑了。

图 3-43　永宁寺塔复原图

2. 嵩岳寺塔

嵩岳寺塔(图 3-44)位于河南登封市,建于北魏正光四年(523),是中国现存最早的一座塔的实物,也是唯一一座平面十二边形的塔。

图 3-44　嵩岳寺塔

嵩岳寺塔是砖砌密檐式塔,全塔高 39.8m,底层外径 10.6m,内径约 5m,壁体厚 2.5m。塔身建于简朴的台基上。塔身腰部有一组挑出的砖叠涩,将塔身划分为两段。下段素平无饰,其平面为十二边形。上段有四个正面辟券门,门上有火焰券面装饰。上段其余八面各砌出一个单层方塔形的壁龛,龛门也用火焰券面,龛座隐起壶门,里面刻着狮子。塔身上部层叠 15 层塔檐,均为砖砌叠涩檐。各层檐间只有短短的一段塔身,每面均辟有小龛和小窗。多数小窗仅具窗形,并不通透。塔刹也是砖砌的,在壮硕的覆莲上,以仰莲承受相轮。塔内砌成直通顶部的空筒,内有向内挑出的叠涩 8 层。整个塔的外观,比例匀称,总体轮廓呈和缓的抛物线形,丰圆韧健,绰约秀美。它的出现标志着中国砖构技术的重要进展和融合外来建筑文化创造中国式密檐塔达到了成熟水平。

3. 云冈石窟

云冈石窟位于山西大同以西 16 公里处的武周山南麓。该处石窟沿着武周山麓,依山而凿,西连绵 1 000m,有洞窟 40 多个,大小佛像 10 万余尊,是我国最早的大石窟群之一,气势恢宏,内容丰富。

北魏时期云冈石窟的开凿是从北魏文成帝时开始的,到北魏正光年间终结,历经了近 70 年之久,石窟艺术内容丰富,以精雕细琢、装饰华丽著称于世,显示出复杂多变、富丽堂皇的艺术风格。有的洞窟雕中心塔柱,或具前后室,壁面布局上下重层,左右分段,窟顶多有平棊藻井。造像题材内容多样化,突出了释迦、弥勒佛的地位,流行释迦、多宝二佛并坐像,出现了护法天神、伎乐天、供养人行列以及佛本行、本生、因缘和维摩诘故事等。石窟中的佛像(图 3-45)面相丰圆适中,特别是褒衣博带式的佛像盛行,出现了许多新的题材和造像组合,侧重于护法形象和各种装饰，后来佛像和菩萨开始变得面形消瘦、长颈、肩窄且下削，体现出了北魏后期佛教造像的显著特点。

图 3-45　云冈石窟北魏时期的佛像

4. 龙门石窟

龙门石窟位于河南省洛阳市南郊伊河两岸的龙门山与香山上，经东魏、西魏、北齐、北周、隋、唐、五代、北宋的连续修凿，绵延四五百年，共有石窟 1 352 座，造像达 97 300 多尊，现在保存下来的洞窟有 1 352 处，小龛 750 个，塔 39 座，大小造像约 10 万尊。其中宾阳中洞是龙门石窟中最宏伟与富丽的洞窟，于北魏景明元年(500)开凿，到北魏正光四年(523)完成，共 24 年，是耗时最长、耗工最多的洞窟。内有大佛 11 尊(图 3-46)。本尊释迦如来通高 8.4m。洞口两侧的浮雕“帝后礼佛圈”是我国雕刻中的杰作，但在新中国成立前被帝国主义分子盗走，现存美国。

从北魏时期开凿的石窟中可以看出，佛像已经由粗犷、威严、雄健趋向活泼、清秀、温和，生活气息开始加重。

图 3-46　宾阳中洞

5. 敦煌石窟

敦煌石窟位于甘肃省河西走廊的西端，敦煌市东南 25 000m 的鸣沙山东麓崖壁上，上下 5

层，南北长约 1 600m。敦煌石窟开凿于东晋穆帝永和九年(353)，最早一窟由沙门乐傅开凿，称莫高窟(早已无存)，后经北凉、北魏、西魏、北周、隋、唐、五代、宋、回鹘、西夏、元等时代连续修凿，历时千年，现存北魏至西魏窟 22 个，隋窟 96 个，唐窟 202 个，五代窟 31 个，北宋窟 96 个，西夏窟 4 个，元窟 9 个，清窟 4 个，年代不明的 5 个等，共计石窟 700 余个，雕塑 3 000 余身，壁画 4 500 多平方米。

北魏时期窟顶前部为人字披，并画出木结构和卷草形式；后部为平顶，也绘有木结构形式，并缀以飞天等图纹；四壁绘有表现佛教题材的壁画。这一时期的佛像(图 3-47)，本尊以释迦牟尼佛和弥勒菩萨为主，多体格高大，额部宽广，鼻梁高隆，眉眼细长，头发呈波浪状，袒露着上身，有着浓重的印度风格。

图 3-47　敦煌石窟北魏时期的佛像

第四章　唐宋时期的建筑

唐宋时期是我国古代建筑发展的重要阶段。唐代是我国封建社会的鼎盛时期，同时也是我国古代建筑发展的成熟时期；而宋代在农业、手工业以及城市经济的日益繁荣下，城市格局发生了一定的演变，建筑的规模、风格等多方面都有所变化，达到了一个新的高度。

第一节　唐代的建筑

唐代是统一、强大、昌盛的封建王朝，在这一时期中国木构架建筑迈入了发展的成熟期。这一时期的建筑在继承两汉以来的成就的基础上，吸收、融合了外来建筑的影响，具有了建筑建造规模宏大，建筑布局水平提高，木构技术进入成熟阶段，砖石建筑取得进一步进展，建筑形象呈现出雄浑、豪健的气质，从总体、单体到局部显示有机的联系的特点，形成了一个完整的建筑体系。

一、唐代的都城

唐代在隋代的基础上，营建了首都长安和东都洛阳。

（一）长安

长安是唐代的首都，也是唐代的经济和文化的中心，是当时世界上最大的城市之一。

长安（图 4-1）是在隋代大兴城的基础建设而成的，城北有渭水，东依灞、浐二水，运输相当方便。城内地形南高北低，而南部冈原起伏，有龙首渠、黄渠、清明渠、永安渠等水，自南而北流贯城中，供城市用水。城东西长 9 721m，南北宽 8 651.7m。城墙厚约 12m，每面三门，每门三道（正南的明德门有五道），这些城门上当时都建有高大的城楼。

长安的规划总结了汉末邺城、北魏洛阳城和东魏邺城的经验，在方整对称的原则下，沿着南北轴线，将宫城和皇城置于全城的主要地位，并以纵横相交的棋盘形道路，将其余部分划为 108 个里坊，分区明确，街道整齐。下面我们对长安城内的具体布局加以阐述。

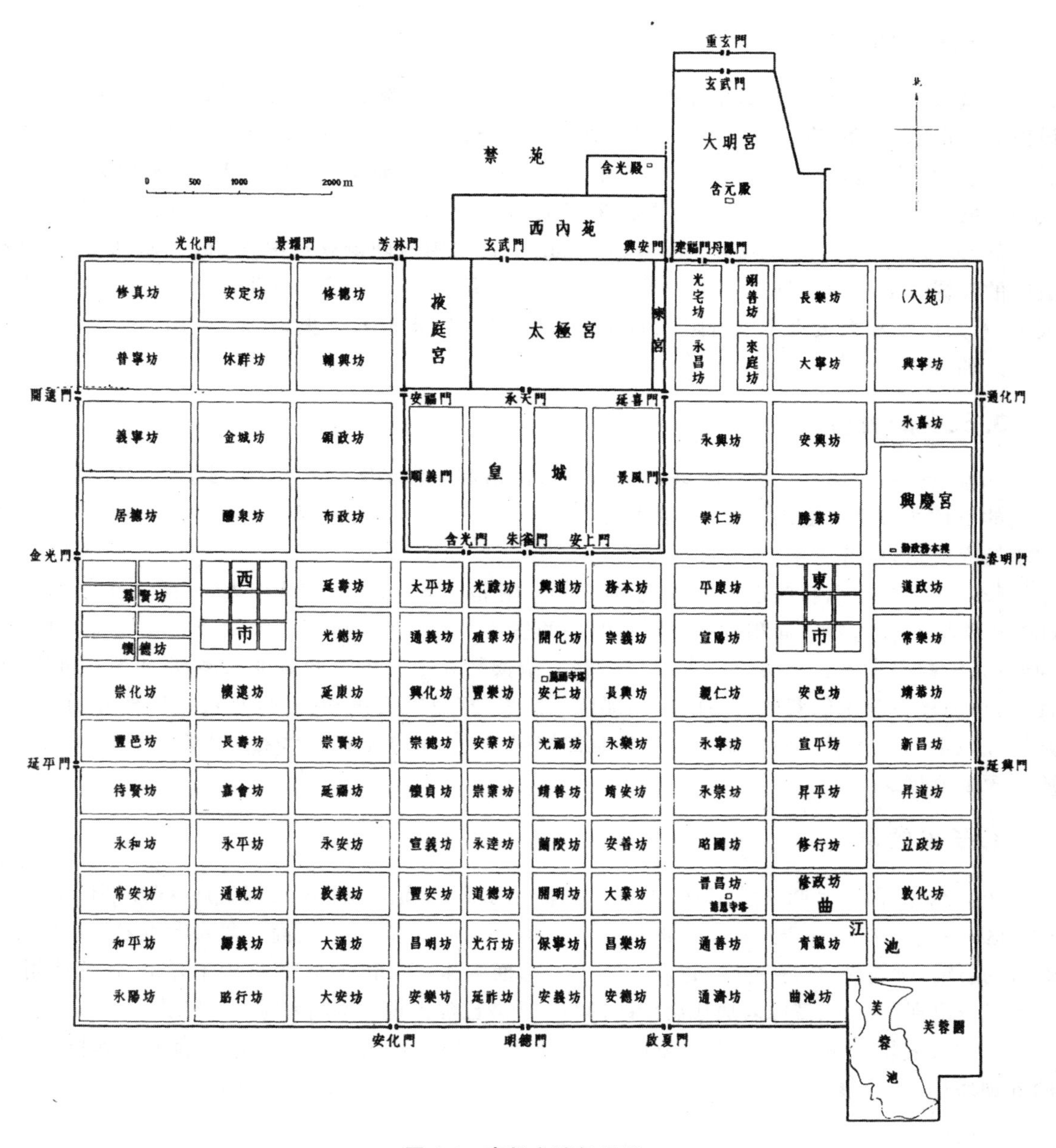

图 4-1　唐长安城复原图

1. 长安的宫城和皇城

宫城位于全城最北的中部，宫城以南是皇城。皇城是唐代的军政机构和宗庙的所在地，东西长 2 820.3m，南北宽 1 843.6m，南北各二门，东西各二门。城里的主要建筑包括有太庙、太社和六省、九寺、一台、四监、十八卫等官署。宫城东西长与皇城一样，南北宽 1 492.1m。南面五门，北、西各二门，东一门。它的前面隔一条宽 220m 的大街与皇城相接。北出玄武门就是禁苑。宫城的中间是太极宫，西部是掖庭宫，东部是太子居住的东宫。

2. 长安的郭城

郭城城墙为夯土筑造，城基宽度一般在9～12m左右。东、南、西三面各辟3座城门，郭城内设南北向街道11条，东西向街道14条。通向南面三门的3条街道和沟通东西面三门的3条街道，合成“六街”，是全城的主干道。这6条街道，除最南面的延平门、延兴门大街宽度为55m外，其余宽度都在100m以上。明德门内的朱雀大街，宽度达150m。其他不通城门的大街宽度在35～65m之间，沿城边的顺城街宽度为20～25m。这些街道两侧有宽深各2m的水沟，两旁种有成行的槐树。据勘察，明德门有5个门道，其他城门均为3个门道。以明德门为起点，包括朱雀大街、承天门街和太极宫主轴所组成的纵深轴线，总长度将近9公里，是世界古代城市史上最长的一条轴线。

3. 长安的里坊

郭城由街道纵横划分为114坊，除去东市、西市和曲江池各占去2坊，实数为108坊。不同时期的里坊坊数略有变动，里坊均围以坊墙。小坊约一里见方，内辟一横街，开东西坊门。大坊比小坊大数倍，内辟十字街，开四面坊门。

长安里坊的平面有些近于方形，东西520m，南北510～560m；有些稍大，平面为长方形，东西600多米及1 100多米，面积都超过汉魏时期的里坊。里坊的周围用高大的夯土墙包围。大坊四面开门，中辟十字街。小坊只有东西二门和一条横街。这些街道的宽度大多在15～20m左右。此外，坊内还有较窄的巷曲。坊的外侧部位是权贵、官吏的府第和寺院，直接向坊外开门。而一般居民住宅的出入受坊门控制。为了控制都城居民，唐代的统治者承袭汉代以来的闻里建筑并施行夜禁制度。

4. 长安的市

长安东市、西市是两处手工业、商业店肆集中的市场，周围有墙垣围绕，市内辟井字形干道，分成9区，并引入水渠，便于运输。东市有220行，西市行业更多，并有胡商云集。考古发掘市内临街布置的店铺，毗连栉比，每一店家进深一般3m多，面阔4～10m。两市每日中午开市，日落前闭市。到中晚唐出现了夜市，意味着唐代后期的都城工商业已经出现了空间和时间的突破。

唐代长安城以恢宏的规模，严整的布局，壮观的宫殿，封闭的坊、市，宽阔的街道和星罗棋布的寺观塔楼，充分展现了中国封建鼎盛期的都城风貌，成为世界城市史上的一大杰作。

(二)洛阳

唐代以洛阳(图4-2)为东都。隋炀帝即位的第二年(605)三月诏杨素、宇文恺营建东都。第二年正月，不到一年时间，隋东都洛阳即建成。唐代初期一度废东都，焚宫殿，但不久就恢复，沿用隋洛阳总体布局，没有大的变动。洛阳的地理位置十分优越，尤其是运河开通后，江南物资北运十分便利。

1. 洛阳的宫城和皇城

洛阳宫城、皇城偏置于北区西部，整个规划力求方正、整齐。宫城内建有含元、贞观等几十座殿、阁、堂、院。皇城位于宫城之南，临洛水，中有三条纵贯南北的干道，建有省、府、寺、卫等建筑。

2. 洛阳的里坊

根据复原，洛阳共有109个里坊，其中，南区为81坊，北区为28坊。洛阳里坊普遍比长安里坊小，坊内“开十字街，四出趋门”。洛阳的街道也比长安窄，最宽的主干道定鼎门街实测宽度为121m，其余正对城门的大街只有40～60m，一般小街在30m以下，由于里坊小、街道窄，使得城内布局较长安紧凑。

3. 洛阳的市

洛阳有北市、南市和西市。其中，北市及其附近是当时洛阳最繁华的地带，有为数不少的中亚商人；南市“其内一百二十行，三千余肆，四壁有四百余店，货贿山积”。市内有纵横各3条街道，四面各开三门，并有漕渠通入，便于水运，反映出唐代商贸的发展。

武则天时期，在洛阳皇城外西南方建上阳宫，其作用类似于长安的大明宫。中唐以后，很多贵族官僚在洛阳南区营建住宅、园林，因此，洛阳也成为以园林著称的城市。

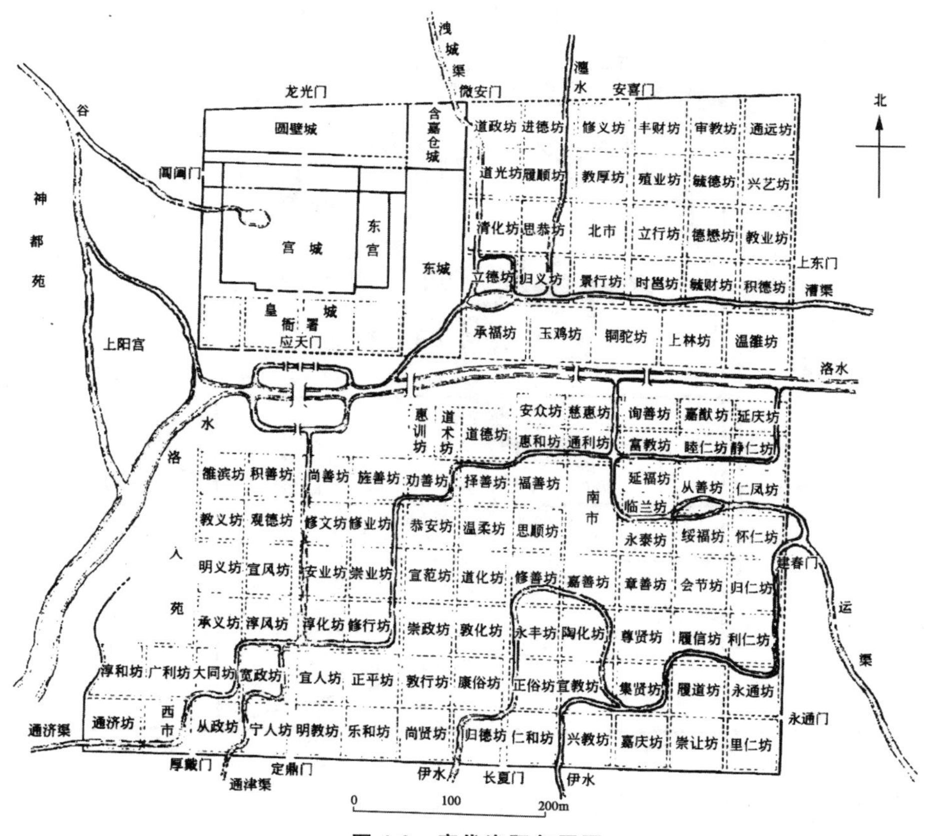

图 4-2　唐代洛阳复原图

二、唐代的宫殿

大明宫(图4-3)是唐帝国的政治中心和国家象征，位于长安城外东北的龙首原上，始建于唐太宗贞观八年(634)，原名永安宫，经唐高宗等陆续扩建修治，成为唐代主要的朝会之所。自高宗以后，除玄宗主要在兴庆宫活动外，其他皇帝都常居于此。唐僖宗时，大明宫屡遭战火，乾宁三年(896)被烧毁。

大明宫平面呈南宽北窄的不规则梯形。宫城周长7 628m，总面积约3.27km²。现在经考古学家挖掘，已发现亭殿遗址30余处。宫城轴线南端，依次坐落着外朝含元殿、中朝宣政殿和内朝紫宸殿。其中，含元殿两翼，伸出翔鸾、栖凤两阁。有三道东西向的横墙，分隔于含元殿前方，含元殿两侧和宣政殿两侧。三道横墙均开左右对称的二门，形成前后贯通的两条纵街。相距约600m的两街之间，对称地分布着门座庑廊。紫宸殿后部是皇帝后妃居住的内廷。大明宫的北部地势低洼，开辟了以太液池为中心的园林区，池中有蓬莱山，沿池岸有蓬莱、珠镜、郁仪等殿。太液池的西部高地上坐落着麟德殿，是皇帝饮宴群臣、观看杂技及舞乐的地方。从这些建筑可以看出大明宫组群所反映的恢宏气势和初唐风貌。

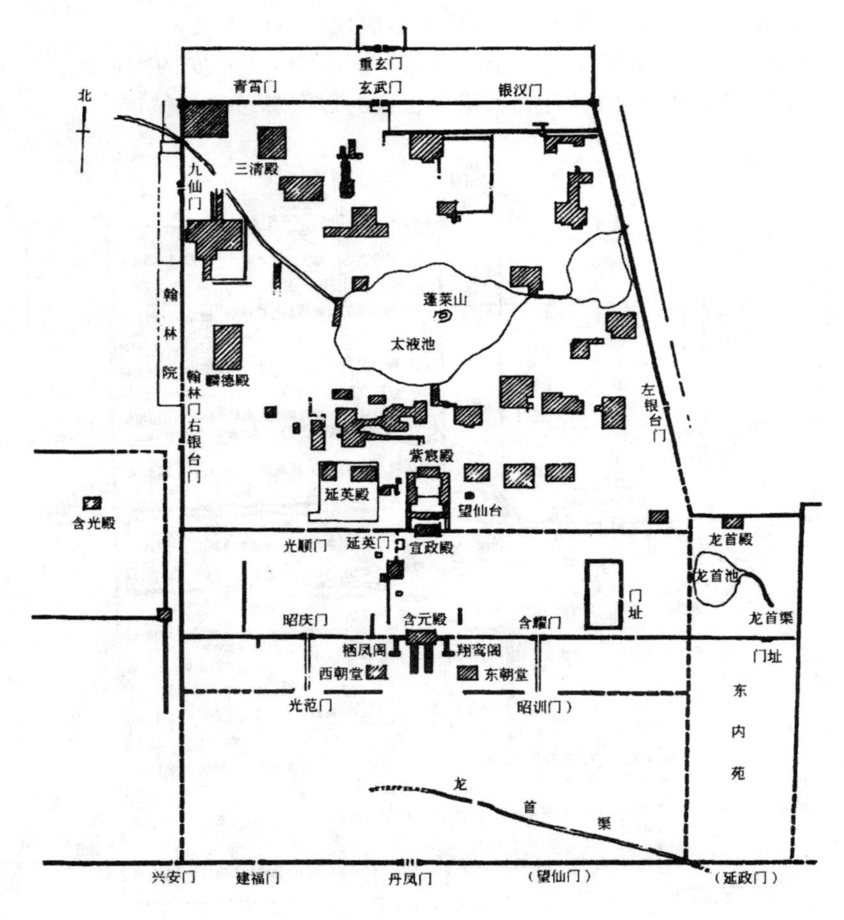

图4-3　唐代大明宫遗址

(一)含元殿

含元殿，始建于唐高宗龙朔二年(661)，建成于龙朔三年(662)四月，是大明宫前朝上的第一殿，是长安的标志性建筑。唐代皇帝一般在此举行元旦、冬至、大朝会、阅兵、受俘、上尊号等重要仪式。

含元殿遗址位于龙首岗的南部，遗址高出平地15.6m，雄踞于全城之上。殿宽11间，其前有长达75m的龙尾道，左右两侧稍前处，又建翔鸾、栖凤两阁，以曲尺形廊庑与含元殿相连。含元殿以屹立于砖台上的殿阁与向前引伸和逐步降低的龙尾道相配合，表现了中国封建社会鼎盛时期雄浑的建筑风格。

含元殿在大明宫内所处的位置，相当于太极宫的承天门，其作为大朝会的功能性质也相同，含元殿所处的位置应该建门，但因龙首岗地势的高起，不适于建门，所以因地制宜地改建殿，并由此开创了外朝三殿相重的布置方式，对后来的宫殿制度产生了深远影响。

历史学家傅熹年对含元殿进行了复原，根据复原的含元殿(图4-4、图4-5)可以了解到，殿下墩台由铲削龙首岗南缘加局部夯土补齐，形成凹形突出岗外的大墩台。台南面壁立，高10.8m。东西侧与宫内横墙衔接。北面平连岗体。整组殿、阁、飞廊的台基都夯筑在这个凹形墩台上。墩台周边砌砖并加红粉刷，台顶边缘环砌带螭首的石栏杆。墩台上有二层殿基，下层为陛，上层为阶，与墩台一起合成“三重”。殿陛、殿阶均为砖石壁，环砌石栏杆，引出螭首。正面登陛设3条道路，中央御路为花砖坡道，两侧上下的路为石质踏步。殿阶上部设副阶平坐，登平坐的台阶，南北两向均设木制的东西两阶。

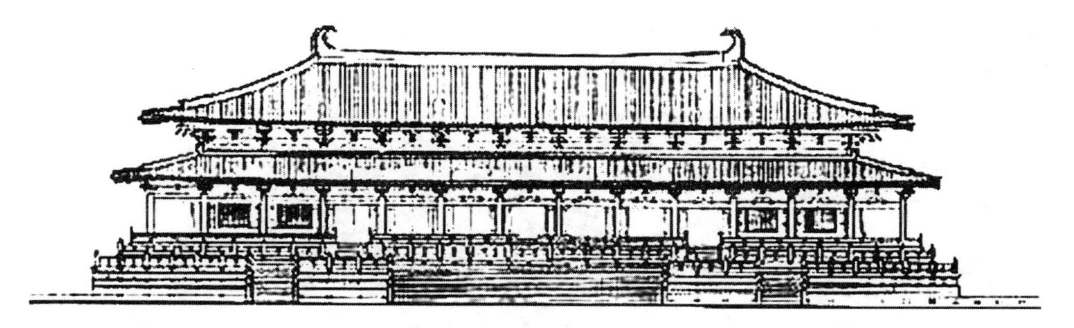

图4-4　含元殿复原立面图

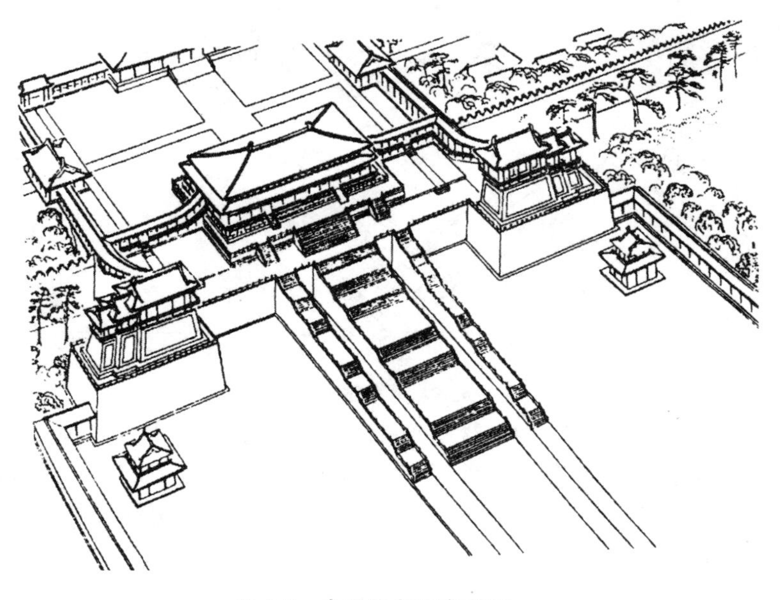

图4-5　含元殿复原鸟瞰图

含元殿的殿身平面近似《营造法式》中的“双槽副阶周匝”，内槽两排柱，共 20 柱；外槽前檐 12 柱。身内面阔 11 间，加副阶共 13 间，深 29.2m，面积为 1 966.04m²，与明清北京紫禁城太和殿的面积相近。殿上覆四阿顶，加副阶周匝，呈重檐庑殿形象。遗址出土有黑色陶瓦（即青棍瓦）和少量绿琉璃瓦片。屋顶复原为黑瓦顶、带绿琉璃脊和檐口“剪边”。

殿基墩台前方有登台的慢道遗址，是长约 70 余米的 3 条平行阶道，中道宽 25.5m，两侧道各宽 4.5m，各道间距约 8m。这种“若龙垂尾然”的阶道，通称“龙尾道”。复原的龙尾道，采用七段平坡相间的做法，起坡缓和而有节奏。阶道用砖壁加红粉刷，边镶石栏杆，与墩台浑然一体。殿基东西两侧各有向外延伸并向南折出的廊道遗址，与殿前左右对称的翔鸾阁、栖凤阁基址相连。两阁复原为歇山顶的三重阙式，高高的阁基昂立于凹形外突的墩台上，通过飞廊与大殿联结。

含元殿气势恢宏，威壮、雄浑，充分表达出大唐盛世的精神风貌和进入体系成熟期的中国建筑雄姿。

（二）麟德殿

麟德殿（图 4-6）位于大明宫太液池西部一座高地上，是唐代的国宴厅，用于赐宴群臣，观赏伎乐、百戏，观看马球、角抵，接见蕃臣等。乾封元年（666）唐高宗已在这里宴会群臣，推测这组建筑当建于麟德年间（664—665），毁于唐僖宗光启年间（886）。

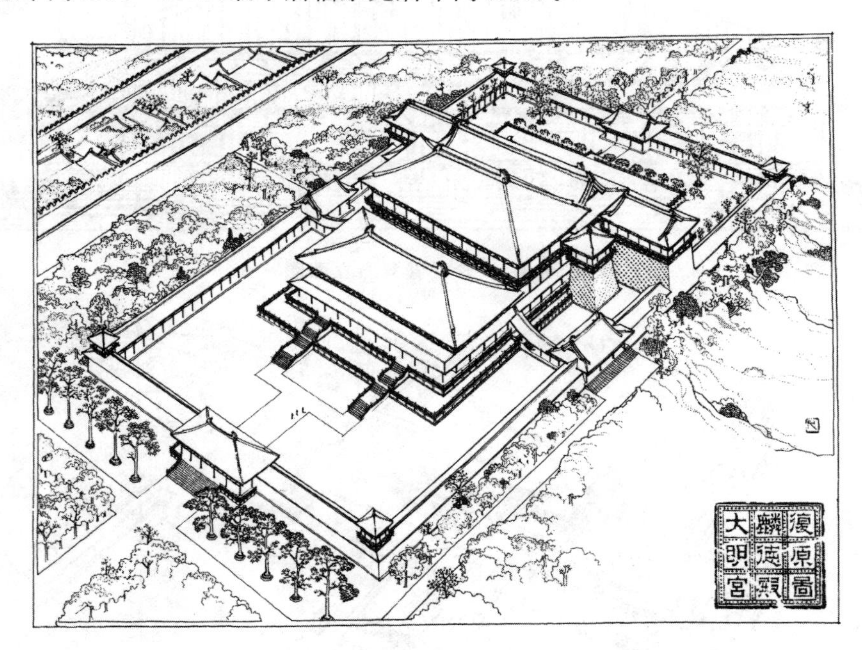

图 4-6　大明宫麟德殿复原图

麟德殿是一组前后殿阁相连，两翼楼亭连接的宫殿组合体。南北主轴上串联着前、中、后三殿。前殿面阔 11 间，进深 4 间，前檐出前轩，两尽间以版筑填实，上冠以四阿顶，是整组建筑的正殿。中殿底层隔一廊道与前殿相连，进深 5 间，面阔与前殿相同，两尽间同样以版筑填实，内部以两道隔墙分成三个空间。后殿进深 6 间，其中南向 4 列，面阔 11 间，两端尽间各以版筑填实 3 间，各留 1 间耳房，分别作为浴、厕。北向 2 列，面阔 9 间，东、西、北三面均为便于采光的木质隔断围护，后殿内部分隔成并列的三个面阔各 3 间、进深各 6 间的厅堂。中、后殿的上层，复原出面阔 11 间、进深 9 间的楼上厅堂。主轴线的两侧，对称地耸立着郁仪楼、结邻楼和东亭、西亭，它们都是坐落在高台之上的亭、楼，以架空的飞阁与景云阁连接。两座楼台还另设斜廊式的登楼阶道，东楼阶道在南面，西楼阶道在北面，这种不对称的处理当是为了通往南北院庭的便捷联系。

这组三殿串联、楼台簇拥、高低错落的组合建筑形象，是迄今所见唐代建筑中最复杂的大建筑群，同时它的底层面积估计达 5 000m²，是中国古代最大的殿堂。

除了含元殿和麟德殿外，大明宫的城门也是非常有历史价值的建筑。大明宫宫城四面均有门。南面正门为三门道的丹凤门。北面正门为玄武门、重玄门，并设有内重门、外重门。其中的玄武门(图 4-7)、重玄门(图 4-8)的门道均为单门道木构排叉门，其基址面积几乎全同。在复原设计中，两门均采用内斜收的城墩，墩高设定为 9m，墩面包砖。城门道的木排叉柱，采用方形石础上立矩形断面木柱的做法。内部 9 对木柱直立，两边最外一柱向内倾斜，斜度与城墩斜面平行。排叉柱上顺城门道方向架承重枋，左右枋间跨门道架梯形构架，架上铺木板，板上夯土直至墩顶。墩顶上设平坐层，上立面阔 5 间、进深 2 间四椽、带四阿顶的门楼。门楼正面，两门均为中央三间开板门，两梢间设直棂窗。门楼侧面两门略有差异。因玄武门城墙正对城楼侧面中线，故门楼侧面划分为一整二破的分间，正中设板门。重玄门城墙没有直对城楼侧面中线，而略偏北，其门楼侧面相应地中分为二间，板门设于北间。两座城门(图 4-9)均在两侧城墙的南面设慢道登城墙，再由城墙架设木踏道登平坐。

图 4-7　玄武门复原图

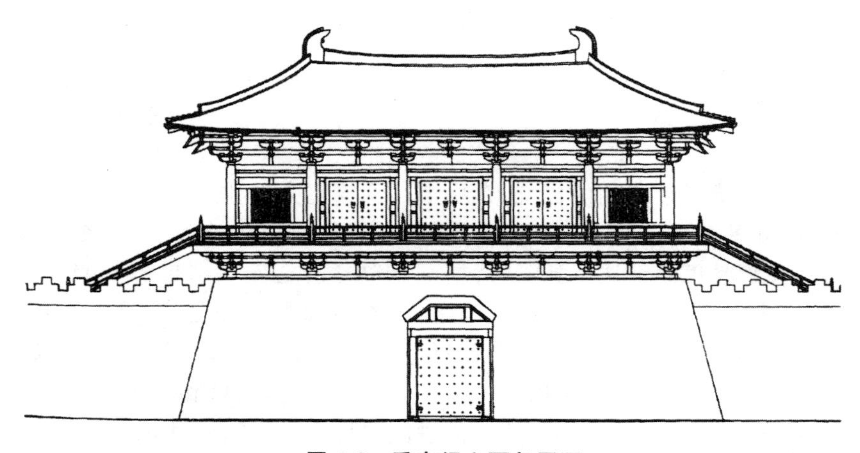

图 4-8　重玄门立面复原图

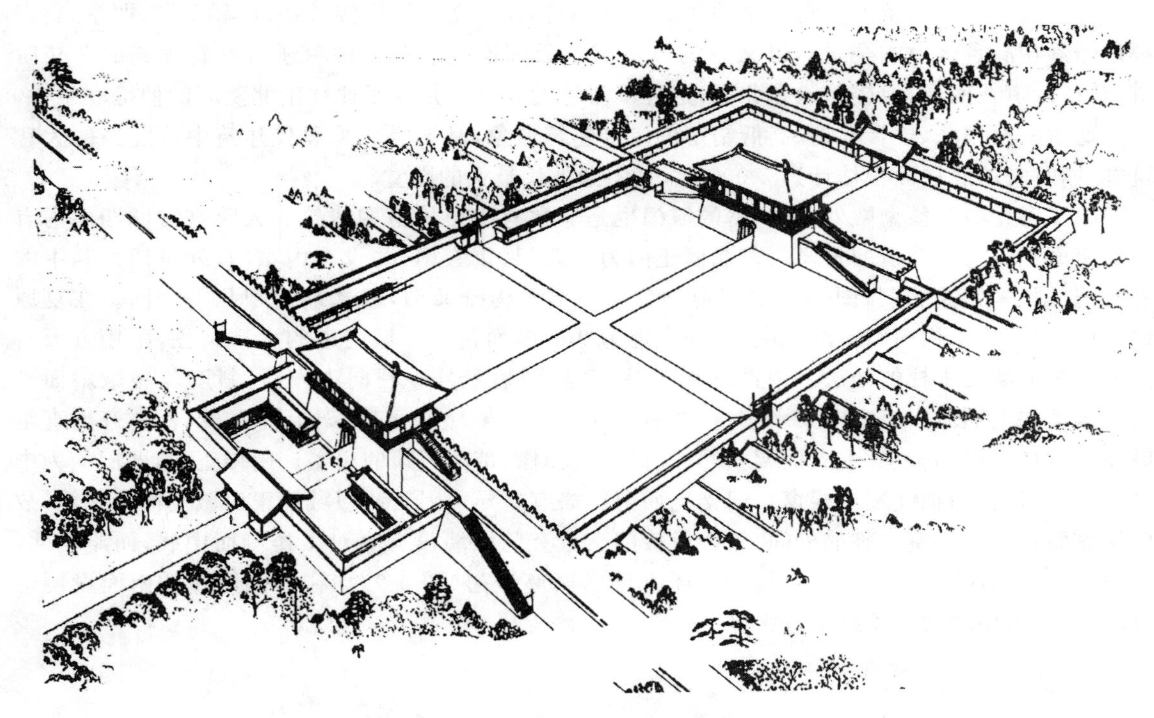

图 4-9　玄武门、重玄门复原鸟瞰图

三、唐代的住宅

唐代的住宅尚无实物存在，但根据一些诗文、传记、壁画、传世卷轴画等资料，大致可以窥见唐代住宅的面貌。通过这些资料可以了解到，唐代住宅已建立严密的等级制度，“凡官室之制，自天子至于庶士各有等差。”门屋的间架数量、屋顶形式以至藻井、悬鱼、重栱、瓦兽等细部装饰、做法都有明确的限定。唐代的住宅布局，虽然廊院式还在延续，但已明显地趋向合院式发展。下面我们从贵族住宅和平民住宅这两个方面对唐代住宅进行介绍。

（一）贵族住宅

唐代的贵族住宅继承了南北朝的传统，在住宅后部或宅旁掘池造山，建造山池院或较大的园林，还在风景优美的郊外营建别墅。这些私家园林的布局，虽以山池为主，可是唐代士大夫阶级中的文人、画家，往往将其思想情调寄托于“诗情画意”中，对造园手法也有影响。例如白居易暮年营建的宅园，宅广十七亩，房屋约占面积三分之一，水占面积五分之一，竹占面积九分之一；池中有三岛，中岛建亭，以桥相通；环池开路，置西溪、小滩、石泉及东楼、池西楼、书楼、台、琴亭等，并引水至小院卧室阶下，整个园的布局以水竹为主，并使用划分景区和借景的方法。如图4-10所示，该壁画显示出在主院之前有一扁小的曲尺形过院，过院中种竹，院外也是花竹并茂，展现了唐代住宅绿意盎然的景象。

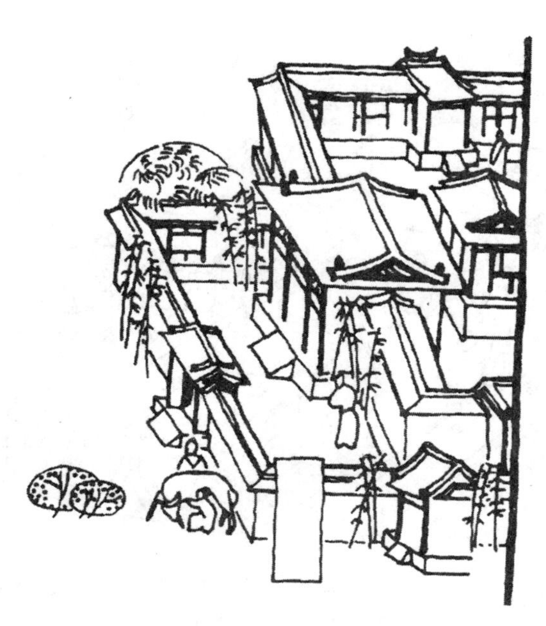

图 4-10　敦煌莫高窟第 9 窟壁画

(二)平民住宅

根据展子虔《游春图》(图 4-11)画面可见当时的乡村平民住宅不用回廊而是房屋围绕的景象,有平面狭长的四合院,有木篱与茅屋、瓦屋混构的简单三合院,布局都很紧凑。此外,还有木篱茅屋的简单三合院,表明合院式宅舍已在农村盛行。

图 4-11　展子虔《游春图》中的住宅

另外,在住宅家具方面,一方面唐代席地而坐与使用床(榻)的习惯依然广泛存在,床(榻)下部,有些还用壶门作装饰,有些则改为简单的托脚。嵌钿及各种装饰工艺已进一步运用到家具上;而另一方面,垂足而坐的习惯,在隋唐时期从上层阶级起逐步普及全国。后代的家具类型,在唐末五代之间已经基本具备。家具的式样简明、朴素大方,桌椅的构件有些做成圆形断面,既切合实用,线条也柔和流利(图 4-12)。

图 4-12　敦煌莫高窟第 473 窟壁画

四、唐代的陵墓

唐代共传 21 帝，除唐昭宗、唐哀帝分别葬于河南渑池和山东菏泽外，其他 19 个皇帝都葬在陕西渭河以北地段，其中武则天与唐高宗合葬一处，共为 18 处帝陵，称为“关中十八陵”。这些帝陵，再加上一大批陪葬墓群，形成了东西绵延达 100 多公里的唐陵集中区（图 4-13）。

“关中十八陵”在形制上分为两类：一类沿袭秦汉以来“封土为陵”的做法，墓顶封土呈覆斗形，献、庄、端、靖四陵属此类；另一类仿魏晋和南朝的“依山为陵”做法，把墓室开凿在山的南面，昭、乾、定、桥等 14 陵都属此类。唐帝陵的范围大小不等。大者如昭陵、贞陵，周长约 60km；小者如献陵，周长约 10km。

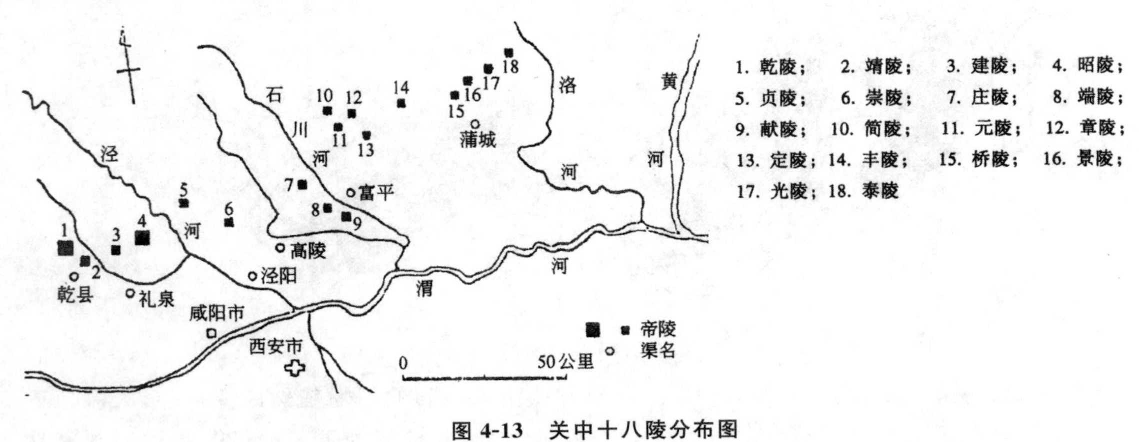

图 4-13　关中十八陵分布图

其中的乾陵（图 4-14）为唐高宗李治和武则天的合葬墓，位于陕西省乾县梁山，建于唐光宅元年（684），神龙二年（706）加盖。

乾陵采用了依山为陵的建造方式，以梁山主峰为陵山，四周建方形陵墙，四面辟门监狱。南面朱雀门设三道门阙。南端第一道门阙为残高 8 米的土阙一对。中部第二道门阙利用东西连亘的两丘山势，在丘顶建阙。自第二道门阙向北，依次排列华表、翼马、朱雀各 1 对，石马及牵马人 5 对，石人 10 对，述圣记碑、无字碑 1 对。碑北即第三道门阙。其北为番酋像 61 座。再北为朱雀门，门前设石狮（图 4-15）、石人各 1 对。

乾陵整体模拟了唐长安城格局：第一道门阙比附郭城正门，神道两侧星罗棋布地散布着皇帝近亲、功臣的陪葬墓；第二道门阙比附皇城正门，以石人石兽象征皇帝出巡的卤簿仪仗；第三道门阙比附宫城正门，以朱雀门内的“内城”象征帝王的“宫城”。这组气象磅礴的陵园规划，渗透着强烈的皇权意识，也展现出了融于自然的设计意识。

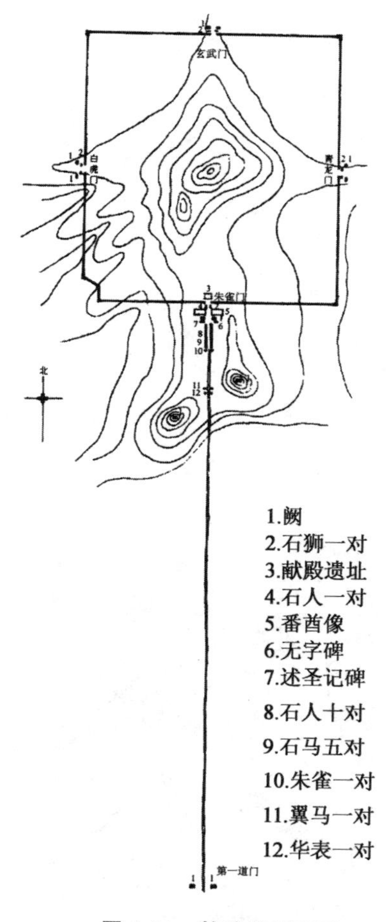

图 4-14　乾陵总平面图

图 4-15　乾陵石狮

永泰公主墓是乾陵的陪葬墓之一。永泰公主是唐高宗和武则天的孙女，唐中宗和韦皇后之女，下嫁武承嗣之子魏王武延基，因非议而遭武则天戮杀。唐中宗复位后，追赠为公主，神龙二年(706)与其夫合坟，陪葬乾陵，她是中国历史上唯一一个坟墓被冠为“陵”的公主，规格与帝王相等。

永泰公主墓位于乾陵的东南方向，有底边方 55m、高 11.3m 的方形覆土式封土，四周设围墙，四角有角楼遗址。南面辟门，有夯土残阙 1 对。阙前依次列石狮 1 对、石人 2 对、华表 1 对（图 4-16）。

永泰公主墓的地下部分由斜坡墓道、甬道和前室、后室组成。这根地下轴线较地上轴线偏东 8.65m，是为了防盗而有意采取的做法。斜坡墓道开挖有 6 个天井、5 个过洞、8 个小龛。前后甬道和前后墓室均为砖砌，后室西侧置石椁 1 具。

永泰公主墓尤以精美壁画著称（图 4-17）。墓道两壁绘有青龙、白虎、阙楼、仪仗、戟架，甬道顶部绘宝相花平某图案及云鹤图，前后墓室绘有侍女执扇等人物题材壁画，造型之美，世之罕见，是已发现的唐墓壁画中的精品。

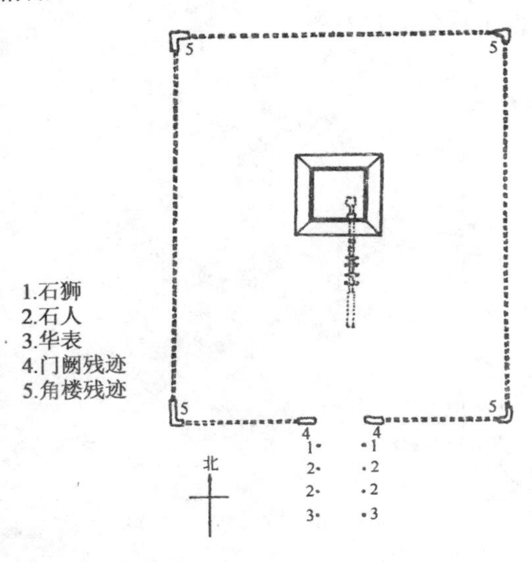

图 4-16　永泰公主墓总平面图

图 4-17　永泰公主墓内部壁画

五、唐代的宗教建筑

唐代是中国佛教发展的重要时期，这一时期建造的宗教建筑的数量和规模是相当惊人的，而寺院经济的发展，影响了国库的收入，唐武宗会昌五年(845)和五代后周世宗显德二年(955)，先后进行了两次“灭法”。其中唐武宗灭法，一次就拆毁天下佛寺四万所。这次灭法虽然是短暂的，很快就恢复过来，但对唐代的佛寺殿塔的破坏是灾难性的，以至于唐代建筑留存至今的只有4座木构佛殿和若干砖石塔。

(一)唐代的寺

唐代仅存的4座木构佛殿为山西的南禅寺大殿和佛光寺大殿、芮城的广仁王庙正殿和平顺的天台庵正殿，它们都属于中小型的殿屋。由于芮城的广仁王庙正殿和平顺的天台庵正殿的梁架虽是唐构，但外观已经过后代改建。所以这里重点介绍南禅寺大殿和佛光寺大殿。

1. 南禅寺大殿

南禅寺(图4-18)位于山西省五台县李家庄。寺址规模不大，坐落在一个坚实的土岗上，居高临下。南禅寺的建造年代不详，据殿内西缝平梁下的墨书题记，可知大殿重修于唐德宗建中三年(782)。唐武宗会昌五年(845)开始进行“灭法”，当时全国佛寺拆毁殆尽，但南禅寺大殿却幸免于难，得以遗存至今。这座距今1 200多年的佛寺大殿，是我国现存最早的木构建筑，具有重要的历史地位和艺术价值。南禅寺除了大殿之外，其他殿屋均为明清所建。

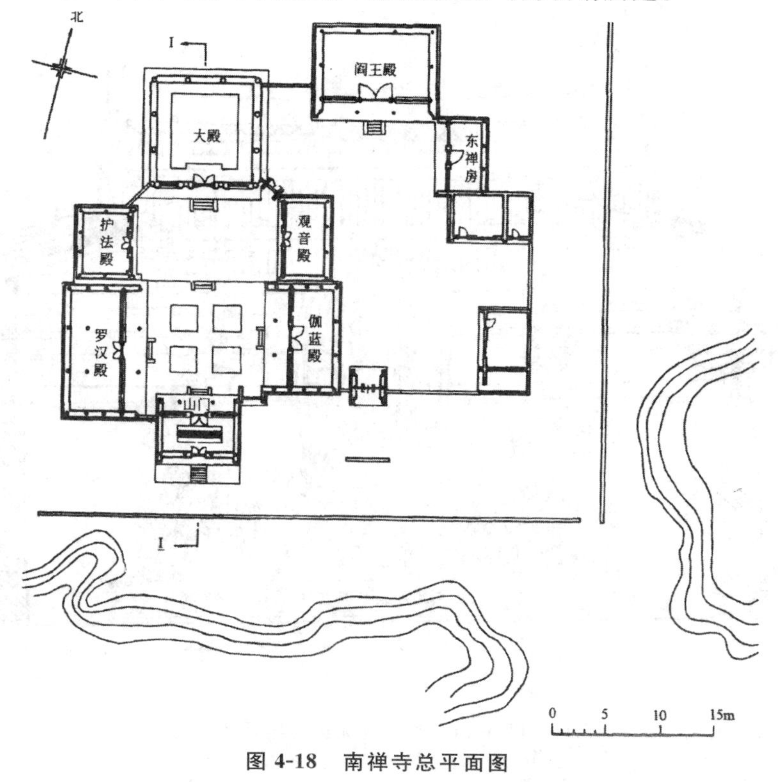

图4-18 南禅寺总平面图

南禅寺大殿(图 4-19、图 4-20)殿身面阔,进深各三间,平面近方形。据发掘,它的台基前方原先还有月台,与台明联结为一个整体的、前窄后宽的、倒梯形的大砖台。

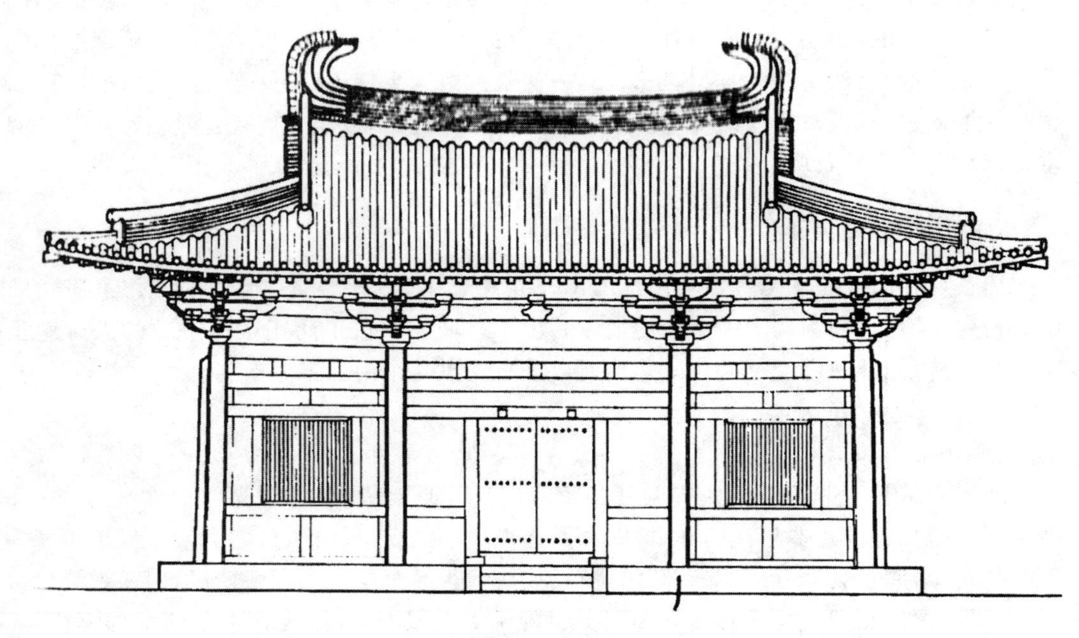

图 4-19　南禅寺大殿正立面图

图 4-20　南禅寺大殿纵剖面图

南禅寺大殿内设一长方形砖砌佛坛，正面略有凹进。佛坛高0.7m，三面砌须弥座，底层莲瓣浑圆，年代较早。束腰壶门内砖雕花卉、动物、方胜，形象生动，刀法简洁。坛面用方砖铺墁，坛上供释迦牟尼、文殊菩萨、普贤菩萨、天王、供养菩萨、侍立童子等大小泥塑像17尊。这些塑像都是唐代原塑，技法纯熟，是现存唐代塑像的精品。

南禅寺大殿整体结构属《营造法式》的“四架椽屋通檐用二柱”的厅堂型构架。殿内无柱，仅殿身四周施檐柱12根。其中，西山墙有3根抹楞方柱，是原建时的遗物，其余均为圆柱。柱子均有显著的“侧脚”“生起”，角柱比明间柱高起6cm，各柱侧脚7cm。柱头之间仅用阑额连接，不用普拍枋，阑额至角柱不出头。柱头上置斗栱承梁枋。明间用两根“四椽檐栿”，梁头插入柱头斗栱内，砍成第二跳华栱。四椽栿上施一层“缴背”，以加强栿的承载力。缴背也插入柱头斗栱内，斫成昂形耍头。缴背上置驼峰、托脚，搭交令栱以承平梁。平梁上置叉手，搭交令栱以承脊槫。叉手中部仃一根后代添加的，由驼峰、侏儒柱和大斗组成的支撑件。全殿不用补间铺作，仅在明间正中的柱头枋上隐刻驼峰。上置散斗一枚。前后檐柱头铺作，为五铺作双抄偷心造。此殿栱枋断面尺寸，大多数为26cm，约合宋《营造法式》规定的二等材。

南禅寺大殿外观简洁，后檐与两山均为土坯垒砌、内外抹灰刷浆的墙面。前檐明间设板门，两次间安破子棂窗，门窗两侧装余塞板。屋顶为单檐歇山灰色筒板瓦顶。屋面坡度为1∶5.15，是已知木构古建中屋顶坡度最平缓的。

南禅寺大殿虽然只是3间小殿，却以舒展的屋顶、洁净的屋身、雄劲的气度表现出唐代建筑豪爽的美。

2. 佛光寺大殿

佛光寺（图4-21）位于山西省五台县豆村的佛光山中，相传创建于北魏孝文帝年间（471—499），唐会昌五年（845）武宗“灭法”时，寺内大部建筑被毁。唐大中元年（847）宣宗“复法”后陆续重建。

佛光寺的布局依山岩走向呈东西向轴线，自山门向东，随地势辟成三层台地，形成依次升高的三重院落（图4-22）。第一层台地院落开阔，中轴线上有唐僖宗乾符四年（877）建造的陀罗尼经幢。北侧有金天会十五年（1137）建的文殊殿。南侧与之对称，原建有普贤殿（一说观音殿），现已不存在。第二层台地中部有近代建的两庑，两庑之后建有南北两个跨院。第三层台地就山崖削成，陡然高起8m左右，中间有踏步通上，台上以坐东面西的东大殿作为全寺主殿。殿前立有唐大中十一年建的经幢，殿之东南有祖师塔，大约建于北朝末。大殿后部紧接山崖。东大殿高踞山腰台地，可俯视全寺，在地形利用上颇为成功。这组寺院容晚唐大殿、金代配殿、北朝墓塔和两座唐幢于一寺，堪称荟萃中华古建瑰宝的第一寺。

佛光寺大殿即佛光寺内的东大殿（图4-23），建于唐大中十一年（857），其年代略晚于南禅寺大殿，而规模较之大得多，在中国建筑史上具有独特的历史价值和艺术价值。

从平面上看（图4-24），佛光寺大殿面阔7间，长34m，进深4间，深17.66m。殿身平面柱网由内外两圈柱子组成，属宋《营造法式》的“金箱斗底槽”平面形式。内槽柱围成面阔5间，进深2间的内槽空间，两圈柱子之间形成一周外槽空间。内槽后半部设大佛坛。佛坛背面和左右侧面由扇面墙和夹山墙围合。大殿正面中部5间，设板门，两端尽间和山面后间辟直棂窗。其余三面均围以厚墙。

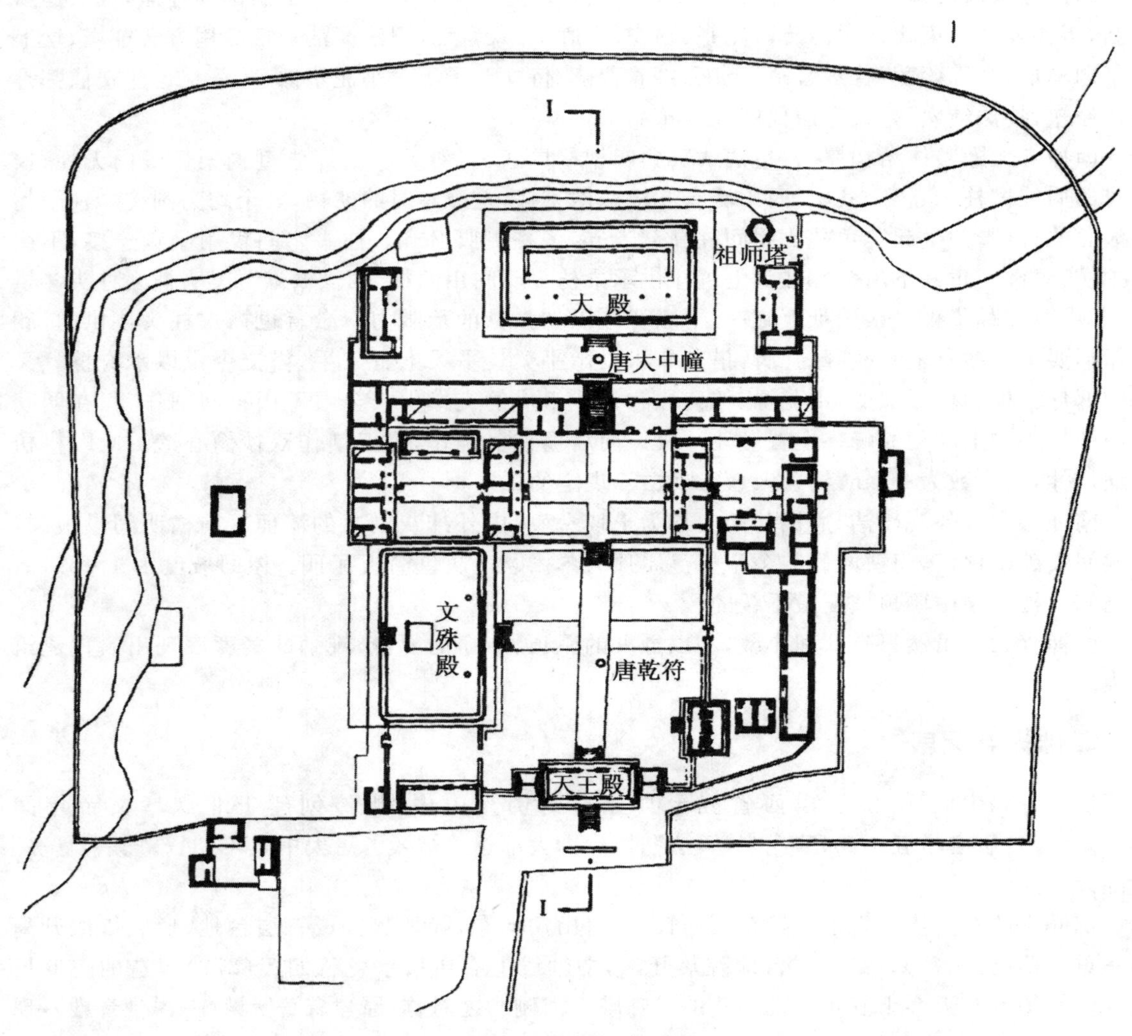

图 4-21　佛光寺总平面图

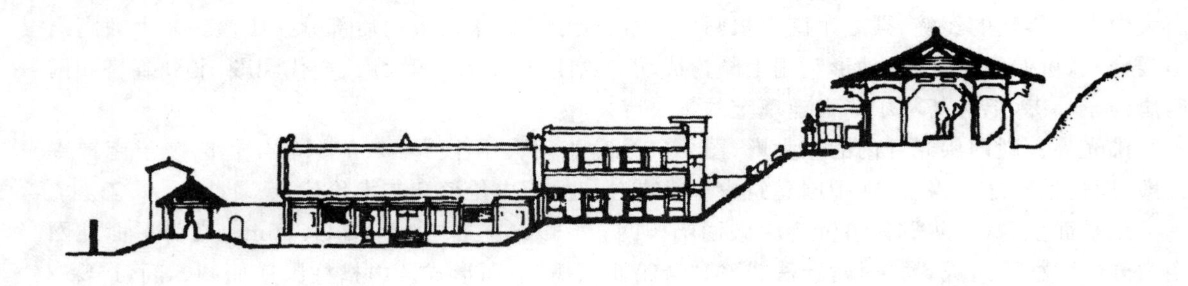

图 4-22　佛光寺总剖面图

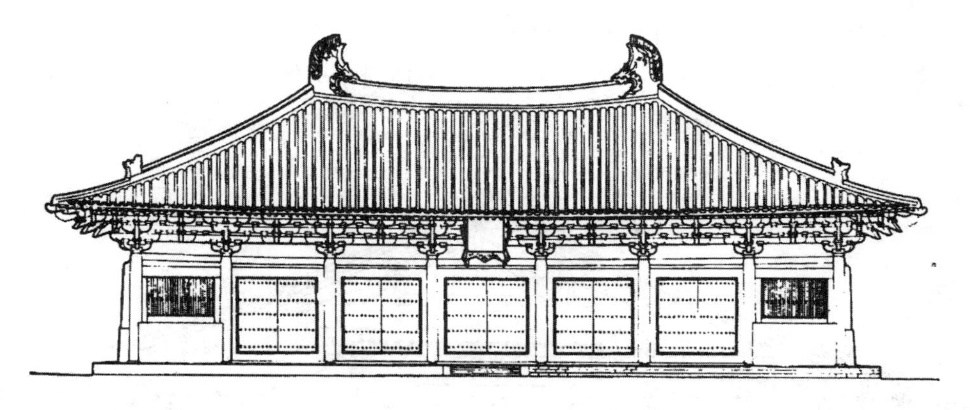

图 4-23　佛光寺大殿正面图

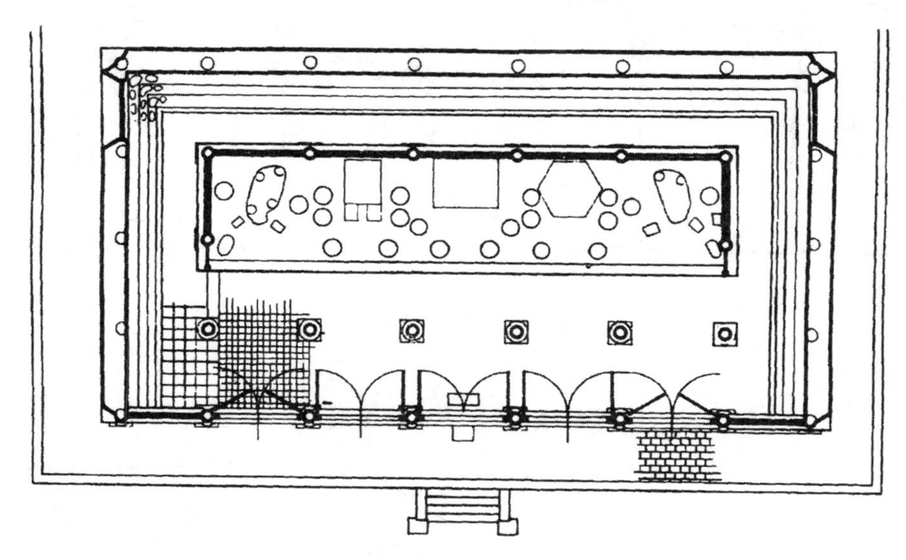

图 4-24　佛光寺大殿平面图

就架构而言，大殿为殿堂型构架，由下层柱网层、中层铺作层和上层屋架层水平层叠而成。这组构架是现存唐宋殿堂型构架建筑中时间最早、尺度最大、形制最典型的一例，它的殿堂构造有几点值得注意(图 4-25、图 4-26)。

(1)柱网层有显著的“生起”和“侧脚”。

(2)在屋架层内运用了四椽草袱、草乳袱，在铺作层内运用了四椽明袱、明乳袱，形成明、草两套梁袱。

(3)在平梁上采用“叉手”，在四椽草瞅上添加“托脚”，构成局部的三角杆件，增添了屋架的稳定性。

(4)左、右、后三面的外檐柱列都包砌在很厚的土坯墙内，对柱网稳定起很大作用。

佛光寺大殿的内槽佛坛上供奉着释迦牟尼佛、弥勒佛、阿弥陀佛和文殊菩萨、普贤菩萨等 30 余尊塑像(图 4-27)。外槽依两山及后檐墙砌台三级，置五百罗汉像，是明清添加的。内槽空间宽大、规整，内外槽尺度及其与佛像的尺度比例合称；架空的明袱丰富了上部空间层次和内槽空间划分；繁密的平同与简洁的月梁、斗栱，精致的背光与全部朴素的结构构件形成恰当的对比。

就外观而言，大殿上覆单檐四阿顶(庑殿顶)，下承低矮的台基。平缓挺拔的屋面，深远舒展的出檐，造型遒劲的鸱尾，微微凹曲的正脊，雄大有机的斗栱，细腻的柱列“升起”“侧脚”，以及鸱尾对准左右第二缝梁架的严密构图，组构了大殿外观简洁、稳健、恢宏的气度，展示出了唐代建筑的风貌。

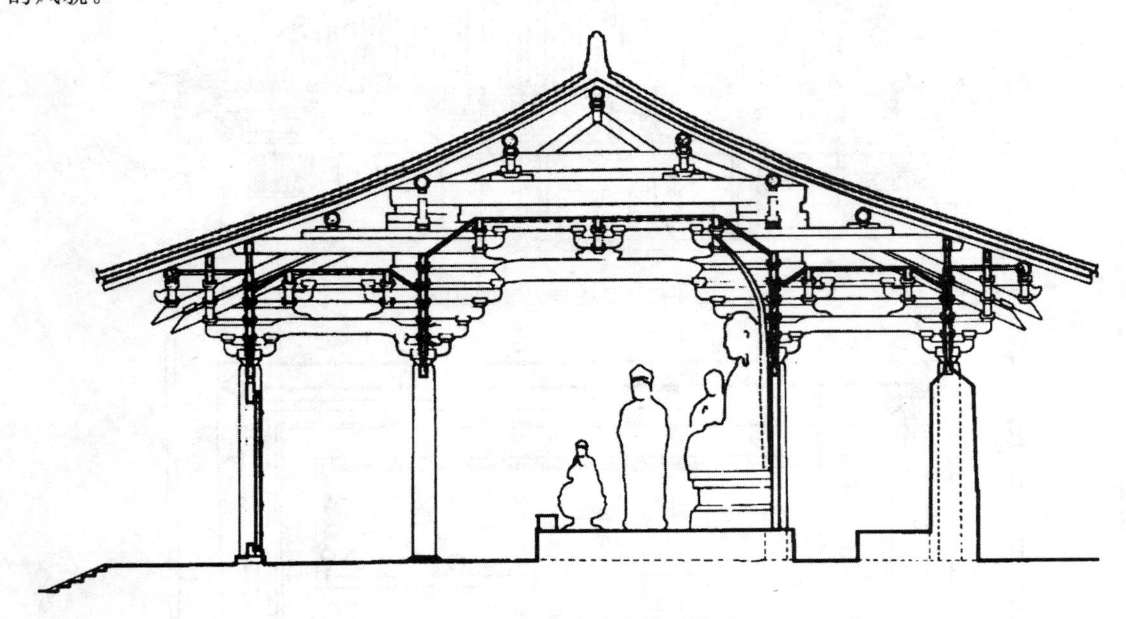

图 4-25　佛光寺大殿横剖面图

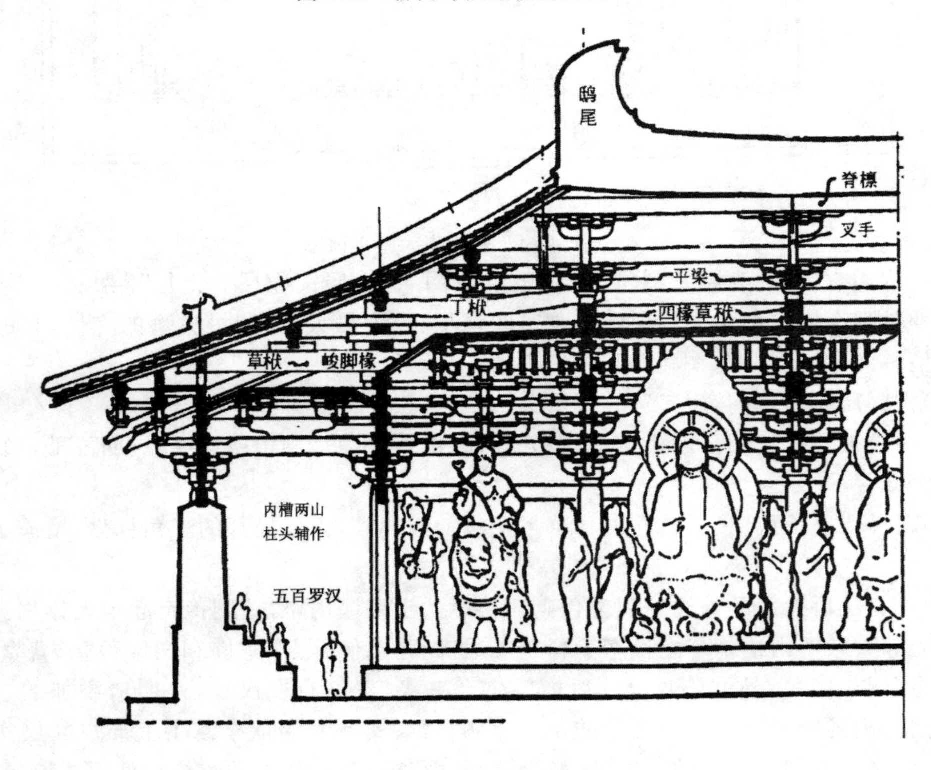

图 4-26　佛光寺大殿纵剖面图

图 4-27 佛光寺大殿塑像

(二)唐代的塔

唐代也是中国佛塔发展的重要时期。

1. 兴教寺玄奘塔

兴教寺玄奘塔(图 4-28)位于陕西长安县少陵原兴教寺内,建于唐高宗总章二年(669),是唐代著名高僧玄奘法师的墓塔,也是中国古代体量最大的墓塔。玄奘塔的左右伴有玄奘弟子圆测和窥基的两座墓塔,三塔呈一主二从拱卫格局,十分庄严肃穆。

图 4-28 兴教寺玄奘塔

玄奘塔全部用砖砌筑，平面方形，高21m。底层南面辟拱门，内有方形龛室，供玄奘像。塔身以砖檐分为五层。除第一层塔身经后代修建已是平素墙面外，上部四层均以砖砌出三间四柱。柱身为八角形壁柱，柱间隐出阑额，柱上出普拍枋，柱头作"把头绞项造"斗栱，斗栱上方出两道菱角芽子，其上再叠涩出檐。

玄奘塔塔体收分显著，檐部叠涩出跳较长，呈内凹曲线，整体比例匀称，形象简洁洗练。

2. 荐福寺小雁塔

荐福寺小雁塔（图4-29）位于西安市南关荐福寺内，建于唐中宗景龙元年（707），因规模略小于西安大雁滩，故名小雁塔，是一座典型的唐代密檐塔。

荐福寺小雁塔为青砖砌筑，平面为空筒方形，底层每面长11.38m。原塔层叠十五层密檐（图4-30），现塔顶残毁，剩十三层檐。塔的基座为砖方台。基座下有地宫，基座之上为塔身，塔身底层较高，二层以上逐层高度递减，故塔的轮廓呈现出秀丽的卷刹。塔身轮廓呈现锥形形状。塔内设木构楼层，内壁有砖砌磴道。塔身一层较高，南北各辟一门，门框上布满精美的唐代线刻，尤其是门楣上的天人供养图像，艺术价值很高。上部密檐逐层降低，各层出砖叠涩挑檐，檐下仅作菱角牙子，墙面光洁无其他装饰。塔身五层以下收分极微，六层以上急剧收杀，塔体形成圆和流畅的抛物线轮廓。

荐福寺小雁塔塔形玲珑秀丽，造型优美，比例均匀。

图4-29　荐福寺小雁塔外观

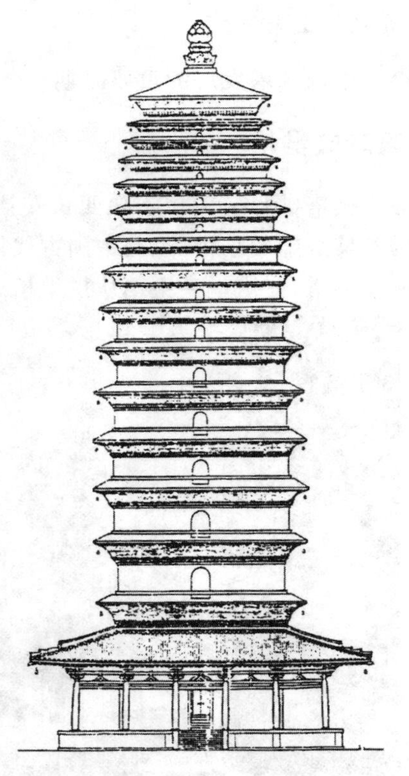

图4-30　荐福寺小雁塔立面复原图（杨鸿原）

3. 海慧院明惠大师塔

海慧院明惠大师塔(图 4-31)位于山西平顺县紫峰山海慧院遗址内,唐乾符四年(877)为纪念海慧院住持明慧大师而建。

明惠大师塔为单层亭阁式石塔,平面正方形。塔底部设高约 1.5m 的基座,座上置须弥座。须弥座四角各斜出一个螭首,四面束腰立柱间各辟 4 个壶门。塔身正侧三面隐出方形角柱,正面开门,门两侧浮雕天神像;两侧面刻破子棂窗,塔身上部作四坡顶,檐口刻出两层圆形椽子。檐部檐下设混石盘,其上刻防雀编竹网。额枋下刻三角形流苏垂帐。四坡顶上立硕大的塔刹。塔刹分 4 级,下两级为反卷蕉叶,上两级为仰莲托宝珠。

全塔造型优美,精巧华丽,形制典雅。雕刻内容丰富,细部装饰雅致,雕刻技艺纯熟,反映出唐代建筑与雕刻相结合的高水平。

图 4-31　海慧院明惠大师塔

六、唐代的其他建筑

唐代是中国园林发展的重要时期,呈现出以下几点景象:一是帝王宫苑频繁兴建;二是私家园林的兴建日趋频繁,以长安、洛阳两地为最盛;三是城市和近郊的风景点有明显发展。可以说,唐代园林景胜从都城向地方城市扩散,园主阶层从帝王、贵戚、豪富向一般官员、士人、平民推演,造园规模从前期的大型化向后期的小型化转移,造园意趣从自然天成的质朴、粗放、疏朗、雅淡向追求诗情画意的精致化演化,构成了唐代园林的基本发展脉络。下面介绍几个有代表性的唐代园林建筑。

(一)长安禁苑

长安禁苑(图 4-32)位于长安城以北,南接都城,东界浐水,北枕渭河,西面包入汉长安故城。苑区范围辽阔,东西 27 里,南北 23 里,苑内设东、西、南、北四"监","分掌各区种植及修葺园苑",苑中建筑有 24 组,见于文献记载的有鱼藻宫、望春宫、临渭亭、梨园等。禁苑占地大,建筑疏朗,除供游憩外,还兼作驯养野兽、供应宫廷蔬果禽鱼和狩猎、放鹰的场所。

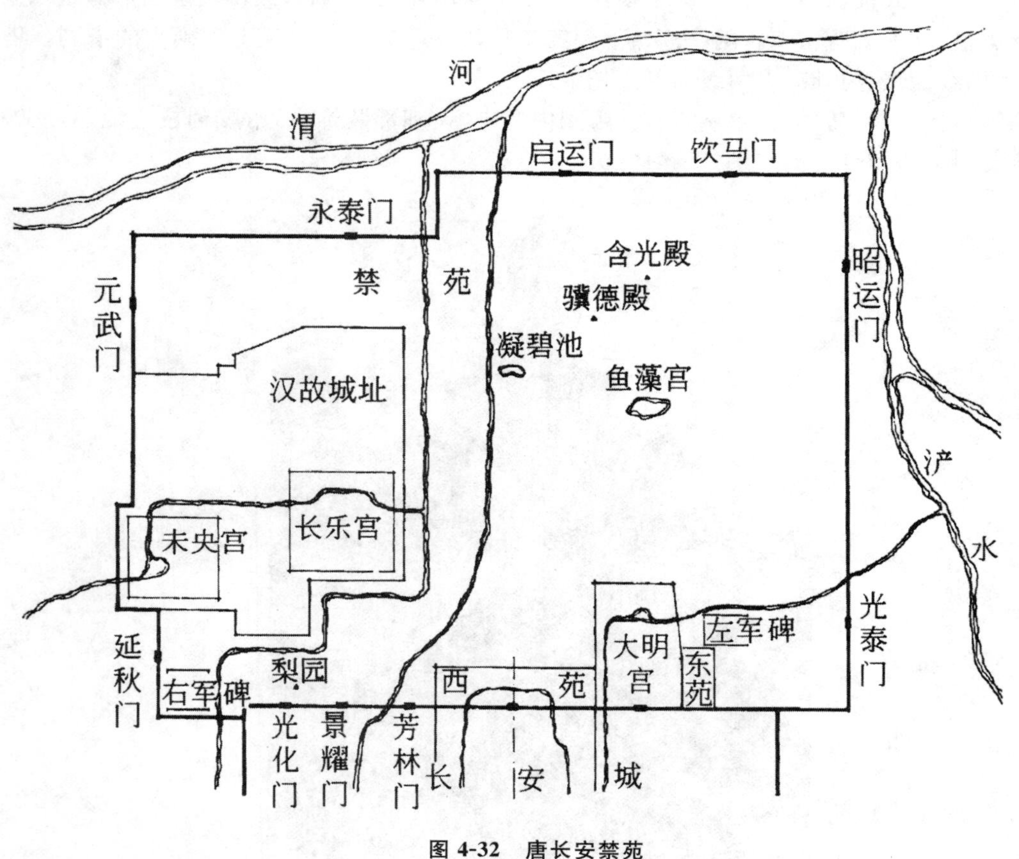

图 4-32 唐长安禁苑

(二)长安芙蓉园、曲江池

芙蓉园、曲江池(图 4-33)位于长安郭城东南角,是一处兼具行宫御苑和公共游览地性质的园林。

芙蓉园周围有墙,东西长 1 400m,南北长约 2 000 余米。曲江池位于芙蓉园的西部,呈南北狭长的不规则形,长 1 700 余米,东西最宽处 600 余米。全园以水景为主体,以芙蓉著称,"花卉周环,烟水明媚",是唐长安著名的风景点。

芙蓉园、曲江池都是定期开放,供公众游赏。每年中和(二月初一)、上巳(三月初三)、中元(七月十五)、重阳(九月初九)等节和每月晦日(月末一天),长安人竟趋而至,十分热闹。唐长安郭城有一道夹城从大明宫经兴庆宫通至芙蓉园,便于皇帝潜行往来。

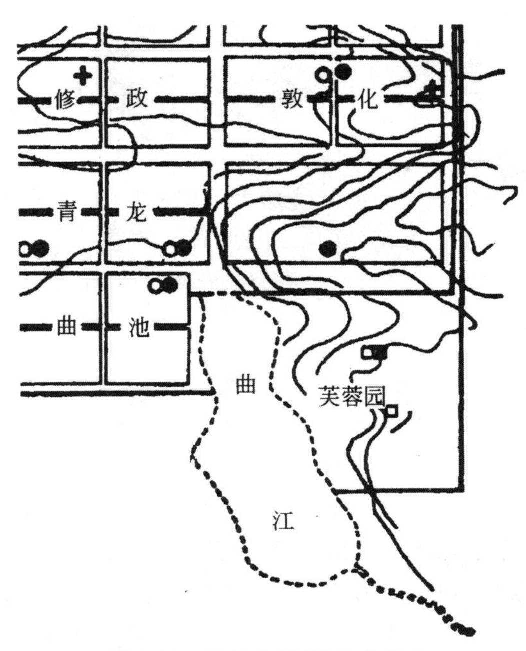

图 4-33　唐长安芙蓉园、曲江池

(三)长安兴庆宫

兴庆宫(图 4-34)又称“南内”,东西宽 1 080m,南北长 1 250m。宫内呈北宫南苑格局。苑林区以龙池为中心。池西南建有“花萼相辉楼”“勤政务本楼”两座主殿。池北偏东堆土山,上建沉香亭。土山周围遍种红、紫、淡红、纯白诸色牡丹花,兴庆宫也以牡丹花之盛而名重京华。

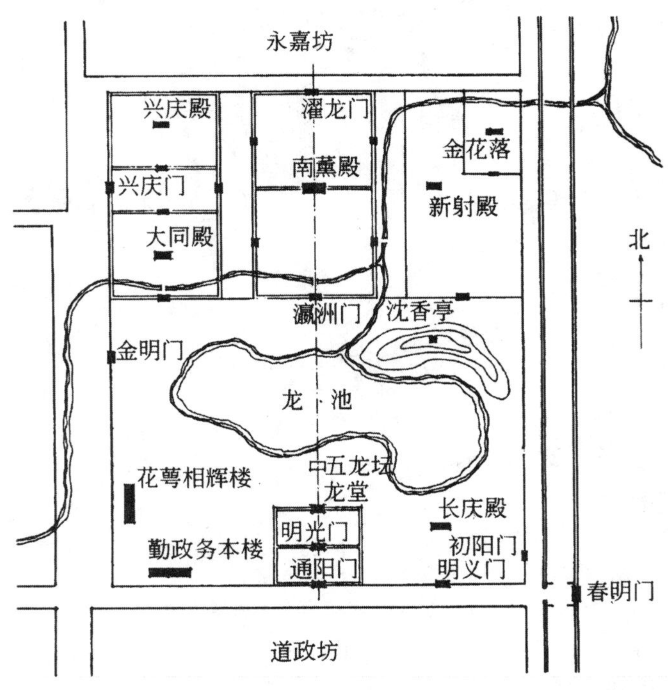

图 4-34　唐长安兴庆宫

第二节　宋代的建筑

宋代，农业、手工业的发展和城市商品经济的繁荣，促进了市民阶层的兴起和城市格局的演变，同时相对安定富庶的江南地区，经济、文化发展快速。这些共同促使了宋代城市数量明显增多，城市人口密度、建筑密度增大，其建筑水平在当时居于世界先进地位。

一、宋代的都城

（一）北宋东京城

北宋以东京为首都，亦称汴梁、汴京。五代时期，后梁、后晋、后汉、后周均建都于此。

东京城（图4-35）位于今河南开封，地处黄河中游平原，大运河中枢地段，邻近黄河与运河的交汇点。东京城在这一地势地平的地段选址主要是考虑大运河漕运江南丰饶物资的便利。城内有汴河、蔡河、金水河、五丈河贯通，号称“四水贯都”，水运交通十分方便。

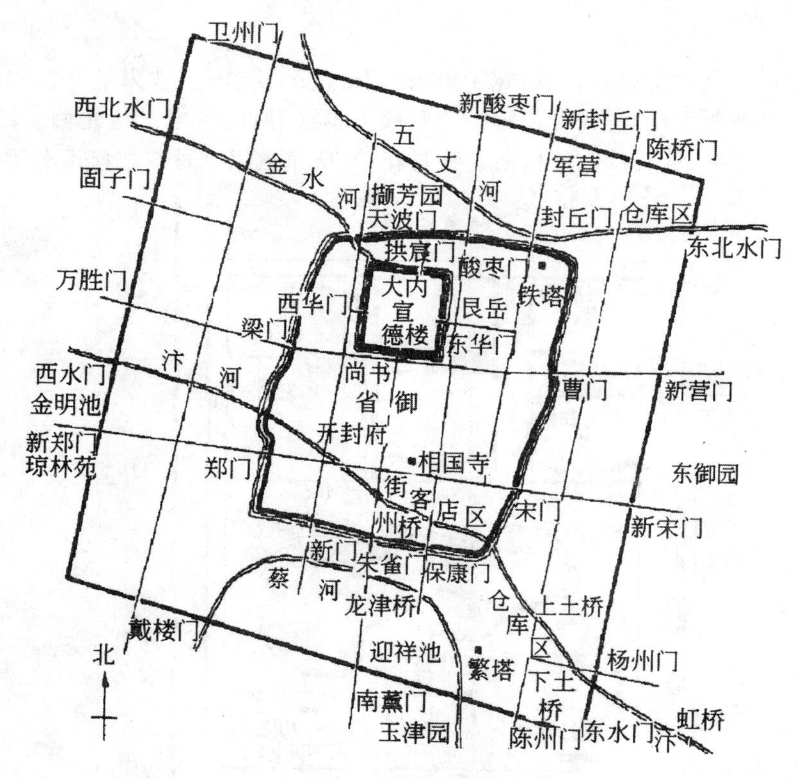

图4-35　北宋东京城复原图

东京城由宫城、内城、外城三城相套。宫城也称皇城，宋称大内，是宫室所在地，原是唐朝节度使治所。内城原是唐汴州城，955年，后周世宗因“屋宇交连，街衢狭隘”，曾下诏加筑外城，展宽道路，疏浚河道，并明令有污染的墓葬、窑灶、草市等须安置在离城七里以外。北宋时曾重修外城，仅有少许展拓。现经考古试探，外城近似平行四边形，东墙 7 660m，西墙 7 590m、南墙 6 990m、北墙 6 940m，总长 29 180m。

东京城的三重城墙均有护城河环绕。外城辟旱门、水门共 20 座。各门均有瓮城，上建城楼、敌楼。城墙每百步设“马面”，强化防御功能。内城每面辟 3 门。宫城每面辟门，四角有角楼，南面正门宣德门有御道直通内城正门南薰门。这条宽阔端直的干道成为全城的纵轴大街。东京城的这种宫城居中的三城相套格局，基本上为金、元、明、清的都城所沿用，对后期都城的规划布局产生了深远影响。

东京城的城市结构，最值得关注的，就是由里坊制走向了街巷制。早在后周世宗加筑外城时，就已确定，外城由官府作出规划，划定街巷、军营、仓场和官署用地后。到北宋初年，东京城仍实行过里坊制和宵禁制，设有东、西两市。但随着商业、手工业的快速发展，出现了“工商外至，络绎无穷”的局面，里坊制和宵禁制已不适应经济的发展，宋太祖即位的第 6 年，就正式废弛夜禁，准许开夜市。宋仁宗时进一步拆除坊墙，景佑年间又允许商人只要纳税，就可以到处开设店铺。这样，封闭坊市的时间限制和空间限制都被打破，完成了从封闭的里坊制向开放的街巷制的过渡。

开放的街巷制对东京城有非常深刻的影响：一是商业街成批出现，专业性市街和综合性市场相辅相成；二是夜市、晓市风行，酒楼、茶坊、饮食摊贩多通宵营业，早市从五更即开张，人称“鬼市子”；三是周期性市场的开辟，以相国寺庙会最为著名，每月开放 5 次；四是商业、饮食业等建筑空前活跃。东京街市上，大酒楼都设在热闹街市，而小酒楼则散布全城，数量之多不能遍数。其中，大酒楼建筑最为瞩目，“三层相高，五楼相向，各用飞桥栏槛，明暗相通”。酒楼门前“皆缚鲧楼欢门”。九桥门街的酒店，“绿楼相对，绣旗相招”，竟达到“掩蔽天日”的地步。宋代还对这些临街酒楼、旅店，给予了特许饰用斗栱和藻井的优待，表现出对商业街市的重视。被称为“瓦子”的游艺场，更是新出现的建筑类型。每处瓦子都设有供表演的戏场——“勾栏”和容纳观众的“棚”。大型“瓦子”竟有“大小勾栏五十余座”，大型的“棚”竟达到“可容数千人”的规模。这些前所未有的街景和建筑，深刻地反映出城市商品经济的活跃和市民阶层的崛起，标志着中国城市发展史上的重大转折。

东京城人口比唐长安多，是中国有史以来较为可信的第一个百万人口的大都市。但东京城的面积只有唐长安城的 3/5。人口密度和建筑密度都大为增加，由此带来城市防火、防疫等问题。对此，东京城有严密的消防措施。“每坊巷三百步许，有军巡铺屋一所，铺兵五人，夜间巡警，……又于高处砖砌望火楼，楼上有人卓望”。望火楼的设置是东京城的创举。在卫生防疫方面，东京城设有官营药局，有集中医铺、药铺的街段，有小儿科、产科、口腔科等专门医铺和专门药铺。这类城市服务性行业，在当时也居世界先进地位。

根据北宋张择端所画《清明上河图》我们可以窥见当时东京城内的建筑景象。图 4-36 是进入东京城城门后的广场街市片段。画中的城门是当时通行的排叉门做法。入城不远即到繁华的十字街口。街道上有熙来攘往的行人轿舆，有骑马的、推独轮车的、挑担子的、赶骆驼队的，有装运木桶的骡车，有快速奔驰的四马套车等。街市店铺鳞次栉比，这里有高 3 层的大酒楼，有高挂各式幌子的丝绸店、香店、食店，有在地上竖起高牌广告的医店、药店等。这些图像形象逼真地反映出北宋晚期东京城商业街的繁盛。

图 4-36 《清明上河图》东水门内广场

(二)南宋临安城

临安城(图 4-37)即今杭州,古称钱塘。绍兴八年(1138),南宋正式定都于此。因南宋偏安于淮河以南地域,都城取名临安,有临时安都、不忘复国之意。临安城东临钱塘江,西接西湖,北通大运河,南部有吴山、凤凰山,地形复杂,植被繁茂,河运、海运十分便利。

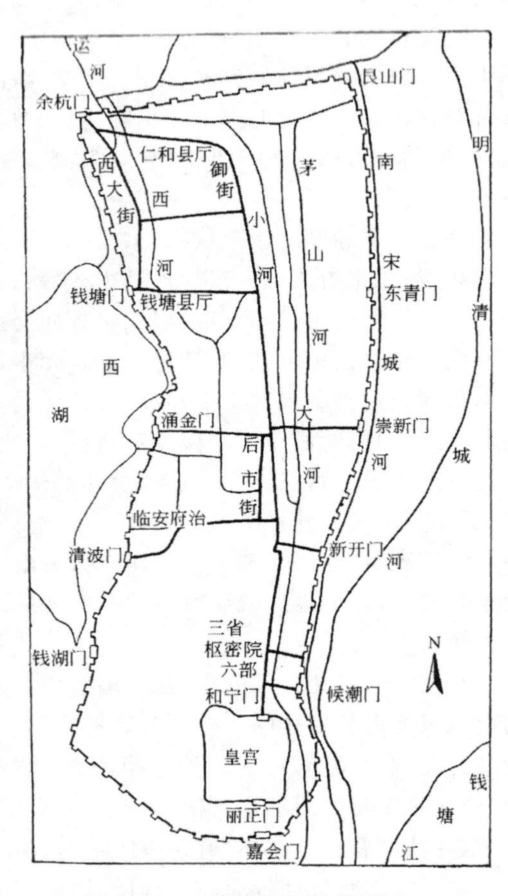

图 4-37 南宋临安城平面图

临安城的整体结构呈"坐南朝北"的特殊布局。皇城偏处南端,以丽正门为南面正门,和宁门为北面后门,但实际上和宁门却是真正的正门。以它为起点,向北延伸出一条御街。这条御街由南而北,贯穿全城,成为全市的主干道。御街分南、中、北三段:南段西侧设三省、六部等中央官署,东侧集聚着官府经营专卖商品的机构和宫市;中段是大酒楼、茶坊、歌馆和瓦子的集中地,成为全市的商业中心;北段仍有密集的街市。与御街垂直相交的,有 4 条通向城门的东西向干道,它们与御街一起构成了全城的干道网。

临安城城内的 4 条河道——茅山河、盐桥河(大河)、市河(小河)、清湖河(西河)有大小桥梁 122 座,这些沿河近桥地段也成了热闹的街市。再加上坊巷附近的街市和城门口内外的街市,构成了临安城"大小铺席,连门俱是"的景象。这种把官府商业安置在宫前御街,把商业中心安置在御街中心地段,以及全城遍布铺户的景象,大大突出了城市的商业性、经济性功能。

临安城的居民住宅,也推行开放式的坊巷制,只是仍称巷为"坊"。临安城与北宋东京城一样,是当时世界上人口最多的城市。人口的稠密导致建筑的密集,易患火灾,临安城采取了开辟火巷、留防火空地、取缔易爨燃茅顶、颁布火禁条例、设立军巡监视火警等消防措施。

此外,由于得天独厚的湖山胜境,临安城也是一座风景城市,城内外散布着皇家园林、私家园林、寺庙园林和自然风景点。天然风光加上众多人工园林的点缀,使临安如同一座特大型的城市山水园。

二、宋代的宫殿

北宋东京城的汴梁宫城(图 4-38)是在唐汴州衙城基础上,仿洛阳宫殿改建的。宫城由东、西华门横街划分为南北二部。南部中轴线上建大朝大庆殿,其后北部建日朝紫宸殿。又在西侧并列一南北轴线,南部为带日朝性质的文德殿,北部为带常朝性质的垂拱殿。紫宸殿在大庆殿后部,而轴线偏西不能对中,整体布局不够严密。但各组正殿均采用工字殿,是一种新创,对金元两代的宫殿有深远影响。

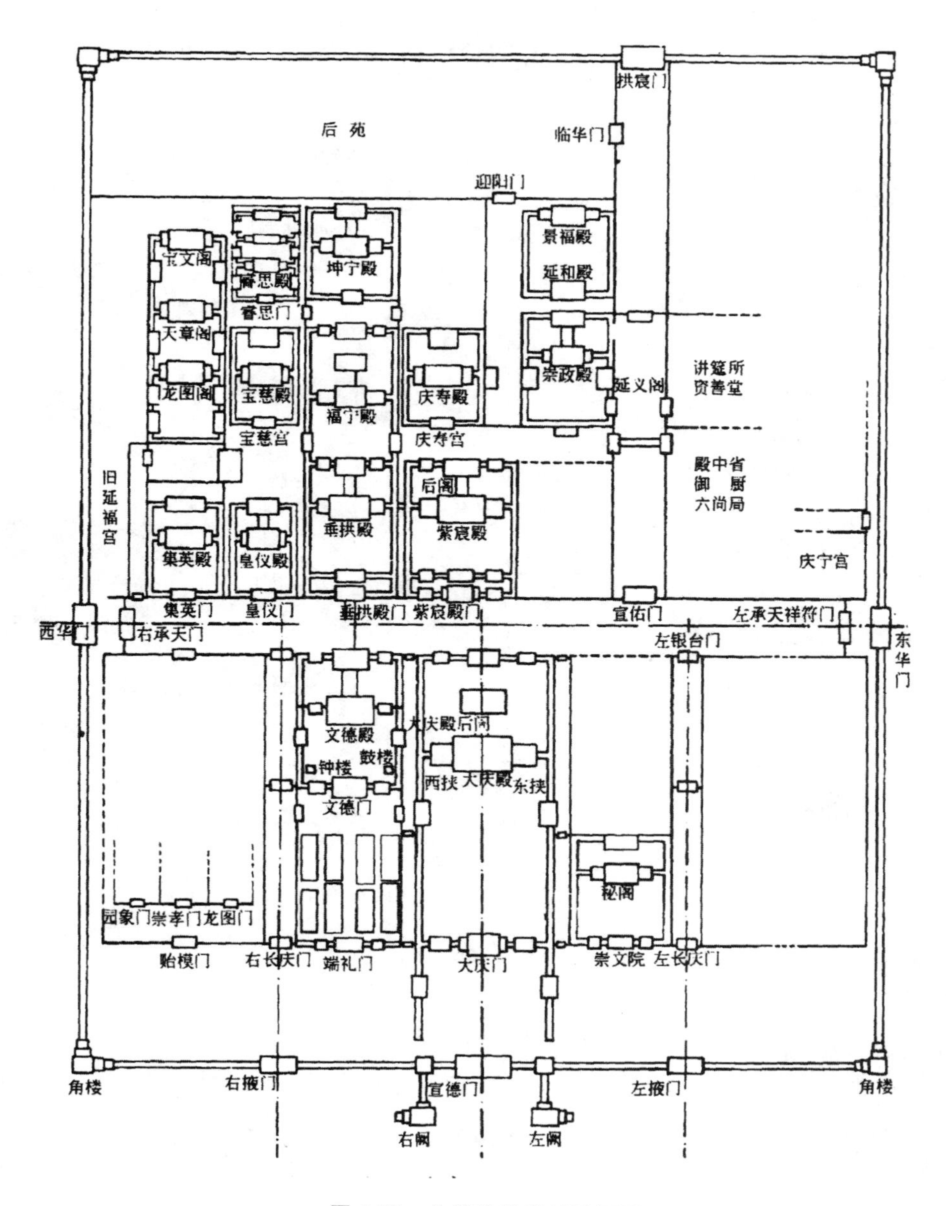

图 4-38　北宋汴梁宫城平面图

三、宋代的住宅

(一)城市住宅

宋代的城市住宅,多使用长方形平面,以及梁架、栏杆、棂格、悬鱼等具有朴素而灵活的形体。屋顶多用悬山或歇山顶,除草葺与瓦葺外,山面的两厦和正面的庇檐多用竹篷或在屋顶上加建天窗。转角屋顶则往往将两面正脊延长,构成十字相交的两个气窗。稍大型的住宅外建门屋,内部采取四合院形式,有些院内还会植树种花,美化环境(图 4-39)。

图 4-39 《清明上河图》中的城市住宅

(二)农村住宅

宋代的农村住宅可以从《清明上河图》和《千里江山图》这两幅画中有所了解。

《清明上河图》中逼真地表现了汴京街市和郊外的建筑形象。图 4-40 是《清明上河图》中位于郊外邻近河边小桥的农舍,由一栋瓦屋、两栋茅屋散列组成。瓦屋前伸出茅顶凉棚,茅屋的歇山端部空间敞露。这组建筑不拘一格,房舍与地段、树木很巧妙地融合在一起。

图 4-40 《清明上河图》中的郊外农舍

《千里江山图》是北宋画家王希孟所画。画中生动地展现了宋代江南村落的景象。画面上有大、中、小型村舍数十幢，从中可以了解北宋平民宅舍的一般景象。图 4-41 显示的是由一字形茅屋与曲尺形瓦屋组成的小宅院。图 4-42 显示的是以工字屋作为大中型住宅的主体。工字屋前座两侧带有茅顶挟屋，宅院由编竹篱围合，大门内立有影壁。整体有规茎轴线，又不完全对称。图 4-43是一组不规则的大型村舍。有一字形、曲字形、丁字形等多种平面形式。有悬立、歇山、攒尖等多种屋顶形式。可以看到瓦顶与茅顶并用以及宅畔建亭、竹篱曲迤等现象。

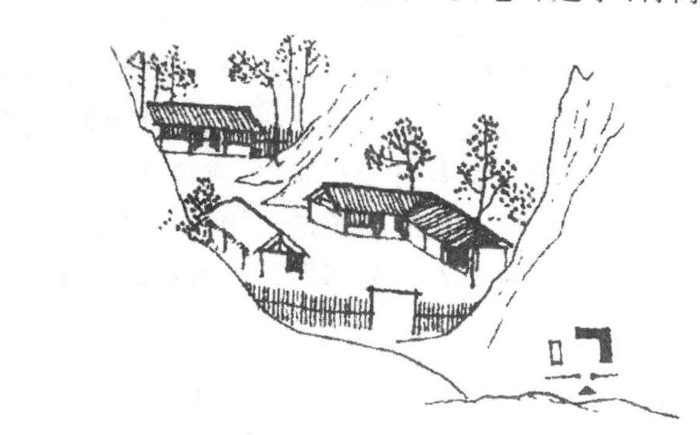

图 4-41 《千里江山图》中的小宅院

图 4-42 《千里江山图》中的中型村舍

图 4-43 《千里江山图》中的大型村舍

另外，宋代是中国家具发展的一个非常重要的阶段，从东汉末年开始，经过两晋南北朝陆续传入的垂足而坐的起坐方式和适应这种方式的桌、椅、凳等，历时近千年，到两宋时期终于完全改变了商周以来的跪坐习惯及其有关家具，完成了低型家具向高型家具的转型，形成了品类丰富的高型家具系列。

在这一时期，桌有方桌、条桌、圆桌，案有书案、画案、香案，凳有方凳、圆凳(图 4-44)、方墩、圆墩，椅有靠背椅、扶手椅、灯挂椅和折叠式的交椅(图 4-45)，屏风的发展也趋于完备，有直立板屏、多扇曲屏等。

宋代的家具在造型和结构方面出现了重要变化，梁柱式的框架结构取代了隋唐时期沿用的箱形壶门结构。桌椅构造并存着无束腰和有束腰两种做法。起坐方式的改变和家具尺度的增高，推动了室内高度的增加。室内家具布置也有了一定格局，大体上形成了对称与不对称两种方式。一般厅堂在屏风前面正中置椅，两侧又各有四椅相对，或仅在屏风前置二圆凳，供宾主对坐。但书房与卧室的家具布局采取不对称方式，没有固定的格局。装饰性线脚和枭混曲线的应用，丰富了家具的造型。这些造型与结构的特征，都为后来明清家具的进一步发展打下了基础。

图 4-44 圆凳

图 4-45 交椅

四、宋代的陵墓

北宋有8座皇陵聚集在河南省巩县洛河南岸台地上(图4-46),这一陵区共集中了帝后、大臣等300余座陵墓,是中国中部地区最大的皇陵群。陵区南北约15km,东西约10km。东南为嵩山,西北濒洛水,各陵地势均东南高而西北低。这是因为北宋盛行"五音姓利"的风水说法,以皇帝姓赵,属角音,必须"东南地穹,西北地垂"。

巩县的8座皇陵布局基本一致,每陵皆有兆域、上宫和下宫。兆域内除帝陵外,还有附葬的皇后陵和宗室、重臣的陪葬墓。宋陵规模远小于唐陵,因为宋代皇帝、皇后生前不建陵墓,按葬礼死后7个月内必须下葬,所以时间短促而限制了陵墓的规模。

巩县各陵的具体布局格式可以永昭陵为代表。永昭陵(图4-47)是宋仁宗赵祯的陵墓。帝陵由上宫、下宫组成。上宫中心为覆斗形夯土陵台,称"方上"。底方56m,高13m。四面围神墙,每面长242m,正中开门,上建门楼,四角有角楼。各门外列石狮一对。正门南出为神道,设鹊台、乳台、望柱及石象生。下宫位于后陵以北,是供奉帝后遗容、遗物和守陵祭祀之处。永昭陵的雕刻虽没有唐代陵墓雕刻的雄伟遒劲,但也不失为浑厚谨严之作。

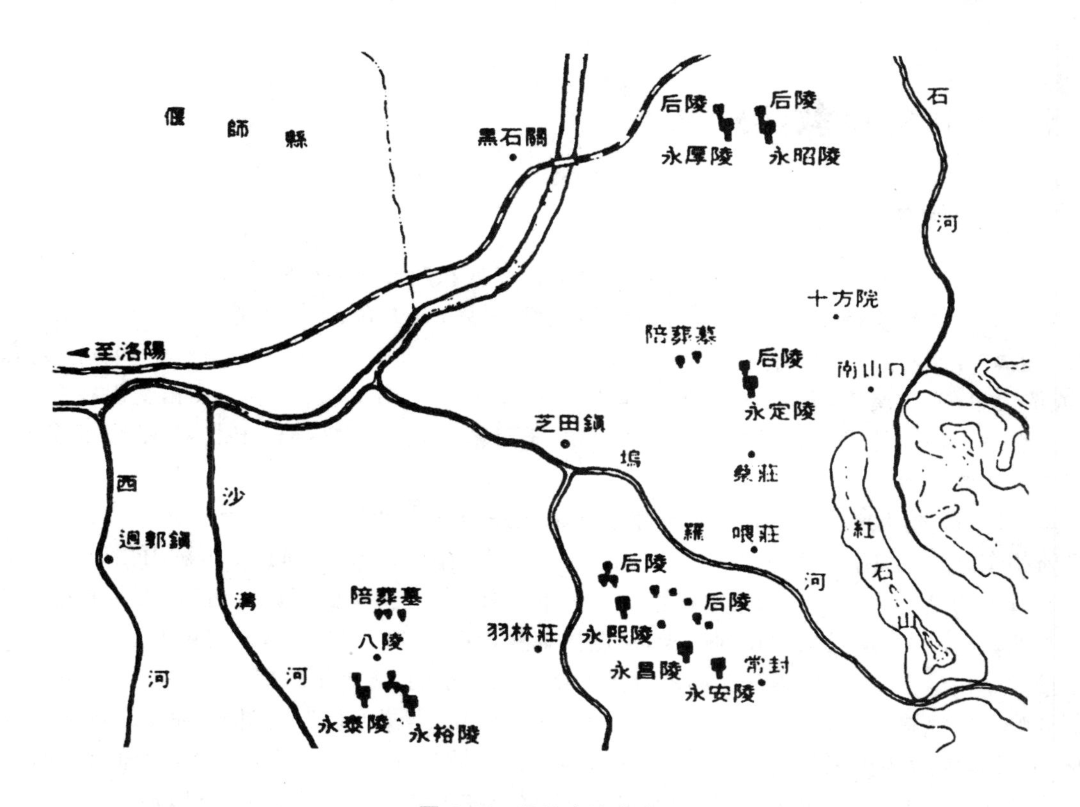

图4-46　巩县宋陵分布图

图 4-47 宋永昭陵

五、宋代的宗教建筑

(一)宋代的祠庙

晋祠位于山西省太原市南郊悬瓮山麓,是祭祀春秋和四晋侯的始祖叔虞的祠庙,故称晋祠。

晋祠的主要建筑是圣母殿,殿前建有鱼沼飞梁、献殿、金人台、水镜台等,形成晋祠的主轴线。圣母殿的前方左右还分列其他祠庙,分祀叔虞、关帝、文昌、公输、水母、三圣等。这些祠庙或大或小,或依山崖,或傍溪流,灵活分布,各抱地势,殿屋亭台与周柏隋槐、晋水三泉相交织在一起,组成了一组庞大的园林式祠庙群。晋祠的建筑中,圣母殿和鱼沼飞梁都建于北宋,献殿重建于金,其他为明清时代所建。

圣母殿(图 4-48)是晋祠的正殿,创建于北宋天圣年间(1023—1032),崇宁元年(1102)重修。它坐西朝东,殿身面阔 7 间,进深 6 间,殿身 4 间,周匝副阶,前廊深 2 间,重檐歇山顶。

圣母殿的结构为殿堂型构架单槽形式。为加深前廊,其构架做了减柱处理。殿身四根前檐柱不落地,将前廊四道梁架加长到四椽,梁尾插到身内单槽缝的内柱上,并将殿身正面的门窗槛墙也推到单槽缝上,从而取得深两间的分外宽阔的前廊空间,满足了殿屋与园林环境的协调。殿内部分深三间六椽,架六椽栿通梁,整个内殿空间无内柱,上部作彻上露明造,使得殿内空间非常完整、高敞。大殿斗栱用材很大,形制灵活多样。补间铺作仅正面每间用一朵,侧面及背面均不用。副阶斗栱用五铺作,单栱,补间铺作出单抄单昂;柱头铺作出双下昂,其下昂是以华栱头外延为假昂头,已开启明清式假昂的先声。上檐斗栱用六铺作,单栱,补间铺作出单抄重昂;柱头铺作出双抄单昂,其耍头改作昂形,呈双抄双下昂的假象。大殿柱身有显著的侧脚、生起,尤以上檐为甚。檐口和屋脊呈柔和曲线,表现出典型的北宋建筑风格。室内采用彻上露明造,显得内部甚为高敞。

圣母殿内的中央还设有高大的神龛，里面供奉的是圣母邑姜主像。围绕主像，在殿内塑彩色侍女像四十四尊。除龛内两小像为后补外，都是宋代的原塑。这些侍女像，比例合称，服饰艳丽，姿态自然，眉目传神，细腻地表现出天真、喜悦、烦闷、悲哀、忧虑、沉思等不同神态，是宋代塑像中的杰作。

鱼沼飞梁（图 4-49）指的是方形沼池及其上架设的十字形桥。沼池 18m 见方，沼内原为晋水第二源头。飞梁四向通到对岸，桥身伸展如翼，架空若飞，形制独特。在唐宋壁画、绘画中曾见到类似形象，现存实物则仅此一例，弥足珍贵。现桥下立于水中的石柱和柱上的斗栱、梁木都是宋代的原造。

图 4-48　圣母殿

图 4-49　鱼沼飞梁

(二)宋代的寺

1.隆兴寺

隆兴寺位于河北省正定县,创建于隋代,原名龙藏寺。北宋开宝四年(971)至元丰年间(1078—1085)扩建,改名龙兴寺。清初定名为隆兴寺。此寺历经金、元、明、清和近代重修,大体上保持着北宋时期的总体布局。

隆兴寺的主要建筑沿纵深轴线布置。山门前方设琉璃照壁和三路单孔石桥。山门内第一进院原有大觉六师殿,现仅存遗址。第二进院有摩尼殿及其东西配殿。一、二进院现连通成一深度很大的纵长方形院。第三进院有主殿佛香阁(也称大悲阁)及其两侧的转轮藏殿与慈氏阁。第四进院以弥陀殿及其毗连的朵殿作为轴线终结。这条贯通全寺的纵深轴线,院落空间纵横变化,殿宇楼阁高低错落,生动地反映出唐末至北宋期间以高阁为中心的高型佛寺建筑的特点。

隆兴寺内的摩尼殿、转轮藏殿和慈氏阁均为宋代木构建筑。

摩尼殿(图 4-50)建于北宋皇佑四年(1052)。大殿呈四出抱厦形式。殿身平面近方形,面阔、进深各 7 间。上覆重檐九脊(歇山)顶。南面出抱厦 3 间其余三面各出抱厦 1 间,均以九脊顶山面向前。这种四出抱厦并以歇山山面向前的形象,在宋代建筑遗存则仅此一例,以其外观造型的丰富、潇洒著称。

图 4-50 隆兴寺摩尼殿

大殿属殿堂型构架,为金箱斗底槽加副阶周匝。副阶柱间满砌檐墙,只在抱厦正面开门窗,殿内光线幽暗,气氛凝重。内槽佛坛正中为释迦牟尼佛坐像,庄严凝重,睿智脱俗。左侧站立弟子迦叶,双手抱拳。右侧站立弟子阿难,双手合十,显示了宋代匠师的高超技艺。殿内各壁还满布以佛教故事为题材的壁画，色彩绚丽，结构严谨，线条流畅。其中的观音塑像体态、神色明显具有世俗生活情调，宗教艺术已揉进世俗色彩。

摩尼殿殿身、副阶和抱厦斗栱外转均为五铺作。殿身与副阶柱头铺作为一抄一昂，下一抄偷心；抱厦柱头铺作为双抄，下一抄偷心。殿身柱头铺作的要头也做成昂形。引人注目的是补间铺作添加 45°斜栱，是已知宋代建筑中使用斜栱的最早实例。

转轮藏殿（图 4-51）建于北宋初年，是一座两层的楼阁。阁身平面近方形，面阔、进深各 3 间。底层正面伸出副阶，其他三面出腰檐。阁内底层中部设木构转轮藏。这个转轮藏直径约 7 米，是一个可转动的八角亭式的藏经橱。上层四周出平坐，正中一间供佛像。阁上覆九脊（歇山）顶。清代大修时，曾在上层檐的下面增添一层覆盖平坐的腰檐，使阁顶呈重檐歇山顶的假象。

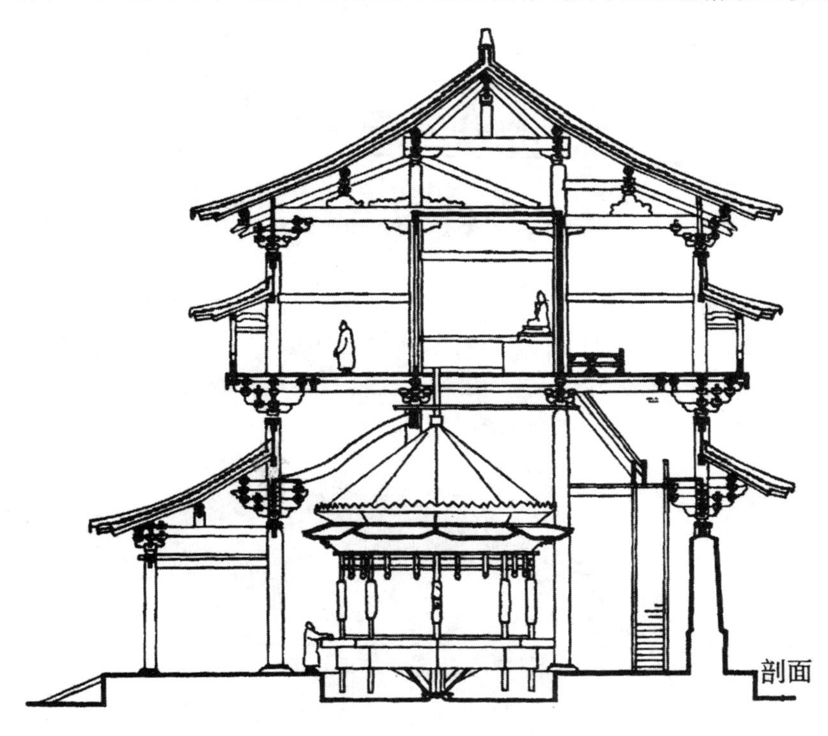

图 4-51 隆兴寺转轮藏殿剖面图

此阁为堂阁型构架，上下两层间无平坐暗层。上层梁架为彻上明造，上下层柱用叉柱造交接，就是将上层柱下端施十字开口，插入下层柱上的斗栱内。因柱身较高，檐柱与内柱间使用顺串袱（清称穿插枋）加强联系。

由于内置可转动的转轮藏，阁身构架作了变通处理：底层的两根内柱向左右两侧推移；上层相对应的两根内柱取消；底层正面与山面当心间檐柱上均使用罕见的曲梁；上层檐柱柱头铺作的第二跳昂延伸到平梁下成为大斜撑；补间铺作的昂尾也延伸到下平棒下。这些变通是适应功能需要而不得不采取的大胆破格，但运用不合材性的曲梁，是颇为牵强的。

慈氏阁（图 4-52）与转轮藏殿东西相对。两阁外观形制和尺度都很相近。平面也是面阔、进深各 3 间，底层正面出副阶，其余三面为缠腰周匝腰檐，与转轮藏殿做法不同。上层四周出平坐。阁上覆九脊（歇山）顶。慈氏阁内正中置木雕慈氏立像一尊，立像头部及其背光伸到二层，为此形成楼层空井。此阁也属于堂阁型构架。为疏朗像前空间，底层减去两根内柱而成为减柱造。

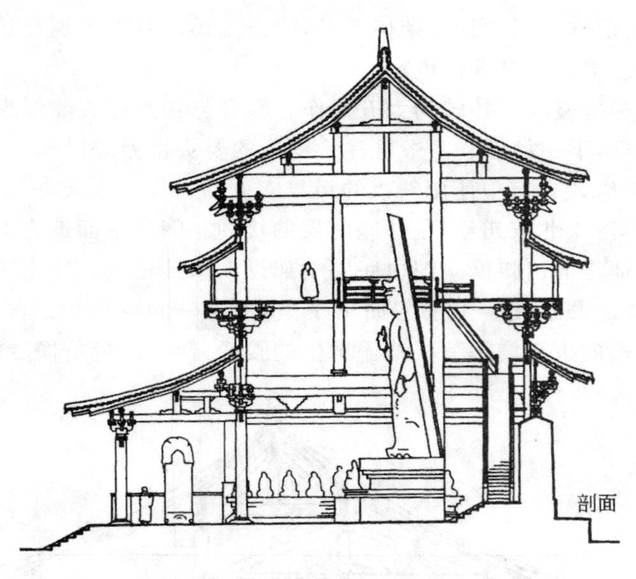

图 4-52　隆兴寺慈氏阁剖面图

2. 华林寺大殿

华林寺大殿(图 4-53、图 4-54)位于福建省福州市屏山南麓,建于北宋乾德二年(964),原名越山吉祥禅院,明正统九年(1444)改今名。华林寺大殿是寺内现存唯一的原建殿屋,它是中国长江以南现存年代最早的木构建筑。在全国现存木构中,它的年代居第七位。

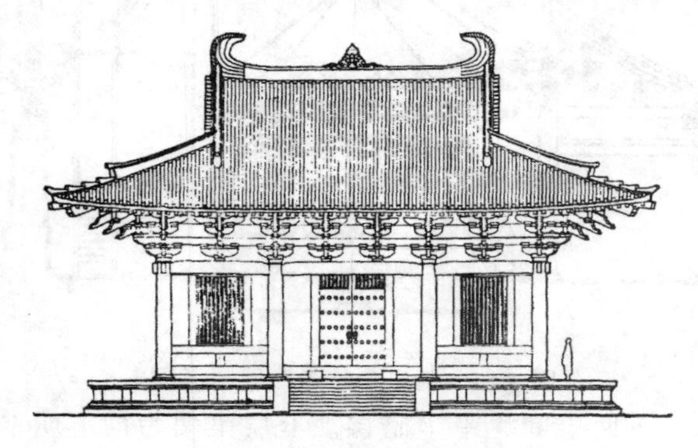

图 4-53　华林寺大殿立面图

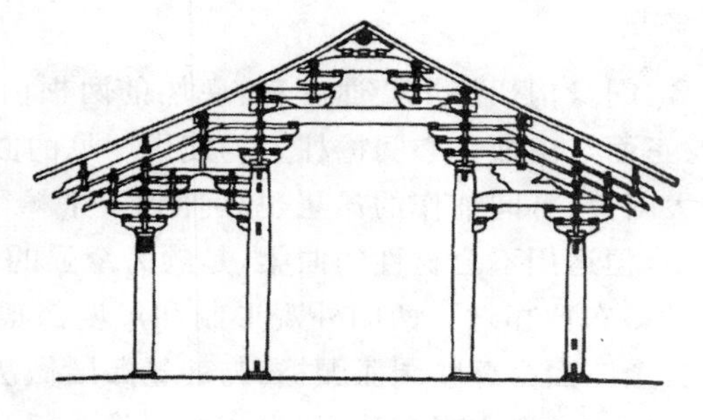

图 4-54　华林寺大殿剖面图

大殿坐北朝南，正面三间四柱，通面阔 15.87m；山面四间八椽，通进深 14.68m。殿前部为深二椽的敞廊，廊内设平圈，殿内彻上明造。上覆单檐九脊（歇山）顶。

大殿属厅堂二型构架，当心间左右两缝梁架为“八架椽屋前后乳袱用四柱”。殿内金柱比檐柱高出 5 个足材，檐柱上的乳栿、丁栿的后尾部都插入金柱，并由金柱挑出两抄丁头栱来承托乳栿、丁栿之尾。前后金柱之间架四椽栿。

大殿的斗栱很有特色。前檐当心间用两朵补间铺作，两次间各用一朵补间铺作，两山和后檐各间都不用补间铺作。外檐铺作外转都用“七铺作双抄双下昂出四跳”，第一、三跳偷心，第二跳头施重栱承罗汉枋，第四跳头施令栱承橑檐枋；与令栱相交的要头位置出昂，因此外观显双抄双下昂的形象。

大殿开间尺度和用料尺度都很大。大殿构架的材高为 33～35cm，柱头栌斗达 68cm 见方，昂通长达 8m 多，铺作总高达 2.65m，总出跳达 2.08m，这些尺度都是现存木构殿阁中最大的，给人分外高敞、硕壮的感觉。

华林寺处在偏远的福州，保留了很多早期建筑的处理手法，如用梭柱、用皿斗、用丁头栱承托梁尾、用单栱素方重叠扶壁栱和柱间不用补间等，这些用法在北方唐宋建筑中也很少见。华林寺大殿中的一些特殊手法，如斗底有皿板蜕化的痕迹，昂咀、梁头刻作特殊的两折曲线，月梁断面近似于圆形，以丁头栱承梁栿，柱身作弧形卷杀，屋顶全用方椽，不用飞椽，椽头用遮板等。这些做法反映出了宋代福建特有的地方手法。

3. 保国寺大殿

保国寺大殿（图 4-55）位于浙江宁波灵山，建于宋大中祥符六年（1013）。原为面阔 3 间、进深 3 间 8 椽、厅堂型构架的单檐歇山顶方殿，清乾隆时在大殿前方、两侧加建下檐，形成面阔 5 间重檐歇山顶的现状。

图 4-55　保国寺大殿外观

此殿各柱均作八瓣形，柱头栌斗随柱身雕为八瓣形，补间栌斗四角也凹入做海棠瓣状；一部分斗栱昂身长达两架；昂咀作琴面昂；阑额作月梁形，下加雀替；主梁下加顺栿串；令栱不交要头。这些做法既保留一些古制，又具有鲜明的地方特点，是唐五代以来吴越地方建筑的延续和发展。

(三)宋代的塔

1. 定县开元寺塔

开元寺塔(图 4-56)位于河北定县南门内,建于北宋咸平四年(1001),历时 55 年建成。当时定县处在宋辽毗邻地带,此塔可用于瞭望敌情,俗称“料敌塔”。

开元寺塔为八角十一层楼阁式砖塔,外观仿木楼阁式塔形式,塔高 84m,是我国现存最高的古塔。塔内砌粗大的砖塔心柱,内辟穿心式登塔阶梯。塔底层较高,上施砖砌腰檐、平坐。二层以上仅砌腰檐。各层腰檐不作斗栱,均以砖叠涩挑出,断面呈凹曲线。塔身逐层递减层高,递收塔径,整塔外轮廓呈柔和弧线。塔外壁白色,通体简洁无华。四个正面辟门,四个斜面除少数真窗外,均为浮雕假窗。全塔比例匀称,挺拔秀丽。1884 年塔东北向外壁下塌,由于有硕大的塔心砖柱起结构主干作用,塔外壁虽塌毁 1/4,仍屹立不倒。

图 4-56　定县开元寺塔

2. 苏州报恩寺塔

苏州报恩寺塔(图 4-57)位于苏州旧城北部,俗称北寺塔。始建于南朝萧梁时期,南宋绍兴年间(1131—1162)重建。塔平面为八角形,高 9 层,总高 76m。报恩寺塔属于塔身砖造,外围采用木构的砖木混合结构。其塔身为砖砌的“双套筒”,各层外壁施木构平坐、腰檐,底层出宽大的副阶回廊。每层外壁均隐出砖砌柱额,每面由砖砌八角柱分为 3 间,当心间辟券门、壶门。塔内设木梯,内廊、塔心室壁面也隐出仿木的柱、额、斗栱。平坐带有木栏杆、斗栱。现塔身六层以下砖构部分仍是南宋遗物,7、8、9 三层可能为明代加构,木构、副阶、外檐、平坐为清末重修。

此塔底层副阶宽大、舒展,塔身、腰檐逐层内收,形成优美的曲线形外轮廓。巨大的刹柱贯穿 8、9 两层塔心柱,安装牢固。疏朗的平坐勾阑和翼角高翘的飞檐,表现出江南建筑的轻巧、飘逸,显现出整个塔体的高大、秀美。

图 4-57　苏州报恩寺塔

3. 泉州开元寺仁寿塔

泉州开元寺有东西双塔，东塔名镇国塔，西塔名仁寿塔，是全国石塔中最高的一对。其中的仁寿塔(图 4-58)建于南宋绍定元年(1228)，历时 10 年建成。此塔全部由花岗岩砌造，外形完全模仿楼阁式木塔。塔体八角五层，塔内设巨大的塔心石柱。塔下部出八角形须弥座台座，台上绕以石栏。2～5 层均带石刻腰檐和平坐栏杆。底层塔径约 14m，塔身每面一间，八角各置圆形倚柱，柱间隐出阑额、地袱、搽柱。1、3、5 层四个正面辟门，四个斜面设龛，门、龛两侧雕刻天王、护法神、普贤、文殊等像。2、4 层改为正面设龛、斜面辟门。门龛上下交错可避免墙体因门洞集中而易于劈裂，也有利于立面构图的变化。

图 4-58　泉州开元寺仁寿塔

(四)宋代的经幢

公元7世纪后半期随着密宗东来,佛教建筑中增加了一种新的类型——经幢。到中唐以后,净土宗也建造经幢,数量渐多。这一时期经幢的形状不但逐渐采用多层形式,还以须弥座与仰莲承托幢身,雕刻也日趋华丽。经过五代到北宋,经幢发展达到最高峰。现存宋代诸幢中,以河北赵县陀罗尼经幢(图4-59)的体形最大,此经幢形象华丽,雕刻精美。

图4-59 赵县陀罗尼经幢

赵县陀罗尼经幢建于北宋宝元元年(1038),全部石造。底层为6m见方扁平的须弥座,其上建八角形须弥座二层。这三层须弥座的束腰部分,雕刻了力神、仕女、歌舞乐伎等图像,姿态生动,而上层须弥座每面雕刻廊屋各三间。再上以宝山承托幢身,其上各以宝盖、仰莲等承受第二第三两层幢身。再上,雕刻八角城即释迦游四门故事。自此以上三层幢身减小减低。

陀罗尼经幢整体轮廓庄严秀逸,形如宝塔,故民间俗称"石塔",它是我国古建筑造型和雕刻艺术相结合的杰作,展现了宋代造型艺术的辉煌成就。

六、宋代的其他建筑

（一）艮岳

艮岳（图 4-60）是宋代的著名宫苑，建于宋政和七年（1117），建成于宣和四年（1122）。因其位于东京城（今河南开封）的东北，取名“艮岳”。全园面积约 750 亩，园内有人工堆的大型土石山寿山和万松岭、芙蓉城等山峦环列；有雁池、大方沼、凤池、濯龙峡等水体，形成完整的水系和山环水抱的态势；有来自江、浙、荆、楚、湘、粤等地的 70 余种名花异木；还通过“花石纲”大量搜运江浙一带的名贵太湖石。园内除亭台楼阁等常规园林建筑外，还有道观、庵庙、书馆、水村、野居等，集中的建筑群组不下 40 余处。

艮岳把诗情画意移入园林，以典型概括的、人工堆凿的山水创作为主题，在中国园林史上是一大转折。这座宫苑是“竭府库之积聚，萃天下之伎艺，凡六载而始成”。后因金人进犯，特许市民入园伐木取柴，导致艮岳被毁。

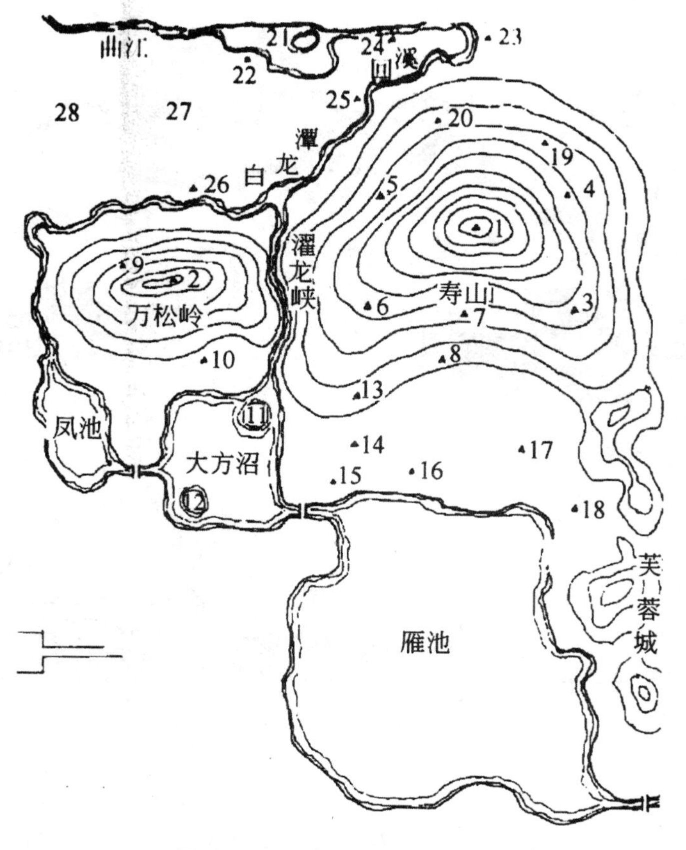

图 4-60　艮岳平面设想图

(二)金明池

北宋东京有4座行宫御园——琼林苑、玉津园、宜春苑、含芳园，而金明池是琼林苑的一个附园。

金明池始建于五代，原供水军演习之用。宋徽宗时于池内修建殿宇作为皇家春游和观水戏的地方。池为方形，四周有围墙。池岸建有临水殿阁、船坞、码头等。每年定期开放，允许百姓进入游览。宋画《金明池夺标图》(图4-61)就描述了当时赛船夺标的情景。

金明池风光明媚，建筑瑰丽，到明代还是“开封八景之一”，称“金池过雨”。此园因主要用于观看赛船水戏，所以采取的是中国园林罕见的方整布局，与传统自然风景园有很大差别。

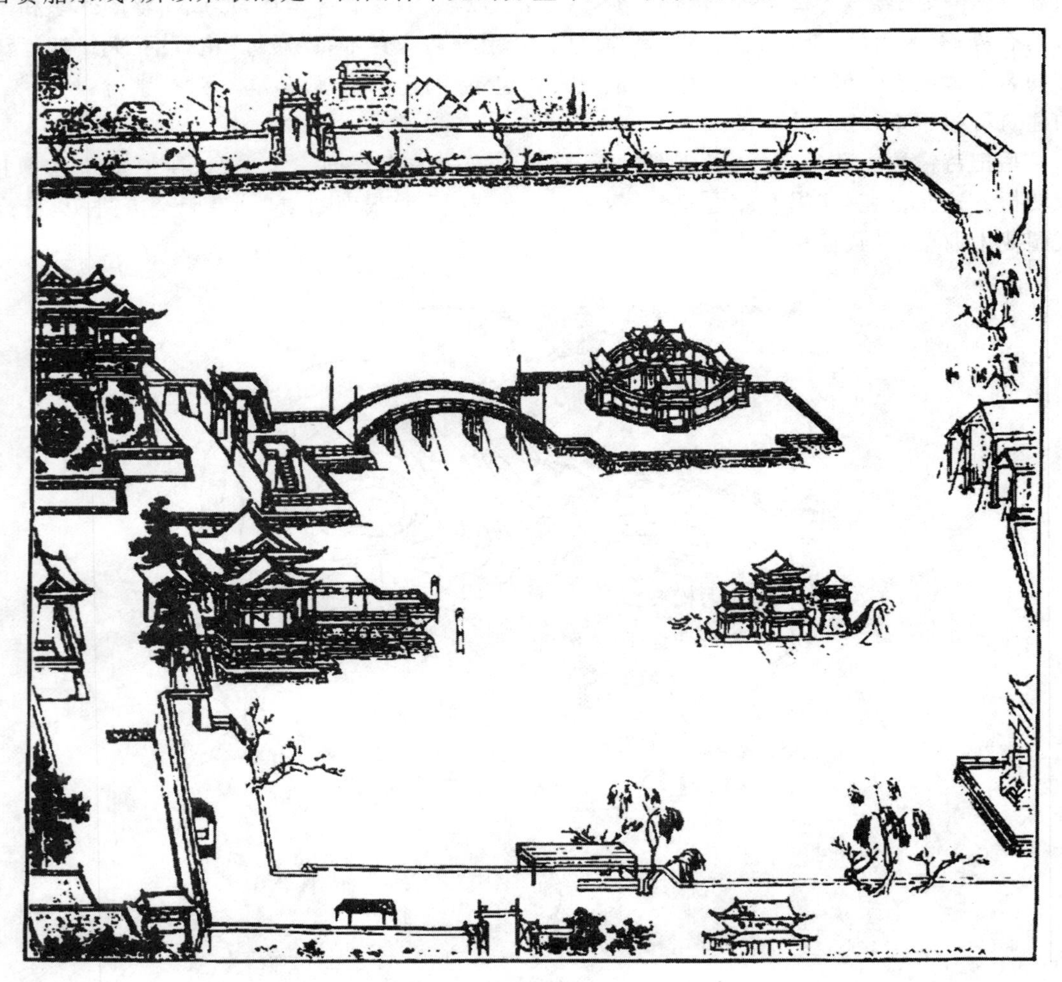

图4-61　宋画《金明池夺标图》

(三)独乐园

独乐园是北宋司马光在洛阳的私园(图4-62)，建于熙宁六年(1073)。园名“独乐”按司马光本人的解释为：与民同乐是王公大臣之乐，“一草食一瓢饮不改其乐”是圣人之乐，而自认为既非王公大人，又非圣贤，自伤不得与众同，故只能独乐，以尽其分而安之。

独乐园是我国古园中以小胜多的范例，园占地约 20 亩，以水池为中心，池中筑岛，池岸环列各种建筑和景物。园内建有读书堂、钓鱼庵、见山台、弄水轩、种竹斋、绕花亭等，植有羌竹、芍药、牡丹、杂花。独乐园格调简素，建筑尺度甚小，亭堂题名均寄意哲人、名士，颇能引发联想，深化意境，表现园主人清高、超然的意趣。

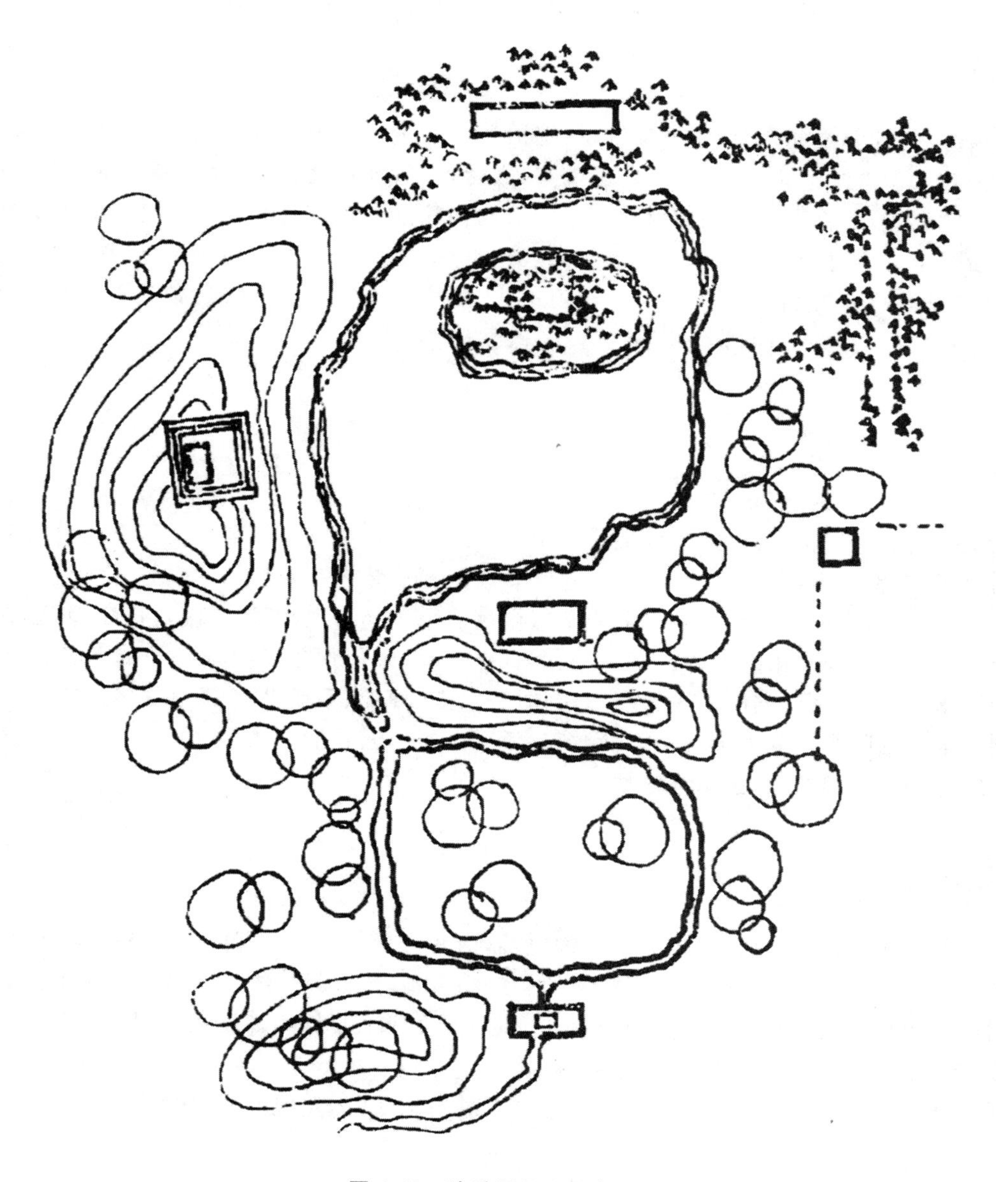

图 4-62　独乐园平面示意图

第五章　元明清时期的建筑

元灭金后，迁都于北京，为了加强统治，统治者提倡多种宗教信仰，各种宗教建筑得到发展。朱元璋推翻了蒙古统治建立了明代，定都南京，之后，朱棣迁都北京，并且重建了北京，使之成为明清两代的都城，北京至今还完好地保存了明清两代的许多代表性建筑等。清代是我国古代建筑的最后一个辉煌时期。雍正十二年(1734)，清工部颁发了《工程做法则例》，成为官式建筑的法典，在这期间，官式建筑已走向定式，日渐规格化、程式化，除了官式建筑，清代的民居也非常有特色。

第一节　元代的建筑

元统一之后，建筑也有一定的发展。大都(今北京)是自唐长安以来的又一个规模巨大、规划完整的都城，大都宫殿也出现了若干新型建筑和新的建筑装饰。元朝中叶以后，由于手工业和商业的恢复与发展，中原和江南及沿海的若干城市逐步繁荣起来，为了沟通南自长江，北达沽口(天津)的水运，元朝改建了山东境内的运河，向北直抵沽口，因而促进了沿河各地的繁荣，产生了一些新的城镇。此外，由于残酷的民族压迫，当时的农业、商业、手工业都遭到了严重破坏，经济发展受到了很大的阻碍。为加强统治，元代统治者一方面提倡儒学，另一方面利用宗教作为巩固统治的手段，这时的宗教建筑也相当发达。

一、元大都

大都是元代的首都，其位于华北平原的北端，西北有崇山峻岭作屏障，西、南二面有永定河流贯穿其间，南下可以控制全国，北上又接近原来的根据地，所以元代统治者选择了这里作为首都。大都的规划者是刘秉忠和阿拉伯人也黑迭儿，他们按古代汉族传统都城的布局进行设计，历时8年建成，图5-1是元大都的平面复原想象图。

据《元史地理志》和《元大都城坊考》记载："京城右拥太行，左挹沧海，枕居庸，奠朔方，城方六十里，十一门。"城的平面接近方形，南北长7 400m，东西宽6 650m，北面二门，东、西、南三面各三门。北垣两门：东安贞门，西健德门；东垣三门：北光熙门、中崇仁门、南齐化门；南垣三门：东文明门、中丽正门、西顺承门；西垣三门：南平则门、中和义门、北肃清门。城外绕以护城河。皇城在大都南部的中央，皇城的南部偏东为宫城，东面是太庙，西面是社稷坛。这是继承《考工记》的"左祖右社"的布局方法。《元故宫遗录》对皇宫有所记载："崇天门，门分为五，总建阙楼，其上翼为回廊，低连两观。旁出为十字角楼，高下三级；两旁各去午门百余步。有掖门，皆崇高阁。内城广可六、七里，方布四隅，隅上皆建十字角楼。……由午门内可数十步为大明门。"城中的主要干道都通向城门。主要干道之间有纵横交错的街巷,寺庙、衙署和商店、住宅分布在各街巷之间。大都的水系是由当时杰出的科学家郭守敬规划的,郭守敬一方面疏通了东面的运河——通惠河,使南方物资可以通过运河直达大都,同时又规划了一条新渠,由北部山中引水,并汇合西山的泉水,在北城汇成湖泊,然后通入通惠河。这条新渠的选线可以截留大量水源,既解决了大都的用水,又开通了运河。大都的排水系统全部用砖砌筑,干道与支道分工非常明确。

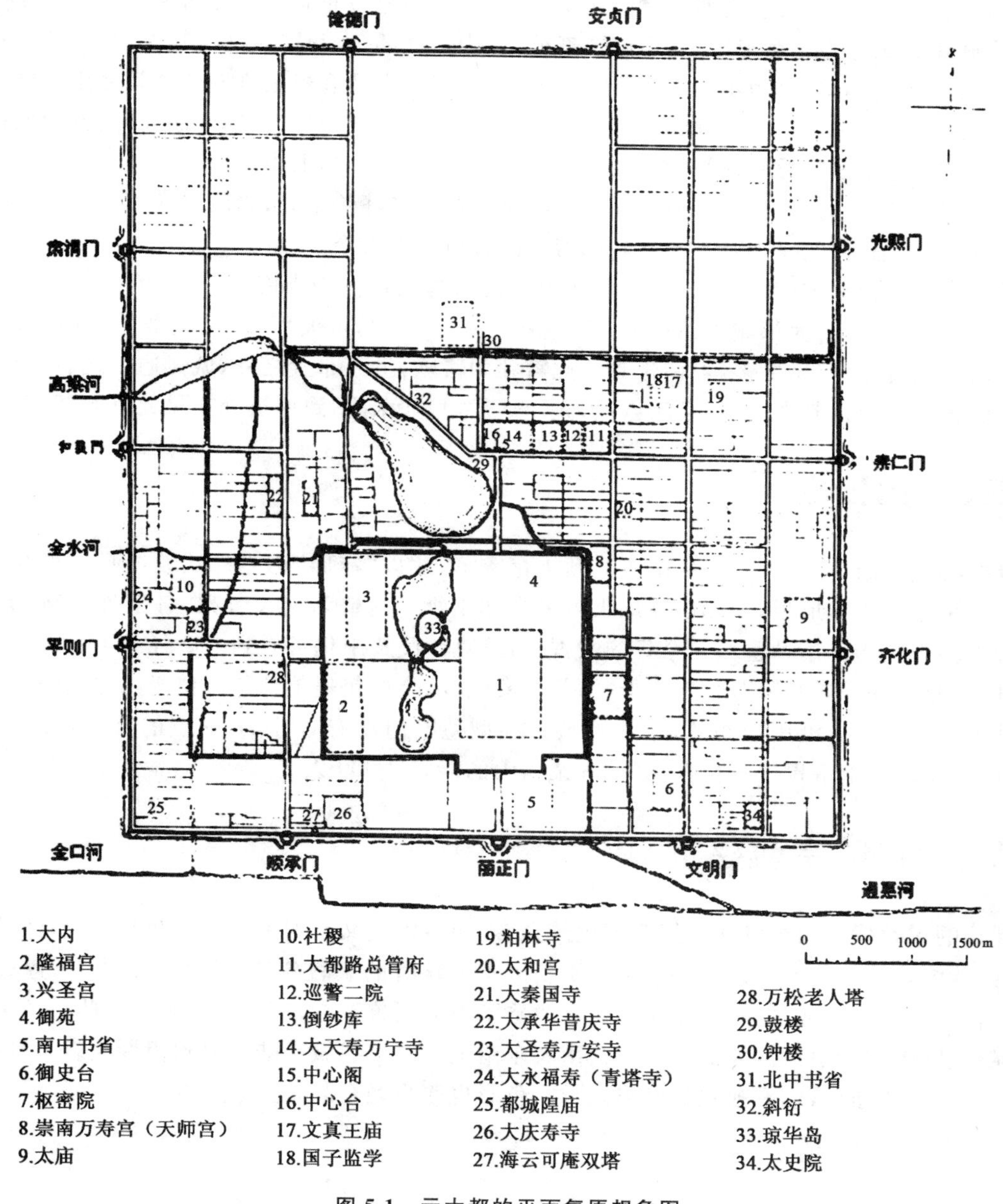

图 5-1　元大都的平面复原想象图

二、元大都宫殿

宫殿是大都城中的主要建筑。元代宫殿位于午门内大明门后正中，以大明殿、延春阁两组宫殿为主，这两组宫殿都坐落在大都城的中轴线上，其他宫殿位于东西两侧，构成左右对称的布局。

元代的主要宫殿多由前后两组宫殿所组成，每组各有独立的院落。而每一座殿又分前后两部分，中间用穿廊连为工字形殿，前为朝会部分，后为居住部分，而殿后往往建有香阁。这是继承宋、金建筑的布局形式。《辍耕录》对大明殿有详尽描写："殿乃登极正旦寿节会朝之正衙也；十一间，东西二百尺，深一百二十尺，高九十尺，柱廊七间，深二百四十尺，广四十四尺，高五十尺；寝室五间，东西夹六间，后连香阁三间，东西一百四十尺，深五十尺，高七十尺。"

大都宫殿既奢华又具民族特色，主要宫殿使用方柱，红漆绘金龙；内装修多用紫檀、楠木等名贵木材；墙壁以毛皮、毡毯、帷幔为装饰，保持了游牧民族的习俗。

元代宫殿明初已被拆除，现今保存下来的元代木构建筑多为寺院、道观。但是，从一些史料描述来看，也能略知元大都城市建设和宫廷规模之一二。《马可波罗行记》记载："大殿宽广足容六千人聚食而有余，房屋之多，可谓奇观。此宫壮丽富赡，世人布置之良，诚无逾于此者。顶上之瓦，皆红、黄、绿、蓝及其他诸色，上涂以釉，光泽灿烂，犹如水晶，致使远处亦见此宫光辉。"

三、元代住宅

北方游牧民族早就使用毡帐，由于其顶为穹窿形，故以"穹庐"称之。从敦煌画中可知，元代平民所用毡帐均为球形顶，顶部设圆形天窗采光和出烟。内壁为交叉骨架，骨架外敷毡，成为与墙类似的维护结构。这种毡帐在今日的蒙古、哈萨克等民族中仍可看到。直径约4～6m，约一人高。顶部的环形圈称"套脑"，骨架之外，除门与套脑外，全部包裹羊毛毡。毡帐内地面铺毡，宾主均在毡上坐卧。家具沿周边布置，尺度低矮。小型毡帐内没有立柱，大一点的可在木圈下设立柱，一般为4根。皇帝贵族的毡帐称"斡耳朵"，大的能容2 000人。

四、元代的宗教建筑

元代的宗教建筑相当发达。元帝国民族众多，而各民族又有着不同的宗教和文化，经过相互交流，给传统建筑的技术与艺术增加了若干新因素。这时的宗教建筑，除原来的佛教、道教及祠祀建筑仍保持一定的数量外，从西藏到大都建造了很多喇嘛教寺院和塔，带来了一些新的装饰题材与雕塑、壁画的新手法。大都、新疆、云南及东南地区的一些城市陆续兴建伊斯兰教礼拜寺，开始和中国建筑相结合，形成独立的风格，装饰、色彩也逐步融合起来。

(一)元代的寺

1. 广胜寺

山西洪洞县的广胜寺(图5-2)是元代佛教建筑的重要遗迹。广胜寺分上、下二寺；上寺在山顶，下寺在山麓，相距半公里许。下寺的建筑基本上都是元代修建的。上寺则大部分经明代重建，但总体布局变动不大，这里重点介绍下寺。

下寺整个建筑群前低后高，由陡峻的甬道直上为山门。经过前院，再上达前殿。左右贴着殿的山墙有清代修建的钟鼓楼。后院靠北居中为正殿，东西有朵殿。从整体上看，前后两个院落，利用不同的建筑间距与建筑组合方式，形成不同空间，是传统建筑常用的布局手法。下寺的正殿最具特色，重建于 1309 年，为单檐不厦两头式（显山），平面及梁架结构非常有特点：首先，殿内使用减柱和移柱法，柱子分隔的间数少于上部梁架的间数，所以梁架不直接放在柱上，而是在内柱上置横向的大内额以承各缝梁架。殿前部为了增加活动空间，又减去了两侧的两根柱子，使这部分的内额长达 11.5m，负担了上面两排梁架；其次，使用斜梁，斜梁的下端置于斗栱上，而上端搁于大内额上，其上置檩，节省了一条大梁。下寺正殿这种大胆而灵活的结构方法，是元代地方建筑的一个特色。

图 5-2　广胜寺

2. 清净寺

福建泉州的清净寺（图 5-3）创建于宋，重建于公元 1341 年，即元末时期，全部石造，虽殿顶已毁，不能了解全貌，但据现存大门和殿的平面来看，也是西亚形式，不过大门上的装饰吸收了汉族建筑的若干手法。清净寺门楼北墙的阿拉伯碑刻记载，寺又名“艾苏哈卜大寺”。现存主要建筑有大门楼、奉天坛和明善堂。大门楼的外观具有传统的阿拉伯伊斯兰教建筑形式。大门朝南，高 12.3m，基宽 6.60m，门宽 3.80m，用辉绿岩条石砌筑，分外、中、内三层。第一、二层皆为圆形穹顶栱门，第三层为砖砌圆顶。楼顶为平台，四面环筑“回”字形垛子，有如城堞，北墙左右嵌有二方阴刻“月”“台”石刻，为伊斯兰教徒“斋月”用以望月，以便确定起斋日期，整座建筑造型巍峨壮观。“奉天坛”是穆斯林礼拜的地方，现仅存四围石墙。坛的屋盖明代年间倒塌，殿内四周的空地上尚存花岗岩的残础。入东墙尖栱形正门，看西墙正中有一法栱形的高大壁龛，龛内刻有古阿拉伯文的《古兰经》经名石刻，保存完好。寺的西北角为“明善堂”，奉天坛礼拜殿屋盖倒塌后，教徒们便移此做礼拜。

图 5-3　清净寺

3. 妙应寺

妙应寺(图 5-4)位于北京阜成门内,始建于元代(1271),公元 1279 年陆续建造寿安寺、山门、钟楼、鼓楼、天王殿、三世佛殿、七世佛殿。妙应寺白塔建于 T 形台座上。台上建平面亚字形须弥座二重,其上以硕大的莲瓣承托平面圆形而上肩略宽的塔身,再上是塔脖子及十三天(即相轮),塔顶在青铜宝盖与流苏之上,原来是宝瓶,但现在安置一个小喇嘛塔。塔高 50.86m,全部砖造,外抹石灰,刷成白色。这塔各部分的比例十分匀称,虽塔身不用雕饰,而轮廓雄浑,气势磅礴,造型壮美,为元代佛塔之精品。

图 5-4　妙应寺

(二)元代的道观

永乐宫(图 5-5)。永乐宫是一座道教道观,是元代道教建筑的典型,也是当时道教中全真派的一个重要据点,原建于山西永济县,现迁至芮城。永乐宫原来的规模很大,现在只留存中央部分的主要建筑。全部建筑按轴线排列,自南向北依次排列为:山门、无极殿(龙虎殿)、三清殿、纯阳殿、重阳殿、丘祖殿遗址。其中,主要的大殿三清殿体积最大,是一座面阔七间单檐四阿式建筑,通面阔 34m,进深 3 间,通进深 21 m;柱网减柱法,仅保留中央三间的中柱与后金柱;外柱有明显收分和柱侧角。檐部斗栱为单杪双昂铺作,补间铺作除尽间一朵外,其他皆为两朵。屋面坡度较前朝大,出檐减小,斗栱体量减小,这也是传统建筑常用的手法。三清殿立面各部分比例和谐,稳重而清秀,仍保持宋代建筑的特点。屋顶使用黄绿二色琉璃瓦,台基的处理手法很新颖,是元代建筑中的精品。梁架结构遵守宋朝结构的传统,规整有序,可能是元代官式大木结构的一种典型。永乐宫三座主要殿堂内部都留下了精美的壁画,尤其是三清殿的壁画构图宏伟,题材丰富,线条流畅生动,是元代壁画的代表作品。辉煌灿烂的色彩效果,是三清殿壁画艺术的重要特点。在富丽华美的青绿色基调下,有计划地分布以少量的红、紫、深褐等色,加强了画面的主次及素描关系。在大片的青绿色块上插入白、黄、朱、金及三青、四绿等小块亮色,形成一个有机的整体。用色是以平填为主,采用天然石色,所以能够经久不变。

图 5-5　永乐宫

(三)元代的祠祀

河北曲阳县北岳庙德宁殿和位于广胜下寺旁的水神庙都是元代重要的祠祀建筑。

1. 德宁殿

北岳庙主殿德宁殿(图 5-6)重建于元世祖至元七年(1270),为我国现存元代木结构建筑中最大的一座。大殿建在高大的台基之上，高 30 多米，重檐庑殿式，琉璃瓦脊，青瓦顶。殿身平面广 7 间，深 4 间，周以回廊，故成广 9 间深 6 间状。殿下檐斗栱，重昂重栱造，第一层假昂，其上华头子则为长材，与第二层昂后尾斜挑达榑下。上檐斗栱单杪重昂，昂亦为昂嘴形华栱，与苏州三清殿上檐斗栱做法相同。其后尾第二第三两跳，重叠三分头与菊花头，尤为奇特。檐下高悬元世祖忽必烈亲笔题书的“德宁之殿”匾额。德宁殿更以殿内珍贵壁画闻名于世。东西檐墙里壁满绘元代道教题材的巨幅《天宫图》，壁画平均高 7.7m，长 17.6m。画面色彩浓郁协调，线条流畅洒脱。

图 5-6　德宁殿

2. 水神庙

水神庙(图 5-7)属于道教庙宇。庙宇坐北面南，由前后两座院落组成，前院正南为砖券过洞门，并列三门，主体建筑明应王殿，亦称大郎殿，是元代祠祀建筑大殿的一种类型。大殿面阔进深各 5 间，重檐歇山顶，周有回廊，廊深一间，斗栱古朴，四壁无窗，内设神龛，龛内供奉水神明应王李冰泥塑坐像，左右各立一侍者，四壁之上满布壁画，东西壁画各宽 11m，高 5.3m，南北壁画各宽 3m，高 5.6m，总面积约 180 多平方米，内容为祈雨降雨图及历史故事，整个画面构图严谨，色彩纯朴浑厚，人物传神达意，笔法苍劲有力，绘于元代泰定元年(1324)，是元代道教壁画之中的珍品。大殿前庭院很大，供当时公共集会和露天看戏之用。中国戏曲在元代有很大发展，许多公共建筑正对着大殿建造戏台，成为元代以来祠祀建筑的特有形式。元代戏台为了适应当时戏曲表演的要求，平面尺度基本上是一致的，如水神庙壁画所表现的，戏台没有固定的前后台的分隔，演出时中间挂幔帐以区隔前后。到明清时期，戏曲进一步发展，舞台乐器增多，戏台才分出前后台和左右伴奏的地方。水神庙现存的戏台曾经后来改建，已不同于元代原来的形式了。

图 5-7　水神庙

第二节　明代的建筑

明代的建筑是传统建筑的一个高峰期，这一时期的建筑样式，上承宋代营造法式的传统，下启清代官修的工程作法，没有显著变化，但是建筑设计规划以规模宏大、气象雄伟为主要特点。明初的建筑风格，古朴雄浑，与宋代和元代相近，明代中期的建筑风格严谨，而明代晚期的建筑风格则趋向烦琐。

一、明代的都城

明太祖（朱元璋）于公元 1368 年推翻了蒙古统治，建立了明代，起初定都南京，后来为了防止蒙古族的侵扰，朱棣将迁都至北京。

（一）南京

明代初年，作为都城的南京在规划上突破了隋唐以来方整对称的都城形制，结合地形和城防需要，保留旧城，增辟新区，形成了不规则的格局（图 5-8）。全城分为即中都市区、西北部军营区和东部宫城区三区。明南京城墙就是这三区外缘的围合，把历史上的建康城、石头城、江宁城旧址和富贵山、覆舟山、鸡笼山、狮子山、清凉山等都包在城内。全城周长 3 368km。城墙以条石作基础，砖砌内外壁，内夯砖块、砾石、黄土，有的区段全部用城砖实砌。共设城门 13 座，重要城门设瓮城 13 重，每重瓮城均有闸门，以强化防卫。这座砖石城墙的外围，还有一道土筑的外郭城，长 50 多公里。宫城区是明初南京建设的重点，它选址于旧城东侧的钟山之阳，以钟山的“龙头”富贵山作为大内镇山，通过填湖取得了皇城、宫城和中央官署的用地。宫城位于皇城中部偏东，宫城午门前方，左右分列着太庙、社稷坛；皇城承天门前方御路，由千步廊围成 T 字形的宫廷广场。御路两侧，左边分布宗人府、吏、户、礼、兵、工各部和翰林院、太医院等；右边分布五军都督府和通政司、锦衣卫、钦天监等。宫城布局贯穿了朱元璋强化礼制的意图，大内按传统规制分前朝、后寝两大部分。前朝设奉天、华盖、谨身三殿，后寝设乾清、坤宁二宫和东西六宫，并以洪武门、承天门、端门、午门、奉天门表征“天子五门”。明南京宫殿的这种布局规制以及宫后的镇山等，后来都成了北京宫殿布局的蓝本。

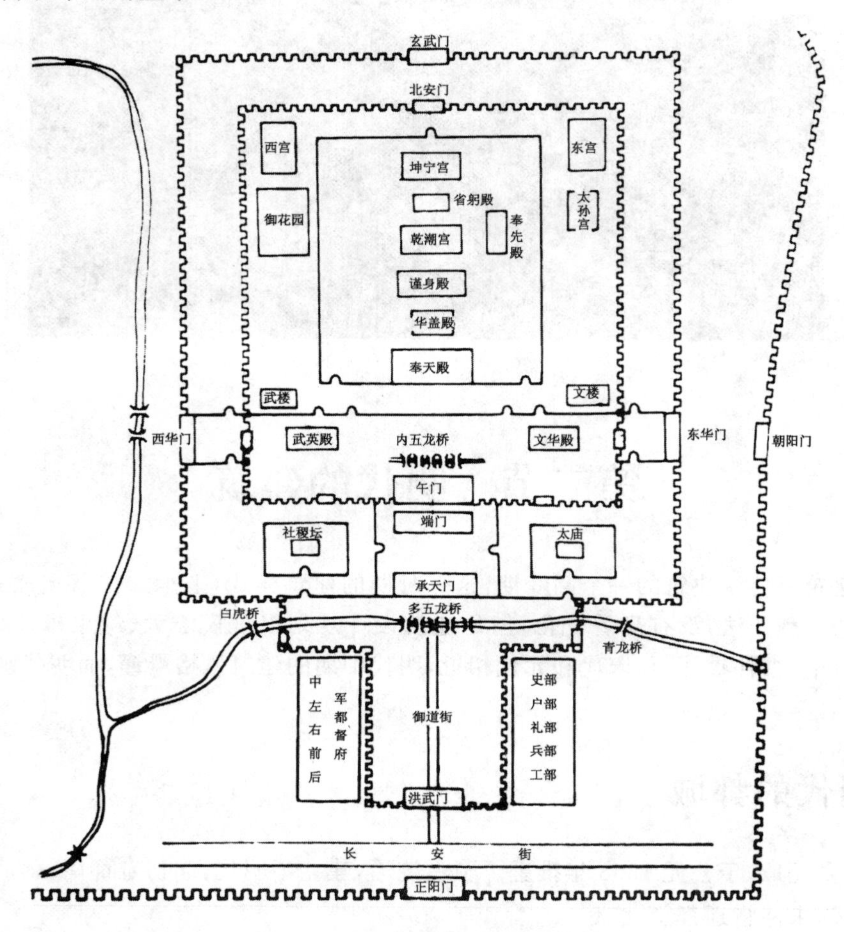

图 5-8 明代南京皇城宫城复原图

(二)北京

明代的北京(图 5-9)是在元大都的基础上改建和扩建而成的。1553 年，为了加强京城的防卫和保护城南的手工业和商业区，明代又在城的南面加筑一个外城。外城东西 7 950m，南北 3 100m；南面三门，东西各一门，在北面，除了通往内城的三座门外，东、西两角还有通向城外的两座门。外城内主要是手工业区和商业区及规模巨大的天坛和先农坛。内城东西 6 650m，南北 5 350m，南面三门，东、北、西各两座门。这些城门都有瓮城，建有城楼和箭楼。内城的东南和西南两个城角上并建有角楼。内外城均有护城河环绕，河宽约 30m，深约 5m，据城墙约 50m。内城的街巷，大体沿用元大都的规划，分布在皇宫衙署的两侧。与正阳门并列的东为崇文门，西为宣武门。在这两门内各有一条宽阔大道，一线引直，直达内城北部，与东直门、西直门内两条大街相交。北京的街道系统都与这两条南北大干道联系在一起。大干道如脊椎，形如栉比的胡同则分散在干道两旁，在胡同与胡同之间再配以南北向或东西向的次要干道。这种组织从平面构图上看基本上是相互垂直的方格形，也是中国古代城市街道传统的规划方式。大小干道上散布着各种各样的商业和手工业。在大小干道下面，有砖修筑排泄雨水和污水的暗沟。胡同小巷则是市民居住区。

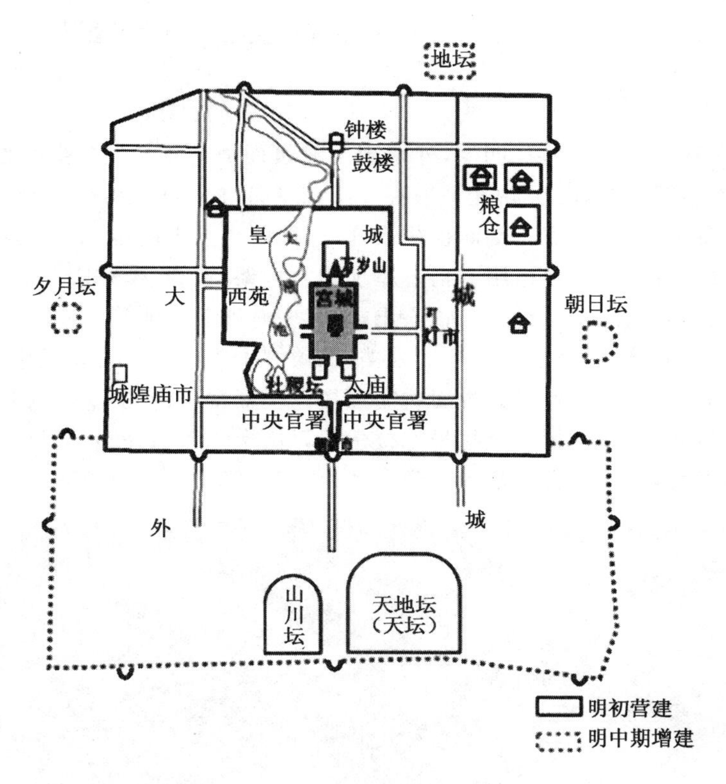

图 5-9　明代的北京

二、明代的宫殿

故宫始建于公元 1406 年，整体布局仍遵循传统的“前堂后室、左祖右社”的规则。宫殿左面为太庙，右面为社稷坛。宫殿整个建筑分为外朝与内朝两大部分。外朝有三大殿——奉天殿（太和殿）、华盖殿（中和殿）、保和殿（勤身殿）：奉天殿（太和殿）为主殿，是皇帝登基、朝会、颁诏等大典的地方，面阔 9 间，重檐庑殿式；华盖殿（中和殿）是皇帝大朝前休息的地方，方形，3 开间，四角攒尖建筑；保和殿（勤身殿）皇帝殿试进士的地方，9 开间，重檐显山建筑，三殿南北排列成工字形。内朝三大殿——乾清宫、坤宁宫、交泰殿：乾清宫，为皇帝正寝，7 开间，重檐庑殿式；坤宁宫为皇后正寝；明初，乾清宫与坤宁宫之间由长廊相连，后拆廊改建为一小殿——交泰殿，为皇帝结婚的地方。在三大殿的东西侧，各建有嫔妃居住的东西六宫。皇宫北端建有御花园，亭台楼阁，假山奇石，苍松翠柏，奇花异草，美不胜收。

三、明代的住宅

中国住宅遗构现今所知的最早实物是明代的。已经发现的明代住宅众多,主要分布于江苏、浙江、安徽、江西、山东、山西、陕西、福建、广东、四川等省。由于地理环境、生活习惯、文化背景和技术传统的差异,使各地住宅呈现出不同的形态,下面就主要几种明代住宅进行简要介绍。

(一)福建明代土楼

明代土楼(图 5-10)一般都是三、四层,外墙用土夯筑而成,“土楼”之名由此而来。由于防御上的需要,土楼的外墙都很厚,底层厚度一般在 1.5m 左右,向上逐层收缩。底层不对外开窗而只向里开。楼上外窗也很小,且窗孔剖面往往成梯形,如同碉堡上的枪孔。面向内院的窗子则较大。土楼内隔墙多用土坯砌成,楼板用木构。屋顶用木构架,坡顶,覆蝴蝶瓦。

根据福建漳浦县的调查,全县有近二百座土楼,其中有四座是明代遗物——绥安镇马坑村一德楼、霞美镇过田村贻燕楼、霞美镇运头村庆云楼、旧镇潭子头村晏海楼。其中,绥安镇马坑村一德楼建于嘉靖三十七年(1558);霞美镇过田村贻燕楼建于嘉靖三十九年(1560);霞美镇运头村庆云楼建于隆庆三年(1569);旧镇潭子头村晏海楼建于万历十三年(1585)。另外,永定县的古竹乡古竹村的五云楼和贞固楼、华安县沙建乡的升平楼、华安县庭安村日新楼等也都是明代的住宅。

图 5-10　明代土楼

(二)安徽徽州民居

安徽徽州的住宅(图 5-11)多采用天井和楼房的紧凑布局。通常,主楼和厢房全是二层,用地特别紧张的村落则建三层楼房。比较富有的家庭的住宅多有精美的木雕和砖雕,为了避免“露富”而招来横祸,这些象征富有的雕刻都在内院展现,外观都是白墙、灰瓦,十分平淡。

歙县远郊西溪南村有座吴息之住宅,宅旁池塘边有一路亭,亭中脊檩纪年为景泰七年(1456),此宅木构架形制与路亭年代相当。该住宅现仅存一组院落,其余房屋已毁。宅的大门临小巷,面西南。入门为天井式小院，环小院一周为二层楼房，楼下空间低矮，楼上则较高敞，木刻雕饰也集中于楼上，说明宅内主要活动场所在楼上。院内水池用以积聚雨水，是皖南山区常见做法。

图 5-11　安徽徽州民居

（三）苏州东山明代住宅

明代，苏州地区的经济、文化水平等居于全国前列，这使得许多的文人、富商、官员等在此定居。至今，苏州各处还留有许多明代的住宅，苏州的东山杨湾赵宅（图 5-12）就是典型的明代建筑。东山杨湾赵宅是一座下层居民的住宅，位于杨湾村大路边。宅由正房五间及东西厢房各一间组成三合院。由于地形限制，平面呈不规则形，但堂屋仍居中向南，符合传统习惯。大门原在东厢，临街而设，今已移至南墙上，正房木构架简朴，梁用圆木，但梁端与柱交接处仍按月梁做法刻作斜项，这是当地明代住宅的通式。

图 5-12　苏州的东山杨湾赵宅

(四)山东曲阜衍圣公府

山东曲阜衍圣公府(图 5-13)俗称“孔府”,是中国唯一较完整的明代公爵府。孔府位于曲阜城内孔庙东侧,其形成于明弘治十六年(1503)。根据明代品官第宅制度,作为二品官的衍圣公(实授二品,但有一品的袍带),他的府第应是“厅堂五间九架,屋脊用瓦兽,梁栋、斗拱、檐角青碧绘饰,门三间五架,油绿,兽面锡环”,屋顶用“两厦”悬山顶。检之实物,一一相符,不愧是遵礼守法的典范。清光绪十一年(1885)一场大火把孔府的内宅烧光,因此,目前留下的明代原物主要是内宅以外的部分建筑物,即大门、仪门、大堂、二堂、三堂、两厢、前上房、内宅门及东路报本堂等。其余均为清代重建或增建。

图 5-13　山东曲阜衍圣公府

四、明代的陵墓

(一)明孝陵

明孝陵(图 5-14)是明太祖朱元璋和马皇后的合葬墓,位于江苏省南京市东郊钟山南麓独龙阜。明孝陵始建于洪武十四年(1381),次年葬入皇后马氏,到洪武十六年(1383)时主体工程基本建成,前后历时两年余,但附属工程一直在继续修建,永乐三年(1405)时,“神功圣德碑亭”的修建完成标志着明孝陵工程的最终结束。

图 5-14　明孝陵

从整体上看，明孝陵总体布局可分为两部分，自下马坊至文武方门为总长 2.2km 的导引建筑和神道，文武方门以北是陵园祭祀建筑区。下马坊是孝陵的入口，由此西北行 750m 为大金门，这也是陵区的大门。大金门设有门券三道，为单檐歇山顶，并饰有琉璃瓦，两侧为红墙，目前，屋顶已毁，仅余券门三洞。大金门以北 70m 处为神功圣德碑亭，今屋顶亦毁，仅余围墙和门洞，故当地俗称“四方城”。但亭内高达 8.7m 的巨大石碑保存尚完好，上有明成祖朱棣书写的碑文 2 700多字。由碑亭西北行，过御河桥 100m，即为平坦的神道。神道分前后两段：前段西北向，长 600m，布置有石兽狮、獬豸、骆驼、象、麒麟、马各两对，一对立一对蹲；后段为正北向，长 250m，布置有石望柱一对，武将两对，文臣两对，尽端为棂星门。由棂星门折向东北，行 207m，再折向正北，为御河桥，桥北 200m 即为文武方门。由于明孝陵的神道经过了三国时期的孙权墓，因此神道形成了一个弯曲的形状，类似北斗七星。文武方门是陵园祭祀建筑群的正门，原有正门三洞已毁，现存陵门系清同治年间重建。门内原有御厨、宰牲亭、井亭、具服殿等，均已毁，但清代皇帝谒陵时赞颂朱元璋的墨迹碑刻至今尚存。

明孝陵的主体建筑祾恩殿规格巨大，面阔 9 间，进深 5 间，下有三层须弥座台基，原殿早已毁坏，现存的献殿是清同治年间重建的。殿北 150m 有单孔石桥一座，桥长 57m，形制宏大，颇为壮观。桥北即为高大的方城。方城下部有斜坡甬道通向城后夹道，并可由夹道两端的磴道登达方城。城上明楼观仅余砖墙，屋顶已于清咸丰年间毁圮。方城以北为直径 400m 的圆形宝顶，周围是长达 1 000 多米的砖砌宝城。宝顶下部便是地宫。

(二)明十三陵

明永乐皇帝朱棣登位以后，决定迁都北京。明代有十三位皇帝葬于北京城北 45km 处的昌平县天寿山南麓。天寿山是燕山山脉的支脉，山势除北面外还向东西两侧绵延成三面环抱的形式，形成了一个南面开阔的小盆地。这里河流蜿蜒，林木葱郁，南面山口处还有龙山、虎山如双阙犄角而立，是一处绝佳的风水胜地。明永乐七年(1409)，朱棣开始命人在天寿山主峰前坡建长陵，之后又陆续有献陵(明仁宗)、景陵(明宣宗)、裕陵(明英宗)、茂陵(明宪宗)、泰陵(明孝宗)、康陵(明武宗)、永陵(世宗)、昭陵(明穆宗)、定陵(明神宗)、庆陵(明光宗)、德陵(明熹宗)、思陵(明毅宗)修建于长陵左右。此外,该处还葬入了23位皇后、两位太子、30多名妃嫔、一位太监,从而形成了一个较大的陵墓区,被称之为明十三陵(图5-15)。整个陵区周围约有80里,正门在南面,名为大红门。在大红门的前面还有一座高大的石牌坊,是陵区的标志。进大红门,迎面是一座高大的碑亭。高大的"大明长陵神功圣德碑"置于亭的中央,上面刻的是明仁宗朱高炽为朱棣作的碑文。过碑亭再往北就进入了陵区的神道。神道南端有一对六角形的石柱,往后有狮、獬豸、骆驼、象、麒麟、马六种石兽共12对,其中卧像、立像各半。石人有勋臣、文臣、武将三种共6对,全为立像。这18对石雕像分列神道两旁,十分壮观。走过神道,迎面是一座棂星门,进门后又经过两座石桥,地势逐渐升高,道路才分向各座皇陵。如果一直往北就来到长陵。从石牌坊到棂星门,共长2 600m,设置了一连串的碑亭、石雕和门座,的确显示了皇陵特有的宏伟气势。

图 5-15 明十三陵

由于明代这十三座陵墓的体制十分相似,因此,在这里,我们主要对明长陵、明定陵进行简要的介绍。

明长陵(图5-16)是明十三陵中最大的,历时18年才修建完成,其形制是模仿南京明孝陵的。陵墓建筑分前后三进院子,第一进院子在陵门与祾恩门之间,院内原有神库、神厨和碑亭,是存放和制作祭祀用品的建筑,如今只剩下碑亭了。第二进院子即陵墓主要祭祀用的建筑祾恩殿所在地,祾恩殿的规模仅次于紫禁城的太和殿,面阔9间,比太和殿少两间。殿中的柱、梁、枋等构架全部是用名贵的楠木制作的,所有立柱都是整根的楠木,最大的直径达1.7m。大殿的屋顶为重檐庑殿式,大殿下有三层白石台基。两庑配殿为15间,目前已经不存。祾恩殿原名享殿,明世宗嘉靖十七年(1528)时,嘉靖躬祀天寿山,才将享殿改名为祾恩殿。第三进院子是内宫门以北,院内有二柱门及石供各一组,院内北侧是高大的方城明楼。方城明楼平面呈方形,宽为34.76m,高14.78m,是一座重檐屋顶的城楼,坐落在高高的城墙上。斗栱下层七踩,上层九踩。上开口门,其中竖立石碑,镌刻"大明成祖文皇帝之陵"。城台前有石供台,设置香炉一个、烛台两个、花瓶两个,称为五供,是祭祀的供具。方城下有甬道,可以由甬道顶端两侧的隧道踏垛登上明楼。明楼之后为黄土堆成的高大宝顶,直径有300多米,宝顶下深埋着地宫。

图 5-16　明长陵

明定陵(图 5-17)是明神宗与其两个皇后的陵寝,始建于万历十二年(1584),前后花了 6 年时间,耗费白银 800 多万两,相当于万历年初全国两年的田赋收入;动用军、工匠每天达 3 万人,在明陵中是规模较大的一座。在建造中间,明神宗曾六次亲去现场察看,可见他关心的程度。可惜的是,定陵地上建筑几乎被破坏干净,只剩下后院的方城明楼、宝顶和牌坊门了。

图 5-17　明定陵

定陵地宫已于 1956—1958 年发掘,埋在宝顶之下 27m 深处。墓室为石砌拱券结构,由前、中、后三殿和左右配殿组成,总面积 1 195m^2。各墓室之间都有通道及石门相连,全部用石筑造,顶部用石发券,地面铺的是高质量的金砖。前殿空无一物。中殿按品字形设置三个汉白玉宝座,座前各有点长明灯的大油缸和琉璃制造的五供。后殿最为高大,长 36.1m,宽 9.1m,高9.5m,靠后墙放着汉白玉的棺床,上面中央放着神宗的棺椁,左右两边是二位皇后的棺椁,四周放有装满各种殉葬品的红漆木箱。左右配殿也留有汉白玉棺床。前、中、后三殿各有一前室,它们沿轴线串联地布局，犹如地面建筑的三进院格局。地宫内有大量金银器等随葬品，出土器物达3 000多件，包括皇帝和皇后戴的金冠和凤冠，此外还有金壶、金盒、金玉钗簪及大量玉圭、玉带、玉碗等玉器，由景德镇“御窑厂”烧制的大龙缸、瓷炉及各种瓷瓶、瓷碗等。

五、明代的宗教建筑

明代的宗教建筑在元代的基础上又有了新的发展，在这里，我们主要介绍一些明代具有代表性的宗教建筑，以此来说明明代宗教建筑自身的特色。

(一)北京真觉寺

关于北京真觉寺(图 5-18)的建造，目前较为普遍的看法是该寺建于明永乐年间。当时尼泊尔高僧室利沙(也称为板的达，五明板的达，哈里麻，葛哩麻)来到北京，向明成祖进献了五尊金佛像和菩提伽耶大塔的图纸，于是明成祖赐建真觉寺，并下诏为金佛建塔，成化九年(1473)建成。

图 5-18　北京真觉寺

北京真觉寺最具特色的是它的金刚座宝塔(图 5-19)。该塔内部用砖砌成，外表全部用青白石包砌。塔的下部是一层略呈长方形的须弥座式的石台基，台基外周刻有梵文和佛像、法器等纹饰，台基上面是金刚宝座的座身，座身分为五层，每层均有挑出的石制短檐，檐头刻出筒瓦、勾头、滴水及椽子，短檐之下是佛龛，每龛内雕坐佛一尊，佛龛之间用雕有花瓶纹饰的石柱相隔，柱头并雕出斗栱以承托短檐。宝座的南北两面正中各有券门一座，通往塔室。拱门券面上刻有金翅鸟、狮、象、孔雀、飞羊等图饰。南面券门入塔室。宝座中心有一方形塔柱，柱四面各有佛龛一座，目前龛内佛像已经不存在了。在塔室的东西两侧，各有 44 级石阶梯，通向宝座顶上的罩亭。罩亭为琉璃砖枋木结构，亭的南北各有一座券门，通向宝座顶部的台面，台面四周有石护栏围绕。罩亭北面是五座密檐式小石塔。小塔为方形，中间一塔较高，其余诸塔较低，有十三层檐，顶部是铜制的覆钵式塔形的刹，塔座南面正中，刻有佛足一双，表示佛足迹遍天下。其余四塔有十一层檐，塔刹为石制。这些塔上都雕有纹饰。

图 5-19　北京真觉寺金刚座宝塔

(二)北京智化寺

北京智化寺(图 5-20)位于北京朝阳门内禄米仓口,是显赫于仁宗、宣宗、英宗三朝的太监王振所建,于明正统九年(1444)建成。智化寺布局在明代佛寺中颇具典型性。它的南区前两进院,有山门、钟楼、鼓楼、智化门、大智殿、轮藏殿、智化殿 7 座建筑,其格局完全符合"伽蓝七堂"的寺院模式。智化寺初为家庙,后改为"敕赐报恩智化禅寺",为当时北京的一座重要的敕建佛寺,属禅宗的临济宗。虽然该庙建成后经过多次修葺,但是寺内的主要殿阁仍保持着明代时期的原有结构。

图 5-20　北京智化寺

智化寺为南北纵深布局,长约 140m。全寺分南北两区。南区主体部分为三进院。由山门进入第一进门院,正座智化门面阔 3 间,进深 2 间,明间前置弥勒佛,后立韦陀,左右有南部立金刚二驱，北部置四大天王。需要指出的是，由于该寺为砖建单孔券门，无法立金刚，因此金刚才被安置在了天王殿中。智化门院内东西有钟楼和鼓楼。第二进院为智化殿院，正殿面阔 3 间，进深 9 间，单檐歇山顶，明间后部出抱厦，殿内奉释迦像及罗汉 20 尊；东侧配殿为大智殿，奉观音、文殊、普贤、地藏四像；西侧配殿为轮藏殿，内设转轮藏。第三进院两侧原有廊庑（或围墙）已毁，仅存正座如来殿。如来殿是两层楼阁，下层内奉如来本尊像；上层墙壁及格扇遍布小佛龛 9 000 余座，故上层又称万佛阁。此阁为全寺主体建筑，下层面阔 5 间，四周无廊；上层面阔 3 间，带周围廊。智化寺的内部装修和装饰工艺也具有明代的特点。万佛阁明间顶上原有雕饰精美的斗八藻井，但在 20 世纪 30 年代流失，现存于美国纳尔逊美术馆。万佛阁内梁枋的明代彩画，轮藏殿内的须弥座的石刻和经橱上缘的木刻浮雕等，体现出了明代建筑的装饰风格。

（三）山西飞虹塔

山西飞虹塔（图 5-21）在广胜寺内，修建于明正德十年（1515）。飞虹塔整体呈八角形，全部由砖砌筑，通高 47m。塔身自下而上，逐层收缩，最上层屋檐只有最下层的三分之一了。塔顶为宝瓶式，造型优美流畅。底层设有回廊，南面为入口。从第二层开始，塔的外表全部镶嵌有券、橙、黄、绿、青、蓝、紫七色的琉璃构件，有斗拱、望柱、角柱、莲花、佛像、鸟兽等，色彩绚丽、形式多样。另外，每层塔的檐角都悬挂有铜铃，别具一格。

图 5-21　山西飞虹塔

六、明代的其他建筑

（一）明代的万里长城

中国北部的长城，自秦以后，汉、北魏、北齐、隋、金等朝都修建过一部分，但完整地留存到现在的，主要是明代建筑的长城，下面就主要对明代的万里长城进行简要介绍。

1. 司马台长城

司马台长城(图 5-22)位于北京市密云县东北部的古北口镇境内,距北京 120km。司马台长城始建于明洪武初年(1368),加修于明隆庆至万历年间戚继光任蓟镇总兵之时,隶属明代“九镇”中蓟镇,为古北口路所辖。它东起望京楼,西至后川口,全长 5.7 km,有 35 座敌楼,城墙依险峻山势而筑,并以奇、特、险著称于世,堪称万里长城的精华。司马台长城被鸳鸯湖分为东西两段。东段长城峰巅有两座敌楼最为显赫,即仙女楼与望京楼。尤其望京楼筑于海拔千米的陡峭峰顶,景观绝佳,可遥望到北京城。

图 5-22　司马台长城

2. 嘉峪关

嘉峪关(图 5-23)位于甘肃省西北部,嘉峪关市西南,是明代万里长城西端的终点,由内城、外城、城壕三道防线成重叠并守之势,壁垒森严,与长城连为一体,形成五里一燧、十里一墩、三十里一堡、一百里一城的军事防御体系。关城平面呈梯形,周长 733m,面积 3.3 万平方米,城墙高 10m,始建于明洪武五年(1372),于 1540 年建成完工。南面为终年积雪的祁连山,北面是起伏连绵的马鬃山,地势险要,气势雄伟,以巍峨壮观著称于世,被誉为“天下雄关”。

图 5-23　嘉峪关

3. 山海关

山海关(图 5-24)又名榆关，位于秦皇岛市东北 15km 处，北接峰峦起伏的燕山山脉，南临波涛汹涌的渤海之滨，枕山襟海，形势险要，是东北、华北间的咽喉要冲，有“两京锁钥无双地，万里长城第一关”之说，自古以来就是兵家必争之地。山海关是明朝魏国公徐达在明洪武十四年(1381)修筑的，以关城为主体，融山、海、关为一体，气势磅礴。山海关城高 144m，周长 4km，全城有四座主要城门，东为镇东门，西为迎恩门，南为望洋门，北为威远门，其中东门正中高悬一块“天下第一关”的匾额，为明代著名书法家萧显手书。山海关城四座城门的外部均有瓮城，现仅存东门瓮城，周长 318m，瓮城门向南开，与第一关券门成直角形。关城和东西罗城、南北翼城和威远城、宁海城共七个城堡组成结构严谨的古代城防建筑群。现存的山海关关城和附近的长城、城堡、墩台都是明代建筑。

图 5-24　山海关

4. 居庸关

现存的居庸关(图 5-25)建于明初，位于长达 20km 的深谷之中，是北京西北的门户。明代在居庸关设卫所，驻重兵把守，并统辖附近长城沿线的守军。居庸关中心有一过街塔基座，名云台，以白色大理石砌成，正中开一石券门，门道可通车马。券门和券洞刻有浮雕图案，具有很高的艺术价值。

图 5-25　居庸关

5. 八达岭长城

八达岭长城(图 5-26)位于北京市北郊延庆县境内军都山上，主要由关城、敌楼、城墙和烽火台组成，关城为东窄西宽的梯形，建于明弘治十八年(1505)，嘉靖、万历年间曾修葺。关城的墩台高大，墙宽 20 多米，厚 17m，高 7.8m，下面建有大门，顶部为长方形城台，四面筑有宇墙、垛口，城台两侧各建敌楼一座，以墙连通，与关城构成犄角之势。八达岭长城城墙雄伟壮观，城墙下部是就地开采花岗岩石条，上部是特制大砖，缝部灌以灰浆，平均高 7.8m，顶宽 4.5～5.8m，可容“五马并骑，十行并进”。八达岭长城每隔一段就有一座敌楼，分为上下两层，全部为砖石结构，第一层和第二层顶部做成许多拱券，有梯道上下。两层都有射击口、瞭望口、吐水嘴，楼顶有垛口。八达岭长城是“天下九塞”之一的居庸关的外镇，该段长城地势险峻，居高临下，是明代重要的军事关隘和首都北京的重要屏障。

图 5-26　八达岭长城

(二)明代的海防据点

明代,沿海诸省经常受到倭寇的海盗骚扰,甚至侵入内地,为了防止倭寇的骚扰,明代设立了海防据点。海防据点的制度,分卫、所、堡、寨,重要地带设关隘,各营堡间也设烽堠报警。明朝初年,南到广东,北到辽东,共设卫、所181处,下辖堡、寨,墩、关隘等达1 622所。明代中叶海盗入侵加剧,更增筑不少据点。从整体上来看,明代的海防据点可分为以下几种类型。

1. 海口筑城

海口筑城就是在江河的入海口两岸,构筑城池、烽堠,与江防其他筑城设施相结合,构成多层的筑城设施。例如为了扼守长江口,防止倭寇船只沿长江侵入内地,曾布有以下三道筑城线。

第一道防线为崇明岛及其南北两岸的太仓、吴淞、茜泾、海门为主,构筑有城池,沿海岸设烽堠。

第二道防线以通州(今江苏南通)、狼山(位于南通市南)、福山(位于江苏常熟,与狼山隔江对峙)为主,在通州筑城池,在福山上建营堡。

第三道防线以江苏丹徒东的山为主,修城池,筑炮台,并派水师协同固守。

2. 海岸筑城

海岸筑城就是根据海岸的特点,修建卫城、所城、墩台、烽堠和障碍物等,从而组成筑城体系。每个卫、所防守海岸正面100～200km,具有能独立作战和长期坚守的能力。除卫、所本身构筑环形筑城设施外,还注意外围筑城设施的构筑。如定海(今浙江镇海)的卫城,墙高约7.6m,厚3.2m,共有6座城门,门上建城楼,各门道内设闸门,门外有瓮城,沿城墙建有供作战用的敌楼10座,供射击用的雉堞2 185个,城外有护城河环绕,各城门外设吊桥。定海卫城东北的招宝山(候涛山),扼甬江口,地势险要,山上筑有威远城。卫城之外的港口筑有靖海营堡,与卫城成犄角配置。墩台主要用于防守,建在卫城、所城附近或海口附近。烽堠用于望和报警,间距1.5～6km,沿海岸配置。

3. 海岛筑城

海岛筑城是按岛屿的大小和地形特点来进行城池构筑的。一般大岛上会在城池周围修建烽堠,从而组成环形筑城体系,另外还设有炮台,炮台周围筑矮墙,墙外挖壕沟。面积较小且位置重要、离海岸不远的岛屿则设有水寨,筑有防御设施和水军专用的物资仓库。

第三节　清代的建筑

清代是中国最后一个封建王朝,这一时期的建筑大体沿袭明代的建筑传统,但也有发展和创新,建筑物更崇尚工巧华丽。这期间的官式建筑已走向定式,规格化、程式化,从建筑等级、建筑样式、建筑构成、尺度权衡、构件造型、建材用料、工程核算都有了一套严格的规定。雍正十二年(1734),清工部颁发了《工程做法则例》,成为官式建筑的法典。有了建筑法典,能使建筑适应等级制度的需要,保证了建筑风格的统一,促进了设计施工的速度,科学的计算工料成本。但是任何事物都有两重性，官式建筑定了型，程式化后就难以再发展创新。本节我们将对清代的建筑进行简要介绍。

一、清代的宫殿

（一）沈阳故宫

沈阳故宫（图5-27）是清朝没有入关之前在辽宁沈阳建造的宫殿。1622年努尔哈赤迁都至沈阳，立即进行了宫殿的建造事宜，这就是如今沈阳故宫的东路。后来又陆续进行扩建，最终形成了东、中、西三路。东路为一狭长大院，北部居中建重檐八角攒尖顶的大政殿，殿前两侧呈梯形排列10座歇山顶小殿，称十王亭。最北两座为左右翼王亭，其余8座是按八旗方位排列的八旗亭。这组建筑是努尔哈赤举行大典和商议军国大计的场所。中路为宫殿主体，由三进院组成。中轴线上布置有大清门、崇政殿、凤凰楼和清宁宫。大清门为皇宫正门，门前东西街设文德、武功两座牌坊，街南由东西奏乐亭和朝房、司房围成广场。崇政殿是皇宫主殿，面阔5间，前后出廊，硬山屋顶。殿后的凤凰楼和清宁宫共同坐落在高3.8m的高台上。凤凰楼平面呈方形，高3层，歇山顶，为全宫制高点，是皇帝议事、宴饮的场所。高台上的清宁宫及其前方的4座配殿是皇后和妃嫔的住所。清宁宫为五开间前后廊硬山顶建筑，其平面布置很特殊，正门开于东次间，东边一间为暖阁，用作帝后寝室，置南北二炕，隔为南北二室，供冬夏分别住用。西四间连通，布置万字炕，并设锅台，作为官内萨满祭神场所。中路左右两侧在乾隆时期增建了东宫、西宫两组跨院。西路建造最晚，前部建嘉荫堂、戏台，后部有度藏《四库全书》和《古今图书集成》的文溯阁和仰熙斋，这部分建筑均按北京宫式做法修建。

图5-27　沈阳故宫

从整体上来看，沈阳故宫早期建筑带有浓厚的文化边缘特色，总体布局与建筑形制都偏离官式正统，例如崇政殿、清宁宫、大清门用的都是屋顶中最低档的硬山顶。清宁宫、凤凰楼各置4个配殿，反映的是满族民居“一正四厢”的格局，建筑细部中有藏传佛教的雕饰、彩画，表明沈阳故宫体现出了汉、满、蒙的文化交流和文化融合。

(二)北京故宫

故宫是明清两个朝代的皇宫，虽始建于明代，但现存各殿宇多为清代所建，规模之大，面积之广，为世界帝宫之最。东西 760m，南北 960m，其南面伸出长约 600m，宽约 130m 的前庭。前庭之南端为皇宫正门——天安门，天安门之北约 200m 为端门，再北约 400m 即午门。午门内，分为外朝与内廷两大部分，穿过金水桥，越过太和门，便是外朝最大的宫殿太和殿(图 5-28)。它是一座单层重檐庑殿式建筑，面阔 11 间，进深 5 间，为我国目前保存下来最大的木构建筑。明初称奉天殿，几经改建，今殿为康熙三十六年(1697)所重建。大殿立于三层汉白玉须弥座之上，斗栱体量小，高不及柱高的 1/6；下檐为单杪重昂，上檐为单杪三昂，明间补间铺作八垛之多。殿内外大木均施和玺彩画，金碧辉煌。它是皇帝举行登基、朝会、颁诏等大典的地方。

图 5-28　太和殿

太和殿之北为中和殿(华盖殿)(图 5-29)，其平面为方形，5 开间，单檐攒尖顶；四面九墙，由格子门和槛窗镶嵌。它立于工字形三层汉白玉丹陛之上，是皇帝出御太和殿之前在此休息接受群臣朝拜的地方。

图 5-29　中和殿

中和殿之北为保和殿(谨身殿)(图 5-30),是殿试进士的考场,单层重檐显山顶,面阔 9 间,进深 4 间。

图 5-30　保和殿

保和殿以北,过了乾清门便是内廷三大殿,依次为乾清宫(图 5-31)、交泰殿(图 5-32)、坤宁宫(图 5-33)。乾清宫是皇帝正寝,坤宁宫为皇后正寝,交泰殿为皇帝结婚之处。三大殿东西两侧,为东西六宫,嫔妃起居的寝宫。故宫北端是御花园,松柏苍翠,花卉芳馥,飞鸟游鳞,殿阁屹立,亭榭四布,人间仙境。御花园北有神武门,为紫禁城北门。

图 5-31　乾清宫

图 5-32　交泰殿

图 5-33　坤宁宫

故宫总体布局遵循传统的中轴线左右对称的原则。主要建筑建在中轴线上，其他建筑则建在主要建筑左右两侧。

二、清代的园囿

（一）西苑

西苑位于北京皇城内紫禁城之西，分为南海、中海、北海三部分。北海在三海中面积最大，景致最佳。海中有一琼岛，高 32.8m，周长 973m，顶上建有一座白塔，高 35.9m，瓶形，砖石结构。琼岛北建有长廊，外绕以白石栏杆，长 300m。岛上建有正觉殿、漪谰堂等；岛南隔水为团城，墙高约 4.6m，面积约 4 553m^2。北海东岸和北岸有很多建筑，有画舫斋、静心斋，还有大西天、小西天、阐福寺、西天凡境等建筑；此外还有九龙壁、五龙亭等。南海有一小岛瀛台，一些楼台庭院便随坡就势而建。清光绪帝曾被慈禧太后囚禁于此。民国初年，副总统黎元洪也曾居住在这里。

中南海西岸，以怀仁堂、居仁堂为主，约有三四十院落。林木成荫，花卉芳香，幽雅静谧。中海东岸半岛上有千圣殿、万善殿等建筑。

（二）颐和园

颐和园（图 5-34）位于北京城西北约 10km 的地方，全园面积约 3.4km^2。其中北部山地占 1/3，山高约 60m。颐和园的正门为东宫门，它坐西朝东，宫门内外南北对称建有值房及六部九卿的朝房。由宫门进入仁寿门，是以仁寿殿为主的朝政建筑，为清代帝后驻园期间处理政务的地方。仁寿殿西北方分别建有慈禧太后看戏用的德和园大戏楼，光绪皇帝及皇后居住的玉澜堂与宜芸馆，再往西数十米就是慈禧太后的寝殿乐寿堂。这组建筑采用的也是前朝后寝的布局，仁寿殿在前，寝宫在后。

图 5-34　颐和园

颐和园的前身是清漪园。这里在清代以前就是一处风景名胜。清康熙四十一年（1702）曾建为行宫。从乾隆十五年（1750）起，又大规模始建园林，称为清漪园。北部山上集中了大部分建筑，称为万寿山，南部湖水称为昆明湖。昆明湖经过疏浚并在湖东筑堤，成为调节北京用水的蓄水库之一。咸丰十年（1860）清漪园被英法侵略军几乎全部破坏，光绪中叶，慈禧挪用海军建设费二千万两修复此园，光绪十四年（1888）完成，基本上保持了清漪园的格局，改名颐和园。光绪二十六年（1900），颐和园又被八国联军破坏了一部分，光绪二十九年（1903）修复，但万寿山北部建筑一直未恢复原状。

万寿山南麓，金黄色琉璃瓦顶的排云殿建筑群在郁郁葱葱的松柏簇拥下似众星捧月，溢彩流光。这组金碧辉煌的建筑自湖岸边的云辉玉宇牌楼起，经排云门、二宫门、排云殿、德辉殿、佛香阁，终至山巅的智慧海，重廊复殿，层叠上升，贯穿青琐，气势磅礴。巍峨高耸的佛香阁八面三层，踞山面湖，统领全园。其东面山坡上建有转轮藏和巨大的万寿山昆明湖石碑，西侧建筑是五方阁及闻名中外的宝云阁铜殿。蜿蜒曲折的西堤犹如一条翠绿的飘带，萦带南北，横绝天汉。堤上六桥，形态互异、婀娜多姿。浩渺烟波中，宏大的十七孔桥如长虹偃月倒映水面，涵虚堂、藻鉴堂、治镜阁三座水中岛屿鼎足而立，还有寓意神话传说中的蓬莱、方丈和瀛洲三座“海上三仙山”。在湖畔岸边，还建有著名的石舫，惟妙惟肖的镇水铜牛，赏春观景的知春亭等点景建筑。此外，沿着昆明湖岸，有一条长的728m的长廊，梁架上布满了不同题材、不同内容的彩画。

万寿山北麓，紧靠着围墙，地势起伏，原本没什么景致，但是巧妙地在山脚下沿着北墙挖出一条河道，并且使河道形成宽窄相间的湖面，用挖出的土就近在北岸堆成山丘，两岸密植树木，然后将昆明湖水自万寿山的西面引入后山。这样就造成了夹峙在山丘之间的一条后溪河，在这条河的中段还模仿苏州水街建造了一条买卖街，两岸林木葱翠，风景幽邃自然。登岸步入后山山道，则两旁高树参天，树荫深处，散布着组组亭台楼阁。到了后山的东头还出现一座谐趣园，这是模仿无锡寄畅园建造的园中之园。小水一塘，四周布置着楼台亭榭，环境宁静清幽，别有洞天。整个后山，变成一个与开阔的前山前湖迥然不同的、十分幽静的景区。

(三)承德避暑山庄

承德避暑山庄(图5-35)又称“热河行宫”，坐落于河北省承德市中心以北的狭长谷地上，占地面积584hm²。避暑山庄始建于清康熙四十二年(1703)，雍正(1723—1736)时一度暂停营建，清乾隆六年至五十七年(1741—1792)又继续修建，增加了乾隆三十六景和山庄外的外八庙。整个避暑山庄的营建历时近90年。山庄的营建，有出于避暑、习武的需要，更主要的是笼络蒙古王公，随围避痘(关内易染天花，蒙古王公惧怕进京，凡未出痘者均先到木兰围场随围，然后到山庄觐见皇帝)，巩固边防的政治需要。

图5-35　承德避暑山庄

避暑山庄主要分为宫殿区和苑景区两部分。

宫殿区在山庄南端，包括正宫、松鹤斋、东宫和万壑松风4组建筑。正宫是清代皇帝处理政务和居住之所，位于宫殿区西侧，按“前朝后寝”的形制，由九进院落组成，布局严整，建筑外形简朴，装修淡雅。正宫前五进为前朝，以面阔7间、带周围廊、灰瓦卷棚歇山顶的澹泊敬诚殿为主殿，主殿全由四川、云南的名贵楠木建成，雕刻精美。庭院大小、回廊高低、树木种植、山石配置等都使人感到平易亲切，与京城巍峨豪华的宫殿大不相同。后四进为内寝，以烟波致爽殿为主殿，是康熙三十六景中的第一景。松鹤斋在正宫之东，由七进院落组成，庭中古松耸峙，环境清幽。

东宫在松鹤斋之东，已毁于火灾。万壑松风在松鹤斋之北，是乾隆幼时读书之处，六幢大小不同的建筑错落布置，以回廊相连，富于南方园林建筑之特色。

苑景区又分湖泊区、山岳区和平原区。湖泊区是山庄风景的重点，以洲、岛、桥、堤划分出大小不同水域，曾有九湖十岛，现存七湖八岛。这里集中了全园一半以上的建筑物和七十二景中的三十一景，是避暑山庄的精华所在。被小洲屿分隔成形式各异、意趣不同的湖面，用长堤、小桥、曲径纵横相连。湖岸曲逶，楼阁相间，层次丰富，一派江南水乡风光。建筑采用分散布局之手法，园中有园，每组建筑都形成独立的小天地。其中，烟雨楼（图5-36）仿嘉兴南湖中的烟雨楼而建，主楼是上下各宽5间的两层楼，周围回廊相抱，四面为对山斋，斋前假山上又建一六角亭，布局玲珑精巧，环境幽雅宜人，是避暑山庄最著名的胜景之一。山阜平台上建有三间殿和帝王阁，俗称“金山亭”，六角形，共三层，内供玉皇大帝。这是湖区最高点，与烟雨楼同为山庄的代表性风景点。山岳区占全园面积的4/5，有松云峡、梨树峪等4条天然沟峪，依山就势布置珠源寺、水月庵等寺观和山近轩、梨花伴月、青枫绿屿等一批景点建筑，并以“锤峰落照”“南山积雪”“四面云山”三亭，成功地控制北、西北、西三面山区。梨树峪，因这里有万树梨花，花香袭人，花色似雪而得名。四面云山亭，亭居于峰巅，歇山顶，四面开门窗，可登此俯览群山，远近景色尽收眼底。平原区遍植名木佳树，西边地面空旷，绿草如茵，为清帝巡幸山庄时放牧之地，显现出了塞外草原的粗犷风光。这里有可扬鞭策马的试马场，有搭设大型围幄、大片蒙古包，可举行盛大游园、野宴和表演马技、角力的万树园。万树园旁有一座舍利塔，形制仿杭州六和塔，于乾隆十九年（1754）改造，高65m，八角九层。此外，还建有文津阁。文津阁是皇家七大藏书楼之一，为藏《四库全书》依照宁波天一阁而建。

图5-36　烟雨楼

从整体上看，避暑山庄继承和发展了中国古典园林“以人为之美入自然，符合自然而又超越自然”的传统造园思想，总结并创造性地运用了各种造园素材、造园技法，使其成为自然山水园与建筑园林化的杰出代表。

(四)太庙

太庙(图 5-37)始建于永乐十八年(1420),为明清两代皇家祭祖等大典场所。

太庙是我国保存下来的规模最大、等级最高、品质最好的庙宇建筑群。整个太庙建筑群非常庞大,四进院,中轴线上自南往北依次为:前琉璃门,正中三座棋门,东西各一座过梁门;入门院中建有戟门玉带桥;过了玉带桥为太庙的礼仪门——戟门,面阔 5 间,进深 2 间,单檐庑殿式建筑。过了戟门为二进院,正殿为建筑群体量最大的主殿——享殿。大殿坐落在三层汉白玉须弥座上,座高 3.46m,须弥座中部向前延伸,成凸字形。大殿为重檐庑殿式建筑,面阔 11 间,通面阔长 68.2m,进深六间,通进深 30.2m,殿高 32.46m;68 根大柱及主要梁、枋皆为金丝楠木制作,柱径最大为 1.25m,是我国现今保留下规模最大的金丝楠木殿堂。享殿之后为寝殿(中殿)、祧殿(后殿),都是单檐庑殿式、面阔 9 间、进深 4 间的建筑,寝殿平时供奉着历代皇帝及皇后牌位;后殿供奉远祖牌位。

图 5-37 太庙

(五)天坛

天坛是明清两代皇帝祭天的地方,始建于明永乐十八年(1420),现今建筑为光绪十六年(1890)重建。

天坛由内外两层围墙组成,东西总长 1 700m,南北总宽约 1 600m,总体平面北圆南方。天坛按功能分为四部分:第一部分是外围墙内西部的附属建筑,建有舞乐人员居住的神乐署、饲养祭祀用的牲畜的牺牲所;第二部分为内围墙西门内,是皇帝祭祀用的斋宫。斋宫总体平面为方形,主要建筑被内外炳道御河与两道围墙环绕,设有北、东、南三座宫门。斋宫正殿为无梁殿,是一座砖券建筑,无柱、梁、枋等木构架,整个建筑由砖砌成,面阔 5 间,庑殿式,整个造型端庄、浑厚,是皇帝举行有关礼仪的地方,始建于明永乐十八年(1420)。第三部分是内围墙里北端祈年殿及附属建筑。祈年殿(图 5-38)平面为圆形,直径 30m,高 38m,基座为三层汉白玉须弥座。共有内外两周柱,各 12 根,中间有四根龙井柱。圆周 13 间,无砖墙,安装隔扇门,顶部圆形攒尖,上安金顶，整个建筑造型给人以冲向太空的感觉，表达了对上天的崇敬。

图 5-38 祈年殿

南端为皇穹宇(图 5-39)与圜丘(图 5-40)部分。皇穹宇建于 1530 年，为圜丘坛天库的正殿，原名泰神殿；圜丘与祈年殿南北相对，始建于嘉靖九年(1530)，乾隆十四年(1749)改建，把原蓝琉璃瓦栏板改为汉白玉栏板。它是一座低矮的三层圆坛，上层径 26m，底径 55m。它的石板、石台阶、石栏杆等一切构件、石料件数皆为九或九的倍数。一、三、五、七、九是奇数，古人认为奇数为阳，天为阳；九义是最大的阳数，象征着天。圜丘由两层矮墙围绕，内圆外方，象征“天圆地方”，四面正中各建三座汉白玉棂星门。

图 5-39 皇穹宇

图 5-40　圜丘

总体来说，天坛建筑，无论设计所体现的思想、造型、色彩的应用都达到了尽善尽美，是一处珍贵的建筑艺术品。

三、清代的住宅

随着社会的不断发展，清代的住宅也发生了一定的变化。下面我们将对几种主要的住宅形式进行简要介绍。

(一)四合院

北方住宅以北京的四合院住宅(图 5-41)为代表。这种住宅的布局，在封建宗法礼教的支配下，按着南北纵轴线对称地布置房屋和院落。它由正房、厢房、厅房、耳房、厢耳房、倒座房、后罩房、大门、垂花门、抄手廊、影壁、院墙等单体建筑和建筑要素组成，其组合形式可分为单进院、二进院、三进院和超过三进的多进院。它们构成一路纵列，大宅可以旁带跨院，或是形成二路、三路、四路并列的大宅院。受等级制度限制，低品官和庶人的宅第，正房不得超过三间，因此北京四合院的正房、厅房、厢房绝大多数用的都是“一明两暗”的三开间基本型，其核心庭院均采取“一正两厢”再加上垂花门或过厅的四合格局。住宅大门多位于东南角上。门内迎面建影壁，使外面看不到宅内的活动，自此转西至前院。自前院经纵轴线上的二门(有时为装饰华丽的垂花门)，进入面积较大的后院。四合院主要建筑称正房，都坐北朝南。院北的正房供长辈居住，东西厢房是晚辈的住处，周围用走廊联系，成为全宅的核心部分。另在正房的左右，附以耳房与小跨院，置厨房、杂屋和厕所，或在正房后面，再建后罩房一排。后罩房作为库房、厨房和仆人用房。住宅的四周，由各座房屋的后墙及围墙所封闭。背面除临街的一面有时开有小窗外，其余都不开窗，形成一个较为封闭的空间。院内一般栽植花木或陈设盆景，构成安静舒适的居住环境。大型住宅则在二门内以两个或两个以上的四合院向纵深方向排列，有的还在左右建别院，更大的住宅在左右或后部营建花园。四合院一般在抬梁式木构架的外围砌砖墙，屋顶式样以硬山式居多，次要房屋则用平顶或单庇顶。由于气候寒冷，墙壁和屋顶都比较重厚，并在室内设炕床取暖。内外地面铺方砖。室内按生活需要，用各种形式的罩、博古架、槅扇等划分空间，上部装纸顶棚，构成丰富美丽的艺术形象。色彩方面，除贵族府第外，不得使用琉璃瓦、朱红门墙和金色装饰，因而一般住宅以大面积的灰青色墙面和屋顶为主，而在大门、二门、走廊与主要住房等处施彩色。

图 5-41　北京四合院

(二)窑洞

在河南、山西、陕西、甘肃等省的黄土地区，人们为了适应地质、地形、气候和经济条件，建造了各种窑洞式住宅。窑洞式住宅有天井式窑和靠崖窑两种。

天井式窑，就是在平地上向地下挖一深井，呈方形或长方形，深约七八米，再在方井的四壁横向往里挖洞作住房。这种窑洞以各种形式的阶道通至地面上，如附近有天然崖面，则掘隧道与外部相通。井底院子也种植树木花卉，形成了一座环境秀美的地下四合院。大型地坑院有两个或两个以上的地坑相连，可住二三十户。

靠崖窑，在天然土壁内开凿横洞，洞呈长方形，宽约三四米，深有达10多米的，顶上作成圆拱形，进口安上门窗就成了一间住房。规模大的有将并列的几个窑洞横向用券门打通联成一体又上下作成二层或多层窑洞的。有的在洞内加砌砖券或石券，防止泥土崩溃，或在洞外砌砖墙，保护崖面。规模较大的则在崖外建房屋，组成院落，称为靠崖窑院。

(三)竹楼

竹楼(图5-42)为傣族的典型住宅。傣族人民多居住在平坝地区，常年无雪，雨量充沛，年平均温度达21℃，没有四季的区分。由于该地区盛产竹材，所以傣族人多用竹子来建造住宅，从而形成了竹楼。竹楼的平面呈方形，底层架空多不用墙壁，供饲养牲畜和堆放杂物。楼上有堂屋和卧室。堂屋设火塘，是烧茶做饭和家人团聚的地方；外有开敞的前廊和晒台，前廊是白天主人工作、吃饭、休息和接待客人的地方，既明亮又通风；晒台是主人盥洗、晒衣、晾晒农作物和存放水罐的地方。竹楼可以防止潮湿，具有散热通风的效果，同时还可以避虫兽侵袭。另外，竹楼也可以避洪水冲击，因为泰族居住的平坝地区每年雨量集中，常发洪水，竹楼楼下架空，墙又为多空隙的竹蓆，所以很利于洪水的通过。

图 5-42　竹楼

(四)毡包

毡包(图 5-43)多为用牧民族所使用，在我国，毡包是蒙古族、哈萨克族等族的主要住宅。毡包的直径自 4～6m 不等，高 2m 多，以木条编为骨架，外覆羊毛毡，顶部装圆形天窗，供通风和采光之用。此外，因从事半农牧而建造的固定住宅，有圆形、长方形以及圆形与长方形相结合等等形式，也有在固定房屋之外再用毡包的。毡包的外表简洁朴素，但里面往往铺挂着地毯和壁毯，色彩鲜丽。

图 5-43　毡包

四、清代的陵墓

从整体上看，清代的陵墓基本上都是仿照明代陵墓修建的，以始葬之陵为主，建主神道，总入口处建大红门和石坊，但清东陵和清西陵两个陵区地形无环抱之势，各陵作并列布置，总体效果不及十三陵。另外，受地势影响，各陵后部宝城皆建在平地，地宫深度皆浅，各帝陵石像生数量也不相等，体量较小。下面将对清代的一些陵墓进行简要介绍。

（一）清关外三陵

清代的关外三陵是指清入关前在盛京（沈阳）附近所建的永陵、昭陵和福陵。

1. 永陵

永陵（图 5-44）建于明万历二十六年（1598），初称兴京陵，顺治十六年（1659）改称永陵。位于辽宁省新宾县境内，是清太祖努尔哈赤埋葬其父、祖父、曾祖和远祖等清皇室祖先的祖陵。由于永陵没有埋葬在位的帝王，所以规模不大，但布局井然有序，轴线分明。陵园由前院、方城、宝顶三部分组成，四周绕有红墙。前院南面正中为正红门，面阔 3 间，两坡为硬山顶。院内横排着四座雄伟而壮观的碑亭。由碑亭往北过启运门之后进入方城，院内主体建筑为启运殿。启运殿以北即为宝顶。宝顶以北为启运山。宝顶下无地官，均为捡骨迁葬墓或衣冠冢。

图 5-44　永陵

2. 昭陵

昭陵(图 5-45)是清初关外诸陵中规模最大、保存最好的陵寝,陵区占地面积达 450 万平方米,位于沈阳市北郊,当地民众称北陵,是清太宗皇太极和皇后博尔济吉特氏的陵寝。始建于清崇德八年(1643),竣工于顺治八年(1651),康熙、嘉庆朝内曾有扩建。在总体布局上,昭陵前有正红门、神道、石象生、碑亭;中为方城,包括隆恩门、隆恩殿、明楼、角楼;后为哑巴院、宝顶及地宫。正红门是昭陵的正门,整体造型为三洞拱券砖结构,单檐歇山黄琉璃瓦顶,周围饰红粉墙,门洞券脸有雕花石券装饰。门两翼设有蟠龙琉璃照壁,形象生动。入正红门即为神道,设华表两对、石兽十二只、太望柱两根,均两两相对。隆恩殿的花岗石台基上雕有大量精细的花卉图案,明显地反映出了清初关外地区建筑装饰独特的地方风格。

图 5-45　昭陵

3. 福陵

福陵(图 5-46)位于辽宁省沈阳市东郊,是清太祖努尔哈赤和皇后叶赫那拉氏的陵寝,当地民众称为东陵。福陵始建于后金天聪三年(1629),在康、乾两朝进行过增修,总面积达 19.48 万平方米,其前临浑河,后倚天柱山,是独具风格的帝王陵寝。福陵陵区四周绕有长方形缭墙,南墙正中为正红门,门前两侧立有下马碑、华表、石狮和石牌坊等,雄伟而威严。门内有神道,两侧排列着成对的狮、虎、马、驼等石雕,周围苍松茂密,古柏参天。往北地势渐高,有砖阶随山势而上,使陵寝具有“山势峻拔,磴道层折,深邃高耸,幽冥莫测”之感。登石阶,过石桥,迎面可看到康熙朝内增建的碑楼,内立有康熙帝撰文的神功圣德碑。再北为城堡式的方城。方城南墙正中为隆恩门,上有三层城楼,恢弘壮丽,城楼为重檐歇山顶。方城北墙正中为明楼,四角有角楼。城内正中矗立着金碧辉煌的隆恩殿,为举行祭祀大典之所在。隆恩殿面阔 5 间,为黄琉璃瓦单檐歇山顶建筑,下为单层白石台基,台基上设三道踏跺,中央有一雕龙丹陛石。台基周围有石栏杆环绕。隆恩殿左、右并设配殿,台基比隆恩殿低平,且不设栏杆,装饰比较简朴。方城后面是哑巴院,再往后便是宝顶和地宫。

图 5-46　福陵

(二)清东陵

清东陵是清入关以后营建的一组规模最大、体系较完整的帝王陵寝群,坐落在河北省遵化县境内的马兰峪的昌瑞山下,西距北京 125km,陵城南北长 125km,东西宽 26km,总面积为 2 500km²,四周有三重界桩作为陵区标志。清东陵中诸陵各依山势在秀美的昌瑞山南麓东西排开。主陵孝陵居中,处昌瑞山主峰脚下,孝陵东为康熙帝景陵和同治帝惠陵;西为乾隆帝裕陵和咸丰帝定陵(图 5-47)。

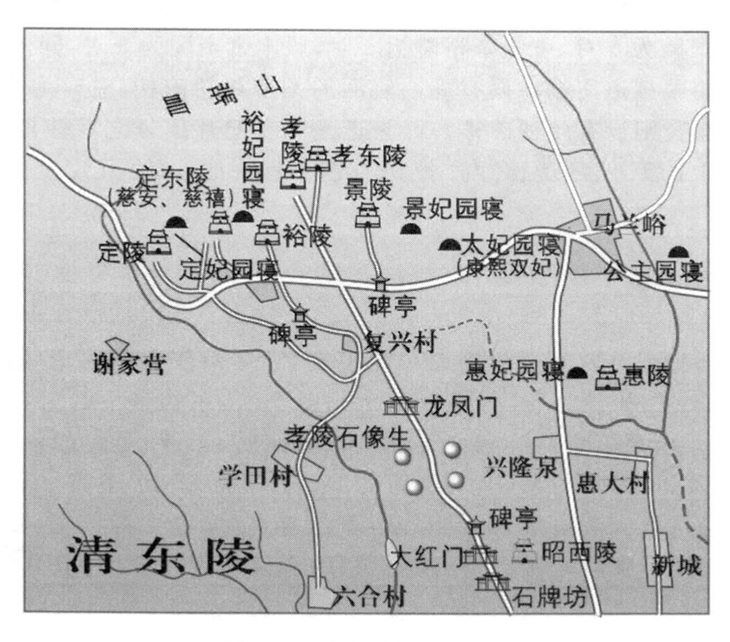

图 5-47　清东陵布局示意图

清孝陵是清世祖福临(顺治)和孝康、孝献两位皇后的陵寝,筑于昌瑞山主峰南麓,从最南端的石牌坊到最北端的宝顶,神道和轴线长达5.5km,沿线座座建筑层层叠叠,气势雄伟。陵园可分为前朝与后寝两进。进隆恩门为第一进院落,院内的主体建筑是隆恩殿。绕过大殿,入内红门,为第二进院落,院内设有二柱门及石五供。二柱门又叫冲天牌楼,它体量不大,形制简单,但却是院内空间的构图中心。石五供通体雕饰,须弥座上刻有绾花结带、暗八仙、八宝等吉祥图案,香炉上刻有夔龙纹与万蝠流云。院落北面是高大的方城明楼,明楼为重檐歇山顶方形碑亭,是整个陵寝中地势最高的建筑物,亭内立有顺治帝庙号碑。方城后面便是哑巴院和宝城宝顶。宝顶是用白灰、砂土、黄土掺合成的三合土一层一层夯筑而成的,又用糯米汤浇固,再加铣钉,所以十分坚固。宝顶下面是地宫,是放置顺治帝棺椁的所在。

石牌坊是整个陵区的入口,以木结构手法构成,高12.48m,宽31.35m。牌坊的夹杆石上装饰有云龙戏珠、双狮滚球、蔓草奇兽等六组高浮雕;夹杆石上端有立雕麒麟、狮子等六对卧兽,雕工细致,异常生动,是清代石雕艺术的代表作之一。石牌坊以北为大红门,是陵区的大门,两侧有红墙,门内东侧有具服殿单,现在红墙与具服殿均已被毁。再往北是高近30m的神功圣德碑楼,俗称大碑楼,重檐飞翘,雄伟壮观。楼内立有6.7m高的巨型石碑。楼四角各有一座洁白晶莹的汉白玉华表,雕刻十分精美。由碑楼往北,绕过天然影壁山,就是神道石象生群,有以望柱为先导的18对石人石兽,包括狮子两对,獬豸两对,骆驼两对,象两对,麒麟两对,马两对(以上均卧立各一对),武将三对,文臣三对,排列于神道两侧。石象生群北端为龙凤门,门的琉璃壁上嵌有五光十色的游龙、花鸟等琉璃花心,十分精美。穿过龙凤门,可依次经过七孔桥、五孔桥、三路三孔桥,之后便可到达隆恩门前的广场。广场南端为神道碑亭,俗称小碑楼,为重檐歇山顶,内立顺治帝庙号石碑。碑亭东侧为神厨库,为烹调祭品的场所。广场北端便是陵园的大门隆恩门,隆恩门的两侧有朝方5间和班房3间。从隆恩门进去之后便可到达陵园内部。

清东陵中其他四个帝陵,其陵园规制与孝陵基本相同,但在规模上略小,神道较短,石象生也较少,康熙帝景陵为5对,乾隆帝裕陵为8对,咸丰帝定陵为5对,同治帝惠陵无石象生。另外,孝陵、景陵、裕陵神道南端均设有规制宏丽的圣德神功碑楼,立有为皇帝歌功颂德的巨型石碑。而定陵、惠陵则没有此种碑楼。因为道光朝在鸦片战争之后签订丧权辱国的《南京条约》,道光帝自知无脸再言“圣德”与“神功”,遂下旨从他开始,营建帝陵不再设圣德神功碑楼。

(三)清西陵

清西陵是清王朝在关内修建的第二个规模宏大、体系较完整的帝后陵寝群,位于河北省易县城西15km处的永宁山下,离北京有120多千米,东临燕下都,西至紫荆关,南到大雁桥,周长100km。清西陵中共分布着十四座帝后妃嫔、王爷、公主的陵寝,包括雍正帝的泰陵、嘉庆帝的昌陵、道光帝的慕陵、光绪帝的崇陵四座帝陵,孝圣宪皇后(乾隆帝生母)的泰东陵、孝和睿皇后(嘉庆帝皇后)的昌西陵、孝静成皇后(道光帝贵妃,咸丰帝尊晋为皇太后)的慕东陵三座后陵,泰陵妃园寝、昌陵妃园寝、崇陵妃园寝三座,此外还有公主、王爷园寝四座(图5-48)。

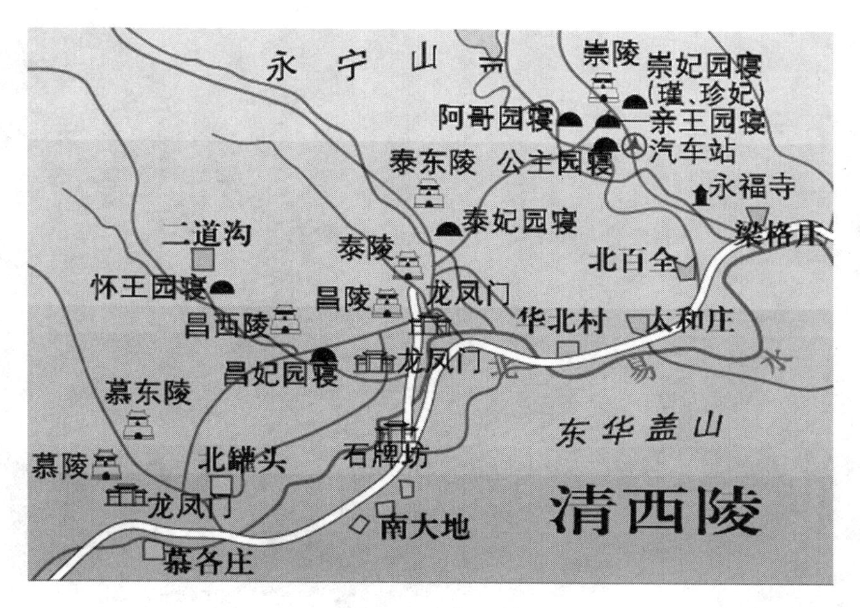

图 5-48　清西陵

清西陵很明显地分成三个部分。泰、昌二陵及后妃陵位于陵区的中部，属于整个西陵最重要的部分。慕陵及其后妃陵位于陵区的西南部，距泰陵约 6km，自成独立的区域。崇陵及其后妃陵位于陵区的东北部，距泰陵约 5km，也自成独立的一区。三个部分既互相独立，又互为依托，串联成一个带状的陵墓组群。

五、清代的宗教建筑

(一)西藏布达拉宫

西藏布达拉宫(图 5-49)在拉萨普陀山上，始建于 7 世纪的松赞干布时期，后毁于战火。顺治二年(1645)五世达赖喇嘛重建，工程历时 50 年，是历代达赖喇嘛和摄政住居、理政、礼佛的地方。它是政教合一的反映，具有寺庙与宫殿的双重性质。鉴于布达拉宫是宗教圣地，因此我们在这里将它归于宗教建筑中。

布达拉宫缘山修建，高达 200 多米，外观 13 层，但实际仅 9 层。主体建筑分为红宫和白宫两部分。红宫因外墙涂红而得名，平面近方形，外观显 9 层，下面 4 层以地龙结构层与内部岩体取平，上部 5 层分布着 20 余个佛殿、供养殿和五世达赖后的几代灵塔殿。第 5 层中央的西大殿，是达赖喇嘛举行坐床(继位)及其他重大庆典的场所。红宫藏式平顶上耸立着 7 座汉式屋顶，顶上铺熠熠闪光的镏金铜板瓦。白宫是寝室、会客室、餐厅、办公室、仓库及经堂。白宫、红宫前分别建有东、西欢乐广场。西欢乐广场下面依山建造高 9 层的晒佛台，上面 4 层开窗，与红宫 9 层立面组合在一起，形成布达拉宫总体高 13 层的巍峨形象。在主体建筑之前有一片 6hm 多的平坦地带，其中布置了印经院、管理机构、守卫室及监狱。

图 5-49　西藏布达拉宫

(二)河北普宁寺

河北普宁寺(图 5-50)修建于乾隆二十年(1755),是为庆祝平定了蒙古外乱而修建的,将寺名定名为“普宁寺”,是取“普天安宁”之意。普宁寺位于河北承德避暑山庄北 1.5km 处,是乾隆在承德避暑山庄外所建的九座寺庙中的第一座,为典型的汉、藏结合式宗教建筑。其坐北朝南,占地 5 万平方米,沿中轴线建有山门、碑亭、天王殿、大雄宝殿、梯形殿、大乘之阁、财宝天王殿等,两侧配有高低错落的附属建筑。普宁寺前部的第一座建筑就是山门,面阔 5 间,中有 3 个石制拱门,两稍间辟有石制的撰窗。进了山门,过了碑亭,正北方向就是天王殿。天王殿的面宽 5 间,进深 3 间,为单檐歇山崖顶,前后都是木板墙。殿的正中供着大肚弥勒佛,它的背后是护法神韦陀站像,东西两侧是泥塑四大天王护法神像。天王殿正北为大雄宝殿,面阔 7 间,进深 5 间,是重檐歇山顶,正脊中央设置有铜制镏金宝塔。大殿正中五间做隔扇门,两边开间辟拱窗。整个大殿居于高大的石制须弥座上,周围有石雕云龙栏杆,殿基各角都有石雕螭首。殿前后备出三台阶,左右各出一台阶。殿内主供现在世释迦牟尼佛,居西者为过去世迦叶佛,居东者是未来世弥勒佛。在大雄宝殿的东西有配殿,西配殿供三菩萨像,东配殿供三金刚像。

普宁寺后部的藏式建筑部分,中心就是象征须弥山的大乘阁,其外观为三层四檐形式,最上层屋顶共有五十方形攒尖顶,攒尖顶上装饰有鎏金宝顶。大乘阁内供千手千眼观音像,立于盛开的莲花座上。

图 5-50　河北普宁寺

从整体上看，普宁寺的布局呈现出前汉、后藏的结构，清楚分明，但具体形式与材料等使用上是相互融合的，如都采用了汉式的木架结构，但又有藏窗、藏式彩画等。

第六章　近现代时期的建筑

近现代时期的建筑指的是从1840年第一次鸦片战争爆发到现在这段时间内的建筑。其中，中国近代时期(第一次鸦片战争爆发到1949年新中国成立)的建筑处于承上启下、中西交汇、新旧接替的重要过渡时期；中国现代时期(1949年新中国成立到现在)的建筑得到进一步发展，建筑思潮也不断涌现，促使了一大批具有代表性的建筑作品。

第一节　近代的建筑

中国近代的建筑是中国建筑史上一个急剧变化的阶段，也是新旧建筑体系并存的一个特殊时期，其中旧建筑体系主要继承了中国传统建筑的空间布局、构造等，是原有建筑体系的延续，但受到新建筑的影响也开始形成新建筑体系。新建筑体系包括从西方引进的以及中国自身发展出来的新建筑，但也不同程度地受到中国传统建筑的影响。

一、近代建筑的发展概况

有关中国近代建筑的发展概况，可以从近代建筑的发展历程、近代建筑的历史地位、近代建筑的制度、近代建筑的类型和近代建筑的技术等几个方面进行了解。

(一)近代建筑的发展历程

中国近代建筑的发展，又具体可以分为以下三个发展阶段。

1. 第一次鸦片战争爆发到19世纪末中国建筑的发展

第一次鸦片战争爆发到19世纪末期是中国近代建筑活动的早期阶段，新建筑虽然在类型上、数量上和规模上都十分有限，但它标志着中国建筑开始突破封闭状态，迈开了现代转型的初始步伐，并通过西方近代建筑的被动输入和主动引进酝酿着近代中国新建筑体系的形成。

2. 19世纪末到20世纪30年代末中国建筑的发展

19世纪末到20世纪30年代末是中国近代建筑发展的鼎盛阶段，中国建筑活动呈现出了繁盛局面，建筑类型大大丰富，居住建筑、公共建筑、工业建筑的主要类型已大体齐备；水泥、玻璃、机制砖瓦等新建筑材料的生产能力有了明显发展；近代建筑工人队伍壮大了，施工技术和工程结构也有较大提高，相继采用了砖石钢骨混合结构和钢筋混凝土结构；近代中国的新建筑体系已经形成。

这一时期也是中国建筑师成长的最活跃时期。刚刚登上设计舞台的中国建筑师，一方面探索着西方建筑与中国固有形式的结合，试图在中西建筑文化碰撞中寻找合宜的融合点；另一方面面临着走向现代主义建筑的时代挑战，要求中国建筑师紧步跟上先进的建筑潮流。但可惜的是，这一活跃期十分短促，到1937年时因“七七”事变的爆发而中断了。

3. 20世纪30年代末到40年代末中国建筑的发展

在这一时期，由于中国陷入了从1937年到1949年的长达12年之久的战争状态，因而建筑活动很少。甚至可以说，中国近代的建筑活动在这一时期处于停滞期。

（二）近代建筑的历史地位

中国建筑处于近代发展时期时，中国社会已经进入由农业文明向工业文明过渡的转型期。这一转型期是一场极深刻的变革，是从自然经济占主导的农业社会向商品经济占主导的工业社会的演化，是彼此隔绝的静态乡村式社会向开放的、相互关联的动态城市式社会的转化，是利用畜力、人力的有生命动力系统向无生命动力系统的转化，是手工操作向机器生产的转化。这一转型进程的主轴是工业化的进程，也交织着近代城市化和城市近代化的进程。显而易见，处在这种转型初始期的中国近代建筑应该会突破长期封建社会枷锁下的迟缓发展状态，而呈现出整体性的变革和全方位的转型。可是，中国近代处于半殖民地半封建社会，中国近代化的进程是蹒跚的、扭曲的。中华帝国闭锁的国门是被资本主义列强用炮舰和鸦片冲开的，中国的开放是被动的开放。外来的、诱发中国启动现代化的冲击要素是以侵略的方式撞击的。租界的设立、港湾租借地、铁路附属地的圈占和大部分通商口岸的开辟，都是通过不平等条约来实施的。像上海、天津、汉口等租界城市，像青岛、大连等租借地城市，像哈尔滨、沈阳等铁路附属地城市，以及其他一批沿海、沿长江、沿铁路干线的通商口岸城市，作为中国近代化的前沿和聚点，引发其城市转型、建筑转型的外来因素很大程度上都与资本主义列强的殖民活动息息相关。这表明，中国的近代化进程中始终搅拌着殖民化，中国近代化的启动从一开始就蒙上了沉重的耻辱，在外国列强军事、外交、经济多重压力之下，民族的独立、领土的完整和国家的尊严始终受到严重的挑战。而且，现代转型需要安定、有序的环境，可是迈入转型初始期的中国自身又陷于政治衰败、国家四分五裂的局面，一直到1949年前大部分时间都处于战争、内乱之中，导致中国的现代转型启动期在无序状态下蹒跚行进。早在1840年近代化起步之时，中国人口已突破4亿大关，到1949年时人口已达到5.4亿。庞大的人口基数导致人均自然资源长期处于相对短缺的状态，全国经济一直徘徊在饥馑与温饱的临界点。国门的开放使长江三角洲、珠江三角洲、环渤海地区和沿长江流域、沿铁路干线的城市相继受到外力推动，中国资本主义也相应地扎根到这里。近代商业、外贸业、金融业、外资工业、民族工业以及交通运输业、房地产业等，主要都集中在这些城市，使这些城市成为工业化、城市化的先行和近代化的中心。这些工业化、城市化、近代化集中点的转型速度可以说是比较快的，但是从中国全局来看，现代转型的整体进程却是十分缓慢的。一直到20世纪30年代中期，即中国近代化发展的高峰期，现代工业部门经济仅占全国总产值的18.9%。停留于自然经济的农业仍然是国民经济的主要部门，在整个近代时期，中国始终未能在全国范围内形成能够推动农村转变的城市系统。庞大的农业部门没有发生技术上、体制上的变革。全国各地区的现代转型不仅存在时间上的差异，还存在层次上的差异。中国近代的城市与乡村、沿海与腹地形成一种截然分明的二元化社会经济结构。

由于这种二元化社会经济结构的影响，近代中国建筑的发展呈现出了发展不平衡的状况，最突出和最主要的表现便是近代中国建筑没有得到全方位的转型，明显地呈现出新旧两大建筑体系并存的局面。

具体来说，近代中国建筑的旧体系是原有的传统建筑体系的延续，因而仍然属于与农业文明相联系的建筑体系。自清王朝灭亡后，中国传统的建筑只是终止了官工系统的宫殿、坛庙、陵墓、苑囿、衙署的建筑活动，传统民间的建筑活动并没有终止。因此，在广大的农村、集镇、中小城市以至某些大城市的旧城区，仍可以看到建于鸦片战争后、已处于中国近代时期的传统建筑遗产，而且这批建筑建造的数量多、分布广。当然不可否认的是，这批建筑可能局部地对近代的材料和装饰等有所运用，但因其并没有摆脱传统的技术体系和空间格局，基本上保持着因地制宜、因材致用的传统品格和乡土特色，故而仍属于地道的旧体系建筑，是推迟转型的传统乡土建筑。不过，这批建筑作为建造于近代时期的传统乡土建筑遗产，有着不可忽视的历史文化价值，它们中的典型地段、群组以及有代表性的精品、佳作，积淀着极为丰富的历史的、文化的、民族的、地域的、科学的、情感的信息，是近代中国留下的一份珍贵的、应予妥加保护的建筑遗产。

近代中国建筑的新体系是和中国的近代化、城市化相联系的建筑体系，也是向工业文明转型的建筑体系。有关近代中国建筑新体系的形式途径，具体来说主要有两个：第一，从中国原有建筑改造和转型的；第二，从早发现代化国家输入和引进的。其中，第一个途径在居住建筑、商业服务业建筑和早期工业建筑中都有所反映，但在新建筑体系中所占的比重较小，因而可以说近代中国的新体系建筑基本上是通过第二个途径形成的。作为“后发现代化”国家的中国，在新建筑体系的形成上明显地受惠于西方“早发现代化”的示范效应，明显地显现出引借先行成果的“后发优势”。中国一整套近代所需的新建筑类型，很大程度上都是从资本主义各国同类型建筑中直接输入和引进的。到了 20 世纪二三十年代，新建筑体系在建筑类型上已大体上形成了较齐全的近代公共建筑、近代居住建筑和近代工业建筑的常规品类，一些高楼大厦和影剧院建筑甚至已经能够紧跟当时的世界潮流。同时，在新建筑活动中运用了近代的新材料、新结构、新设备，掌握了近代施工技术和设备安装，形成了一套新技术体系和相应的施工队伍。而且，通过出国留学和国内开办建筑学科，中国的第一代和第二代建筑师都成长了起来，还建立了中国的建筑师事务所。

总的来说，中国近代建筑突破了长期封建社会与西方建筑隔膜的状态，纳入了世界建筑潮流的影响圈，形成了中西建筑文化的大幅度交汇，还促使建筑业成为了国民经济的重要行业。而且，中国近代建筑是中国建筑发展史上的一个承上启下、中西交汇、新旧接替的过渡时期，而且大部分近代建筑还遗留到现在，成为了今天城市建筑的重要构成，并对当代中国的城市生活和建筑活动有着重要的影响。

(三)近代建筑的制度

1. 近代建筑制度建立的表现

(1)成立了近代市政管理机构

1846 年出现在上海英租界的“道路码头公会”即是中国近代最初的市政管理机构。道路码头公会只有三个成员，负责租界的“征收捐税及建筑事宜”，也标志着租界市政建筑管理机关的诞生。英、美、法三国租界在 1854 年成立了统一的“市政委员会”，中译名为“工部局”。在工部局之下，还设立了工务处，取代道路码头公会负责有关市政建设、建筑审照、违章取缔等管理事务。

1863年,英、美租界合并为公共租界,法租界则于1862年单独成立类似工部局的市政机关——公董局,内设道路公会,后改为公共工程处。后来,华界的南市、闸北、吴淞等地,也效法租界,设“总工程局”“自治公所”“市政厅”等机构,在1927年又正式称为“工务局”,内设工程设计、建筑审照、城市计划等科。这样,上海就形成了“三界”分立的市政管理机关。

北京近代的市政管理机构出现在1905年,当时清政府为了施行“新政”,在京师设立巡警总厅,下设总务、行政、司法、卫生、消防等处。其中,行政处又下设交通科、建筑科等8科,负责管理道路交通、制定交通法规、管理市政建设、进行建筑规划和审批以及建筑、道路沟渠的修缮保养等。1914年,北京市政公所成立,是办理全市市政包括建筑的统筹机关。1928年,北京市政公所改为北平特别市政府,市政建设由市政府所辖的工务局管理。之后,全国各城市陆续成立了工务局。

(2)制定了近代建筑管理法规

近代建筑管理法规的制定是与近代市政管理机构相伴随的,1845年上海租界制定的第一次《土地章程》中就有涉及市政建设和建筑管理的条款,1869年修订后的第三次《土地章程》则以附则的形式规定了有关沟渠、道路、房屋、煤气管、水管、卫生、垃圾等方面的内容,1898年再次修订的《土地章程》又新增了关于租界建筑的专门规定。根据这一章程新的条款和附则,工部局有效地掌握了租界内的建筑立法权、审批权和监造权。之后,工部局先后于1900年和1903年颁发了中式和西式两部建筑法规,到1916年又完成了对中式、西式建筑新法规的修订。

建筑法规的制定和施行,标志着市政建设和建筑管理开始纳入法制的轨道,建筑占地、建筑安全、建筑功能、建筑做法、建筑结构、建筑设施以及建筑的送审请照、违章取缔等都有了法规的约制。此后,建筑法规的制定工作渐次铺开。

2. 近代建筑制度建立的作用

近代建筑制度的建立,对于近代中国建筑的发展具有多方面的、重要的促进作用,具体体现在以下几个方面。

(1)推进了建筑的发展规模和发展速度。

(2)制约了城市的经济布局、建筑布局。

(3)推动了市政建设和建筑技术的演进、发展。

(4)促成了建筑类型、建筑形式的近代转型。

(5)促进了建筑业队伍的成长、壮大。

(四)近代建筑的类型

中国近代建筑的类型,具体来说主要有三类,即居住建筑、公共建筑和工业建筑。

1. 居住建筑

居住建筑是近代建筑的重要建筑类型,对于中国近代城市风貌的形成起到了不可或缺的作用。而中国近代的居住建筑,大致可以分为三种类型:第一类是传统住宅的延续,集中在广大的农村、集镇、偏远的县城以及一些大中城市的旧城区,延续着旧的传统民宅的建筑方式;第二类是由传统民宅适应近代城市化建设的需要而演变的住宅类型即传统演变型住宅,如里弄住宅;第三类是从西方国家引进和传入的新式住宅类型即外来移植型住宅,如独户型住宅,联户型住宅等,主要分布在大中城市中。在这三类居住建筑中，第一类属于旧建筑体系，这里不再分析，主要对后两类居住建筑即传统演变型住宅和外来移植型住宅进行分析。

(1)传统演变型住宅

传统演变型住宅主要集中在开放程度较高的城市和侨乡，从总体上来说主要形成了以下几种类型。

①里弄住宅。

里弄住宅是最为大家所熟知的传统演变型住宅，最先出现在上海租界，后来扩大到了天津、汉口、南京等大城市。其中，上海里弄住宅最为著名。

上海里弄住宅是在石库门里弄住宅(图 6-1)的基础上向三个方向演变而来的，一是趋于西式联排住宅的新式里弄住宅；二是标准更高的花园里弄住宅；三是面向社会大众的经济型的广式里弄住宅。

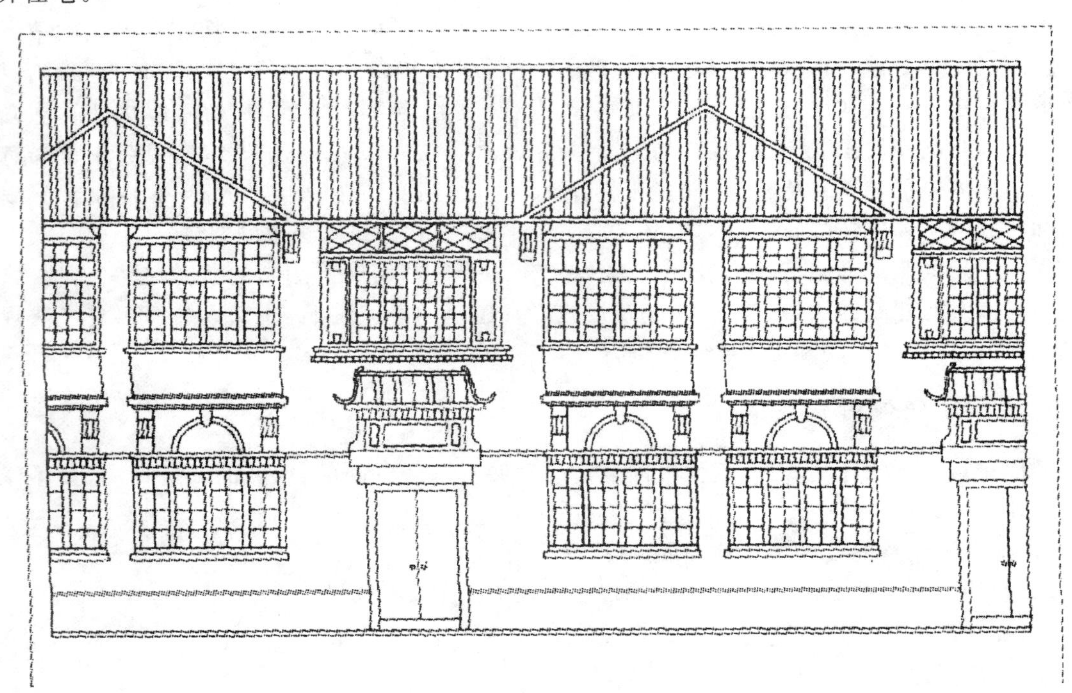

图 6-1　石库门里弄住宅

新式里弄住宅以 3 层为主，占地小，布局紧凑。户型平面有单开间、一间半式和双开间三种形式，结构以横墙承重为主，部分构件采用钢筋混凝土。同时，新型里弄住宅趋向西方联排式，房间功能划分明确，还设有带盥洗、沐浴设备的新式卫生间，有的还安装了煤气和取暖设备，并附设车库。建于 1924 年的上海淮海坊是比较典型的新式里弄住宅，天井围墙的高度降低，不再具有强烈的封闭性，更具有前庭园的性质；客堂面向天井设置了具有开放感的落地长窗，二、三层南面房间为主卧室，北面为亭子间，三层亭子间之上为晒台；后天井设服务性入口，每户都设有独立的卫生设备(图 6-2)。

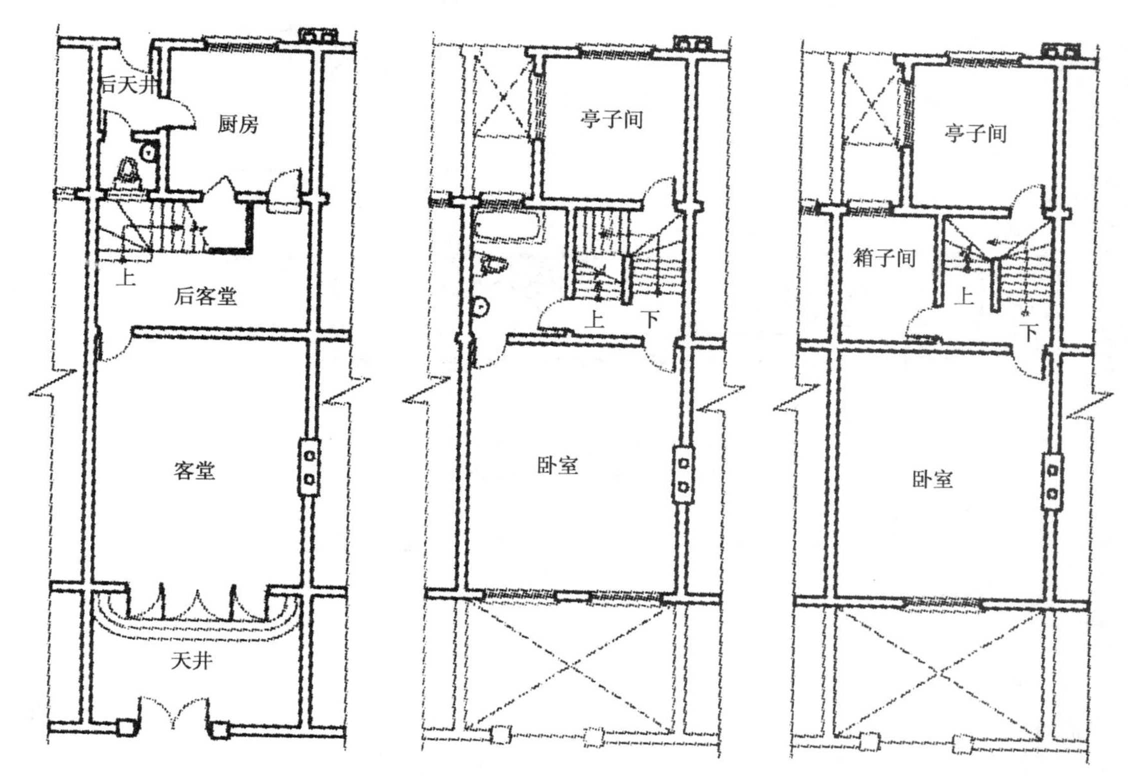

图 6-2　上海淮海坊一、二、三层平面图

花园里弄住宅以 3 至 4 层为主，是一种具有较大独立性的高标准里弄住宅，占地面积较大，建筑密度较小，每栋住宅往往带有较大的庭院，环境幽静。同时，花园里弄住宅的户型平面为独立式或联结式，至少能三面开窗，与邻户基本分开，而且水、暖、电、卫、煤气设备俱全。建成于 1907 年的上海北京西路 707 弄是典型的花园里弄住宅，高 3 层，面宽 1 间半，砖墙承重，每个单元有大卫生间二套、小卫生间一套，屋前庭园栽有花木，围以矮墙。墙面为清一色红砖，窗洞为砖拱券，屋顶以双坡为主，局部四坡顶，正立面并列山尖，造型古雅秀丽又不失生动。

广式里弄住宅是一种面向大众的经济型的里弄住宅，均为单开间，而且开间、进深和层高尺度都相对较小。由于其建筑形态类似广东的竹筒屋，故名“广式里弄”。

②居住大院。

居住大院是一种高密度、低标准的住宅形式，主要分布在青岛、沈阳、长春、哈尔滨等地，是以传统合院式住宅为基础展扩而成的，但不再是一户一宅，而是十几户以至几十户聚居的圈楼。

居住大院多为砖木结构，依据地基的情况有单院式、穿套式和多进院式等多种形式。而且，居住大院通常有一个大小不等的院子，周围建二三层外廊式楼房，多数是四面围合或三面围合。通常临街一面用作店铺，院内集中设置自来水龙头、污水窖、厕所和仓棚生活设施。

③竹筒屋。

竹筒屋(图 6-3)主要分布在广州一带，是一种单开间、大进深的联排式住宅，因形似竹筒而得名。

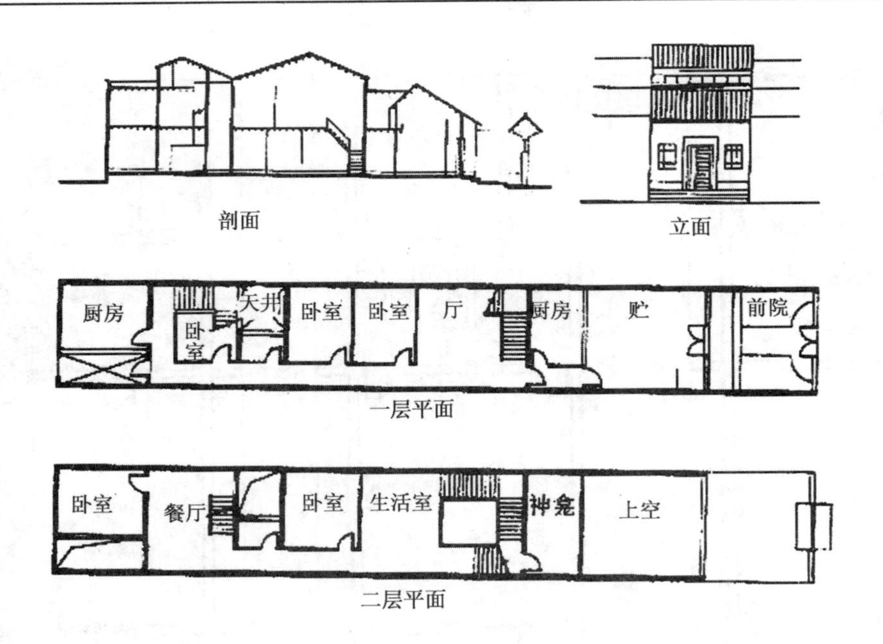

图 6-3　典型的广州“竹筒屋”

竹筒屋以毗连的侧墙承重，形成中空的长条形空间。典型的平面分前、中、后三部，以 1～2 个内天井间隔，前部为门头厅、前厅、前房，中部为过厅、楼梯、后房，后部为厨房、厕所。由于竹筒屋的侧墙联排无法开窗，因而采光和通风主要靠内天井和高侧窗。

④骑楼和铺屋。

骑楼和铺屋多分布在东南沿海的城市。其中，骑楼是在竹筒屋窄开间、大进深、联排式布局的基础上，适应气候炎热多雨以及街道要求有遮阳、避雨功能等出现了的一种住宅形式。它以沿街下层铺面设置带覆盖的通道敞廊为特征，反映出中国廊房式的传统商业建筑与外来的殖民地外廊样式的结合。建筑立面带有浓厚的洋式造型，通常以底层柱廊、楼层和檐部女儿墙、山花组成三段式构图（图 6-4）。铺屋与骑楼样式接近，也是一种窄开间联排式的楼房，但不带覆盖的通道敞廊。另外，铺屋多为 2～3 层建筑，常为单开间，进深深浅不一，而且建筑密度较高。

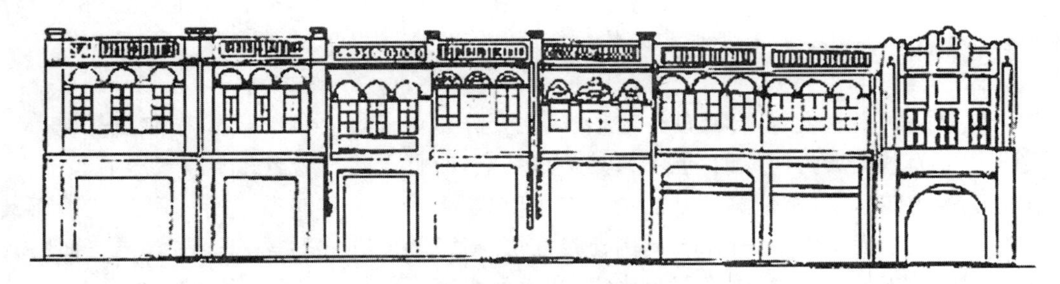

图 6-4　北海市骑楼建筑街立面图

⑤侨居建筑。

侨居建筑主要分布在广东侨乡，都与华侨有着较大的关系。华侨既有着较强的经济实力，也有着有开放的域外视野，还有着深厚的传统根基，这使得侨居建筑呈现出了中外文化交融特征。

侨居建筑中，最为著名的是庐式侨居和碉楼式侨居。其中，庐式侨居一般建 2～3 层，其平面以传统的“三间两廊”为基础，外形多呈方形，用材较讲究，布置较灵活，窗户开得较大，有的做成斜角凸窗。另外，室内通透开敞，通风采光也良好。碉楼式侨居是一种具有防御性能的住宅，一般建2～7层，因形似碉堡而得名。碉楼式侨居主要有两种形态，一种是独户建造的带有裙房的碉楼，不仅能够满足日常起居，还能够满足据楼固守的防盗需要；另一种是多户集资合建的单纯碉楼，主要是在发生盗情或是遇到洪水泛滥时用作各户防盗、避涝的临时性居住场所。

(2)外来移植型住宅

外来移植型住宅主要是通过外国移民输入和建筑师引进的国外各类住宅形式，主要有独户型和联户型两种形式。

①独户型住宅。

独户型住宅也称独院式花园住宅，有包括高标准的独户型住宅和普通标准的独户型住宅两类。

高标准的独户型住宅称花园洋房，即别墅，于1900年前后在各大城市中出现。这类住宅最初多为外国人居住，多建在城市的繁华地段，建筑面积也较大，以1～2层楼居多。而且，这类住宅讲究庭院绿化，采用砖石承重墙、木屋架、铁皮屋面，设有火墙、壁炉、卫生设备，装饰颇豪华。另外，这类建筑的外观随居住者的国别，采用各国大住宅、府邸形式。当这类建筑传入中国后，很快就受到了军阀、官僚、买办、资本家的追捧，或是向外国人转手购置，或是仿效建造。值得注意的是，中国人仿建的花园洋房往往只是在建筑式样、技术和设备上仿照西方的形式和做法，而在装修、庭院绿化方面则运用了较多的中国传统元素和做法。

上海市铜仁路的吴同文宅是一座典型的独院式别墅，由著名的匈牙利籍建筑师邬达克在上海创作设计而成。这座建筑高4层，其形式为西方现代主义，占地面积527m²。总体布局紧凑合理，建筑主体与契合道路转角而建的弧形围墙构成一个整体。首层中间架空作为汽车道，从而使住宅南面留出大片花园。住宅内部功能齐全，并分别设有宴会厅、舞厅、弹子房、酒吧间及棋室、花鸟房等。装修设备精美豪华，有玻璃顶棚的日光室、安装弹簧地板的小舞厅、小型电梯等。南向各层房间都有宽敞的露台，通过室外弧形大楼梯，与庭院紧密相连。南面的大厅和房间都设有大面积的落地长窗。外观犹如一艘停泊在港湾的大邮船，其优美的“船弦”弧线和直线组成的“船体”立面简洁而又有动感(图6-5)。

图6-5　上海吴同文住宅

②联户型住宅。

联户型住宅即公寓住宅，出现在20世纪30年代的一些大城市中。联户型住宅的出现与城市土地昂贵有着极大的关系，多位于公共交通方便的地段。总体布置除公寓本身外，有的设汽车间、工友室、回车道和绿化园地。根据坐落地点及住户对象的不同，高层公寓住宅以不同间数的单位组成标准层，有一户室、一户半室、二户室以及五户室以上的弧形，以二户室、三户室为多数。垂直交通依靠电梯，或分散或分组布置。另外，高层公寓住宅大都备有暖气、煤气、热水以及垃圾管道，有些厨房还设有电冰箱，可以说达到了较高的近代化水平。

建成于1937年的上海麦琪公寓是典型的联户型住宅，高10层，位于街道转角，场地狭小，平面布局紧凑。该公寓总建筑面积约2 600m^2，一层为门厅、车库和锅炉房，二层两户，标准层每层一户，顶部两层为一户跃层住宅，共计9户。在建筑形体上，弧形转角阳台将两间卧室与客厅联系起来，室内采光通风良好。建筑外形简洁活泼，主立面外墙贴釉面砖，弧形转角阳台为水泥砂浆抹灰，突出强调了街道转角的曲面形态。建筑外观没有任何附加装饰，完全运用吻合功能的曲面与平面几何语言，具有典型的“国际式”风格特征。

2.公共建筑

公共建筑也是近代出现的建筑类型。在20世纪以后，各大中城市中较快地出现了商业、金融、行政、会堂、交通、文化、教育、服务行业、娱乐业等公共建筑的新类型，如商业建筑中出现大百货公司、综合商场；金融建筑中出现银行、交易所；文化教育建筑中出现大学、中小学、图书馆、博物馆；交通建筑中出现火车站、汽车站、航运站、航空站以及为交通运输服务的仓库、码头等。

(1)公共建筑的形成

中国近代公共建筑的形成主要有两种途径，一种是在传统建筑基础上沿用、改造而成，另一种是引进和借鉴国外同类建筑。

①传统建筑的沿用与改造。

中国近代公共建筑中，很多都是从传统建筑基础上沿用、改造而成的。而近代公共建筑在传统建筑基础上沿用、改造而成，是有一定的原因的。首先，原来已有的这种类型的建筑具备一定基础；其次，业主资金力量薄弱，必须利用旧建筑改造，或者虽属新建，但必须依赖旧式匠师的技术力量和传统的技术条件；最后，对建筑功能没有十分严格的要求，有可能从改造旧有建筑类型来适应。而近代公共建筑在对传统建筑进行沿用、改造时，还吸取了某些新材料、新结构方法，并采取措施进一步扩大了建筑的活动空间，以容纳更多的客流活动和陈列面积，同时适应商业运作的特点，加强广告效果。下面以北京近代旧式商业建筑的改造为例进行具体说明。

北京近代在对旧式的商业建筑进行沿用和改造时，具体来说运用了以下几种方式。

第一，修改门面。为了吸引顾客和满足商品陈列的需要，像百货店、西服店、理发馆、照相馆、洋布行、钟表眼镜行等行业必然要修改门面，改造的过程中普遍都加大了出入口，突出招牌、广告，并采用了新普及的玻璃开设橱窗。同时，为了展开商业竞争、标新立异，形成了一股追求“洋式”门面的风气。而这类店门的改建都由城市里的建筑工匠担任，且通常有四种处理方法：其一是用砖砌成圆券、椭圆券或平券，券旁做柱墩，墩上作几排横线脚，顶上立狮子、花篮等装饰。这是文艺复兴壁柱处理的变体，从长春园的谐奇趣、八面槽的东堂可看出它的变化过程。其二是把正面山墙或女儿墙做成半圆或其他复杂形式，上刻烦琐的花纹，这实际上是从巴洛克或洛可可变来的。其三是将商店门前架立铁架顶棚，作两坡顶或弧形顶，顶棚前面做成铁花栏杆，花纹扭扭曲曲，十分烦琐，这可能是从洋式围墙上的铁栏杆套来的，资金实力较强的绸缎庄、茶叶庄等多用此类方式，其四是在店面上另砌高墙，做假窗，冒充楼房，或采取相似的手法，用布景手法尽力加高店面感觉，只顾正立面假象，不顾透视的实际效果。总体来说，这种改建所用材料比较简易，是近代中国商业在薄弱的经济条件制约下追求商业广告效果的产物。而且，这类洋式店面在商业集中的城市出现后，广泛影响到中小城镇，形成了近代商业干道的一种普遍面貌，对其他类型的建筑造型也有明显影响。

第二，扩大营业大厅。对于商场、澡堂、酒馆等一些大型的商业、服务行业建筑，单纯的门面改装仍不能满足多种商品经营和容纳更多人流的需要，因而还需要在旧式建筑的基础上进行扩大空间的改造。这一改造方式的代表性建筑是北京谦祥益绸缎庄（图 6-6），它的前部为外院，作钢架顶棚，使原先的室外空间变成室内空间，以此作为人流集散的空间；入内为三开间的纵深大厅，二层楼上部作三个勾连搭屋顶，并用一列天窗；再进为天井和后楼，均为 3 层，天井上部加顶盖。这样，形成了串通的、成片的营业厅。

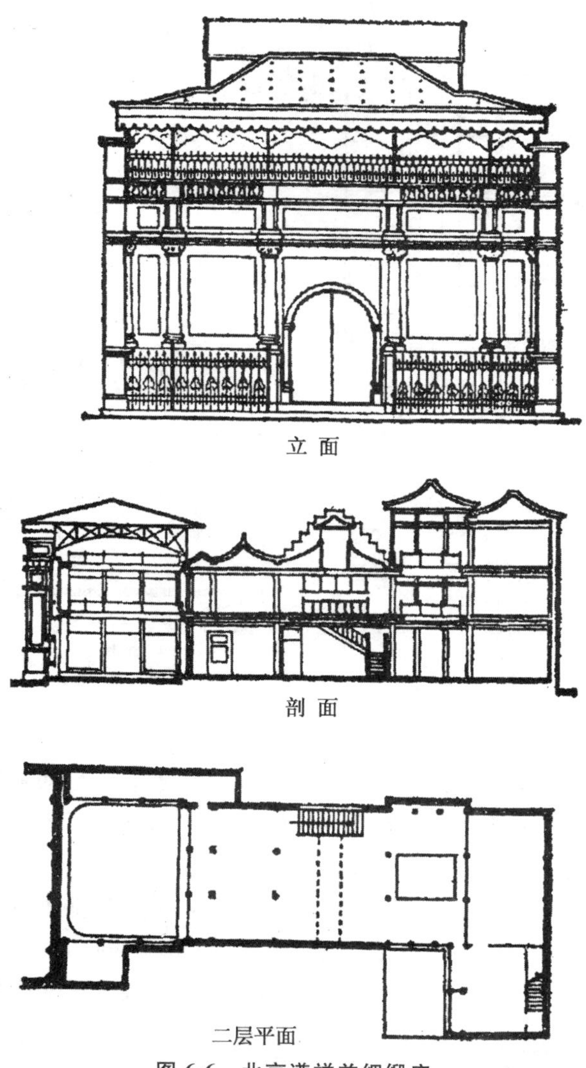

图 6-6　北京谦祥益绸缎庄

第三，突破旧的独立布局，变露天的街弄为覆盖的营业面积，形成成片的大型商场。这一改造方式的代表性建筑是东安市场(图 6-7)。

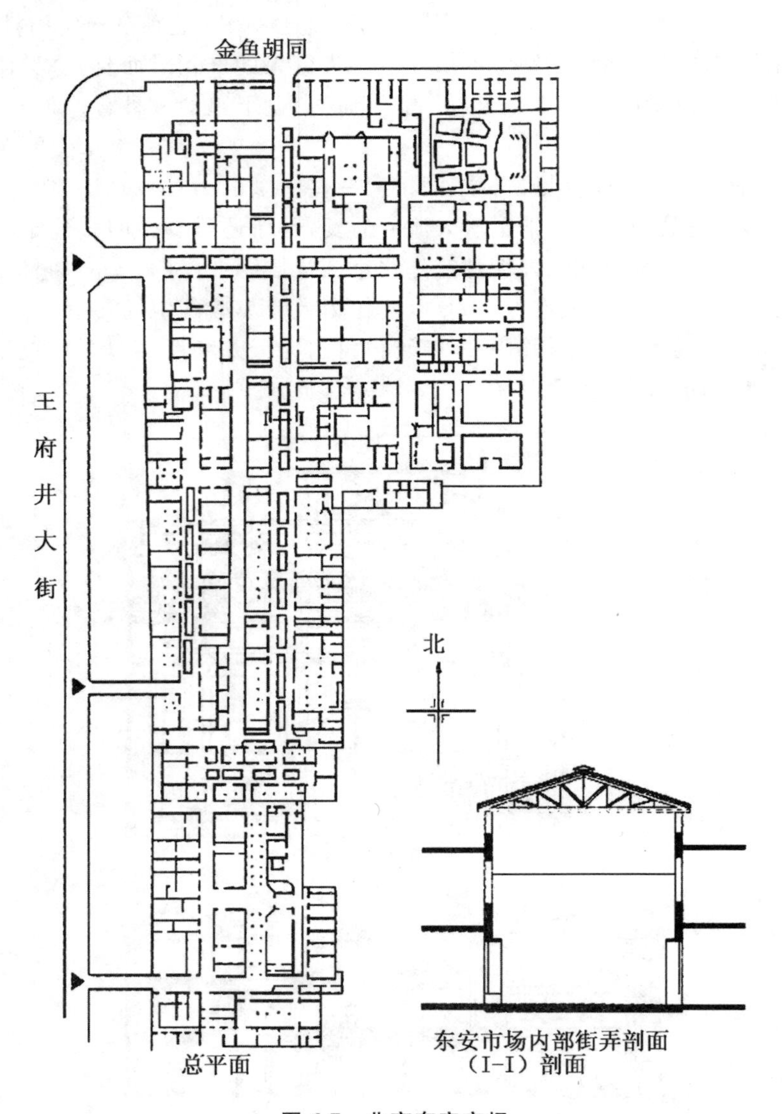

图 6-7　北京东安市场

东安市场位于北京王府井大街，在 1913 年时因市场内原来的商贩集资盖房而逐渐形成了规模。后随着行业与商户的增多，逐渐形成了一处占地 22 000m²，包括日用百货、古旧书籍、特种工艺、珠宝钻翠等行业和南北风味的饮食业，以及杂技、相声、大鼓、杂耍、摔跤、拉洋片、看相、算卦等五花八门的“游艺”场所。而且，东安市场大部分仍是平房，部分是两层的楼房，是从旧式商业建筑中脱胎出来的。它们排列成纵横的街弄，在街弄上部搭上简便的顶棚，棚下设摊贩。由于分布错杂零乱，交通、防火都很成问题。但这种布局，使得众多的小店面空间汇集成大片的、连绵的营业面积，可以说是运用简易的技术条件，创造了用地紧凑、综合营业的、富有民族特色的近代新商业建筑。

②国外建筑的引进与借鉴。

中国近代公共建筑引进、借鉴国外的同类建筑是有一定的原因的，首先，中国原本没有这种类型建筑，或是原来虽有但与新功能差距很大；其次，建筑类型从外国传入，功能较复杂，对近代化要求较高；最后，业主资金较雄厚，有条件采用新材料、新结构和新设备。在中国近代公共建筑中，这类建筑占有很大的比重，办公楼、会堂、银行、火车站、体育馆、剧场、电影院、医院、疗养院、高等学校教学楼、大型邮局、大型饭店、大型百货公司等都属于这类。而且，这类建筑大都会紧跟国际建筑的潮流。

(2)公共建筑的类型

中国近代公共建筑的类型十分丰富，但总体来说可以分为市政建筑、金融建筑、教育建筑、交通建筑、商业建筑、饭店建筑、娱乐建筑和宗教建筑等几大类。

①市政建筑。

市政建筑早期主要是外国的“领事馆”“工部局”“提督公署”和清政府的“新政”“预备立宪”所涉及的新式衙署、咨议局以及商会大厦之类的建筑(图 6-8)。

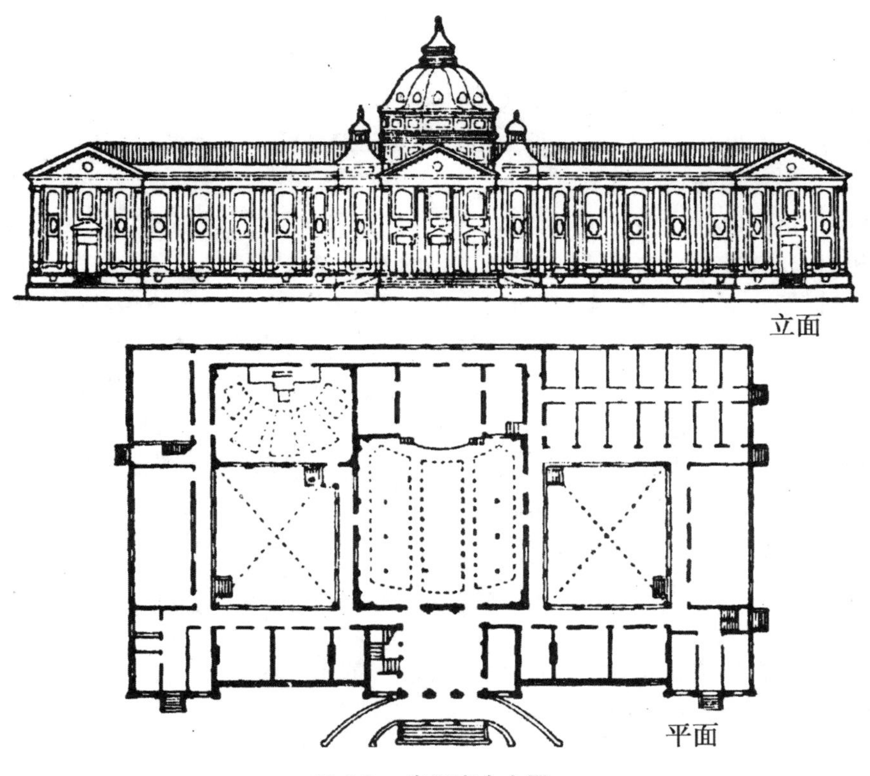

图 6-8　南通商会大厦

市政建筑的样式多样，有的是殖民地式的外廊样式，有的是西方国家同类行政、会堂建筑的翻版。1906—1910 年间建于北京的陆军部(图 6-9)、军咨府、外务部迎宾馆、邮传部等，属于新式衙署建筑的一次集中建造。这批建筑都是高 2～3 层的砖木结构，仿西方形式。有的由外国建筑师设计，构造、装饰与细部等方面符合西式建筑的风格；有的则是非外国建筑师绘图，由中国营造厂承建，带有中西混合的特点。

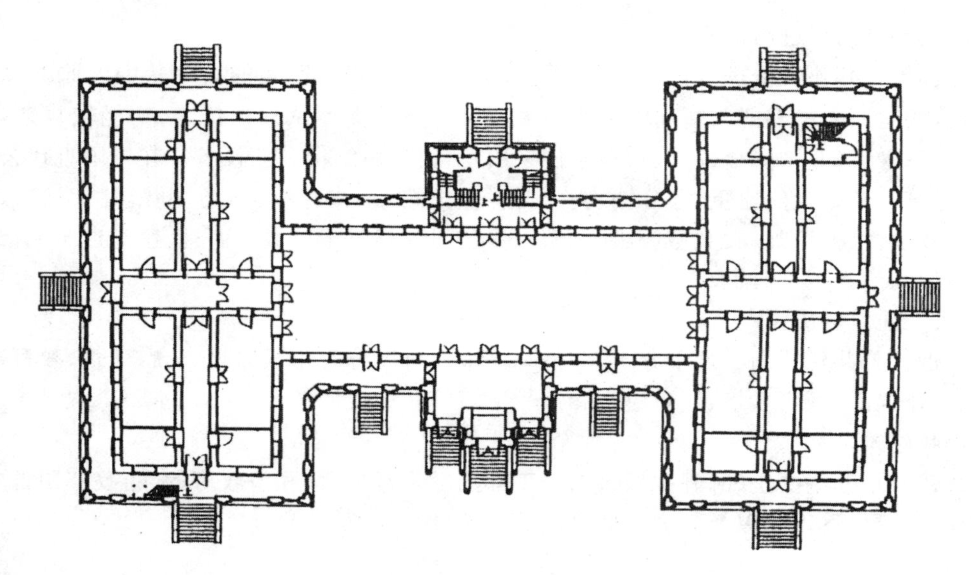

图 6-9 北京陆军部南楼一层平面图

②金融建筑。

中国近代的金融建筑以银行建筑最为令人瞩目。从 1845 年第一家外国银行——丽如银行在中国设立开始，到 20 世纪 20 年代，外国银行建筑已遍及全国各大城市。在 1879 年，中国的第一家本土银行——中国通商银行成立，到 20 世纪 30 年代，华资银行多达 164 家。这些银行建筑是近代大城市中最显眼的建筑物，原因有二：一是自身有充足的建筑资金；二是需要显示资本雄厚，自然竞相追求高耸、庞大的体量和坚实、雄伟的外观、内景。

上海汇丰银行即如今的浦东发展银行，建成于 1923 年，位于上海外滩，占地 14 亩，被认为是近代中国西方古典主义建筑的最高杰作，也被誉为是“从苏伊士运河到白令海峡的一座最讲究的建筑”。它属于古典主义风格，严格遵循了古典主义的比例，上面的檐部、中间的墙柱以及下部的基座高度之比为 1∶3∶2；正中为穹顶，穹顶基座为仿希腊神殿的三角形山花，再下为六根贯通 2～4层的爱奥尼式立柱。大楼主体高 5 层，中央部分高 7 层，另有地下室 1 层半。而且，大楼主体为钢框架结构，砖块填充，外贴花岗岩石材。底层中部突出一个八角形门厅，门厅的顶部有 8 幅彩色马赛克镶拼成的壁画，分别描绘了 20 世纪初上海、香港、伦敦、巴黎、纽约、东京、曼谷、加尔各答等 8 座城市的建筑风貌。

③教育建筑。

中国近代的教育建筑，除早期的新式学堂和辛亥革命后的公立、私立学校外，教会学校占了很大的比重。到 20 世纪 20 年代，全国已有教会系统的高等小学 950 所、中学 290 所、大学 10 多所。

在教育建筑中，最令人瞩目的是大学的校园规划和建筑活动。许多大学校园都是由外国建筑师规划设计的，如美国建筑师墨菲先后参与了北京清华学校、福建协和大学、长沙湘雅医学院、南京金陵女子大学(图 6-10)和北平燕京大学等多所大学的规划、设计。这也使得这些大学多沿用国外校园模式，占地规模庞大，功能分区合理，讲究绿化，自然环境优良，有近代化水平较高的建筑群组。还有一些大学采用中国式的建筑风貌，成为了中国近代公共建筑中最具组群特色的建筑类型。

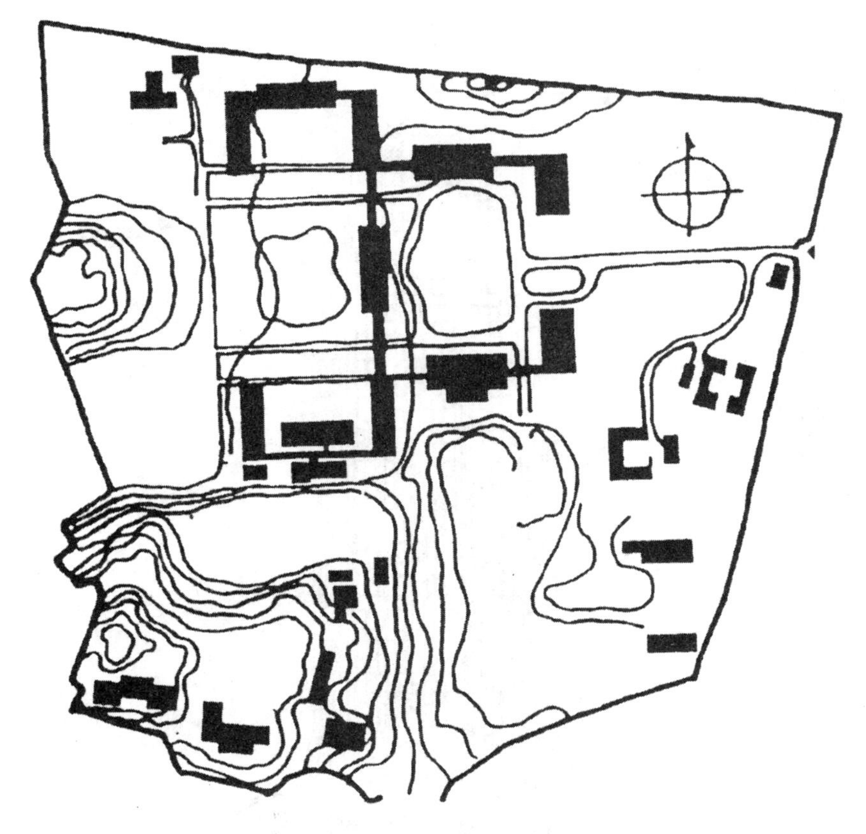

图 6-10　南京金陵女子大学校园规划示意图

④交通建筑。

中国近代的交通建筑中，以火车站建筑的发展最为显著。在中国近代，由于铁路的修建大多为列强所控制，因而火车站建筑大多沿用国外的火车站形式。其中，建成于 1903 年的中东铁路哈尔滨站、建成于 1906 年的京奉铁路北京前门东站、建成于 1909 年的津浦铁路济南站等，都达到了当时国外火车站的一般水平。建成于 1937 年的大连火车站，采用了钢筋混凝土结构，设计时还考虑了人流集散和人货流分离，设置了宽敞的候车大厅和直达二楼的坡道，而且立面简洁，已是一座现代化的大型火车站建筑。

⑤商业建筑。

中国近代的商业建筑，不仅数量多，而且与市民生活有着极其密切的联系。在 20 世纪 20 年代前后，大型百货公司、综合商场等商业建筑陆续在各大城市出现，其中在上海、天津、汉口等商业活动集中的城市分布最多。

⑥饭店建筑。

在 20 世纪初期，大型的饭店建筑开始在上海、北京等大城市涌现。到了二三十年代，饭店建筑开始向高层建筑发展。其中，最为著名的当属上海国际饭店。

上海国际饭店（图 6-11）位于上海市南京西路，建成于 1934 年，高 24 层，总高约 86m，是当时亚洲最高的建筑。这座建筑的形式是 20 世纪 20 年代美国摩天大楼的翻版，属装饰艺术风格。

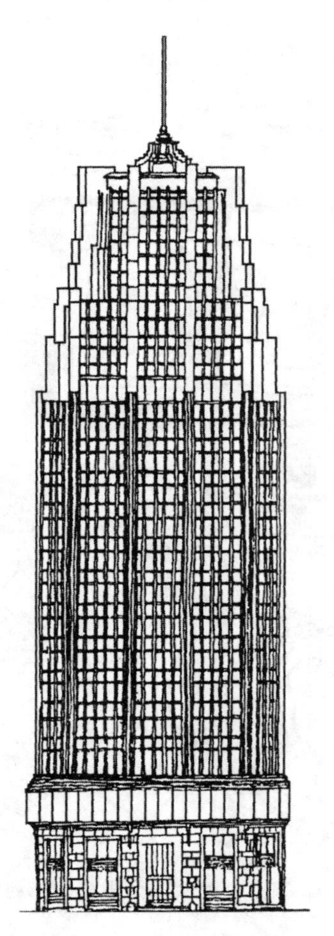

图 6-11　上海国际饭店

⑦娱乐建筑。

中国近代娱乐建筑出现与市民的生活有着密切的关系。自 20 世纪以来，电影院、戏剧院、游乐场等娱乐建筑不断在大城市出现。

⑧教堂建筑。

中国近代的建筑中，教堂建筑是绝不能被忽视的一类。在中国近代，出现了很多教堂建筑，如北京的西什库教堂、天津的老西开教堂、广州的圣心大教堂以及上海的江西路圣三一堂、徐家汇天主堂、国际礼拜堂等。

3. 工业建筑

在中国的近代建筑中，工业建筑也是不可忽略的一种重要类型。

(1)工业建筑的形成

中国近代工业建筑的形成和近代公共建筑一样，也主要有两种途径，一种是直接传入和引进国外近代的工业建筑，另一种是在传统旧式建筑的基础上沿用、改造。

中国近代早期的工业建筑中，不论是民办工业、外资工业还是洋务工业，都曾沿用传统的旧式建筑。以创建于 1867 年的天津机器制造局(图 6-12)来说，它当时号称“洋军火总汇”，分设东、西两局，其中位于贾家沽的东局以制造洋火药、洋枪、洋炮、各式子弹和水雷为主，有1个机器厂、2个铜帽厂、8个火药厂，场地周围筑墙挖壕，设置炮台，厂区内还有试药道、试枪子道、试放水雷池等，在1900年以前一直是我国北方最大的工厂。但就是如此规模的工厂，其厂房也仍是旧式建筑。

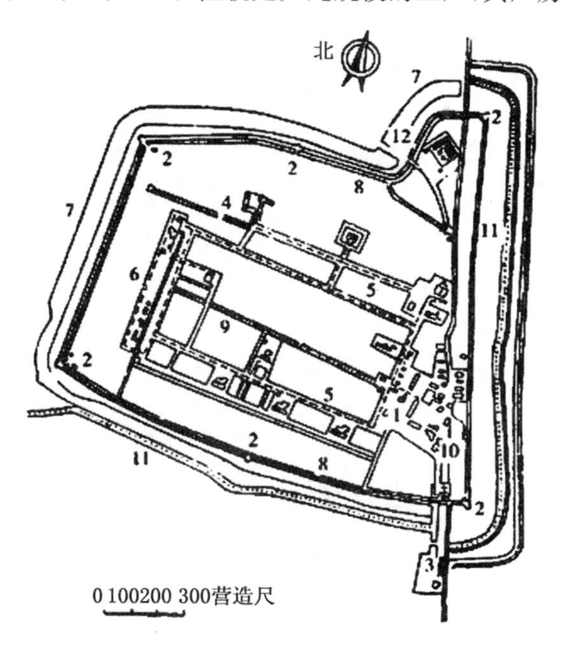

1—机器厂；2—炮台；3—洋匠住房；4—试枪子道；5—铁道；6—转盘；7—外城壕；8—内城壕；9—试药道；10—试放水雷池；11—新筑大道；12—北局门

图 6-12　天津机器制造局总平面

进入20世纪后，大中型厂房的建设逐渐淘汰了旧式建筑，开始采用直接从国外引进的新式工业建筑，但在一些小城镇的小型厂房中，旧式建筑仍然被继续使用。

(2)工业建筑的类型

中国近代工业建筑，以厂房空间和结构为依据，可以分为单层厂房和多层厂房两大类。

①单层厂房。

在中国近代工业建筑中，单层厂房是普遍被采用的建筑形式，其中最先发展的是砖木混合结构的厂屋。早期除沿用旧式平房外，凡属引进的工业建筑，绝大部分都是这种形式，如建于1884年的上海祥泰木行、建于1895年的上海怡和纱厂、建于1887年的烟台缫丝厂、创办于1866年的福州船政局、创办于1898年的南通大生纱厂等。一直到1949年，砖木混合结构的厂房在民族资本工业中仍久用不衰。

在20世纪前，钢(铁)结构的单层厂房还是十分罕见的。中国近代第一座铁结构厂房建筑是1863年建造的英商上海自来水公司炭化炉房，1893年建成的号称亚洲第一个近代钢铁企业的武汉汉阳铁厂是近代中国大型厂房运用钢结构的先例。进入20世纪以后，钢结构厂房陆续在铁路机车车辆厂出现，如建于1903年的中东铁路哈尔滨总工厂采用了豪式、劳克式、复合式等多种形式的钢屋架和多排钢柱承重，建于1904年的青岛四方机车修理厂采用了工字型钢架建造厂房。自此，钢架结构单层厂房明显增多。

在近代工业的单层厂房中，运用混凝土与钢筋混凝土结构略迟于钢结构。1883 年建成的上海自来水厂和 1892 年建成的湖北枪炮厂是我国较早使用水泥和混凝土的两个工厂。在 20 世纪初，钢筋混凝土结构的锯齿式屋顶首先在纺织工厂中采用，如 1911 年建成的上海日华纱厂和上海怡和纱厂、1915 年建成的上海内外棉纱厂等。随后，陆续出现了钢筋混凝土框架、半门架、拱形屋架、双铰门架与双铰拱架等新的结构形式的单层厂房。

由于近代单层厂房要求内部有较大空间的冷加工车间或热加工车间，因而大多采用两坡式或气楼式，或单跨或数跨连续，或主跨两侧增设副跨，主跨跨度一般为 15 m 左右，宽者达 20m。锯齿式屋盖常以多跨连续的方式组成较大的车间面积，最大达到 16 000m² 以上。近代单层厂房为了保证车间内的通风和采光条件，多采用人字形气楼、M 形气楼，还运用了锯齿式直窗型、斜窗型和直窗斜窗组合型等天窗形式。

②多层厂房。

在中国近代工业建筑中，多层厂房的建设主要是出于节约用地的目的，而且多在纺织、缫丝、食品、制药、烟草、面粉、油漆、碾米等轻工业，化学工业和电力、自来水、煤气等公用事业中运用。

多层厂房的出现应该说是中国近代工业建筑发展过程中的一个进步。早期的多层厂房也是砖木结构的，外部以砖墙砖墩承重，内部以木柱承重，采用木制楼板、木屋架坡顶，最多为 4 层。到了 20 世纪初，由于钢结构和钢筋混凝土结构的兴起，多层厂房的建造也逐渐淘汰了砖木结构。建于 1913 年的上海杨树浦电厂（图 6-13）一号锅炉间是近代中国最早的一座钢框架结构多层厂房，1938 年扩建后的五号锅炉间则是旧中国采用钢框架结构最高的一座多层厂房，共 10 层约 50m。到了 20 世纪二三十年代，钢筋混凝土结构在多层厂房中被普遍采用。

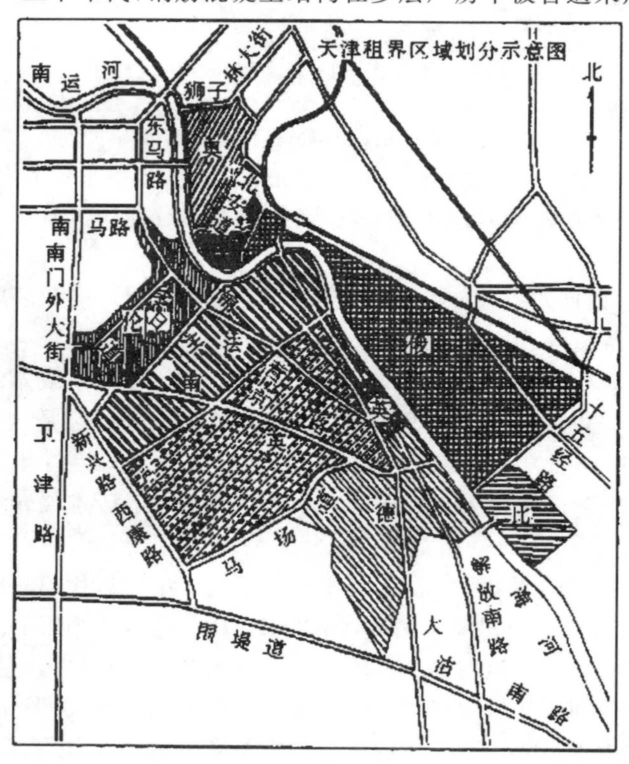

图 6-13 上海杨树浦电厂总平面图

(五)近代建筑的技术

在中国近代,广大的中小城镇、农村和少数民族地区,建筑技术仍然停留在旧的生产力水平,延续着传统的以土、木、砖、石等为基本材料,以木构架为主要结构方式的旧技术体系。因此,中国近代新建筑技术主要集中在一些大城市,具体体现在以下几个方面。

1. 建筑材料的发展

对于建筑来说,其得以发展的主要物质基础就是建筑材料。钢铁、水泥在建筑中的运用引起了建筑业的革命;型钢、钢筋、混凝土用作建筑物的承重材料,突破了土、木、砖、石等传统结构用材的局限,提供了大跨、高层、悬挑、轻型、耐火、耐震等新结构方式;钢筋与混凝土的结合,更是标志着复合材料的出现,建筑材料的性能获得了重大改善;机制砖瓦、玻璃陶瓷、建筑五金、木材加工等建材工业的发展,都是近代建筑发展的重要前提条件。

中国近代早期的新建筑材料多是由外国输入的,国产的新建筑材料到 19 世纪末 20 世纪初才逐渐有了发展。而且,中国近代建筑材料工业的基础十分薄弱,整个建材工业在近代都处于风雨飘摇之中,生产能力很低,产量很不稳定。

2. 建筑结构的发展

中国近代建筑的结构,大体来说经历了三个发展阶段,即砖(石)木混合结构、砖(石)钢筋(钢骨)混凝土混合结构、钢和钢筋混凝土框架结构。

(1)砖(石)木混合结构

在中国近代,砖(石)木混合结构的出现较早,大约是在 19 世纪中期以后。这种结构的特点是砖石承重墙、木架楼板、人字木屋架,并大量使用砖券,而且结构合理、取材方便、技术简单,因而在 20 世纪初期各地建造的工厂、学校、商店、住宅、办公楼等建筑中广泛运用。

(2)砖(石)钢筋(钢骨)混凝土混合结构

中国在 19 世纪末 20 世纪初就开始使用砖石钢骨混凝土混合结构。这种结构的墙体用很厚的砖石承重墙,楼层用工字钢密肋,中加混凝土、砖小拱;或用工字钢外包混凝土作梁,梁间搭工字钢密肋。由于这种楼层结构的费钢量很大,而我国当时的钢产量又很少,因而主要用于外国人建造的重要工程。后来,砖石钢筋混凝土混合结构取代了砖石钢骨混凝土混合结构。而这种以砖墙承重,楼层、楼梯、过梁、加固梁用钢筋混凝土的砖石钢筋混凝土混合结构不仅运用广泛,而且成为了中国近代多层建筑最常用的结构方式。

(3)钢和钢筋混凝土框架结构

钢框架结构的应用是伴随着多层、高层建筑的发展而出现的。中国近代建筑在 1925 年之前还没有超过 10 层的,因而当时多层建筑大多采用现浇钢筋混凝土框架结构,只有少数采用了钢框架结构。1908 年建造的 6 层楼的上海电话公司是我国第一座钢筋混凝土框架结构,1913 年建的上海杨树浦发电厂一号锅炉间是近代中国最早的一座钢框架多层厂房,1916 年建的上海天祥洋行是我国近代民用建筑采用钢框架结构的先例之一,但层数不高。后来,钢框架逐渐做到了更高的层数。这些钢框架结构,为了防火,还在外面包上了混凝土。

3. 建筑施工的发展

在中国，传统的建筑施工机构是各种专业性的“作”。从 19 世纪 60 年代开始，为适应租界建造西式建筑的需要，一批西方营造机构陆续进入上海，近代先进的施工技术和投标制、承包制等经营方式、管理制度也随之传入了中国。1863 年，上海建筑工匠魏荣昌中标承建法租界公董局大楼，开创了中国建筑工匠由传统水木业走向近代承包营造业的先河。1880 年，川沙籍工匠杨斯盛创办了上海第一家中国人开设的营造厂，并在辛亥革命后获得了快速发展。

在近代中国人创办的营造厂中，建筑工人和建筑技术人员由于很快便掌握了新的一整套施工工艺、施工机械、预制机械、预制构件和设备安装的技术，从而形成了一支庞大的、具有世界一流水平的施工队伍，因而在建筑业市场上开始可以和外商营造厂相竞争。

在中国近代的新建筑工程施工中，普遍采用了较精密的测量仪器进行放线，而安置龙门板则继承了传统施工的常用方法。同时，随着高层建筑的发展，垂直吊装采用了多种机械，最常用的是电力升降的木井架卷扬机。近代中国建筑的很多装饰工程也获得很高的施工质量，砖雕、石刻、木装修、石膏花饰、油漆饰面、水刷石、斩假石、水磨石、陶瓷锦砖、拼木地板、玻璃饰件、青铜饰件、铝合金饰件等通过装饰工人辛勤的劳动，都创造出很优秀的作品。

总的来说，中国近代的建筑技术相对于封建社会的技术水平有了很大的进步，但在半殖民地半封建社会条件下，并没有得到正常的发展。

二、近代城市的建设

清朝末年，我国城镇体系是以都城、省城、府城、县城、镇五级行政中心构成的，没有形成现代的独立完备的城市管理机制，而且在清政府“闭关自守”的外贸政策下，城镇经济长期处于相对封闭的发展之中，整个城市体系陷于相对停滞、缓慢发展的状态。1845 年，随着鸦片战争后国门的被迫打开，中国迈出了近代城市化和城市近代化的步伐。城市数量、城市分布、城市功能、城市结构和城市性质都发生了明显的变化。古老的中国城市体系开始了现代转型的进程。

（一）近代城市的主要类型

近代中国的城市，从近代城市化和城市近代化的角度来看，主要有主体开埠城市、局部开埠城市、交通枢纽城市和工矿专业城市这几种的城市类型。

1. 主体开埠城市

所谓主体开埠城市，就是以开埠区为主体的城市。在近代中国城市中，这种类型城市的开放性是最强的，近代化程度也是最显著的。而且，主体开埠城市明显地分为两大型：一种是多国租界型，如上海、天津、汉口等；另一种是租借地、附属地型，如青岛、大连、哈尔滨等。

（1）多国租界型城市

辟有多国租界是多国租界型城市的最大特点，如上海有公共租界和法租界，天津有英、法、德、日、俄、比、意、奥八国租界（图 6-14），汉口有英、德、俄、法、日五国租界等。

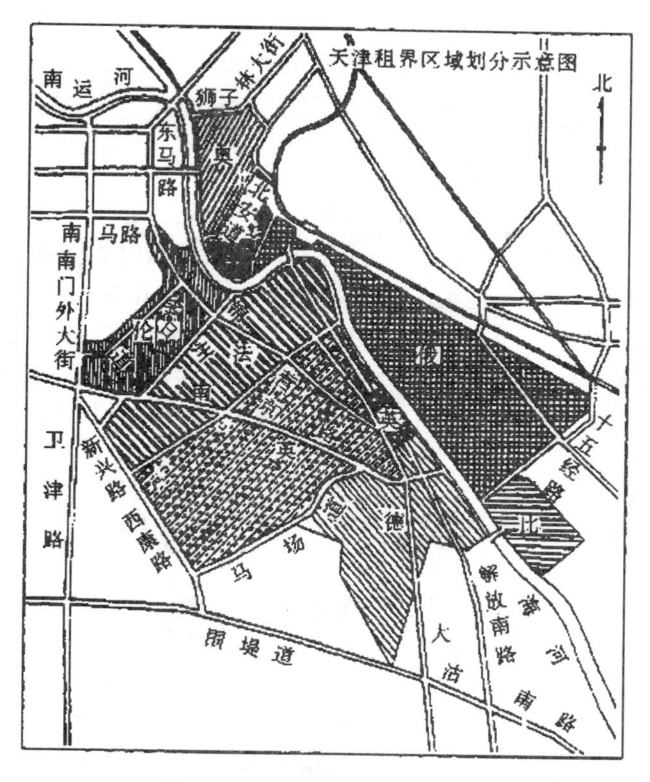

图 6-14　天津租界区域划分示意图

多国租界型城市大多具有优越的地理区位，但租界内的行政管理权、课税权、司法权、驻兵权等被外国人侵夺了，这显然侵犯了中国的主权。而且，租界的开设和拓展，完全服从于殖民利益的需要。但是，租界区的开发、建设又伴随着商业、外贸、工业、金融业、房地产业和城市建设的活动，自然传入西方近代的工业文明、城市文明，自然形成适宜的投资环境和居住环境，产生显著的集聚效应，促使市区人口大幅度增长，客观上催化着租界城市的近代化。因此，这种类型的城市中大都带有商贸中心、金融中心、工业中心、文化中心和水陆交通枢纽的综合型城市性质，都属于中国近代的特大型城市。同时，城市格局带有多中心布局的特点，城市结构多呈现局部有序而总体无序的现象，城市建筑风貌相应地显出“万国建筑博览”的多元特色。

(2)租借地、附属地型城市

随着租借地、附属地的逐渐开辟，租借地、附属地型城市便发展起来了。这一类型的城市，同样有着优越的地理区位，而且都是从偏僻村落崛起的新城，如青岛、大连、哈尔滨等。另外，这一类型的城市都制定过适应殖民利益需要的城市规划，都进行过通盘的、整体有序的城市建设，都成为区域性的商贸中心和水陆交通枢纽，城市建设都接近租借国当时所达到的近代化、现代化水平，建筑风貌都带有租借国当时所流行的风格。同时，它们也都发展成为了中国近代重要的大城市。

2. 局部开埠城市

所谓局部开埠城市，就是只划出特定地段，开辟面积不是很大的租界居留区、通商场，形成城市局部的开放，如济南、沈阳、重庆、芜湖、九江、苏州、杭州、广州、福州、厦门、宁波、长沙等。

局部开埠城市多呈现出新旧城区的并峙格局，而且其近代化进程大体上都是从新域区兴起的，而后带动旧城的蜕变。另外，由于局部开埠型城市的数量较多、各城市涉及的制约因素大不相同，因而这类城市也呈现出了千差万别的发展状态。

3. 交通枢纽城市

所谓交通枢纽城市，就是因铁路建设而发展起来的新兴的铁路枢纽城市或水陆交通枢纽城市。例如，河南的郑州地处中原腹地，在修通铁路之前一直保持着明代以来的旧城格局，没有近代工业，商业也不发达，后随着芦汉铁路、京汉铁路和陇海铁路的前身洛汴铁的修建，变成了中国南北与东西两条主要铁路干线的枢纽，成为中原地区农产品的集散中心和工业品的转运中心。

4. 工矿专业城市

工矿专业城市具体来说又可以分为工业城市和矿业城市两类。

(1)工业城市

工业城市的形成情况是较为复杂的，大多数的工业中心都不是形成单一的工业城，而是集中在商埠口岸，与商贸中心、金融中心、行政中心或交通枢纽相结合，组构成复合型的大城市。只有少数由民族资本集中投资的工业，如无锡、南通等形成了颇有特色的工业城市。

(2)矿业城市

矿业城市的形成与丰富的矿产资源有着密切的关系。在中国近代早期，煤、铁、金、银、铜、铅矿的开采较多，既有外国资本，也有洋务资本，还有民族资本投资。另外，由于近代工业、航海业和铁路交通的兴起，对煤的需求激增，因而煤矿城市在矿业城市中所占的数量较多，如河北的唐山、河南的焦作、山西的阳泉、江西的萍乡、辽宁的抚顺和台湾的基隆等。

(二)几个重要城市的近代演进

这里简要介绍一下北京、上海和南京的近代演进历程。

1. 北京的近代演进

北京位于华北平原与太行山脉、燕山山脉的交接部位，东临渤海，是中国封建王朝的最后一座都城。鸦片战争以前，北京基本保持着封建都城的封闭格局，只是在西洋楼、天主教堂和耶稣教堂中出现了少量的西式建筑。在鸦片战争后，随着外国使馆区的开辟、铁路的开通以及工商业和教育的发展，北京城的城市格局发生了变化，近代化进程开始启动。

(1)开辟了使馆区

第二次鸦片战争后，清政府被迫签订了《天津条约》和《北京条约》，依据条约内容，位于北京大清门东侧的东交民巷要设立外国使馆。1900 年八国联军攻占北京后，《辛丑条约》的签订正式划定了东交民巷使馆界区，并规定区内由外国公使团管辖，各国驻兵保护，中国人不准在界内居住，界内的官署全部迁出，民宅私产通通作价拆毁。同时，列强在界区东、西、北三面修筑起了高墙，建起了炮台碉堡，这样东交民巷这一极特殊的使馆区就形成了(图 6-15)。

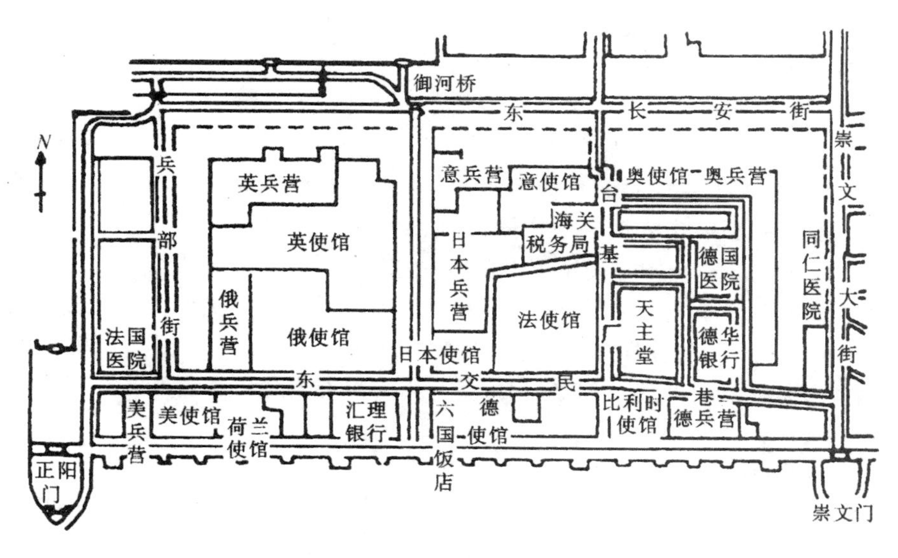

图 6-15 东交民巷使馆区

东交民巷使馆区的形成,既对中国传统的旧屋进行了改造,又建设了一批新型的公共建筑,如银行、邮电局、医院、俱乐部、教堂、饭店和一批洋行等。至民国初年,这批新型公共建筑已达90余座,形成了一处全新的欧式街区。

应该说,东交民巷使馆区是在旧中国特殊的历史下形成的,它是资本主义列强对我国进行政治、经济、军事、文化侵略的产物,是通过不平等条约强迫实施的,是中华民族的耻辱。但同时,它的形成又客观上使封闭的北京城有了突破性的被动开放,其呈现出的物质文明景象也使得中国人耳目一新。而且,在中国接近、吸收和消化新的科学技术,接纳外来建筑文化,学习建设近代城市经验等方面,使馆区也在客观上起到了推进古老的北京向近代城市发展的作用。

(2)开始了城市近代化进程

北京城近代化的进程,具体来说表现在以下几个方面。

①拆除瓮城,打开豁口。

20世纪初,由于京汉铁路、京奉铁路进入北京城内,东、西火车站先后在正阳门两侧建成,而正阳门瓮城给铁路的畅通造成了阻碍。1915年,在袁世凯的支持下,先后拆除了正阳门瓮城、宣武门瓮城、箭楼,内城城墙拆出多处豁口,沿城墙脚下建造起大小15座洋式火车站。

②废除城防,开放禁地。

在民国时期,政府对皇城和内城进行了拆除城墙、打通道路的改造。紫禁城拆除了宫城外东、西、北三面与护城河之间的值围房,拆除了神武门与景山之间的建筑,包括北上门及北上东、西门,打通了紫禁城北侧的东西大道。皇城拆除了中华门内千步廊及东、西三座门,开辟了天安门前的东西大街;拆除了东安门以南的皇城以及东、西、北三面皇城,在南墙打开南池子大街南口和南长街南口,打通了皇城四周及纵横穿越皇城的交通。

③开辟宫苑为公共场所。

民国建立后,于1913年开放了紫禁城内的文华、武英两殿,1915年开放了乾清门以南的“前朝”部分,作为博物馆。1925年溥仪出宫后,将整个皇宫改为了博物院。另外,皇家私园也逐渐对外开放。其中,最早开放的是三贝子花园。在1914年,社稷坛开放为“中央公园”,是北京的第一座公园。随后，天坛、先农坛、太庙、北海、景山、颐和园、中南海等也相继开放为公园。从此，北京古城有了多处面向公众的休闲场所。

④形成新商业街。

自东交民巷使馆区形成后，紧挨使馆区的崇文门大街最先出现了新式的洋式商店和西餐馆等，形成了使馆区之外的一条最早的近代商业街。与使馆区台基厂直通的王府井大街，也陆续建造了一批银行、高档百货店、电影院和饭店等，并形成了北京最早的综合性步行商场——东安市场。到20世纪20年代末，从崇文门、东单、王府井到东华门大街一带成为了近代北京的新中心，集中了北京城内最高级的洋行、旅馆、影院、商场等。位于正阳门大街西侧的大栅栏，也聚集了包括瑞蚨祥、瑞生祥、瑞增祥、瑞林祥等在内的“八大祥”商号，还建有北京最早的电影院大观楼、北京最早的仿欧式百货商场以及著名的老字号、钱庄和新式的银行、酒楼等，成为了近代北京建筑密度和人口密度最高的繁华地段。

⑤形成教会建筑小区。

在20世纪的最初10年，天主教教会在北京相继修整和重建了北堂、南堂、东堂、西堂。其中，以北堂即西什库教堂的规模最大，除了哥特式大教堂外，还在周围建有主教府、神甫住宅、修道院、修女院、图书馆、印刷厂、医院和女子中学等。此外，耶稣教系统也在北京建有公理会、卫理公会、中华基督教会、圣公会、青年会、圣经会等。其中，崇文门内的卫理公会亚斯立堂，除了建有一座大礼拜堂，还建有十几幢牧师住宅以及汇文学校、小学校、妇婴医院和同仁医院等；灯市口的公理会教堂，也附建有育英男中和贝满女中。这些配套的教会建筑，形成了散处京城的几处带有异国特色的教会建筑小区。

⑥开发外城。

在中国近代，北京城也开始对外城进行开发，并逐渐形成了“新市区”。1914年成立的京都市政公所，在外城选择香厂路附近的一片地段，进行了“新市区”的示范开发。区内设有十字交叉的主干道，交叉处开辟有圆形广场，次街、小巷与干道垂直相交。沿街两侧建造统一设计的上宅下店的两层商住楼，统一铺装路面。广场周围建有新型商场、饭店、医院等建筑。新区的建筑普遍采用洋式造型，布局规整，配有电灯、自来水，并采取“招商租领”的方式，是近代北京建设新型市区的一次全新的尝试。

2. 上海的近代演进

上海是近代中国的第一大都市，有着得天独厚的优越地理位置。它位于长江三角洲东缘，居中国大陆海岸线的中点，扼黄浦江、苏州河交汇处；东经长江口入海，既是长江门户，又是南北海运中心；西接太湖，可联通运河，有广阔肥沃的长江流域和太湖流域腹地。随着1842年《南京条约》的签订，上海成为了对外开放城市，并由此发生了巨大变化。1843年，上海正式开埠。从1845年起，相继设立英租界、美租界和法租界。1862年，美租界合并为公共租界。到1915年，公共租界面积达36km^2，法租界面积达10km^2，大大超过了华界面积而成为城区的主体（图6-16）。在租界内，列强攫取了一系列政治经济特权，在上海租界及其周围地区倾销商品，开设银行，投资设厂。可以说，当时的上海租界已经成为了外国资本主义对华掠夺的大本营。到19世纪50年代中期，上海取代广州成为全国的外贸中心，租界区的商业、外贸、航运、金融业、工业等得到迅猛发展，而且外侨人数剧增，租界区华人人数增长更为迅速。至20世纪20年代时，上海一跃成为了中国近代首屈一指的大都市。

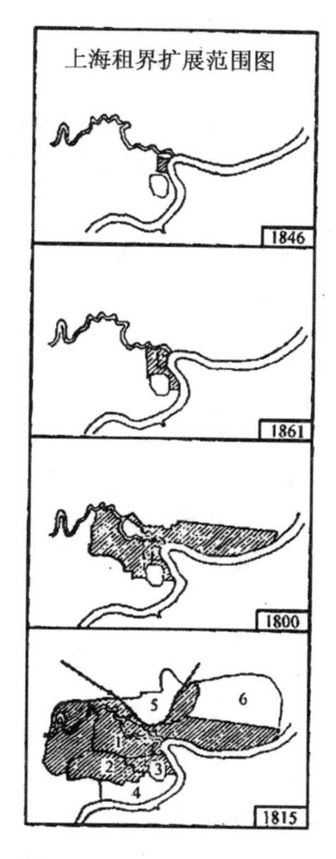

图 6-16　上海租界扩展图

1.公共租界;2.法租界;3.旧城;4.南市;5.闸北;6.江湾

(1)形成了多功能经济中心

到 20 世纪 20 年代,上海已经成为了一座高层建筑林立、马路纵横交错的大都市。而且,上海的发展不是单一的,而是包含商业、外贸、工业、金融业、航运业、房地产业的多功能经济中心。在上海,汇集着世界上最著名银行的分支机构,中国本地的银行也多以上海为主要经营地;有创办于 1865 年的中国最早、规模最大的机器军事工业企业——江南制造总局;有创办于 1869 年的民族资本企业——发昌号机器厂。到 1949 年,上海拥有工厂达 10 000 家,占全国工厂总数的 55%。此外,上海也是全国最集中的货物集散中心。上海港作为世界十大港口之一,与世界 100 多个国家的 300 多个港口有贸易往来,对外贸易在近代始终占全国总额的 50%左右。上海的近代交通,包括水路运输,沪宁铁路、沪杭铁路以及电报、电话等电讯通信都在同步发展。

上海作为全国最重要的多功能经济中心,其城区分布也呈现出突出的功能划分。特别是受到租界的影响,上海被分为相对独立的五个区域——公共租界、法租界、闸北、沪南和浦东。沿黄浦江一带的早期租界地区最早形成了近代行政机构和商业、金融业的集中地,后来发展成为银行行屋和洋行办公楼最集中的外滩“金融区”。与外滩垂直的今南京路、福州路、金陵路以及淮海路、西藏路等成了著名的商业街。以南京路、福州路与西藏路的交叉点为中心的附近地段,则集中了全市最大的百货公司、最豪华的饭店、酒楼和各种娱乐场所,成了上海市中心的最繁华地段。沿着网格状主要商业街道的背后,是成片的居住区。早期居住建筑以旧式里弄、新式里弄住宅居多,后期居住建筑向高档的花园洋房、公寓住宅和花园里弄演进。约有 18 万户贫民栖身的 300 多处棚户区,则分布在沪东、杨树浦、闸北等工业区和租界的边缘地带。上海的工业建筑,较为集中地分布在沪南区、曹家渡区、杨树浦区。另有大批小工厂混杂在住宅区内，被称为“弄堂工厂”。

(2)形成了多元化文化中心

上海的文化机构林立、文化名人荟萃、文化信息灵通、文化视野开阔，因而是近代中国的文化中心。而且，大量西方移民的流入，为上海带来了丰富多彩的异质文化，同时也使上海保持了对国际潮流的敏感。

上海文化的多元性反映在近代建筑中，则主要表现在三个方面。第一，“万国建筑博览会”的兼容并蓄，如外滩建筑中既有古典主义式的汇丰银行大楼、古典复兴式的海关大厦，也有装饰艺术派的沙逊大厦以及中西合璧的中国银行大楼；花园洋房中既有流行的西班牙式，也有英国乡村别墅式、法国古典主义式，还有德国民间风格和北欧风情等；教堂建筑中既有巴洛克风格、哥特式风格，也有拜占庭风格等。第二，极富时代感的新潮与时尚，如 20 世纪 30 年代以前的上海公共建筑绝大部分属于折中主义的建筑基调，进入 30 年代以后，由于受到国际性现代建筑潮流的影响，上海公共建筑的风格转向了具有摩登气质的装饰艺术风格和现代主义的“国际式”风格。第三，讲求实效、精打细算的务实精神，如上海的中外房地产把浓缩的传统合院式房屋与紧凑的欧洲联排式布局相结合，创造出了老式石库门里弄住宅，再由老式石库门里弄进一步演化为更加实惠的新式石库门里弄，最终演变为现代多层、高层集合住宅，这充分显示了上海建筑文化的精明巧智与务实作风。

3. 南京的近代演进

南京是中国著名的古都和历史文化名城，地处长江下游，北接辽阔的江淮平原，东连富饶的长江三角洲，地理位置优越，地势险要。在中国近代，南京获得了转型发展。

(1)南京城市转型的背景

南京城市的转型是诸多因素的合力作用，具体来说有以下几个。

①通商口岸的开辟。

1858 年，中法《天津条约》将南京列入了通商口岸，之后列强纷纷在此设领事馆、开洋行、建码头，从而逐渐形成新开发的码头区、商业区。

②洋务工业活动的进行。

李鸿章在 1865 年将苏州洋炮局的一个车间迁到南京，并对其进行了扩充，于 1866 年建成了金陵机器局。这是南京建造的最早的近代工业建筑，此后金陵船厂、金陵火药局、胜昌机器厂、同泰永机器翻砂厂等相继建立，使南京逐渐成为了我国早期工业建筑的一个重要集聚地。

③铁路的修建。

南京至上海的沪宁铁路在 1908 年建成通车，南京至安徽沈家埠的江南铁路在 1934 年全线贯通，使南京成为南北陆上交通与长江水运的交汇点。

④教会活动的进行。

西方教会将南京列为在中国设立的三个主教区之一(其他两个是北京和澳门)，因而在此进行了大量的教会活动。1870 年，罗马风式的石鼓路天主堂建成，这是南京现存最早的西式建筑。此后，教堂、教会学校在南京陆续出现，并成为南京早期西式建筑的重要组成。

⑤国民政府的定都。

国民党政府在 1927 年定都南京，并此后的 10 年间对作为首都的南京进行了全面规划和集中建设，形成了近代中国建筑史上的一次颇具规模的活动。1945—1949 年，南京恢复为抗日战争胜利后还都的首都，建都显然是促使近代南京城市转型的最主要因素。在这一期间，南京的道路交通、市政设施、公署建筑、商贸建筑和住宅建筑等都得到快速发展，南京的城市转型由此得到显著的推进。

（2）南京城市转型的表现

国民政府在定都南京后，成立了国都设计技术专员办事处，并聘请美国工程师古力治为工程顾问，于1929年12月颁布了《首都计划》。《首都计划》是近代中国由官方制定的较早、较系统的一次城市规划工作，对南京城区的转型发展具有十分重要的意义。

①《首都计划》对南京城的规划。

《首都计划》将南京城分为中央政治区、市行政区、工业区、商业区、文教区和住宅区等6区。其中以中央政治区为重点，由中央党部区、国民政府区和院署部署区三部分组成，原计划安排在中山门外紫金山南麓，后因有关公署不愿建在规划指定的荒郊而导致计划落空。同时，拟设于傅厚岗一带的市行政区和安排在江北、燕子矶一带的工业区也都没有实现。

②《首都计划》对南京街道系统的规划。

《首都计划》中全面规划了南京的街道系统，采用了当时欧美流行的方格网加对角线的形式。而为了增加沿街店面，提高了道路网的密度，因而街坊面积偏小。规划实施的第一批工程都以“中山”命名，如中山码头、中山路、中山桥、中山门等。其中，中山路由下关经挹江门、鼓楼、新街口、大行宫到中山门，成为贯穿全市的一条主干道，新街口、大行宫附近迅速形成了新商业中心。

③《首都计划》对南京住宅区的规划。

《首都计划》中将住宅分为第一住宅区、第二住宅区、第三住宅区和旧住宅区。其中，第一住宅区为上层阶层住宅区；第二住宅区为一般公务人员住宅区；第三住宅区为一般市民住宅区；旧住宅区则原封不动地保留。而这一分区，使得南京明显地呈现出住居条件的两极分化。位于山西路、颐和路的上层住宅区，全部是独立式花园洋房，高档奢华，每户都设有门房、汽车间和冷暖设备。建筑密度在20%以下，宅园绿化面积达64.8%。而分散在下关、汉中门等地的贫民住宅，则多是建于低洼地段的、简陋不堪的棚户。

④《首都计划》对南京城市建筑形式的规定。

《首都计划》中对于南京城市建筑的形式进行了专章规定，极力倡导“中国固有之形式”，特别强调“公署及公共建筑尤当尽量采用”。而对于商业建筑，可以采用外国形式，但“外部仍须具有中国之点缀”。因此，南京的建筑形式呈现出较明显的中西兼容的特点。

第二节　现代的建筑

1949年新中国成立后，中国的建筑历史又进入了一个新历史阶段。不过，政权的更迭并没有割断中国近代、现代建筑历史的延续与发展，而是呈现出了不可分割的历史延续性。

一、现代建筑的发展概况

有关现代建筑的发展概况，这里主要以中国大陆为例进行阐述。

(一)现代建筑的发展历程

中国现代建筑的发展历程,总体来说可以分为两个时期,即自律时期和开放时期。自律时期和开放时期以20世纪70年代末为分期,前一个时期由于历史环境的原因,中国人民不得不主要依靠自力更生完成建立国家工业基础的任务,或者说是在有限度地对世界某一部分开放而主要依靠对6亿人民的严格要求,统一步伐、节衣缩食、积累资金完成这一任务;后一时期的中国开始全面实行改革开放,国家也逐渐进入了新的转型期。

1. 自律时期建筑的发展

自律时期具体指1949年新中国成立到1978年底中国共产党第十一届三中全会召开前的时期,而这一时期建筑的发展又可以具体分为四个阶段。

(1)三年经济恢复阶段建筑的发展

三年经济恢复阶段指的是从1949年到1952年。1951年3月,国家颁布了立法性文件开始对建筑工程进行管理,并规定要贯彻中央用3年恢复经济、10年大规模经济建设的基本要求。1952年4月,中共中央针对建设中偷工减料的问题,作出了"三反后必须建立政府的建筑部门和建立国营公司的决定"。同年5月,中央设计公司成立,并于1953年改为中央建筑工程部设计院,各地各部门的设计单位也陆续建立。同时,1952年8月在成立建筑工程部的会议上提出了建筑设计的总方针,即三个原则:适用原则、安全(坚固)原则和经济原则。这些原则后来又孕育出了"适用、经济、在可能的条件下注意美观"的建筑设计方针,并产生了长达半个世纪之久的影响。

(2)第一个五年计划阶段建筑的发展

第一个五年计划阶段指的是从1953年到1957年。1953年8月,国家公布了694个大型建设项目的建设计划,其中包括苏联援建的156个项目中的145项。而在这些项目的建设中,在20世纪二三十年代留学归国的中国第一代建筑师以及他们培养起来的并在40年代已经参与设计工作的第二代建筑师发挥了重要的作用,他们在1952年后都已经成为了各级重要国营设计机构的主要建筑师,并在巨大的建设任务面前充分施展着自己的才华。同年9月,中央明确指出建筑工程部的基本任务就是从事工业建设。不久,部辖各大区设计院都改名为工业设计院,并将工作的重心转移到了工业建筑设计上。

(3)从大跃进到设计革命阶段建筑的发展

从大跃进到设计革命阶段指的是从1958年到1965年。1958年2月《建筑》杂志发表了社论,明确表明要在反对保守和浪费的同时,争取建筑事业上的大跃进。在其影响下,各设计院纷纷下现场搞设计。1958年5月,中共八大二次会议通过了"鼓足干劲,力争上游,多快好省地建设社会主义"的建设总路线,开始了高指标的追求,在加快发展农业的同时,限期各地地方工业产值超过农业产值。可是,我国的工业基础在当时是非常薄弱的,而且缺乏国内外市场的调节,从而导致工农业总产值连续下降。后经3年的调整时期,才逐步使经济全部恢复到历史最高水平。在这一状况影响下,当时的基本建设也呈现出起起落落的状态,而这又使设计人员既有忙不胜忙的时期,也有全部进入休闲期,大批设计人员被下放的另一段日子。1964年,中共中央确定了建设大后方的战略,并做出了"靠山、分散、隐蔽"的三线建设战略决策。从经济学的角度看,三线建设分析是不合理的,因为原材料和成品使用地多在沿海,却要运到内地制造再运回沿海使用,结果必然是导致运输费大大增加，而且存在着巨大的浪费现象。同年11月，在全国各设计单位又开展了“设计革命”运动，提倡设计人员到现场去，到群众中去，进行调查研究和现场设计。这对于解决设计的可行性问题是有一定的意义的，但是将它作为政治运动来搞则是完全错误的，因而到后来“设计革命”实际上成为了建筑设计单位特有的一项政治运动，而且愈演愈烈，并批判了一些正确的东西。

（4）文化大革命阶段建筑的发展

文化大革命阶段指的是从1966年到1978年的一段时期。在文化大革命运动中，建筑文化即使将它的观念形态部分剥夺干净，工程技术部分及相应的规范文化仍然因社会需要而存在，因而围绕着国防和战略布局的一系列建设仍在进行。同时，由于政治方面的考虑，这一时期也建成了一批援外工程、外事工程、窗口工程，如北京外交公寓、外国驻华使馆、广交会建筑、涉外宾馆、涉外机场等。但是，这一时期由于产业结构失调、生产关系受到伤害和扭曲，建筑师的地位大大降低，甚至有一大批被送到基层或边远地区，无法在整体性全局性的建筑规划设计中发挥作用。

2. 开放时期建筑的发展

开放时期具体指从1979年到至今。1978年12月，党的三中全会决定将工作重心转移到经济建设上来，并对内搞活经济，对外开放的方针，这次会议的一系列决定成为改革开放的重大标志。在这一时期，建筑师的地位逐渐提升，并开始运用一些新的技术如设计绘图的器具进行建筑的设计，但这也使得昔日骄傲的技艺资本转眼成了弃物，工具的完善与目标的模糊还直接动摇与改变着设计的成果和任务。而且，这一时期由于中外文化交流的日益频繁，使得中国的建筑师从中国文化的特有延续性出发的同时，按照自己的需要对它们作出实用的拣选。

（二）现代建筑的类型与技术的发展

中国现在建筑的类型，具体来说可以分为四类，即居住建筑、公共建筑、工业建筑和交通建筑。

1. 居住建筑与技术的发展

（1）居住建筑的发展

在20世纪50至70年代，居住建筑多为多层的住宅楼，有时为成片的居住小区、工人新村等，偶有高层住宅楼。另外，这一时期的住宅标准极低，设备简陋，小厅小卧室或居室兼卧室、居室兼厨房等。到了20世纪80年代以后，居住建筑的标准逐渐提高，并开始将家用电器的使用纳入到居住建筑的设计考虑中。从20世纪90年代起，开始注重大起居室、小卧室，较大的厨房与卫生间，有的还出现双卫生间；注意日照、防火等的质量和安全要求。而且，这一时期大城市中高层住宅楼日多，物业管理逐渐被推入社会。此外，别墅、度假村之类的住宅建筑也逐渐增多。

（2）居住建筑技术的发展

在20世纪50至70年代，居住建筑的多层住宅楼都是砖混结构，存在不安全性隐患。20世纪60年代的邢台地震、海城地震以及20世纪70年代的唐山地震，将居住建筑的抗震与安全问题提到日程上，各城市按地震设防烈度设计，砖墙转角加构造柱。90年代以后不仅高层住宅楼，连多层住宅楼也常用钢筋混凝土框架。同时，我国从20世纪80年底起就开始大力推广墙体改革，以争取淘汰黏土砖，从而减少对农业用地的破坏，自此空心砖成了标准砖的替代物，并由此开始了旨在追赶先进国家、保护人类环境的节能建筑设计运动。

2.公共建筑与技术的发展

在20世纪50至70年代，公共建筑只是在特定的领域中获得了发展，如工人俱乐部、职工食堂、文化大革命中的毛泽东思想展览馆等，类型较少。直到改革开放后，公共建筑才再次获得快速发展，并出现了多种类型，其中较为重要的有商业建筑、休憩建筑、办公建筑、大跨度建筑、信息与传媒建筑等。

(1)商业建筑与技术的发展

商业建筑既包括原来的普通百货商店，也有使用自动扶梯的大型商场，还有20世纪90年代才开始出现的超大型商场。在众多的城市中，还出现使用条码和收款机的超级市场及专营某项产品的专卖店和商业街。同时，车站、旅馆、办公楼、过街天桥、地下行人道中都出现了商业建筑。这一切，无疑对建筑设计提出了新的要求。

(2)休憩建筑与技术的发展

休憩建筑在20世纪二三十年代的上海就已经出现。到了50年代，由于服务对象及服务目标的变化，休憩建筑主要是电影院、剧院和工人文化宫等。到了60年代，园林也逐渐成为了休憩建筑。进入80年代后，旅游作为获得外汇的无烟工业获得快速发展，与旅游有关的休憩建筑也获得了较快发展。具体来说，各地的旅游休憩建筑主要有游乐场、水上运动场、高尔夫俱乐部和练习场、跑马场、射击场、主题公园、博览会、各种特色的度假村及各种相关设施等。

在大多数情况下，休憩建筑的结构并不复杂，但众多的游乐项目包含着机械装置及声光、影视等活动，提高了技术含量，这也要求建筑师更多地与各专业工程师结合，由此又推动了时代对技术美的追求。部分休憩建筑采用舞台美术技法，既创造视觉冲击力，又助长了建筑创作中的夸张、虚假表现的风气。

(3)办公建筑与技术的发展

自20世纪50年代起，大批办公楼兴建，但当时囿于经济原因都是砖混结构，而厚重的外墙和承重墙决定了办公建筑敦实、浑厚的基调。随着改革开放的进行，各城市的政府办公楼纷纷换代，框架结构取代了砖混结构，但办公方式在多数市政府建筑上变革不大。与之相比，商务办公楼(办公楼)则是20世纪80年代发展最快的建筑类型之一，这是一种使用大空间、低隔断，办公设备多，效率高的建筑。同时，大城市中包含的各种服务的综合办公楼日益增多，会议中心或结合展览的会展中心在20世纪90年代后期在发达地区也开始陆续出现。

(4)大跨度建筑与技术的发展

在20世纪50年代以后，大跨度建筑也得到了快速发展。工业建筑、桥梁建筑在钢结构、钢筋混凝土结构桁架设计经验的基础上，60年代在大跨民用建筑上取得了突破。1957年半坡博物馆使用的钢木屋架跨度做到了37m，1961年的宁夏体育馆采用了30m跨预制装配式钢丝网水泥波形拱，1961年建成的北京工人体育馆采用了净跨94m的轮筒式悬索结构，是当时摆脱形式纠缠的少数先进建筑作品之一。1968年建成的首都体育馆第一次采用了平板型双向空间网架，跨度为112.2m×99m，从此网架技术在国内推广。80年代以后，体育馆、高速公路收费站等多是采用空间网架形式而加以变化发展。90年代后期开始，膜结构在体育、交通和展览建筑中开始使用，产生了新的视觉冲击。

(5)信息与传媒建筑与技术的发展

在20世纪80年代后，随着信息业及传媒业的发展，信息与传媒建筑开始出现。在中国的信息传播媒体中，最为重要的是电视。1958年中央电视台建立，但因受电视机生产数量的制约，电视直到70年代才进入基层，80年代才深入家庭。而信息与传媒与建筑设计最密切的就是各个地区电视台及影视制作的有关建筑。北京、天津及上海电视塔的修建使昔日的构筑物已纳入建筑设计的工作领域。

3. 工业建筑与技术的发展

(1)工业建筑的发展

在20世纪五六十年代，工业建筑获得了高速发展。就类型而言，现代工业建筑在近代中国工业建筑的类型上有所增加，规模和水平也得到大大拓展。改革开放后，工业建筑开始向其他领域拓展，并出现了以工业园命名的环境整洁优美、设施先进的工业区，包括专用工业建筑和通用工业厂房。

(2)工业建筑技术的发展

在20世纪五六十年代，工业建筑大力推行标准设计，推广装配式建筑方法和预应力钢筋混凝土结构，后来又推出轻钢结构，大大节省了钢材和水泥。同时，在贯彻土洋并举的方针中，在基础与地基处理方面推广砂垫层，砂井预压和砂桩、灰土桩，推广重锤夯实技术、电化学加固技术等，墙体的配筋砖砌体技术也获得大力发展。到了20世纪六七十年代，顶升法及无梁楼板在多层厂房中使用。20世纪80年代以后，建筑材料工业发展，钢结构及现浇钢筋混凝土结构增多，夹芯彩钢板在工业建筑中大量使用，而航空站多采用各式新型钢网架和钢管等结构形式。

4. 交通建筑与技术的发展

从1965年起，中国开始进行地铁的建设，并提出了地下铁路客站设计问题。1971年，北京地铁开始运营，之后天津、上海、广州等地陆续建成了地下铁路，并催生了地下建筑学的建立。

从20世纪50年代起，中国也开始进行电气化铁路的建设。第一条电气化铁路——宝成铁路于1975年建成，对铁路的机车运作产生了较大的影响。1998年，准高速的广深铁路建成。至今，中国已经形成了四通八达的铁路运输网，还建成了多条高速铁路。与此同时，中国的铁路客站在80年代以后纷纷换代，普遍采用高架候车，以解决巨大的客流量交叉问题。

从新中国成立以后，我国公路的建筑也有了大跨度的发展，基本上实现了县县通公路、乡乡通公路。1993年，国家明确规定了国道主干线系统的标准，分为高速公路、一级和二级汽车专用公路。1988年，全长18.5km的上海至嘉定的高速公路率先通车，至1995年建成高速公路2 400km。从此，服务站区及立交桥就成了中国20世纪90年代的重要景观。

由于集装箱运输和欧亚大陆桥联运及水运的发展，中国现代对相关建筑工程的需求也逐渐增加。这使得桥梁急剧增加，城市沿河带及立体交通等对桥梁的造型也日益关注。

中国自改革开放以后，航空业也得到了快速发展。几乎所有的大城市都在20世纪90年代兴建了机场，而福州、厦门、重庆、上海、南京等市的航站楼更是成为城市的骄傲和现代化的象征。

(三)现代建筑的思潮

有关现代建筑的思潮，具体来说有以下几个。

1. 历史主义思潮

在 20 世纪 50 年代，爱国主义与民族传统相联系，产生了一大批以历史主义即从历史传统中发掘建筑语言完成的建筑设计作品，如重庆西南大会堂、南京华东航空学院教学楼、厦门大学建南楼群、中国美术馆、全国政协礼堂、中国伊斯兰教经学院等。

2. 复古主义思潮

在 20 世纪 50 年代复古主义思潮的影响下，建筑创作进行了多种探索，既有针对特定的环境的探索，也有从设计意念上的探索。北京和平宾馆、北京儿童医院、成吉思汗陵、鲁迅墓和鲁迅纪念馆、北京电报大楼、人民英雄纪念碑、哈尔滨防洪胜利纪念塔等，都是这一建筑思潮的代表性作品。

3. 政治思潮

中国 20 世纪 50 年代以后的建筑作品，几乎都无法摆脱政治因素的影响。中国在 20 世纪 50—70 年代通过走低工资、低消费、高积累的道路完成了工业社会的经济基础建设，既缩短了发展时间，又避免了两极分化。因此，这一时期的统一、集中是必需的，而且作为经济集中反映的政治因素，对建筑的发展产生或多或少的不利影响也是不可避免的。人民大会堂、中国革命及历史博物馆、军事博物馆、农业展览馆、民族文化宫、北京火车站(图 6-17)、工人体育馆、钓鱼台国宾馆、华侨饭店、民族饭店等都是在这一思潮的影响下出现的重要建筑。

图 6-17　北京火车站立面图

4. 自由主义思潮

与整个自律时期大部分建筑无法摆脱那沉重的时代的局限性相比，由于政治、经济、文化交流等方面的需要，还有若干建筑物呈现出另一种自由、轻巧的新风。这一类型的建筑大多集中在援外工程、外事工程和外贸工程中，代表性的建筑有 1956 年中国援助蒙古人民共和国的一批援蒙工程、杭州笕桥机场候机楼、扬州鉴真和尚纪念堂、广交会建筑等。

5. 新地方主义思潮

新地方主义注重挖掘挖掘传统文化遗产，但强调体现场所的空间文化定位，反映地方的文化特色，而不停留于对一般古典神韵的追求。因此，新地方主义常常具有可以识别、可以感受到的地域标志，以至于地域的宗教特色。它是在地球村时空缩小、建筑趋同的大形势下，对地域文化日趋珍视的一大潮流，也是我国开放时期地域文化品质获得挖掘与提升的反映。敦煌航站楼、吐鲁番宾馆新楼、上海华东电力大厦、苏州同里湖度假村、广州岭南画派纪念馆等都是在这一思潮的影响下出现的重要建筑作品。

二、现代城市的规划与建设

自1949年以来，中国现代城市的规划与建设便在曲折与坎坷中不断地向前发展。

(一)现代城市规划与建设的发展阶段

中国现代城市规划与建设的发展，总体来说可以分为以下几个阶段。

1. 城市建设的恢复与城市规划的起步阶段

城市建设的恢复与城市规划的起步阶段大致是从1949年新中国成立到1952年。在这一时期，大多数的城市工业基础薄弱，布局极不合理；市政设施及社会福利事业不足，居住条件恶劣，城市化程度很低，发展也不平衡，内地许多城镇还停留在封建时代，根本没有现代工业与设施。有鉴于此，党中央提出了“城市建设为生产服务，为劳动人民生活服务”的方针，并将城市工作的重点放在了恢复与发展生产方面，如整修城市道路，增设公共交通，改善供水、供电等设施；维修、改建、新建住宅，改善人们的居住条件；恢复、扩建和新建一些工业，整治城市环境等。这些措施的实行，使得城市建设逐渐恢复，并得以进一步发展。

在城市建设逐渐恢复并进一步发展的影响下，城市的规划工作也逐渐开展。1952年8月，中央政府成立了建筑工程部，负责全国的建筑工程和城市建设工作，并专设城市建设处。同年9月，全国第一次城市建设座谈会召开，提出了加强城市规划设计工作，并决定在39个城市设置城市建设委员会对城市的规划和建设工作进行领导，并明确了将全国城市按性质与工业建设比重划分为重工业城市、工业比重较大的改建城市、工业比重不大的旧城市和采取维持方针的一般城市等四种类别，以及在制定城市总体规划时要参照苏联专家草拟的《编制城市规划设计程序(初稿)》。到1952年时，中国的城市建设开始步入了一个按规划进行建设的新阶段。

2. 城市规划的引入与发展阶段

城市规划的引入与发展阶段大致是从1953年到1957年。在这一时期，国家急需建立城市规划体系，于是引入了“苏联模式”的规划方式，即城市规划是国民经济计划的具体化和延续。1953年，中共中央下达了“重要的工业城市规划工作必须加紧进行……迅速地拟订城市总体规划草案”的指示。第二年，全国城市建设会议要求“完全新建的城市与工业建设项目较多的城市，应在1954年完成城市总体规划设计”。在此背景下，建工部城市建设局设立了城市规划处，调集了规划技术人员，聘请苏联城市规划专家来华指导。因此，这一阶段重点城市的规划通常是由国家和地方城市规划设计部门组成工作组，在苏联专家指导下编制的。至1957年时，城市规划逐渐走向了普及，城市规划机构也逐步建立。

总的来说，这一阶段的城市规划与建设工作是成功的，既奠定了中国城市规划与建设事业的开创性基础，又确立了以工业化为理论基础、以工业城市和社会主义城市为目标的城市规划学科，还建立了与之相应的规划建设机构，在高等学校设置了城市规划专业，积累和培养了一支城市规划专业队伍。但是，这一阶段的城市规划与建设工作又因为过多地学习苏联模式，造成中国现代的城市规划与建设带有一层明显的“适应大规模工业建设需要及协调而对旧城市改造”的烙印，而且过于对平面构图、立体轮廓进行强调，过于讲究轴线、对称、放射路、对景、双周边街坊街景等古典形式主义手法的运用。

3. 城市规划与建设的动荡与中断阶段

城市规划与建设的动荡与中断阶段大致是从 1958 年到 1978 年。在这一阶段，由于起伏波动较大的政治与经济，城市的规划与建设也经历了动荡、中断与自发发展的历程。

从 1958 年开始的大跃进运动，导致各个城市都不切实际地对自身规模进行扩展，并盲目地对旧城进行改造、对楼堂馆所进行修建，结果导致城市布局混乱，城市发展缓慢。从 1960 年起，中国经历了三年的困难时期，而中央计划会议又草率地宣布了“三年不搞城市规划”的错误决策，导致城市规划机构或撤并，或人员下放，严重打击了城市规划事业的发展，也使得很多城市又进入无规划的混乱自发建设状况。从 1964 年起，国家忽视城市规划的合理布局，在城市建设上采取“不要城市、不要规划”的分散主义手法，从而导致城市规划的发展进程缓慢。1966 年文化大革命的爆发，使得城市的规划与建设几乎都处于停滞甚至中断的状态，还导致城市规划的机构撤销、人员下放、资料散失、学科专业停办等，给城市的规划与建设造成了无法估量的损失。

4. 城市规划与建设的迅速发展阶段

城市规划与建设的迅速发展阶段大致是从 1978 年到现在。文化大革命结束以后，伴随着十一届三中全会的召开，城市规划与建设再次受到了高度重视。1978 年召开的第三次全国城市工作会议，要求认真编制和修订城市总体规划和详细规划；1980 年 10 月又提出“控制大城市规模，合理发展中等城市，积极发展小城市”的城市发展方针；同年 12 月又颁布了《城市规划编制审批暂行办法》和《城市规划定额指标的暂行规定》；1984 年，新中国的第一个城市规划法规——《城市规划条例》颁布；1987 年，“控制性详细规划”的概念提出；1989 年，全国人大通过了《城市规划法》。总之，自十一届三中全会以后，中国的城市规划与建设得到了全面恢复，且开始步入法制的轨道，城市规划的观念、内容、方法、手段也开始发生深刻的变化。与此同时，全国及各省市都设立了城市规划设计院，健全了城市建设管理机构，而且城市规划与建设学科也得到突飞猛进的发展，各类城市建设专业人才得以全面培养。进入 20 世纪 90 年代以后，中国城市建设进入了一个更快的发展阶段。但同时，也出现了一些不正常现象，大工程、大项目、大广场、欧陆风比比皆是，甚至动不动就搞“国际性城市”，还出现了名目繁多的“别墅区”“开发区”，在很大程度上造成土地的滥占、生态的破坏和资金的浪费。因此，还需要不断健全和城市规划与建设相关的法律建设。进入 21 世纪以来，中国城市的规划与建设出现了一些新的变化，具体体现在以下几个方面。

(1)城市规划与建设的信息化

自进入 21 世纪以来，信息时代前进的步伐不断加快，而城市规划与建设为了适应时代发展的要求，也逐渐走向了信息化。城市规划与建设的信息化是对信息时代城市规划与发展方向的描述，其本质是对物质城市及其相关现象统一的数字化重现和认识，是用数字化的手段来处理、分析和管理整个城市，促进城市的人流、物流、资金流、信息流、交通流的通畅、协调。

当前，为了适应信息化时代的要求，城市规划与建设对信息高速公路、空间数据基础设施建设越来越重视，并意图建成以信息高速公路为主构成的信息基础设施作为基本的支撑平台，以空间数据基础设施为支撑平台的信息化城市。

(2)城市规划与建设的低碳化

自进入21世纪以来，环境资源问题日益严峻，使得人们不得不对原有的生存空间、生活方式和价值观念进行反思。而随着人们环保意识、生态意识的普遍高涨，要求城市规划与建设低碳化即建设低碳城市的呼声也越来越高，并逐渐成为21世纪城市规划与建设的重要内容之一。

①低碳城市的概念。

所谓低碳城市，就是以低碳理念为指导，以城市空间为载体，以低碳产业为主导，通过一系列政策、技术、管理措施，在保证居民生活质量不断提高的前提下，建立碳减排城市发展模式，达到经济发展过程中代价最小化、人与自然和谐相处等目标。

要特别指出的是，低碳城市既不是生态城市，也不是绿色城市。因为生态城市和绿色城市是从城市宏观环境入手，侧重于整体环境的营造，其中绿色城市偏重于环境方面，生态城市偏重于系统层次，两者大体一致；而低碳城市对大气中其他元素和污染物、水资源、土壤质量、生物多样性等都没有要求，只强调减少碳排放，侧重于低能耗和新能源利用，而这只是生态城市的一个方面。

②低碳城市的构成。

具体来说，低碳城市是由以下五个方面构成的。

第一，利用新能源。面对即将到来的能源危机，全世界都已经认识到了采取开源节流战略的重要性。所谓开源节流战略，就是一方面节约能源，另一方面开发和利用新能源，如氢能、风能、水能、生物能、海洋能等。其中，开发和利用新能源受到了越来越多国家的重视。

第二，实行循环经济和清洁生产。要想实现低碳生产，就必须实行循环经济和清洁生产。其中，循环经济是一种与环境和谐的经济发展模式，要求把经济活动组织成一个"资源—产品—再生资源"的反馈式流程，要求所有的物质和能源在经济和社会活动的全过程中不断地进行循环，并得到合理和持久的利用，以把经济活动对环境的影响降低到最小程度。清洁生产贯穿在资源的开采、产品的生产和使用以及废弃物的处置等过程中，目的是最大限度地提高资源和能源的利用率，最并大限度地减少它们的消耗和污染物的产生。因此，要想建设低碳城市，必须要实施循环经济和清洁生产。

第三，进行绿色建筑的建设。所谓绿色建筑，就是既能最大限度地节约资源、保护环境和减少污染，又能为人们提供健康、适用、高效的工作和生活空间的建筑。而在进行绿色建筑的建设时，可以从以下几个方面着手：其一，建立建筑节能政策与法规；其二，研究建筑节能设计与评价技术、供热计量控制技术等；其三，在住宅建筑中应用可再生能源等新能源和低能耗、超低能耗技术与产品；其四，推广建筑节能，促进政府部门、设计单位、房地产企业、生产企业等就生态社会进行有效沟通。

第四，进行科学的城市规划。科学的城市规划是建设低碳城市的第一步，而在进行科学的城市规划时，可以从以下几个方面着手：其一，进行科学的产业规划，降低高碳产业的发展速度，提高发展质量；加快经济结构调整，加大淘汰污染工艺、设备和企业的力度；提高各类企业的排放标准；提高钢铁、有色、建材、化工、电力和轻工等行业的准入条件。其二，进行科学的交通规划，低碳城市的交通规划可以从两个方面来实现，一方面是控制私人交通出行的数量，如果这个数量是下降的，那么在单位排放一定的情况下，城市交通的碳排放就会降低；另一个方面是降低单位私人交通工具的碳排放，如果私人交通出行的数量是一定的，那么只要持续降低单位汽车的碳排放，就可以降低整个城市交通的碳排放。

第五，进行绿色消费。要积极倡导和实施一种低碳的消费模式、一种可持续的消费模式，在维持高标准生活的同时尽量减少使用消费能源多的产品。从日常生活做起，进行合理消费，节省含碳产品的使用，实行可持续的消费模式，就可以实现建设低碳城市的目的。

③低碳城市建设的关键。

一般来说，城市规划与建设具有刚性性质，一旦形成就很难改变，并会对城市的经济活动、生产方式、生活方式、生态环境等方面产生深远影响。如果一座城市在规划建设开始就不合理，那么在其以后的运行过程中实现碳减排就会很困难。因此，科学合理的城市规划担负着建设低碳城市的重要角色，是建设低碳城市的关键。

（二）现代城市规划与建设的任务

1. 现代城市规划的任务

现代城市规划的任务，就是根据国民经济的发展计划，在全面研究区域经济发展的基础上，根据历史和自然条件，确定在什么地方建设城市、建设怎样性质和规模的城市。同时，在城市功能布局上要解决好如何满足生产、生活的需要，使各项建设具备可靠的技术、经济性能，为居民创造一个生活舒适、景色宜人的城市环境。这就必须认真地编制城市规划，并以城市规划为依据，进行城市建设和管理。

2. 现代城市建设的任务

现代城市建设的任务，就是根据国家城市发展和建设方针、经济技术政策、国民经济和社会发展长远计划、区域规划以及城市所在地区的自然条件、历史情况、现状特点和建设条件布置城市体系，确定城市性质、规模和布局；统一规划、合理利用城市土地；综合部署城市经济、文化、基础设施等各项建设，保证城市有秩序地、协调地发展，使城市的发展建设获得良好的经济效益、社会效益和环境效益。

下篇　建筑的设计方法

第七章　建筑设计概述

建筑设计是科学和艺术的结合，优秀的建筑是通过智慧、经验以及敏感性的融合而产生设计概念，每一座建筑物的设计都应当有它自己的灵魂。

第一节　建筑设计的内涵

建筑设计是指人类为了满足一定的建造目的而进行的设计，它能够使具体的物质材料在技术、经济等方面可行的条件下形成具有审美对象的建筑形式。在本节内容中，我们将对建筑设计的内涵进行简要介绍。

一、建筑设计的属性

建筑设计不是简单地绘图，它具有一定的属性，这些属性主要包括以下几方面。

(一)建筑设计是一种创作

建筑设计师的创作活动就像作家、音乐家、艺术家所从事的工作一样，是一种主观世界的创作活动，只是他们创作的手段和成品不一样。同时，建筑设计师的创作活动也像其他形式艺术一样不是简单的直线形的，即不完全是理性的，它是理性思维与情感思维的结合，即是逻辑思维与形象思维的结合。可以说，好的建筑设计不是脱离实际的想象或突然间的灵感迸发，而是来源于建筑设计师对生活的独特而深刻的理解；来源于建筑设计师对所有的解决矛盾的可能形式的深刻的理解；来源于建筑设计师自身文化历史的底蕴和丰富的创作经验；来源于建筑设计师的好奇心、超时性、自发的追求以及敏锐的观察能力，观察事物、观察人和观察形形色色的人的行为等多方面的能力。可以说，建筑设计是一个创作的过程，创造性是建筑设计的灵魂。

(二)建筑设计是工程实践的过程

与其他文学艺术创作不同，建筑设计是一项工程设计，它设计的目的是为了付诸工程实践，是为了最终把房子按照设计建造起来。因此，它不是纸上谈兵，是在实施的过程中不断设计、不断创作的过程。为了使建筑工程能够顺利地实施，设计时必须综合考虑技术、经济、材料、场地、时间等各方面的要素，以便设计更经济、合理、安全。

(三)建筑设计是一个综合的过程

建筑具有综合性的特点，这是显而易见的，其主要表现在以下几方面。

第一，建筑物是人、社会和自然多方面的错综复杂矛盾的综合体。一个建筑设计充满着各种各样的矛盾，它既要满足使用上的要求，又要考虑结构与设备的合理，既要适用、经济，又要造型美观，设计者有时甚至还会在某些工程项目创作中追求本身在功能与形式当中更深一层的意义。

第二，建筑设计是一项综合性很强的工作。建筑设计师在设计不同类型的建筑时需要了解不同类型建筑的功能及其运行管理情况。例如，建筑设计师在设计医院建筑时，就需要了解一些建筑以外的与医疗相关的专业知识，如医院及各科室的运行管理模式，手术部医师与护理人员的行为模式，新医疗技术的运行模式及对建筑的要求等。另外，设计医院时还需要了解各部门的行为，不同类型的医院有不同的人为活动，会因特殊的使用者、特殊的医疗方式有特殊的要求。

第三，在设计过程中，建筑设计又是先行的工种，建筑设计师在整个工作过程中需要不断地综合、解决来自不同专业、不同工种各个方面的要求和矛盾，这就要求建筑设计师具有很强的组织能力、综合能力和协调能力。任何一位建筑设计师在实际工作中，所要面临的工作领域和必须接触沟通的人，都是十分广泛而复杂的。从接受设计任务谈项目开始直到工程竣工验收，都要消耗大量时间和精力处理各类大大小小的工程问题、管理问题、经济问题及人际关系等。因此，建筑设计师不仅是一个工程设计的主导者，更是各种观念和意见的协调者。就是在同一项工程设计中，不同专业的设计师的意见，经常相互冲突，如何在优化中权衡得失，协调各种矛盾，做出可以使各方都能接受的，又能满足各种要求限制的解决方案，这都是对建筑设计师能力的考验。可见，一个建筑设计师除了要有较强的本专业知识外，广泛的知识面和生活经验也是至关重要的。

二、建筑设计的要求

建筑设计需要满足以下几方面的要求。

(一)符合总体规划要求

单体建筑是总体规划中的组成部分，单体建筑应符合总体规划提出的要求，如与原有建筑风格的协调、与道路走向和基地面积大小等条件的统一等。

(二)具有良好的经济效果

建筑设计应进行多因素的综合分析、多方案比较，重视经济领域的客观规律，讲究经济效果，使建筑功能要求、技术措施与造价协调统一。

(三)采用合理的技术措施

建筑设计要根据建筑空间组合的特点，选择合理的结构类型、施工方案，以满足建筑物的安全、耐久性要求，并方便施工。

(四)满足建筑的功能要求

建筑设计应满足建筑物的功能要求，为人们的生活和生产活动创造良好的环境，是建筑设计的首要任务。

（五）考虑建筑的美观效果

建筑设计要努力创造具有时代精神的建筑空间组合与建筑形象，满足人们对建筑物在美观方面的要求。

三、建筑设计的程序

建筑设计的程序通常会包括初步设计、技术设计以及施工图设计三个阶段，但是需要指出的是，在进行设计之前还需要做好前期的准备工作，以保证建筑设计的顺利进行。

（一）建筑设计前的准备工作

1. 熟悉建筑设计任务书

建筑设计任务书是设计工作的基础性文件，一般包括以下几方面的内容。

（1）建筑项目总的要求和建造目的的说明。

（2）总投资和单方造价。

（3）建筑物的使用要求、建筑面积和各房间的面积。

（4）建设基地范围，周边原有建筑、道路、环境和地形图。

（5）水源、电源、气源接用许可文件。

（6）供电、供水、采暖和空调设备等方面的要求。

（7）设计期限和项目建设进度要求等。

2. 进行调查研究

（1）了解当地传统建筑形式、建筑习惯做法和文化传统等，使拟建建筑物与当地建筑风格协调统一。

（2）了解项目所在地建筑材料的品种、性能、规格和价格等资料，掌握当地施工技术和相关的设备条件。

（3）对拟建建筑物的同类建筑的使用情况进行调查，通过分析、总结，使设计更加完善、合理。

（4）进行现场勘查，了解基地和周围环境状况，核对现有资料与基地状况的符合程度。

3. 搜集设计资料

建筑设计前需要搜集以下一些设计资料。

（1）定额指标，包括国家或地方有关的定额指标，如面积指标、用地定额和材料定额等。

（2）气象资料，包括项目所在地区的气温、日照、湿度、雨雪、风向、风速及冻土深度等。

（3）地形、地质水文资料，包括基地地形、高程、土壤种类及承载力、地下水位和地震烈度等。

（4）设备管线资料，包括基地的地下给水、排水、电缆等管线布置，架空线等供电线路情况。

(二)初步设计阶段

初步设计是在充分做好设计前准备工作的基础上，提出设计方案，通过方案的比较、优化，综合确定比较合理的方案。通常来说，初步设计包括以下几部分内容。

1. 设计说明书

设计说明书用以说明设计方案的主要意图、主要结构特点和各专业需说明的问题及主要经济技术指标等，其主要包括设计总说明书和各专业设计说明书。

2. 设计图纸

设计图纸包括建筑总平面布置图、各层平面图、主要立面图和剖面图。

(1)建筑总平面布置图通常用来表明建筑物在基地上的位置、标高、道路、绿化和建筑物的轮廓尺寸、层数等参数，常用的比例为 1：500～1：2 000。

(2)各层平面图、主要立面图和剖面图用来标示出建筑物平面和空间的组合形式、结构形式和造型，应标明建筑物的主要尺寸、层高、房间名称、门窗和家具、设备的位置等。

除了以上内容外，初步设计还会包括主要材料及设备表、工程概算书等内容，另外，根据设计任务的需要，有时还需要做建筑模型或建筑透视图。

(三)技术设计阶段

技术设计阶段也称为扩大初步设计阶段，它以初步设计为基础，主要解决、协调和确定建筑设计各工种之间的技术问题。需要指出的是，技术设计阶段的工作在不太复杂的工程中可以并入到初步设计阶段和施工图设计阶段完成，也就是说，不太复杂的工程可以包括初步设计和施工图设计两个阶段。

(四)施工图设计阶段

施工图设计的主要任务是满足施工要求，施工图设计文件主要包括以下内容。

1. 设计说明书

设计说明书包括设计依据、建筑面积、设计规模、主要结构类型、建筑相对标高与总图绝对标高的关系、建筑装饰做法及用料等必要的说明。

2. 总平面图

总平面图应标明测量坐标网和基地上建筑物、道路及主要设施的所在位置和标高。常用的比例为 1：500～1：2 000。

3. 各层平面图

各层平面图常用的比例为 1：100～1：200。

4. 立面图

立面图一般应根据图纸表达的需要，绘制多个方向的立面图。常用的比例为 1∶100～1∶200。

5. 剖面图

剖面图应选择内外空间变化复杂、具有代表性的剖面位置，如楼梯间、层高不同或层数变化的位置。常用的比例为 1∶100～1∶200。

6. 详图

详图是对平、立、剖面施工图中某些构造做法、装饰处理等不能清楚表达的部分的详细表示。常用的比例有 1∶1，1∶5，1∶10 和 1∶20 等。

除了以上内容外，结构及设备计算书、工程预算书等也是施工图设计文件中应包括的内容。

第二节　建筑设计的内容与依据

一、建筑设计的内容

建筑设计的内容通常包括建筑设计、结构设计以及设备设计三个方面。

(一)建筑设计

建筑设计是房屋设计的龙头，并与建筑结构和建筑设备相协调。在进行建筑设计时，应由建筑设计师根据建设单位提供的设计任务书，综合分析建筑功能、建筑规模、基地环境、材料设备、结构施工、建筑经济和建筑美观等因素，在满足总体规划的前提下提出建筑设计方案，并逐步完善，直到完成全部的建筑施工图设计。

(二)结构设计

在进行结构设计时，应由结构工程师在建筑设计的基础上合理选择结构方案，确定结构布置，进行结构计算和构件设计，完成全部的结构施工图设计。

(三)设备设计

在进行设备设计时，应由各相关专业的工程师根据建筑设计完成给排水，电气照明，采暖通风，通信、动力及能源等专业的方案，设备类型和布置、施工方式，并绘制全部的设备施工图。

需要指出的是，虽然在建筑设计中各专业设计分工明确，但它们是以建筑设计为基础的整体。各专业间应密切配合，反复修正，以达到适用、安全、经济和美观的效果。

二、建筑设计的依据

建筑设计的依据主要包括以下几方面。

(一)人体尺度和人体活动的空间

人体尺度和人体活动所需要的空间是建筑平面和空间设计的主要依据。建筑中房间大小、门洞尺寸、走廊宽度、楼梯踏步和宽度等都是依人体的基本尺寸和活动人数确定的。由于我国地域广阔、人口众多,不同地区人体的尺度会略有差异,一般人体尺度和人体活动所需的空间尺度,如图 7-1 所示。

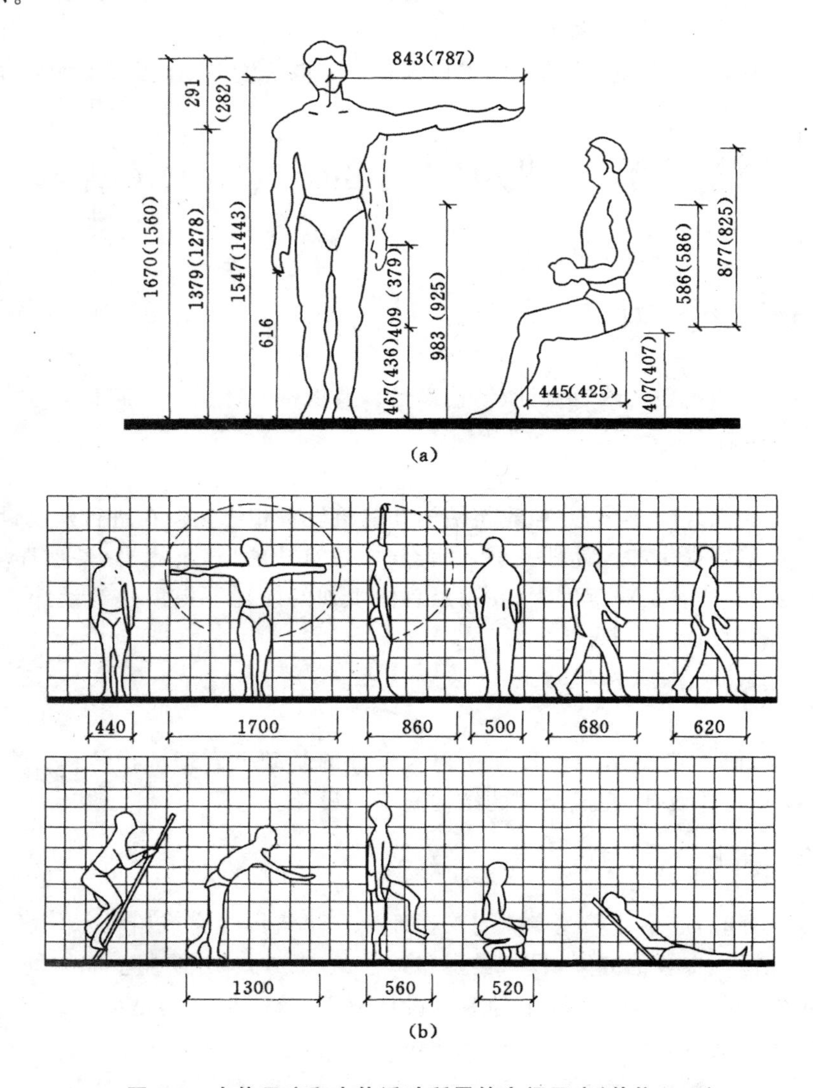

图 7-1　人体尺度和人体活动所需的空间尺度(单位:mm)

(a)人体尺度(括号内为女子人体尺度);(b)人体活动所需空间尺度

(二)建筑设计规范的规定

建筑设计规范、规则和通则反映了国家现行政策和经济技术水平，是建筑设计必须遵守的准则和依据。我国建筑设计规范非常多，一般分通用性和专项性两类，建筑设计人员从事建筑设计时必须熟悉有关的设计规范规定，并严格执行。

(三)自然条件的影响

自然条件对建筑设计具有重要影响，在进行建筑设计时必须予以考虑。具体来说，影响建筑设计的自然条件主要包括以下几方面。

1. 气候条件

湿度、温度、日照、风向、风速和雨雪等气候条件，对建筑物的设计有着直接的影响。例如，炎热地区的建筑物应开敞通透，有利于通风、散热；而寒冷地区的建筑物则应有紧凑的体形，以利于保温，减少热量损失。

2. 水文条件

水文条件是指地下水位的高低和地下水的性质。地下水位的高低，是决定基础埋置深度的因素之一；地下水的性质会决定建筑物基础是否需做防腐处理。

3. 地形

地形对建筑设计也具有一定的影响，例如，对地形起伏大的基地，采用错层等方式进行空间组合，可减少挖掘土方的工程量并丰富建筑空间。

4. 地质特征和地耐力

地质特征和地耐力的大小直接影响到建筑结构形式和基础类型，对平面和空间组合也会产生相当的影响。

5. 地震烈度

地震烈度是指地面建筑物受地震破坏的程度，地震烈度的大小与地震震级、震源深度、距地震中心的距离及场地土质等有关。一次地震的发生可以有不同的地震烈度区，一般距地震中心越远，破坏性就越小。地震烈度一般划分为12度，在烈度为6度及以下地区，地震对建筑物的损坏影响较小；9度以上地区一般不宜进行工程建设。建筑物抗震设防的重点是地震烈度为7、8、9度的地区。

(四)环境条件的影响

环境条件主要是指建设基地的方位、形状和面积，基地周围的绿化与自然风景，基地原有建筑、管网设施以及城市规划部门对该建筑的要求等，这些都对建筑设计具有一定的影响。

(五)家具和设备要求的空间

合理地选择家具和设备在房间中的摆放位置,并考虑其周边的必要使用空间,是确定房间使用面积和几何形状、尺寸的重要依据。常用家具尺寸如图 7-2 所示。

图 7-2　常用家具尺寸(单位:mm)

第八章　建筑平面的设计方法

建筑平面表示建筑物在水平方向房屋各部分的组合关系。由于建筑平面通常较为集中地反映建筑功能方面的问题，一些剖面关系比较简单的民用建筑，它们的平面布置基本上能够反映空间组合的主要内容，因此，建筑平面的设计是建筑设计中的主要组成部分。在本章内容中，我们将主要对主要房间平面的设计方法、辅助房间平面的设计方法和交通联系部分平面的设计方法进行阐述。

第一节　主要房间平面的设计方法

一、主要房间概述

(一)主要房间的内涵

主要房间，即直接建筑物使用的主要空间，换句话来说，就是建筑内与主要使用功能息息相关的房间，如行政建筑物的办公室，学校建筑的教室、实验室，医院建筑物的病房、诊室，演出建筑物中的观众厅、舞台，博览建筑物等。

(二)主要房间的分类

根据主要房间的功能要求，可以把主要房间分为以下三类。

(1)生活用房间：住宅中的起居室(图 8-1)、卧室、旅馆和旅馆中的客房等。

(2)工作、学习用房间：各类建筑物的办公室，学校中的教室、实验室等。

(3)公共活动房间：商场的营业厅(图 8-2)、影剧院的观众厅等。

图 8-1　住宅中的起居室

图 8-2　商业营业厅

二、主要房间平面的具体设计方法

（一）主要房间的设计要求

一般说来，生活、工作和学习用的房间要求安静、少干扰，由于人们在其中停留的时间相对较长，因此希望能有较好的朝向；公共活动房间由于人流比较集中，通常出入频繁，因此室内人们活动和通行面积的组织比较重要，特别是人流的疏散问题较为突出。具体来说，主要房间需要满足以下几个设计要求。

1. 要满足房间使用特点的要求

主要房间随着用途的不同，往往具有不相同的使用特点，因此在设计时必须满足这些特点的要求。例如，旅馆建筑中的客房，居住对象具有流动性、临时性的特点，因此不需要太大的面积，而集体宿舍中的寝室、其居住对象是职工或学生，居住者具有长期性、固定性的特点，因此，在决定房间大小时，要考虑到都要放置哪些生活、学习用品的需要。

2. 要满足室内交通活动的要求

不同用途的房间，对交通活动面积有不同的要求，如影剧院观众厅因座位安排较多，其通道只供交通活动需要，通常要按两人通行宽度考虑，即 1 100～1 200mm，而在住宅建筑中，兼起居活动的居室，由于全家团聚的需要，活动面积所占的相对比例则较大。

3. 要满足室内家具、设备布置的需要

主要房间需要布置与房间用途相适应的家具、设备，如卧室要求布置床、桌、椅、柜等，教室要求布置课桌、椅、黑板、讲台等。在进行设计时，要考虑而这些家具、设备的数量和尺寸。需要注意的是，为了方面使用，还需要在家具、设备旁留出必要的活动尺寸。

4. 要满足结构布置及施工要求

房间的平面形状、尺寸大小、门窗洞口的大小及位置等与结构布置和施工有着密切的关系，因此，在设计主要房间时，要考虑到结构布置的合理及施工的便利。

5. 要满足采光通风的要求

主要房间根据其用途的不同会有不同的采光要求，如阅览室、制图室要求光线充足、均匀；宿舍、居室的采光要求则低些，因此，在决定采光口尺寸和位置时，要保证室内具有满足使用要求的自然光线。保证室内通风就是要保证气流通畅，避免不通风的死角。因此，在设计主要房间时，一定要注意空气的流通，在夏季炎热的地区，还要注意形成穿堂风。

6. 要满足人们的审美要求

室内空间是人们长期工作、学习、休息的场所。人们对房间的审美要求是：大小适宜、比例恰当、色彩协调、门窗布置合理，使人产生舒适、愉快的感受。

(二)开间及进深的设计

确定开间及进深的设计需要考虑以下几个因素。

第一，要根据室内基本的家具和必备设备的布置来进行确定，需要满足人们在室内进行活动的要求。例如，在设计宾馆时，要考虑客房的家具、设备的大小及布置方式；在设计餐厅时要考虑餐厅桌椅的大小及布置方式等。因此设计时需进行调查研究，进行认真的分析，从而提出使用方便、舒适又经济的开间和进深。

第二，要考虑结构布置的经济性和合理性，同时要适应建筑面积定额的控制要求。为了提高建筑工业化的水平，进深和开间要采用一定的模数作为统一与协调建筑尺度的基本标准。模数分基本模数和扩大模数。《建筑统一模数制》中规定，基本模数为以 100mm，扩大模数有 300mm、600mm、1.5m、3m 和 6m 五种。确定了基本的结构布置尺寸后，房间的大小、基本上就是利用模数倍数的尺寸。同时，在统一了开间和进深以后，还要使每个房间的面积不超过定额的规定或任务书的要求。

第三，要考虑采光方式的影响。一般来说，单面采光的房间进深要小些，进深不大于窗子上口离地面高度的二倍；双面采光的房间进深要大一倍。采用天窗采光时，房间的进深则不受限制。

第四，要根据楼层上下不同使用功能的要求，考虑楼层的层数，楼层荷载大小，以及柱子的大小。例如底层和地下室若是车库，开间的大小就直接关系到停车位的经济安排。一般应设置三个或三个以上的车位，而以三个为多。若每个车位需 2.6m，那么三个车位就要 7.8m，也就是说二柱之间的净距离不小于 7.8m，加上柱子的宽度就是房间开间的尺寸，因此开间至少需不小于 8.4m(层数不多时)，若是高层，柱子更大，开间也就更大，可能要达到 8.7m 乃至 9.0m。

(三)层高的设计

在设计层高的时候要考虑以下几方面的因素。

1. 要考虑是否有利于采光、通风和保温

一般来说，进深大的房间为了采光而提高采光口上缘的高度，往往需要增大层高，否则光线不均匀，房间最深处照度较弱。另外，由于室内热空气上浮，需要足够的空间与室外对流换气，因此房间也不能太低，特别在炎热地区更应略高一点。需要注意的是，层高过高则会使室内空间太大，散热多，对冬天的保温不利，同时不经济。

2. 要考虑房间的不同用途

不同用途的房间，即使面积大致相同，它们的室内高度有时也不同。一般说来，公共性的房间如门厅、会议厅、休息厅等，以高一些为宜(3.5～5m)，非公共性的空间可以低一点；工作办公用房可适当高一点(3～3.5m)，居住用房可以低一点(3m 以下)；集体宿舍采用单层铺时可以低一些，采用双层铺时则应高一些；某些特殊用房则应根据具体要求来决定。例如陈列室的墙面需要挂字、画展品，因此，一般适宜的展区高度应该在 3m 以上，3.75m 以下。

3. 要考虑房间高与宽的合适比例

面积相差较大的房间，它们的室内高度也应有所不同。一般讲，面积大的房间，相应地高一点，面积小的房间则可低一些。只有这样，才能够给人以舒适的空间感。

4. 要考虑楼层或屋顶结构层的高度及构造方式

由于层高一般指室内空间净高加上楼层结构的高度，因此，在确定层高时要考虑结构层的高度。如果房间采用吊平顶时，层高应适当加高；或者当房间跨度较大，梁很高时，即使不吊平顶，也应相应增大层高，否则，也会产生压抑感；反之，则可低一点。梁高一般按房间跨度的1/12～1/8设置。

5. 要考虑空调系统及消防的设施

如果设计的是集中式的全空调房间，则房间的层高还必须考虑通风管道的高度及消防系统喷淋安装的要求。一般需 400～600mm 的高度。

6. 要考虑建筑的经济效果

实践表明，普通混合结构建筑物，层高每增加 100mm，单方造价要相应增加 1%左右。可见，层高的大小对节约投资具有很大的经济意义。尤其对大量性建造的公共建筑更为显著。所以大量建造的中小型的公共建筑，如中小学、医院、幼儿园，都应对层高进行控制。

(四)房间平面形状的设计

房间平面形状的设计，要综合考虑房间的使用要求、室内空间观感、整个建筑物的平面形状及建筑物周围环境等因素。房间平面形状既可以是矩形的也可以是非矩形的。但一般矩形平面较多。

具体来说，住宅、宿舍、办公、旅馆等民用建筑中，主要房间用途单一，相同类型的房间数量较多，一般无特殊使用要求，通常采用矩形平面的房间。这是因为，矩形平面形状能够满足使用要求，便于室内家具布置，便于平面组合，室内空间观感好，易于选用定型的预制构件，有利于结构布置和方便施工。而对于一些具有特殊要求的房间，则多采用非矩形平面。例如，影剧院的观众厅及体育馆的比赛大厅等房间，由于空间较大，使用中要求看得清楚，听得清晰，为了保证视线与音响效果，多采用钟形、扇形、六边形等非矩形平面形状。另外，在某些情况下，为了改善房间朝向，避免东西晒或为了适应地形的要求，或者是因平面组合的需要，或者是因为建筑物的立面造型的需要，也会采用非矩形平面。需要指出的是，采用非矩形平面形状的房间时，内部空间处理、家具和结构布置都需要采取相应的措施，以便适应房间形状的要求。

(五)房间平面尺寸的设计

主要房间用途及规模不同，其大小也不同。具体来说，影响房间大小的因素主要有：房间用途、使用特点；房间容纳的人数，家具种类、数量及布置方式；室内交通活动；采光通风；结构经济合理性及建筑模数等。一般在实际的设计工作中，设计者需要对房间的使用要求有较为深刻的了解，之后确定房间的进深及开间，并根据不同的需要，确定不同房间的大小尺寸。在某些特殊的情况下，设计者也会以设计任务书提出的房间面积为依据，综合考虑各类房间的使用要求，再具体确定房间的进深和开间。除此之外，一些主要房间的还需要依据国家主管部门规定的有关标准，来确定具体的房间尺寸。例如，国家对医院建筑、中小学校建筑中各类房间的具体尺寸进行了规定，这些规定在一定范围内具有强制性，它是根据使用要求，长期实践经验及国家经济条件决定的，设计者应遵照执行。而有的建筑，如住宅、大专院校等，国家仅规定了每户或每人应占有的平均建筑面移积指标，房间面积的大小有一定的灵活性，设计者可以在控制总指标的前提下，根据实际需要对各类房间的大小，进行灵活处理。

在这里，我们主要对单一开间房间、多开间房间、多功能房间及灵活大空间房间的尺寸确定进行下阐述。

1. 单一开间房间平面尺寸的确定

对于仅有一个开间的使用房间（如宿舍、住宅中的居室、单间客房、单间办公室等），因其使用人数少，房间面积一般不超过 $20m^2$，其平面尺寸，主要根据有利于灵活布置家具及结构的经济合理性来确定，多用开间及进深的大小来表示。以住宅建筑中能够供一对夫妇及一个不满 12 周岁的孩子居住的大居室为例。虽然各户室内家具种类、规格、数量、布局方式不尽相同，但床在房间内占面积最大，因此，床的布设对房间的使用起决定作用。为了便于家具灵活布置，设计时大居室内的床位可沿开间方向布置，也可沿进深方向布置。当床位沿开间方向布置时，要考虑床的长度、门洞宽度、墙体厚度及模数要求，因此，开间尺寸不应小于 3.3m。当床位沿开间方向布置时，要考虑床的宽度，因此，其进深尺寸不应小于 4.5m。综合起来，这间大居室的最小尺寸应为3.3×4.5m。

从结构的经济合理性分析，单一开间的房间以用横墙承重比较适宜，这时开间轴线尺寸等于楼板的跨度。由于钢筋混凝土楼板的经济跨度不宜超过 4.2m，因此，对于砖混结构的房间来说，其开间上限应为 4.2m。

2. 多开间房间平面尺寸的确定

多开间房间的平面尺寸因使用要求及使用特征不同，房间平面形状、长宽尺寸也是不同的。一般来说，多开间房间平面尺寸多采用以下方法来确定。

(1)排列计算

排列计算适用于满足下列条件的多开间房间。

①房间的使用人数及家具排列较为固定。

②家具与使用人数成正比例关系。

以一间需要容纳50名中学生的普通教室为例。教室的主要使用特点是以听课为主。为保证学生的视、听质量,该教室需要满足以下几个要求。

第一,为保证教室前方布置黑板、讲台、讲桌,减少粉笔灰对学生健康的影响,并保证学生可以从讲桌前方通过,第一排桌前沿距黑板一般不应小于2m。

第二,为保证学生不至于产生眩光与斜视,第一排两侧学生看黑板远端的视线与黑板面所成夹角不宜小于30°。

第三,为保证最后一排学生在正常视力及采光照明条件下能看清黑板上100×100mm的字迹,最后一排学生距黑板不宜超过8.5米。

第四,为保证学生能够从纵向通道直接到达自己的座位,同时也为方便教师辅导每个学生,教室桌椅应尽量按2人一组安排,用矩形教室时,每排可安排8名;用方形教室时,每排安排8~10名学生。

第五,按桌椅规格及学生使用活动要求,排距要取900mm。桌长一般为1 000mm。

第六,为保证两个学生侧身通过或满足教师在辅导学生时不影响学生的书写,纵向通道宽度一般取550~650mm。

第七,考虑到通行与设门,倒数第二排与后墙距离,最小尺寸应为1 020mm。

根据上述要求,该间教室所需长度与宽度为:

宽度(即进深)=4×桌长+3×过道宽度+纵墙内表面到纵向定位轴线距离×2

=4×1 000+3×550+250×2

=6 550(mm)

因为6 550 mm不符合模数,调整为6 600mm,所以需要进行再次计算:

长度=2 000+(排数-1)×排距+1 020+横墙内表面到横向定位轴线距离×2

=2 000+6×900+1 020+120×2

=8 660(mm)

因为8 660mm也不符合模数,考虑到楼板的经济跨度,该教室可划分为三个开间,教室长度调整为9 000mm,即每个开间为3 000mm。

同理,对于观众厅、餐厅等均可通过排列计算求得房间的尺寸,所不同的是,各种房间局部尺寸要按各自的实用要求、家具排列及交通活动等确定。

(2)分析估算

分析估算多用于使用人数不固定、人与家具没有确定的比例的房间,如商业营业厅、剧院休息厅等。由于这类房间的要求与具体的而处理方式极为不同,要想得到这类房间的尺寸,可通过调查研究,分析估算有关数据,再结合建筑规模、基地现状及经济条件等予以确定。

以分析估算百货商店营业厅的平面尺寸为例。当为闭架售货时,单排柜台、营业员走道及货架需要的宽度常为1 750~1 950mm,顾客走道宽度需要通过调查研究才能够得知。对于小型商店来说,因顾客较少,除要考虑有顾客在柜台购买商品外,还应考虑2~3股人流通行所需的宽度。对于中型商店来说,应按4股人流通行来考虑。对于大型商店来说,要按4股以上人流通行考虑,因此柱网的尺寸是:小型商店单面布置柜台约为4 600~4 800mm,双面布置柜台约为6 500~6 700mm;中型商店约为7 000~7 400mm;大型商店约为7 500mm以上。确定了柱网以后,可以再结合需要的营业厅规模、基地现状,来确定营业厅的房间大小。

3. 多功能房间及灵活大空间房间尺寸的确定

有些房间如多功能大厅、多用途阶梯教室、不定期更换展览的展览室、可随使用需要能调整房间大小的大空间住宅，它们的共同特点是：房间在一定范围内是可以调整的。这类房间尺寸的确定，应以主要功能要求为依据，兼顾其他变化时的需要，以可拆装的隔墙、活动座椅、可移动的柜子等来调整房间大小。

(六)房间门的设计

房间门的设计包括确定房间门的数量及宽度、位置及开启方向。

1. 房间门的数量及宽度的确定

房间门的数量及宽度主要是由房间用途、房间大小、容纳人数多少、安全疏散及搬运家具或设备的需要决定的。当室内人数不少于 50 人，或者房间面积大于 $50m^2$ 时，按防火要求，必须设置 2 个门或者 2 个以上的门。出于安全疏散的考虑，观演类建筑门的数量要求较多。

不同建筑常用房间门尺寸如下。

(1)居住建筑

入户门宽：900mm、1 200mm。

房间门宽：900mm。

厨房门宽：800mm。

卫生间及储藏室门宽：700mm。

(2)公共建筑

教室、会议室等门宽：1 000～1 200mm。

2. 房间门的位置及开启方向

房间门的位置与开启方向应便于室内家具的布置，并尽可能缩小交通路线，减少房间穿套。具体来说，一个门的房间要根据家具的布置来考虑，如图 8-3 所示。

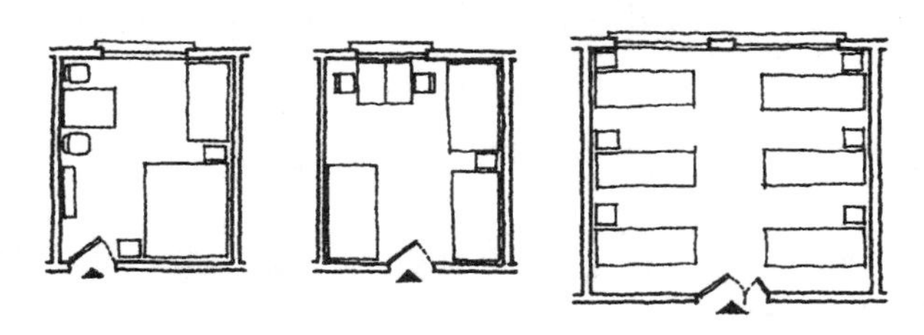

图 8-3　一个门的房间

两个门的房间要考虑室内的有效面积，如图 8-4 所示。

在图 8-4 中，(a)中门的位置及开启方向考虑欠妥，(b)、(c)中门的位置及开启方向比较合理。

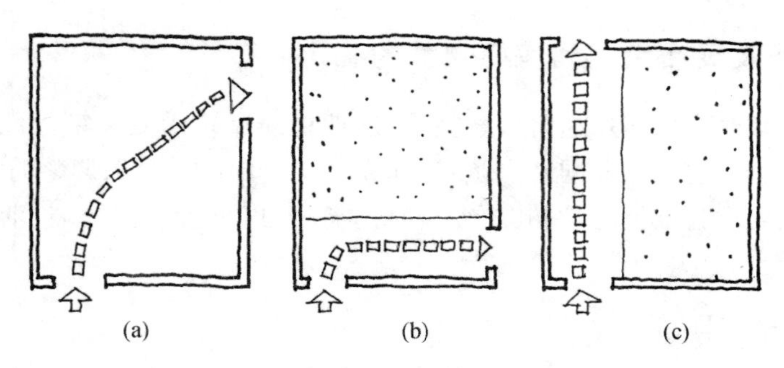

图 8-4　两个门的房间

多个门的空间要布置均匀，并与走道相连，门朝外开启，以快速疏散人流，如图 8-5 所示。

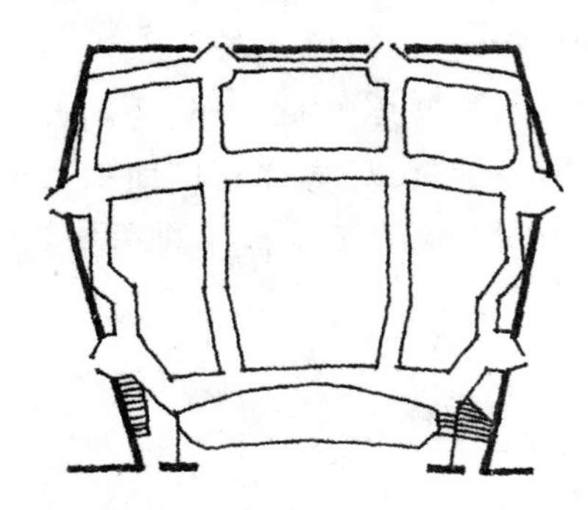

图 8-5　多个门的空间

相套房间的门要考虑到同时开启两个门的可能，防止两个门碰撞，如图 8-6 所示。

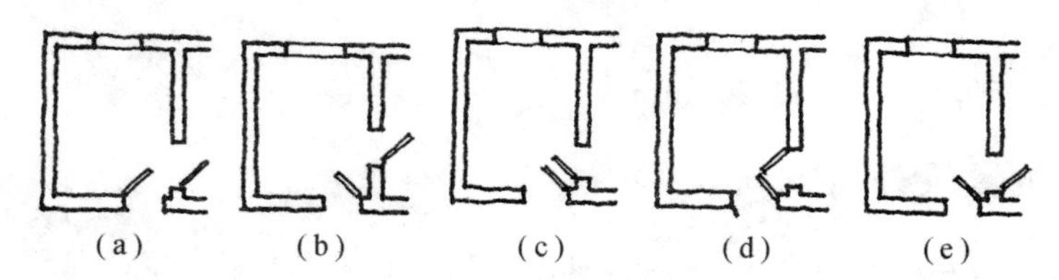

图 8-6　相套房间的门的位置及开启方向

在图 8-6 中，(a)、(b)中门的位置及开启方向比较合理，(c)、(d)、(e)中门的位置及开启方向不当。

(七)窗的设计

窗的大小和位置，要考虑室内采光、通风、立面美观、建筑节能以及经济等方面的要求。一般来说，窗的设计要注意以下几个问题。

1. 窗的大小

窗的大小是根据采光要求决定的。采光等级要求越高，窗越大。不同的建筑类型有着不同的采光要求，在这里我们主要介绍下民用建筑的采光要求。

据使用者工作要求的精细程度不同，从极精密到极粗糙，民用建筑采光等级可以分为 I、Ⅱ、III、IV、V 五级。要求越精密的房间，其窗地比也越大。

常用房间的等级和最低窗地比的情况如表 8-1 所示。

表 8-1　常用房间的等级和最低窗地比

常用房间类型	采光等级	最低窗地比
设计室、绘图教室等	I	1/4
阅览室、实验室等	II	1/5
办公室、教室等	III	1/6
起居室、卧室等	IV	1/7～1/8
走廊、楼梯间、仓库、储藏间等	V	1/10

2. 窗的位置

窗的位置的确定要保证光线的均匀，避免形成暗角和炫光，同时，也要保证房间的通风。一般来说，窗的位置要与门的位置配合好，形成穿堂风，如图 8-7 所示。

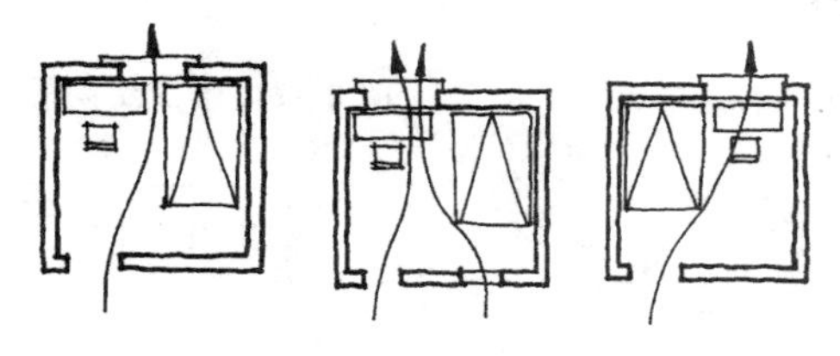

图 8-7　门与窗形成的穿堂风

（八）几种主要房间平面的设计方法

1. 医院病房的设计

医院病房的设计主要考虑病床的布置及医护活动。目前以 3～6 人病房占多数，少数为单人或 2 人病房。病房的床位都平行于外墙布置，在进深方面布置 2～3 张床，并要求可以自由推出。根据这些要求，病房开间不仅要考虑一张病床的长度，还要加上病床能推出的通道宽度，以及一定的空隙，因此一般为 3.3～3.6m。6 人的病房则考虑两个病床的长度加上中间的通道，一般用 5.6～6.0m，以 5.7m 居多。病房进深则应考虑 2～3 张床的宽度，加上床之间的距离，以便放置床头柜等供护理人员护理操作之用的物品。因此，3 人病房的开间及进深如图 8-8 所示，6 人病房的开间及进深如图 8-9 所示，8 人病房的开间及进深如图 8-10 所示。

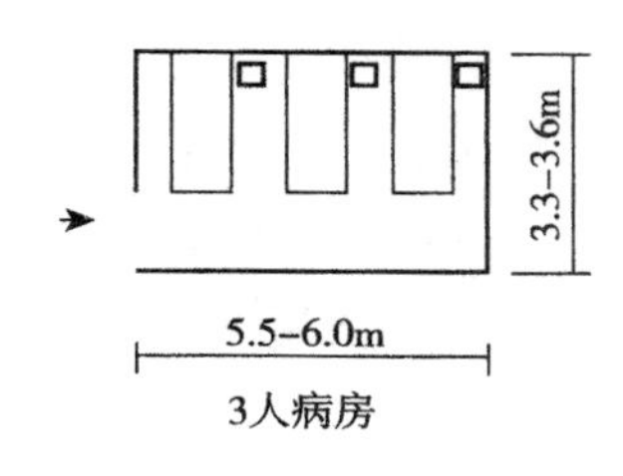

图 8-8　3 人病房的开间及进深

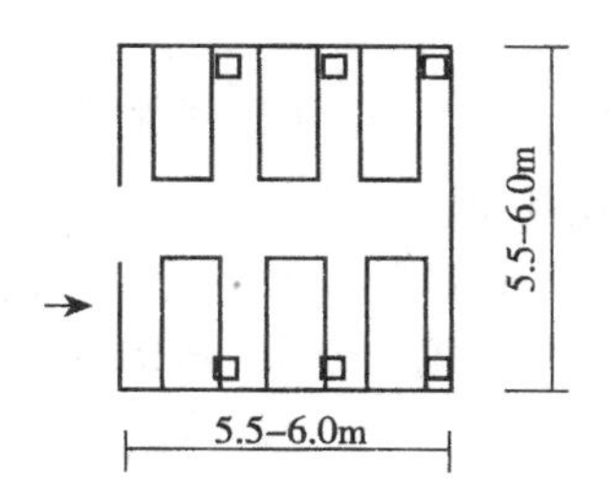

图 8-9　6 人病房的开间及进深

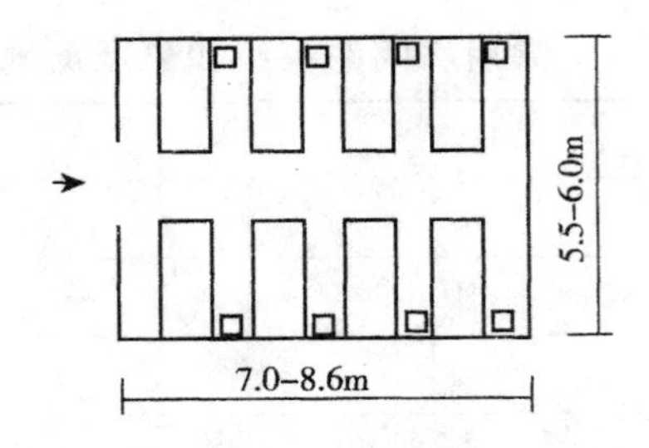

图 8-10　8 人病房的开间及进深

医院病房的平面设计主要有五种，其中，单人病房如图 8-11 所示，带卫生间的单人病房如图 8-12 所示，双人病房如图 8-13 所示，4 人病房如图 8-14 所示，大病房如图 8-15 所示。

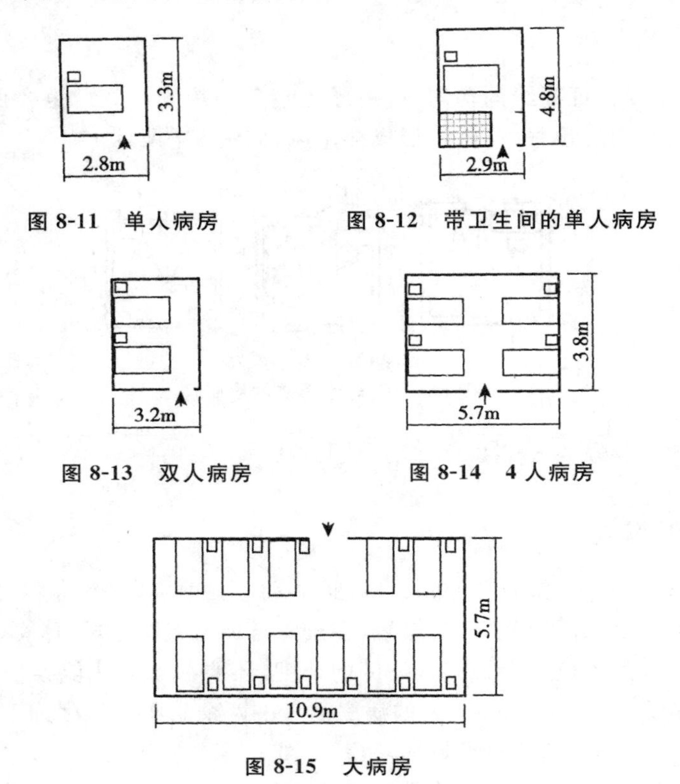

图 8-11　单人病房

图 8-12　带卫生间的单人病房

图 8-13　双人病房

图 8-14　4 人病房

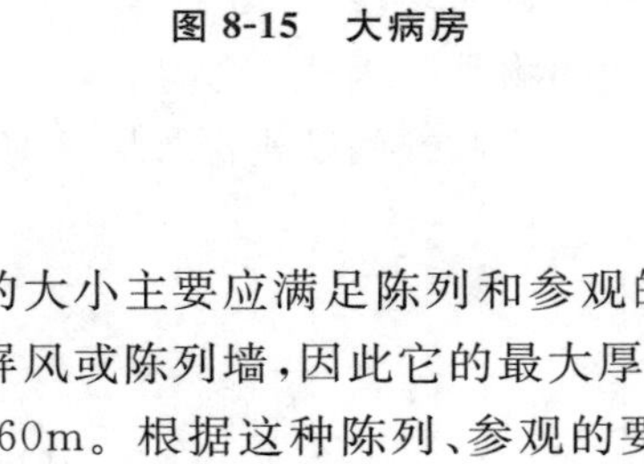

图 8-15　大病房

2. 陈列室的设计

陈列室的长度、宽度和高度的大小主要应满足陈列和参观的要求。一个开间应能成为一个小的展示空间，两侧需放置陈列屏风或陈列墙，因此它的最大厚度不大于 600mm，多半与柱子同宽或少于它，最大视距不超过 2.60m。根据这种陈列、参观的要求，柱子开间宜采用 6.0m 较合适（图 8-16）。目前，一般采用的是 4.0m、5.0m，6.0m 及 8.0m 几种。其中 4.0m 及 5.0m 适用于小型陈列馆，6.0～8.0m 适应于大型展览馆。

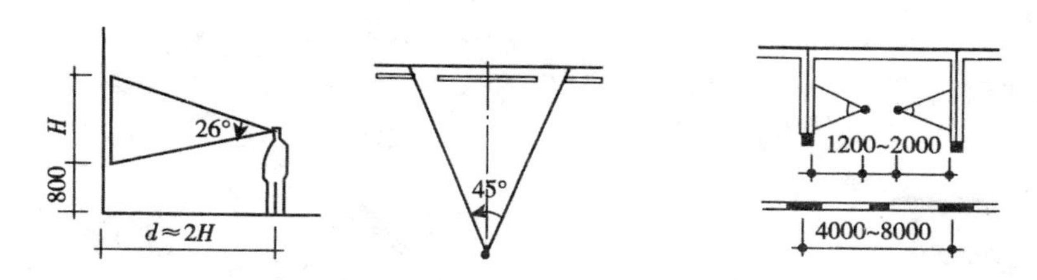

图 8-16　陈列室开间的确定(单位:mm)

陈列室的跨度主要决定于陈列室的布置方式。一般来说,陈列室最小跨度单行布置时不小于 6m,双行布置时不小于 9m,三行布置时不小于 14m。

陈列室的高度取决于陈列室的性质、展品的特征、采光方式及空间比例等因素,一般为 4～6 m,工农业展览馆或当代的会展中一心,其展厅要更高大一些。

3. 阅览室的设计

阅览室是空间较大的使用房间,其开间与进深主要决定于阅览桌、椅的大小及排距,以保证读者坐、站、行等活动要求。它们的长度并非只一个开间,而是几个开间相连,但是关键还是决定一个开间的大小。它们也是根据不同的用途,考虑家具设备的布置及人在里面进行活动的要求。目前,一般采用双面 6～8 人的阅览桌,为了保证侧面光线,阅览桌都垂直于外墙布置。通常每开间布置 2～3排阅览桌。因此阅览室的开间应是阅览桌排距的倍数,通常为 2～3 倍。根据调查,阅览桌中一中的排距一般为 2 500～2 800mm,因此阅览室的开间应为它们的倍数,以7 500～8 400mm 为多(图 8-17)。阅览室的跨度则根据采光方式决定,单面采光不应该大于 9m,双面采光可在 15～18m之内,甚至可更大一些,如 21～24m。

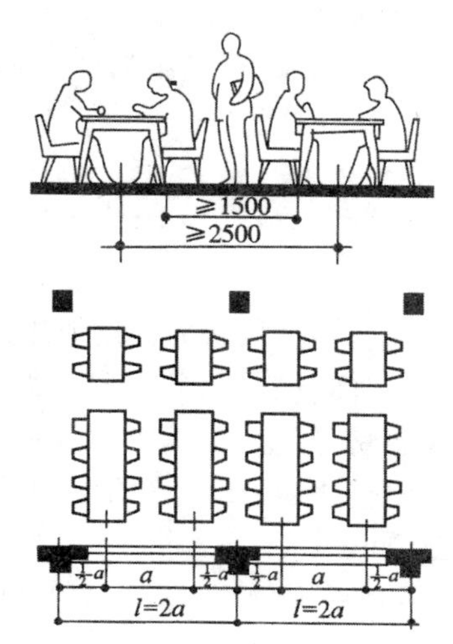

图 8-17　阅览室开间的确定(单位:mm)

4. 宾馆或招待所客房的设计

客房的设计主要根据客房居住人数,需设几张床位来确定。目前一般标准的客房为两张单人床,常称“标准间”,少数为单间,还有双间套间、三间套间等,最豪华的还有总统间。标准间都附设有卫生间,房间内有床、床头柜、电视机,甚至有冰箱、行李架,还有桌椅、工作台、茶几等设施。一般床铺宽为900～1 000mm。长1 950～1 970mm，按照宾馆星级标准，开间大小应有不同的要求，但至少应不小于4.0m，进深则以4 800～6 200mm为多。图8-18为标准住客房的开间与进深。

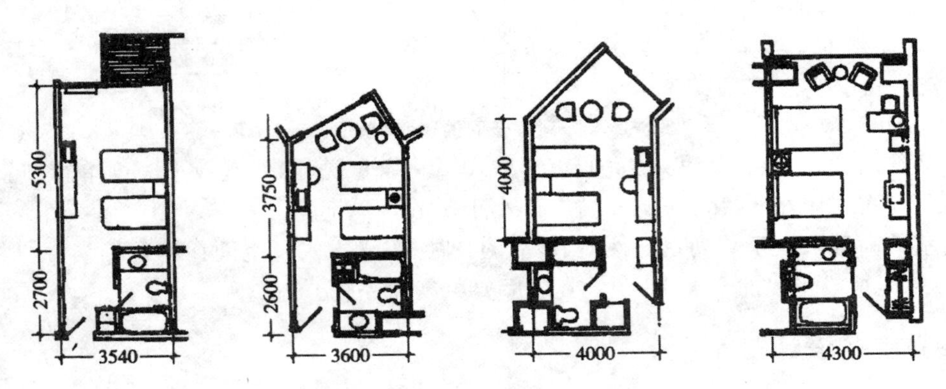

图8-18　标准住客房的开间与进深(单位:mm)

宾馆或招待所客房的层高一般在2.7～3.3m，集中空调的客房，层高要高一些，恰当地确定层高对充分发挥投资效果有较大的影响。

第二节　辅助房间平面的设计方法

辅助房间是用建筑中不可缺少的一部分，如果设计不合理，对整个房屋设计往往会造成很大影响，所以辅助房间的设计也是建筑设计中不可忽视的一部分。辅助房间平面设计的原理、原则和方法与主要房间平面设计基本一致，其不同在于房间的空间大小和尺度受室内设备的影响很大。

一、辅助房间概述

任何建筑除了基本使用房间外，还有很大数量的辅助使用空间，主要提供辅助服务功能。辅助房间包括行政管理用房、盥洗室、卫生间、供应服务用房及设备用房等。例如宾馆、托儿所、幼儿园中的厨房、洗衣房、锅炉房、通风机房、库房、车库等附属用房。不同类型建筑物的辅助房间的形式、大小都不尽一致，但是用得比较普遍、比较多的辅助助房间是厕所、浴室、盥洗室、厨房等。这里主要介绍公共建筑中的卫生间。

公共建筑物中卫生间的组成包括有厕所、盥洗室、浴室及更衣、存衣等部分，可以分为以下三种情况。

(1)仅设有公共男、女厕所，如一般办公楼、学校、电影院，供学习、工作及文化娱乐活动的公共建筑。

(2)设有公共卫生间，即不仅设有公共厕所，而且还设有公共盥洗室，甚至设置公共浴室。如一般的托儿所、幼儿园、中小型旅馆、招待所、医院等附有居住要求的公共建筑。此外火车站，由于解决夜间行车顾客的生活问题，也设有公共洗脸间。剧院化妆室、体育馆运动员室也要求有盥洗室和淋浴间。

(3)设有专用卫生间，如标准较高的宾馆、饭店、高级办公楼及高级病房、疗养院等建筑。每间客房或病室都设有一套专用卫生间，包括盥洗池和浴缸及便器等卫生洁具。

二、辅助房间平面的具体设计方法

(一)卫生间的设计要求

卫生间的设计需要考虑卫生防疫、设备管道布置等要求。住宅和公共建筑内的卫生间的设计要求各有侧重。住宅卫生间设计要求将在本书第十二章有所介绍，这里主要介绍公共卫生间的设计要求。

公共卫生间不应直接布置在餐厅、食品加工、变配电所等有严格的卫生要求或防潮要求的用房的上层，并且内设洗手盆，宜设置前室。此外，还应遵循以下要求。

第一，在满足设备布置及人体活动的前提下，力求布置紧凑、节约面积。

第二，公共建筑中的卫生间应该有天然采光和自然通风。

第三，为了节约管道，厕所和盥洗室宜左右相邻，上下相对。

第四，卫生间位置既要隐蔽，又要易找。

第五，要妥善解决卫生间的防火、排水问题。

(二)卫生设备的选择和组合设计

1. 卫生设备的种类及选择

常用卫生设备包括坐式大便器、蹲式大便器、洗手盆、小便槽、小便斗、污水池等，其一般尺寸如图 8-19 所示。

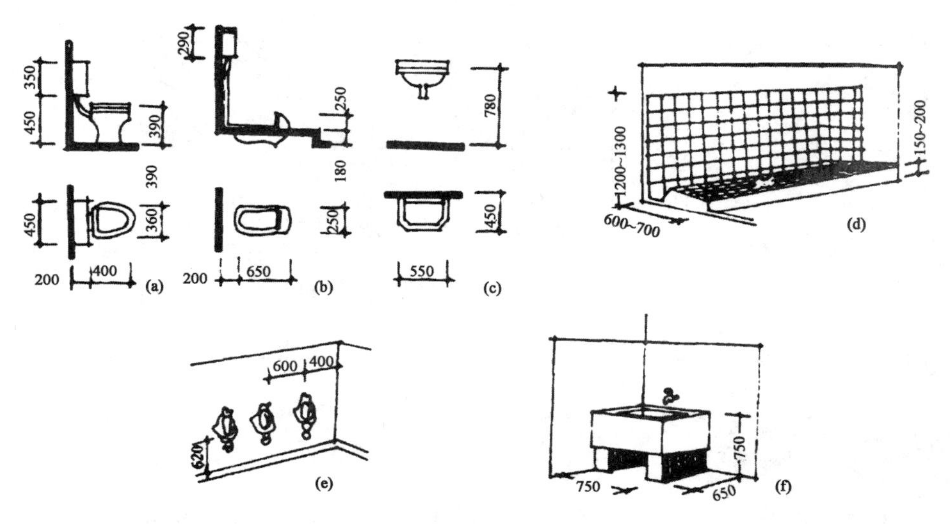

图 8-19　常用卫生设备及尺寸(单位:mm)

(a)坐式大便器;(b)蹲式大便器;(c)洗手盆;(d)小便槽;(e)小便斗;(f)污水池

卫生间选择因建筑用途、规模、标准、生活习惯的不同而有所差别。一般住宅和宾馆的标准间常选用:坐式大便器、洗手盆、浴缸(或淋浴房)。公共卫生间常选用:蹲式大便器、洗手盆、小便斗(小便槽)、污水池等。标准较低的集体宿舍的公共卫生间多采用小便槽,而标准较高的宾馆,其公共卫生间内会增设烘手机等设备,面积较大的住宅中,其卫生间设计也会考虑洗衣机的放置。

2. 卫生设备的数量标准

卫生设备的数量及小便池的长度根据使用人数、使用对象及使用特点确定,设计时要符合建筑规范的要求。参考指标如表 8-2 所示。

表 8-2　部分民用建筑厕所设备个数参考指标

建筑类型	男小便器(人/个)	男大便器(人/个)	女大便器(人/个)	洗手盆或龙头(人/个)	男女比例	备注
中小学	40	40	25	100	1∶1	小学数量多
幼托	5～10	5～10	5～10	2～5	1∶1	—
旅馆	20	20	12	—	—	男女比例按设计计算
宿舍	20	20	15	—	—	男女比例按实际使用情况计算
火车站	80	80	50	150	2∶1	—
门诊部	50	100	50	150	1∶1	—
影剧院	38	75	50	140	2∶1～3∶1	—

3. 卫生间的平面组合

不同器具、不同使用功能,会形成不同的平面组合,例如单一厕所,带淋浴的厕所,结合了盥洗、淋浴功能的厕所。

卫生间一般空间狭小,在有限的空间内布置洁具时,必须考虑人体尺度,见图 8-20、图 8-21。

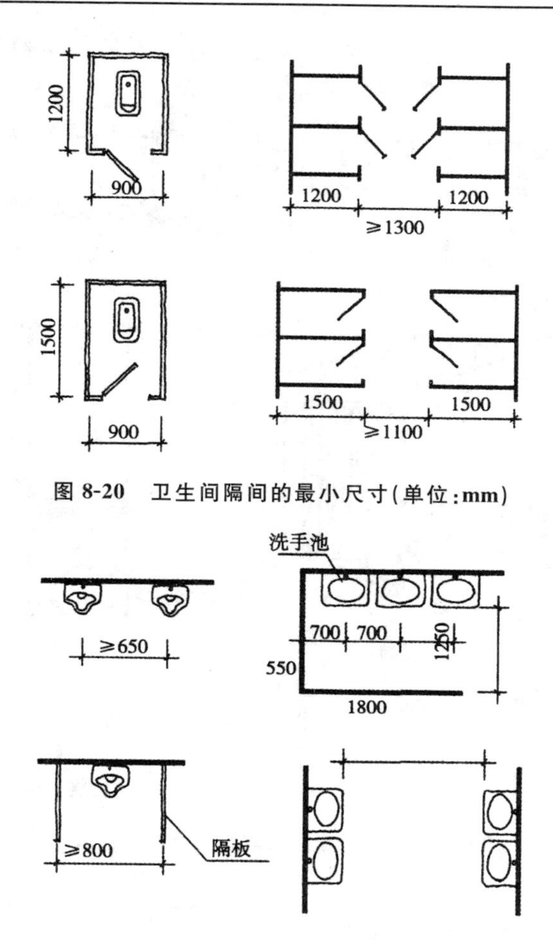

图 8-20　卫生间隔间的最小尺寸(单位:mm)

图 8-21　常用卫生设备间距的最小尺寸(单位:mm)

厕所内,为了保护使用者的隐私,往往设置隔间。隔间的门分为内开和外开两种。门的开启方向的不同直接影响到隔间的尺寸大小以及卫生间内交通走道的宽度。门外开的隔间,进深可以略小;门内开的隔间,需要更大的进深。门外开的隔间,隔间之间的通道宽度更宽,门内开的隔间,隔间之间的通道宽度可以略小。

小便斗和洗手盆之间也有间距要求,小便斗之间设置隔板的,其间距要加大。单边排列的洗手盆,其走道宽度略小。双边排列的洗手盆,其走道宽度要加大。

(三)公用卫生间设计

公用卫生间包括盥洗室、淋浴室、更衣室及存衣设备。不同用途的建筑包括不同的组成,附有不同的卫生设备。

盥洗室的卫生设备主要是洗脸盆或盥洗槽(包括龙头、水池),在设计时要先确定建筑标准,根据使用人数确定脸盆、龙头的数量。盥洗室的开间尺寸决定于盥洗槽的布置及人们的使用、交通活动。当在房间两侧设置盥洗槽时,考虑到两人相背使用时,可从身后有两人方便通过,开间尺寸不宜小于 3 300mm。盥洗室进深决定于使用人数的多少。布置盥洗槽时,水龙头间距按 600～700mm 安排。

浴室主要设备是淋浴喷头，有的设置浴盆或大池，还需设置一定数量的存衣、更衣设备。基本形式及尺寸如图 8-22、图 8-23 和图 8-24 所示。

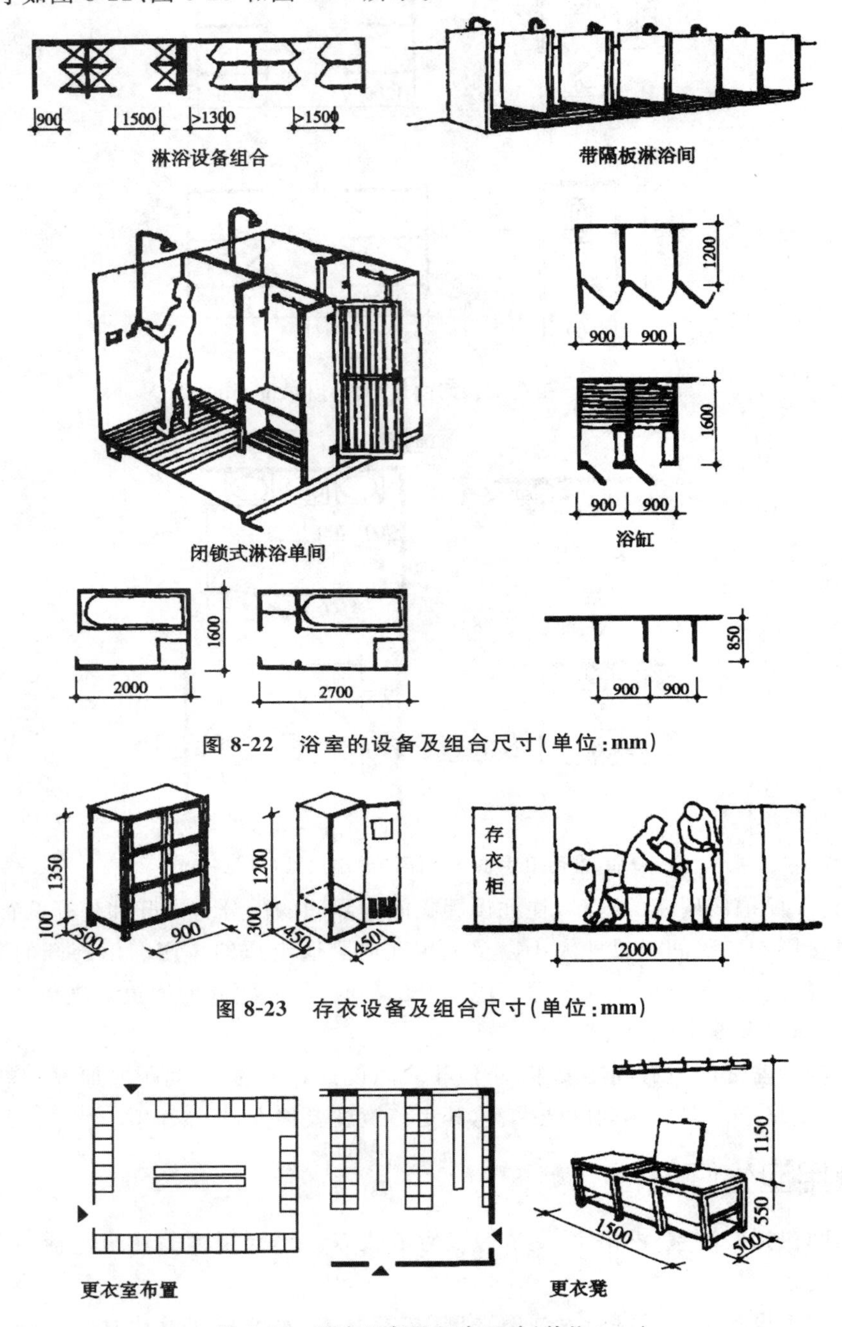

图 8-22　浴室的设备及组合尺寸(单位:mm)

图 8-23　存衣设备及组合尺寸(单位:mm)

图 8-24　更衣设备及组合尺寸(单位:mm)

此外，公用卫生间的地面应低于公共走道，一般不小于 20mm，以免走道湿潮。室内材料应便于清洗，地面要设地漏，楼层要用现浇楼板，并做防水层。墙面需做台度，高度不低于 1 200mm。前室内常装设烘手机及纸卷机，盥洗室前装镜子。下面主要介绍医院、宾馆、体育建筑、托儿所/幼儿园中公共卫生间的相关设计。

1. 医院中的公用卫生间设计

一般标准的医院的每一护理单位都设有病人使用的厕所、盥洗室及浴室。它们与医务人员使用的厕所、盥洗室分开，并设置在朝北的一面。

根据病人的特点，厕所内应设坐式及蹲式两种。坐式照顾体弱病人，蹲式较卫生，不易感染，但墙上要做扶手。男、女厕所可各设两个，男、女盥洗室应独立设置，不宜附设在厕所内。

浴室有的集中设置在底层，靠近锅炉房，有的分设在各层护理单元中。集中设置一般是设置淋浴，在护理单元里除淋浴外，最好设一浴缸，置于单独小间，供病人使用。

医院卫生间设置有两种方式，一是靠走道一侧布置，另一种方式是将卫生间靠外墙布置，以便于医护人员看护。此外，医院病房中还设有供存放、冲洗、消毒便盆及放置脏物的污洗室。

2. 宾馆中的公用卫生间设计

普通标准的宾馆、招待所，每一标准层均设有公用卫生间，它包括厕所及盥洗室。在炎热地区附有淋浴设备，位置一般应在交通枢纽附近。公用卫生间的位置无论设在哪里，较理想的组合方式是通过前室进出。这样可以避免走道湿潮，又可遮挡视线，隔绝臭气。有的利用盥洗室作为前室，通到厕所、浴室，这样可以节省面积，但走道易湿潮。它们的组合方式见图 8-25。

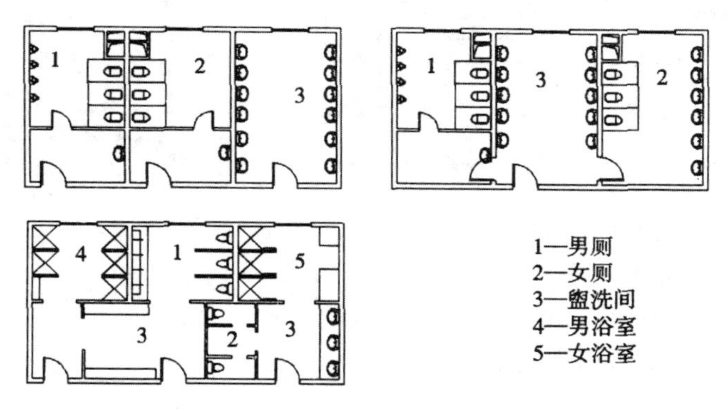

图 8-25　宾馆中公用卫生间的组合方式

3. 体育建筑中的公用卫生间设计

体育建筑中的公用卫生间为供运动员、裁判员、工作人员及平时进行体育锻炼的业余爱好者使用，都设有更衣、存衣、淋浴等辅助设施。它们的位置应与比赛场地、练习场地、医务卫生及行政管理部门联系方便，见图 8-26。其交通路线不能通过观众席及其附属部分，而且男、女运动员及主队和客队的更衣、存衣及淋浴设施也必须分开，它们都要与厕所靠近布置。

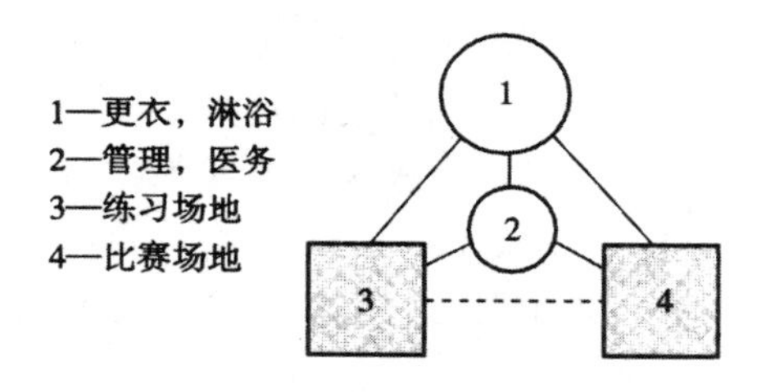

图 8-26　体育建筑厕所淋浴设施的平面关系

体育建筑的浴室内一般不用浴盆,但在按摩室内可设置一两个。为了恢复运动员的体力,有的浴室中附设大池。淋浴间使用热水较多,在平面布置中以将它们接近锅炉房为宜。

4. 托儿所/幼儿园的卫生间设计

托儿所/幼儿园的卫生间包括盥洗室、厕所及浴室。盥洗室与厕所可分开设置,也可组合在一起,适当加以分隔,最好每班一套,最多两班合用。浴室以集中设置为宜,全托班可在盥洗室中设浴池。它们的位置应与相应的活动室相通。其组合方式见图 8-27。

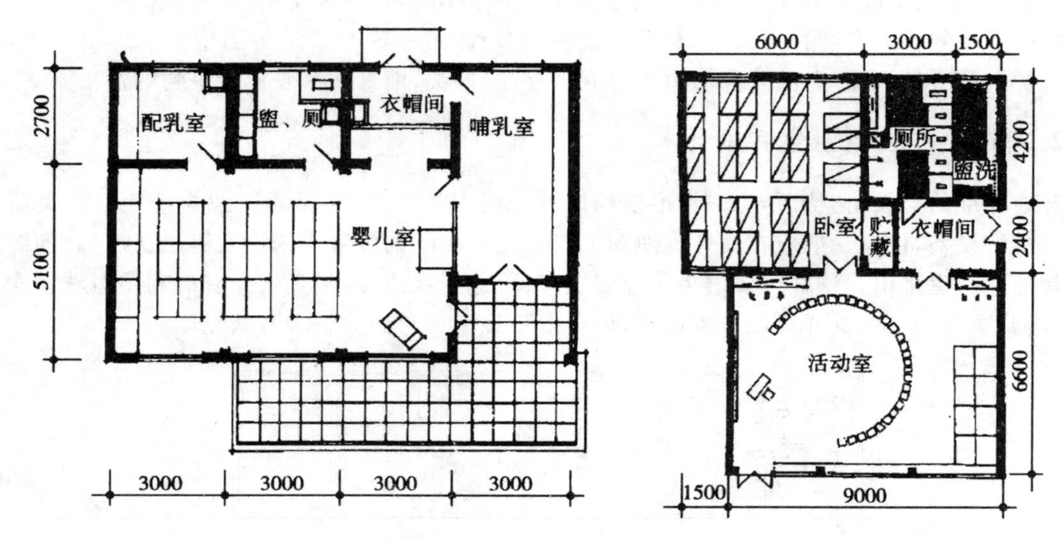

图 8-27 幼儿园中盥洗室与厕所的组合实例(单位:mm)

盥洗室与厕所由于儿童使用时间比较集中,卫生器具不宜太少。此外,所有卫生器具的尺度必须与幼儿的身材尺度相适应。托儿所小班一般使用便盆,设倒便池、便盆架及便椅,幼儿园的幼儿使用便桶不方便,一般采用大便槽冲水。

(四)专用卫生间设计

较高标准的宾馆客房,医院、疗养院的病房以及高级办公室都设有专用卫生间。大多不沿外墙布置以免占去采光面,采用人工照明与拔风管道。有的也沿外墙布置,它可直接采光通风,省去拔风管道。专用卫生间一般设置洗脸盆、坐式便器及浴缸或淋浴。浴缸的布置应使管线集中,室内要有足够的活动面积,同时要维修方便。带有专用卫生间的客房、病房及办公室的开间应结合卫生设备的型号、布置、尺度及管道走向、检修一起加以考虑决定。

总的来说,辅助房间平面设计应注意以下几个方面的问题。

第一,不与主要房间争夺标准。在不影响使用的前提下,各方面的建筑标准可以放低。

第二,不干扰主要房间的使用。容易产生大量噪声或气味污染的辅助房间,其位置不宜与主要房间太近,或采取一定的技术措施,以保证主要房间的使用。

第三,主次联系方便。辅助房间与主要房间的联系一定要方便。

第三节 交通联系部分平面的设计方法

一、交通联系部分概述

建筑物内各个使用空间之间，除了某些情况用门或门洞直接联系外，大多是借助别的空间来达到彼此的联系。这就是建筑物内用于彼此联系的交通(图 8-28)部分，可称它为交通空间。交通联系部分包括水平交通(如门厅、过道、走廊等)，垂直交通(如楼梯、坡道、电梯等)以及交通枢纽(门厅、川堂等)三个部分。

交通联系部分除了可以满足平时人流通畅外，还用于紧急情况下疏散的要求。因此它与建筑物内的人流组织密切相关，除了交通联系的功能外，有时还兼有休息、等候、交往、陈列、短暂停留等实际使用的功能。由于交通部分在建筑物内占有较大的建筑面积(如小学教学楼约为20%～35%，医院约为 20%～38%)，其设计合理与否，对建筑物的使用和经济有很大影响。一般在满足基本使用要求的前提下，应该尽量节省交通面积，以提高建筑物面积的利用率。这也是衡量建筑平面布置合理性的重要标准之一。

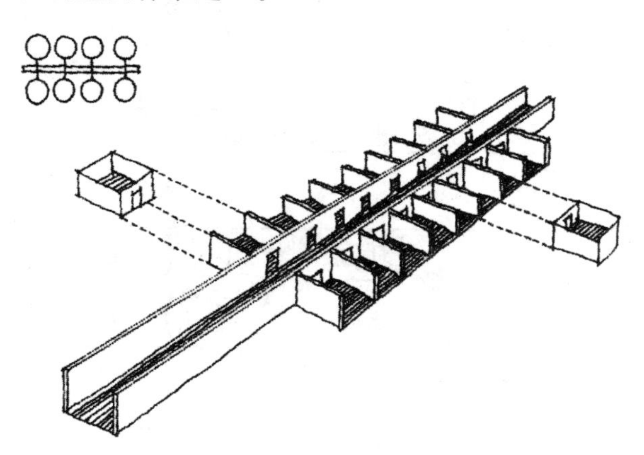

图 8-28 交通联系空间示意图

二、交通联系部分平面的具体设计方法

(一)水平交通的设计

水平交通是用来联系同一层楼中各个部分的空间，除了水平交通枢纽外，多指走道(也叫过道、走廊)、连廊等。

1. 走道

走道的布局一般应直截了当，不要多变曲折。走道本身应有足够的宽度、合适的长度及较好的采光。

(1)走道的宽度

走道宽度应符合人流畅通和建筑防火要求。

单股人流宽度为 0.55～0.7m,双股人流通行宽度为 1.1～1.4m,根据可能产生的人流股数可以推算出走道的最小宽度,如图 8-29 所示。公共建筑中,门扇开向走道的,走道宽度要加宽。

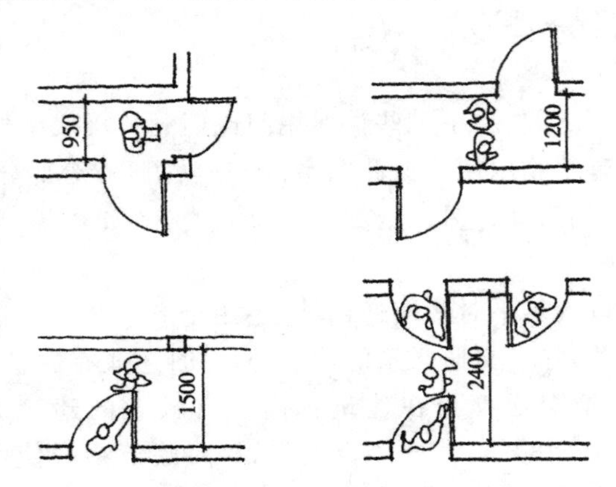

图 8-29　走廊宽度与人流通行(单位:mm)

无障碍走道要考虑轮椅的通行宽度。一辆轮椅通行的最小宽度为 0.9m,大型公共建筑的无障碍走道宽度应不小于 1.8m,见图 8-30。

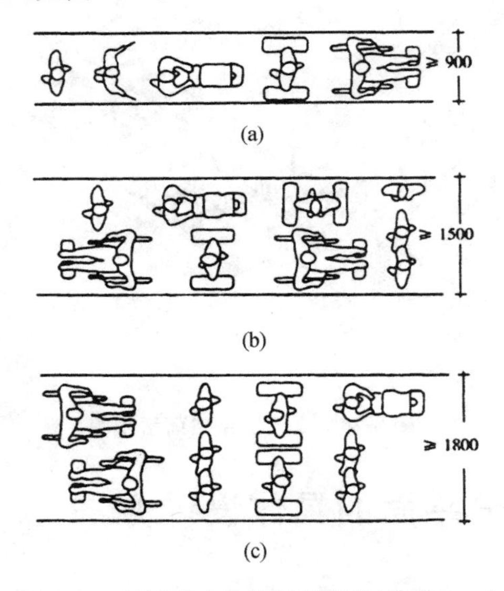

图 8-30　无障碍走道的通行宽度(单位:mm)

(a)一辆轮椅通道;(b)中小型公建通道;(c)大型公建通道

公共建筑走道净宽一般不小于 1.5m。人员密集的公共场所,如影剧院等,走道宽度另有规定。表 8-3 为常用走道宽度标准。

表 8-3　常用走道宽度

建筑类型	宽度
教学楼	走道单面设教室:1.8～2.4m 走道双面设教室:2.4～3.0m

续表

建筑类型	宽度
办公楼	1.8～2.4m
门诊部	单边候诊:2.1～2.7m 双边候诊:2.7～3.6m

走廊的必要宽度除考虑通行能力外,还要考虑房间门的开启方向。一般在人数不多的房间用单扇门,开向室内,而在人数多的房间(如会议室、休息室等)则需用双扇门,且门要向走廊开,这时走道的宽度就要加大。

走道有的纯属交通联系,有的兼有其他功用,当需兼作其他用途时,就要适当地扩大走道的宽度,如医院病房走道因考虑病床的推行、转弯,其净宽不小于 2.25m,如图 8-31 所示。

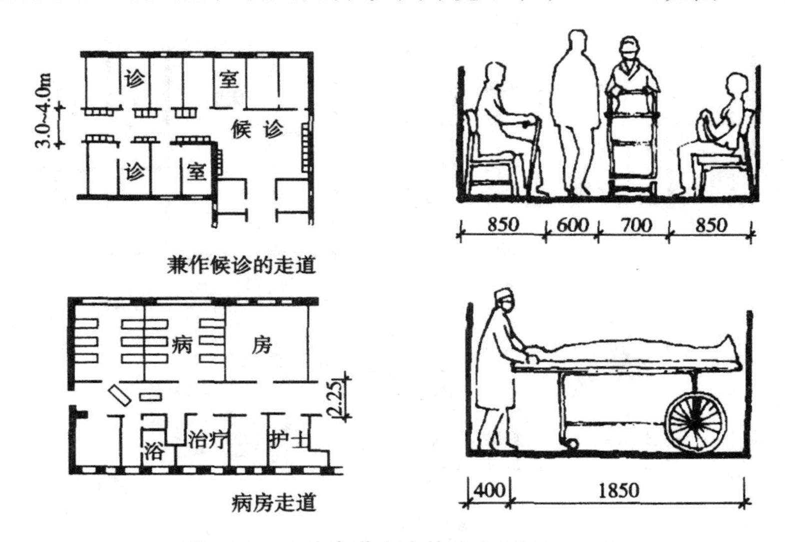

图 8-31　医院走道宽度的确定(单位:mm)

(2)走道的长度

根据安全疏散的需要,走道从房间门到楼梯间或外门的最大距离以及袋形过道(袋形走道是指只有一个安全疏散出口、类似于一个布袋的走道。走廊尽头没有出路,想出来得原路返回)的长度,都是有限制的。如果走道采用敞开式外廊、增设自动喷水灭火系统,两个楼梯之间的距离就可以增加,如果楼梯间采用非封闭楼梯间,走道长度则需要缩短,见图 8-32。

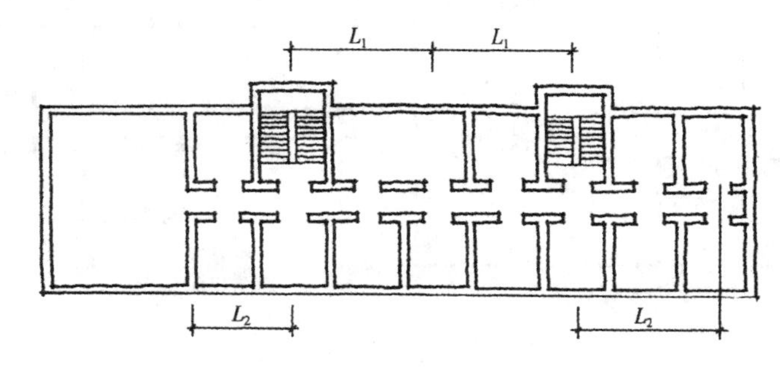

图 8-32　走廊长度与安全疏散

L_1：位于两个楼梯间之间的房间门到封闭楼梯间的最大距离

L_2：位于袋形走道的房间门到封闭楼梯间的最大距离

以耐火等级为一、二级的建筑为例。(1)托幼建筑：$L_1=25m$，$L_2=20m$；(2)医院：$L_1=35m$，$L_2=20m$；(3)学校：$L_1=35m$，$L_2=22m$；(4)其他民用建筑：$L_1=40m$，$L_2=22m$。

(3)走道的天然采光

除了某些建筑(如大型宾馆)可以使用人工照明外，走道一般使用天然采光。单面走道采光没有问题，中间走道的采光一般是依靠走道尽端开窗，利用门厅、过厅及楼梯间的窗户采光，有时也可利用走道两边某些较开敞的房间来改善走道的采光与通风，如利用宾馆的客房服务处、会客室、医院中的护士站、小餐厅或门诊部的候诊室，办公室的会客室等。有时甚至可采用顶部采光的手法，这在现代建筑中采用较多。在某些情况下也可局部采用单面走道的办法。此外，就是依靠房间的门、摇头窗及高窗的间接采光(图 8-33)。

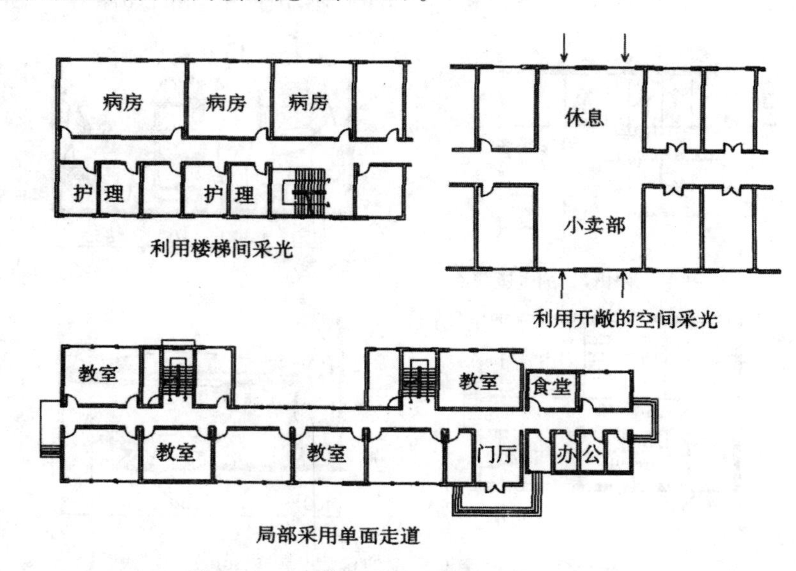

图 8-33　建筑平面利用自然光的几种形式

在满足使用要求的前提下，要力求减小走道的面积和长度。因此一般房间应是开间小，进深大，否则就会增加走道的长度，同时也增加外墙，用地也不经济。

此外，缩短走道的长度，还可以充分利用走道尽端作为使用面积，布置较大的房间(图 8-34 左图)，或作辅助楼梯，楼梯下部兼作次要入口(图 8-34 右图)。

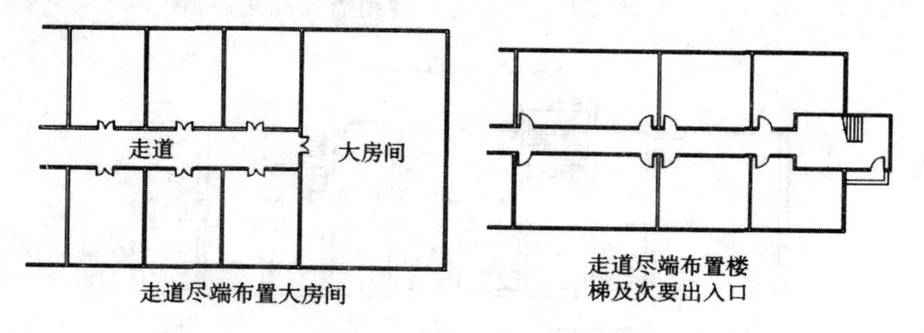

图 8-34　充分利用走道尽端来缩短走道长度

2. 连廊

将在空间上有一定距离且相互独立的两个或多个使用空间用一条狭长的空间联系起来，组成建筑的总体空间，这个狭长空间就是连廊。

连廊可以是开敞的，也可以是封闭的。当连廊结合地形起伏设置时，连廊内还可以设台阶。

（二）垂直交通的设计

垂直交通空间包含楼梯、电梯、自动扶梯和坡道等，是沟通建筑不同标高上各使用空间的空间形式。

1. 楼梯设计

公共建筑垂直交通是依靠楼梯、电梯、自动扶梯或坡道来解决的，其中普通楼梯是最常用的。楼梯设计主要是根据使用要求来确定楼梯的宽度，选择合适的楼梯形式，确定楼梯的数量。公共建筑中的楼梯按使用性质可分主要楼梯、服务楼梯和消防梯。其中，主要楼梯一般与主要入口相连，位置明显。在设计时要避免垂直交通与水平交通交接处拥挤堵塞，在各层楼梯口处应设一定的缓冲地带。

（1）楼梯的位置设计

楼梯在建筑物中的位置要适中、均匀，当有两部以上的楼梯时，最好放在靠近建筑物长度大约 1/4 的部位，以方便使用。同时也要考虑防火安全。在防火规范中，规定了最远房间门口到出口或楼梯的最大允许距离，设计中要查阅并遵行。

为了保证工作房间好的朝向居多，楼梯间多半置于朝向较差的一面，或设在建筑物的转角处，以便利用转角处的不便采光的地带。但楼梯间一般也应直接自然采光。

此外，楼梯的位置必须根据交通流线的需要来决定。一般建筑应居门厅中，而在展览建筑中应以参观路线的安排为转移，不一定在门厅中，可在一层参观路线的结束处。

（2）楼梯的宽度和数量标准设计

楼梯的宽度和数量要根据建筑物的性质、使用人数和防火规定来确定，它主要指梯段净宽。楼梯宽度主要根据通行人数和建筑防火要求来确定，如图 8-35 所示。楼梯宽度一般要考虑两人相对通过的情况，辅助楼梯可以略小。所有梯段宽度都要根据建筑防火要求进行校核。

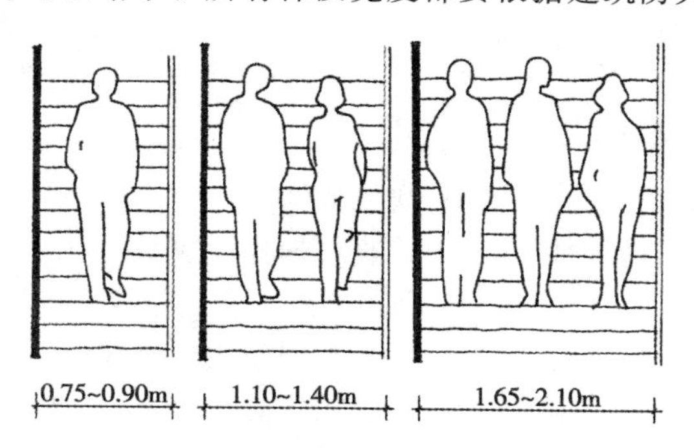

图 8-35 楼梯宽度和通行人数

常用楼梯宽度：（1）公共建筑：不小于 1.5m；（2）居住建筑：1.0～1.2m；（3）辅助楼梯：不小于 0.8m。

楼梯的数量要根据楼层人数和建筑的防火要求来确定。一般公共建筑至少设两部楼梯。需要布置两个或两个以上的楼梯的情况有:第一,走道过长,楼梯和远端房间的距离超过防火要求的距离。第二,每层建筑面积过大,楼层人数过多,超过防火要求。

(3)常用的楼梯形式设计

常用的楼梯形式有单跑直楼梯、双跑平行楼梯、转角楼梯、双分转角楼梯、双分平行楼梯、螺旋楼梯、交叉楼梯、剪刀楼梯,如图 8-36、图 8-37 所示。楼梯形式的选择应该根据建筑的使用性质和重要程度来确定。

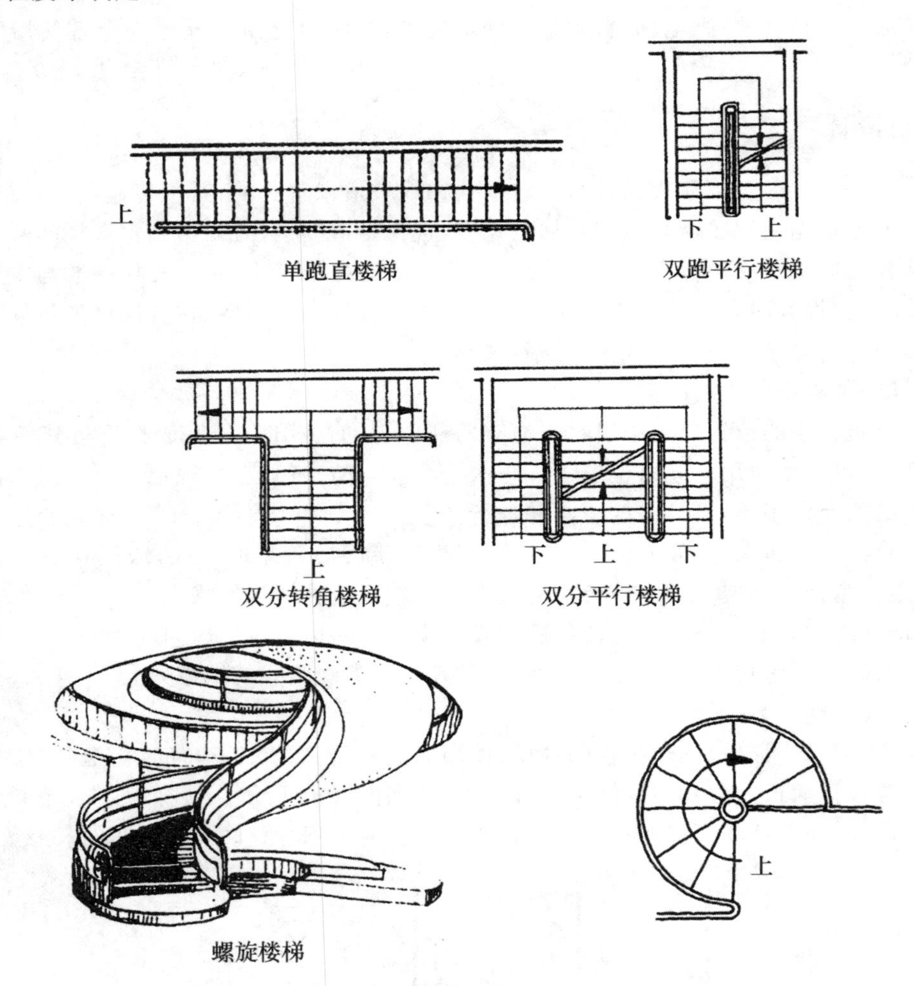

图 8-36　常见楼梯形式(一)

单跑直楼梯方向单一,引导性好。当单跑直楼梯梯段较长时,中间应该设置休息平台。单跑楼梯每个梯段的踏步数不应超过 18 级,也不应少于 3 级。双跑平行楼梯是最常用的疏散楼梯。双分转角楼梯和双分平行楼梯的楼梯均衡对称,常用作主要楼梯,往往用于门厅及过厅等重要场合。螺旋楼梯常起到装饰空间的作用,一般不应用作疏散楼梯,为安全起见,其踏步尺寸不能过小。交叉楼梯和剪刀楼梯既可以有效利用空间,也有利于人流疏散。

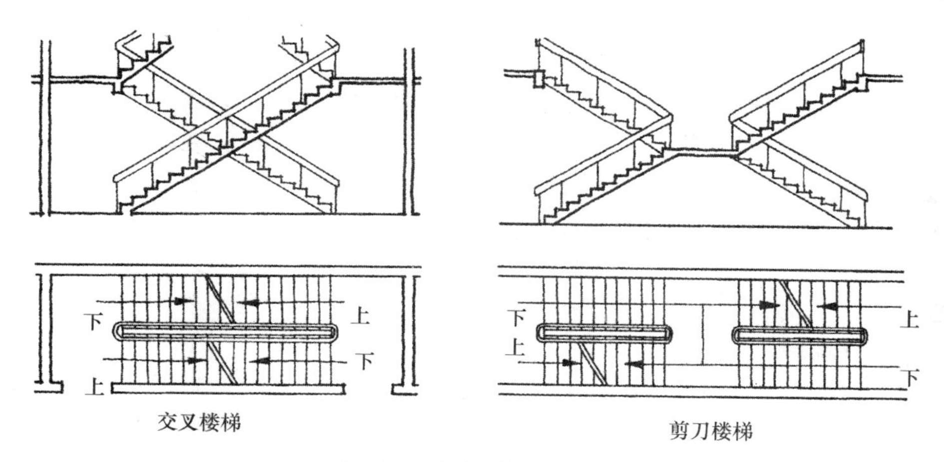

图 8-37　常见楼梯形式(二)

2. 电梯、自动扶梯设计

在人流频繁或高层建筑中广泛采用电梯,有时采用自动扶梯。

(1)电梯设计

电梯的入口是从门厅、各层的侧厅或过厅中进出。它与普通楼梯要相近布置,以保证二者使用灵活,有利于防火。

电梯包括有机器间、滑轮间及电梯井三部分。在电梯井内安装乘客箱及平衡锤。机器间通常设在电梯井的上部,也可与电梯井并列设于底层,但滑轮间必须放在电梯井的上部。

电梯井道尺寸根据不同的电梯类型、载重量、载客数而不同。下列为常用电梯井道尺寸(宽×深)(单位:mm,具体尺寸可参见相应厂家资料)。

公共电梯:2 400×2 300,2 600×2 600。

住宅电梯:1 800×2 100,2 400×2 300。

病床电梯:2 700×33 000。

载货电梯:2 700×32 000。

电梯不计作安全出口,所以,设置电梯的建筑物应设置疏散楼梯,如图 8-38 所示。

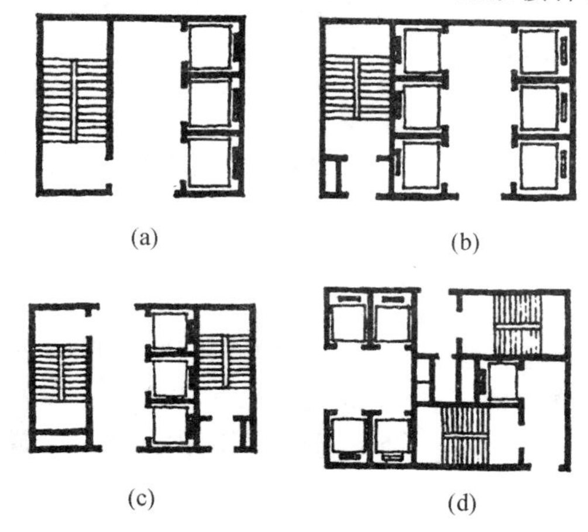

图 8-38　电梯与楼梯的组合示例

(a)楼梯在电梯厅内;(b)楼梯邻贴电梯厅;(c)楼梯在电梯厅内与邻贴结合布置;(d)楼梯在电梯厅外成组布置

电梯厅应有足够深度,以免人流拥堵。电梯成组布置时,单侧排列的电梯不超过 4 台,双侧排列的电梯不应超过 8 台。

(2)自动扶梯设计

自动扶梯是连接循环的电梯,借电动机带动,以缓慢的速度不断运行着,一般面向开敞的门厅、大厅布置,通行能力较大,适用于大型航空港、车站、百货公司、超市的营业厅及会客中心中。自动扶梯一方面可以减少人流上、下楼梯的拥挤和疲劳,另一方面在乘梯时,大厅内的一切可以一览无遗,感觉舒畅。

客流高峰场合,自动扶梯的梯级宽度选用 1 000mm 为宜。条件允许时,宜优先采用角度为 30°的自动扶梯,如图 8-39 所示。商业营业厅自动扶梯上下端的水平部分应满足安全运行长度,且 3m 范围内不得兼做他用。

自动扶梯上下成对布置,最好能减少沿梯绕行,减少人流拥挤。自动扶梯的几种布置形式如图 8-40 所示。

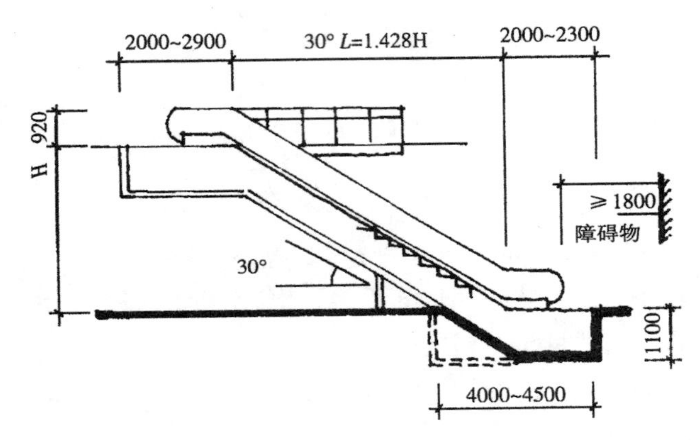

图 8-39　自动扶梯的相关尺寸(单位:mm)

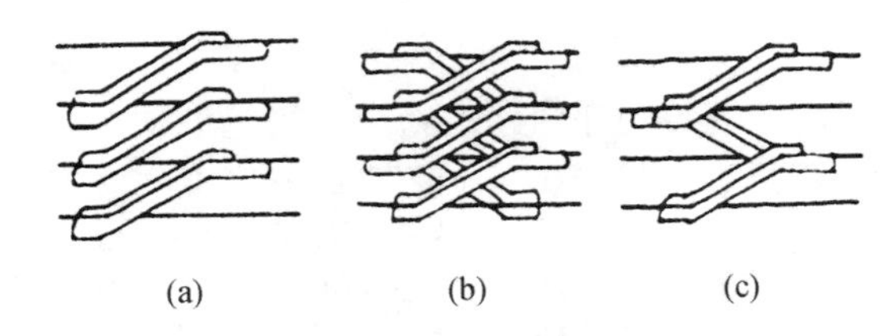

(a)　(b)　(c)

图 8-40　自动扶梯布置示意

(a)单向布置;(b)交叉布置;(c)转向布置

3. 坡道

某些公共建筑中还利用坡道作垂直交通。这种方式通行方便,通行能力较强,电影院、剧院、体育馆建筑中常用它通向池座或楼座看台,医院中采用更多,便于病床、餐车推行。由于它占地面积大,一般建筑中采用很少,如图 8-41 所示。但在国内外不少展览建筑中常用它将垂直方向的参观路线有机地联系起来。

下列为常用坡道坡度(高/长)。

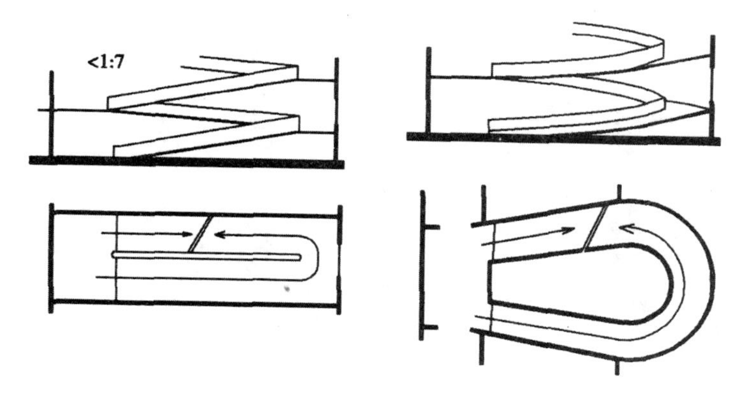

图 8-41　利用坡道作垂直交通

(1)室内人行坡道不宜大于 1∶8,室外人行坡道不宜大于 1∶10,坡道转弯处休息平台深度不小于 1.5m。

(2)残疾人坡道不应大于 1∶12,残疾人坡道长度超过 9m 时宜设休息平台,平台深度不小于 1.2m。

(3)汽车库内(小型车)通车道最大坡度。直线坡道不宜超过 1∶6.7,曲线坡道不宜起过1∶8.3。

(三)交通枢纽——门厅、过厅及川堂的设计

公共建筑物中的门厅、过厅和川堂是作为接待、分配、过渡及供各部分联系的交通枢纽。尤其是门厅,几乎所有公共建筑中都有,只是规模组成不同而已。

1. 门厅设计

门厅是人们进入建筑物的必经之地。它不仅是一个交通中心,而且往往也是建筑物内某些活动聚散之地,具有实际使用的功能。例如,在旅馆中,门厅具有接待旅客,办理住宿、用膳、乘车、邮电等手续的功能;在医院的门诊部中,门厅可以接待病人,办理挂号、收费、取药甚至候诊等;在中、小型车站中,门厅可兼办售票、托运、小件寄存等业务。为此,一般门厅内应设有相应的辅助服务用房,如问讯、管理、售票、小卖部等。此外主要楼梯也常设在门厅内。在一般公共建筑中,经门厅可通工作室、休息室、群众大厅等,联系直接、方便。

(1)门厅设计应考虑的问题

门厅部分的设计是整个建筑物设计的重要部分,在设计时,通常应考虑以下一些问题。

第一,疏散安全。门厅对外出入口的总宽度,应不小于通向该门厅的过道和楼梯宽度的总和。人流较多的公共建筑,其门厅对外出入口宽度应按照每 100 人 0.6m 宽度计算。外门应对外开启或使用弹簧门。

第二,面积适宜。门厅面积由建筑类型、建筑规模、质量标准和门厅的功能组成等因素综合决定,也可以参考相关面积定额指标确定。

第三,门厅与建筑物内主要使用房间或大厅应有直接而宽敞的联系。水平方向应与走道紧密相连,以便通往该楼的各个部分。垂直方向应与楼梯有直接的联系,以便通往各层的房间。所以在门厅内应看到主要的楼梯或电梯,以引导人流。同时楼梯应有足够的通行宽度,以满足人流

集散、停留、通行等要求，见图 8-42。

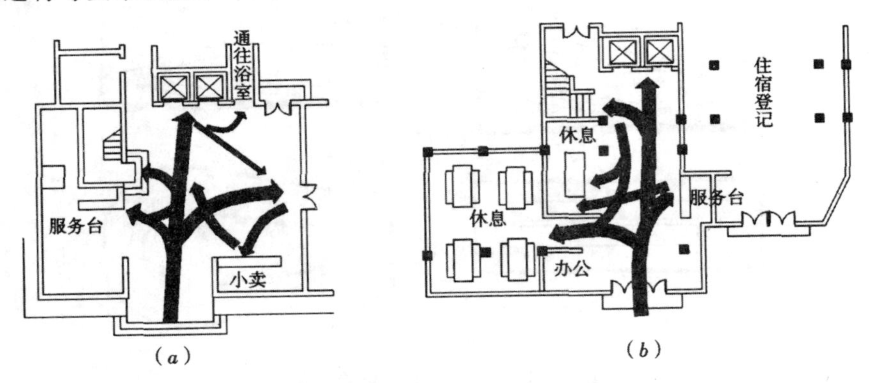

图 8-42　门厅各部分的功能关系

(a)北京崇文门旅馆；(b)上海北站旅馆门厅

第四，布局合理。门厅联系了建筑的内外空间，一般在建筑平面构图上占据比较显著的位置。门厅要顺应主要人流、车流的方向，进入方式较为流畅。

第五，门厅内交通路线组织应简单明确，符合内在使用程序的要求，避免人流交叉。在某些建筑中(如宾馆)，应把交通路线组织在一定的地带，而留出一些可供休息、会客、短暂停留之地。各部分位置应顺着旅客的行动路线，便于问讯、办理登记、存物、会客等工作。

医院门诊部的门厅应很好地组织门厅内的挂号、交费、取药等活动流程，并考虑它们排队所需的面积，使其不互相交叉。图 8-43 为几个门诊部人流组织的实例。

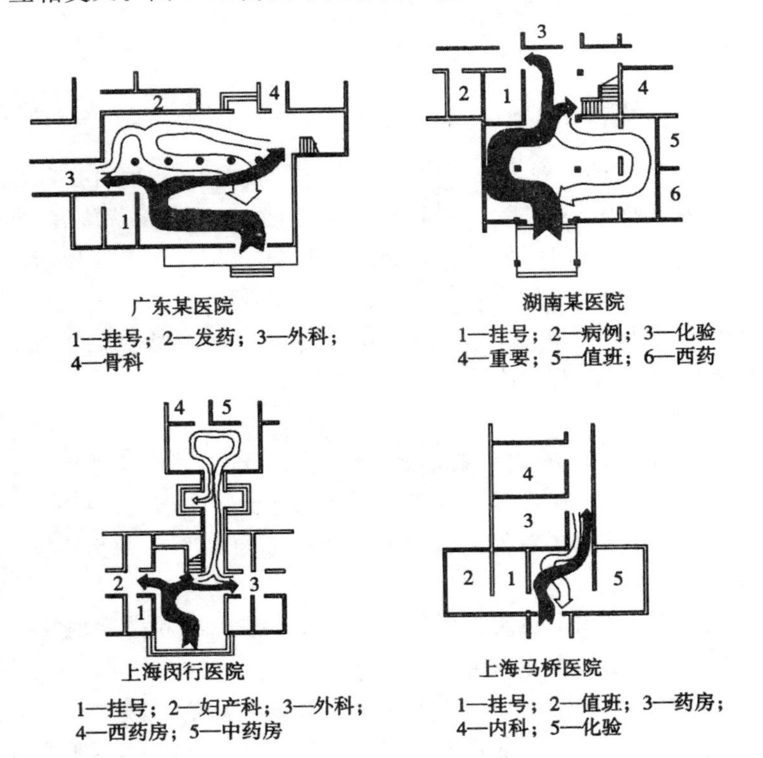

图 8-43　门诊部门厅人流分析实例

电影院、剧院的门厅应考虑售票的位置(目前有的设置独立的售票处,但有的仍在门厅内当场售票)及面积的大小,避免买票排队与进场人流交叉、拥挤。如有楼座时,应把楼座人流和池座人流恰当分开。楼梯的位置与通向池座的入口不要太近,故通常都使楼梯的起步靠近门厅的前部。

第六,当门厅内的通路较多时,更要保证有足够的直接通道,避免拥挤堵塞和人流交叉,同时门厅内通向各部分的门、走廊、楼梯的大小、位置等的处理应注意方向的引导性。一般利用它们的大小、宽窄、布置地位和空间处理的不同而加以区别,明确主次。通向主要部分的通路一般较宽畅、空间较大,并且常常布置在主要地位或主轴线上。例如,某中学的门厅,除了通向教室、办公室的人流外,还利用楼梯上下的休息平台,布置了通向礼堂、地下室、操场、乒乓球室等多股人流的通道。门厅虽然不大,但并不感到拥挤,见图 8-44。

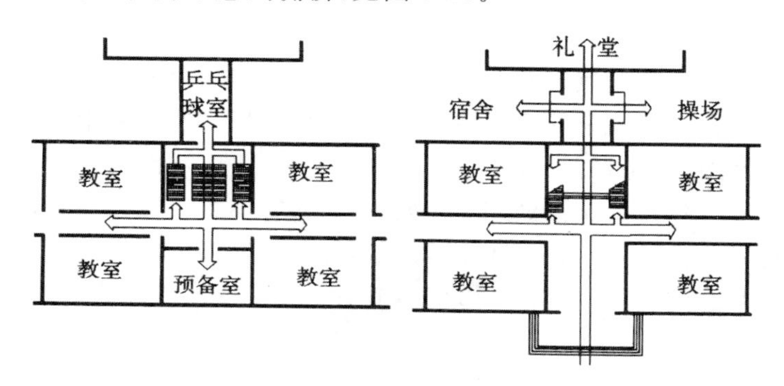

图 8-44　某中学的门厅设计

第七,在寒冷地区或门面朝北时,为避免冬季冷空气大量进入室内和室内暖气的散失,门厅入口处需设门斗,作为室内外温度差的隔绝地带。门斗的设置应有利于人流进出,避免过于曲折。门斗的形式有三种:一种是直线式布置,两道门设于同一方向,人流通畅,唯冷空气易透入室内;另一种是曲折式布置,门设于两个方向,室内外空气不易对流;还有一种是过于曲折式布置,人行有些不便,如图 8-45 所示。

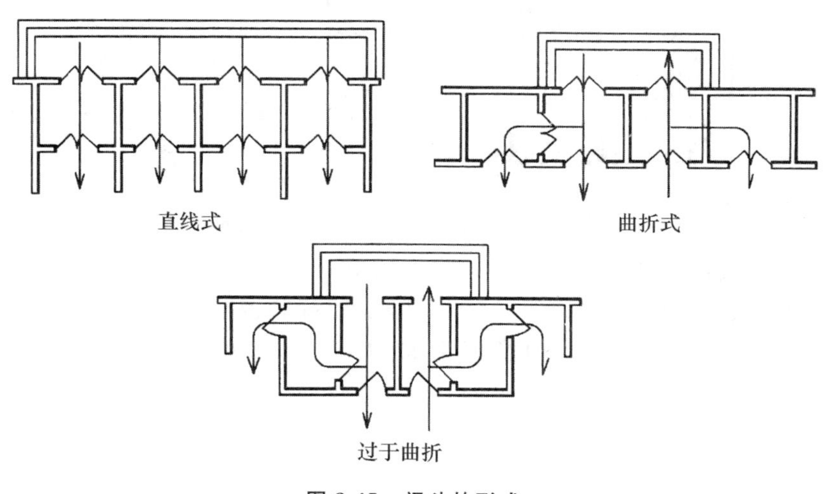

图 8-45　门斗的形式

(2)门厅空间的组合形式

门厅的空间组织有单层、夹层等形式。

单层:门厅的层高与主要房间同高或适当提高,但仍属一层,是一种较简单的方式,如旅馆、学校等建筑所常用,空间经济,感觉亲切。门厅内有高低不同的空间,通常是较高的门厅与较低的川堂、过厅相通,借高低的处理,产生空间对比的变化,亦属于一层。

夹层:门厅空间较高,在其一面、二面、三面或四面设置夹层,即跑马廊的形式。常用于影剧院、会堂等建筑中,最经典的是在楼座看台下的空间设置门厅,这种做法能够产生十分独特的空间效果。

2. 过厅、川堂设计

(1)过厅设计

过厅是作为分配、缓冲及过渡人流的空间。过厅的设计也要很好地组织人流,并在满足使用要求的前提下,节省建筑面积。公共建筑使用人流较多,过厅是经常采用的一种组织水平交通的方式。过厅一般设计在如下位置。

第一,设在几个方向过道的相接处或转角处,并与楼梯结合布置在一起,起分配人流的作用。

第二,走道与使用人数较多的大房间相接之处,起着缓冲人流的作用。

第三,设在门厅与大厅,或大厅与大厅之间,起着联系和空间过渡的作用,利用过厅将门厅与其他大厅(休息厅、陈列厅、候车厅等)联系起来。

(2)川堂设计

川堂与过厅的意思相仿,它常用于门厅与群众大厅(如比赛厅、会议厅或观众厅)之间。如在影剧院中常利用它起着隔光和隔声的作用,图 8-46 就是利用过厅,把门厅、观众厅及休息厅联系起来,又起着隔光隔声的作用。

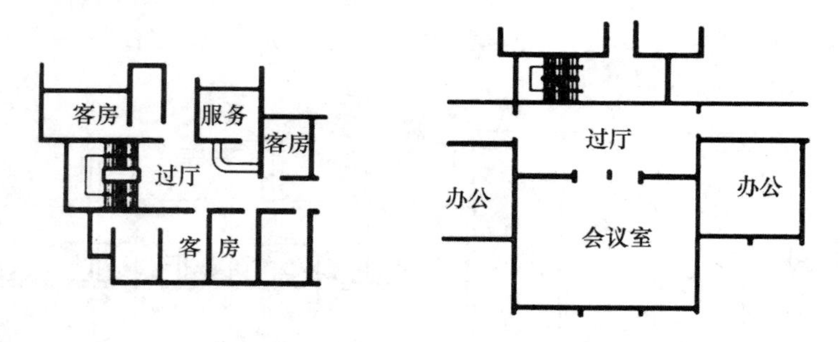

图 8-46 利用过厅把各部分联系起来

此外,建筑的出入口也是不可忽视的交通枢纽,它是室内外空间的过渡,常以雨棚、门廊等形式出现,出入口在建筑造型上应较为醒目,结合雨棚、门廊和台阶、景观小品等,可以设计出层次丰富的灰空间。建筑出入口的数量和位置由建筑的性质和流线组织决定,并应符合防火疏散的相关要求。

第九章　建筑空间构成与组合的设计方法

建筑的设计，大量的工作是进行建筑空间的设计，而这种设计又往往通过建筑空间的构成与组合表现出来，因此，研究建筑空间的构成与组合的设计方法也是进行建筑设计研究的重要内容。本章将对这两方面内容进行详细的分析与阐述。

第一节　建筑空间构成的设计方法

一、建筑空间构成概述

(一)建筑空间的构成要素

建筑空间的构成包含两部分要素，即物质要素和空间要素。

1. 物质要素

物质要素是指建筑兴建过程中所运用的各种物质材料的统称。一般情况下，不同的物质要素在建构建筑空间中起着不同的作用。例如，顶层楼板(屋盖)可分隔内外空间；梁、柱、屋架等结构部件则是建构建筑空间骨架的支撑体系；墙体除了负有承重作用外，也可围合空间和分隔空间；门窗既可分隔空间又可联系空间；楼梯、电梯、台阶等可以连接上下空间；楼板除了承受水平荷载外，也可以围合和分隔上下垂直空间。

就其种类而言，建筑的物质要素可以分为三种。

(1)非结构性要素，主要由使用者来决定它的位置、形式及尺度的大小。非结构性要素不承重，主要用于围合或分隔空间，如门、窗、顶棚、隔墙填充体等，或装饰性的各类构件，它们也可称为可分体，建成后是可以改动的。

(2)结构性要素，主要由专业工程师们经过精确计算共同决定它的位置、形式及尺度的大小。结构性要素也可称为支撑体系，如承重的结构性的墙、柱、梁、板等，它是经过结构计算，科学地确定其大小、尺度和位置的，建成后不能拆动。

(3)各类市政设施和设备，如卫生洁具、通风管道、灯具、消防设施等，它们基本上是固定的，但若必须更换时，也是可以改变的。

2. 空间要素

空间要素是运用各种建筑主要要素与形式所构成的内外部空间的统称，包括墙、地面、屋顶、门窗等围城建筑的内部要素，以及建筑物与周围环境所构成的外部要素。

(二)建筑空间的构成方式

一般以为，建筑空间可通过以下七种方式构成。

1.“围”

“围”就是将四周圈起来(图 9-1)。如果我们把门、窗、墙一类的实物体理解为“围”的方式，就是构成空间的一种方法了。而围的方式不同，也会产生不同的建筑空间。如一圆形墙(图 9-2)，其空间构成方式就是“围”，可是它有些与众不同，缺的那一部分，你可以用意象性思维“补足”为一个圆形空间，又可以将两个缺口点相连，形成一条直线(即一个界面)，图中用斜线画出的这一部分空间就是不确定空间，这种空间也可叫“暧昧空间”，能给人以情趣感。

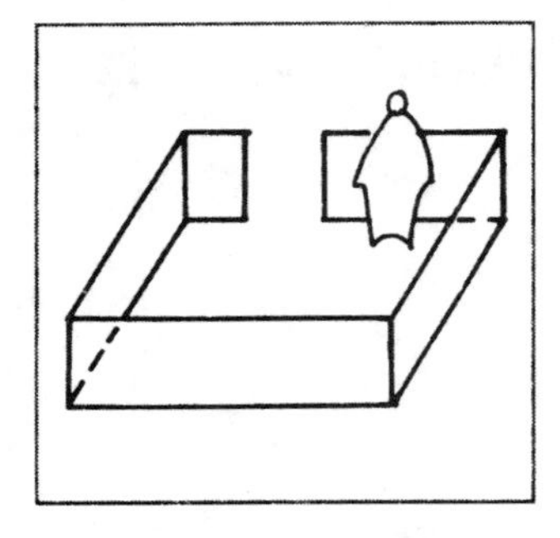

图 9-1 “围”所构成的空间

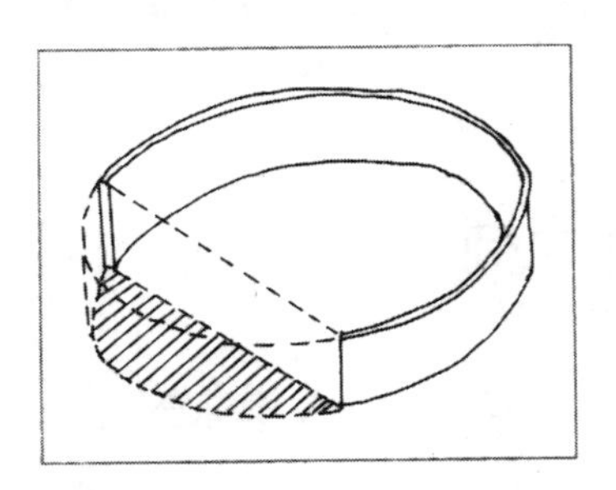

图 9-2 “围”所构成的圆形空间

2.“覆盖”

“覆盖”就是遮盖、掩盖(图 9-3)。这种构成方式形成的空间的特点是行为的自由，并有某种“关怀”“保护”等作用，因为人对来自上空的袭击是很担心的。

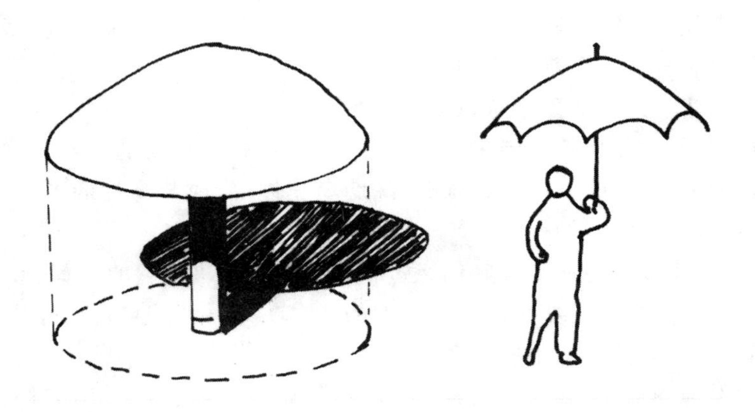

图 9-3 “覆盖”所构成的空间

3.“凸起”

“凸起”就是凸出(图 9-4),这种构成方式形成空间的限定强度,会随着凸起物的增高而增强。一般我国古代的“台”,就是“凸起”的典型方式。例如,我国北京天坛的圈丘,用了三层“凸起”,其强度显著增大,而这种强度的增大也是有目的性的,因为在这个台上,是供皇帝祭天的。要注意的是由于这种空间比周围的空间要高,所以其性质是“显露”的。

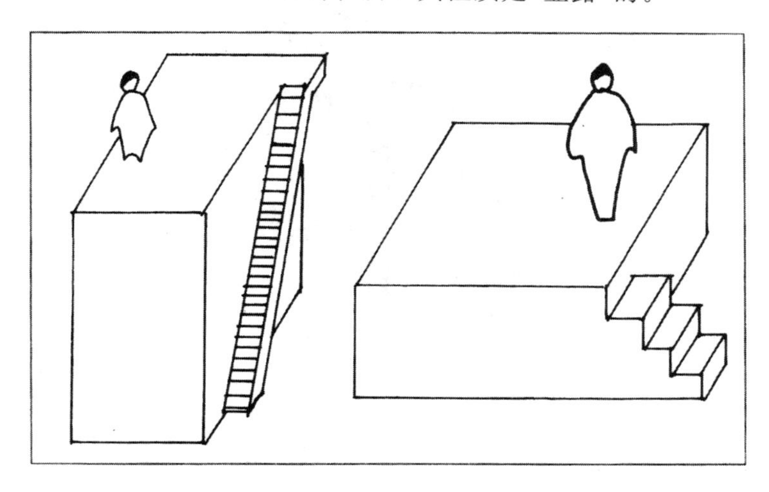

图 9-4　“凸起”所构成的空间

4.“设立”

“设立”是一种抽象的构成方式(图 9-5)。这种空间的形成,是意象性的,而且空间的“边界”是不确定的。一般情况下,纪念碑多以“设立”来构成“纪念性空间”。它的纪念性强度,一是由纪念碑本身的体量和形象特征所确定,二是与离纪念碑的距离有关,离纪念碑越远,强度越弱。

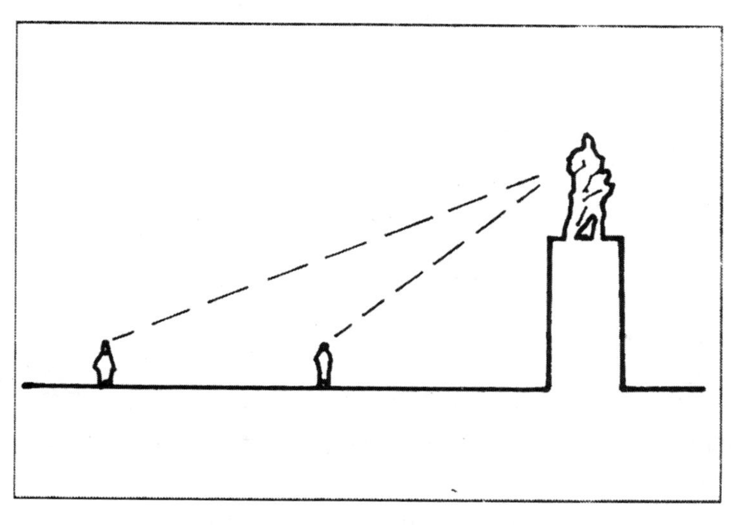

图 9-5　“设立”所构成的空间

5."架起"

"架起"所形成的空间本身的性质与"凸起"有些相似(图 9-6),只是它的下部也是可使用空间;并且当下部空间和"架起"底部距离不太大时,则下部空间也可能形成"覆盖"空间。

图 9-6 "架起"所构成的空间

6."凹入"

采用这种构成方式所形成的空间性质与"凸起"相反,它是"隐蔽"性的,当然也有安全感(图 9-7)。远古时代的居住,用半穴居就是这种空间性质。有些家庭,在儿童室里作地面中间的"凹入"处理,还设置了软垫之类,使孩子们玩得更开心。

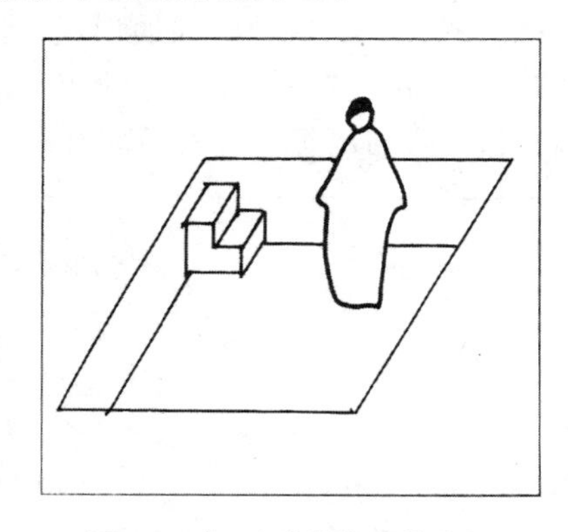

图 9-7 "凹入"所构成的空间

7.由不同地面材料构成

这种构成方式(图 9-8)也完全是意象性的,它的界定,完全靠人的识读和理解。例如,在一间房间里联欢,中间铺一块地毯作为演出区,人们围坐在房间的四周,那么,站在地毯上就算到了另一个空间,即演出区。

以上七种空间构成方式,在实际的设计中往往不是单独进行的,而是几种组合的,如"设立"和"凸起"就可以组合构成成了一个完整的纪念性建筑(图 9-9)。

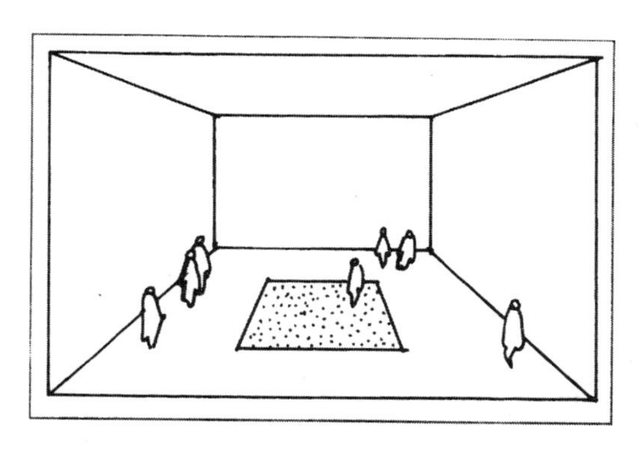

图 9-8　由地面材料的不同所构成的空间

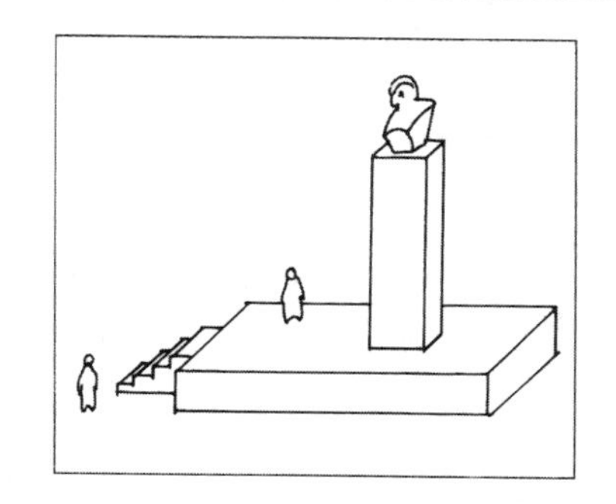

图 9-9　“设立”和“凸起”组合构成的空间

二、建筑空间构成的具体设计方法

综合来说，建筑空间构成的设计方法主要有以下几种。

（一）线性空间构成设计方法

1. 线性空间构成设计方法的概念

线性空间构成设计方法就是在一个空间单元序列中，将建筑空间直接逐个相连，或将一个个独立的不同线性空间连接（图 9-10）的方法。这一系列的空间可以是相同形式的重复，也可以是不同性质空间的重复，还可以是一些单独和特殊的元素的组合。

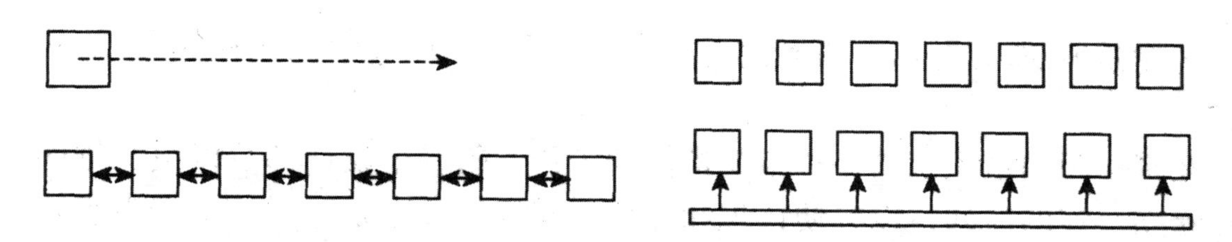

图 9-10　线性空间构成的空间序列

2. 线性空间构成设计方法的特点

(1)较容易适应场地各种条件的要求,可以因地制宜地随着地形而变化,可长可短,可曲线可折线,可水平地沿斜线排列,也可沿直线斜角地重复(图 9-11)。

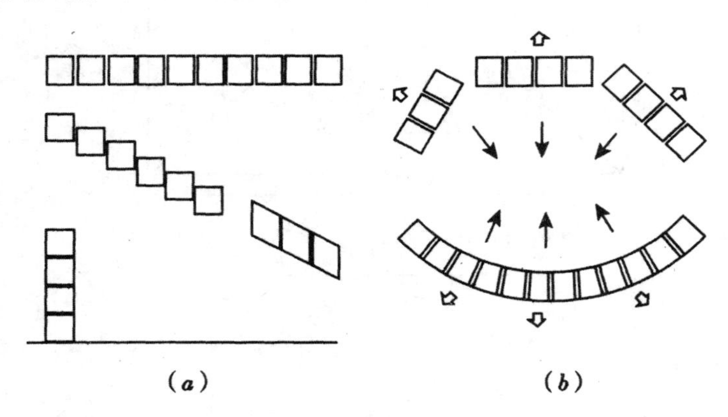

图 9-11　线性空间构成设计方法

(2)线性空间构成作为一个分割空间的载体,起着墙和栏杆的作用,它把空间分割成两个不同的区域,或作为一个限定空间的边界线(图 9-12)。

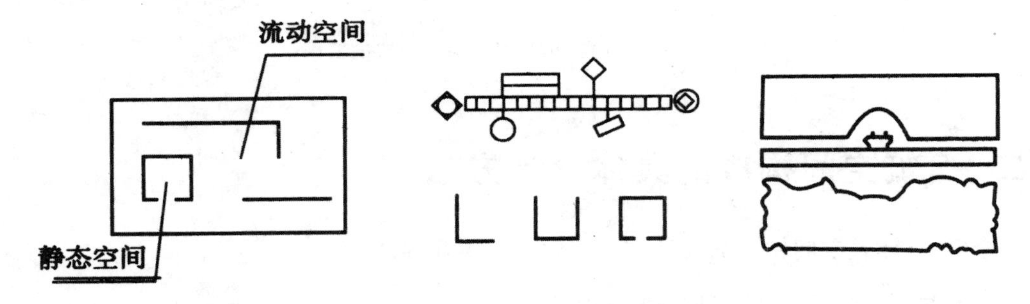

图 9-12　线性构成分割空间

(3)线性空间构成作为一个完整的母体,可沿着它的长度方向联系和组织其他形式的子空间(图 9-13)。

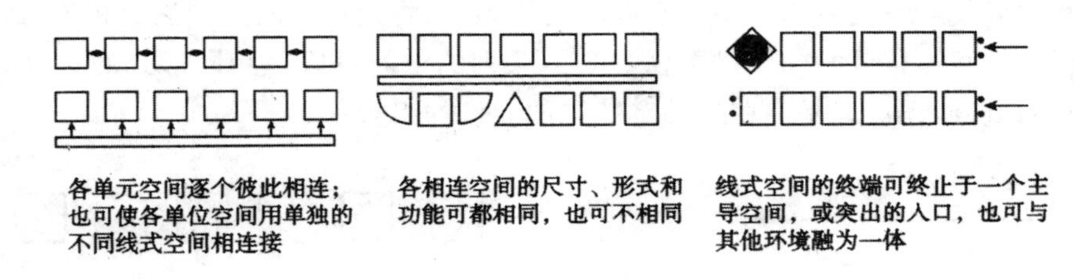

图 9-13　线性空间构成的组织与联系

(4)线性空间构成中具有重要性的空间单元,除以其形式与尺寸之特殊表示其重要性外,也可以以其位置强调,位于序列中央、端部,偏移序列之外或在序列之转折处(图 9-14)。

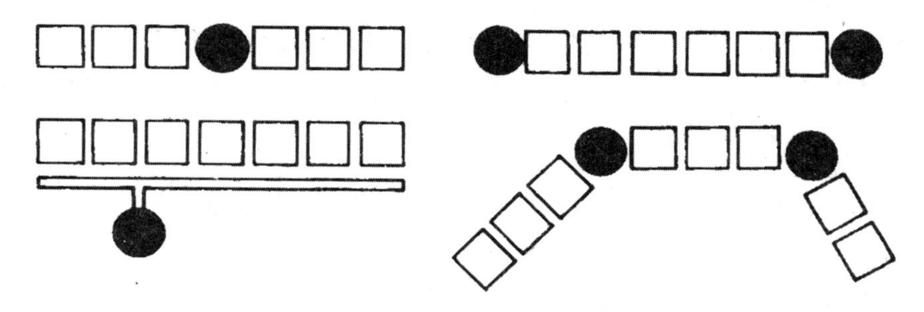

图 9-14　线性空间构成的重点突出

(5)线性空间构成用于围绕式包围空间,它可以是封闭的或半封闭的,其封闭程度根据设计需要,可采用不同线性空间构成的不同分布方法(图 9-15)。

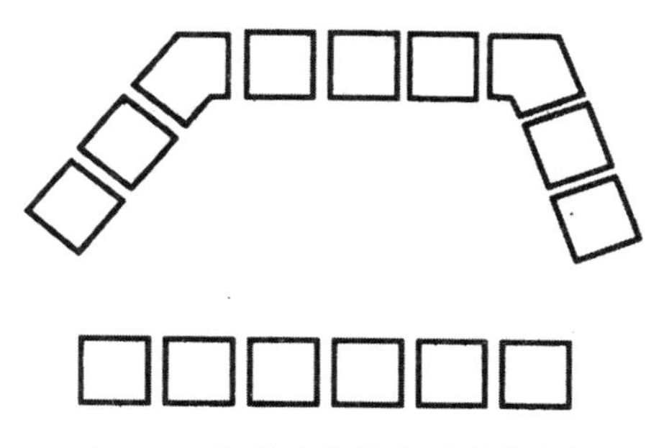

图 9-15　线性空间构成的围合空间

3. 线性空间构成设计的具体方法

(1)串联式空间构成方法

串联式空间构成方法是将各主要使用房间按使用程序彼此串联,相互穿套,无需廊联系。这种构成方法能够使房间的联系更加直接方便,具有连贯性,可满足一定路线的功能要求。同时,串联式空间构成方法所占据的交通面积小,使用面积大,因此一般应用于有连贯程序且流线要明确简捷的某些类型的建筑,如车站、展览馆、博物馆、浴室、室内游泳池等(图 9-16)。

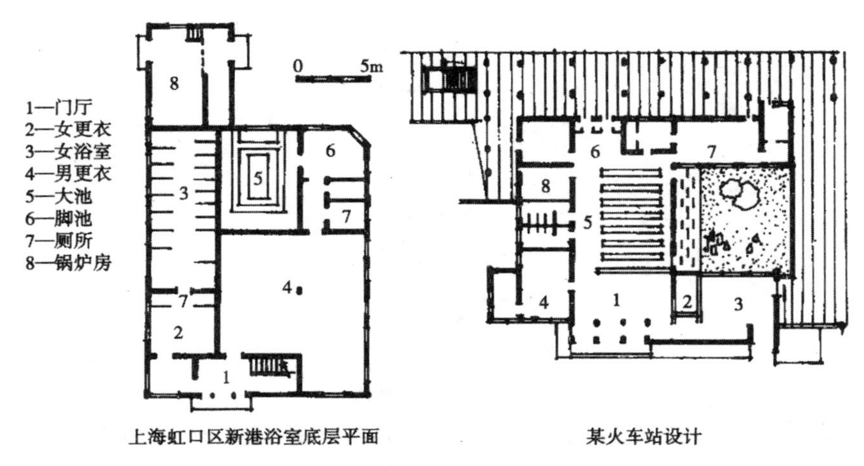

图 9-16　串联式空间构成方法实例

此外,串联式空间构成方法能够使所有使用房间都可以较容易地解决自然采光和通风,也容易结合不同的地形环境而有多样化的布置形式。它的缺点是房间使用不灵活,各间只宜连贯使用而不能独立使用,同时由于房间相套,使用有干扰,因此不是功能上要求连贯的用房最好不要采用串联式,空间构成方法。

(2)并联式空间构成方法

并联式空间构成方法就是将各使用空间沿着固定的线性并列布置,彼此以走廊相连(图 9-17)。这样一来,各个空间既能独立使用,又能互相联系。一般情况下,并联式空间构成方法常运用于学校、医院、办公楼、宾馆等建筑中。

图 9-17 并联式空间构成方法

并联式空间构成方法的优点是平面布局简单,房间使用灵活,隔离效果较好;房间有直接的自然采光和通风,结构简单经济;同时也容易结合地形组织多种形式。其缺点在于采用这种构成方法时,设计者需注意房间的开间和进深应该统一,否则就宜分别组织,分开布置。同时也要注意将上下空间隔墙对齐,以简化结构,受力合理。

并联式空间构成方法根据房间和走廊的布局关系又可分为以下几种基本形式。

①内廊式空间构成方法。

内廊式空间构成方法也被称为中廊式空间构成方法。它是各使用房间沿着走廊的两侧布置(图 9-18)。一般情况下,采用内廊式空间构成方法应尽量把主要使用房间布置在朝向较好的一面,而将次要的辅助房间(如厕所及楼梯间等)布置在朝向差的一面。通常是南面为主,北面为次,东面较西面好一些。

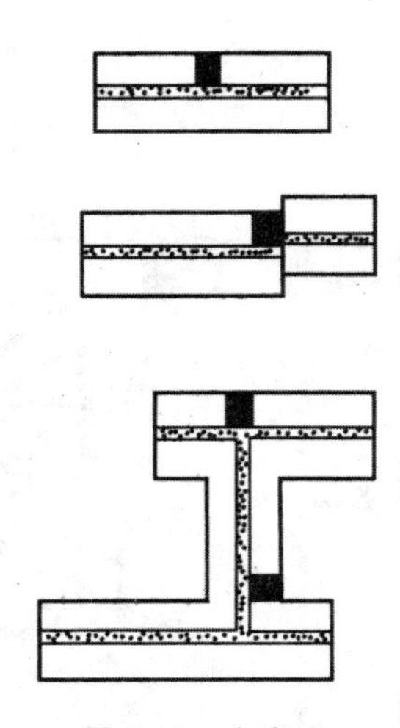

图 9-18 内廊式

内廊式空间构成方法的优点是较外廊式布置要紧凑、结构简单、外墙少、经济、节省交通面积、内部联系路线缩短、冬季供暖较为有利,故北方用得多。其缺点是部分房间朝向不好,通风不够直接。

采用内廊式空间构成方法时，设计者要注意防止在转角处形成暗的房间，也要避免中间走廊光线不足，通风不良及因走廊过长而产生的空间单调感，为了解决这一问题，设计者通常会把通长的走廊通过设计划分为几段较短的空间。其具体手法可以采用曲尺形走廊，在曲尺转折处形成“过厅”；也可以在走廊的中部设置开敞的空间，如楼梯间、交通厅、休息室、楼层服务台、病房的护士站等；还可将部分走廊扩大加宽，打破单一的方向感。甚至在走廊两侧墙面贴玻璃镜，在视觉上扩大空间。

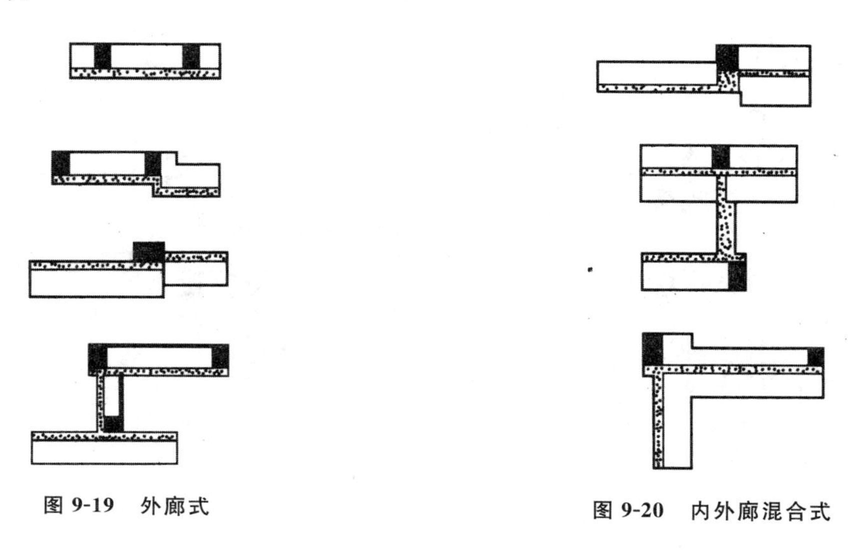

图 9-19　外廊式　　　　图 9-20　内外廊混合式

②外廊式空间构成方法。

外廊式空间构成方法主要使用房间沿着走廊的一侧布置，即一边为基本使用空间，一边为交通空间(图 9-19)。

外廊式空间构成方法的优点是可以将所有的房间朝向较好的方向(如果是南北向布置的话)，或者在两面开窗，确保直接的自然通风。同时，底层房间与室外空间的联系也十分方便，底层房间还可兼作休息、活动及遮阳之用。因而，外廊式空间构成方法一般用于托儿所、幼儿园、中小学及疗养院等建筑中。其缺点是交通面积比例大，用地不够经济。

采用外廊式空间构成方法时，如果建筑物是南北朝向的，那么就必须考虑南廊与北廊的设计问题。一般情况下，南廊对于冬季和雨天兼作休息和活动是有利的，并且可使室内光线均匀而不过于强烈，但使用上有些干扰；北廊易受风雨影响，冬季、雨天不便活动。有时也将北廊装上窗户而变成单面内廊，也称暖廊。这样造价要高一些。设计时要综合考虑需要和可能而灵活选用。当建筑物是东西向布置时，则有东廊和西廊之别。一般作西廊较多，以兼作遮阳之用。

③内外廊混合式空间构成方法。

内外廊混合式空间构成方法是将内廊与外廊结合起来的一种构成方法，是在设计过程中将部分使用房间沿着走廊的两侧布置，部分使用房间沿走廊一侧布置(图 9-20)。

内外廊混合式空间构成方法较内廊式空间构成方法则大大改善了房间通风和走道的采光，因而一般运用于医院、疗养院、中小学等建筑中。

④复廊式空间构成方法。

复廊式空间构成方法就是将使用房间沿着两条中间走道成三列或四列布置的一种方法，常以四列居多。

复廊式空间构成方法的优点是布置紧凑、集中，进深大，对结构有利，因而多采用于高层办公楼、宾馆、医院等建筑中。南京金陵饭店及上海扬子江酒店也都采用了这种复廊式的空间构成方法(图 9-21)。

在运用复廊式空间构成方法时，设计者一般将主要使用房间布置在外侧，辅助用房和交通枢纽布置在内侧，并采用人工照明和机械通风。

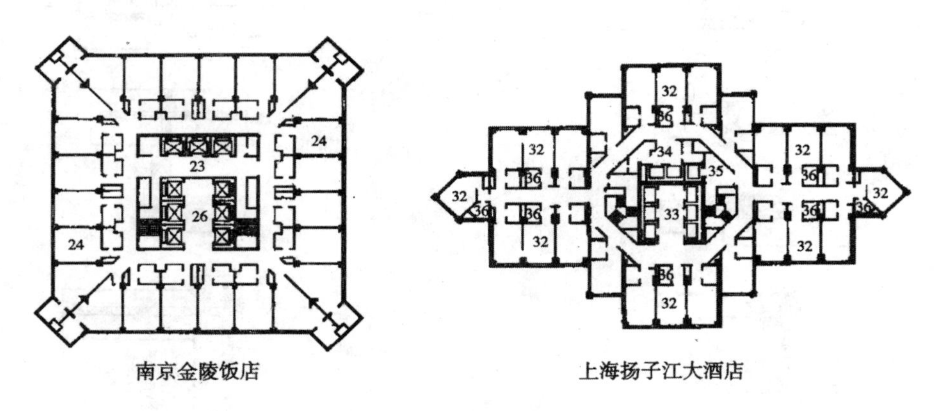

图 9-21　复廊式空间构成实例

(二)单元式空间构成设计方法

1. 单元式空间构成设计方法的概念

所谓的单元式空间构成设计方法，就是将建筑物各种不同的使用功能划分为若干个不同的使用单元，并按照它们的相互联系要求，将这些独立的单元以一定的方法(连接体)组织起来，最终构成一个有机的整体的方法。

2. 单元式空间构成设计中单元划分的方法

一般情况下，单元式空间构成设计中单元划分的方法有以下两种。

(1)将相同性质的主要使用房间分组布置，形成几种相同的使用单元，如医院中病房可按病科划分为若干护理单元，每一个护理单元就把一定数量的病室(一般 30～40 床位)及与之相适应的护理用房(护士站、医生办公室等)及服务辅助用房等组织起来；托儿所、幼儿园中，可按各个班级的组成(如每班的活动室、卧室、盥洗室、贮藏室等组织单元)；宾馆及招待所中也可将一定数量的客房及其服务用房(服务台、盥洗室、厕所、电话间及贮藏室、开水间等)划为一个个单元；中小学可按不同的年级划分若干教室单元，每一单元将同年级的几个班及相应的辅助用房、厕所等组成一个单元等。

(2)按建筑物内不同性质的使用部分组成不同的单元，将同一使用性质的用房组织在一起，如学校可按一般的教室、音乐教室及行政办公室划分为几个单元；医院可按门诊部、各科病房、辅助医疗、中心供应及手术部等划分为不同的单元；宾馆或招待所可按居住部分，公共部分及服务部分来划分单元等。

3. 单元式空间构成设计方法的特点

(1)各个单元根据功能上联系或分隔的需要进行组合。

(2)布局灵活。

(3)便于按不同大小,不同高低的空间合理组织,区别对待。

(4)功能分区明确,各部分干扰少。

(5)可适应不同的地形。

(6)能有较好的朝向和通风。

由于单元式空间构成设计方法具有如上几种特点,因此它较广泛地应用于许多类型的公共建筑中。

4. 单元式空间构成设计的具体方法

根据具体情况,单元式空间构成设计的方法主要有以下几种。

(1)利用单元本身作连接体,将不同性质的各个单元组合成一个整体。这种连接体单元与各个部分都有内在联系,较好地解决了既方便联系又能适当分隔的要求。它广泛应用于医院、宾馆、招待所、图书馆等建筑中。

(2)利用廊子把各个不同性质的单元连接起来,形成一个组合式的平面;这种方法组合灵活,室内外结合得较好,各部分彼此分隔得较好,干扰少,但占地大,廊子多,联系稍远。

(3)有的单元也可独立的布置,或用楼梯将不同的单元连接起来。

(三)集聚型空间构成设计方法

1. 集聚型空间构成设计方法的概念

集聚型空间构成设计方法就是由一定数量的从属空间围绕着一个大的主要的中心空间的一种稳定的空间构成设计方法(图 9-22)。

图 9-22 集聚型空间构成设计

2. 集聚型空间构成设计方法的特点

（1）集聚型空间构成设计方法所构成的空间会在形式上表现出一种内在的凝聚力。

（2）虽然集聚型空间构成设计方法所构成的中心空间在形状上是可以多种多样的，能聚集成百上千的人，甚至一定数量附属于它的从属空间。

（3）集聚型空间构成设计方法所构成的空间的平面形式的几何规律性是聚集构成的一种明显的特点，无论围绕着中心空间的从属空间的尺寸和形状是否相同，集聚构成总是沿着两条或者更多的轴线对称展开。

3. 集聚型空间构成设计的具体方法

（1）小空间围绕大空间底层和看台下布置，这种设计方法主要用于体育馆中，它能充分利用空间、平面紧凑、经济，主体大空间在外部造型中能得到充分的表现（图 9-23）。

（2）小空间围绕在大空间四周（图 9-24），如在影剧院中，将观众休息、小卖、厕所及楼梯间等布置于观众厅之两侧，门厅、舞台围以前后，这种空间组织平面紧凑，联系方便，也增加了主体大厅结构的刚性。

（3）大空间与小空间开脱布置（图 9-25），这种设计方法主要用于中小型的电影院、剧院、体育馆、练习馆等。

图 9-23　上大下小

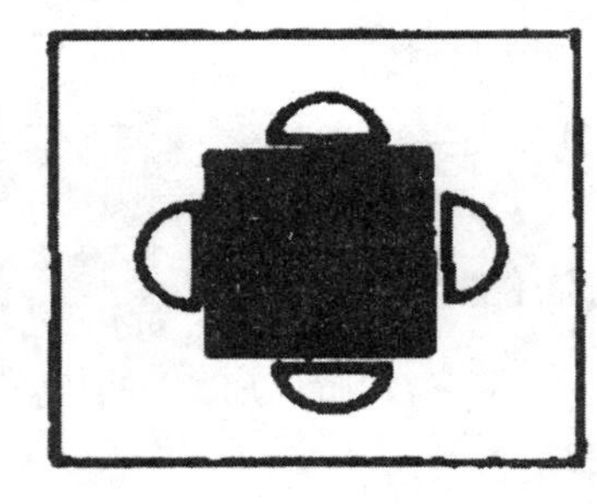

图 9-24　小围大

图 9-25 大小脱开

（四）放射型空间构成设计方法

1. 放射型空间构成设计方法的概念

放射型空间构成设计方法就是以一个中心空间为起点，以放射的方式向外伸展来构成空间的方法。因此，放射型空间构成设计包括两种元素，一是放射核心（中心空间）；二是线性臂（线性构成）（图 9-26）。

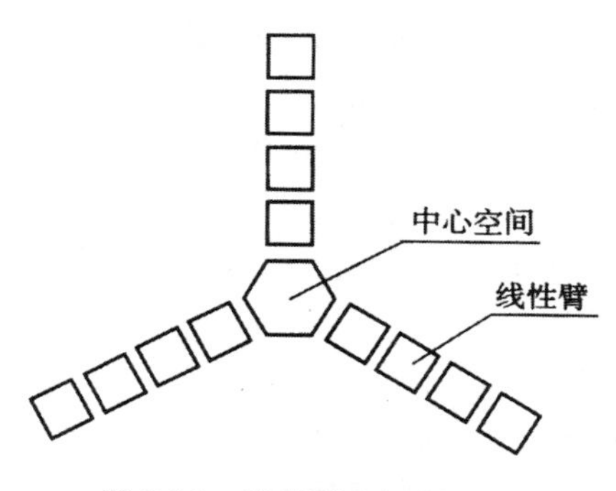

图 9-26　放射型空间构成设计

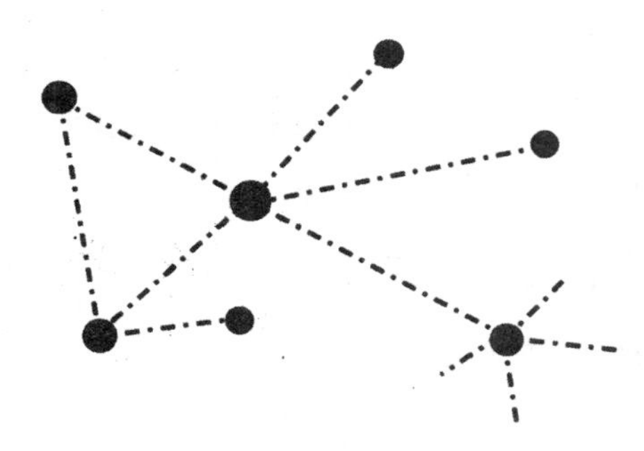

图 9-27　网络式放射型空间构成方法

2. 放射型空间构成设计方法的特点

（1）采用放射型空间构成方法构成的空间可以扩展成网络，这时构成中心的若干中心由线性形式连接起来，每一部分又自成一个放射系统（图 9-27）。

（2）放射空间构成要素之一的线性臂具有线性构成相同的性质，在完全对称的放射构成中，线性臂的形式和长短是相同的，而在不完全对称的放射构成中，线性臂也可以根据各自功能的特殊要求和场地条件而有所不同。

（3）放射型空间构成方法是一种特殊的空间构成方式，具有朝向中心空间的向心凝聚力。

（五）葡萄串型空间构成设计方法

1. 葡萄串型空间构成设计方法的概念

葡萄串型空间构成设计方法就是像植物中的“葡萄串”一样构成建筑空间的一种方法。这种方法采用了“仿生”植物的方式，使建筑物内部的空间遵循一定的规律，采用相同的空间形态聚合在一起的，形成一个整体的“葡萄串”式的建筑形态（9-28）。

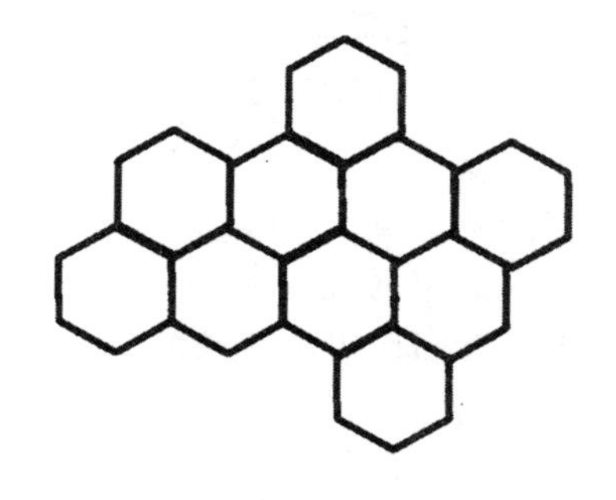

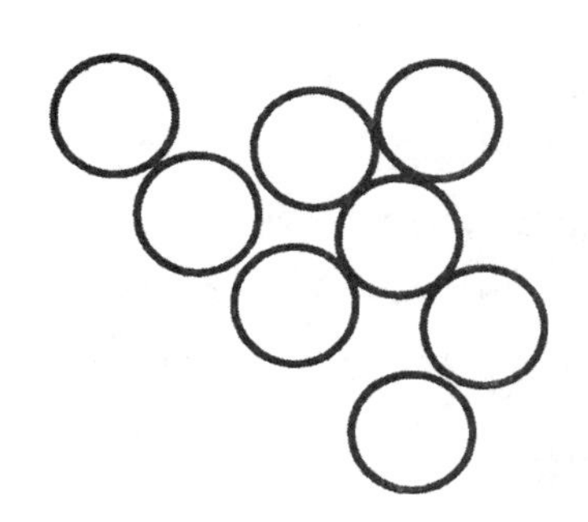

图 9-28　葡萄串型空间设计方法

2. 葡萄串型空间构成设计方法的特点

（1）葡萄串型空间构成设计方法遵循某些规律并具有某些相同的视觉特征，它的构成具有很强的灵活性，它可以与上述任何一种形式结合来组织复杂的空间。

(2)葡萄串型空间构成设计方法所构成的空间常由重复的、细胞似的空间组成。

(3)葡萄串型空间构成设计方法所构成的空间常大小、形态一致，彼此不分层次。

(4)葡萄串型空间构成设计方法也可以将不同大小，不同形式乃至不同功能要求的各种空间细胞有效地组织在一起。

3. 葡萄串型空间构成设计的具体方法

(1)树型葡萄串空间构成设计法

这种空间构成设计法是将各个空间细胞沿着一条竖向轴线彼此串联起来，形成一座树状的建筑形态——高层建筑，著名日本东京的中银舱体大楼就是这种典型的树型葡萄串空间构成设计法。它把个体单位作为一个个细胞，设计成尺寸大小形式都相同的模块化的盒子单元，将这些盒子堆叠在一起。

(2)单"枝"葡萄串空间构成设计法

这种空间构成设计法是沿着一条轴线将不同大小的"葡萄"(空间细胞)串起来。可以是对称式也可以是非对称的；这条轴线可以是直线，也可以是曲线、弧线甚至是环形(图 9-29)。因此，可以说这条单枝轴线其实就是沿着一条动线去组织的。

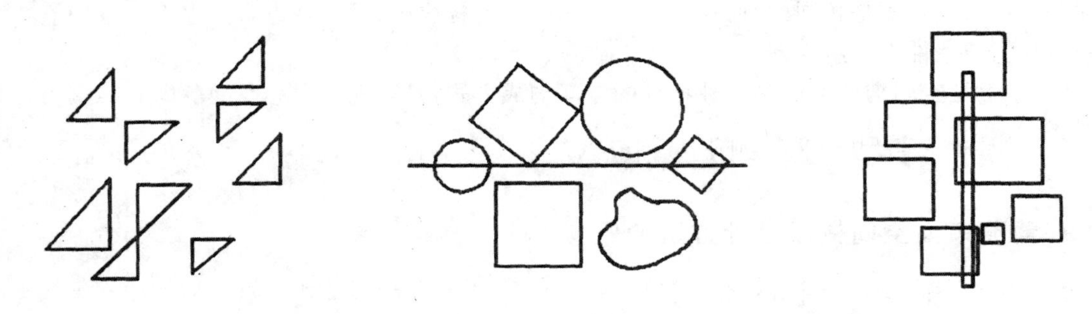

图 9-29　单"枝"葡萄串空间构成设计法

(3)堆叠式葡萄串空间构成设计法

这种空间构成设计法是将不同的或相同的空间体相互堆叠交叉并融合在一起成为建筑体表面多样化的单一形式。1967 年加拿大蒙特利尔世界博览会上的 67'堆叠式住宅就是这种空间构成设计法的典型代表。

(4)节点式葡萄串空间构成设计法

这种空间构成设计法是将不同大小和不同性质的空间细胞围绕着一个"节点"彼此串联起来。这个"节点"大多是入口空间，也有的是围绕着一个中心空间而组织起来的(图 9-30)。

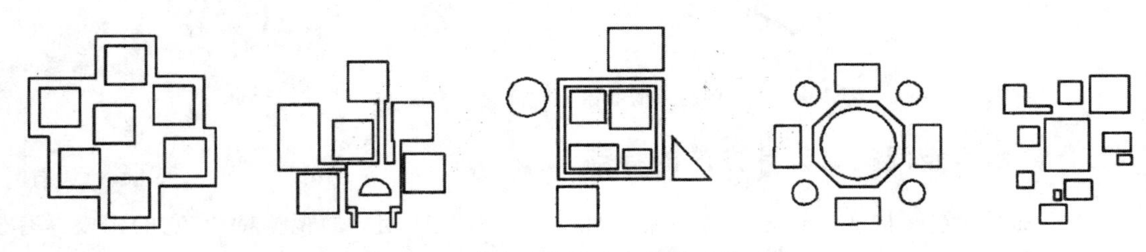

图 9-30　节点式葡萄串空间构成设计法

(5)多“枝”葡萄串空间构成设计法

这种空间构成法是将不同大小、不同性质的空间细胞沿着多条轴线串联起来而形成一个建筑整体,它可以是对称的,也可以是非对称的(图 9-31)。

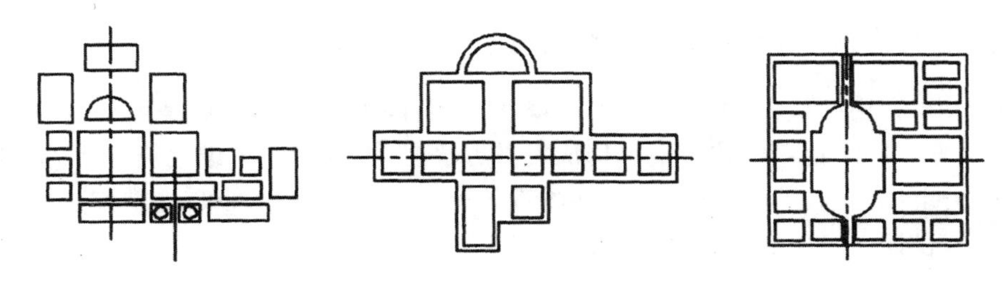

图 9-31　多“枝”葡萄串空间构成设计法

(六)网状式空间构成设计方法

1.网状式空间构成设计方法的概念

网状式空间构成设计方法就是用两组或更多的有固定间隔的比例线段交叉来构成建筑空间的方法。网状式空间构成设计方法所构成的空间在线段交叉处会形成有规律的间隔点图案,并会形成由网格线所限定的区域(图 9-32)

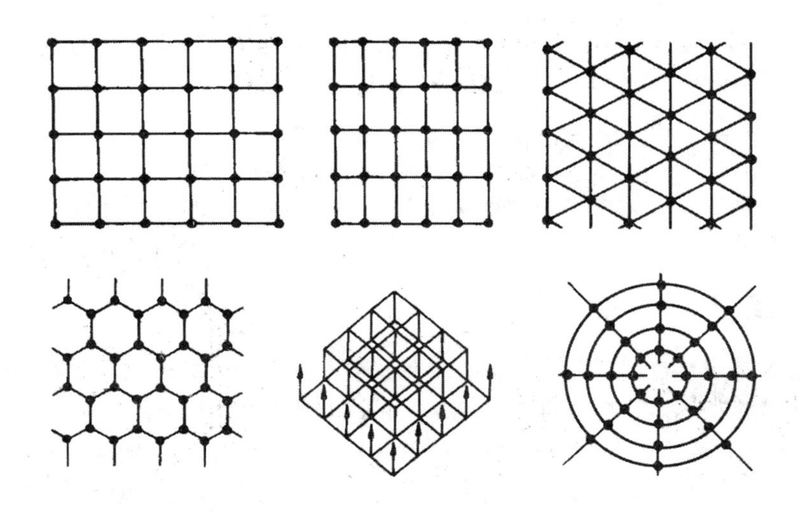

图 9-32　网状式空间构成设计方法中常见的几种网格形式

2.网状式空间构成设计方法的特点

(1)用网状式空间构成设计方法所构成的网格是根据正方形的几何性质建立起来的,因为正方形的尺寸相等和双侧面的对称性,所以正方形的网格本质上是不偏不倚的,不分层次没有方向。

(2)网状式空间构成设计方法将主要使用部分集中于一个开敞的大空间内,这种空间形态特别适合应用网格方法进行设计,它可使内部空间使用极为灵活。

(3)采用网状式空间构成设计方法构成的空间不一定都很高,但面积往往很大,因此不能全靠侧面采光,而需采用人工照明与自然采光相结合的方法,也可采用内天井多层布置。

(4)网状式空间构成设计方法所构成的空间布局紧凑,占地经济,容易获得简洁开朗的造型效果。

3. 网状式空间构成设计方法运用的注意事项

在建筑设计中,利用网状式空间构成设计方法进行空间的构成设计更是设计者应该掌握的一个基本的设计方法。在运用网状式空间构成设计方法时,设计者要考虑建筑空间的结构,一定要安排好柱网,力求把结构的柱网和建筑空间的设计协调一致。这样,不仅能使建筑结构系统简明,而且也使建筑设计本身做到空间明晰,具有秩序感。

第二节　建筑空间组合的设计方法

一、建筑空间组合概述

(一)建筑空间组合的概念

建筑空间组合就是根据建筑物的使用要求,结合基地的环境,将各部分使用空间有机地组合,使之成为一个使用方便、结构合理,内外体形有机而又与环境融洽的完美的整体。

(二)建筑空间组合的原则

建筑空间组合是建筑设计中的一个重要环节,必须遵循一定的原则才能达到比较满意的效果。建筑空间组合的基本原则如下所示。

1. 交通流线组织简捷、明确

交通流线组织是建筑空间组合中十分重要的内容,流线的组织布置方式在很大程度上决定了建筑的空间布局和基本体形。在进行建筑空间的组合设计时,设计者一定要做到简便、明确。

所谓简捷,就是距离短,转折少;所谓明确,就是使不同的使用人员能很快辨别并进入各自的交通路线,避免人流混杂,譬如学校医院门诊部设计就需要使学生能快捷明确地前往不同的科室进行医治。

2. 满足消防等规范要求

建筑空间的组合还应符合有关层数、高度、面积等的消防方面的规定,此类规定对建筑内部空间设计存在一定的影响。例如两个同样建筑面积的空间,定义为高层建筑的空间布置所要遵守的消防要求就比非高层建筑的严格很多,限于篇幅,相关的规定就不在这里作展开叙述了。

3. 工程技术合理适当

进行建筑空间组合,需要一定的工程技术做支撑,合理的功能布置不光体现为空间紧凑及优美，更需要保证结构选型的合理及设备布置的适当，几个方面应相互影响、相互作用、融为一体，这就需要建筑空间组合设计必须符合工程技术合理适当的原则。譬如埃里温俄罗斯电影院，结构布置的合理性就可以体现出来，如柱网布置过于密集和规整，在使用过程中就会阻挡学生及教师的视线(图 9-33)。

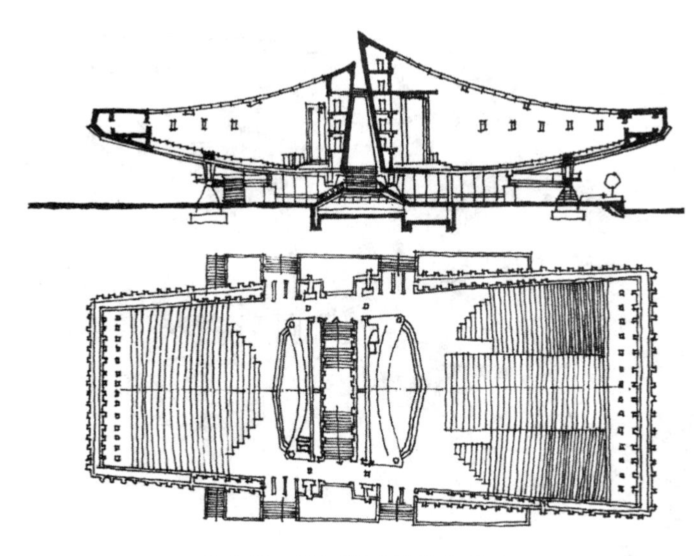

图 9-33　埃里温俄罗斯电影院

4. 与基地周边环境相协调

建筑是建造在一定的基础上的，建筑必须与基地环境有机统一、协调，如 1972 年荷勒固设计的蒙澄拉德巴赫市立博物馆就是这种典型(图 9-34)。该博物馆的基地大小与形状、地形地貌、原有建筑、道路、绿化、公共设施等环境条件对建筑空间组合起制约作用。同样功能、同样规模的建筑，由于所处基地环境不同，会出现不同的空间组合。

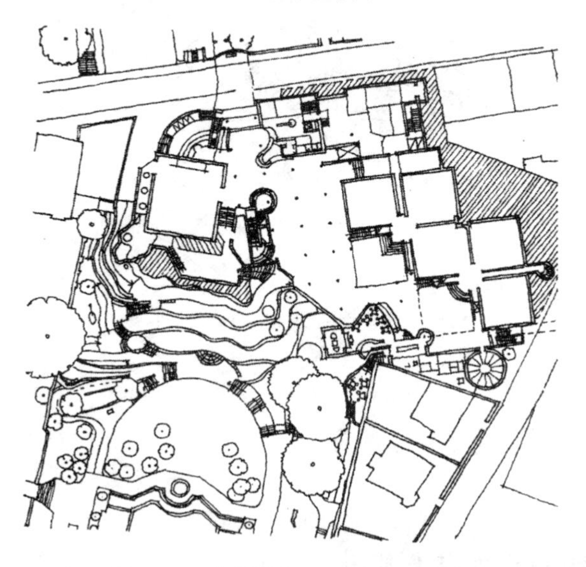

图 9-34　蒙澄拉德巴赫市立博物馆

5. 空间布局紧凑、有特色

在满足使用要求的前提下，建筑空间组合应妥善安排辅助面积，减少交通面积，使空间布局紧凑，如波哥大大学经济系馆(图 9-35)。

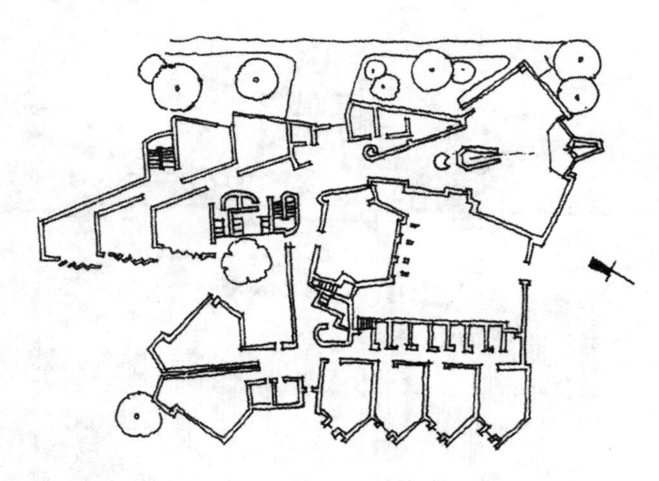

图 9-35　波哥大大学经济系馆

6. 内部使用环境质量良好

为了提高建筑的环境质量，建筑的空间设计应保证相应空间的通风、采光、日照、卫生等环境因素都达到一定的标准，如马萨诸塞州韦尔斯学院科学中心(图 9-36)。该中心的空间组合设计就考虑到了使超过半数以上的宿舍房间能获得足够的日照。

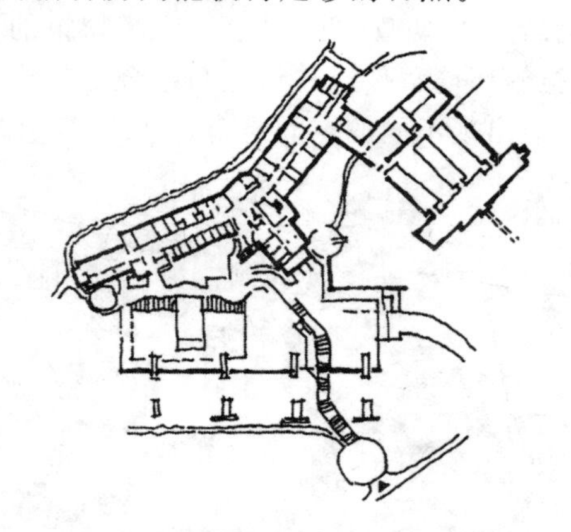

图 9-36　马萨诸塞州韦尔斯学院科学中心

7. 功能分区明确

为实现某一功能而相互组合在一起的若干空间会形成一个相对独立的功能区，如圣奥古斯丁市政厅(图 9-37)。该建筑便由若干功能区组成，各功能区又由若干房间组成，如餐厅又可以包括包厢及大堂等空间。之所以要求建筑空间的组合要符合功能分区明确原则，是为了使各功能分区明确、不混杂，以减少干扰，方便使用。

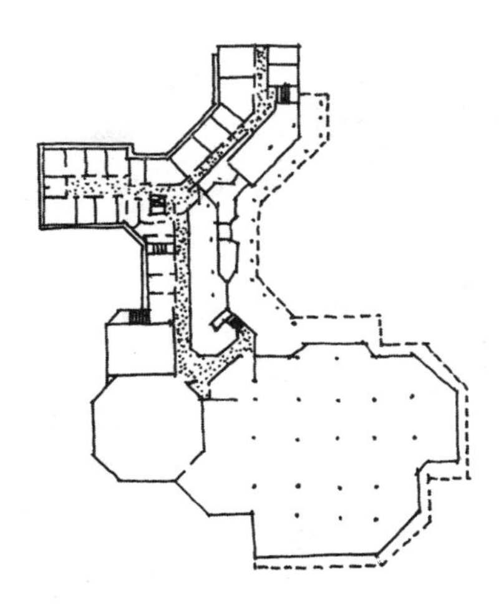

图 9-37　圣奥古斯丁市政厅

二、建筑空间组合的具体设计方法

建筑空间可分为内部空间和外部空间，因此，建筑空间的组合也可分为内部建筑空间的组合与外部建筑空间的组合。

（一）内部建筑空间组合的设计方法

1. 竖向空间组合的设计方法

(1)多层空间组合的设计方法

多层空间组合的设计方法较多主要有穿插组合法、缩放组合法、叠加组合法三种。

①穿插组合法。

穿插组合法主要是指若干空间由于功能要求不同或设计者希望达到一定的空间环境效果，在竖向组合时，将空间所处的位置及空间高度进行调整，使其呈现出明显的不同，这样就形成了各空间相互穿插交错的情况(图 9-38)。这样的竖向组合在建筑空间设计里是较为常见的，如剧院观众厅、图书馆中庭空间、大型购物商场等。

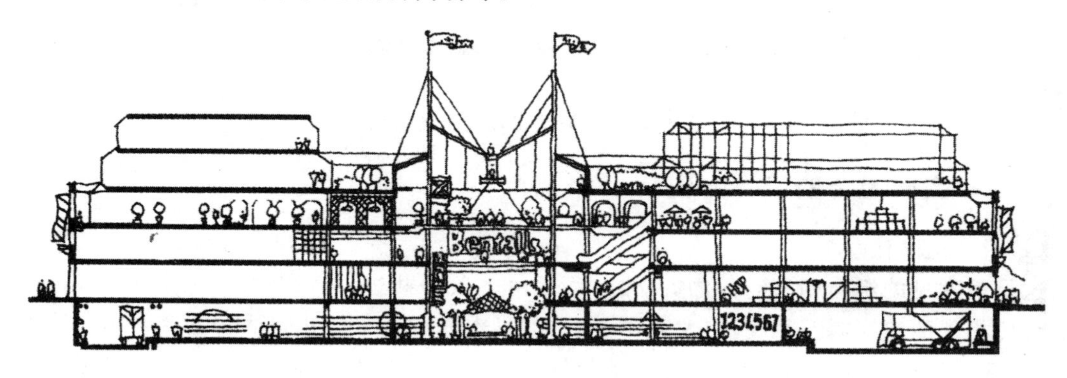

图 9-38　穿插组合法

②缩放组合法。

缩放组合法主要是指上下空间进行错位设计，形成上大下小的倒梯形空间或下大上小的退台空间(图 9-39)。此类空间组合在与外部环境的协调处理上较好，容易形成具有特色的建筑空间环境，在山地建筑设计中较为多见。

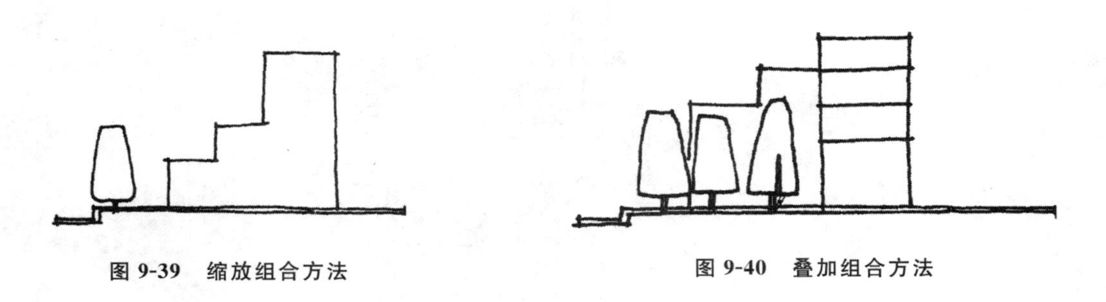

图 9-39　缩放组合方法

图 9-40　叠加组合方法

③叠加组合法。

叠加组合法主要是将建筑的空间上下对应、竖向叠加的一种方法(图 9-40)。这是一种应用最广泛的组合方法，教学楼、宿舍、普通公寓楼等都是按这种方法进行组合设计的。

(2)单层空间组合的设计方法

单层空间组合形成单层建筑，在竖向设计上，可以根据各部分空间高度要求的不同而产生许多变化。单层空间组合具有灵活简便、施工工艺相对简单等特点，但同样由于占地多、对场地要求高等原因，一般用于人流量、货流量大，对外联系密切或用地不是特别紧张的地区的建筑，如飞机场的建筑(图 9-41)。

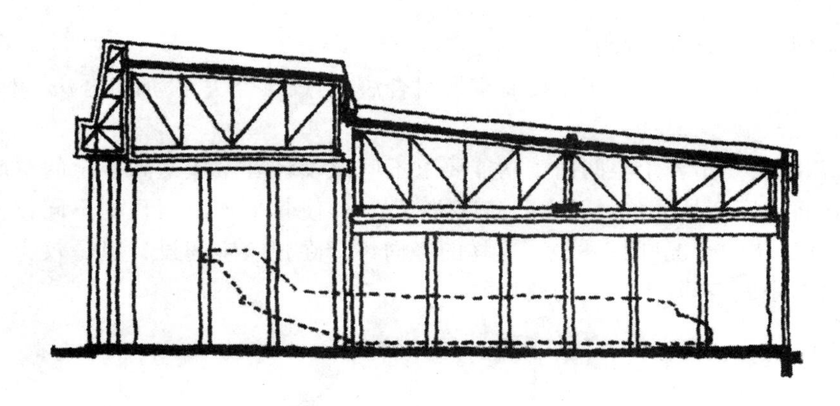

图 9-41　上海飞机场建筑的组合

2. 相邻空间组合的设计方法

(1)毗邻组合法

这是最常见的组合相邻空间的方法之一，是由一条公共边界分隔两个空间的方法。这种方法能够使相邻的空间既互相交流，又互不关联，如日本熊本市某幼儿园活动室就采用了这种组合方法，用活动移门作为公共边界，打开活动门使室内与室外融为一体，关闭活动门则使室内与室外自成一体(图 9-42)。

图 9-42　日本熊本市幼儿园活动室

(2)连接组合法

连接组合法也是组合相邻空间的一个重要方式，这种方式能使相邻的两个空间通过第三方过渡空间产生联系(图 9-43)。采用这种方法，两个空间的自身特点，比如功能、形状、位置等，可以决定过渡空间的地位与形式。

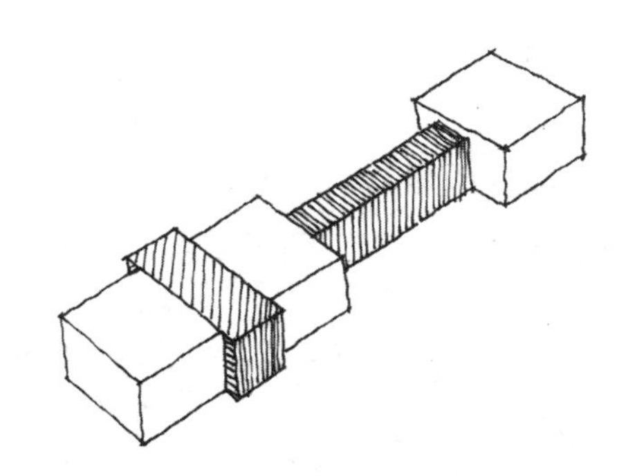

图 9-43　空间的连接

(3)包含组合法

包含组合法是使一个大的空间包含小的空间，这种方法能够使两个空间比较容易融合，但是小空间不能与外界环境直接产生联系(图 9-44)。

图 9-44　空间的包含

(4)重叠组合法

重叠组合法是两个空间将部分区域重叠在一起的方法，其中重叠部分的空间可以为两个空间共享，也可以与其中一个空间合并成为其一部分，还可以自成一体，起到衔接两个空间的作用（图 9-45）。

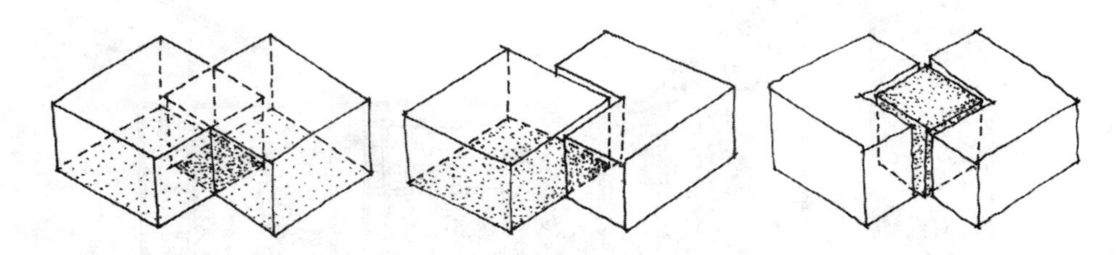

图 9-45　空间重叠组合的三种形式

3. 多个空间组合的设计方法

（1）对比与变化的方法

所谓的对比与变化，就是通过呈现出比较明显的差异变化来体现各自的特点，让人从一个空间进入另一个空间时产生强烈的感官刺激变化来获得某种效果的一种建筑空间的组合设计方法。在建筑内部空间的组合设计中，常见的对比与变化的方法有以下几种。

①形状对比法。

这种方法就是将两个空间的形状进行对比，这样既可表现为地面轮廓的对比，也可以表现为墙面形式的对比，能够打破空间的单调感（图 9-46）。

图 9-46　形状对比法在某图书馆的运用

②虚实对比法。

这种方法就是在建筑内部空间的设计中，将相对封闭的围合空间作为进入到开敞通透的空间的通道的方法，这种方法会使人有豁然开朗的感觉(图 9-47)。

图 9-47 苏州留园某庭院一景

③高低对比法。

这种方法就是在建筑内部空间的设计中，将低矮空间作为进入高大空间的通道的方法，这种方法能通过对比，反衬高大空间的雄伟(图 9-48)。

图 9-48 哈弗里中心大厦内庭内景

(2)延伸与借景的方法

所谓的延伸与借景,就是在分隔两个空间时,有意识地保持一定的连通关系,这样,空间之间就能渗透产生互相借景的效果,增加空间层次感。图 9-49 就是运用玻璃来产生这种效果的。

图 9-49 阿尔瓦·阿尔托——玛利亚别墅起居室

(3)分隔的方法

分隔的方法是多个空间的组合设计方法中最常见的一种方法,根据分隔特点的不同,它又可分为以下几种方法。

①绝对分隔法。

绝对分隔法就是用墙体等实体界面分隔空间的方法。这种方法直观、简单,可以让室内空间较安静,私密性好。实体界面也可采取半分隔方式,比如砌半墙、墙上开窗洞等,这样既界定了不同的空间,又可满足某些特定需要,避免空间之间的零交流(图 9-50)。

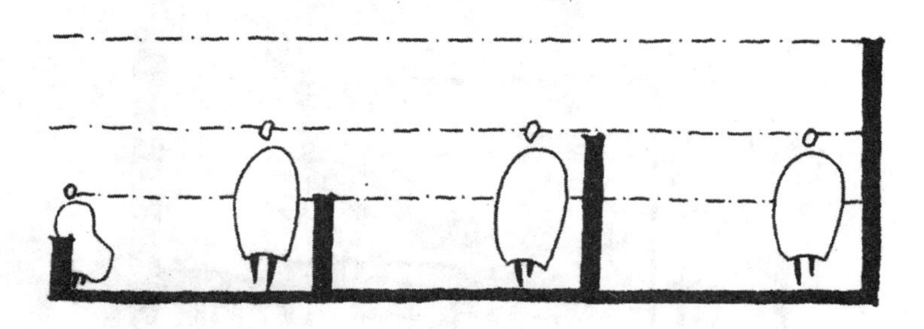

图 9-50 不同高度的分隔产生不同的感受

②相对分隔法。

相对分隔法就是采用相对分隔来界定空间,又可以称为心理暗示法,这种界定方法虽然不像绝对分隔那么直接和明确,但是通过象征性同样也能达到区分两个不同空间的目的,并且比绝对分隔法多了一些艺术性和趣味性。相对分隔法较多,主要包括以下几种方法。

第一种,以空间的标高或层高来分隔,如图 9-51 所示。

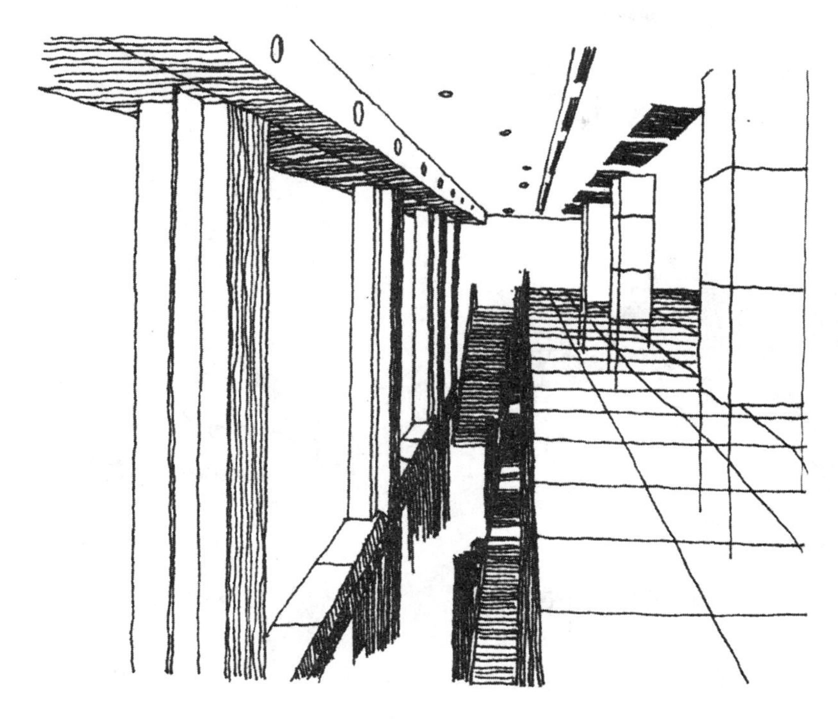

图 9-51　日本热海市 MOA 美术馆

第二种，以空间表面材料的色彩与质感来分隔，如图 9-52 所示。

图 9-52　某餐厅内部

第三种，以线形物体来分隔，如图 9-53 所示。

第四种，以空间的大小或形状来分隔，如图 9-54 所示。

图 9-53　德国沃尔夫斯堡文化中心图书馆

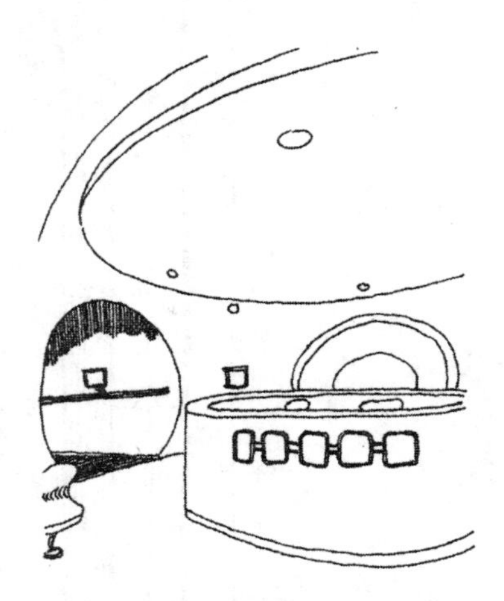

图 9-54　某网络公司办公室

第五种，以具体实物来分隔，如通过家具、花卉、摆设等具体实物来界定两个空间，这种界定方法具有灵活性和可变性，如图 9-55 所示。

图 9-55　某住宅室内

(4)引导与暗示的方法

这种方法就是通过一定的引导和暗示来进行空间组合的方法，如外露的楼梯、台阶、坡道等很容易暗示竖向空间的存在，引导出竖向的流线，利用顶棚、地面的特殊处理引导人流前进的方向，狭长的交通空间能吸引人流前行，空间之间适时增开门窗洞口能暗示空间的存在等(图 9-56)。

图 9-56 某公司总部办公室内部狭小空间吸引人前进

(5)重复与再现的方法

这种方法是与对比相对的，某种相同形式的空间重复连续出现，可以体现一种韵律感、节奏感和统一感，但运用过多，容易产生单调感和审美疲劳(图 9-57)。

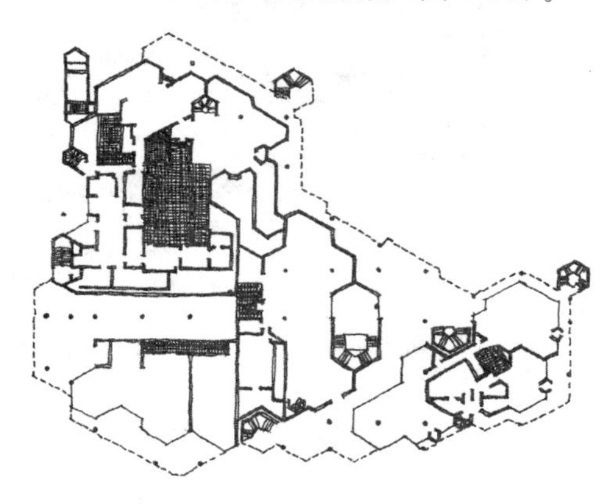

图 9-57 德国莱菲尔德纺织工人之家

(二)外部建筑空间的组合设计方法

根据建筑群的性质、功能要求以及基地特点等因素的不同，外部建筑空间的组合设计方法也会表现出不同的特点，但将其归纳起来可以发现，外部建筑空间的组合设计方法主要有以下几种。

1. 自由式空间组合的设计方法

所谓的自由式空间组合的设计方法就是根据建筑群的性质及基地条件等因素形成非对称式空间组合的一种方法。

自由式空间组合设计方法具有以下几方面的特点。

(1)在自由式空间组合的设计方法中，随各种条件的不同，建筑群中各建筑物的格局，可自由、灵活的布局。

(2)运用自由式空间组合的设计方法，建筑群中各建筑物应根据地形的曲直、宽窄变化进行布置，以便使建筑与环境融为一体，从而形成灵活多变、利用自然环境而形成和谐的建筑空间。

(3)自由式空间组合的设计方法要求建筑群中各建筑物根据建筑群的功能要求对建筑物进行布置,其位置、形状、朝向的选择较灵活、随意。

(4)在自由式空间组合的设计方法中,建筑群中各建筑物可利用柱廊、花墙、敞廊等将各建筑物联系起来,以形成丰富多变的建筑空间。

(5)自由式空间组合的设计方法具有适应性强的特点,因此,这种组合形式被各种建筑群体组合广泛采用,并获得了良好的效果,如广东肇庆星岩饭店(图 9-58)。肇庆星岩饭店位于广东省肇庆市七星岩风景区,这里地势起伏,环境优美。饭店的建筑空间群体在组合上采取了分散的自由式空间组设计的方法:三栋客房楼错开布置,并用廊子连成一个整体,客房既有开阔的视野,又有良好的朝向。

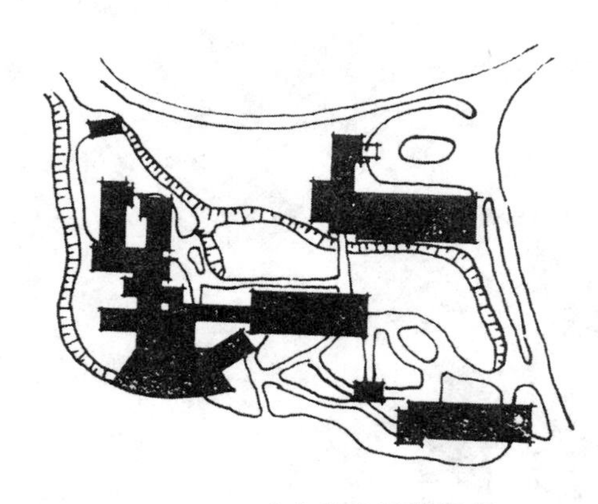

图 9-58 广东肇庆星岩饭店

2. 对称式空间组合设计方法

所谓的对称式空间组合的设计方法就是以建筑群体中的主要建筑轴线或联系几栋建筑的中心为中心轴线的一种空间组合设计方法。

常见的对称式空间组合设计方法有两种:第一种是两侧均匀对称的布置建筑群,中央利用道路、绿化、喷泉、建筑小品等形成中轴线,从而形成较开阔的对称式空间组合。第二种是以建筑群体中的主体建筑的中心线为轴线,或以连续几栋建筑的中心线为轴线,两翼对称或基本对称地布置次要建筑,道路、绿化、建筑小品等采用均衡的布置方式,形成对称式的群体空间组合。

对称式空间组合设计方法具有以下几方面的特点。

(1)对称式空间组合的设计方法所形成的空间有可能是封闭式的,也有可能是开敞式的,还有可能是其他形式的,而决定其空间形式的依据主要是建筑群的性质、数量、规模以及基地情况。

(2)运用对称式空间组合的设计方法所设计的建筑群中的建筑物,彼此间不存在严格的功能制约关系,在不影响建筑的使用功能的前提下,其位置、型体、朝向等可根据群体空间的组合要求进行布置。

(3)对称式空间组合的设计方法的组合不仅需要考虑建筑群,而且需要考虑道路、绿化、旗杆、灯柱以及建筑小品等的布置,以加强建筑群外部空间对称性的作用。

(4)对称式空间组合的设计方法所形成的空间容易产生一种庄严、肃穆、井然的气氛,同时也具有均衡、统一、协调的效果,因此常用于党政机关等类型建筑群的组合设计中,如北京天安门广场的空间组合(图 9-59)。天安门广场上的诸多建筑都富有历史意义和政治意义,而且这里时常会举行规模宏大的检阅和集会活动，是我国人民革命胜利的象征，因此为了显示出祖国社会主义建设的辉煌成就及无限广阔的前景，体现建筑外部空间的雄伟、壮丽、庄严和开阔的空间效果，天安门广场的建筑在外部空间的组合上便采用了对称式空间组合的方法。

图 9-59　北京天安门广场的建筑空间组合

3. 综合式空间组合的设计方法

综合式空间组合的设计方法常用于一些建筑功能较复杂、地形变化不规则，且单纯用一种组合设计方法难以解决实际问题，需要采用两种或两种以上的组合方式的情况下。

综合式空间组合的设计方法的特点是建筑功能多样且复杂，设计者为了达成建筑的要求，常常以某一种空间组合设计方法为主，其他类型的空间组合设计方法为辅进行建筑外部空间的组合设计。由于这项特点，综合式空间组合的设计方法常运用于医院的外部空间组合设计中，如北京积水潭医院(图 9-60)在群体布局上，基本分为四个部分：门诊部、住院部、教学区、生活区。其中，门诊部根据功能要求布置在干道一侧的前区中心位置，并采用一主二辅的对称式布局，方便门诊病人就医、根据地形特点和水面的布局。住院部布置在门诊楼的左侧，采用自由式空间组合方式，三栋平行布置，并用柱廊连成整体，病房楼既安静、朝向好，楼与楼之间用庭园与绿化相隔，又创造了良好的疗养环境。教学区布置在门诊楼的右侧，并设有单独的出入口，教学实习十分便利。生活区布置在后区，有单独出入口，与前区互不干扰。这四个部分采用不同的空间组合方法，一方面满足了医院的总体功能要求，另一方面也有利于整个建筑群的完整统一。

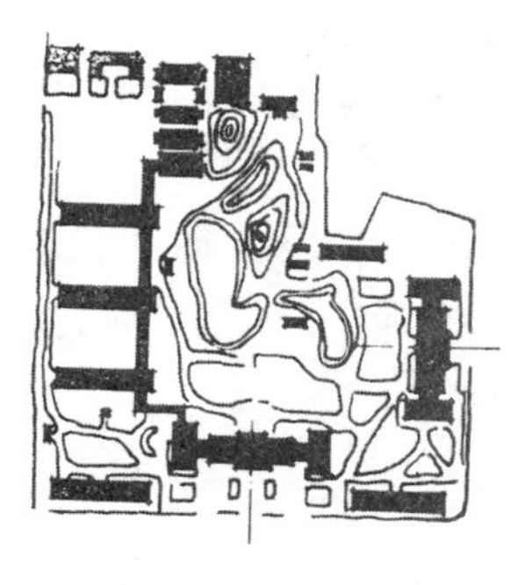

图 9-60　北京积水潭医院总体布局图

4. 庭园式空间组合的设计方法

所谓的庭园式空间组合的设计方法，就是在建筑外部空间的组合设计中所采用的用数栋建筑围合组合成一座院落或层层院落的方法。

庭园式空间组合的设计方法一方面能适应地形起伏及弯曲湖水隔挡等的变化，另一方面又能满足各栋建筑功能所需有一定隔离和联系的要求，因此在建筑空间组合中运用得十分广泛。设计者在运用庭园式空间组合设计方法时，常会借助于廊道、踏步、空花墙等建筑小品形成多个庭院，丰富空间层次，使不同空间互相渗透、互相陪衬，形成具有一定特色的建筑群体空间，如韶山毛主席旧居纪念馆(图 9-61)。韶山毛主席旧居纪念馆在距离毛主席旧居 600m 左右的引凤山下，建筑地段自东向西北倾斜，面向道路，背依群山，建筑物掩映于山林之间，与旧居周围自然朴实的环境相协调，充分保持了韶山原有的风貌。空间组合采取内庭单廊形式。建筑结合地形，利川坡地组成高低错落、形式与大小各不相同的内庭。

在运用庭园式空间组合设计方法时，设计者需要注意以下几方面的事项。

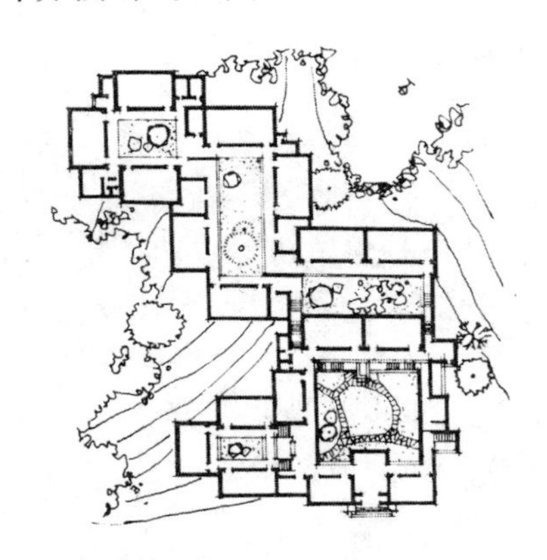

图 9-61　韶山毛主席旧居纪念馆布局图

第一，如果在面对建筑规模较大、平面关系要求既适当展开又联系紧凑的建筑群时，设计者为了解决建筑群的特殊要求与地形之间的矛盾，可采取内外空间相融合的层层院落的布置方式，这样可获得较为理想的效果。

第二，院落可大可小，可左可右，基地标高可高可低，从而可以充分利用地形的曲直变化、高低错落，使建筑群布置不仅能满足功能要求和工程技术经济要求，而且变化的空间艺术构图，增强建筑艺术的感染力。

第三，若干院落可以保证建筑群内部各部分之间的相对独立性，而院落的层层相连，又保证了建筑群内部的紧密联系。

第十章　建筑造型与场地的设计方法

建筑造型贯穿于整个建筑设计的始终，建筑造型的好坏会直接影响人们对建筑的评价，因此可以说，建筑造型是建筑设计中不容忽视的一个重要环节。建筑场地的设计是建筑设计的初始阶段，建筑场地设计的好坏会在很大程度上对建筑后期的使用功能形成重要的影响，因此，在建筑设计中，设计者也必须注重场地设计。

第一节　建筑造型的设计方法

一、建筑造型设计概述

建筑造型包括建筑的体型、立面和细部处理。对于建筑造型设计来说，需要符合一定的艺术特征，同时还要遵循一定的构图规律。

（一）建筑造型的艺术特征

建筑造型存在的目的是为了创造美的建筑形象，也就是说要让建筑具有美感。美感是一种由形式引起的直接感受。对于建筑来说，这种美感就是人们对建筑物的体量、体型、色彩、质感等以及它们之间的相互关系所产生的形象效果的感受。

与其他的艺术形式相比，建筑美有着其自身的特点。大量的建筑除供人们观赏、产生美感（即精神功能）外，主要还是为了给人们提供生活、生产及其他各种社会活动的物质环境（即物质功能）。为此，人们就得以必要的物质技术手段（如材料、结构、设备、施工等）来实现上述功能的需要。建筑美融合、渗透、统一于使用功能和物质技术之中，这是建筑美与其他艺术形式的一个重要区别。

从整体上来看，要想让建筑造型具有美感，必须要使建筑造型具备以下的艺术特征。

1. 建筑造型要反映建筑个性特征

建筑外部体型要受各种不同使用功能的内部空间和物质技术条件的制约，它应该正确反映内部空间组合的特点。例如建筑体型的大小和高低、体型组合的简单或复杂、墙面门窗位置的安排以及大小和形式等，都是以建筑物内部空间的组合为依据。

由于不同的建筑类型要求具有不同的功能，因此也就形成了不同的内部空间的组合特点。在一定程度上来说，建筑造型在很大程度上是其内部空间功能的表露，因此，建筑造型必须要采用适当建筑艺术处理方法来强调建筑的个性特征，使其更为鲜明、更为突出，从而让该建筑与其他建筑有效地区别开来。例如医疗建筑(图 10-1)、文教建筑(图 10-2)、体育建筑(图 10-3)、办公建筑(图 10-4)、交通建筑(图 10-5)、剧院建筑(图 10-6)、旅馆建筑(图 10-7)、住宅建筑(图 10-8)等,都具有自己的造型特点,可以达到区分的目的。

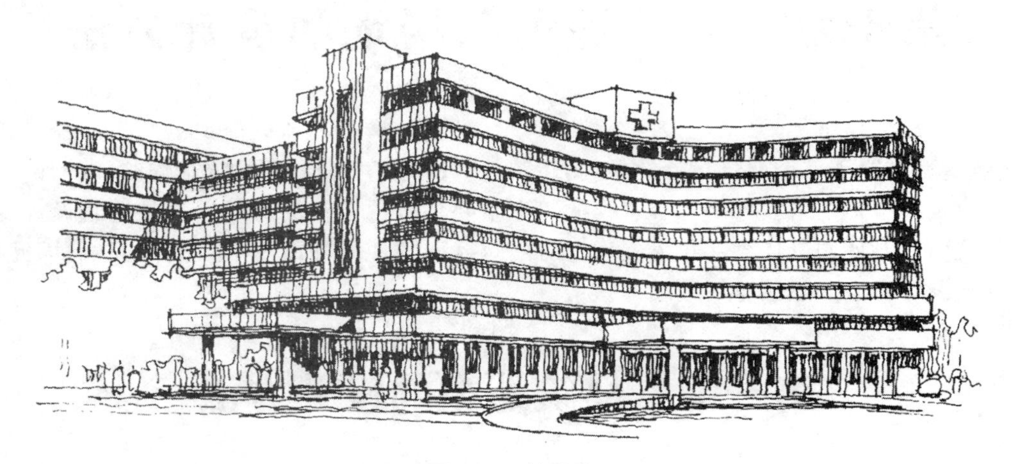

图 10-1　某医院

图 10-2　某幼儿园

图 10-3　某体育馆

图 10-4　某办公楼

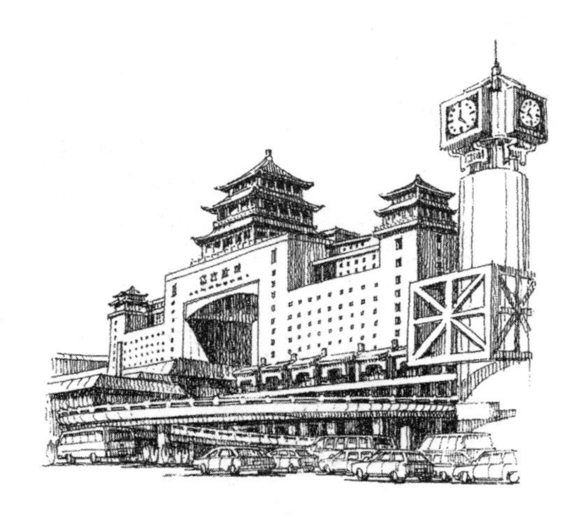

图 10-5　某火车站

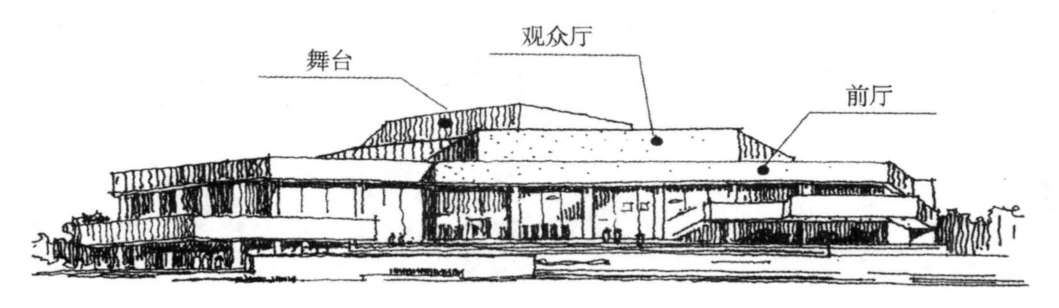

图 10-6　某剧院

图 10-7　某酒店

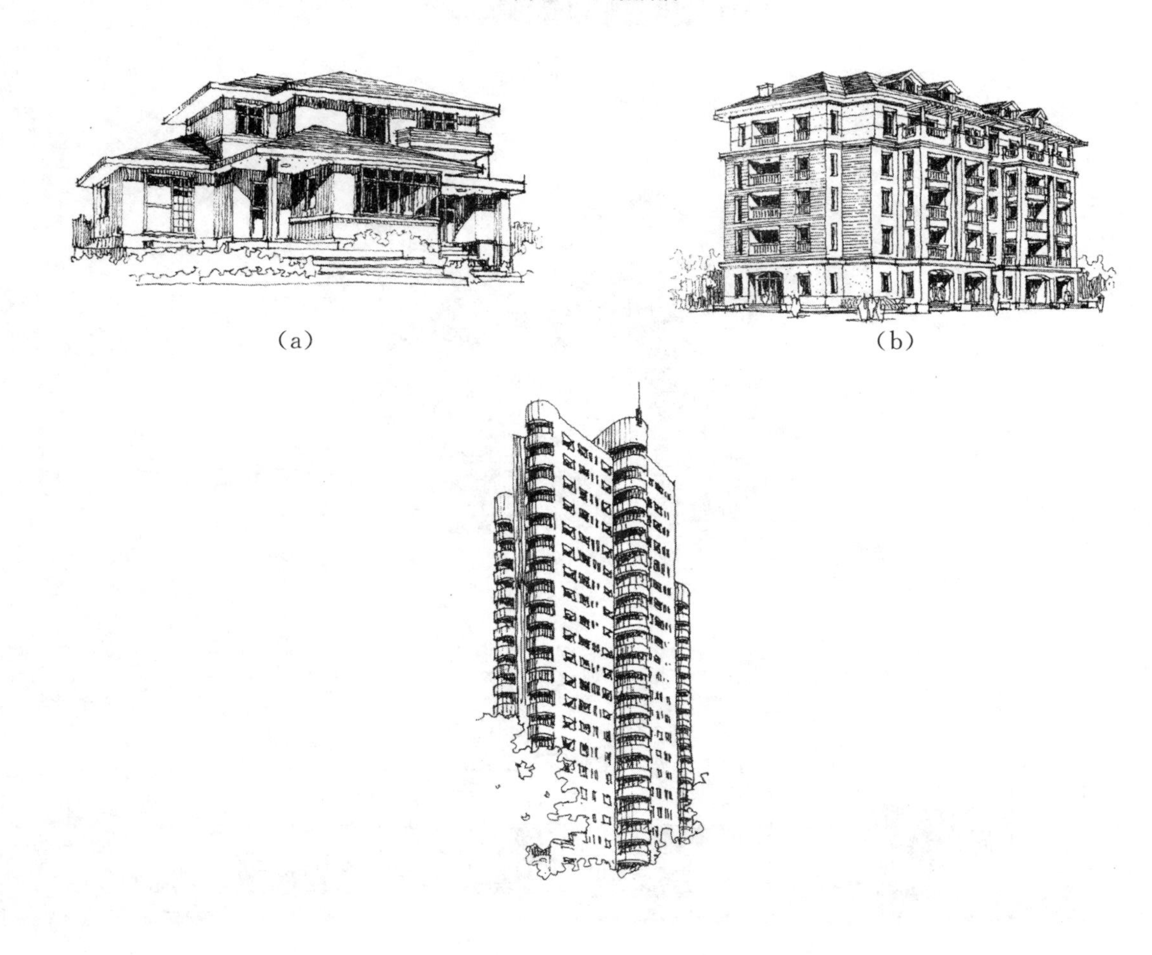

(a)

(b)

(c)

图 10-8　住宅建筑

(a)别墅住宅;(b)公寓住宅;(c)高层住宅

2. 建筑造型要善于利用结构、施工技术的特点

建筑结构体系是构成建筑物内部空间和外部形体重要条件之一。一个优秀的建筑作品，除使用功能和建筑风格的完美之外，也应该符合结构体系的科学规律。由于结构体系的选择不同，建筑将会产生不同的外部形象和不同的建筑风格。因此，在建筑设计时要善于利用结构体系本身所具有的美学表现力这一因素，根据结构和材料的特点，巧妙地把结构体系与建筑造型有机地结合起来，使建筑造型充分体现结构特点。

施工技术是实现建筑功能和建筑内部空间以外部造型的最后手段，因此，工艺先进与否，对建筑体型和立面处理会产生一定的影响，尤其是现代工业化建筑，建筑物建成后，在建筑物上所留下来的施工痕迹（如构件的连接缝、现浇混凝土构件的模板痕迹等），都将使建筑物显示出工业化生产工艺的外形特点。受这种因素的影响，建筑造型需要根据施工技术的特点来进行设计，使其具有美感。例如北京的国家奥运体育馆（图 10-9）就体现出了这一特点。

图 10-9　北京的国家奥运体育馆

3. 建筑造型要适应基地环境和群体布局的要求

任何一幢建筑都处于外部空间之中，因此建筑造型不可避免地要受外部空间的制约。换句话来说，建筑造型不可避免地要受到基地环境和群体布局的制约，建筑基地的地形、地址、气候、方位朝向、形状、大小、道路、绿化及原有建筑群的关系等，都会对建筑造型有极大的影响。当建筑物处于群体环境之中，建筑造型既要有自己的个性，也要有群体的共性。例如，处于风景区中的建筑在造型设计上应同周围环境相协调，不应破坏风景区景色。又如处于南方炎热地区的建筑，为减轻阳光的辐射和满足室内的通风要求，需要采用遮阳板和通透花格，使建筑立面富有节奏感和通透感。

4. 建筑造型要与一定的经济条件相适应

建筑物从总体规划、建筑空间组合、材料选择、结构形式、施工组织至维修管理等都包含着经济因素，因此，建筑造型设计应本着勤俭的精神，在严格保证质量的前提下，尽量节约资金。一般对于大量性建筑，标准可以低一些，而国家重点建设的某些大型公共建筑，标准则可高一些。

实际上，建筑造型的艺术美并不是以投资的多少为决定因素，只要充分发挥设计者的主观能动性，在一定的经济条件下，巧妙地运用物质技术手段和构图法则，努力创新，完全可以设计出适用、安全、经济、美观的建筑物。

(二)建筑造型的构图规律

建筑造型的构图规律是人们在长期的建筑创作历史发展中的总结,也是普遍被人们接受的。具体来说,建筑造型设计需要遵循以下构图规律。

1. 变化与统一

变化统一,即"变化中求统一""统一中求变化"的法则。它是一种形式美的根本规律,广泛适用于建筑以及建筑以外的其他艺术,具有广泛的普遍性和概括性。

任何建筑,无论它的内部空间还是外观形象,都存在着若干变化与统一的因素。例如,学校建筑的教室、办公室、卫生间,旅馆建筑的客房、餐厅、休息厅等,由于功能要求不同,存在空间大小、形状、结构处理等方面的差异,但是这些不同之中又有某些内在的联系,如使用性质不同的房间,在门窗处理、层高开间及装修方面可采取一致的处理方式。建筑中的这些差异与统一会对建筑造型产生一定的影响,差异反映到建筑造型上,就是建筑造型变化的一面同,统一反映到建筑造型上,就是建筑形式统一的一面。因此,建筑中的统一应是外部形象和内部空间以及使用功能的统一,变化则是在统一的基础上产生的,目的是使建筑造型不至于单调、呆板。

2. 均衡与稳定

建筑造型中的均衡是指建筑体形的左右、前后之间保持平衡的一种美学特征,它可给人以安定、平衡和完整的感觉。均衡必须强调均衡中心。均衡中心往往是人们视线停留的地方,因此建筑物的均衡中心位置必须要进行重点处理。根据均衡中心位置的不同,可分为对称均衡和不对称均衡。对称均衡就是以中轴线为中心,重点强调两侧对称,以取得完整统一的效果,给人以庄严肃穆的感觉(图 10-10)。不对称均衡(图 10-11)将均衡中心偏于建筑的一侧,利用不同体态、材料、色彩、虚实变化等的平衡达到不对称均衡的目的,这种形式显得轻巧活泼。

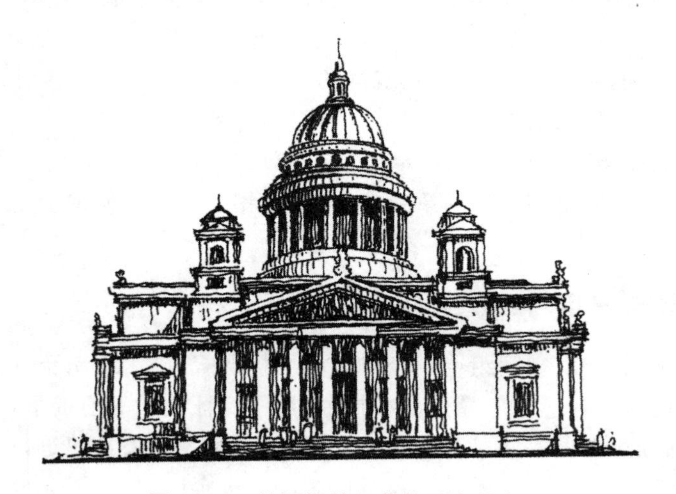

图 10-10　俄罗斯的伊萨基耶夫教堂

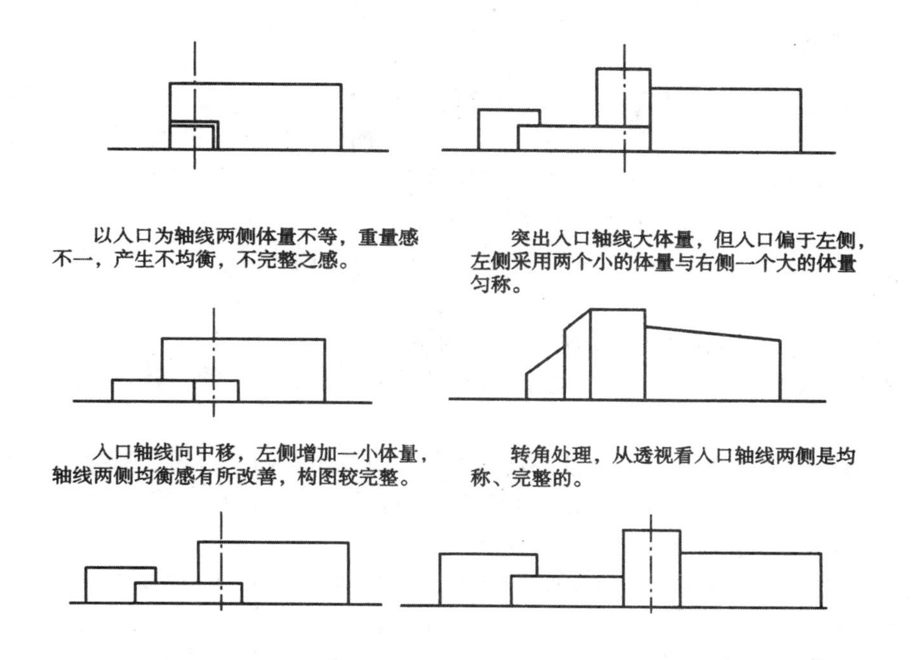

图 10-11　不对称均衡

建筑由于各体量的大小和高低、材料的质感、色彩的深浅和虚实的变化不同，常表现出不同的轻重感。一般说，体量大的、实体的、材料粗糙及色彩暗的，感觉要重些；体量小的、通透的、材料光洁及色彩明快的，感觉要轻一些。因此在建筑造型构图中，要利用、调整好这些因素，使建筑形象获得安定、平稳的感觉。

稳定是指建筑物上下之间的轻重关系。在人们的实际感受中，上小下大、上轻下重的处理能获得稳定感。随着现代新结构、新材料的发展和人们审美观念的变化，关于稳定的概念也随之发生了变化，一些建筑造型上大下小、上重下轻、底层架空也能够获得稳定形式（图 10-12），从而为建筑造型打开了新的天地。

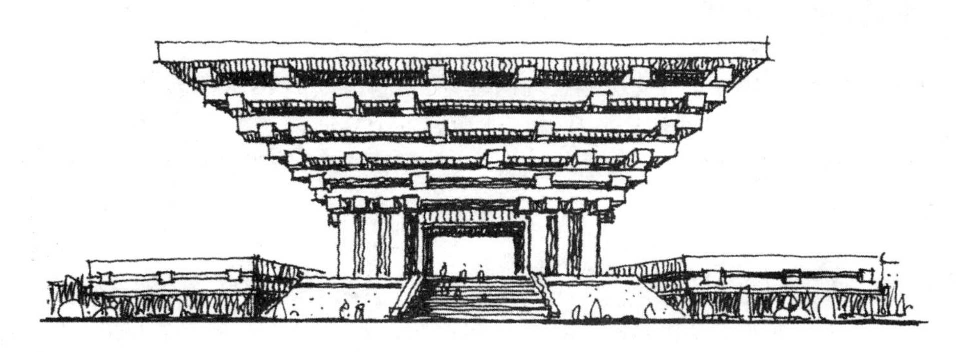

图 10-12　2010 世博中国馆

3. 对比与微差

在建筑造型中，对比指的是建筑物各部分之间显著的差异，而微差则是指不显著的差异，即微弱的对比。建筑造型中的对比与微差因素，主要有量的大小、长短、高低、粗细的对比，形的方圆、锐钝的对比，方向对比，虚实对比，色彩、质地、光影对比等。对比强烈，则变化大，突出重点；对比小，则变化小，易于取得相互呼应、协调统一的效果。

4. 韵律

所谓韵律，常指建筑构图中有组织的变化和有规律的重复。变化与重复形成有节奏的韵律感，从而可以给人以美的感受。建筑造型中，常用的韵律手法有连续韵律、渐变韵律、交错韵律和起伏韵律等。

连续韵律强调一种或几种组成部分的连续运用和重复出现的有组织排列所产生的韵律感。

渐变的韵律是将某些组成部分，如体量的大小、高低，色彩的冷暖、浓淡，质感的粗细、轻重等，作有规律的增减，以造成统一和谐的韵律感。

交错的韵律是运用各种造型因素，如体形的大小、空间的虚实、细部的疏密等手法，作有规律的纵横交错、相互穿插的处理，形成一种丰富的韵律感。

起伏的韵律，是将某些组成部分作有规律的增减变化而形成的韵律感。与渐变的韵律相比，起伏韵律更加强调某一因素的变化。

5. 比例与尺度

比例是指长、宽、高三个方向之间的大小关系。建筑体形中，无论是整体或局部，还是整体与局部、局部与局部之间都存在着比例关系。如整幢建筑与单个房间长、宽、高之比，门窗或整个立面的高宽比，立面中的门窗与墙面之比，门窗本身的高宽之比等。良好的比例能给人以和谐、完美的感受。反之，比例失调就无法使人产生美感。

尺度所研究的是建筑物的整体与局部给人感觉上的大小印象和真实大小之间的关系。在建筑造型中，常常以人或与人体活动有关的而一些不变因素，如门、台阶和栏杆等作为比较标准，通过这些固定的尺度与建筑整体或局部进行比较来获得鲜明的尺度感。

二、建筑造型的具体设计方法

建筑造型设计是在内部空间及功能合理的基础上，在物质技术条件的制约下并考虑到所处的地理位置及环境的协调，对外部形象从总的体型到各个立面以及细部，按照一定的美学规律加以处理，以求得完美的建筑形象。现在这里，我们主要对建筑造型设计中的建筑体型设计和建筑立面设计进行下阐述。

(一)建筑体型设计

建筑体型可以反映出建筑物总的体量大小和形状。根据建筑物规模大小、功能特点和基地环境创造出来的建筑体型有可能是简单的，也有可能是复杂的。建筑体型设计，就是以建筑的使用功能和物质技术条件为前提，运用建筑构图的基本规律，将建筑各部分体量巧妙地组合成一个有机整体。具体来说，建筑体型设计主要包括以下几种方法。

1. 不同体型的处理

（1）单一性体型

单一性体型就是将复杂的内部空间组合到一个完整的体型中去。这种体型的特点是没有明显的主从关系和组合关系，造型统一简单，轮廓分明，能够给人以鲜明而强烈的印象。其处理方法是外观各面基本等高，平面多呈正方形、矩形、圆形和 Y 型等。

（2）单元组合体型

单元组合体型就是将几个独立的单元按一定方式组合起来。这种体型的特点是组合灵活，没有明显的均衡中心及主从关系，有强烈的韵律感。该体型广泛应用于住宅、学校、幼儿园、医院等建筑类型。其处理方法是结合基地大小形状、朝向和地形起伏变化，建筑单元可随意增减，高低错落，既可形成简单的一字体型，也可形成锯齿形、台阶等体型。

（3）复杂体型

复杂体型是由两个以上的体量组合而成的。这种体型的特点是需要按照构图规律进行相互组合。其处理找方法是根据功能要求将建筑物分为主要部分和次要部分，分别形成主体和附体，进行组合时应突出主体，有重点，有中心，主从分明；运用体量大小、形状、方向、高低和曲直等方面的对比，获得丰富、变化的造型效果；注意均衡与稳定。

2. 体型的转折与转角处理

体型的转折与转角，都是在特定的地形、位置条件下强调建筑整体性、完整性的一种处理方法。由于地形环境的影响，为了创造较好的建筑形象及环境景观，尤其是当建筑物处于道路交叉口等各种转角位置旧时，必须对建筑物进行转折或转角处理，以保持与地形环境相协渊。进行转折与转角处理时，应顺其自然地形，充分发挥地形环境优势，合理进行总体布局。一般来说，体型的转折与转角处理主要包括以下几种。

（1）单一性体型的等高处理

采用单一性体型等高处理时，一般是顺着自然地形（有时也可能为了保有价值的树木、水景、古迹等），或折或曲地将单一的几何性建筑体型进行简单的变化和延伸，并保持原有体型等高的特征。这类建筑造型具有自然大方、简洁流畅、统一完整的艺术效果。

（2）主附体相结合的处理

对于主附体相结合的建筑来说，通常会把建筑主体作为主要观赏面，在体量上大于附体，附体主要起着陪衬的作用。

（3）以塔楼为重点的处理

在道路交叉口位置，常将建筑物的中心移到转角位置，采用以局部升高的塔楼为重点的处理方式，使道路交叉口显得非常突出、醒目，从而使其成为建筑群布局的“高潮”（图 10-13）。塔楼是一般城市中心、繁华街道以及觅阔广场的交叉口处理常采取的主要建筑造型手法之一，它不但起着联系左右附体的作用，而且还有控制左右道路和广场的功能。

图 10-13　转角的塔楼

3. 体量间的联系和交接处理

不同大小、高低、形状、方向的体量组合成的建筑，都存在着体量之间的联系和交接处理。这个问题，处理得是否得当，直接影响到建筑体型的完整性。同时，体量间的联系和交接处理也和建筑物的结构构造、地区的气候条件，地震烈度以及基地环境等有密切的关系。

一般来说，体量间的联系与交接主要有以下几种方式。

(1)直接连接

在体型组合中，将不同体量的面直接相连称为直接连接。这种方式具有体型分明、简洁，整体性强的优点，常用于功能要求联系紧密的建筑，如图 10-14 所示。

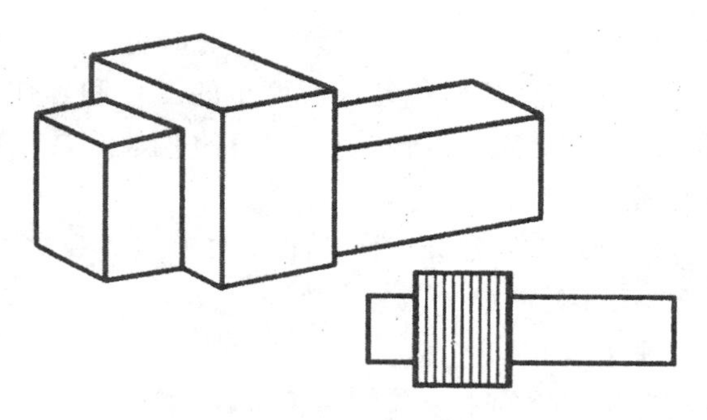

图 10-14　直接连接

(2)咬接连接

在咬接连接中，各体量之间相互穿插，体型较复杂，但组合紧凑，整体性强，较前者易于获得有机整体的效果，是组合设计中较为常用的一种方式，如图 10-15 所示。

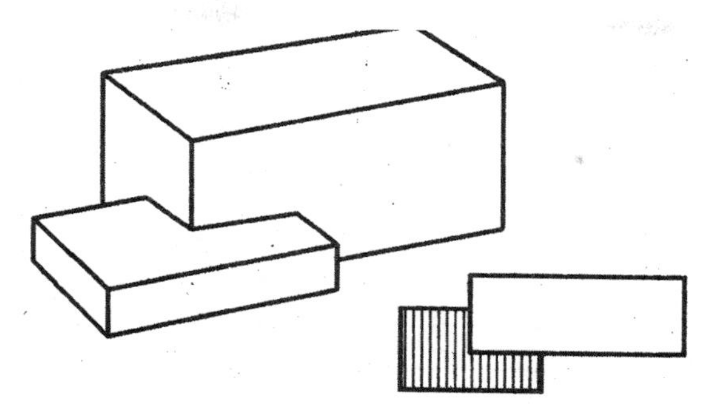

图 10-15　咬接链接

(3)以走廊或连接体连接

这种方式的特点是各体量之间相对独立而又互相联系,走廊可以开敞或封闭,可以是单层或多层,建筑整体给人以轻快、舒展、空透的感觉,如图 10-16 和图 10-17 所示。

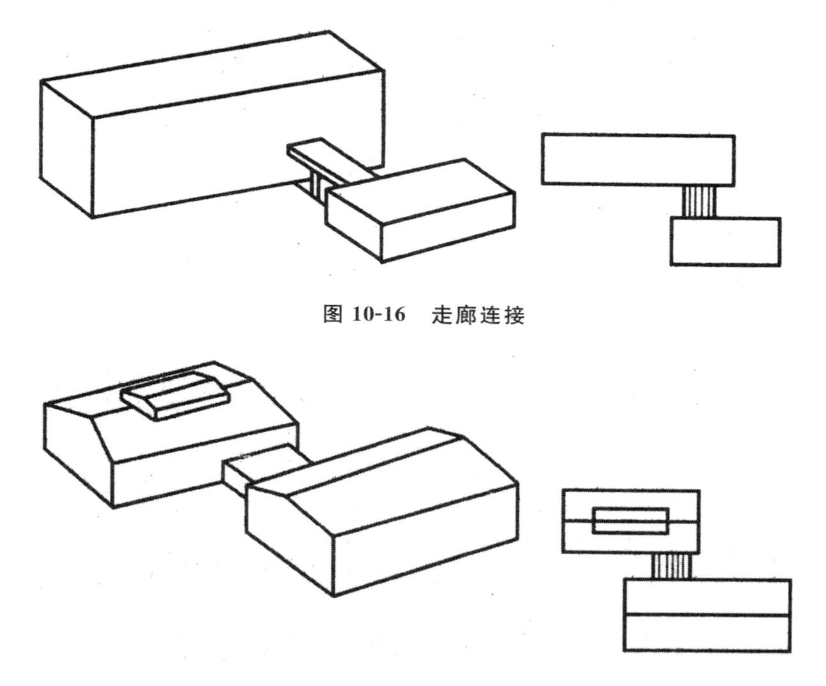

图 10-16　走廊连接

图 10-17　连接体连接

(二)建筑立面设计

建筑立面是表示建筑物四周的外部形象,它是由许多部件组成的,如门窗、墙柱、阳台、雨篷、屋顶、檐口、台基、勒脚、花饰等。建筑立面设计就是恰当地确定这些部件的尺寸大小、比例关系、材料质感和色彩等,运用节奏、韵律、虚实对比等构图规律设计出体形完整、形式与内容统一的建筑立面。建筑立面设计是对建筑造型设计的进一步深化。

在建筑立面设计中,不能孤立地处理每个面,应考虑实际空间的效果,使每个立面之间相互协调,形成有机统一的整体。建筑立面设计主要包括以下几种方法。

1. 立面的比例尺度处理

立面的比例尺度的确定，应是根据内部功能特点，在体形组合的基础上，考虑结构、构造、材料、施工等因素，仔细推敲的结果。立面的尺度恰当，可正确反映出建筑物的真实大小（图 10-18），否则便会出现失真现象。

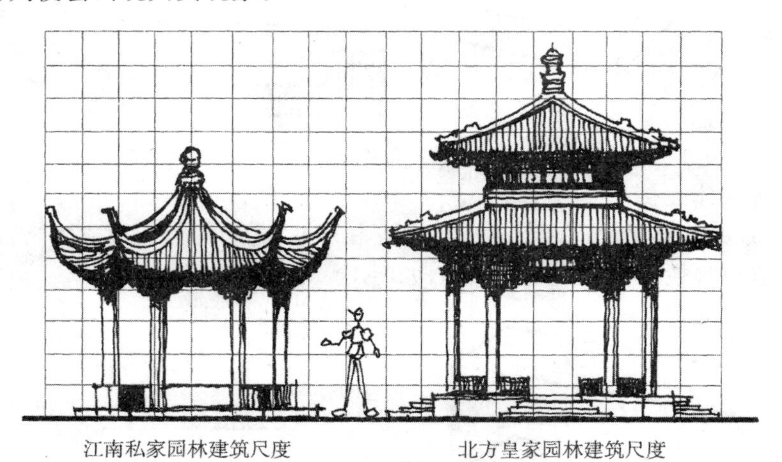

图 10-18　不同尺度的比较

2. 立面的线条处理

建筑立面上由于体量的交接，立面的凹凸起伏以及色彩和材料的变化，结构与构造的需要，常形成若干方向不同、长短不等的线条，如水平线、垂直线等。恰当运用这些不同类型的线条，并加以适当的艺术处理，将对建筑立面韵律的组织、比例尺度的权衡带来不同的效果。一般来说，以水平线条为主的立面，常给人以轻快、舒展、宁静与亲切的感觉；以竖线条为主的立面形式，则给人以挺拔、高耸、庄重、向上的气氛。

3. 立面的虚实凹凸处理

建筑立面中的“虚”是指立面上的玻璃、门窗洞口、门廊、空廊、凹廊等部分，能给人以轻巧、通透的感觉；“实”是指墙面、柱面、檐口、阳台、栏板等实体部分，给人以封闭、厚重坚实的感觉。根据建筑的功能、结构特点，巧妙地处理好立面的虚实关系，可取得不同的外观形象。以虚为主的手法，可获得轻巧、开朗的感觉；以实为主，则能给人以厚重、坚实的感觉，若采用虚实均匀分布的处理手法，将给人以平静安全的感受。

建筑立面上有凸凹部分，如凸出的阳台、雨篷、挑檐、凸柱等，凹进的凹廊、门洞等，通过凹凸关系的处理，可加强光影变化，增强建筑物的体积感，突出重点，丰富立面效果。例如在住宅建筑中，常会利用阳台、凹廊来形成凹凸虚实变化。

4. 立面的色彩与质感处理

色彩和质感都是材料表面的某种属性，建筑物立面的色彩与质感对人的感受影响极大，通过材料色彩和质感的恰当选择和配置，可产生丰富、生动的立面效果。

不同的色彩给人以不同的感受，如暖色使人感到热烈、兴奋；冷色使人感到清晰、宁静；浅色给人以明快；深色又使人感到沉稳。运用不同的色彩要注意和谐、统一，且富有变化，应与环境相协调，表现出建筑风格和地方特色。

在建筑立面设计中，材料的表面粗糙与光滑程度的不同，也会使人产生不同的心理感受，如粗糙的混凝土和毛石面会让人觉得厚重、坚实；光滑平整的面砖、金属及玻璃材料表面，会让人觉得轻巧、细腻。因此，在建筑立面审计中立面处理应充分利用材料质感的特性及不同材料间的有机结合，加强和丰富建筑的表现力。

5. 立面的重点与细部处理

在建筑立面处理中，建筑物的主要出入口是需要重点处理的部位，因此起设计应该以能够吸引人们的视线为主，一般而言常会采用对比的手法，以起到醒目的作用。

建筑细部是建筑整体中不可分割的组成部分，如入口踏步、花台、阳台、檐口等，在设计时要仔细推敲，精心设计，做到整体和细部的有机结合。

第二节　建筑场地的设计方法

一、建筑场地设计概述

(一)建筑场地的概念

建筑与土地是联系在一起的，没有土地就不能建造房屋。因此，每一项建筑工程，都一定有一块建设基地，即用来建设的地皮，我们也将其称为建筑场地。建筑场地安排与使用的好坏，会在很大程度上影响建筑及其相关辅助设施的布置，会影响建筑的总体设计。

(二)建筑场地设计需要考虑的因素

1. 建筑场地的客观条件

(1)建筑场地的区位

一般情况下，建筑场地的区位主要包括三个方面：其一，建筑场地位于城市中的区位；其二，建筑场地周边建筑环境的状况(自然景点、人文景点等)；其三，建筑场地周边的城市交通状况。

在进行建筑场地的设计时，设计师必须在了解建筑场地的以上基本区位情况的基础上，才能正确地确定建筑的高度、体形和体量，乃至建筑造型；才能认识以便能正确地确定设计对象在城市中、在建成环境中的地位与作用，以及认识它与周边建筑环境的关系，借此确定它在城市或基地建成环境中将扮演什么样的角色，是主角还是配角；才能通过场地四周交通状况的分析，了解人流、车流的流量及来往方向，确定基地对外的连接方式及人流、车流出入口的位置。

(2)建筑场地的自然条件

建筑场地自然条件对设计的影响是最直接和最具体的，对保护环境也是最重要的。特别是在今天,人的建设活动逐渐由征服自然、改造自然,向尊重自然、顺应自然、保护自然的观念转变。因此,进行建筑场地的设计就必须尊重自然,而只有充分把握建筑场地的自然条件,才能对建筑场地进行科学合理的设计。

建筑场地的自然条件主要包括建筑场地的大小与形状、建筑场地的气候条件、建筑场地的地形特征、建筑场地的地质与水文条件等。

①建筑场地的大小与形状。

建筑场地的大小和形状会对建筑物的体形、体量及其布局方式、方法产生直接影响。

就建筑场地的大小而言,当建筑场地面积不大而建筑面积要求很大时,建筑布局必须采取紧凑的集中式布局,并尽可能向空中或地下发展;反之,建筑布局则可灵活自由一些。

就建筑场地的形状而言,当建筑场地的形状较为规整时,建筑布局相对比较容易,但也容易流于一般化布局;如果建筑场地形状不规则,建筑布局相对就较困难一些,考虑的界面及四周的关系就复杂一些,但是它也可能激发某种赋有个性特点的建筑布置方式。

②建筑场地的气候条件。

a. 日照

一是日照,日照是表示能直接见到太阳照射的时间的量。

日照标准是建筑物的最低日照时间要求,与建筑物的性质和使用对象有关。为了保证建筑物的日照标准都能达标,在设计时,必须根据当地的日照情况考虑两列建筑物之间的间距,以保证后排建筑物在规定时日获得必需日照量而保持的一定的距离称为日照间距。日照间距通常利用日照系数求得(图 10-19)。

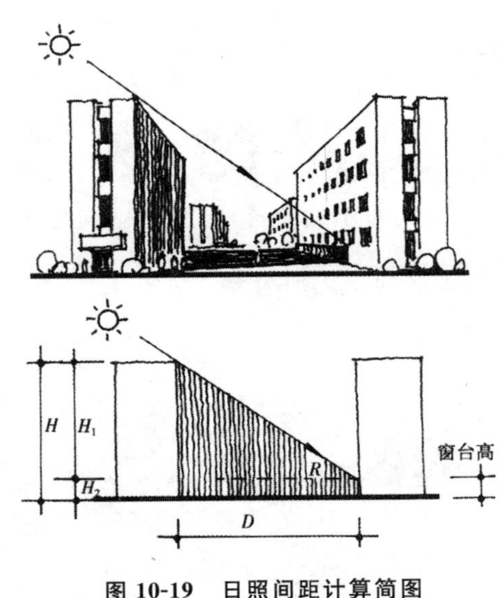

图 10-19　日照间距计算简图

注:D——日照间距$=H_1\times R$(日照系数)

H——前排建筑檐口至地面高度

H_1——前排建筑檐口至后排建筑底层窗台高度

H_2——后排建筑底层窗台至地面高度我国不同城市或地区会有不同的日照间距系数,可通过有关技术规范直接查得,并根据相应日照间距系数求得相邻建筑的间距。

b. 风象

二是风象，风象包括风向、风速。风向是风吹来的方向，一般用 8 个或 16 个方位来表示(由外向中心吹)。风速在气象学上常用每秒钟空气流动的距离(m/s)来表示。风速的快慢决定了风力的大小。风向和风速可以用风玫瑰图(图 10-20)来表示。进行建筑地址的设计，必须考虑当地的风象，如我国的广东、海南等地，濒临海洋，经常遭受台风的影响，所以建筑就必须考虑避雨和通风。此外，为了使建筑物获得良好的通风，在城市用地日益紧张的情况下，还需要考虑建筑的风向入射角。一般情况下，当风向入射角在 30°～60°时，各排建筑迎风面窗口的通风效果比其他角度或零度时都更好，其建筑的通风间距以 1∶1.3～1∶1.5 为好(图 10-21)。

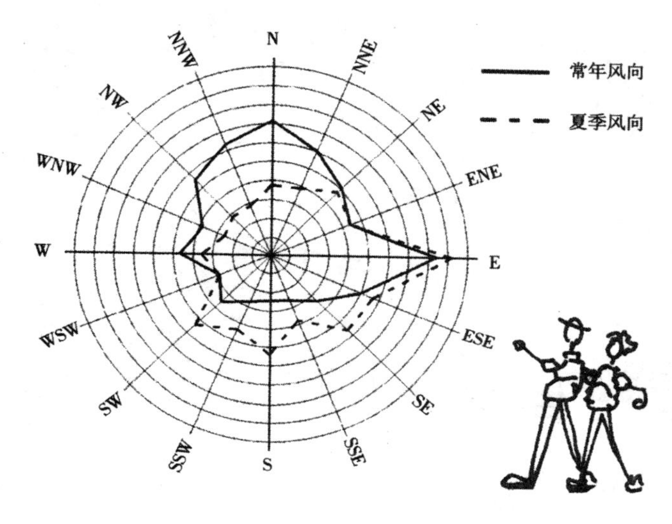

图 10-20 风玫瑰图

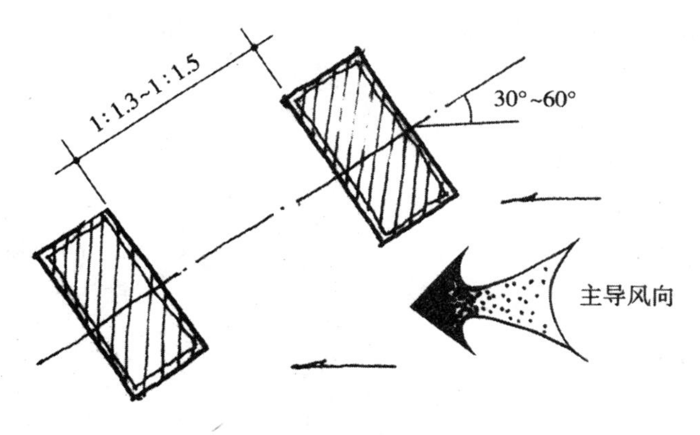

图 10-21 建筑通风间距

③建筑场地的地形特征。

建筑场地的地形是建筑场地的形态特征，是指地形的起伏、地面坡度大小、走向以及地表的质地、水体及植被等的情况。它是有形可见的自然状况，对建筑场地设计的影响具体而直接。建筑场地设计中对建筑场地的自然地形应以适应和利用为主，因地制宜进行设计。这样不仅有利于建筑工程符合生态环境保护，同时也能经济合理。

就建筑场地的地形而言，建筑场地的地形大体可分为山地、丘陵和平原等，在局部地区可细分为山坡、山谷、高地、冲沟、河谷、滩涂等(图 10-22)。地形对建筑场地设计的制约作用巨大,当地形变化较小、地势较平坦、地块形状较规整时,它对设计的约束力就较轻,设计的自由度较大,建筑布局方式有较多的选择余地。反之,地形复杂、地形变化幅度增大,它对设计的约束力和影响力自然增强,它会影响到场地的建筑布局、建筑用地的分区、建筑物的定位与走向,影响内部交通组织方式、出入口的定位、道路的选线,影响广场及停车场等室外构筑设施的定位和形式选择,同时也将影响工程管网的走向,竖向设计和地面排水组织形式等。

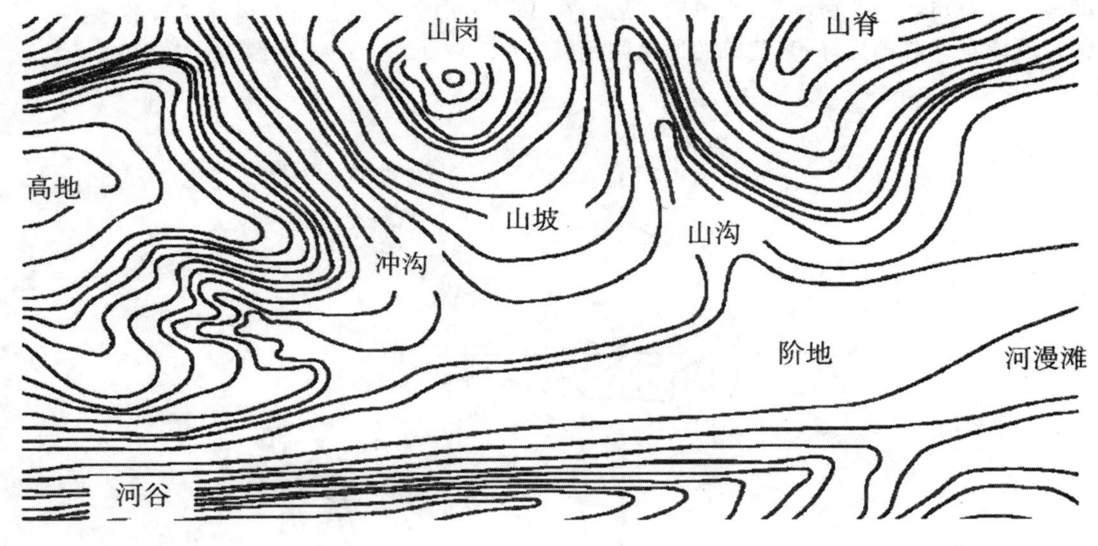

图 10-22　地形类型

④建筑场地的地质与水文条件。

建筑场地的地质与水文条件也是设计者在进行建筑场地设计时必须考虑的一个因素,主要包括地面以下一定深度土的特性,建筑场地所处地区的地震情况以及地表水体及地下水位的情况等。考虑这些因素能够避免设计者将建筑场地选择在不适合的位置上,如将建筑地址选择在滑坡、断层、泥石流、岩溶及矿区的采空区等地理位置上。

(3)建筑场地周围的建筑环境

建筑场地设计除了要考虑建筑场地的区位和自然条件之外,还要考虑建筑场地本身及其周围建筑环境(包括现有的建筑物、道路、广场、绿化及地下市政设施等环境因素)。这些"建筑场地现状"都是影响和制约建筑场地设计的重要因素,甚至成为方案设计决定的因素。

(4)用地性质和用地范围

按照城市规划、分区详细规划或控制性规划,城市用地性质均是事前规划好的。它分为居住用地、商业用地、工业用地及文教、卫生及行政事业用地等,用地性质原则上是不能任意改变的。因此,进行建筑场地的设计,一定要先考虑用地的性质。

用地范围是由规划部门在地形图上画出的道路红线和要求建筑场地各边界退让的建筑红线所限定的,包括建设用地、代征道路用地、代征绿化用地等(图 10-23)。其中,道路红线是城市道路(含居住区级道路)用地的规划控制线。道路红线总是成对出现,其间的用地为城市道路用地,包括城市绿化带、人行道、非机动车道、隔离带、机动车道及道路岔路口等部分(图 10-24)。建筑红线也称建筑控制线,是建筑物基底位置的控制线。一般来说,建筑红线会从道路红线后退一定距离，用来安排台阶、建筑基础、道路、广场、绿化及地下管线和临时性建筑物等设施。

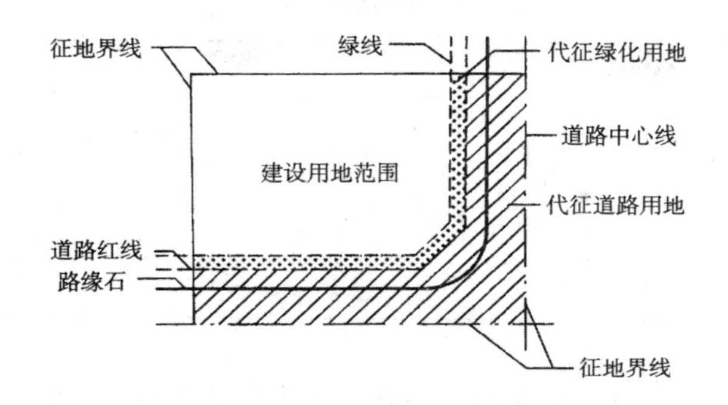

图 10-23 用地范围和建设用地范围

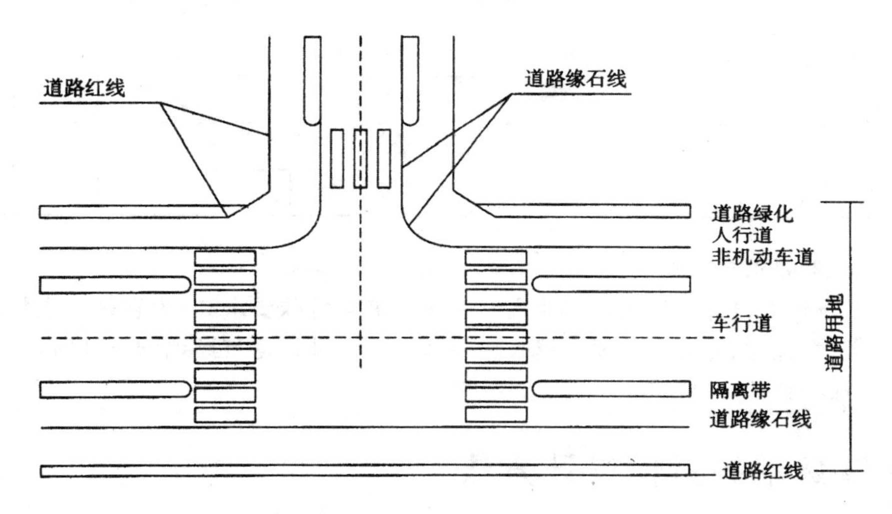

图 10-24 道路红线与城市道路用地

(5)场地开发强度的控制

建筑场地用地强度的控制主要表现为在建筑场地设计中提出来的相关指标，主要包括建筑覆盖率(建筑密度)、建筑容积率及绿地覆盖率等。

建筑覆盖率是指建筑底层占有的建筑场地面积和建筑场地总面积之比，一般以百分数(%)来表示，而且都要求百分比比例不要太大，以保证一定的绿地面积；公共建筑一般不大于40%为宜；居住建筑不大于30%为宜。

容积率系指地面上的建筑总面积(不含地下室建筑面积)与建筑场地总面积之比。容积率越大，即开发强度越大，反之则小。

绿地覆盖率是指公共建筑绿地和绿化场地之和的面积与建筑场地面积之比。比例越大越好。现在的住宅区绿地覆盖率一般都要求在35%以上。

(6)防火间距

为保证相邻建筑满足防火要求，在进行建筑场地设计时，还必须考虑建筑场地的防火间距。我国制定的《建筑设计防火规范》(GB 50016—2006)和《高层民用建筑设计防火规范》(GB 50045—1995)(2005 版)对不同类型建筑物之间的防火间距分别作了具体的规定，这是我们在设计中必须遵循的，参见表10-1及表10-2。

表10-1 民用建筑的防火间距(单位:m)

耐火等级	防火间距		
	一、二级	三级	四级
一、二级	6	7	9
三级	7	8	10
四级	9	10	12

表10-2 高层建筑之间及高层建筑与其他民用建筑之间的防火间距(单位:m)

建筑类别	高层建筑	裙房	其他民用建筑		
			耐火等级		
			一、二级	三级	四级
防火间距	13	9	9	11	14
	9	6	6	7	9

(7)业主的一般要求与特殊要求

在进行建筑场地的设计时还应考虑业主的一般要求与特殊要求，因为它是业主特别关注之点。尤其在今天，个性化、多元化的要求越来越多，因此，在进行建筑场地的设计时，设计者还应考虑业主的"一般"与"特殊"要求。

二、建筑场地的具体设计方法

(一)建筑场地道路设计

道路是连接建筑物与外部联系的重要枢纽，也是在场地总体设计时都必须考虑的问题。一幢孤立于基地中的建筑物，如果无路相通或通达不顺畅都会影响建筑物的使用，对商业建筑来讲更会影响其经营的效益。

建筑场地中的道路的作用可归纳为两个方面：其一是道路能加强建筑内部的联系，通过道路交通的安排将场地上各自孤立的部分连接起来，使场地内的建筑功能有效地运行，使孤立的各个部分成为一个有机的整体；其二是道路能使建筑对外部城市对连，使该建筑融入城市体系之中，使其能真正运行起。可见，道路是建筑场地设计的一个重要内容。进行建筑场地道路设计可从以下几方面入手。

1. 确定建筑场地道路宽度

进行建筑场地道路宽度的设计可根据行车的数量、种类来确定。

一般情况下，场地内的单车道应不小于3m，双车道应在6～7m之间。

生活区内，主车道的宽度应在5.5～7m，次车道的宽度应在3.5～6m之间，消防车道的宽度应不小于 3.5m，人行道的宽度应不小于 1.5m。

2. 确定建筑场地道路出入口

在进行建筑场地道路出入口设计时，设计者应根据场地的大小、建筑规模来确定出入口，其位置的方位则应根据城市规划的要求，从城市道路系统总体出发来考虑，往往是有限定的。进行建筑场地道路出入口的设计可从以下几方面入手。

(1)在规模较大的工程中，应设计两个以上的出入口，并最好设在不同人流来往的方向。

(2)为了确保安全，住宅小区出入口都应设在城市次要干道上，并根据人流、车流的走向考虑。

(3)公共建筑的场地如体育馆建筑、宾馆建筑、商业建筑等，应至少设置两个出入口：一个为主要出入口即正门所在，一个为辅助出入口或服务出入口。主要出入口一般都在场地临靠的主要干道上，但要避开城市道路交叉口相当的距离，以保证交通的安全与通顺。

(4)如果建筑场地面临几条干道，则应根据人流走向分析，将主要出入口设置在人流多的方向，而在其他方向设置次要出入口。

(5)学校、医院、宾馆等常常都由多幢建筑组成，本身就是一个建筑群体，出入口的设置要充分考虑内在的功能要求或特殊的要求。

(6)大型的公共建筑如体育场、体育馆、展览馆等通常都设置几个出入口，以满足不同的功能要求。

(7)出入口的形式可以是开敞的，也可以用大门的形式。

3. 确定建筑道路转弯半径

在设计建筑道路转弯半径时，设计时应根据各种车辆在建筑场地内部的最小转弯半径进行设计(图 10-25)。

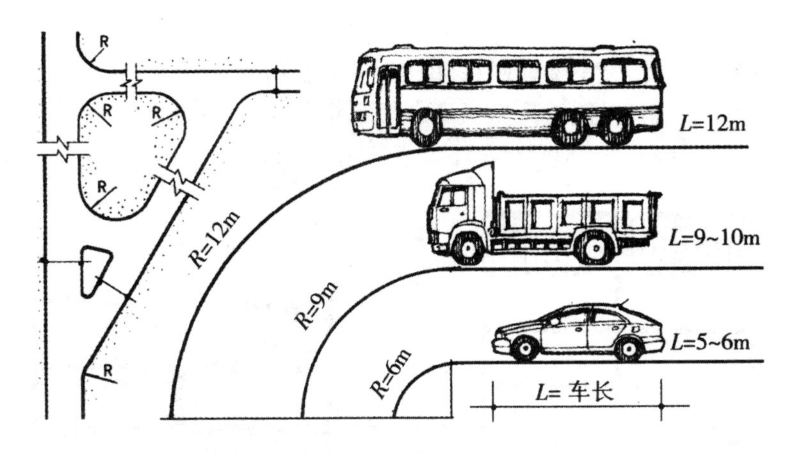

图 10-25　机动车最小转弯半径

4. 确定停车场

停车场地又称为静态交通，它是交通系统的一个组成部分，与道路组成一个有机的系统。随着我国汽车拥有量的快速发展，停车场已经成为建筑场地中道路交通设计的一个重要内容，它直接影响着人们生活的方便、时间效率的提高及商业效益的高低。如果住宅区、商业建筑或大型公共建筑缺少足够的停车面积，就会影响楼市的营销、今后的生活环境质量以及运行效益。

一般情况下，停车场的面积是以建筑性质及建筑规模为依据确定的。其中，办公建筑、商业建筑及体育建筑、展览建筑等不同类型的公共建筑都有不同数量的停车要求。一般按 1 000m² 提供多少车位为指标，如 4 辆/1 000m² 等。住宅区一般是以居住的户数为基数，根据住宅区的标准而选定。经济适用房住宅区可以小一些，高级住宅区可以达到 100%。豪华别墅区更高，可以达到和超过 100%～120%，因为有的家庭不止有一辆汽车。

除了按照建筑性质及建筑规模确定停车场的面积之外，还可以根据预留停车面积来计算停车场的面积。举例来说，一辆小汽车停车平均占用面积为 35～40m²/辆（包括行车道）。如果一个高级住宅小区有 1 000 户人家，停车位按每户提供一个车位计算，则需有 1 000 个停车位，其停车面积就需 35 000～40 000m²（即 3.5～4hm²）的场地，几乎占了住宅小区用地的 30%～40%，必然影响绿地面积。可见，虽然根据预留停车面积来计算停车场的面积很容易与绿化产生冲突，在这种情况下，就必须考虑将二者结合起来。

停车场设计的方法有很多，下面介绍几种最常见的。

（1）屋顶停车场，即将停车场设置在屋顶上（图 10-26）。

（2）路边停车场，即将停车场设置在路边，这种方法在欧美国家的住宅区采用较多，它利用时间差，晚上交通量小，下班回家即将车子停在路边，靠近家门口，使用方便。

（3）综合停车楼，即将停车场设在建筑物的底层或建筑物的下部，将主要使用空间设置在建筑物的上部。

（4）独立的停车楼，即作为主楼的附楼（图 10-27），专门用作停车。

（5）半地下或地下停车场，即将停车场设在建筑物下，或设在建筑物外的室外场地、活动场地下（图 10-28），一般国外的城市中心广场，下部都有停车场。

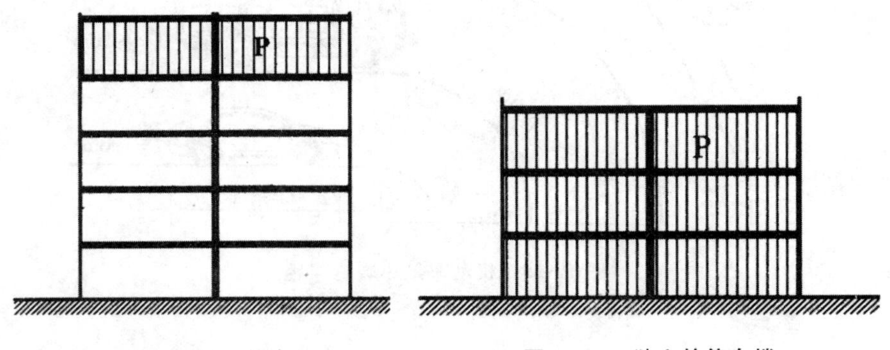

图 10-26　屋顶停车场　　图 10-27　独立的停车楼

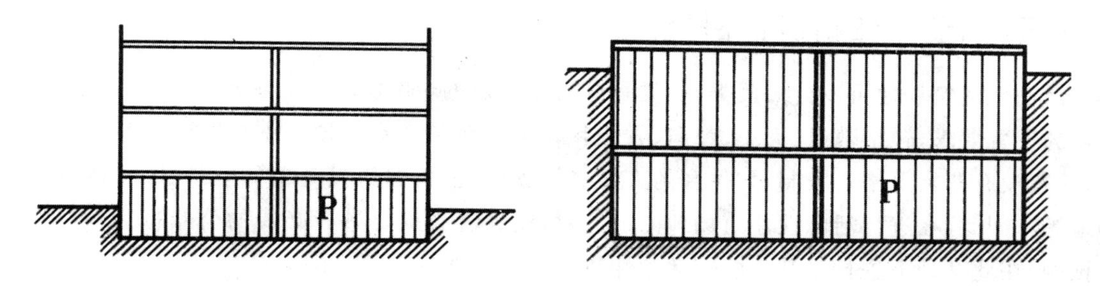

图 10-28 半地下或地下停车场

(二)建筑场地工程系统设计

建筑场地的工程系统主要有两种,一种是场地地面的一些工程,如挡土墙、护坡、踏步、地下建筑通风口及地面排水设施等,在设计这种工程时,一方面要配合复杂的地形,一方面要做好竖向设计。另一种是各种工程与设备管线,如给水管线、排水管线、燃气管线、热力管线以及电力、通信电缆等,设计时可采用地下敷设的方式。

(三)建筑场地景观设计

绿化景观同样是场地设计中重要的一部分,绿化景观设计的好坏将直接影响到该场地的整体效果。

就美化环境的层次来说,建筑场地的绿化景观改变了环境,陶冶了人们的心灵,同时还增强了建筑物的层次感和自然情趣,促进了人与自然的关系、人工环境与自然环境的和谐。就环保的层次来说,建筑场地的绿化景观净化了城市的空气,减少了城市的噪声,同时还调节了一定范围内的小气候。

在进行建筑场地景观设计的时候,设计者要尽可能保留建筑场地内原有绿化、植被,甚至单棵有价值的树木。另外,在场地绿化景观设计中,可在场地某些重要显眼的地方,如主要出入口、广场、庭园等处,布置有灯柱、花架、屏墙、喷泉、雕塑、亭子等建筑小品,它们不仅具有实用价值,同时也具有美化建筑环境的作用。运用这些装饰小品,可以强调总体布局的构图中心,突出建筑物的重点,起到组织空间、联系空间和点缀空间的作用。

(四)服务性建筑场地设计

服务性建筑场地在设计时需要与建筑的后勤服务部分相对应。举例来说,为主要建筑功能服务的锅炉房、冷冻机房、洗衣房、厨房和仓库等,它们一般都需要相应的室外场地以供物质运输,堆放燃料、杂物之用。

服务性建筑场地作为室内作业的准备场地,一般需要布置在建筑物背部或其他较为隐蔽的地方。设计时,需要为它留一个单独的出入口,即服务性出入口。此外,由于服务性建筑场地常常会有烟灰、气味、噪声等,考虑到其对主体建筑空间及周围环境的不良影响,因此设计时应将这类场地置于基地的下风向,并与主体建筑有相应的隔离措施。

（五）活动性建筑场地设计

活动性建筑场地可以分为两类，一类是有明确规定的，如体育建筑与学校建筑，其运动场和球场的设置要求，包括数量、大小、朝向、方位和间距等都有规范要求。另一类则比第一类更有弹性，一般没有非常严格的限制，如住区的人际交往场地，公共建筑设计中的室外社交、休息、活动场地等。因此，在进行活动性建筑场地的设计时，设计者必须要进行必要的公众行为、心理调查和预测，在此基础上进行设计才能使活动性建筑场地更加符合受众的需求。

（六）集散性建筑场地设计

集散性建筑场地是以集散为主要使用功能的建筑场地，在设计完成后，人流、车流较多，因此在设计时，要根据集散性建筑场地的不同地理环境进行考虑。例如，当建筑沿城市道路建造时，需要后退适当距离，在建筑物主入口前形成集散场地，作为人流、车流交通和疏散的缓冲地带。

此外，在设计集散性建筑场地时，还要根据场地的规模、性质与地段决定场地的大小。一般情况下，大型公共建筑物（如车站、体育馆、剧院、医院、图书馆、博物馆等建筑），因人流、车流量大而集中、交通组织复杂，需要较大的集散场地。在这里特别需要注意的是，学校也要留有足够的集散场地。因为家长接送的情况非常普通，交通工具多样，而且小汽车越来越多。因此，主入口前要有足够的场地，以免堵塞城市交通。

除了要考虑场地的规模、性质与地段之外，集散性场地在设计时还要考虑它的通行能力和容量。例如，火车站、体育馆、体育场的集散性场地就需要进行专门的交通设计。在这里特别值得一提的就是火车站，火车站人流车流多，因此需要有足够的集散性场地作为支撑，这些场地往往被设计在入口前方，并采用立体空间来组织交通人流的集散，新建的南京火车站、杭州火车站都采用了这种方式。图 10-29 为中、小型火车站站前广场设计的几种形式。

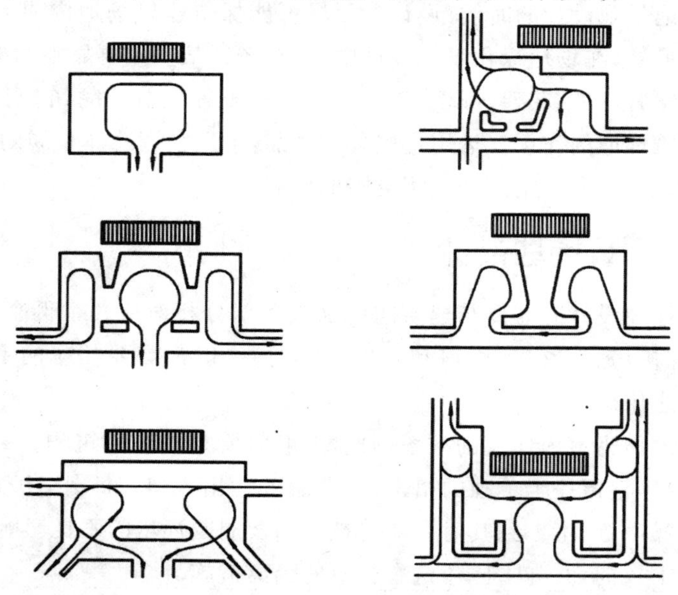

图 10-29　中、小火车站站前广场设计的几种形式

需要注意的是，当集散性建筑场地位于干道交叉口，主要入口又设在转角处时，需要将集散性设计成各种形式的后退处理，以形成开敞场地，这样可以减少转角处的人流拥挤，不妨碍干道车辆转弯的视线。目前，在城市建设中，道路交叉口处的建筑物很多采用压红线的布置方式。这是由于地段显要、地价昂贵，开发商要利用有限的地段，追求最大的建筑容积率，获取利润的最大化而造成的。

第十一章　几种常见的建筑设计方法

建筑设计方法的优劣直接关系到建筑物能否被完美地呈现出来，因此有必要对不同的建筑设计方法有所了解，由于建筑设计方法多种多样，且不同的设计师所采用的方法也因人而异，因此本章主要介绍几种常见的建筑设计方法。

第一节　建筑尺度的设计方法

一、建筑尺度概述

（一）建筑尺度的概念

建筑尺度的概念包含两个方面：一是实义性的，即对象物的实际大小，如一座建筑物高为30m，一间卧室的面积为18m^{2}等；二是虚义性的，即指一般的立场法则，如“美的尺度”“人的尺度”等。这种虚义性的尺度概念在建筑手法中是很重要的。

尺度在建筑中是一种非常特殊的设计手法。对于绘画来说，尺度大小的改变并不会造成巨大的变动，如图11-1所示的三幅画，其内容是一样的，只是大小不同而已，人也不会因此产生明显不同的感觉。但是，尺度对于建筑关系重大。图11-2所示的三座建筑外形相同，尺度不同，图11-2(a)的房子最大，而人显得过于渺小，图11-2(b)的房子太小了，显然不能作为房子，而图11-2(c)的房子则大小合适，与人的关系很相称。从这里可以看出，建筑的形状和大小有密切的关系，什么样的建筑形式，多大为最合适，这就是建筑设计手法中关于尺度的最主要的问题之一。

另外，关于建筑的尺度，还有一个是建筑整体形象中的诸内部形象的尺度统一性问题。如图11-3所示，这是一座医院建筑，其高层为住院部，是由四个扇形平面的单元体，中心对称地组合起来，但从外形上来看，这一部分的尺度与下部的门诊部在尺度上极为不协调。而图11-4所示建筑，平面关系和图11-3相似，但给人的视觉感受却很好，原因就在于这座建筑的外形和每个细节，在尺度上都是统一、和谐的。

建筑形象对人的识读来说有两种：一种是“已知”的形象，这一类形象已经成为了“符号”，即人们知道它是什么，有何用，美在何处等，这一类建筑的尺度有一种固定的尺度概念。如果将这些有固定尺度概念的形象造得太大，就不美观；造得太小，则成了模型，所以要把握这种形象的尺度问题，应当从人们对这些形象的固有观念去着手处理。另一类是“未知”的形象，即人们从未见过这种形象的建筑。这一类建筑由于人们无法有一个固定的尺度概念，虽然可以自由确定其大小，但最好还是要用一些人们习惯的符号参照物去引导他们对建筑物形象的大小的确定。

(a)

(b)

(c)

图 11-1　不同大小的画

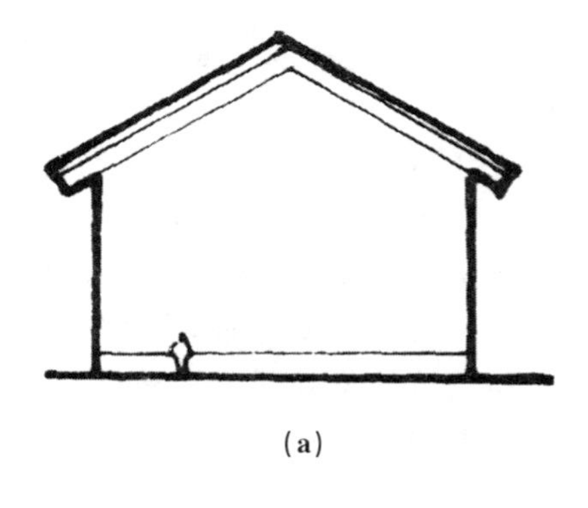

(a)

(b)

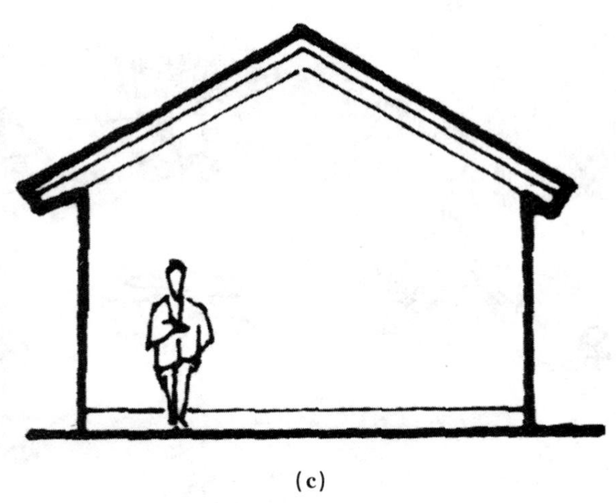

(c)

图 11-2　不同尺度的建筑

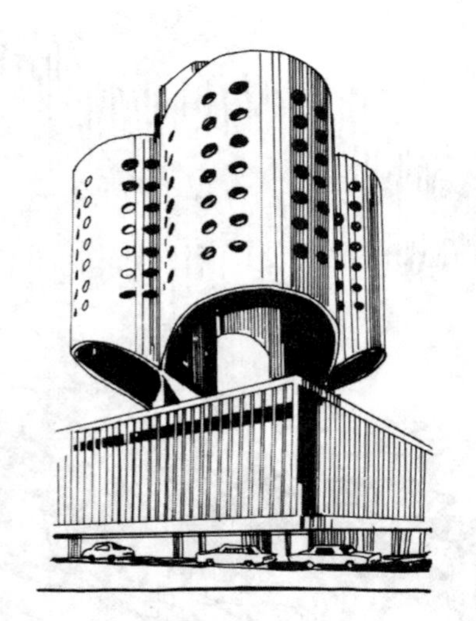

图 11-3　尺度不统一的建筑

图 11-4　尺度统一的建筑

(二)建筑尺度的类别

建筑尺度的类别大体上来说有四种：一是人的尺度(这里说的只是体的尺度)；二是建筑体量的尺度；三是建筑内部空间的尺度；四是建筑“空间场”的尺度。

人体的尺度又分为人体的静态尺度和人体的动态、行为性尺度。人体的静态尺度，是建筑设计需要把握的。例如图 11-5 所示，人的眼睛到头顶的距离，有的定为 11cm，有的定为 12cm 或 13cm，这是供电影院、剧院观众厅地面坡度设计用的，目的是使后排观众不被前排观众挡住；人体的动态、行为性尺度，因其多变化，所以这里只略述部分。对于建筑设计来说，主要的还是要了解人体的最基本的尺度，如手臂，只要把握肩关节、肘关节、腕关节的位置及上下臂的长度，即可了解任何动作的尺度，如图 11-6 所示，这里主要考虑的是人的摆臂的幅度。

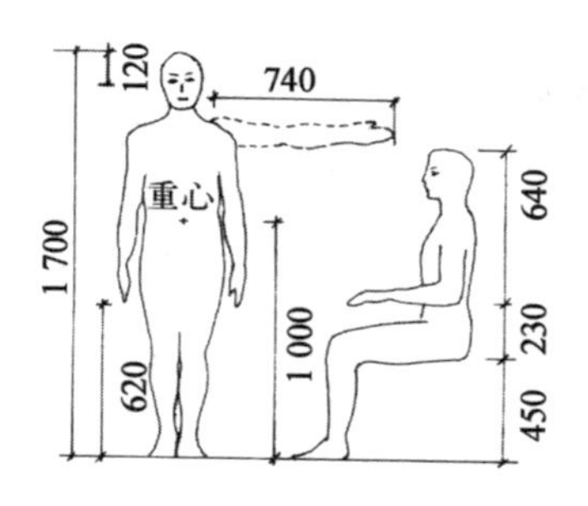

图 11-5 电影院、剧院观众厅坡度设计(单位:mm)

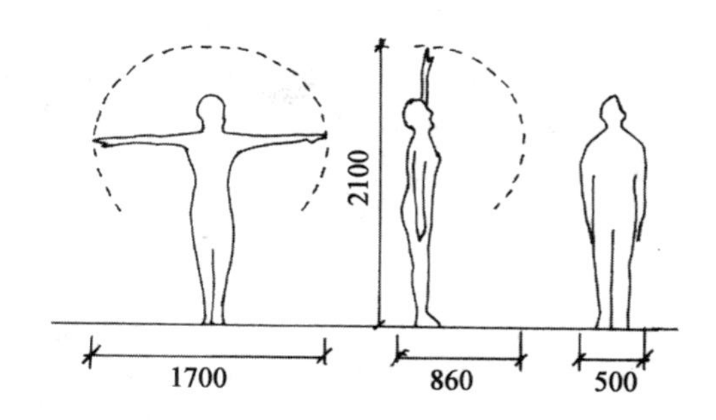

图 11-6 人的摆臂幅度(单位:mm)

建筑体量的尺度,是指人对建筑物体量的判断和要求。大部分的建筑都是可以进入内部的,因此建筑至少要比人大得多。而这些如此巨大的体量,会使人产生不同的感想。德国美学家黑格尔认为:"……典型的象征艺术是印度、埃及、波斯等东方民族的建筑,如神庙、金字塔之类。这种艺术的一般特征是用形式离奇而体积庞大的东西来象征一个民族的某些抽象的理想,所产生的印象往往不是内容与形式谐和的美,而是巨量物质压倒心灵的那种崇高风格"①。这种压倒心灵的感觉,其首要的条件是它有巨大的体量,与它相比,人会觉得自己很渺小,如图 11-7 所示,这是一座哥特式教堂,这种建筑的外形,多数修长而高耸,德国美学家利普斯认为"共顶,当其设计巧妙时,看起来像要飞翔。"但假如这个哥特式教堂体量很小,只有不到 5m 高,就不可能使人产生飞翔的感觉。一般这种建筑物的实际高度,要比人高出 20 倍以上,才能使人产生这种感觉。又如图 11-8 所示,当两排建筑物之间的距离狭窄,即使这些建筑物本身并不是很高,也会使房子产生高耸感;而当两排建筑物之间的距离很宽,即使这些建筑物本身很高,也会使人觉得不那么高。所以有关街道、广场等大范围的尺度问题,还需注意视觉的特征问题。

图 11-7 哥特式教堂

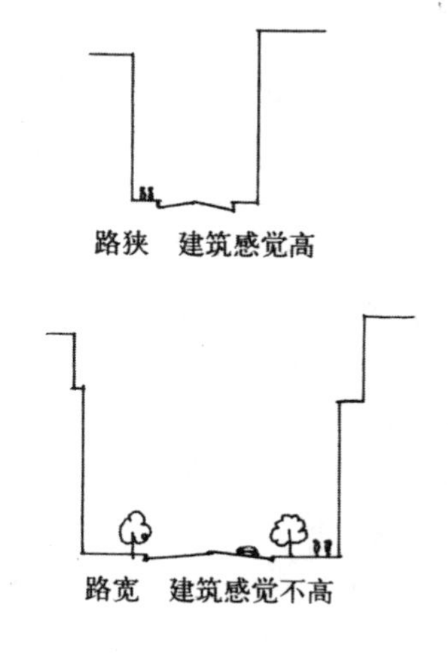

图 11-8 两排建筑之间不同的宽度

① 朱光潜:《西方美学史》(下),北京:人民文学出版社,1982 年,第 492 页。

关于建筑室内空间的尺度问题，其性质与外部形象相似，将在本节后面详述，这里不再赘述。

建筑“空间场”的尺度，即建筑物、空间和人之间的统一。空间场是人活动的空间，由人自我建立起来的一种对空间的感受现象。尺度在“空间场”中也是相当重要的问题。例如图 11-9 所示，人对不同大小的空间场，会产生不同的感受，人对空间的要求，并不是空间越大越好，而应当考虑空间与人的统一。

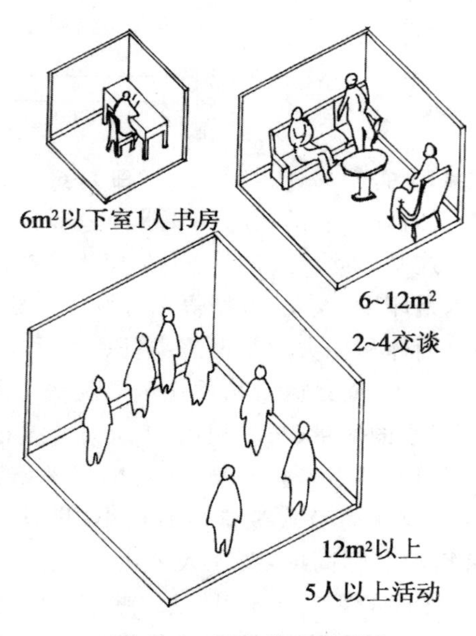

图 11-9　不同的空间要求

（三）建筑尺度与形象

建筑形象的尺度，大部分是“认知性”的。人们对建筑物形象的尺度可以通过视觉机制来判断，但这种尺度判断并不是在任何情况下都适用的，主要的判断还是建立在对象的可认知部件上，如门、窗、台级、檐部等的尺度较为固定的局部形象上。例如图 11-10 所示，人们通过视觉一般估计它的高度大约在 10m 左右（一般每层的高度大约为 3～3.5m）。而图 11-11 这座建筑，人们根据视觉机制来判断它的尺度最高也就 10m，因为在视觉上它就是一座一般的两层楼，可是实际上它高 20m 以上，判断其体量的主要依据是建筑上的门窗、檐口之类的可认知对象。但是从建筑形象处理来说，它也确实是一座普通的两层楼房建筑，所以这个建筑形象设计是失败的。

又如图 11-12 是一座高层公寓，它给人以很明确的尺度感，这种感觉完全能够依靠建筑中的局部形象的认知尺度（如窗、阳台等）来判断。而图 11-13 是一个不成功的建筑形象，其失败之处在于屋檐。根据屋檐的认知尺度来判断，这座建筑并没有 13 层之高的感觉，但从窗户来看，它又确实是 13 层的建筑。这就是由于它的屋檐尺度与窗的尺度不一致造成的。再如图 11-14 所示，这是两个大小和形状都相同的建筑物，但它们的尺度在人看起来并不一样，这个原因就是在于认知尺度的形象——栏杆。因为栏杆的大小一般差别是不太大的，而此图中的两个栏杆的尺度不一致，导致建筑的尺度在视觉上也不一致。

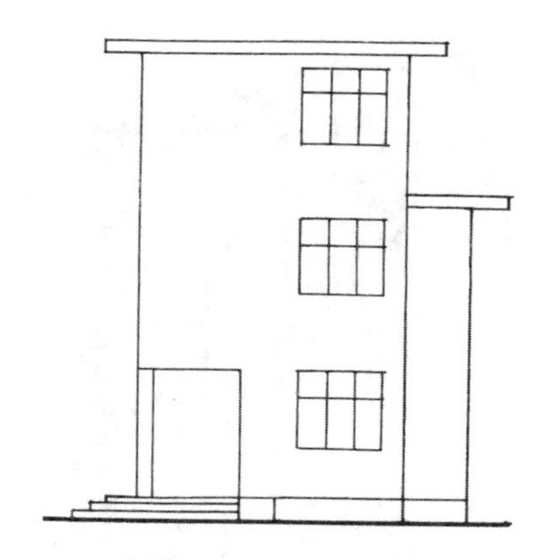

图 11-10　三层建筑

图 11-11　两层建筑

图 11-12　高层公寓

图 11-13　失败的建筑形象

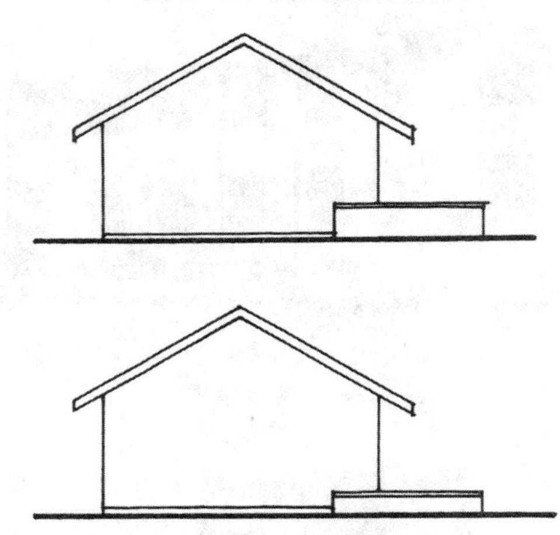

图 11-14　栏杆不同

另外，有一些巨大体量的建筑，由于它不可能用普通的门、窗或其他建筑部件来作为尺度参照，但又要表现它的巨大感，这就要用其他一些手法来“暗示”形象的体量。例如纽约环球航空公司候机楼，这个建筑体量较大，它打破了原来尺度参照形象，而且其外形也不是一般的建筑形象，这就能使人产生一种心理上的猜测性感知，而把固有的建筑尺度参照的心理模式完全放弃了，只能采用人、车辆等参照物，从而得到一个比较符合实际的尺度感知。

(四)建筑尺度与空间

关于建筑空间的尺度问题可以从以下几个方面考虑。

(1)不同的形状和大小的场空间，对人的作用是不同的。图 11-15 中有三个不同形状的空间，它们的水平等值线有所不同。等值线，就是人对物建立起一种视觉场，把感觉刺激量相同的点连起来所形成的线。图 11-16 就是一个房间的等值线实例。由这个原理出发可以合理确定空间大小和形状的尺度。

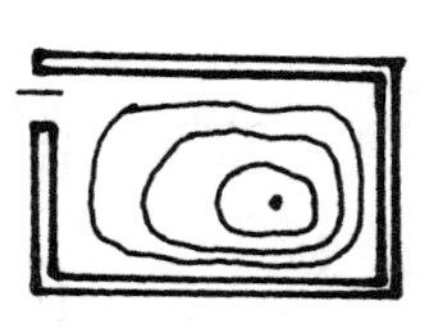

图 11-15　不同形状的空间

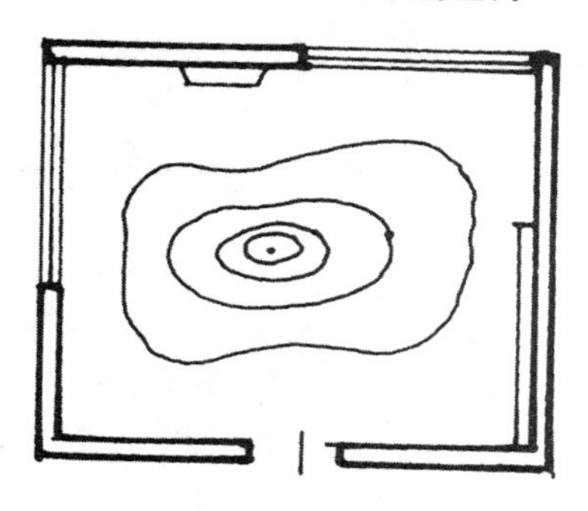

图 11-16　房间等值线实例

(2)人与人之间的空间关系可以用图 11-17 来说明。但这也只是从一般关系出发,如果从人与空间的关系来说,则就要具体看人的活动内容、人的数量等关系。

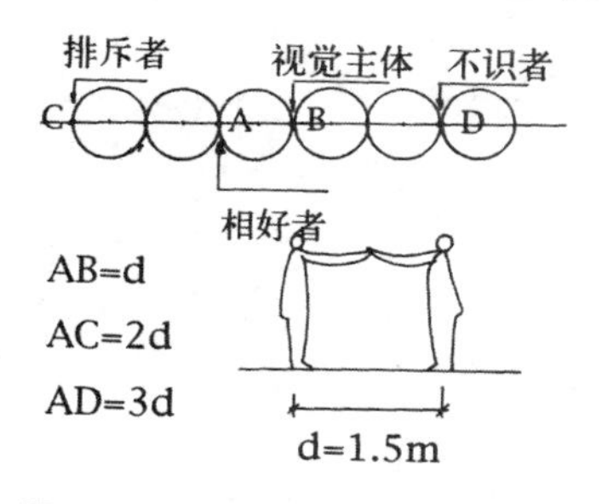

图 11-17　人与人之间的空间关系

(3)人对空间尺度的要求是根据人的形态和行为来确定的,如图 11-18 说明了人的形态和动作会影响建筑的尺度。

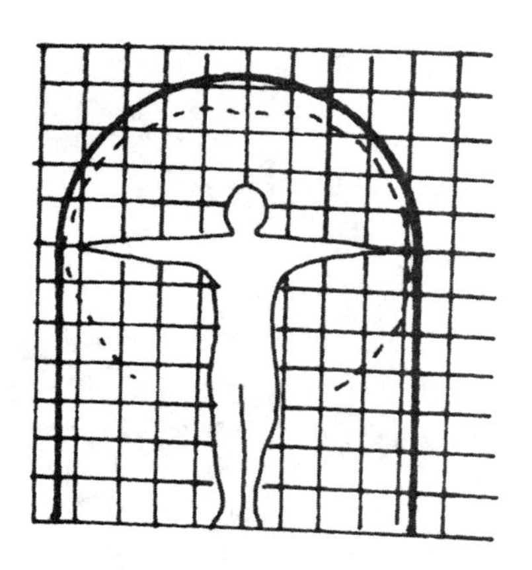

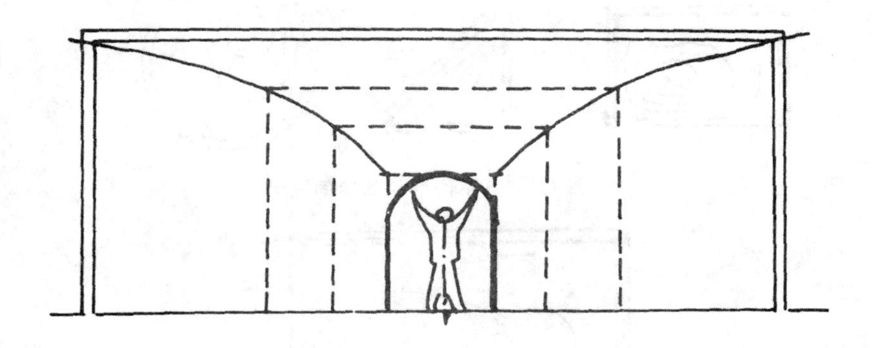

图 11-18 人的形态和动作会影响建筑的尺度

(4)人对物的感受视距,在特定的条件下,有特定的大小,如图 11-19 所示,这是一个纪念碑,它所占有的周围广场的大小,就可以用等值线来确定,图中每一等值线区域都有自己的感受值。根据这个关系来设计广场或广场中的纪念碑、建筑物、雕塑小品等,能得到比较理想的尺度。

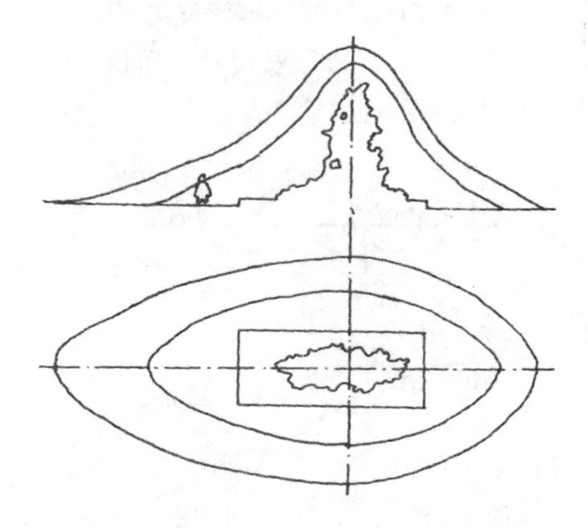

图 11-19 纪念碑的等值线

二、建筑外形尺度的设计方法

(一)建筑形象在尺度上要有可识别性

建筑物上要有一些局部形象能使人把握其体量大小。例如,图 11-20 所示,这是一座住宅建筑,它以大小适宜的窗子、阳台栏杆以及屋顶的形式给人明确的体量大小。除此之外,也可用屋檐、台级、柱子等来表示建筑的体量。如果任意缩小或放大这些习惯性的认知尺度部件,就会造成错觉。但有时建筑设计者又会利用这些错觉以求得特殊的效果。

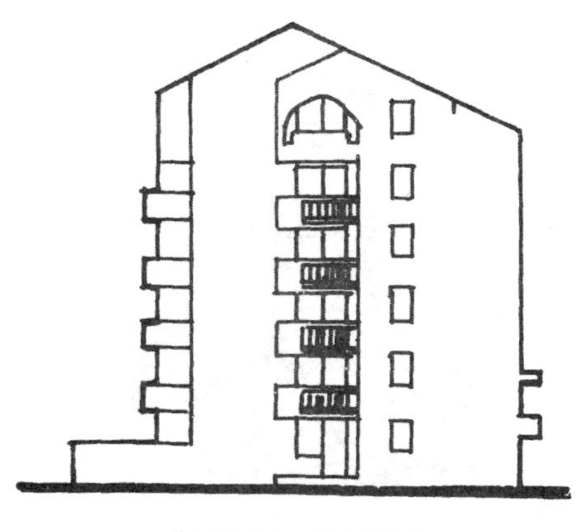

图 11-20　住宅建筑

(二)在同一建筑形象中的尺度要统一

虽然有一些建筑设计者为了追求独特的艺术效果,在一个建筑中采用不同的尺度,如不同的窗、不同尺度的柱子,但这种做法是有相当的难度的,如果运用不恰当,就会造成不好的视觉效果。例如德国莱比锡的联军纪念碑(图 11-21),这个纪念碑尺度相当不统一,拱门是一种尺度,十分巨大,而门下部的“台级”其实不是台级,每级达一屋楼建筑那么高。上面的雕像又是另一种尺度。这种混乱的尺度使人不知道它到底有多大,只能通过纪念碑下小的像蚂蚁似的观光人群才能感觉到它的巨大。又如图 11-22 所示,这是一座塔式高层建筑,但屋顶上加了一个多角攒尖顶,而这种屋顶形式一般不会用在这种大体量的建筑上,这就使建筑形象和尺度产生不统一感,所以使建筑的上部和下部尺度不够统一。因此,在同一建筑群中应注意尺度的统一问题,不可盲目去追求独特的尺度手法。

图 11-21　德国莱比锡联军纪念碑

图 11-22　塔式高层建筑

(三)利用尺度来表达某种主题

建筑物还往往通过尺度传达某种主题。例如,下面列举的三座佛塔有三种不同的尺度,都有其各自不同的内涵主题。图 11-23 是印度的桑奇大塔,这个建筑形状是半球形的,底径 32m,基座 3～4m,塔高 8～13m。这个形象可以将下部的护栏和四座门楼作为尺度参照,但塔身是半球形的光光的实体,因此给人以“大”的感觉。人们往往把它与墓的形象联系起来,而这个佛塔的性质也确实如此,它最初就是为埋葬佛骨而修建的。图 11-24 是宋代建造的龙华塔,尺度参照是层高、檐部和栏杆。这种塔称楼阁式塔的尺度感体现了一种世俗的人情味。图 11-25 是建于辽代的天宁寺塔,这是一种典型的密檐式塔,这种塔通过密密的檐部进行夸张,使人难以估计其体量的大小。这种建筑形象也是与其教义相符的。

图 11-23　印度桑奇大塔

图 11-24　龙华塔

图 11-25　天宁寺塔

(四)建筑与环境在尺度上应协调

建筑物应和周边的环境在尺度上达到统一、协调,否则会产生错觉。例如上海外滩的两座建筑——上海海关大厦和上海市总工会(图 11-26),这两座相邻的建筑物在体量上相差甚大,但从门、窗等局部尺度与建筑物的整体尺度比较来说,它们又是相似的,所以这两座建筑物在一起,会给人一种不协调感,甚至误以为它们一前一后,不是在相邻的位置上。建筑与环境之间的尺度问题在一些名胜风景区更需要特别注意。最典型的是杭州西湖,近年来,西湖不远处造了好几座高层建筑,这些建筑的体量与西湖很不协调。

图 11-26　上海海关大厦和上海市总工会

三、建筑内部形象尺度的设计方法

建筑的内部设计与外部设计不同,内部空间是“收”的,外部空间是“放”的。内部空间一般总比外部的小。因此,建筑内部空间在尺度处理上就不同于外部。

如果室内空间太高,可以用压低墙面的方法,让天花板延伸下来,如图11-27所示,(a)图空间较高,用圆弧线,处理成空间(b)图的形状,给人的空间高度感就会低。相反,如果室内空间太低,要使空间有高敞感,则可用图11-28的方法进行处理。图中(a)图空间较低,经处理成(b)图,就会使人觉得比原来的空间要高得多了。这种处理,一般在车辆、船舶等的室内空间处理中用得比较多。

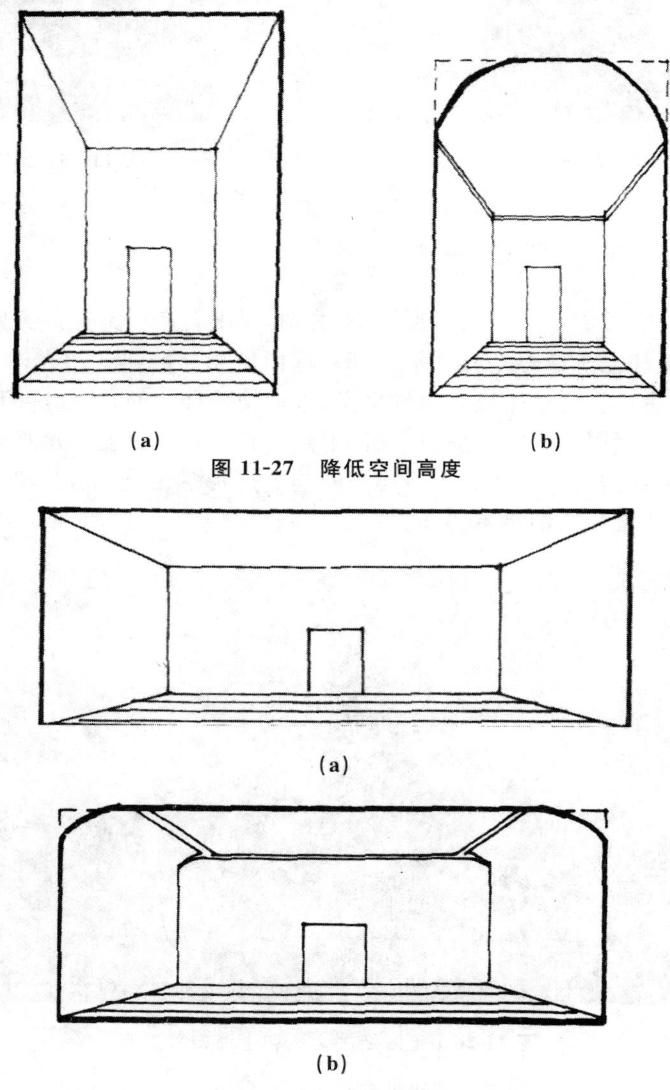

(a)　　(b)

图11-27　降低空间高度

(a)

(b)

图11-28　提高空间高度

室内空间的高度,一般与平面大小有关。按照通常的空间功能和视感知要求来说,室内空间的高度必然随其平面大小而变。人对室内空间的高度的合适尺度,还应注意视觉对空间形状和大小感知的视扁度问题。由于视扁度的影响，因而空间高度在视觉上的合适尺度应随着平面面积的增加而减少其比率。它的定性的变化关系可以用对数曲线关系来表述，如图 11-29 所示，假设 Z 轴为空间高度值，S 轴为室内平面面积(如果是走廊一类的长条形空间，则面积值 S 应取 1618×宽度)，则高度与室内面积在视觉上的适宜的关系就为 z=lg(S+1)。这样的关系可以营造最好的视觉效果，需要注意的是不同的空间功能有不同的要求，如教堂大厅的高度就完全不是这样了。

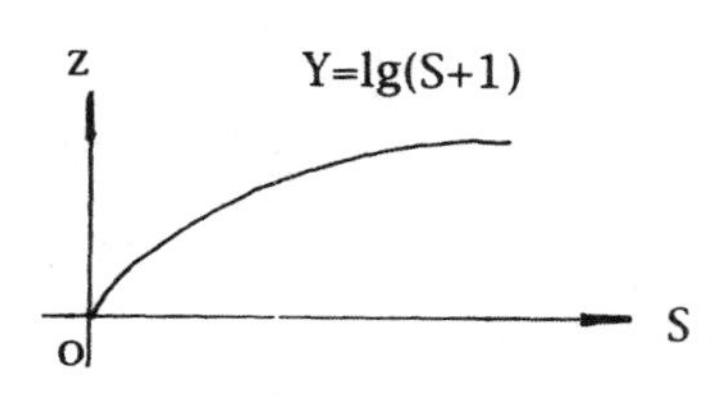

图 11-29　高度与室内面积关系图

在具体的建筑设计中，室内空间的高度往往更由空间的性质而定，一般来说，人少需要较安静的空间，其高度宜低一些，如卧室、书房、阅览室之类，一般多宜在 2.5m 左右的高度。例如图 11-30 所示，读书写字的空间，可以把空间设计得低一些；或者也可以做成小阁楼的形式，如图 11-31 所示，其上空还可以留出一个小阁，容纳一些物品。

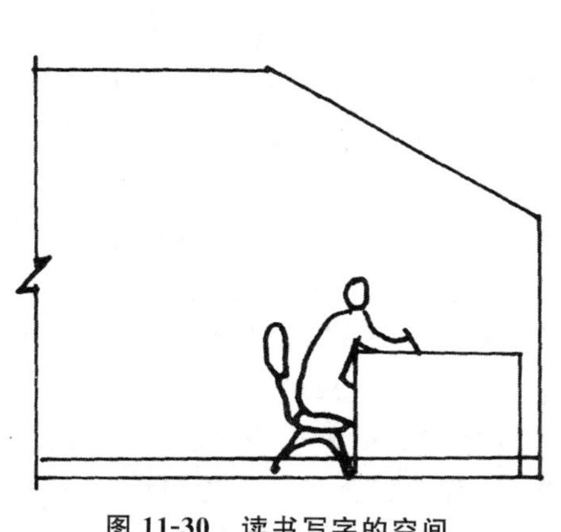

图 11-30　读书写字的空间

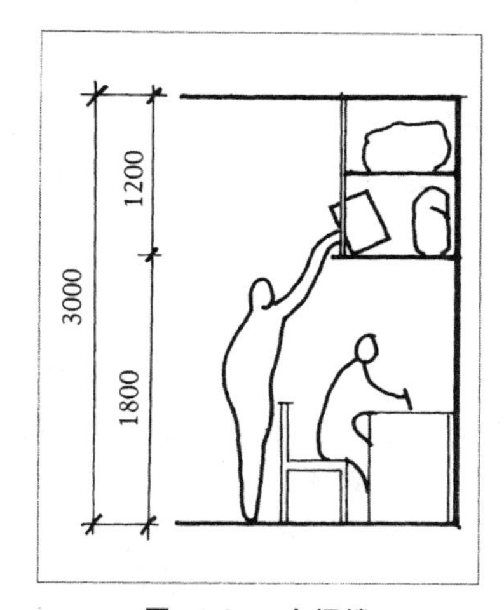

图 11-31　小阁楼

另外，有些室内空间，利用一个大空间分出许多小空间，如现代办公室(图 11-32)，每人只有 2m×2m 的地方办公，这也就是“空间的两种尺度”，即整个空间的尺度和每个办公人员的尺度，它们的“意义”都是相称的。

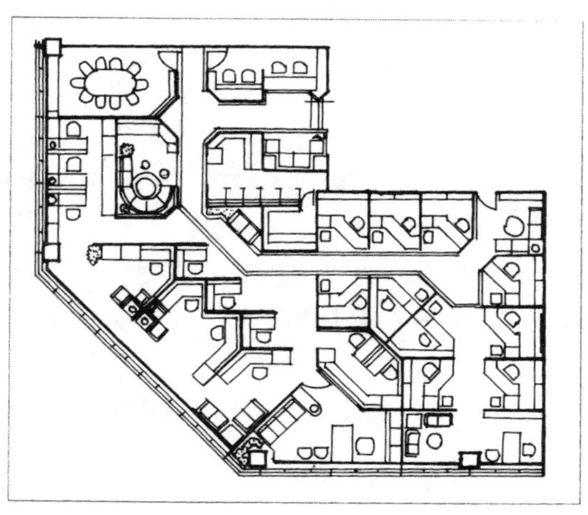

图 11-32　现代办公室

第二节　象征和比喻的设计方法

一、象征和比喻概述

在不同的领域，象征和比喻有着不同的意义，如在语言学领域它们是一种修辞方法，在文学领域则是一种表现方法。但是，无论是语言学领域的修辞方法还是文学领域的表现方法，象征和比喻都具备三个必不可少的条件：本体、喻体和喻义。本体指被象征和比喻的对象，喻体指用于象征和比喻本体的事物，喻义指本体与喻体之间共有的相似性或类似性。

阿恩海姆对纯艺术作品与应用性艺术作品之间的区别有一段精彩的论述："一切生命或人造的东西不仅行使特定的功能，它们还参与到艺术表达之中。经常可以看到，设计精巧的机器造型也是很美的。为什么我们在纯艺术中拒绝将简单几何的、可以通过理智加以规定的图形置于重要地位而在应用艺术中却对之那么欢迎呢？理由似乎是这样的：人们期望一幅绘画或者一件雕塑作品——对于音乐作品来说情况也是如此——能够在最丰盛的程度上表现和说明人类经验的各个方面。倘若它们所提供的形象是片面的，它们就难以完成这一任务。我们在博物馆里所见到的每一件绘画和雕塑作品、在音乐会里听到的每一首音乐作品都可以说是它自身的一个完整的和封闭的世界。这些作品或者是超然独立于它们所表现的更广大氛围——它们和我们都居于其中，或者在其中占据着一个要求有整全表现的中心位置。不过，大多数对象只具有更为有限的功能。例如，一只酒杯是造来饮酒的。因此从艺术鉴赏的角度来看还是应该表现出盛和斟的有限功能来，并且在这样做时还必须依照一种适合于宴会场合的特定方式。如果这样一种器皿超出了其有限的功能，如果它觊觎成为绘画或雕刻作品，我们就会感到为难并且疑惑这是否出自糟糕的审美趣味。"这一段精彩的论述同样适用于建筑作品，尤其是使用象征和比喻的建筑设计方法创作的建筑作品。

象征和比喻应用到建筑设计领域，同样具备本体、喻体和喻义，本体指方案设计阶段构思的或已建成的建筑实体，喻体指建筑实体象征和比喻的对象，喻义指建筑实体所蕴含的、用象征和比喻的建筑设计方法诠释的建筑内涵。

建筑设计不能脱离社会人文环境约束、自然物质环境约束、建筑功能要求约束、社会可提供的经济技术支持体系约束等客观存在、不容回避的种种约束条件的制约，个案性范畴的特定建筑与普适性范畴的普通建筑概莫能外，差异只是建筑约束条件制约的重点与宽严程度不同，但是受特定约束条件制约的本质并没有改变。除极重要的纪念碑、纪念堂等特定纪念性建筑或极重要的特定文化宗教建筑外，使用象征和比喻的建筑设计方法创作的建筑作品也不能违背建筑设计的基本准则，只是在适用、经济、美观三要素中更注重美观要素，适用与经济要素则可能退居次要地位，但并不意味着可以完全放弃、置之不理。简而言之，使用象征和比喻的建筑设计方法创作的建筑作品不能觊觎成为基本不受物质条件约束的纯艺术作品。

二、象征和比喻的具体设计方法

象征和比喻的建筑设计方法按其表述模式可以划分为两种类型：隐喻的建筑设计方法与明喻的建筑设计方法。

在传统修辞学领域，隐喻与明喻被当作两种并列的修辞方法。隐喻是间接表述比喻本体和喻体之间的相似性或类推性的修辞方法，涉及两个不同领域事物之间的关系，实为比喻而不明示。语言隐喻的格式是“甲是乙”，引导词“是”也可以隐匿。隐喻将本体和喻体的相类说成相同，借助表示具体事物的词语表达抽象概念，以此代彼，含蓄内敛。隐喻要求受众有积极的、富于想象力的解码能力，从获得有意义的思维转换。受众的多义性解读不可避免，但正是隐喻解码的多义性解读为受众提供了自由发挥想象力的多种可能性，使之更富魅力。中国古代戏台常见的一副对联云“戏台小天地，天地大戏台”，以“戏剧”隐喻“人生”，属含蓄传神的隐喻表现方法。明喻则是直接表述比喻本体和喻体之间的相似性的修辞方法，将具有共同特性的事物或现象并列对比，明言二者的相似性，本体和喻体都在句中明示。语言明喻的格式是“甲似乙”，使用明确表示比喻的引导词“如”“似”等，如“其形也，翩若惊鸿，婉若游龙”即为明喻。

在建筑领域，使用隐喻的建筑设计方法创作的一流建筑作品寓象征意义于含蓄表述的建筑语言，朦胧、传神、内敛、耐人寻味，只可意会不可言传，不同的受众有不同的感受、领悟、理解和解读；使用明喻的建筑设计方法创作的一流建筑作品寓象征意义于直接表述的建筑语言，形象明确、直观、外露、一目了然，通俗易懂、雅俗共赏，不同的受众有基本相同的感受、领悟、理解和解读。

（一）隐喻的建筑设计方法

贡布里希在《象征的图像：象征的哲学及其对艺术的影响》一文中这样强调了语言隐喻的重要性：“正因为我们的世界是靠语言而相对稳定的，所以一个新的隐喻才会如此具有启发性。我们几乎会觉得这个新隐喻透过了平常言语的帷幕，增加了我们对世界结构的新见识。”贡布里希进一步从日常语言引申到视觉语言，阐述与日常语言相比视觉语言更直观、更容易理解的观点，称之为“视觉直接性的特殊魅力”。他简明扼要地诠释这一观点：“这也许是我们为什么会把‘看’和‘理解’本能地等同起来的一个心理原因。甚至‘掌握’也不如‘看见’来得直接。”贡布里希还引用了西塞罗的观点：“一个隐喻，只要是个好的隐喻，就能直接打动感官，特别是视觉，因为视觉是最敏感的感官；别的感官虽然可以提供‘礼貌的芳香’‘仁慈的温柔’‘海的咆哮’和‘言语的甜美’之类的隐喻，但是得之于视觉的隐喻却比这类隐喻要生动得多，它们几乎可以把我们不能辨认或不能看到的东西置于心灵之眼的面前。”这一从图像学的理论层面阐述“视觉隐喻”的观念、诠释视觉艺术作品的象征意义的言论对解读和理解建筑艺术领域使用隐喻的建筑设计方法创作的建筑作品极具启迪价值。

建筑的隐喻特征为受众提供了自由发挥想象力的多种可能性，使本来“不能辨认或不能看到的东西置于心灵之眼的面前”，因而使建筑具备特定的象征意义和文化含义，其中的佼佼者往往成为某一地区或某一领域的象征性建筑，如悉尼歌剧院。悉尼歌剧院特殊的建筑形态使人们面对一个完全陌生的建筑，不能从以往记忆储存的建筑形态提供补充信息，所以在悉尼歌剧院建成之初，人们会产生疑问：这是歌剧院么？但是随着时间的推移，随着人们对悉尼歌剧院建筑形态的高度熟悉，人们的审美观念发生了变异，接受了悉尼歌剧院特有的建筑形态，并逐渐认为这也是歌剧院应有的建筑形态之一。正如贡布里希评论悉尼歌剧院时所说的："我们需要一种震惊才会注意到我所谓的'观看者的本分'，即我们根据储存在心里的图像对任何一种再现物所作的解释。同样，只有当我们因为缺乏这些记忆而无法发生这一过程时，我们才会意识到这些记忆的作用……我们见过许多类似的房子，所以我们能够，或者说，认为我们能够从我们的记忆中提供补充信息。只有当我们面对着完全陌生的建筑时，我们才会意识到某一再现物中令人迷惑不解的成分。澳大利亚悉尼歌剧院就是这样一座新颖的建筑。"

应当特别强调的是，隐喻的建筑设计方法仅仅适用于特定范畴的特殊建筑类型，即便这一范畴的建筑也并非全部需要强调其象征意义和文化含义；换言之，使用隐喻的建筑设计方法获得成功的佳作自有其特定的社会人文背景与建筑文化背景，这种机遇可遇而不可求，注重的应当是从这些特定建筑作品获得的启迪价值。

下面我们主要介绍悉尼歌剧院、朗香教堂和越战纪念碑等采用隐喻的建筑设计方法创作的典范性建筑作品。

1. 悉尼歌剧院

澳大利亚的悉尼歌剧院是采用隐喻的建筑设计方法创作的典范性建筑作品。作为国家级公共建筑，其影响范畴颇大。

悉尼歌剧院是乔恩·伍重设计的，在1957—1973年这长达17年的设计建造过程中，悉尼歌剧院一直是极富争议的建筑作品，褒之者不吝赞美之词，如落帆进港（图11-33），即海上风帆，如洁白贝壳，诗情画意，引人遐想；贬之者极尽声讨之意，如澳大利亚建筑系学生描绘悉尼歌剧院的漫画"乌龟交尾"（图11-34）。

图11-33　落帆进港

图 11-34　乌龟交尾

对于悉尼歌剧院建筑形态的隐喻含义，尤其是负面含义，查尔斯·詹克斯在其《后现代建筑语言》一书中记述得颇为周详："某些评论家指出：一个个堆叠起来的壳体就像一朵花的成长开放——不谢的花蕾。但澳大利亚建筑系学生却把同一特点漫画化为'乌龟交尾'。从某种观点，把它看成一堆砸扁的物体，'一次无人得救的交通事故'。也还可能表达出另一种可能的生物性隐喻——'大鱼吃小鱼'。在离得很近时，那鱼鳞般闪亮的陶质面砖增强了这一意境。但最出人意料，也是澳大利亚人运用得令人愕然的隐喻是'修女的头巾'。所有壳体成对相背而列，就像背靠背的修道院牧师的头巾和僧衣。"

虽然当年悉尼歌剧院的建造曾在澳大利亚引发了许许多多的麻烦，缺乏理性思维判断能力者张冠李戴，将许多本属社会因素范畴的麻烦归咎于悉尼歌剧院建筑本身，借题发挥，贬低悉尼歌剧院的建筑形态，但这是当时特定历史文化背景的产物，是可以理解的历史事件。而且建筑作品在建造过程中遭遇的种种挫折、付出的巨大代价与其文化艺术价值不可混为一谈，这些挫折与引发的麻烦也不应当影响其文化艺术价值。

2003 年，乔恩·伍重终于获得了姗姗来迟的最高荣誉——普利茨克建筑奖，他设计的悉尼歌剧院获得了这样的评价："乔恩·伍重是植根于历史的建筑师——他接触过玛雅、中国、日本、伊斯兰等文化，还有他的本土斯堪的纳维亚的遗产，把这些古老的遗产和他自己的平衡原则相结合，他认为建筑是艺术，是建造和基地有关的有机结构的自然本能……他的建筑不只是给人们提供私密的居所，还有令人愉悦的景观，还有可适应个人习惯的灵活性，简言之，设计以人为本。毫无疑问，悉尼歌剧院是他的著名杰作，是 20 世纪最伟大的建筑之一……他总是站在时代的前列。他加入当时屈指可数的现代主义者的行列，用不朽的建筑和永恒的品质塑造了上个世纪的建筑。"评委们的这一评价，是对悉尼歌剧院文化艺术价值名副其实的准确评价。2005 年 7 月 12 日，澳大利亚政府宣布将悉尼歌剧院列入澳大利亚国家文化遗产名单；2007 年，悉尼歌剧院列入世界文化遗产名录，其文化价值从人类共同文化财富的最高层次获得了肯定，这在 20 世纪建造的建筑中寥寥无几。至此，悉尼歌剧院的文化艺术价值获得了充分肯定，其优美建筑形态的隐喻含义也回归正面诠释——"落帆进港"，悉尼歌剧院也成为澳大利亚的骄傲。

2. 朗香教堂

法国东部上索恩地区的朗香教堂是内涵极为丰富的经典建筑作品，是百读不厌的建筑教材，可以从不同层面、不同深度、不同视角解读，从而获得不同的感受和启迪。从建筑设计手法的视角解读，朗香教堂也是采用隐喻的建筑设计方法创作的典范性建筑作品。

朗香教堂是勒·柯布西耶设计的。1950 年，柯布西耶接受委托开始方案设计，时年 64 岁，至 1955 年朗香教堂建成时已届 68 岁。这件在当时惊世骇俗的建筑作品是柯布西耶暮年设计理念更新的产物，也是其长期建筑体验积淀形成的建筑观念约束引发的里程碑式创新建筑作品。正因为其超越时代的创新意识与审美观念的颠覆性变异，产生了朗香教堂超凡脱俗、惊世骇俗的超前设计构思，因而从方案设计初始构思阶段开始，质疑与赞赏并存的评论就从未间断。

朗香教堂早在 1955 年已经使用隐喻的建筑设计方法表述了建筑内涵的多义性，20 世纪 60 年代初罗伯特·文丘里从理论层面概括的“建筑的复杂性与矛盾性”在朗香教堂这一观念超前的建筑作品中已经得到了充分体现。作品问世后引发世人种种或褒或贬的不同诠释——或理性褒扬，或通俗解读，或精辟到位，或陈词滥调。希勒尔·肖肯绘制了精彩的隐喻分析图表述朗香教堂的多重译码与多重诠释：向上帝祈祷的双手或渡向彼岸的巨轮或嬉水的鸭子（图 11-35）、戴着博士帽的博士背影（图 11-36）和正襟危坐的圣母子（图 11-37），与朗香教堂不同方位的建筑形态一一对应，图式语言表达惟妙惟肖。

图 11-35　朗香教堂南面外景及其隐喻解读

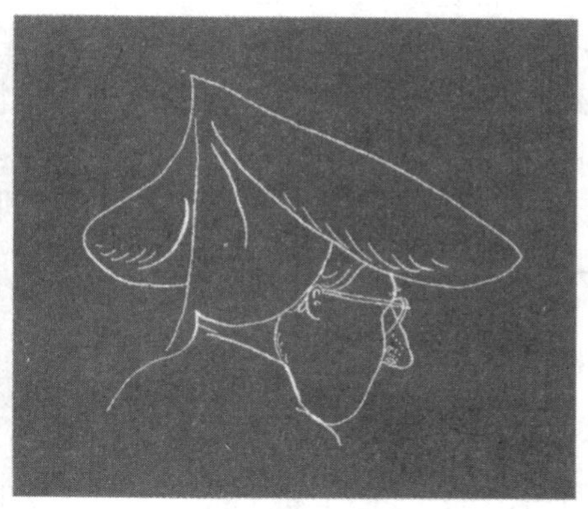

图 11-36 朗香教堂东南面外景及其隐喻解读

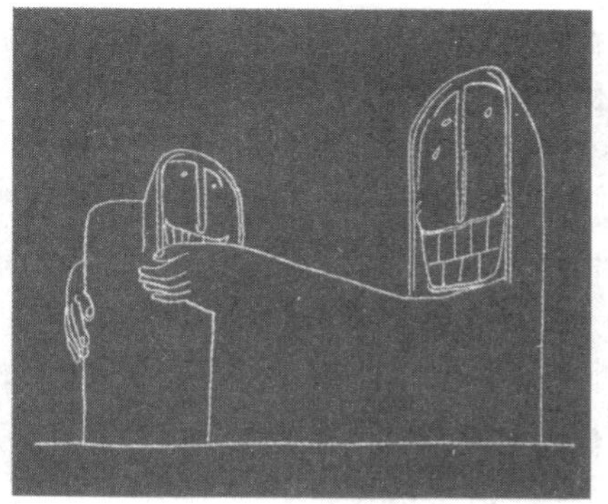

图 11-37 朗香教堂西北面外景及其隐喻解读

可见,肖肯的领悟想象能力和图式语言表达能力与柯布西耶超越常人、非同凡响的设计构思创新能力一样令人叹服。

对包括建筑作品在内的各个领域的艺术作品而言,受众欣赏的过程可以视为一种再创作的过程,艺术作品的评价应当由受众和批评家完成,他们对艺术作品的解读和理解存在差异、符合或偏离作者本意都属正常现象。所以中国人言"横看成岭侧成峰,远近高低各不同"。包括建筑作品在内的优秀艺术作品,尤其是成功使用隐喻的建筑设计方法创作的优秀建筑作品,因其矛盾包容性而导致受众和批评家解读和理解的巨大差异,这正是其艺术魅力所在,也正是其中的佼佼者朗香教堂永恒的艺术魅力所在。

3. 越战纪念碑

美国华盛顿特区越战纪念碑是为纪念越南战争阵亡和失踪将士建造的纪念碑。1979 年 4 月 27 日,一群参加过越南战争的老兵成立了一个社团,发起在首都华盛顿建造越南战争阵亡将士纪念碑的运动。他们提出纪念碑必须满足以下基本要求:特征明显并与周边景观环境协调;镌刻所有阵亡和失踪将士的姓名;对越南战争不作任何介绍和评价。

1980 年 7 月 1 日，美国国会批准在靠近林肯纪念堂的宪法公园尽端建造越战纪念碑。当年秋季，由美国建筑师学会组织在全美公开征集纪念碑设计方案，年满 18 岁的美国公民都可以参加。届期共收到 1 421 个应征方案，所有设计方案匿名评审，由 8 位国际知名艺术家和建筑师组成评委会，于 1981 年 5 月 1 日投票选出最佳设计方案，当时年仅 21 岁的耶鲁大学建筑系学生玛雅·林璎创作的 1026 号设计方案获一等奖。评委会这样评价林璎的设计方案："在提交的所有构思中，这一份最清晰地符合计划的精神和形式的需要，它是经过深思熟虑的，壮丽地与基地和谐，把参观者从周围城市的喧闹与交通中解放出来。它的开放性质鼓励了各个方向各个时间段内的参观，没有障碍，它的位置和材料是简单而直接的。"

林璎的设计方案采用了地面 V 形裂痕代替传统的纪念碑模式，V 形裂痕外侧维持原有地面标高，内侧地面标高由两侧至中心逐渐降低，形成内外侧地面交界处逐渐增高的 V 形墙体，墙体用黑色抛光花岗岩饰面，镜面般的墙面上按阵亡或失踪时间顺序用相同大小的字母镌刻着 57 661位越战阵亡或失踪将士的姓名。林璎的设计方案引发了广泛争议，虽然艺术界与新闻界赞许有加，但退伍军人协会却表示不满，认为纪念碑对阵亡将士不敬，不应当陷入地下。为慎重起见，评委会重新审查了林璎的设计方案，但最终没有接受退伍军人协会改变设计方案的要求。经过一些波折之后，林璎与华盛顿特区的库珀—莱基建筑师事务所和新泽西州普林斯顿的亨利·阿诺德景观建筑师事务所合作，于 1982 年 3 月完成了设计。纪念碑于 1982 年 3 月 26 日开工，当年 11 月建成开放(图 11-38)。值得一提的是，纪念碑占地 6 英亩(约 24 281m^2)，造价为 390 万美元。多年后的 1996 年 6 月 13 日，景观建筑师亨利·阿诺德在接受尼尔·科克伍德的访谈时说："玛雅选择我作景观建筑师，SOM 和库珀—莱基因为我以前和它们在华盛顿的合作工作而推荐我。玛雅从头到尾参与了设计，但是她没有参加后来增加的细部的设计，包括用鹅卵石带加宽铺地、照明设备和防止拥挤的栅栏。"

对纪念性建筑而言，隐喻的建筑设计方法也许是最恰当、也最难运用的建筑设计方法，运用不当，可能成为庸俗的图解建筑；运用得当，就能赋予建筑以丰富的内涵。林璎的设计方案使用隐喻的建筑设计方法可谓得法，摆脱常规纪念碑建筑高耸的碑体模式或雕像模式，以凹陷的地面 V 形裂痕这一独特构思隐喻战争的伤痕。

图 11-38　越战纪念碑

越战纪念碑与传统的纪念碑模式不同，人们不是瞻仰，而是进入其中，可以接近，可以寻找，可以抚摸，可以借此寄托哀思。时光流逝，越南战争已经成为历史，越战纪念碑也已经获得了普遍认同，美国人不再讳言其地面 V 形裂痕隐喻"战争伤痕"的含义。越战纪念碑的落成标志着越战老兵得到社会认可。每年，成千上万的祭拜者在纪念碑前留下鲜花、照片、信笺和个人物品等以悼念死者，他们也认可了隐喻"战争伤痕"的越战纪念碑。一位阵亡士兵的母亲在信中这样表达她对越战纪念碑的认可和她借以寄托的哀思："我们也一有机会就会到越战纪念碑前去看一看。我们能看得出哪一位老兵的日子不好过，有许多的老兵至今仍心存愧疚，只因为他们活着回来了，而有些人则没有，就像我们的儿子们。我们会上前安慰他们，告诉他们这不是他们的错，我们很高兴看到他们回家……我每次站在纪念碑前，都会感到你就在那里，和我在一起。每当我用手指去摸花岗岩墙上的名字，我都会感到你笑容的余温。你好像在说：'妈妈，我在这儿。'我知道我永远也不会再把你抱在我怀里了。但你会永远在我的心里,因为你永远是我的大儿子——我的骄傲。我爱你。"

(二)明喻的建筑设计方法

明喻的建筑设计方法也可称为应用具象象征建筑语言的建筑设计手法。具象象征建筑语言的原始素材取自日常生活中的具体事物,如人物、动物、植物、飞机、火车、汽车、轮船、生产工具、日常用具等,将这些具体事物的形态建筑化,转化为建筑语言表达,按照建筑尺度缩放,使用建筑材料制作,通俗易懂,雅俗共赏,虽有立意浅显、欠缺含蓄之嫌,但只要应用得当,自有质朴自然的建筑美,并不影响建筑品位。

建筑局部构思层次使用提示性明喻的建筑设计方法在现代社会得到了越来越普遍的应用,在有些场合,即便不用文字,上下文本身也足以使视觉信息变得清晰明确。国际性活动的组织者们对这种可能性颇感兴趣,因为在这些场合,人们使用的语言太繁杂,以至于没法用语言进行交流。为1968年墨西哥奥林匹克运动会设计的这套图像(图11-39)看上去不解自明,考虑到被预测的信息和选择性都有限——这在头两个符号中表现得最清楚——这些图像确实是不解自明的。我们可以看到,图像的目的和上下文要求简化代码,只需注意少数的几个区别性特征就行了。

图11-39　1968年墨西哥奥林匹克运动会使用的符号

明喻的建筑设计方法可以应用于方案设计的局部构思层次,也可以应用于方案设计的整体构思层次。整体构思层次夸张性应用明喻的建筑设计方法创作的现代建筑设计方案滥觞于1922年美国芝加哥论坛报大厦国际设计竞赛阿道尔夫·路斯提交的先锋设计方案,路斯极夸张地应用经典的多立克柱式,设计了整体构思层次明喻多立克柱式的高层建筑设计方案,虽然未能获奖,其富有想象力的夸张性设计构思与设计方法却颇富启迪价值(图11-40)。

图11-40　阿道尔夫·路斯的芝加哥论坛报大厦设计竞赛方案

下面我们主要介绍肯尼迪国际机场环球航空公司候机楼、国家科学技术中心、鱼舞餐厅和奥斯卡·尼迈耶博物馆等采用明喻的建筑设计方法创作的典范性建筑作品。

1. 肯尼迪国际机场环球航空公司候机楼

美国纽约的肯尼迪国际机场环球航空公司候机楼是埃诺·沙里宁设计的。埃诺·沙里宁是芬兰著名建筑师伊利尔·沙里宁的长子。1956 年环球航空公司委托沙里宁设计候机楼是因为赏识他设计的密斯风格的密歇根州沃伦通用汽车公司，但是，20 世纪五六十年代是现代主义建筑盛行的年代，接受此项委托时沙里宁已经抛弃了密斯风格，他说："我强烈感到现代建筑设计正陷入一种模式中，建筑作品越来越单调，这是很危险的……那种曾经对建筑的热情已经变为了一种对固定模式的机械重复，并且这种重复不分场合……我推崇勒·柯布西耶，反对密斯风格。"沙里宁宣称，他的目标是"为环球航空公司创造一个'独特的、令人难忘的'标志性建筑……激起人们对航空旅行特有的刺激感和兴奋感"。

1962 年 5 月底，环球航空公司候机楼建成开放。这个构思奇特的候机楼平面类似曲线构成的 V 字形，首层是大厅、休息厅、售票处、咨询处、行李领取处、指挥中心、办公室等主要候机空间，局部二层是餐厅、酒吧、咖啡厅、俱乐部、贵宾休息室等服务设施(图 11-41)。

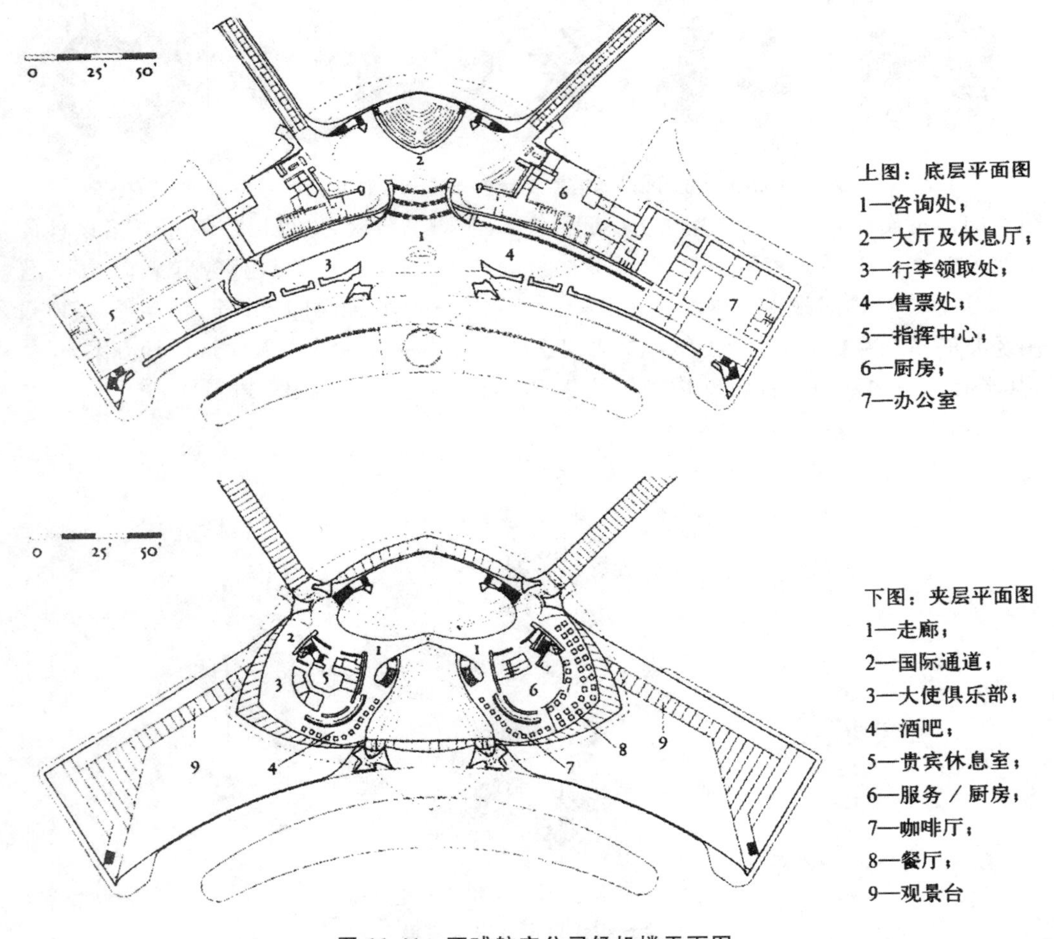

图 11-41 环球航空公司候机楼平面图

环球航空公司候机楼是雕塑感很强的塑性造型建筑，其建筑形态从外到内都由各种不同的曲面构成，设计从模型推敲开始，扭曲的薄壳采用标定等高线的方法绘制施工图。环球航空公司候机楼的屋盖由四片钢筋混凝土薄壳组合而成，支撑在四个曲面形态的Y形墩座上，沿曲线构成的V字形平面左右伸展，逐渐升高的两片大薄壳与前后两片较小的薄壳组合成一个整体，四片薄壳交接处是采光天窗。

环球航空公司候机楼是使用明喻的建筑设计方法创作的经典建筑作品，明喻展翅欲飞的大鸟或飞机(图11-42)，直接表述毫无含蓄，明白如话一看便知，没有歧义不致误读，所以建成后雅俗共赏，颇受欢迎。

图11-42　环球航空公司候机楼南面外景

环球航空公司候机楼是有争议的建筑作品，在其还没有建成开放时，赞誉之词已经充斥建筑杂志，1958年1月号《建筑论坛》特刊称“环球航空公司壮观的新候机楼”是“一个引人注目的航空标志”；其后，《建筑实录》称“它的独特性和戏剧性超出了人们的一般评价标准，它是一个令人激动和兴奋的动态体”；《进步建筑》则赞许其室内设计是“几十年来最独特的室内设计”。建筑史学家约翰·雅各布斯赞扬候机楼厅堂设计“极具想象力，是非常令人难忘的，也是本世纪其他候机楼所无法比拟的。”“尽管它不切实际，但它一直为公众所喜欢。它已经渗入了美国现代文化，甚至启发了像《黑衣人》这样昙花一现的电影。”但是负面评价也随之而来，奇特的塑性造型建筑形态及其明喻喻义引发的轰动效应过去后，人们发现候机楼很快就已经不能适应美国快速发展的民航事业的需求，这在很大程度上是航空工业高速发展的结果，不能完全归咎于沙里宁的明喻设计方案。

2. 国家科学技术中心

荷兰阿姆斯特丹的国家科学技术中心是由皮亚诺设计的。意大利建筑师伦佐·皮亚诺是巴黎代表性的文化建筑之一的蓬皮杜中心的设计者之一，于1998年获普利茨克建筑奖。评委们这样评价皮亚诺：“伦佐·皮亚诺的作品展示了少见的艺术、建筑与工程的真正而非凡的融合。他的探索精神与解决问题的技术与他本土的两位早期大师达芬奇和米开朗基罗一样出色。他使用着我们时代最先进的技术，但他的根源显然在于意大利古典哲学和传统。……普利茨克建筑奖庆祝皮亚诺的建筑重新定义了现代和后现代建筑，他对解决当前技术时代问题的介入、贡献和探索增加了建筑艺术的深度。”

国家科学技术中心于1992年开始设计,1994年开工建造,1997年建成。这个项目的整体城市环境、建筑周边环境与建筑基址都与众不同,极具个性。阿姆斯特丹是荷兰的法定首都和最大城市,位于艾瑟尔湖畔,经过内河航道与北海相连。与其他欧洲城市不同,阿姆斯特丹地势平坦,没有山丘,也没有广场、城墙、台地等城市公共活动场所,这是科学技术中心的特定环境约束条件之一。1968年10月,连接阿姆斯特丹北部与南部旧城的水底隧道建成开通,南部旧城的隧道入口从旧城码头边缘伸入东港,如同一个伸入湖中的规整的弧形半岛,半岛中部是进入水底隧道的入口,两侧是码头,科学技术中心的基址就是弧形半岛北端的平台,这使建筑与港口紧紧联系在一起,成为港口的组成部分。这是科学技术中心的特定环境约束条件之二。受这些条件的制约,皮亚诺采用明喻的建筑设计方法,设计构思明喻“巨轮”,基本建筑形态构思与特定的港口环境融洽协调的应对策略。

在皮亚诺的设计中,科学技术中心的建筑形态如同巨轮的船头,两条逐渐降低的坡道从“船头”屋顶的东、西两侧通至码头地面,但因这种对称构图模式使建筑形态略显平淡呆板,所以他取消了西面坡道,只留下东面坡道,形成不对称的整体建筑形态,又在“船头”屋顶逐渐降低的南端设计了必备的功能设施——入口处的电梯塔,作为垂直方向的构图要素平衡整体建筑形态。参观者可以从东面缓缓上升的步行坡道到达屋顶广场,那里有自助餐厅,可以俯瞰城市景观,然后从屋顶广场下行,进入各个楼层的展厅参观;也可以从西面码头到达主入口前的三角形小广场,从首层大厅进入科学技术中心。从东面隔海相望的海事博物馆一侧看到的是从绿色的“船头”倾斜延伸直至地面的“巨轮”,坡道后面并没有建筑实体,分界处设计了断裂的缺口,并将坡道墙面色彩改为砖红色,以明示建筑形态的变化,并与老城区的红砖建筑呼应,断裂的缺口处坡道变换为天桥;从老城区看到的是博物馆的南面和西面,巨轮“船头”和南面入口处垂直耸立的电梯塔以及远处东面倾斜延伸的坡道同样构成了完美的建筑形态(图11-43)。

图11-43 国家科学技术中心

皮亚诺的这一设计得到了广泛的认可,建筑明喻轮船的建筑形态,建筑化的“巨轮”既体现了轮船的基本特征,又不是真实轮船的简单克隆,而是极富建筑美的、与周边环境融洽协调的“建筑巨轮”;而且科学技术中心建筑长225m,宽44m,最高点距地32m而4万吨级“泰坦尼克”号游轮长259m,宽28m,不计烟囱高31m,二者总体体量大致相同,这在建筑尺度的层面上进一步加强了明喻“巨轮”的视觉效果。

3. 鱼舞餐厅

日本神户的鱼舞餐厅是由弗兰克·盖里设计的，于 1987 年 4 月建成，坐落于神户港海滨美利坚公园的入口处，阪神高速公路的高架道路一侧。盖里将自然形态的具象的“鱼”与几何形态的抽象的“蛇”组合在一起，形成了餐厅的基本构思（图 11-44）。

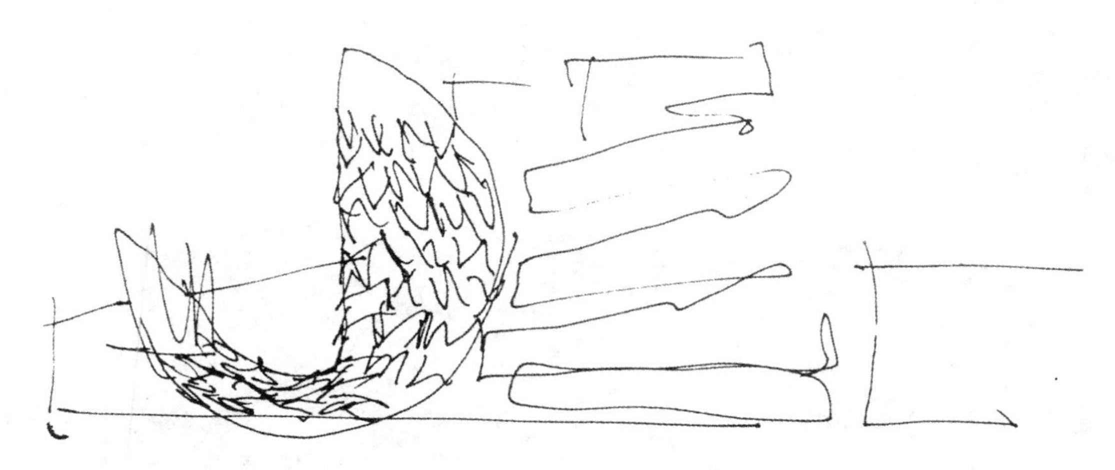

图 11-44　盖里绘制的鱼舞餐厅构思草图

鱼舞餐厅入口处巨大的具象造型鲤鱼与抽象造型的“蛇”形螺旋塔实际上是建筑的标识性雕塑或广告性雕塑，虽然盖里的构思是具象造型的“鱼”与抽象造型的“蛇”的组合，但是人们的注意力似乎都集中于具象造型的“鱼”，并不关注抽象造型的“蛇”（图 11-45）。

图 11-45　鱼舞餐厅的“鱼”和“蛇”

从普通受众的视角考察，使用明喻的建筑设计方法创作的高达 22m 的具象的“鱼”切合餐厅主题，尺度巨大、形象通俗、引人注目，符合普通百姓的认同感和归属感，为普通百姓所喜闻乐见，建成后很快成为鱼舞餐厅的标志。“事实上在该建筑建成后的日子里，一到节假日，餐厅客人满席的盛况一直会持续到晚上 10 点，当地居民在打点游客问路时，更是以‘那条大鱼’作为重要的路标。该建筑所具有的象征性、信息性已超出其功能性，在都市中发挥着重要作用。”

4. 奥斯卡・尼迈耶博物馆

巴西里约热内卢的新博物馆是由奥斯卡・尼迈耶设计的，也被称为奥斯卡・尼迈耶博物馆。

2001年初，古根海姆基金会曾经考虑在巴西建造博物馆，里约热内卢、萨尔瓦多和库里提巴是可能入选的城市。库里提巴提供给古根海姆基金会的博物馆方案是修复和扩建奥斯卡・尼迈耶1973年设计的一座建筑。馆址最终选择在里约热内卢，但是经过激烈的争论后设计方案并没有建造。而库里提巴修复和扩建老建筑的博物馆方案却得以实施，政府决定将现有建筑修复改造成为展览空间，并扩建新博物馆，修复和扩建工程理所当然地聘请原设计者尼迈耶承担。

奥斯卡・尼迈耶博物馆位于里约热内卢伊卡拉伊海滩旁的山丘上，弯曲的坡道从地面通往倒圆锥形的博物馆，与地形完美结合的建筑如同飘浮在碧海青山之上的精美雕塑，成为远近闻名的优美景观（图11-46）。

图11-46 奥斯卡・尼迈耶博物馆

在设计上，尼迈耶将原有建筑改造为常规博物馆，又构思了与原有建筑联成一体的新博物馆，使之组合成一个文化建筑综合体，这个建筑综合体还整合了四周废弃的仓库，将其改造成为教室、演讲室以及工作室等，整个区域将改造成为文化公园和旅游胜地。原有建筑是扁平的矩形平面三层方盒子建筑，修复改造后成为常规博物馆，包括普通展厅、商店和餐厅。新建博物馆也注重体现建筑的曲线之美，体现强烈的形式感和雕塑感。但这次，尼迈耶使用了明喻的建筑设计方法，构思了明喻“眼睛”的新博物馆。新博物馆共2层，用于展览和多媒体演示。下层是耸立于水池之中的实体基座，内设视听演播间、酒吧间、楼梯、电梯和其他辅助房间。明黄色的实体基座侧面有抽象壁画、背面有具象壁画点缀，弯曲的曲线坡道从实体基座中伸出，将新博物馆与老建筑改造而成的常规博物馆连成一体。实体基座之上是形如“眼睛”的单曲面建筑形态展览空间，建筑面积约2 100m^2，层高从3～12m左右不断变化。轻巧的白色外壳“眼睛”的正面和背面都覆以整面 45°斜交网格玻璃幕墙。白天，蓝天、云影、树木、建筑映射于“眼睛”建筑形态的玻璃幕墙中，不断变幻寓意深邃；夜晚，室内辉煌灯火映射出玻璃幕墙的 45°斜交网格，以另一种模式显现明喻“眼睛”的建筑形态，室内活动亦朦胧可见，彰显“眼睛”建筑的活力（图 11-47）。

图 11-47　奥斯卡・尼迈耶博物馆

新博物馆建筑形象美丽动人、雅俗共赏，这个颇具震撼力的、美丽抒情的明喻建筑作品，因其鲜明的可识别性和通俗易懂的标志性而受到了人们的认可，更受普通民众欢迎得以广泛流传的是其昵称“眼睛”博物馆。这说明，明喻的建筑设计方法与隐喻的建筑设计方法并无高下之分，建筑格调的高下取决于建筑师的设计构思水准而不是建筑作品使用的建筑设计方法。

第三节　建筑层次的设计方法

一、建筑层次概述

（一）层次

层次是任何一门文学艺术都须重视的法则。在文学中，小说的人物须有层次，如主要人物、次要人物、外围人物等。《水浒传》中的 108 将，并非个个是描写重点，因此小说有很高的艺术价值，也很有可看性。

层次在造型艺术中更甚。中国画中的山水画是很讲究层次的，如清・戴熙的《秋林远岫图》（图 11-48），画中远近各景，层次相当分明，而且前后穿插掩映，使层次生动自然。在西洋画中，更讲究景的主次。

图 11-48　秋林远岫图

风景画(图 11-49)的景,按层次往往分近景、中景和远景三类,多以中景为主景,但也有以远景或近景为主景的。

图 11-49　风景画

(二)建筑层次

作为一种造型艺术,建筑也有层次问题。

我国传统园林就相当讲究层次,而且十分重视园景的前后关系。没有层次,景物一览无余,也就没有情趣了。园林赏景要注意先看什么,后看什么,苏州怡园(图 11-50)就很有层次,园虽小,但正由于层次的作用,故有不胜看之感,似觉园林甚大。

图 11-50　苏州怡园

再如苏州鹤园，园的东侧有个半亭，亭的南北设廊，这不只是解决交通问题，更重要的是使园的空间有层次，从水池出发，就有绿地/廊/绿地，共四个层次，使空间显得活泼多变，丰富了空间。曹仁容的鹤园廊影，很好地描绘出了鹤园的层次感(图 11-51)。

图 11-51　鹤园廊影

总之，建筑不论是室内室外、单体群体，层次问题是相当重要的，不注意层次(方法)，不仅会使建筑缺乏美观，而且往往会很零乱。

(三)层次与建筑的目的性

层次仅仅是方法，是为建筑的使用目的服务的。层次可以成为一种独立的建筑艺术(成果)，但它必须与使用目的相一致。层次与建筑的目的性主要表现在以下几方面。

1. 私密性要求

层次为了私密性，这是把层次作为建筑使用功能的方法来看待。层次与私密性关系很密切，如住宅设计，其中的客厅是公共性的，在家庭内它是个共享空间，卧室、书房之类则多为私密性的，如图 11-52 所示。

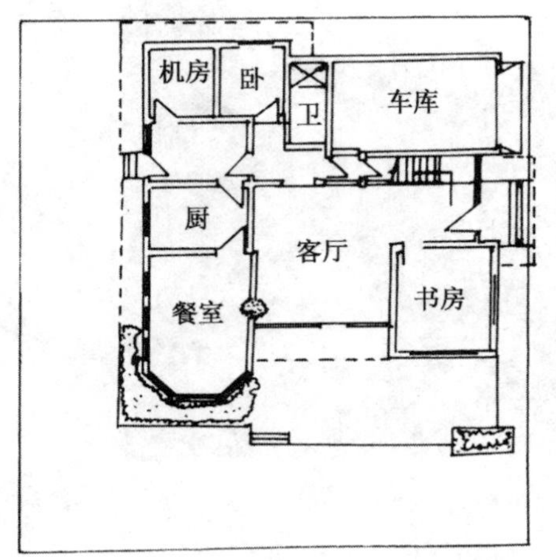

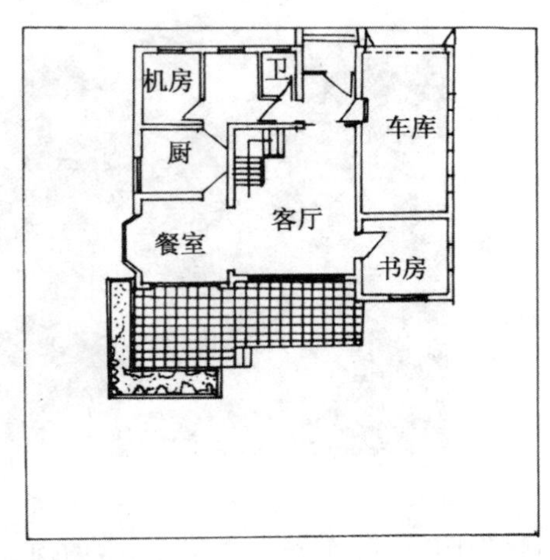

图 11-52　建筑方案

又如在我国古代，女子的闺房是非常私密的，通常在设计时把女子的卧房设在楼上，并将楼梯间隐蔽起来，人们要去这种卧房，总要经过好几个层次才能到达（客厅/楼梯间/楼上过厅/卧房）。

私密性与视觉直接有关。1950 年，在美国伊利诺斯州，密斯·凡·德·罗为医师范斯沃斯设计建造了一座别墅式住宅，如图 11-53 所示。按密斯的现代主义设计原则，即“少就是多”，把不必要的部件和空间尽量去掉，但结果这座住宅大部分房间都用玻璃墙面，户外能清楚地见到室内的一切。由于没有考虑视觉层次而缺乏私密性，这精心设计之作让户主范斯沃斯看了大为恼火。

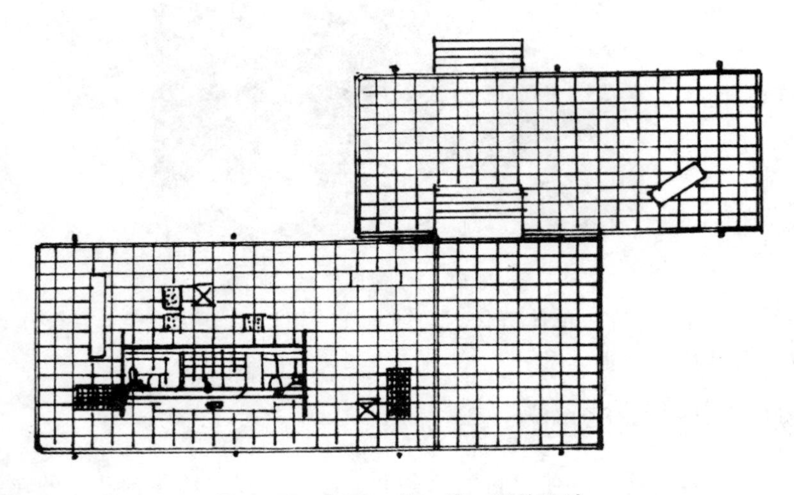

图 11-53　密斯·凡·德·罗的设计

相反，有时候很简单的设计就能保证房屋的私密性，如在办公用房方面，一般的经理室多用套间的形式，外面是秘书室，里面是经理室（图 11-54），这种层次方法即空间的重置。

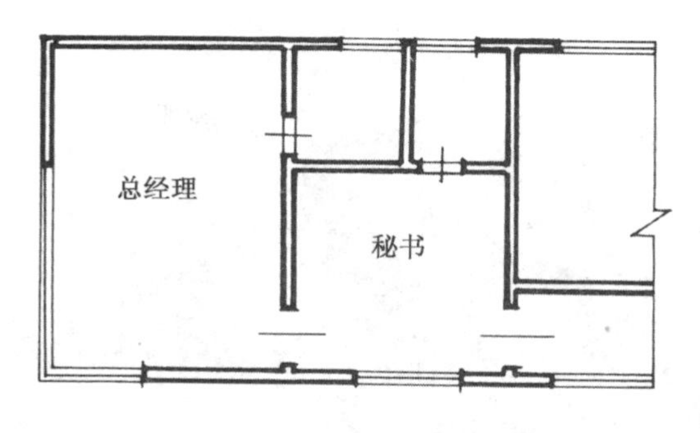

图 11-54　办公用房设计

2. 聚分性要求

空间层次也是功能性的，在一个大的空间中要求有几个空间分离出来，既分又合。这种聚分性经常体现在展览空间中，如美国纽约古根海姆美术馆(图 11-55)，建筑高六层，是圆形的，略呈上大下小的造型。里面是空心的，螺旋形的展览空间自上而下转下来，中间空间部分顶上有玻璃顶。人们在参观时先上电梯，一面观画，一面顺坡下楼，这就大大地减少了行进的疲劳。其空间的特点是陈列空间的周围，中间是六层连通的一个大型桶体空间，也属共享空间形态，而又有许多小的陈列空间。以此来组织空间层次，符合展览陈列之需。

图 11-55　美国纽约古根海姆美术馆

又如 1929 年密斯・凡・德・罗设计的巴塞罗那国际博览会德国馆(图 11-56)，整个馆只用几片墙分隔空间，但都不封闭空间，只起隔挡的作用，这正是展览空间所要求的。

图 11-56　巴塞罗那国际博览会德国馆

3.深度性要求

如果人站在一个空间中，一眼望去，见到两个以上的空间(层次)，则会产生层次性的深度感。

深度性空间层次的精神性功能，则莫过于园林建筑空间了。例如苏州拙政园中的梧竹幽居(图 11-57)，从亭外向里望，穿过两个圆洞门，背后的空间景观更是妙趣无穷，因为圆洞的作用，得到“框景”，好似亭内有一幅立体的画，这就是园林空间构筑之匠心独运。这种效果在方法上是选好视点，确定圆洞门的位置。

图 11-57　梧竹幽居

又如著名的加拿大建筑师阿瑟·埃里克森于 1976 年设计修建的加拿大温哥华的不列颠哥伦比亚大学人类学博物馆(图 11-58)，由入口门廊、门厅、过道、陈列廊、大陈列厅等一连串的空间了，在视觉上产生组成层层推入的感觉，似乎已使人联想到人类的历程之精神；而更甚的是那大陈列厅的一端，做出一层层的高高的图腾柱空间，最后是高达 12m 的大片玻璃，视线可一直延伸到馆外，那里是自然景观，从意象上说，这就能使人联想到人类起源于大自然。总而言之，这种空间层次是博物馆的功能所需要的。

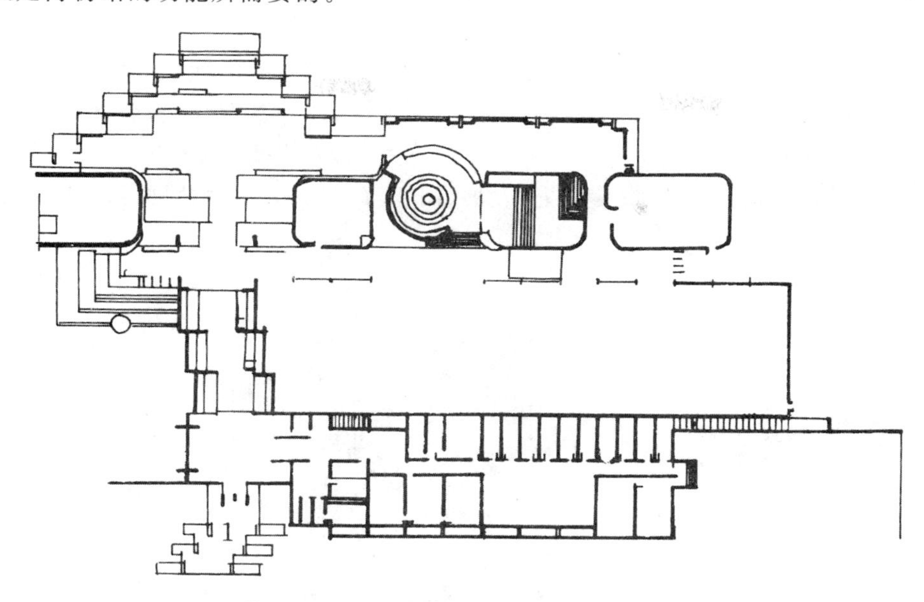

图 11-58　不列颠哥伦比亚大学人类学博物馆

(四)不同建筑类型的层次处理

建筑的类型不同,空间层次的处理方法也有所不同。

公共性建筑类,由于空间的规模较大,性质复杂多变,使用、活动的人多而复杂,因此空间层次更需强调出来。前面所说的古根海姆美术馆(图 11-59)就是一个典型例子,而它的门厅外面是一个院子式的空间,门厅对面还有办公用房,这就使两个圆形建筑以及其他一些附属建筑都被包含在一个很大的长方形空间中了,这就产生了重置性空间,亦无疑使空间增加了"厚度"。门厅内是大厅,与楼上的展览廊相通,如上所说,运用的方法是"共享空间"。这种既分又合的空间层次方法,在这类公共建筑中是很合宜的。

图 11-59　古根海姆美术馆全景

有些空间分隔,用的方法较为特殊,如有的为了标新立异,将空间分隔物做成西方古典式的门廊形式，但它不是正的放转置，而是倒置和斜放，这样一来，立即非同一般，从而引人注意，使空间不但分了层次，而且变得很“激动”。

城市广场建筑中，也有层次问题。例如美国圣地亚哥市霍顿广场(图 11-60)，它把广场分为三大块，中间用两条廊式符号化了的分隔来处理，空间上下、内外都有交织，而且有分有合，空间十分有机。现代广场空间的层次方法有多种多样的形式，如廊、绿化、雕塑等，都是增加广场空间层次的手段；另外，也向第三方向(高度方向)发展，用下沉广场、天桥及楼廊等形式，使空间层次更多样，更富有人情味。

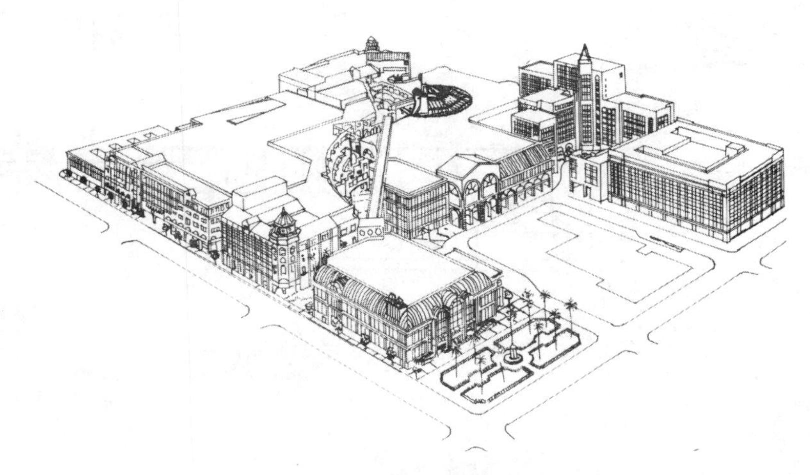

图 11-60　霍顿广场

又如由著名的意大利巴洛克艺术大师贝尼尼设计的罗马的圣彼得大教堂前的广场(图 11-61)，由一个正梯形和一个椭圆形广场组合而成，一前一后，位于一条中轴线上。

图 11-61　圣彼得大教堂广场

在椭圆形广场以南，还有一个长方形的广场空间作为“起始”，这就组成了一连串的广场群，而且形体、方向等均不相同。这个广场层次也是西方古典广场的典型代表，不言而喻，其效果是气势，把宗教式的庄严提到了很高的境界。同时，这种层次关系还给视觉形象带来了好处，只有当人们沿中轴线离圣彼得大教堂很远时，才能看到完整的教堂建筑形象，这又是设计者的匠心所在了。

住宅不同于一般的公共建筑其空间性质和关系比较单一，使用者也较为单一；同时空间不太大，处理时不能大手大脚，而应精打细算。

在住宅的空间层次处理中，起居室和餐室往往会合在一处，但适当作些暗示（如家具布置，地面材料等均可），这不但使功能明确，而且节约了空间，还有一个作用是万一需要有大空间进行活动，就可以视为两者合一了。最简单而普通的方法当然是做隔墙开门。但有些建筑师处理住宅空间又有许多不同的方式（方法），如著名现代派建筑师密斯设计的土根哈特住宅，设计得很巧妙。这座住宅分工明确，为主人所用的起居部分在一层，如图 11-62(a)，这里还包括餐室和书房；卧室在楼上，分为三组：主人、孩子、客人；孩子和父母有分有合，非常合理，如图 11-62(b)。同时，在卧室之外，实际上是以一个层次的外部空间，这在空间方法上就是重置空间。

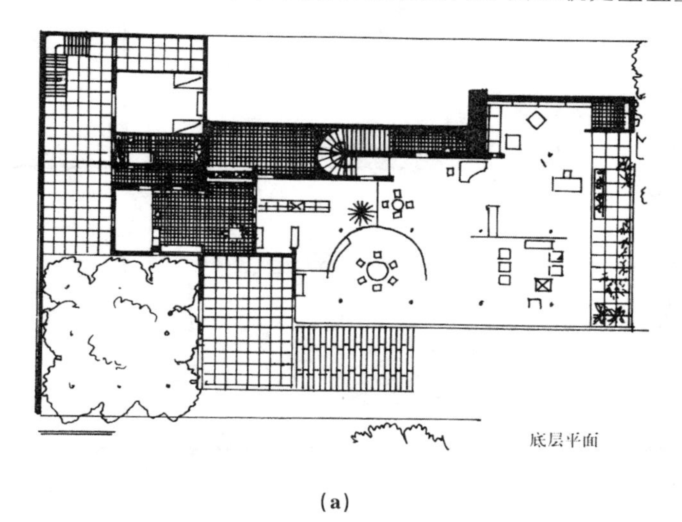

底层平面

(a)

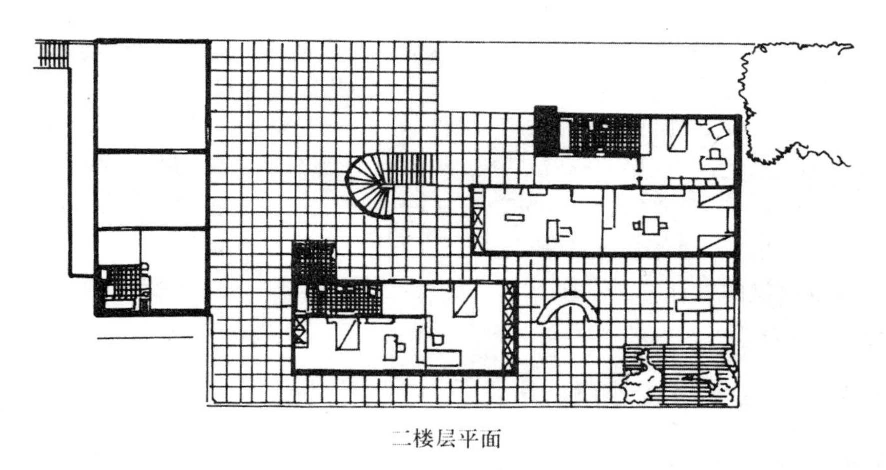

二楼层平面

(b)

图 11-62　土根哈特住宅

二、建筑层次的具体设计方法

建筑的层次可以分为单视场层次和多视场层次两类，下面分述之。

(一)单视场层次的设计方法

所谓单视场层次，就是“一眼望去”即能见到两个或几个层次。它是由直觉感受的，在方法上总是通过分割空间的限定物来得到层次的。主要的视觉层次设计方法如图 11-63 所示。

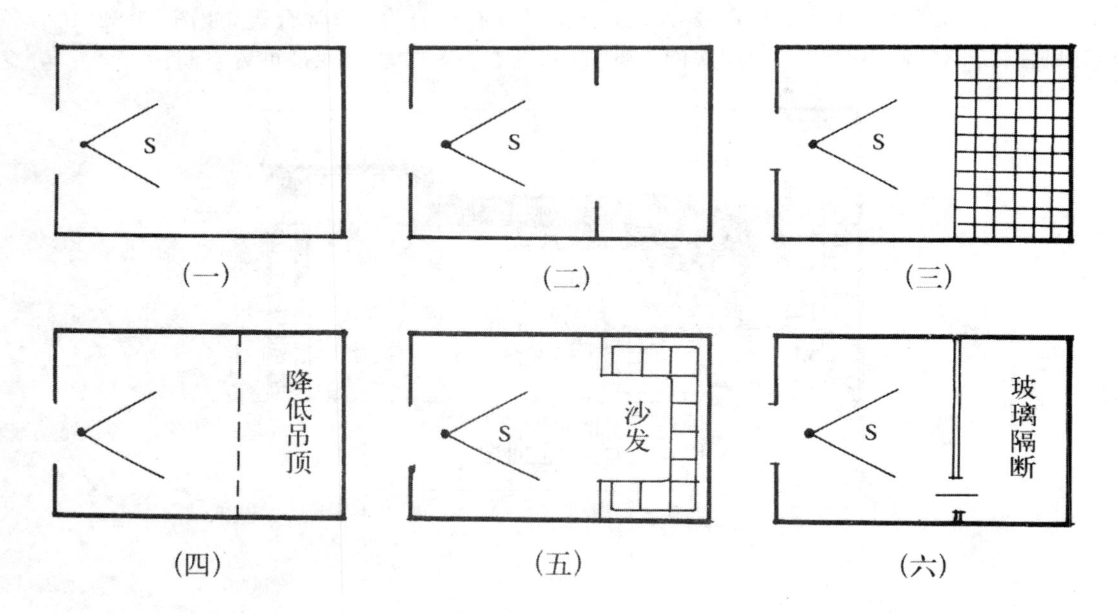

图 11-63　视觉层次设计方法

上图中，(一)是空间原型，即只有一个层次的空间，图中的 S 为视点；(二)有两个层次，是靠左右围栏物把空间分为两个层次；(三)是将空间中的某一部分的地面，用另外一种材料来做，也能产生一个层次，如果把这一部分升高或降低，则层次分离的强度会增加；(四)是一部分空间高度不同，或者顶面的材料、明度(如一个玻璃屋顶)等有所不同，也能增加层次感；(五)是用家具(沙发、矮柜等)来分出空间层次；(六)是用玻璃隔断的形式分出空间层次。

可见，单视场层次的设计方法很多，但如果要做到恰到好处，是比较难的。下面主要结合实际例子来分析单视场层次的设计方法。

1. 桂林榕湖饭店四号楼入口内庭院设计

桂林榕湖饭店四号楼入口内庭院(图 11-64)，门斗到门厅，门厅通过大片玻璃看到内院，内院又有水池、绿地、廊、楼梯等多空间层次，可谓引人入胜了。但它又不是直接让人进入院子，而是须转弯抹角，转至两边，才能到达院子，这又增加了空间的情趣性。

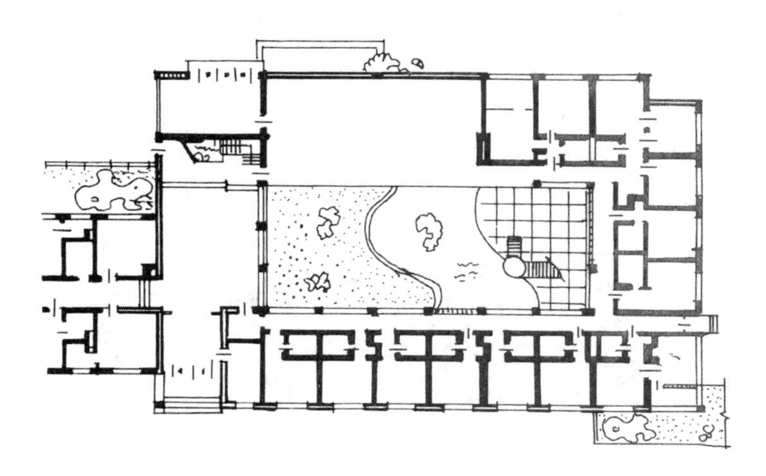

图 11-64　桂林榕湖饭店四号楼入口内庭院

2. 广州白云宾馆入口小院

广州白云宾馆入口小院(图 11-65)与门厅有大片玻璃相连,视线通透,一眼望去,院子中小桥、水池、廊、山石、林木尽收眼底。南北两廊之间以一座小平桥把水池分成两个,大的方正,小的曲折,且以山石、林木相配,更觉生动。这一设计不仅解决了交通问题,更重要的是把水池一隔为二,增加了空间层次。可见,两个空间形态,如果是视觉层次的,有两种做法,要么完全一样,要么不一样(大小、形状),不能似是而非。

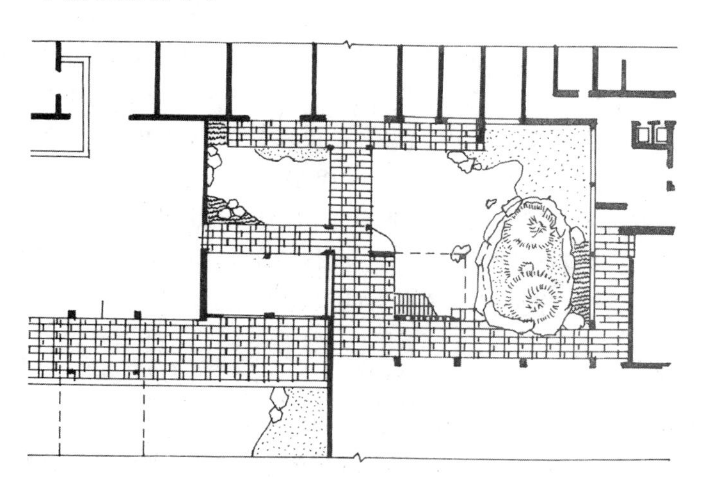

图 11-65　广州白云宾馆入口小院

3. 上海浦东万宝大厦(方案)底层舞厅

上海浦东万宝大厦(方案)底层舞厅(图 11-66)的门厅外有一个大雨篷,这不只是功能上的需要,同时也是一个空间层次。入门以后,中间有大型自动扶梯可直通二楼,而从两边则进入舞厅。舞厅中间是舞池,正面还有小舞台,人们站在门厅处,这些空间都能见得到,甚至可以深入更里面，可隐约见至酒吧间。这就使空间层次丰富而厚实。在方法上，分隔空间用了多种方法，如柱廊、地面高低、玻璃隔断等，甚富变化。

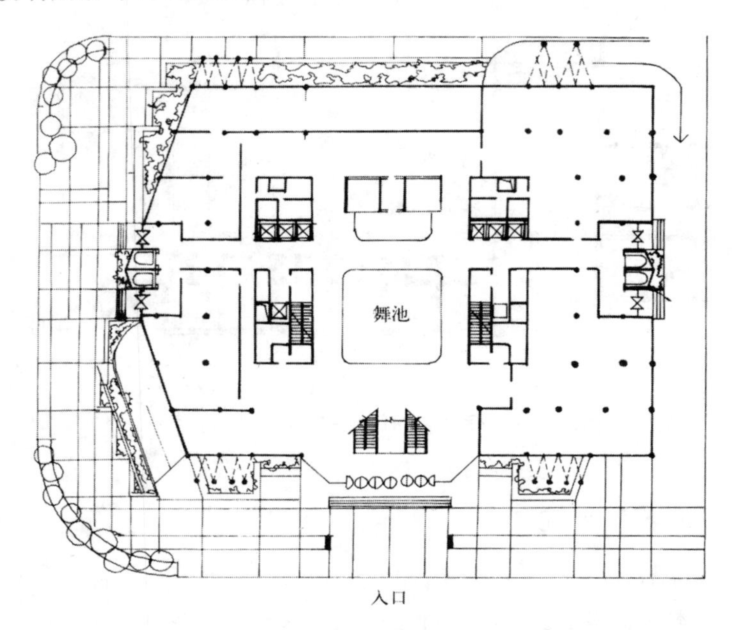

图 11-66　上海浦东万宝大厦(方案)底层舞厅

(二)多视场层次的设计方法

所谓建筑的多视场层次，是指一个建筑(或建筑群)作多视点感受时的一个建筑印象。建筑的多视场层次，并不一定要让每一个空间都有强烈的个性，都清晰地被记住；相反，有些空间只需要记住流线，形象并不甚重要，这样就突出了需要记住的主要空间了。还有一个重要的问题就是重视流线，即重视层次的结构。这一设计方法常见于风景园林空间设计中。

多视场的层次，其设计关键在"关系"，如在一组多视场的层次空间，往往有大路、小路、亭子、草地等这样一组结构关系，各个层次的造型都不同，而目的很清楚，大路让人们快行；小路让人们慢步；亭子用于休息；草地是随意性的。同时，它们的空间形态与功能是一致的，空间顺序也很合宜。下面主要结合实际例子来分析多视场层次的设计方法。

1. 苏州环秀山庄

苏州环秀山庄(图 11-67)大体有三大空间，一是室内空间，二是室外空间，三是山洞空间。这里有好多个层次，除了单视场的层次，如由曲桥将池水分割，问泉亭和补秋山房两处室内及它们相间隔的室外等，大量的却是非单一视场的层次关系。游览环秀山庄主要把握几个建筑以及假山和山洞，而其余室外，皆为过渡空间。这些过渡空间却是为主体空间服务的逻辑性的连接场所。人们处在这些空间里，能加强对主要空间的形象认识，当然也包括其造型(建筑外形、假山外形)。

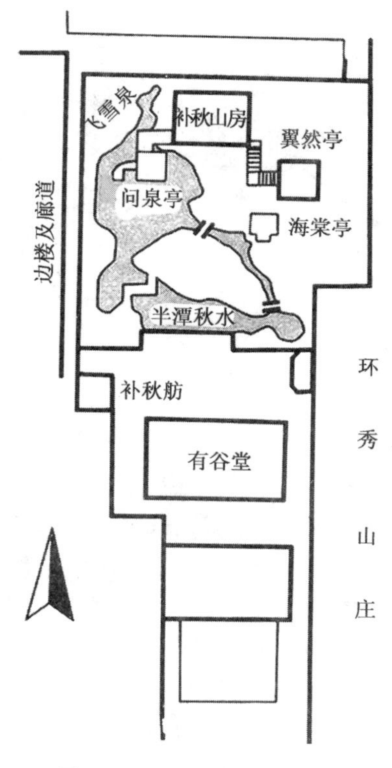

图 11-67 环秀山庄平面图

2. 苏州拙政园

园林的空间层次更有讲究，最为典型的也许要算大型的江南私家园林苏州拙政园了(图 11-68)。在此园中，采用的方法是流线层次与逻辑层次相结合。从流线层次来说拙政园的流线，还是原来中部腰门处的入口比较合理，所以我们仍按原貌进行分析，也不包括东部新辟的部分。一条长长的弄堂从东北街到尽端便是个入口建筑腰门，进门后“开门见山”，以假山“障景”，造成非视野性层次。绕过假山，豁然开朗，这里之景一目了然，可以说是个十分丰富的单视野层次，可见到远香堂、南轩、荷风四面亭、池水、小山、见山楼、香洲等，然后可供选择的路径有东、北、西三条，任你选择，这就不同于陈列馆了。再从逻辑层次来说，则可谓园中有园。其中还有许多自成一体的小园，如东南角上的枇杷园、西部之园也自成一体。还有更小的层次，即小庭院，如海棠春坞、玉兰堂等。可以说空间层层深入，情趣无穷，这就是空间层次方法。另有一处，小沧浪，是拙政园中的单视野层次的佳处，如图 11-69 所示。小沧浪小阁面阔三间，两面临水，南窗北槛，外形十分别致，似桥非桥，似房非房，似船非船，完全是架在水面上的一座水阁。水阁横跨池上，将水面再度划分，把到此结束的中园水尾营造得貌似绵延不断，艺术手法高超。亭廊围绕，构成开敞的幽静水院。人在小沧浪，通过小飞虹(廊桥)可以看到荷风四面亭，这个景的营造运用了最典型的空间层次方法的。

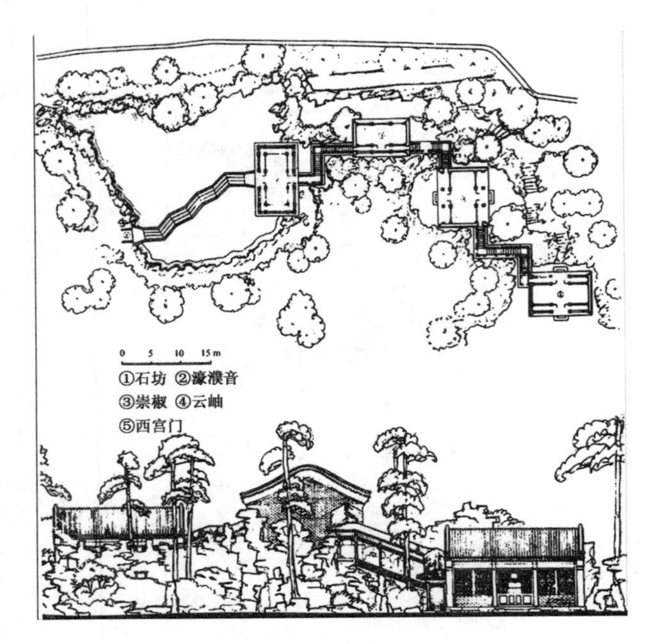

图 11-68 拙政园平面图

图 11-69 小沧浪

第四节 整体规整局部变异的设计方法

一、整体规整局部变异概述

整体规整局部变异的设计方法就是建筑的主体部分尽可能规范化地适应各种约束条件的制约，仅仅在相对于建筑整体而言体量很小的建筑局部摆脱各种约束条件制约，大胆探求建筑形式创新，使之成为方案设计创新构思的点睛之笔。同时，其不影响建筑的整体功能要求，不强求高难度的结构设计，也不会大幅度增加建筑造价，建筑师还可获得很大的创作自由度，许多精品建筑由此产生。

建筑设计要受到自然物质环境约束、社会人文环境约束、社会可提供的经济技术支持体系约束、建筑功能要求约束等种种约束条件的制约，这使建筑师面临两难抉择：或削弱甚至放弃建筑形式创新追求；或付出功能缺陷、造价剧增的巨大代价追求建筑形式创新。但是，对绝大多数普通建筑而言，二者都不是适宜的解决方案。正确处理这种矛盾的途径之一是在方案设计的整体构思层面采用“整体规整局部变异”的建筑设计方法。由于使用这种建筑设计方法，点睛之笔的创新构思建筑局部犹如建筑的“领带”，付出很少而所获甚多，随意挥洒又不伤大局，也可以形象化地简称为“建筑领带”设计方法。

二、整体规整局部变异的具体设计方法

整体规整局部变异的建筑设计方法可以分为两种，一种是将“建筑领带”置于建筑外部，即局部变异的建筑形态置于建筑外部，也称整体方案构思层面表现于建筑外部的“建筑领带”设计方法；另一种是将“建筑领带”置于建筑内部，即局部变异的建筑形态置于建筑内部，也称整体方案构思层面表现于建筑内部的“建筑领带”设计方法。

（一）整体方案构思层面表现于建筑外部的“建筑领带”设计方法

整体方案构思层面表现于建筑外部的“建筑领带”设计方法就是指在面对特定环境约束的制约非常严格的建筑项目时，建筑师可以将建筑的主体部分埋入地下，只留下标志性的入口大厅置于地面。

整体方案构思层面表现于建筑外部的“建筑领带”设计方法出现较早，可以追溯到20世纪60年代现代主义建筑发展的盛期，是在现代建筑技术与现代建筑设备支持体系发展进步的基础上的现代主义建筑大师的创新成果，80年代以后，这种建筑设计方法的创新性应用仍可视为现代主义建筑大师设计方法创新成果的发展和延续。

运用整体方案构思层面表现于建筑外部的“建筑领带”设计方法的模式之一是，因其体量很小、功能单一而得以摆脱特定环境约束、复杂功能要求约束与经济指标约束的制约，获得最大限度的创作自由度，建筑师可以全力探索地面部分“建筑领带”的形式创新。这种建筑设计方法模式的应用受益于现代建筑技术的进步与现代建筑设备的发展：建筑结构技术的进步使地下建筑坚固安全；建筑施工技术的进步使地下建筑施工快捷规范；建筑构造技术和建筑设施的进步使地下建筑的防水防潮问题得到妥善处理；建筑空调技术和照明技术的发展使地下空间的采光、通风、温度调节等问题得以解决；建筑防灾设备和措施的完善使地下空间得以安全运转；电梯和自动扶梯的普及使地下空间交通顺畅。

运用整体方案构思层面表现于建筑外部的“建筑领带”设计方法的模式之二是，面对常规建筑设计，将某一建筑局部作为表现于建筑外部的“建筑领带”重点处理，这个相对于建筑整体而言体量很小的建筑局部因此得以摆脱各种约束条件的制约，获得最大限度的创作自由度。这也是应用面更为广泛、更适应普通中小型建筑方案构思的建筑设计方法。

现代建筑中使用这些建筑设计方法模式的经典建筑作品或建筑精品有很多，下面我们简单

介绍几个。

1. 西柏林新国家美术馆

1968年建成的西柏林新国家美术馆(图11-70)是密斯·凡·德·罗晚年设计的国家级重要建筑作品。新国家美术馆位于柏林市中心，与圣马修教堂和夏隆设计的名作爱乐音乐厅毗邻，是特定环境因素约束制约非常严格的建筑项目。密斯的设计方案使用了整体方案构思层面表现于建筑外部的“建筑领带”设计方法，将建筑的主体部分埋入地下，地面部分只留下标志性的入口大厅。美术馆共二层(图11-71)，地下层是其主体部分，永久收藏19世纪和20世纪的艺术品，置于地下可以与外界完全隔绝，可以调动现代科技手段妥善处理艺术品收藏的特殊功能要求。地面部分是标志性的入口大厅，也可供短期展览使用。

图11-70 西柏林新国家美术馆

大厅置于346ft×362ft(约105m×110m)的大平台上，平台正面和两侧都设有台阶，形成建筑的基座，采用8柱支撑的正方形钢结构井式梁屋盖结构系统，没有角柱，每边2根28m高的钢柱仍为密斯习用的十字形断面，大厅的玻璃幕墙从边柱后退24ft(约7.3m)，形成166ft×166ft(约50m×50m)的正方形玻璃大厅，周边是一圈开敞的回廊，这就是密斯毕生追求的、体现“少就是多”设计准则的纯净大空间。

作为“建筑领带”的入口大厅，其屋顶结构已超出结构设计的合理性范畴。但是综合评价整个建筑，美术馆的主体部分地下层仍采用常规钢筋混凝土结构，整体结构基本合理；地下层的基本功能符合设计要求；建筑的整体造价得到适度控制，仅仅大厅部分造价提高，对于一个国家级的美术馆而言还是可以接受的。这一切都与使用整体方案构思层面表现于建筑外部的“建筑领带”设计方法密切相关，适宜的设计方法功不可没。

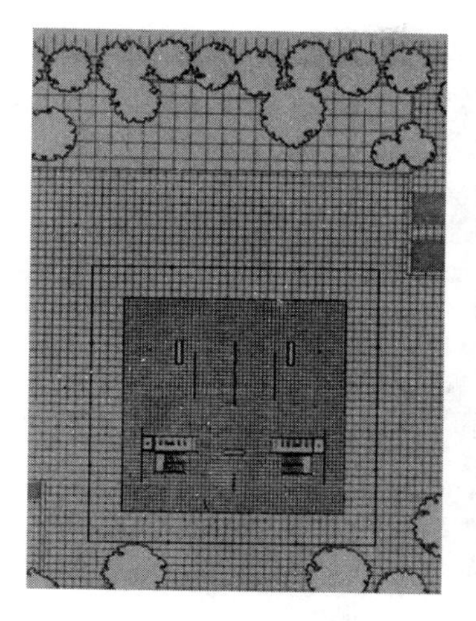

首层

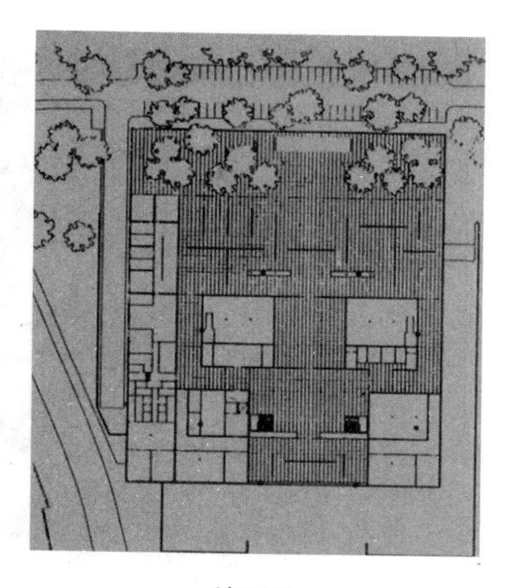

地下层

图 11-71　新国家美术馆两层平面图

总之，密斯使用整体方案构思层面表现于建筑外部的“建筑领带”设计方法，摆脱了新国家美术馆复杂功能要求约束的制约，获得了最大限度的创作自由度。

2. 大卢浮宫

1981 年，弗朗索瓦·密特朗当选法国总统。密特朗认为经济复苏必须与文化复兴并行，因此让财政部把总部迁出富丽堂皇的卢浮宫北部通道（那里通常被称为“里歇里欧厢房”），并准备在修复博物馆的工程中把厢房改建成陈列室，把修复后的博物馆重新命名为“大卢浮宫”。

密特朗直接委托贝聿铭来设计这座法国最重要的文化建筑。这并非心血来潮的轻率决定，而是长时间周密细致调查的结果，而且贝聿铭多次表示不再参与设计竞争，这致使密特朗最终决定放弃传统的设计方案竞赛模式，直接委托贝聿铭承担设计工作。

贝聿铭的初始构思方案将总建筑面积达 46 000m² 的扩建部分全部置于地下层，留在地面上的只是入口大厅，他使用的是典型的整体方案构思层面表现于建筑外部的“建筑领带”设计方法，只是此时还没有确定入口大厅的建筑形态。对卢浮宫扩建工程而言，特定历史环境约束已经决定建筑师只能将建筑的主体部分埋入地下，别无其他选择，设计方案的优劣取决于地下部分的功能合理性与地面部分“建筑领带”的建筑形式创新。

贝聿铭事务所顺利地完成了常规性的地下部分建筑设计方案，他设计了倒金字塔玻璃采光井与地面的玻璃金字塔呼应（图 11-72）。“贝聿铭和他最信任的助手们与世隔绝，极为秘密地设计一组错综复杂、占地面积达 50 000m² 的地下室群体，其中包括宽敞的贮存空间、搬运艺术品的专用电车、一间配有 400 张座位的视听室，一些信息亭和会议室，还有一间书店和一家豪华亮丽的餐馆——所有这一切都将安置在卢浮宫古老的躯体内部。从这个中心出发，游客们只需走一百步就可沿着呈辐射状向外散开的支线，探寻到在三个厢房展出的有清晰标志的一批批收藏品（与此形成鲜明对照的是，当时从一头走到另一头的马拉松行程长达一千步）。沿第四条走廊向西则通向一座时髦的地下购物城。等到 165 间新陈列室在 1993 年 11 月对外开放时，整修一新的卢浮宫将成为世界上最大的博物馆。庞大的管理人员队伍将对跨越诸多历史时代的 70 000 多件艺术作品进行重新安排。许多被遗忘在灰尘遍地的贮藏室中长达几十年的艺术品将重见天日。”

图 11-72　卢浮宫扩建工程地下部分内景

地面部分的“建筑领带”，贝聿铭建造了一个 70ft（约 21.3m）高的玻璃金字塔，周围还有三个小金字塔和三个有喷泉的水池（图 11-73）。关于金字塔建筑形态与古埃及金字塔的关联性，贝聿铭的解释是：“我们曾经尝试过许多其他形体，最终采用金字塔形体有许多原因：金字塔的形态与卢浮宫的建筑，尤其是其矩形平面以及屋顶形态最为谐调。金字塔也是结构稳定性最佳的建筑形体，这能确保实现主要的设计目标——透明。用玻璃和金属建造的金字塔意味着打破过去的建筑传统，是代表时代的作品。”

图 11-73　卢浮宫扩建工程的“建筑领带”——玻璃金字塔

1988 年 7 月 3 日，卢浮宫扩建工程一期工程竣工，玻璃金字塔以优雅的姿态出现在改造一新的卢浮宫庭院，与古老的卢浮宫和谐共处，为古老的卢浮宫增光添彩。单纯从建筑设计方法的视角评价，卢浮宫扩建工程的成功也是整体方案构思层面表现于建筑外部的“建筑领带”设计方法的成功。

3. 北美瑞士航空公司总部大楼

美国纽约的北美瑞士航空公司总部大楼是理查德·迈耶设计的。迈耶是现代主义建筑的忠实支持者，其建筑理念深受柯布西耶影响，其建筑作品注重理性化的空间组织与建筑形态构成。迈耶始终坚持使用基本建筑构成要素——形态、空间和光影——塑造建筑，简洁的立体构成、完美的构图推敲与纯净的白色表皮成为迈耶建筑作品的标志，这使他获得“白色派”建筑师的称号。1984年迈耶获普利茨克建筑奖，获奖后佳作频频，北美瑞士航空公司总部大楼为其一。

北美瑞士航空公司总部大楼基址位于两条斜交道路交叉路口的一侧，总部大楼位于基地西南端，西南面是因借地形设计的三角形绿地，东北面是用矩形室外庭院与主体建筑隔离的规整的停车场，东南面通往市区的主要道路一侧分别设有大楼人流入口与停车场车流入口。总部大楼建筑形体是规整简洁的矩形平面立方体，地上两层，地下一层。结构体系采用规整的24ft×24ft（约7.3m×7.3m）正方形柱网，仅在大办公室内抽去一根柱子设置圆形会议室，室内空间规整简洁，功能合理，空间利用率很高。总部大楼设计构思在整体建筑形态、建筑功能要求、室内空间处理、结构体系选择等方面都充分体现了迈耶源于现代主义建筑理念的理性设计思想。

总部大楼使用建筑层面与结构层面和功能层面分离的建筑设计方法（图11-74），又进一步使用整体方案构思层面表现于建筑外部的“建筑领带”设计方法，在总部大楼的东北面和西南面设计了4处“建筑领带”，形成了引人注目的“迈耶风格”建筑视觉中心，其中2处“建筑领带”是伸出建筑主体之外的、必不可少的交通枢纽——楼梯和电梯。

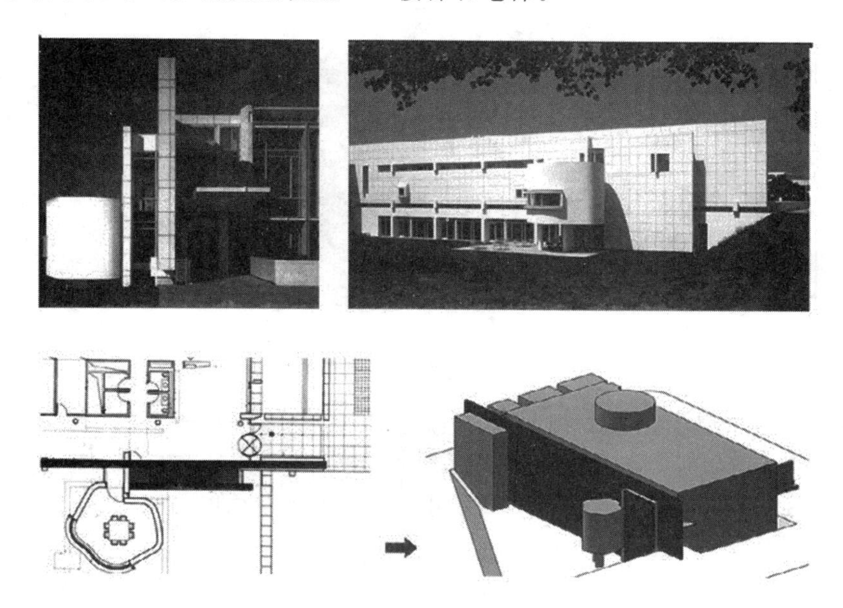

图11-74　北美瑞士航空公司总部大楼手法分析

大楼东北面的“建筑领带”是与主体建筑垂直的室外疏散楼梯。与众不同的是，楼梯东南面构思了与楼梯等高的实体挡墙，与总部大楼的透明玻璃幕墙形成虚实对比，也成为室外楼梯的背景，实体挡墙与这部常规室外楼梯及其阴影一起构成了丰富生动的建筑小品组合。从停车场一侧看这个“建筑领带”，西北面视角所见是实体墙板衬托的室外楼梯，东南面视角所见是楼梯东南面的实体墙板,建筑形态各不相同。

西南面的“建筑领带”之一是楼梯间和电梯间的组合体,与主体建筑平行,将楼梯间与电梯间之间的前室立面处理成虚面,开大面积玻璃窗,楼梯间与电梯间本身的立面处理成实面,只在楼梯间的西北面开设竖向窄窗,又顺应地形高差在楼梯间和电梯间的西南面设置室外台阶,室外台阶的挡土墙略微升高形成实体挡板,体面组合的建筑形态极富迈耶特色。

而总部大楼最具创意的“建筑领带”是主体建筑西南面圆柱与墙板支撑的底层架空单曲面建筑形态的接待室,以及其与单曲面建筑外墙同构的横向带形窗,构思独特,小巧精致,重新诠释了现代主义建筑的信条:架空支柱、屋顶平台、自由平面、横向带形窗和自由立面。从功能层面考察,这个仅容一张 8 人会议桌的小小接待室可有可无,但是这个颇富创意的“建筑领带”却成为总部大楼的视觉中心,与规整的主体建筑形成强烈对比,使总部大楼独具个性,这正是业主的愿望。

此外,总部大楼西南面接待室室内景观(图 11-75)与单曲面建筑外墙同构的横向带形窗颇富创意,窗外是西南面楼梯间、电梯间与室外台阶及其挡土墙的组合体,也可以看作是总部大楼的“建筑领带”之一。

图 11-75　总部大楼西南面接待室室内景观

(二)整体方案构思层面表现于建筑内部的“建筑领带”设计方法

整体方案构思层面表现于建筑内部的“建筑领带”设计方法是 20 世纪 90 年代以后出现的创新建筑设计方法,是建筑师不懈探索建筑形式和建筑空间的创新成果。其主要创新特征是:将创新重点转移到建筑内部,赋予建筑内部空间以令人惊喜的创新构思,创造了令人耳目一新的建筑内部空间形态。

整体构思层面表现了建筑内部的“建筑领带”设计方法与整体方案构思层面表现于建筑内部的“建筑领带”设计方法有着共同之处,即为应对建筑形式的美学追求与特定约束条件的矛盾而在整体方案构思层面采用“整体规整局部变异”的建筑设计方法,建筑的主体部分按常规设计,重点处理摆脱了整体功能要求约束、相对于建筑整体而言体量很小的建筑局部,使之成为创新构思的点睛之笔,从而付出较小代价获得最大限度的创作自由度。

下面主要结合实例来分析整体方案构思层面表现于建筑外部的“建筑领带”设计方法。

1. 柏林 DG 银行大楼

德国柏林的 DG 银行大楼是弗兰克・盖里设计的。1995 年，DG 银行邀请盖里与其他 6 位建筑师一起参加柏林新总部大楼方案设计竞标，盖里的设计方案获得认可，随后接受委托设计位于巴黎广场南面的 DG 银行大楼。DG 银行大楼是多功能综合性建筑，由功能要求不同的两个部分组成：北面的银行办公部分共 5 层，入口面向巴黎广场；南面的公寓部分共 10 层，包括 39 套公寓以及部分可供公司客户租用的半独立会议室，交通流线与银行办公部分分离，单独设置通往南面伯瑞大街的出入口。

但是，DG 银行的建筑基址在广场南侧建筑群的中部，西面是美国大使馆，东面是艺术学院、阿德龙饭店和英国大使馆，基地面积约 4 240m²，南北进深很大，东西面宽很窄，临广场的北立面必须严格遵守城市规划法规，南面临伯瑞大街的立面不在广场规划控制范围之内，建筑师有较为宽松的设计自由度(图 11-76)。为了配合历史环境和相关法规的约束，盖里将大楼南北临街立面都按法规规定采用与勃兰登堡门协调的淡黄色花岗岩石材饰面，但是以不同的设计风格和建筑尺度与相应的城市空间呼应(图 11-77)。面向巴黎广场的正立面简洁庄重、中规中矩(图 11-78)，窗墙比例约为 1∶1，窗洞深深凹入以突出实体壁柱，坚固、厚重、理性而颇具纪念性，尽可能按法规规定融入广场周边环境。南面公寓临街立面处理相对自由，10 层立面不规则地缓缓退台，同样大小的凸窗或正或斜，整个立面充满活力但很注重分寸感(图 11-79)。

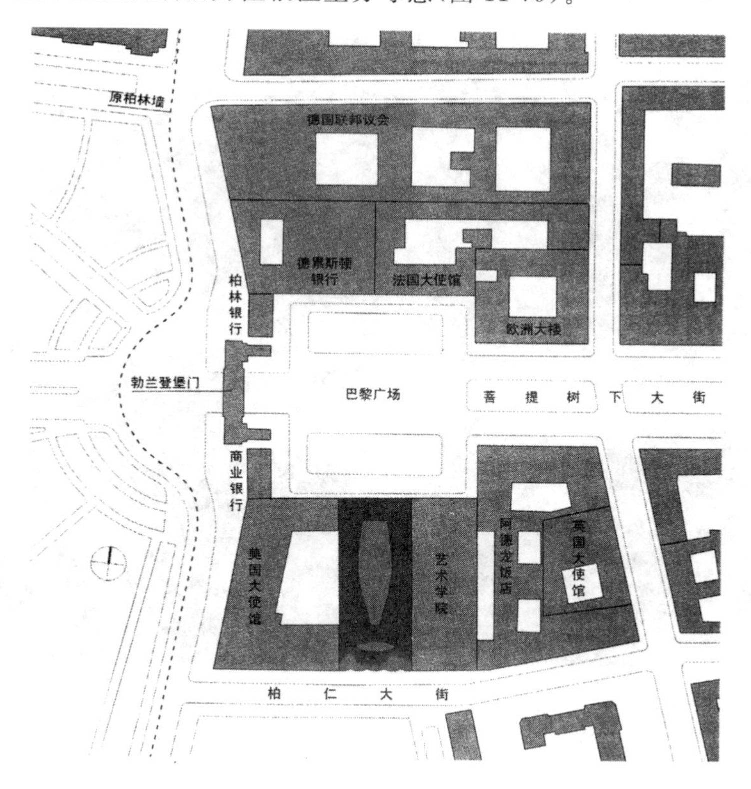

图 11-76　DG 银行大楼周边环境示意图

图 11-77　DG 银行大楼鸟瞰图

图 11-78　DG 银行大楼的正立面

图 11-79　DG 银行大楼临伯瑞大街的南面景观

在 DG 银行大楼的设计中，盖里成功地使用整体方案构思层面表现于建筑内部的"建筑领带"设计方法，即在北面银行中庭内设计了不规则异形双曲面建筑形态的"建筑领带"会议室，创造了令人耳目一新的建筑内部空间。这个室内"建筑领带"会议室位于中庭南部中央的显著部位，不规则的异形双曲面建筑形体宛如抽象雕塑(图 11-80)。

图 11-80　DG 银行大楼的异形双曲面会议室

盖里还构思了中庭屋顶的双曲面玻璃顶棚与中庭首层地坪的双曲面玻璃顶篷(图 11-81)，十分新奇。

图 11-81　DG 银行中庭屋顶的双曲面玻璃顶棚与中庭首层地坪的双曲面玻璃顶篷

银行首层环绕中庭四周的走廊设置了通往“建筑领带”会议室的通道——入口门厅两侧的 2 条坡道与不同部位的 4 部一跑楼梯，坡道与一跑楼梯之间是与屋顶的双曲面玻璃顶棚遥相呼应的中庭首层地坪双曲面玻璃顶篷，所有这些创意构思与室内“建筑领带”会议室共同构成了盖里风格的创新中庭空间。

首层地坪中央玻璃顶篷之下是地下一层的员工餐厅（图 11-82），“建筑领带”会议室之下则是地下一层 100 座的报告厅。会议室供银行高层和重要客户使用，空间很大，但室内仅容一张 14 人会议桌。中庭空间内令人瞩目的室内“建筑领带”外部表皮饰以不锈钢板，在巨大的中庭中闪闪发光，豪华夺目；内部装修则使用木材，温馨而富有人情味。对 DG 银行的银行家们而言，付出适当代价获得这样一间举世无双的“建筑领带”会议室实在是物超所值。

图 11-82　DG 银行的员工餐厅

2. 麻省理工学院西蒙斯公寓

西蒙斯公寓是斯蒂文·霍尔事务所为麻省理工学院设计的350床位学生公寓，位于瓦萨大街北侧。由于建筑基址南北窄东西宽，斯蒂文·霍尔事务所最终的设计方案是东西面宽330ft（约100m）、地上10层、地下1层的板式高层公寓建筑，底层入口面向瓦萨大街。

在设计上，斯蒂文·霍尔事务所与工程师盖伊·诺德逊合作，建筑构思与结构设计紧密结合，设计了独特的预制外墙墙板承重结构体系，用带有窗洞的10ft×20ft（约3m×6m）预制钢筋混凝土墙板构成承重外墙，不同楼层的墙板厚度分别为1.4～1.6ft（约43～49cm），外衬4～6min（约10～15cm）厚的保温材料，室外表皮饰以穿孔铝板。与建筑设计融为一体的预制外墙墙板承重结构体系使建筑立面形成规整的窗洞网格，窗洞尺度为2ft×2ft（约61cm×61cm），远小于常规窗洞，每个单开间房间有9个窗洞，这使建筑立面与房间室内空间都产生了不同于常规建筑的尺度感。

规整的结构体系形成规整的窗洞网格建筑立面（图11-83），建筑师就在规整窗洞网格的基础上寻求建筑形式的局部变异：或墙体后退形成巨大凹洞，或局部挖空形成通透空洞，或窗洞填实形成较大面积的实墙面，或几个窗洞合并形成规则或不规则的较大窗洞。建筑的天际轮廓线构成与立面处理都力图摆脱板式高层建筑的先天缺陷，使建筑形态丰富生动并尽可能增强通透感。

图11-83　西蒙斯公寓的窗洞网格

墙板窗洞凹入较深，凹洞的侧面按结构工程师提供的结构受力状况示意图分区喷涂不同颜色的鲜艳涂料，蓝色表示受力最小的区域，红色表示受力最大的区域，按蓝、绿、黄、橙、红色的顺序用凹洞侧面的色彩显示结构受力状况。这一构思是受50年前柯布西耶设计的马赛公寓在阳台隔板侧面涂以红、黄、蓝、白等鲜艳色彩以追求不同方位不同视觉效果的影响，斯蒂文·霍尔事务所将其运用到此处，显示结构受力状况的凹洞侧面色彩构思切合建筑性质，有益于学生获得直观的专业知识，堪称前人成果的创新性借鉴与应用。

西蒙斯公寓独树一帜的创新构思是使用整体方案构思层面表现于建筑内部的“建筑领带”设计方法，在普通的学生公寓内部创造了符合建筑性质的室内“建筑领带”——若干通天的或不通天的、垂直贯通多个楼层的不规则漏斗状室内空间（图11-84）。贯通若干楼层的不规则漏斗状室内空间“建筑领带”被学生们称为迷你塔(图 11-85),设计了多种模式,分布在不同楼层,成为学生聚会、学习、休憩的场所,使单调的内走廊学生公寓充满生活情趣。

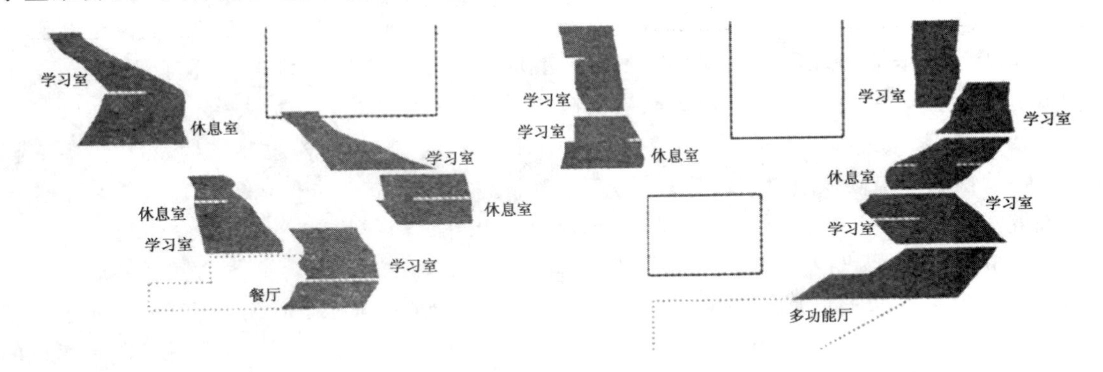

图 11-84　西蒙斯公寓底层平面图

图 11-85　西蒙斯公寓迷你塔室内“建筑领带”内景

迷你塔室内“建筑领带”的异形楼梯提供了适应青年学生生活情趣的楼层联系模式;通天的迷你塔室内“建筑领带”将自然光线引入室内,通过采光顶篷可以看到坎布里奇湛蓝的天空(图 11-86)。

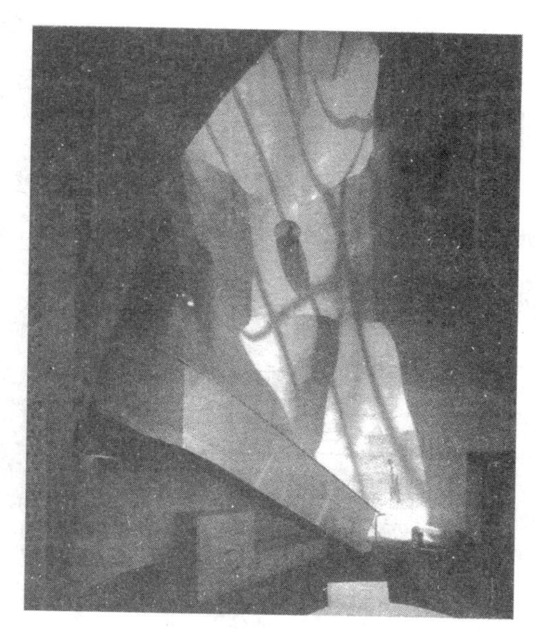

图 11-86　西蒙斯公寓通天的迷你塔室内的采光顶篷

第五节　建筑意象的设计方法

一、建筑意象概述

建筑艺术一般具有两重性：一是建筑形象不含任何“意义”的纯粹的艺术性；二是建筑形象要表达某种“意义”的文化性。前者是指建筑艺术的法则——变化与统一、均衡与稳定、比例与尺度、节奏与韵律等，简言之就是建筑形象本身的美；而后者是指建筑形象的一个设计、一个局部等具有某种文化属性，能传达某种如吉祥的、辟邪的、宗教性的等的“意义”。

所谓建筑意象，就是指建筑形象具有某种“意义”，但它又不一定是具体的“什么意思”，只是形的某种感觉倾向。因此，建筑意象的设计首先应当从抽象的形出发，而形各种各样，具有各种“非意义”的心态，下面介绍几种最主要的形。

(1)立方形。立方形具有静穆、理性的感觉。所谓方直，已不只是形式，而带有了许多情态性。

(2)长方形。基本上近乎立方形，也有理性、划一之感，但因为体形比较长向，所以还具有方向性、运动性。

(3)柱形。这种立柱的形式，具有确定性、严肃性，还具有有一定的纪念性、崇高性。纪念碑一类，之所以多用此形，就在于它的“形”本身具有抽象的先决条件。

(4)圆柱形。圆柱形与柱形不同，柱形指的是细长形的，无论圆柱、方柱等，都是一样的感觉。圆柱形，这里指的比较“矮胖”的，有更多的“体积感”。圆柱体若是比较高耸的，就有高直感，但它的表面又是曲面，所以看上去有一定的活泼、运动感，但因其高耸，所以也具有一定的确定性，一般用来作体育馆、展览馆之类的形体。

(5)球体。这种形式要比圆柱形更为活跃。如果用于建筑，则多倾向于非理性的、想象的、浪漫的，如用于天文台、太空城之类的建筑。

(6)锥形。三棱、四棱、多棱形乃至圆锥体，既具有稳定性、永恒性，也富有严肃性、纪念性。因此，古代陵墓多用锥形，如古埃及的金字塔(图 11-87)，我国的秦始皇陵、唐乾陵等。

图 11-87　埃及金字塔

形就其“母体”的类型来说，不外乎上述几类，而其他的建筑形体大体上都是这几类的组合或变体。

了解形之后，建筑意象就要涉及构成这种手法。构成研究的就是从这种“母体”开始，在构成学中也许就是“基本形”。以这种“基本形”，用一定的结构编排起来，就成为建筑形体，如以色列 Necker 沙漠教堂(图 11-88)，基本上是由许多多边形构成一个个的多面体“堆积”而成，形成一种非理性的、神秘的造型感。这种“母体”和堆积、编排的方法，就是构成学的主要方法。将构成这种手法的设计更具体化，也就是说更具有意义性，这就是建筑意象的设计。

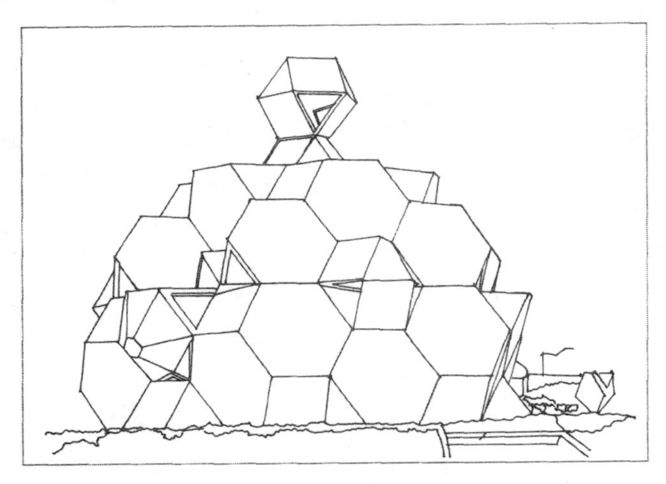

图 11-88　以色列 Necker 沙漠教堂

建筑意象在具体建筑创作中，可以通过以下几种方式来表现。

一是通过隐喻的手法。例如我国江南传统民居，多以黑瓦白墙为其外形(图 11-89)，这种外形不仅具有建筑本身的视觉美，而且表现了一种“意义”，黑瓦白墙之“黑”与“水”有联系，我国古代文化认为黑、北、水等，都是一个“意义”，所以，黑瓦的屋顶就起了防火的作用。

图 11-89　江南民居的黑瓦白墙

二是通过习惯性的象征符号。例如我国传统的民俗形式语言中，有蝙蝠、鱼（图 11-90）等的形象，象征“变福”“余”等吉祥的意义。在建筑中，也以这些物件作装饰。

图 11-90　传统装饰鱼

三是通过暗示的手法。例如我国古代传说中的“八仙”，运用在建筑图案中就有“暗八仙”，如画一幅荷花表示“八仙”中的何仙姑（图 11-91），这些图案多在建筑上作装饰。

图 11-91　“暗八仙”之荷花

四是通过文字的作用。这在我国古代建筑上是用得很多的，如在县衙大堂上悬一匾“明镜高悬”，以显示肃然正气。不如在北京故宫的乾清宫中悬着“正大光明”一匾（图 11-92），其意出自《易经·大壮·象辞》：“大者，正也。正大而天地之情可见矣。”所以清顺治皇帝书“正大光明”，以告诫自己要正大无私、光明磊落。再如在杭州西湖的西泠印社观乐楼中有一楹联：“合内湖外湖，风景奇观都归一览；萃东浙西浙，人文秀气独有千秋”，把西湖风光的特征表达出来了，自然、人文环境之美，皆在其中。

图 11-92　乾清宫“正大光明”匾

五是通过“建筑式”的抽象，但“本意”又具有习惯性符号的作用，这是西方古代建筑的惯用手法。例如古希腊柱式，其总体意义是表现人文主义。若再细分，则陶立克柱表现男性美，爱奥尼奥柱表现女性美（图 11-93）等。

图 11-93　爱奥尼奥柱

二、古代建筑中的意象设计方法

(一)我国古代建筑中的意象设计方法

我国古代建筑的一大特点就是具有较强的稳定性，自秦汉至明清，其形态没有多大的发展变化。因此，在这里我们根据其不同的类型讨论其意象手法。

1. 宫殿建筑的意象设计手法

宫殿建筑是统治阶级的场所，在建筑上要将其统帅性、至高无上性表现出来，主要表现在三个方面：一是建筑物的实际尺度必须是最高的，如北京故宫的太和殿，其高度为26.92m，比当时的其他建筑都高；二是建筑的装饰物最多，如太和殿屋角仙人走兽多达10个，是所有建筑中最多的；三是数量要多，如其他建筑的开间数不能超过或等于太和殿的开间(11间)。

2. 民居的意象设计手法

我国的民居不但数量多、类型多，而且形态完善、历史连续。每个地方都有其独具特色的民居，如北京四合院、四川民居、荆楚民居、云南民居、皖南民居、广东民居以及福建民居等。但从整体上来说，我国民居都是内院分进布局。这种空间形态就是一种“意象”，抽象地表达了我国内向性文化的特点。

3. 宗教建筑的意象设计手法

我国的宗教观不强烈，宗教建筑在意象手法上也与宫殿、民居之类的相近，并且就是以这种相近的“意象”来阐述宗教的本性。其中最典型的就是佛教中的塔，塔本来是外来建筑形式印度的窣堵坡)，但到了我国，变成了楼阁的形式(图11-94)。这种意象的变化非常具有特色：一方面塔变成了楼阁形式，象征着佛教在我国明显世俗化了；另一方面塔的高度超过了皇宫建筑，而且把印度佛塔上的标志物——刹顶放在最上面，又将佛表现得至高无上。

图11-94　佛塔

4. 园林的意象设计手法

我国古代园林布局自由，这与民居的中轴线分进布局是一个十分明显的对照。这是一种很高明的意象手法，所表述的是一个抽象的哲理。在我国古代社会，居住空间的对称中轴线布局，把人完全从属于社会伦理的宗法系统；而在园林中，自由的布局却表述着人的个性自由。这两者合而为一，就阐述了我国古代人文的基本结构。此外，园林中的意象手法有很多，如树木一般不是排列得很整齐，树姿也很自然，这就象征着要“顺其自然”。

总之，我国古代建筑的意象手法是比较含蓄的，是用藏在建筑形象深处的“意义”来阐述更高的意象。

(二)西方古代建筑中的意象设计方法

1. 古希腊、罗马时代建筑的意象设计手法

古希腊、罗马时代的文学艺术都着重表现对人的表述。因此,在建筑形象的意象设计上也由这个主题出发。例如科林斯柱式(图 11-95),这种柱式是爱奥尼奥柱的变形,变得更富有装饰性。而从文化意义来说,它有一段富有人本主义色彩的传说,相传在科林斯市有一名少女已经濒临婚期却因病死亡。在她被埋葬以后,她的乳母把她生前钟爱的东西放在篮子中,并把篮子放在墓碑的顶上,在上面用一块石瓦作为盖子盖住篮子。这只篮子因偶然放在莨菪草根上,被重量压住的莨菪草根到了春天就从当中伸展出茎叶来。它的茎沿着篮子的侧边成长起来,在端部形成了涡卷形的曲线。路过这座少女墓碑的人们,注意到旁边这只篮子及其附近生长的茂密叶子的柔和,喜爱这一新颖的样子和形式,因此就以它作为模式在科林斯人之间建造了一些柱子,这就是科林斯柱子的由来,具有丰富的人文色彩。

古希腊的建筑形式多数都比较接近,多为柱廊、山花、水平檐部等形式,不同的地方在于一是规模,二是柱的数量和形式。

图 11-95　科林斯柱式

古罗马比古希腊要晚些,建筑的类型和内容也相对要多,因此,建筑意象也就较丰富。例如罗马的科洛西姆斗兽场的形象(图 11-96),它要给人一种功能上的诠释,而椭圆形的平面就正好反映出它是一个可以容纳万人观看的建筑这一功能性特点,而之所以要建造为四层,其中也有几个目的:一是从结构和造型上考虑,比较合理美观;二是从尺度上考虑,更有“人的建筑”之感;三是从线型上考虑,以纵横交织的方式能更好地表现建筑艺术本身的美。古罗马时代的建筑,已有许多文化的“意义”内容,如罗马的图拉真纪功柱(图 11-97),其柱身上环绕的浮雕具有很高的历史文献价值。又如罗马凯旋门(图 11-98),这个建筑的含义就在于得胜而归的军队、英雄通过此门,凯旋归来。为了使场景更隆重伟大,凯旋门做了三个拱门,边上的两个小门为对称结构,有利于减小主门的水平推力。

图 11-96　科洛西姆斗兽场

图 11-97　图拉真纪功柱

图 11-98 凯旋门

2. 中世纪建筑的意象设计手法

这一时期建筑意象以教堂建筑最为典型，主要有以下三种手法。

一是将圆拱门(或窗)做成尖拱的(图 11-99)，其意象就是使人产生一个向上的力。这符合基督教的教义，即愿脱离苦难而充满罪恶的人世间，到那有天堂的乐土去。

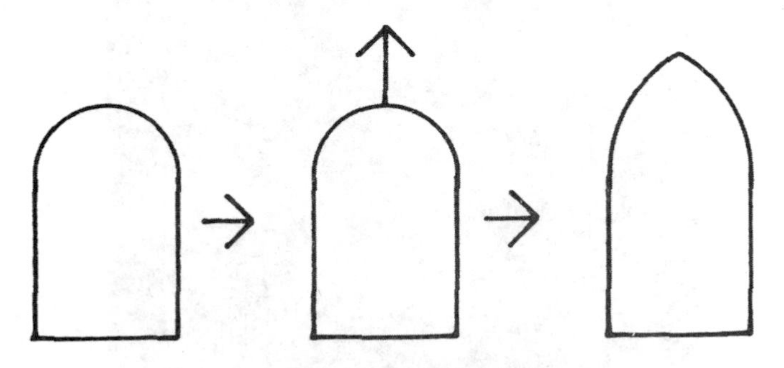

图 11-99 建堂的尖拱门

二是为教堂做高高的尖塔，形状做得很瘦很尖，直指蓝天(图 11-100)，这也同样是升腾的意象。

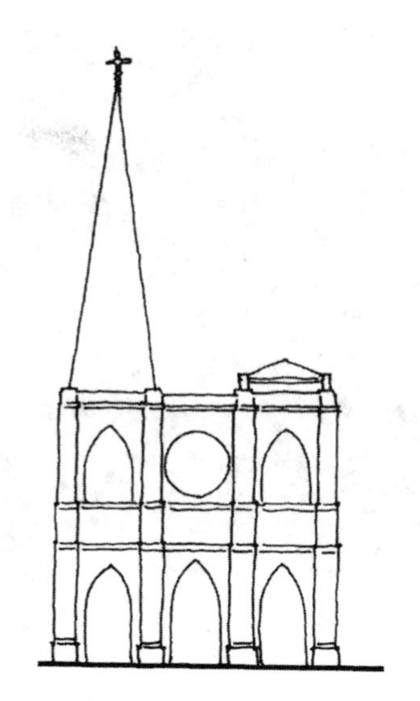

图 11-100　教堂尖塔

三是把教堂的平面做成拉丁十字式的(图 11-101),象征着耶稣基督受难的十字架。

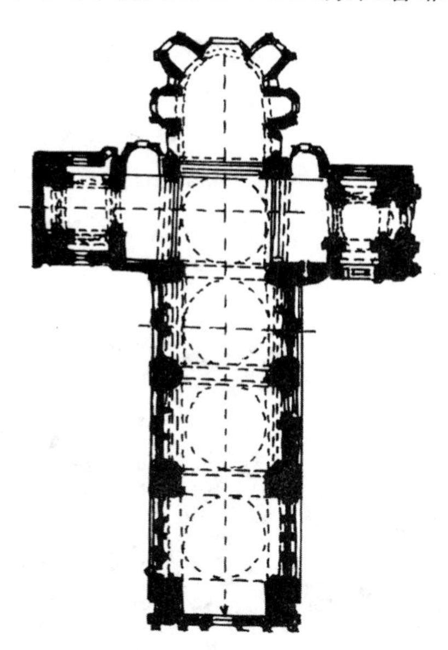

图 11-101　拉丁十字式教堂平面

3. 文艺复兴时期建筑的意象设计手法

文艺复兴时期的建筑手法形式多种多样,但其主题明确,即反对神权,提倡人性;反对禁欲,提倡世俗。因此,在形的运用上多用圆形和正方形。同时,这一时期的艺术家还致力于学习古希腊、罗马的文化,强调水平线构图。例如意大利佛罗伦萨的育婴堂(图 11-102),其上部是强烈的水平线,下部是圆拱廊,廊在整体上也是水平排列的,而且具有某种跳跃式的欢悦感,象征着人间的美好欢乐。

图 11-102　意大利佛罗伦萨育婴堂

4. 文艺复兴以后建筑的意象设计手法

文艺复兴后，西方古代走向晚期，建筑设计上出现了古典主义、折衷主义、希腊复兴、罗马复兴等。若以"意象"来说，其对象是"以建筑对建筑"，以一种建筑意象出另一种建筑。其中，法国古典主义在理论上和实践上是最独特的。例如巴黎卢浮宫的东立面(图 11-103)，其手法是通过严格的比例关系，以达到高度的理性精神，以及在这种精神下的美。这个建筑的檐部、柱廊、基座，其高度比例为 1∶3∶2，十分精确。又如巴黎的恩瓦立德教堂(图 11-104)，这个建筑的平面为正方形，正中是中央大厅。高耸的穹顶形成建筑的中心，下面一层为圆柱形，再下面是两层正方形平面部分，立面突出的部分是正方形的，加上两侧则形成两倍正方形，反映了法国古典主义构图的严密性。

图 11-103　巴黎卢浮宫东立面

图 11-104　巴黎恩瓦立德教堂

三、现代建筑中的意象设计方法

（一）以新的形式阐释文化

现代建筑在“意象”上与古代不同。现代建筑的意象，在意义上并不是什么具体的文化意义，而是抽象的造型心态上的意义。例如日本东京的圣玛利教堂（图 11-105），它在形式上已完全是现代建筑了，但还能在教堂上看出十字架，以及在那高高的尖塔中联想起哥特式教堂的尖塔。从这个形象上可以认识到现代建筑的意象设计手法，即它不是形式的重复，而是以新的形式阐释出某种文化特征。

图 11-105　日本东京圣玛利教堂

（二）抽象对抽象的方法

现代建筑的意象主题是抽象的，其表现也是抽象的，也就是说现代建筑意象设计是以抽象对抽象。例如柏林爱乐音乐厅（图 11-106），这个建筑形式相当特别，被称赞为“战后最成功的作品之一”。设计师的意图是要将其设计成“里面充满音乐”的“乐器”，要把“音乐与空间凝结于三向度的形体之中”。但它又不像任何一种乐器，它所像的是抽象的“乐器”。这个建筑正是以音乐对建筑这种抽象对抽象的方法来完成现代建筑的意象设计的。

图 11-106　柏林爱乐音乐厅

（三）建筑设计中反映出设计者的个性

在现代建筑中，设计者的个性往往会反映在建筑中。例如美国建筑师弗兰克·劳埃德·赖特，他的建筑设计对现代建筑有很大的影响，而在他的建筑设计中鲜明地体现了其个性特征。他设计的流水别墅、罗比住宅、古根海姆美术馆、西塔里埃森别墅及约翰逊制腊公司等，虽然形式多种多样，但个性十分明显，一看便知出自他的设计。例如著名的流水别墅（图 11-107），这个建筑坐落在宾夕法尼亚的岩崖中，内外空间互相交融，浑然一体，在空间的处理、体量的组合及与环境的结合上完成得十分巧妙。这个建筑将天人合一的境界完美地表达了出来，在现代建筑史上占有重要地位。又如罗比住宅（图 11-108），这个建筑的内外空间设计也是力图与自然环境相关联。这两个建筑都体现了赖特建筑设计中追求人与自然和谐统一的特点。

图 11-107　流水别墅

图 11-108　罗比住宅

第十二章　不同类型建筑的设计方法

建造房屋，设计工作是比较关键的环节，不同类型的建筑，其设计方法及要求标准会有所不同。本章主要介绍住宅建筑、商业建筑、工业建筑、托儿所/幼儿园建筑、寒地建筑的设计方法。

第一节　住宅建筑的设计方法

住宅是人们居住生活的空间，是人类生存的必然产物，它与自然环境、地区特点、民族风俗和生活习惯密切相关，它随着人类社会的进步和人们生活水平的提高而不断变化、更新和发展。近几年来，为缓解城市用地紧张及美化城市环境，高层等新型住宅建筑在各大中城市拔地而起。住宅建筑设计正朝着改善功能、节约土地、节约能源、节约用水、节约材料、减少污染等多样化和标准化的方向发展。

一、住宅建筑概述

(一)住宅建筑的基本组成单位

住宅建筑一般是由一套或多套组成一个单元，然后由多个单元组成一幢住宅。山此可见，套(有时又称为户)是住宅建筑设计的基本单位。在这个基本单位中，包括有居住部分、辅助部分、交通部分和其他部分。居住部分包括卧室和起居室等；辅助部分包括厨房、卫生间、厕所等；交通部分包括过道、楼梯、前室等；其他部分包括储藏空间(如贮藏室、壁柜、搁楼、搁板等)和室外部分(如庭院、阳台等)。

(二)住宅建筑的主要技术经济指标

根据国民经济发展的实际情况，我国对住宅建筑设计制定了一定的标准和技术经济指标，在设计住宅时，要遵循这些标准。住宅的主要技术经济指标包括以下几个方面。

1.套内使用面积

一幢住宅是由许多套(户)组合而成，住宅的套形有大、中、小三种。小套的使用面积不小于 $18m^2$，中套的使用面积不小于 $30m^2$，大套的使用面积不小于 $45m^2$。

套内使用面积的计算应符合下列规定。

（1）套内使用面积包括卧室、起居室、过厅、过道、厨房、卫生间、厕所、贮藏室、壁柜等分户门内净面积的总和。

（2）跃层住宅中的楼梯按自然层数的面积总和计入使用面积。

（3）不包含在结构面积内的烟囱、通风道、管道井均计入使用面积。

（4）内墙面装修厚度均计入使用面积。

将每套的使用面积加起来便是一幢住宅总套内使用面积，单位为 m^2。

2. 总建筑面积

总建筑面积应包括各套内使用面积、户外楼梯间面积及结构面积等，建筑面积的计算可按国家有关文件规定进行。

3. 平均每套建筑面积

$$平均每套建筑面积=\frac{总建筑面积}{总套数}(\frac{m^2}{套})$$

平均每套建筑面积是国家控制住宅标准的政策性规定。不同地区、不同居住对象的住宅，其平均每套建筑面积有不同的标准规定，一般分为Ⅰ类、Ⅱ类、Ⅲ类、Ⅳ类四个类别。我国规定（1981 年），Ⅰ类的建筑面积标准为 42～45m^2/套，Ⅱ类的建筑面积标准为 45～50m^2/套，Ⅲ类的建筑面积标准为 60～70m^2/套，Ⅳ类的建筑面积标准为 80～90m^2/套。

4. 使用面积系数

$$使用面积系数=\frac{总套内使用面积}{总建筑面积}\times 100\%$$

使用面积系数反映了住宅设计中使用面积占整个建筑面积的百分率，使用面积系数以大者为优。在高层住宅设计中，应尽量提高使用面积系数，即尽可能增加使用面积，这样可以充分发挥经济效益，提高住宅的性价比。

5. 单方建筑造价

$$单方建筑造价=\frac{房屋总造价}{总建筑面积}(\frac{元}{m^2})$$

房屋总造价包括土建部分和设备部分（水、暖、电）。这项指标与住宅的设计标准、结构选型和施工方案直接相关，它是有关部门审批设计和投资时控制的一项主要经济指标。

6. 套型比

套型比是指各种套型（大、中、小）在总套数中所占的百分比。套型比与平均每套建筑面积的类别有关。

7. 平均每套面宽

每套面宽是指每户在开间方向所占的外墙宽，若面宽小则进深大，若面宽大则进深小。合理的面宽与所处地区和居住习惯有关，一般平均每套面宽以小者为优。

$$平均每套面积=\frac{总面宽}{总套数}(\frac{m}{套})$$

二、住宅建筑的具体设计方法

(一)住宅建筑的基本单位设计

1. 居住部分的设计

居住部分主要包括卧室和起居室，它是住宅设计的核心内容，它的功能要求比较复杂，一般包括起居、休息、学习三个方面的主要功能，有时根据具体情况也可以将饮食和家务组织在居住部分。

(1)卧室

卧室是供人们睡眠、休息、有时兼作学习的空间，具有安静、安全和私密性要求。卧室应合理分隔，不宜互相串通，避免穿套，避免互相干扰。卧室应有直接采光、自然通风和好的朝向，夏天避免阳光直射，冬天应具有一定的日照和保温性能。

卧室的平面设计应尽量做到室内的活动面积较完整，活动面积与交通面积综合使用，尽量减少交通面积，设置门窗时应尽可能考虑有利于保留较多的完整墙面，一般情况下门的设置应尽量集中在一侧或一角。

卧室的开间尺寸一般可以由床的长度加门窗的宽再加上墙体厚度来确定，一般大卧室的开间不小于3.3m，中卧室的开间一般为2.7～3.3m，小卧室的开间常采用2.4～2.7m。进深的尺寸变化较大，它与卧室的家具布置及使用要求有关。不论开间或进深尺寸均应符合建筑模数的要求。同时，双人卧室的面积不小于$9m^2$，单人卧室的面积不小于$5m^2$。对于一般标准的住宅，大卧室的面积为12.5～$15m^2$，中卧室的面积为8.5～$10.5m^2$，小卧室的面积为5～$8.5m^2$。

当套内有两个以上卧室时，由于平面组合及交通方面的原因，可能会不可避免地出现穿套，所谓穿套就是指通过一个卧室才能到达另一个卧室。穿套的方式可以采用左右穿套和前后穿套两种。左右穿套不容易组织穿堂风，前后穿套可以使两个房间具有良好的穿堂风，自然通风条件好。

(2)起居室

起居室是家庭集体活动的空间，是家庭活动的中心，它是供人们休息、会客、娱乐的场所，有时还供进餐用。起居室往往还兼作套内的交通枢纽，与各部分(如卧室、厨房等)的联系要方便，与住宅的进户门最好是直接相连，但由于门较多，应尽量集中布置，避免过多的穿越。起居室的设计要满足居住功能的需要，应具有稳定的可供起居、进餐的活动区。图12-1为起居室平面设计示意图。起居室应争取有良好的朝向和景观，可开设较大的窗户，起居室如能与生活阳台相连是比较理想的，起居室宜直接采光和自然通风，其面积应不小于$10m^2$。

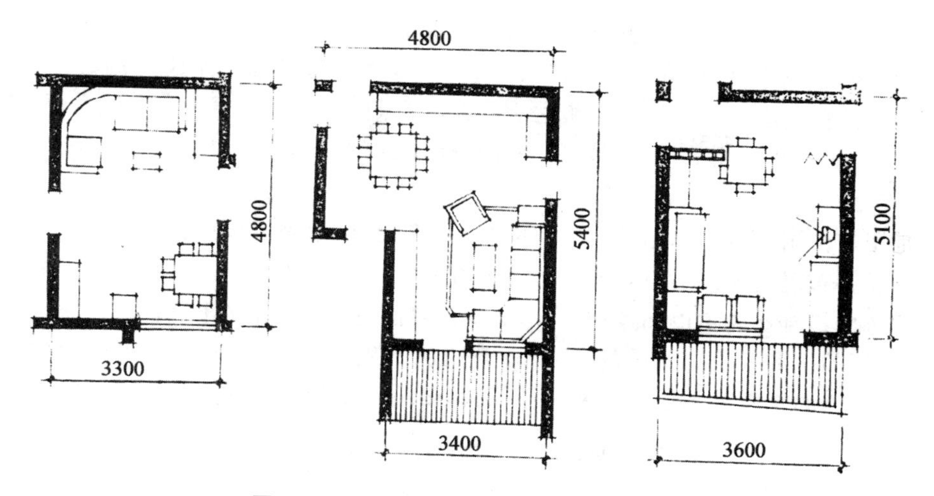

图 12-1　起居室平面设计示意图(单位:mm)

(3)卧室兼起居

卧室兼起居室的情况,对于小面积住宅来说是经常采用的,设计时,房间面积不宜小于 $12m^2$。在进行平面布置时,主要应注意床位的布置与起居空间应有一定的分隔,家具布置力求简洁(图 12-2)。

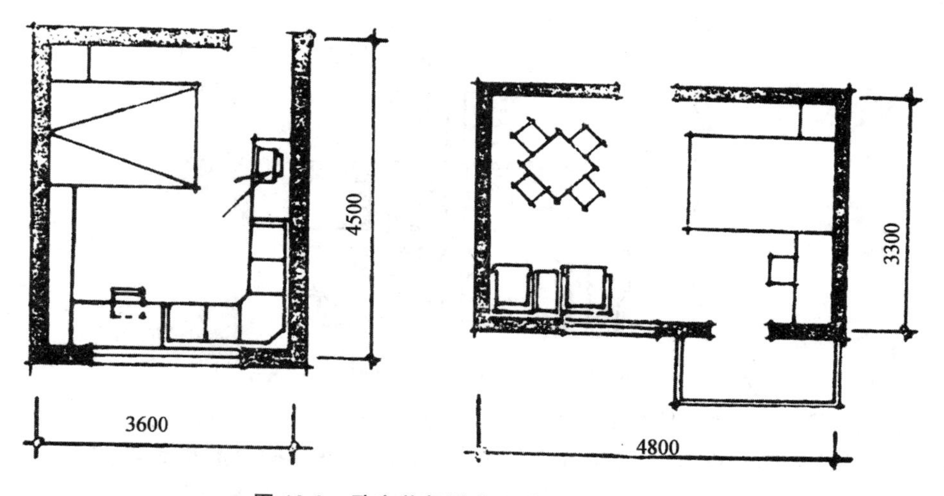

图 12-2　卧室兼起居室设计示意图(单位:mm)

2. 辅助部分的设计

(1)厨房

住宅中的厨房一般均为一户独用,是住户的主要辅助房间。厨房应设置炉灶、洗涤池、案台、固定式碗柜(壁龛或搁板也可)等设备或预留其位置。

厨房的面积大小主要由设备布置、燃料堆放和操作空间等因素决定,设备布置宜紧凑,以减少人们往返走动的距离,方便操作。厨房的面积应符合下列规定:第一,以管道煤气、液化气灌为燃料的厨房不应小于 $3.5m^2$;第二,以加工煤为燃料的厨房不应小于 $4m^2$;第三,以原煤为燃料的厨房不应小于 $4.5m^2$;第四,以薪柴为燃料的厨房不应小于 $5.5m^2$。

厨房朝向要求不高，可以不占用好的朝向，但一般应有外窗，以利于油烟气的排出。

厨房设计时要考虑燃料、炊具、餐具、粮菜等的贮藏，要尽可能地利用厨房的内部空间，尽量不另占面积。可设置嵌墙壁柜、吊柜、搁板之类的贮藏空间，设置高度要考虑存取方便，常用的物品不宜放得太高，案桌和水池下部空间可用来存放燃料、粮食和蔬菜。

(2)卫生间、厕所

卫生间是用来便溺、漱洗、沐浴的，有时还包括洗涤，如仅用来便溺可称为厕所。

卫生间的设备布置宜紧凑，以便节约面积，有条件的可将便溺、沐浴与漱洗适当分隔。平面设计时要注意考虑给排水管道的布置。图 12-3 为卫生间、厕所平面设计示意图。

卫生间、厕所的面积标准有相关的规定：外开门的卫生间不小于 1.8m^2，内开门的卫生间不小于 2.0m^2，外开门的厕所不小于 1.1m^2，内开门的厕所不小于 1.3m^2。

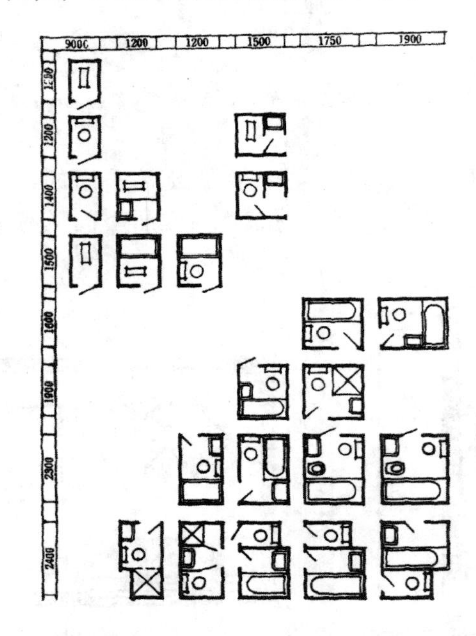

图 12-3 卫生间、厕所平面设计示意图(单位：mm)

在多层住宅中，卫生间、厕所不宜设在卧室、起居室和厨房的上层，如必须设置时，其下水管道及存水管水弯不得在室内外露，并应有可靠的防火、隔声和便于检修的措施。

卫生间、厕所一般不占用好的朝向，最好能直接采光，必要时可做成暗厕，但必须设置通风道，并组织好进风和排气。

卫生间、厕所的地面和墙面应考虑防水。而为防止卫生间、厕所地面的水流进其他房间，其地面可降低 30～60mm。

3. 交通部分的设计

交通部分分为户(套)内交通与户外交通。户(套)内交通是指套内各房间联系所必须的通行空间，一般是指过道、前室和户内楼梯；户外交通是套与套及层与层之间相互联系的公共交通空间，一般分为垂直交通与水平交通，垂直交通为楼梯、电梯等，水平交通为门厅、走道等。

(1)户(套)内过道和前室

过道是套内各房间联系所需的交通空间，为满足使用要求，将过道扩宽便成为前室，户内过道的设置可以有效地防止房间的穿套，过道与前室还可以起隔音和缓冲的作用，但均需占用一定的面积。

作交通用的过道，应考虑家具搬运所需的空间尺度。一般情况下，通往卧室、起居室的过道净宽不宜小于1m，通往辅助用房的过道净宽不应小于0.8m，过道在转弯处的尺度应便于搬运家具。

在住宅建筑设计中，应该充分利用过道和前室空间。在前室和过道的隐蔽处可以考虑存放小件物。前室靠近卫生间时，可以和卫生间有效地联系起来，在前室内设置脸盆或洗衣机等。较大的前室（又称过厅）可以兼作进餐或起居（图12-4）。

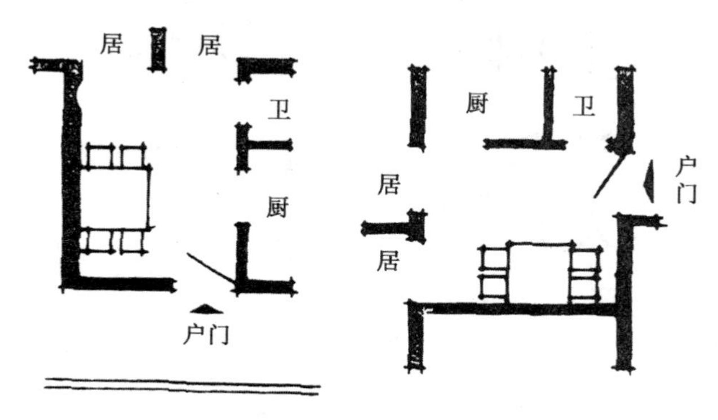

图12-4 前室

(2)户（套）内楼梯

当一套内占有两层或两层以上空间时需设置户内楼梯，户内楼梯的梯段净宽，当一边临空时，不应小于0.75m，当两边为墙面时，不应小于0.9m；户内楼梯的踏步宽度不应小于0.22m，高度不应大于0.2m，扇形踏步在内侧0.25m处的宽度不应小于0.22m。

(3)户外交通（楼梯与走廊）

住宅中的公共楼梯主要是解决住户的垂直交通，楼梯间应有天然采光和自然通风，其平面位置如不受地形和道路走向的限制，一般不占用好的朝向。梯段净宽不应小于1.10m（6层及6层以下单元式住宅中，一边设有栏杆的梯段净宽应不小于1m）。楼梯踏步宽度不应小于0.25m，踏步高度不应大于0.18m，扶手高度不宜小于0.9m。楼梯平台的净宽不应小于梯段净宽，并不得小于1.10m，楼梯平台的结构下缘至人行过道的垂直高度不应低于2m。住宅楼梯一般设计成双跑，也可采用直跑等其他形式，双跑楼梯的梯间宽度常用2.4m、2.7m和3.0m。

公用走廊的净宽一般常采用1.2～1.5m，外廊的栏杆高度不应低于1m（中高层、高层住宅不应低于1.1m），高层住宅中作主要通道的外廊宜做成封闭外廊。

4. 其他部分的设计

(1)贮藏空间的设计

贮藏空间设计的基本原则应是：有利于家具布置，不影响室内环境，尽量少占建筑面积，存取方便。贮藏空间的一般形式有：壁柜、壁龛、吊柜、搁板和贮藏小室。

①壁柜。

卧室壁柜主要用来存放衣服、被褥等。档次较低的壁柜可以不设门而由住户自用布帘遮挡，大部分住宅均要求设门，一般可设置平开门，以便于存取。位于厨房、卫生间、过道等辅助和交通部分的壁柜，主要用来存放杂物、食品、炊具等，可以根据具体情况来确定是否设门。

壁柜的净深一般不宜小于 0.45m，但用于卧室的和用于辅助房间的应区别对待。图 12-5 为壁柜设计示意图。

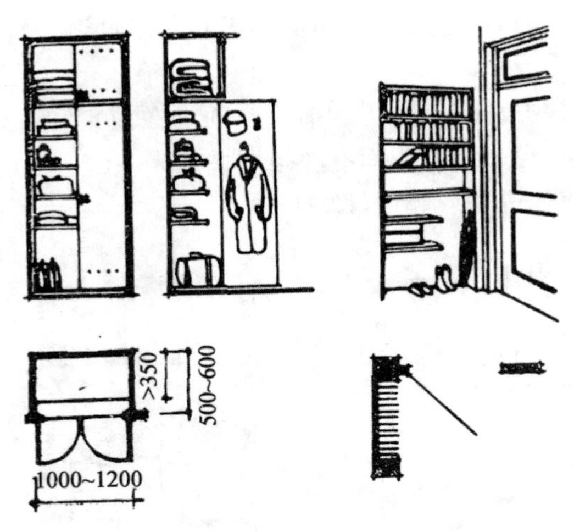

图 12-5 壁柜(单位:mm)

②壁龛。

壁龛是住墙身上留出一个空间来作为贮藏设施，由于其深度受到构造上的限制，故通常从墙边挑出 0.1～0.2m 左右。壁龛可以用来作碗柜、书架等，这是住宅设计中常采用的一种贮藏方法(图 12-6)。

图 12-6 壁龛

③吊柜和搁板。

吊柜和搁板主要是利用距地 2m 以上的靠墙上部隐蔽空间，深度视贮藏用途而定，一般在 600mm 左右。

搁板可采用简支或悬挑(图 12-7)，一般不封闭。

吊柜可以在搁板上做门，也可以采用专门的吊柜，其净空高度一般不小于 0.35m(图 12-8)。

吊柜和搁板主要存放一些不经常存取的物品，由于是利用上部空间，结构下部的净高要保证人行通过的需要，一般不小于 2m。

有时为满足用户需要，还可以设计嵌墙搁板，存放书籍、饮具、食品、鞋子等物(图 12-9)，深度一般在 300mm 左右为宜。

④贮藏小室。

标准较高的住宅可设计单独的贮藏间，它可以是暗室，但要注意防潮问题，同时宜设置在较隐蔽处，尺寸应考虑贮藏物品的大小。

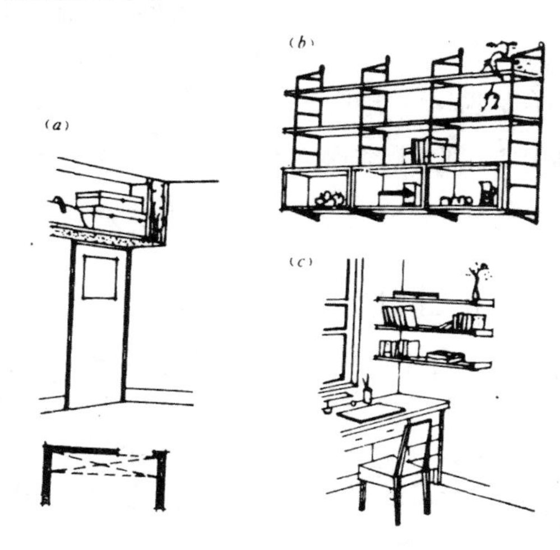

图 12-7　搁板

图 12-8　吊柜

图 12-9　嵌墙搁板

(2)阳台的设计

阳台应设置晾晒衣物的设施，顶层阳台应设雨篷，各套住宅之间互相连通的阳台应设置分隔板。阳台地面一般应比室内地面低 3～6cm，同时还应解决排水问题。阳台通常分为凸阳台、凹阳台、半凸半凹阳台和假阳台几种形式(表 12-1)。

表 12-1 阳台的形式

形式	优缺点
凸阳台	凸阳台一般采用悬挑结构。其特点是凸出房屋外墙,有较广阔的视野,通风良好,不占或少占建筑面积,但其隐蔽性较差。户与户之间的视线干扰大,且容易飘雨
凹阳台	凹阳台是指三面靠墙一面临空。这种阳台隐蔽性好,能够防雨,起居方便,但视野欠开阔
半凸半凹阳台	半凸半凹阳台兼有上述凸阳台和凹阳台的功能
假阳台	假阳台一般是指利用居住空间,在外墙上设置落地窗,这种阳台可以将室内空间和室外空间联系在一起

(二)住宅建筑的平面组合设计

正如前文已经提到的,住宅是一个整体,它是由各基本部分(即居住部分、辅助部分、交通部分及其他部分)组成套(户),再由套组合成单元,最后由单元组合成一幢住它,即套→单元→幢,这是住宅平面组合的基本方法。一幢住宅中有端部单元和中间单元,住宅设计时可将多个单元进行拼接,各层相同时可设计成一个标准层,而各单元同时又设计成一个标准单元,图 12-10 为单元组合示意。

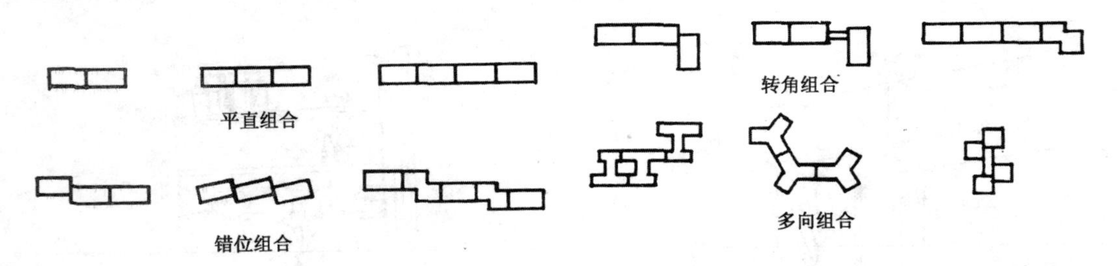

图 12-10 单元组合示意

单元平面的类型一般采用内廊式、外廊式或独立式,各有特点,设计要求也不一样。

1. 内廊式

内廊式住宅的特点是各分户门全在建筑的中部,与公共楼梯、走道相联系,它的交通紧凑,入户门不直接受室外寒风影响,故保温性好。内廊式有长内廊与短内廊之分。

长内廊一个楼梯服务套数较多,一般 6~8 套,它可以节约交通面积,经济性好,但干扰大,环境差。

短内廊一个楼梯间服务套数少,一般每层不超过 4 套。特别是一梯两套,是比较受欢迎的一种平面形式,单元内各套集中,户内干扰小,平面紧凑,每套都是双朝向户,占建筑的全进深,每套面宽较小,进深较大,保温防寒好,容易满足朝向和通风的要求,南北方均适宜。短内廊中仅用楼梯间范围内的走道作为公共走廊的,有时又称为梯间住宅。内廊式楼梯间的入口一般设在北向,以增加南向房间,根据需要也可设在南向。

2. 外廊式

外廊式的主要特点是从建筑物的外墙一侧进入各套，每套都可以占建筑物的全部进深，具有良好的朝向和通风，外廊可作为公共交通，也可作为公共活动场所。外廊式住宅套与套之间干扰较大，进套门直接对外，保温防寒差。

外廊式可以是南外廊或北外廊，也可以是长外廊或短外廊，应根据不同地区、不同气候条件、不同的使用要求等因素进行选择。

3. 独立式

独立式住宅一般是指一个单元独立而不互相拼接的住宅类型。

独立式住宅的外墙四面临空，每套均有较好的日照、采光和通风条件，开窗机会多、群体遮挡少、视野开阔。但独立式住宅体型一般较复杂，且一般均设计成一梯多套，所以朝向、通风问题有时不太好处理。独立式住宅占地少，可以很好地利用地形，沿等高线灵活布置。

（三）住宅建筑的层数与层高设计

1. 层数的设计要求

住宅层数的确定应根据地形、使用要求、施工条件以及城市规划对建设地段的规划要求进行。1～3 层为低层住宅，4～6 层为多层住宅，7～9 层为中高层住宅，10～30 层为高层住宅。层数越多，竖向交通问题越显得重要，故 7 层及 7 层以上的住宅应增设电梯，12 层以上的住宅每栋楼不少于两台电梯。对于高层住宅的防火设计应按有关规范规定进行。

2. 层高的设计要求

在满足使用空间要求的前提下，住宅设计层高不宜太高，规范规定住宅层高不应高于 2.8m。同时规定卧室、起居室的净高不应低于2.4m，其局部净高不应低于 2m；厨房的净高不应低于 2.2m；卫生间、厕所、贮藏室的净高不应低于 2m。

（四）住宅建筑的群体布置设计

住宅群体是居住小区中的重要组成部分之一，它的布置应满足居住小区规划设计的要求。住宅群体应从整个居住区的使用、卫生、美观、经济要求、道路、绿化等周围环境的协调来确定其布置形式。

1. 布置形式

住宅群体布置的形式一般有行列式、周边式和混合式几种（表 12-2）。此外，住宅群体布置还有其他一些形式，如自由式、点式组群和条点结合组群等。

表 12-2 住宅群体布置的形式

形式	优缺点
行列式	行列式是住宅群体布置的一种基本组合形式，这种形式中的每幢住宅均具有良好的朝向，有利于道路和管网的布置，施工定位放线比较方便。但这种形式比较单调呆板，很难形成一个完整的庭院绿化活动空间
周边式	周边式是沿建设场地四周布置。这种形式的特点是用地比较紧凑，中间可以围成一个绿化地带及活动空间，场地大的中心可以形成一个小型公园式庭院，供人们休息娱乐之用，对美化环境大有好处。但这种布置方式一般很难解决好朝向与通风的问题，对日照和通风有严格要求的地区不宜采用这种形式
混合式	混合式是将行列式和周边式结合使用的一种形式。它具有两种形式的优点，周边布置一些服务性公共建筑，有利于改善城市街道景观，改善行列式单调呆板的缺点。这种形式在庭院组织、日照、通风、道路、管线等方面均比较有利，是一种经常采用的布置形式

2. 住宅群的朝向、通风和房屋间距

一般情况下，我国大部分地区住宅的朝向为朝南或南偏东或南偏西。在进行住宅群体布置时，应保证有一定的日照时间，同时应保证具有一定的通风条件，这就牵涉到房屋的互相遮挡的问题，因此建筑物的高度与间距应有一定的要求。

日照间距主要满足后排房屋（北向）不受前排房屋（南向）的遮挡，并保证在后排房屋底层南向房间有一定的日照时间。日照时间的长短，是由房屋和太阳相对位置的变化决定的，这个相对位置以太阳的高度角和方位角表示，它和建筑物所在的地理纬度、建筑方位以及季节、时间有关。通常以建筑物正南向、当地冬至日正午十二时的高度角，作为确定房屋日照间距的依据。

考虑通风间距主要是为了保证建筑物具有良好的自然通风。影响自然通风的因素很多，如周围的建筑物，尤其是上风向建筑物的阻挡以及风向等。当前排建筑物正面迎风，如考虑后排建筑物迎风面窗口进风，建筑物的间距要求在 4～5 倍前排建筑物的高度，从用地的经济性考虑不可能选择这样的标准来满足通风的要求。为了使建筑物具有良好的自然通风，又节约用地，通常避免建筑物正面迎风，采取夏季主导风向与建筑物成一定角度的布局形式。通过实践证明，当风向入射角在 30°～60°之间时，各排建筑物迎风面窗口的通风效果较佳，而且当建筑间距为 1.3～1.5H（H 为前排建筑高度）时较为经济合理。

建筑间距除满足日照、通风要求以外，还应考虑防火安全方面的要求。为避免火灾在建筑物之间相互蔓延，各建筑物必须保证有一定的防火间距。我国现行《建筑设计防火规定》对各类建筑物都有明确规定，应作为建筑群总体布置的参考依据。

（五）大空间住宅、复式住宅和商品化住宅设计

大空间住宅设计、复式住宅设计和商品化住宅设计是我国近几年来住宅设计和建设中新出现的观念和理论，还处在起步阶段，有待进一步探索和完善。

1. 大空间住宅设计

大空间住宅又称为大开间住宅或灵活空间住宅，有时又称为活动空间住宅。一般住宅设计

尽管有多种套型品种和档次供住户选择，但还是不可能完全符合所有住户的需要。采用大空间，灵活隔墙，实行构配件家具等系列配套，让住户自己参与设计，能提高住宅内部空间的灵活性和可变性。

大空间住宅设计的基本方法通常是只把楼梯间、卫生间（有时包括厨房）作为基本的不变体，其他的则采用一个大空间可变体，为住户提供一个室内空间设计有充分灵活度的结构体，由住户按照自己的意愿进行空间分隔和装修设计。大空间住宅要解决好隔墙板防火、隔音以及连接等问题。

2. 复式住宅设计

复式住宅设计的主要思路是根据人体尺度和人体活动所需空间尺寸，活跃内部层高，使家具所需空间与活动空间有机结合，合理巧妙地布置一些夹层，在有限的建筑面积中获得更多的使用面积，充分发挥住宅内部空间的使用效率，力求创造出经济合理的复合式空间。

在设计手法上，以人们在住宅内部的各种活动特点为依据，将普通住宅中的无用空间（如床下，柜顶等）进行合理利用。对于公共活动部分（如客厅等）则采用高大、开敞、明亮的处理手法，对私密性较强的部分（如卧室等）则可采用矮小、封闭的处理手法。简而言之，就是要合理组织好采光、通风，解决好结构、构造等技术问题，为人们创造出一个良好的居住环境。

复式住宅与普通住宅相比较，复式住宅具有使用面积大，节约城市用地，降低住宅投资等特点。

3. 商品化住宅设计

商品化住宅的设计，应突出树立起市场观念和商品价值观念，必须适用、舒适、精巧。归结起来，商品化住宅的设计应该要符合以下几个方面的要求。

（1）商品住宅设计应以中小套型为主，这基本能满足大部分居民的居住要求。当然也应根据不同地区和对象设计出一些大套住宅。

（2）尽量提高住宅的综合经济效益。商品化住宅设计中要充分考虑节约，标准适当，尽量提高经济效益，降低造价，真正做到住宅商品物美价廉。

（3）努力提高居住环境质量。商品化住宅要精心设计，尽量充分发挥平面的使用功能，不浪费建筑面积。对住宅采光、通风、隔声、平面布局、平面尺寸、空间利用、厨房、卫生间、厅堂等的设计均要精心安排，给住户创造出一个好的居住环境，使人们感到舒适和方便。

（4）住宅的功能质量上要多品种和多档次。住宅既然作为商品，就必然会有一个选购的问题。不同的居住对象，都会根据自己的经济负担能力、家庭人口结构等情况来选购住宅，所以住宅设计不能单一化，应当有多种套型、多种类别的设计，在装修水平上有多种档次，以满足不同层次的住户选择心理。

（5）采用灵活的设计手法。无论住宅设计的类型和档次如何多样化，但毕竟空间有限，如果采取前面所述的大空间住宅设计，让住户自己根据需要进行第二次室内空间分隔设计和装修设计，则具有更大的灵活性。

第二节　商业建筑的设计方法

商业建筑，不仅仅是商品交易的场所。它在满足人民群众的日常物质生活所需的同时，也创造了城市、集镇的社会活动中心和人民群众所喜爱的公共交往空间。本节仅就商业建筑设计作简要阐述。

一、商业建筑概述

（一）商业建筑的分类

商业建筑一般分成四大类：百货，专业商店，饮食服务行业，修理业。百货店往往也泛指大型综合性商店。专业商店包括布店、服装店、鞋帽店、钟表眼镜店、五金交电、器材店、书店、药店、副食店、家具木器店等。饮食和服务行业包括浴室、理发店、洗染店、照相馆、邮电所、储蓄所、饭馆、小吃店等。修理行业包括各类缝补店、修理店。

（二）商业建筑的布点要求

（1）商业布点应满足城市规划的要求，方便顾客。商业设施的内容应根据居民的生活习惯，居民的平均购买水平和合理的服务半径等因素决定。

（2）应有便利的交通条件。第一，为考虑居民在时间和费用的要求，商业设施与城市公共交通、自行车道路系统保持密切的联系。第二，应有完善的货运系统，货运道路交通不应与营业厅，特别是不与步行购物、游览人流相互交叉干扰。

（3）商业设施的布点，要适应居民的各种心理因素的要求。内容比较接近的商店可组合在一起。以妇女为主要顾客的商店，宜布置在街区内部，并与综合商场、服装店等相邻。为老年人服务的中老年服装店、旧货店、药店等，位置要便捷，并宜根据老年人喜欢逛街、聊天的特点，结合茶馆、酒馆、小吃店和书场、戏院等布置，适应他们“购物＋消遣”的活动特征。家具店和家用电器商店，宜置于商业区的外围。强、弱吸引力的商店应结合布置，高峰流量时间相同的设施宜避免相邻安排。影剧院和其他娱乐场所，应布置在街区外围，以利疏散，并宜结合布置一些小吃、冷热饮店和报刊等服务改施，满足人们“吃＋玩”的连带需求。

（4）商业网点中，各类商业服务设施应有适当的比例，一般商业占50％～70％，饮食占15％～20％，服务设施占20％～30％。

（三）商业建筑的布置形式

商业建筑的布置形式一般分三种方式：沿街式，成片式，沿街和成片相结合的方式（表12-3）。

表 12-3　商业建筑的布置形式及设计要求

形式	设计要求
沿街式	这种布置方式应根据道路的性质和走向等综合考虑。在运输繁忙的城市交通干线上一般不宜布置。在沿城市主要道路或居住区主要道路时，可视交通量沿道路一侧或两侧布置，应注意减少人流和车流的相互干扰
成片式	应根据各类建筑的功能要求和行业特点成组结合分块布置，在建筑群体的艺术处理上既要考虑沿街立面的要求，又要注意内部空间的组合，以及合理地组织人流和货流的线路
沿街和成片相结合	这种方式吸取了沿街式和成片式的优点，如沿街住宅底层商店比较节约用地，易于取得较好的城市沿街面貌；成片式可以充分满足各类公共建筑布置的功能要求等。这种方式又减少了沿街和成片式的不足，如沿街式在使用和管理上有些不便，成片式用地面积稍大等

二、商业建筑的具体设计方法

(一)百货商店的设计

1. 百货商店的组成和总平面布置

(1)百货商店的组成

百货商店的组成一般可分为营业部分、仓储部分和辅助部分(图 12-11)。

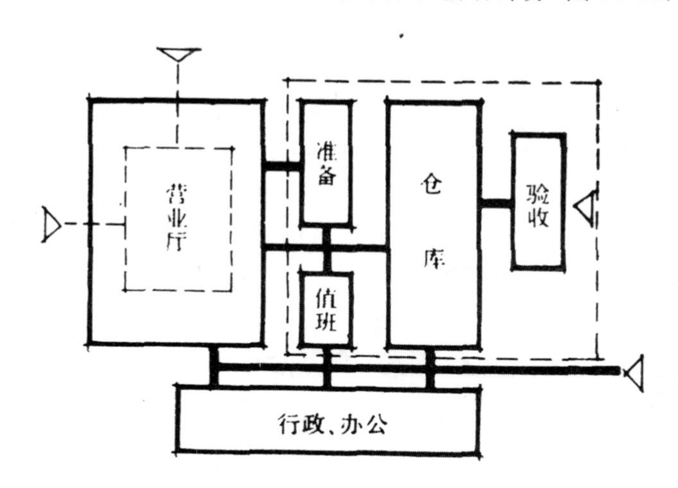

图 12-11　百货商店功能关系图

营业部分：营业厅及其营业附属用房和顾客直接使用的休息室、卫生间、出入口、楼梯间等。

仓储部分：总仓库、分部仓库、散仓、整理间、管理间等，及该部分使用的交通面积。

辅助部分：陈列橱窗、办公业务用房、职工生活间、修理间和变配电间、空调机房、锅炉房、车库、各种值班室等，及该部分使用的交通面积。

(2)百货商店的总平面布置

百货商店的总平面布置，主要涉及营业、仓储、辅助三部分之间的关系。一般行政办公部分可与营业或仓储部分结合，但必须保证其管理和对外联系上的方便。辅助部分可相对地独立些，并应适当地集中，注意减少其对营业厅的干扰。但又必须保证其为营业、仓储服务的方便。职工生活间可独立或集中设置，除单身职工宿舍外，职工住宅一般应适当地与营业、仓储部分分隔，以避免彼此间的干扰。

2. 营业厅的设计

(1)营业厅设计的一般要求

第一，在综合性百货商店中，各层营业厅的配置应与商店内的人流布置有密切的关系。一般在商店的底层或其他明显易见处，宜布置销售量大、选择性弱的商品柜。笨重商品应该设于底层较僻静、不妨碍人流的区域。选择性强的商品，尤其是妇女儿童用品的柜台，一般设于楼上各层或商店的内部。第二，对于大空间的商店，宜考虑在室内布置及装修等方面的分区，同时注意人流的导向性处理，以引导商品的购买。第三，处理好商店的通风，当空间大、自然通风不能解决时，应结合考虑机械通风。第四，合理设计商店的照明，在考虑商店空间照明的前提下(一般以300～500lx为宜)，应着重考虑商品的局部照明(一般为空间照明的2～3倍)，并应注意照明的亮度不至于使商品颜色改变、失真。第五，在营业厅的墙壁和顶棚上安装多孔吸声板，以改善商店内人多声音嘈杂的噪声环境。第六，商店在二层以上应设厕所。第七，营业厅的地面应耐磨防滑，不起尘。

(2)营业厅使用面积的估算

营业厅的使用面积可按平均每个售货位(包括顾客占用面积)以15m^2计算。当在营业厅需设置少量散仓时，如超过每个售货位15m^2时，其超过的部分应计入仓储部分的面积。

顾客休息室或饮水处的使用面积，按营业厅面积的1～1.1%计算。

(3)营业厅的平面形式及结构方式

营业厅的平面形式一般有长条式、大厅式、混合式三种。其结构方式一般以砖混和框架两种结构方式居多。营业厅的柱距(开间、进深尺寸)应考虑到货柜的布置和人流的组织。

(4)营业厅的平面布置形式

营业厅的平面布置形式主要指货柜布置与通道的形式。根据货柜的布置，构成营业厅内的通道网，通道网又形成了营业厅内的顾客流向。它与出入口位置、楼梯、电梯等上下交通设施的位置密切相关(图12-12)。

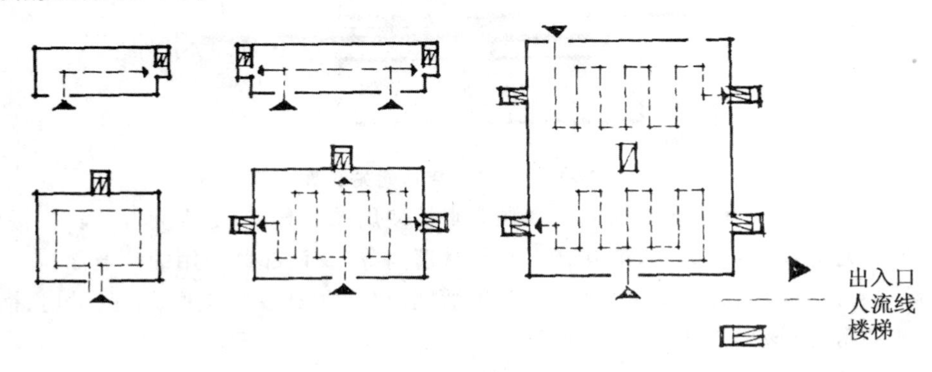

图12-12　商店出入口、人流和楼梯的关系

(5)营业厅适宜的柱距、通道及层高

营业厅柱距与柜台布置和通道布置有着密切的关系。在确定营业厅的柱距时，应考虑到营业厅的布局和营业厅内视线等因素。一般经济柱距为6～9m。

通道的宽度按柜台前站立顾客所需宽度为450mm，通行每一股顾客人流所需宽度为600mm来计算。则：W(宽度)＝2×450＋600N(人流股数)根据人流的计算和经验，常采用表12-4中的数据。

表12-4　营业厅内通道最小净宽度

通道位置	最小净宽度(m)
1.通道在柜台与墙面或陈列窗之间	2.20
2.通道在两个平行柜台之间	2.20～4.00
3.柜台边与开敞楼梯最近踏步间距离	并不小于楼梯间净宽度

商店层高的确定，与建筑物内部的灯具布置、吊顶形式以及空调、通风等因素有关。通常一层营业厅的层高稍高一些，其他各层则采用统一的层高。一般一层营业厅的层高为4.5～6.0m，其他各层则为3.6～4.5m。

(6)橱窗的设计

①橱窗的设计要求。

第一，橱窗供陈列商品用，数量要适当，不宜过多；橱窗的大小应根据商店的性质、规模、位置和建筑构造等情况而定，不宜采用过大的玻璃；橱窗的朝向以南、东向为宜，避免西晒，可适当考虑遮阳措施，以免损坏陈列品。第二，橱窗同时应该考虑避免眩光的措施。第三，橱窗内应考虑陈列支架的固定措施：应设进入橱窗的小门，一般尺寸700mm×1 800mm，小门设在橱窗侧面较为适宜。第四，布置橱窗应考虑营业厅内的采光和通风，封闭式橱窗一般采用自然通风，采暖地区可不采暖。

②橱窗的剖面形式。

橱窗的剖面形式一般有开敞式、半开敞式、封闭式(图12-13)。开敞式橱窗适用于陈列大件商品。半开式橱窗的自然通风和采光良好。封闭式橱窗布置完整、清洁，但通风散热差。

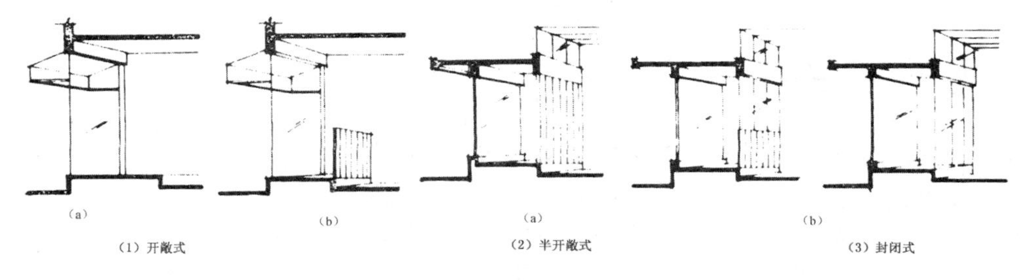

图12-13　商店橱窗的剖面形式

③商店入口与橱窗处理。

利用橱窗展示商品，为的是吸引顾客进入商店购物，所以一般橱窗与商店入门的关系可适当地考虑人流的顺畅直接，同时又要注意人流停留时不至于阻塞进出商店的入口。

3. 库房(仓储部分)的设计

库房应有靠近道路的单独出入口。大门位置需妥善安排，应尽量减少交通面积，缩短走道长度和充分利用空间。库房应按商品的性质，做好商品的防潮、隔热、防火及防虫等措施。

单独建造的库房进深：单面采光时不宜大于12m，双面采光时不宜超过30m。单层库房的跨度一般为6m、9m、12m、15m，多层库房的柱网一般为5×7m、7.5×7.5m。层高：单层货架时为3.0m，双层货架时为5.5m。

库房的面积指标根据经营商品的性质有所不同，可参见表12-5进行设计。

表12-5 库房使用面积参考表

商品种类	按每个售货位计(m^2)
首饰、钟表、眼镜、高级工艺美术品	3.00
衬衣、纺织品、帽类、皮毛、装饰用品、文具类、照相光学器材、无线电(中小件)类	6.00
包装食品、书籍、绸缎布匹、电气(中小)类	7.00
儿童用品玩具、旅行用具、乐器、体育用品、日用手工艺品类	8.00
油漆、颜料、鞋类	10.00
服装类	11.00
五金、剥离、陶瓷用品类	13.00

注：1.当某类商品仅有一个售货位时，库房面积为表内数字的1.5倍。

2.家具、大型家用电器、车辆类存放间面积按实际需要确定。

百货商店中辅助部分的设计按实际需要确定。

(二)自选商场的设计

自选商场常以出售食品和小百货为主，偶有出售百货和电器等大件商品，它是一种综合性的自选形式的商店。

自选商场的商品布置和陈列要充分考虑到顾客能均等地环视到全部的商品。营业厅的入口要设在人流量大的一边，通常入口较宽，而出口相应窄一些。应根据出入口的设置，设计顾客流动方向，以保持通道的通畅(图12-14)。

自选商场的出入口必须分开，通道宽度一般应大于1.5m，出入口的服务范围应在500m²以内。有条件的营业厅出口处设置自动收银机，每小时500～600人设一台。在入口处要放置篮筐及小推车供顾客使用，其数量一般为入店顾客数的1/10～3/10。

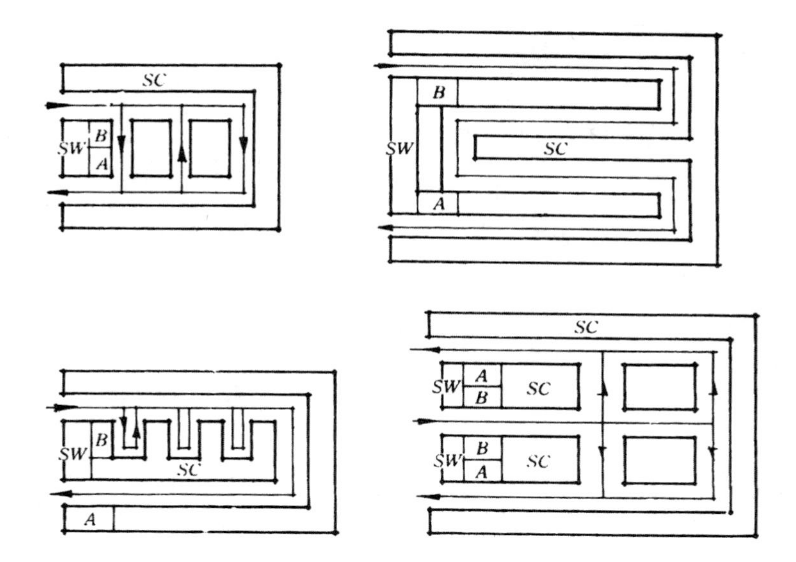

SC. 开架柜台　SW. 存包架　B. 存包、租篮、租车　A. 收款台

图 12-14　自选商场平面设计

(三)专业商店的设计

各类专业商店,或在综合商店中设立的专业商品柜、营业厅,都有它们特殊的一些要求,包括货柜的形式、尺寸;货柜的布置方式以及各种设施。表 12-6 所列的是各类专业商店的设计原则。

表 12-6　专业商店的设计原则

名称	设计原则和必要的设施
绸缎布匹、衣料商店	货架应考虑到布匹料的尺寸,营业厅内可考虑裁剪台的布置(2.0～2.5m×1.1～1.2m),同时营业厅应设展架和展台
服装商店	出售服装的柜台超过 5 个货位时,每货位按 1.5～2.0m² 设试衣间,试衣间可由屏风围成。服装店可与服装加工厂结合布置,采取前店后厂的方式。成衣部布置在营业厅的前部,定制部布置在后,且分设试衣间
眼镜店	应设有验光室、暗室、修理柜和镜片室,且验光、等候应与营业厅分开设置,保持各自的安静及通风良好,并应有较好的自然采光
照相机及照相器材店	应设有小暗室、修理柜、展台和展柜,展台和展柜应有很好的遮阳、防尘处理
电器商店	应设有电源、电器修理间、展柜和展台,其展台面积应相应地较大。同时应设有检查收录机、收音机、电视机的专用小间,可按每一工作人员 6m² 计,但不少于 12m²
音响器材商店	其基本要求同电器商店。并应设隔音的试音室,每小间面积为 2～8m²
水果食品商店	应设有冷冻设备,冷冻间或冷冻玻璃柜、其货柜以开敞为主。店前应有应时货摊的位置,底注意不同类商店的适当距离
陶瓷、玻璃器皿和工艺品商店	应设有较大的展览、布置场地,并配备特殊的展柜和展架等
书店、唱片商店	应设开敞的书架、唱片架等,应有良好的试听场间和试听设备
鞋帽商店	柜台、货架的尺寸形式应考虑鞋、帽的特点,应设置试鞋登、椅、镜等

(四)上部为住宅的商店设计

1. 底层商店与上部住宅的几种布置方式

底层商店与上部住宅的布置方式主要有三种:一种是住宅与商店上下叠合,另一种是商店作为连续体与住宅楼垂直,还有一种是商店位于街道转角处,与住宅相连。

(1)住宅与商店上下叠合

这是上部住宅底层商中最常见的布置方式。其住宅与商店的位置关系,或者是底层商店与楼层住宅同样进深,或者是底层仓库或营业厅后凸,或者是底层营业厅前凸,或者是底层前后都凸出,主要是解决营业厅大空间要求的各种办法以及在考虑营业厅采光通风、结构处理方面的不同特点。

(2)商店作为连续体与住宅楼垂直

当街道为东西向时,可将住宅略后退,仍沿南北向布置,而以商店作为几栋住宅山墙(俗称外横墙)间的连续体,沿街道东西向布置。这样既保证了住宅的良好朝向,也解决了街景美观问题。商店的大营业厅一般设置在前面或连接或连接部分,不受住宅限制。辅助用房可设在住宅底层。

(3)商店位于街道转角处,与住宅相连

在街道转角处作商店大营业厅,将两旁的住宅楼连接起来,使街道转角处建筑体型丰富,而住宅楼仍保持简单的长条形,不用转角,对使用和结构均有利。

2. 住宅底层入口及楼梯间的处理

基本要求就是要使居民和商店的各种流线分开,互不交叉干扰,并应注意使流线简捷。由于地段条件和楼层平面的不同,住宅有前入口、后入口等不同方式,有时需要对底层楼梯作一些特殊处理,主要有以下几种处理方式(图 12-15)。

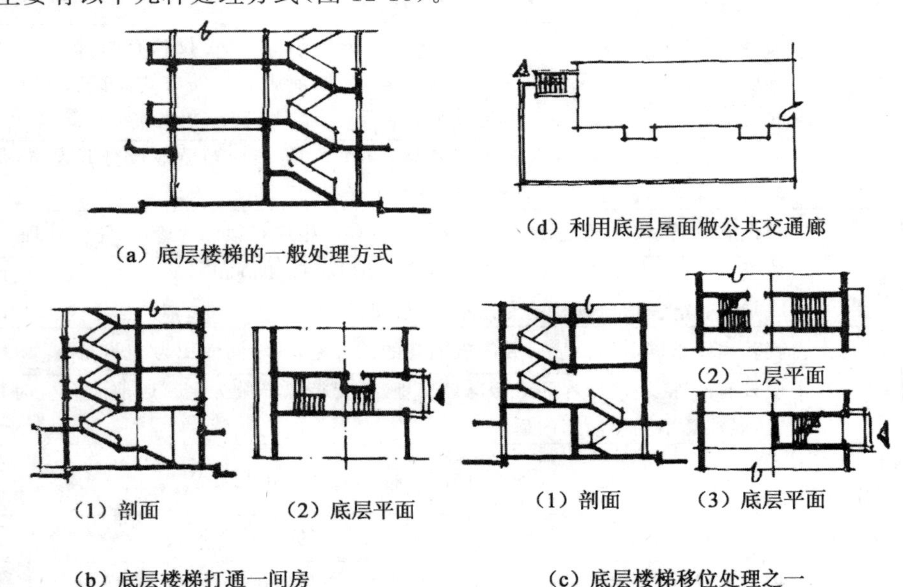

图 12-15 底层楼梯的几种处理方式

(1)楼梯直通到底。由于底层层高较高,楼梯处理与标准层不能完全一样。最简单的办法是标准层作两跑楼梯,到底层改三跑,仍可采用标准的楼梯段和休息平台(图 12-15a)。

(2)楼梯第一跑向前延伸,打通一间房。当住宅采用后入口,而楼梯由于朝向等原因设在前面时,底层第一跑向前延伸打通一间房(图 12-15b)。

(3)楼梯移位。当住宅采用后入口,而住宅楼梯在前面时,可将底层楼梯移到后面。这样做虽比较复杂,但底层商店可以不被住宅隔断,使用较好(图 12-15c)。

(4)设公共交通廊,减少楼梯数量。在底层减少住宅入口和楼梯数量,而在商店以上设置一层公共交通廊,居民经交通廊进入各单元楼梯间。公共交通廊可设在特殊的平面层内,或利用底层商店的屋顶面(图 12-15d)。

第三节　工业建筑的设计方法

工业建筑是供人们进行工业生产所需的各种不同用途的建筑物和构筑物的总称,也称为工业厂房或车间。在一些基本原则上,工业建筑设计与民用建筑设计有许多共同之处。但由于二者的使用要求不同,设计的侧重面也不同。后者主要考虑室内外空间满足于人的生活、社交及审美等的需要。前者则着重考虑车间内外的建筑空间应满足于生产工艺的需要,同时还须考虑工业建筑的标准化,以及给工人创造良好的工作环境等。

一、工业建筑概述

(一)工业建筑的分类

工业建筑可按厂房用途、内部生产状况和层数进行分类(表 12-7)。

表 12-7　工业建筑的分类

分类标准	类型	说明
按厂房用途分	主要生产厂房	主要生产厂房是指用于完成由原料到成品的主要生产工序的厂房。例如,机械制造厂中的铸造车间、机械加工车间及装配车间等。这类厂房的建筑面积大,在全厂生产中占有重要地位,是工厂的主要厂房
	辅助生产厂房	辅助生产厂房是指为主要生产厂房服务的各类厂房。例如,工厂中的机修车间和工具车间等
	动力用厂房	动力用厂房是指为全厂提供能源和动力供应的厂房。例如,机械制造厂中的变电站、发电站、锅炉房和压缩空气站等
	储藏用库房	储藏用库房是指用来储存生产原料、半成品或成品的仓库。例如,油料库、金属材料库和成品库等
	运输工具用房	运输工具用房是指用于停放、检修各种运输工具的库房。例如,汽车库和电瓶车库等

续表

分类标准	类型	说明
按厂房内部生产状况分	热加工车间	热加工车间是指在生产过程中散发大量热量、烟尘的车间。例如，炼钢、轧钢和铸造等车间
	冷加工车间	冷加工车间是指在正常温度、湿度条件下进行生产的车间。例如，机械加工和装配等车间
	恒温、恒湿车间	恒温、恒湿车间是指产品的生产对室内温度、湿度的稳定性要求很高的车间。例如，精密仪器和纺织等车间
	洁净车间	洁净车间是指产品的生产对空气的洁净度要求很高的车间。例如，医药、集成电路等生产车间
按厂房层数分	单层厂房	单层厂房适用于生产设备和产品的重量较大，且采用水平工艺流程生产的车间，如冶金业、重型机械制造业等
	多层厂房	多层厂房适用于生产设备和产品的重量较轻，且有一部分适于采用垂直工艺流程生产的车间，如食品、化工、电子及精密仪器制造业等。厂房均为多层也可以是部分多层与部分单层混合组成。其结构类型和构造做法均与民用建筑无大差异
	混合层次厂房	混合层次厂房内既有单层跨，又有多层跨。这类厂房多用于化学和电力等行业

（二）工业建筑的特点

1. 工业建筑内部空间大

多数工业建筑，特别是单层厂房由于要求设备多，各部分生产关系密切并要适应起重运输产品的需要，一般设置有多种起吊运输设备，与民用建筑相比，它的跨度和高度均较大，门窗尺寸也较大。

2. 屋顶面积大，构造复杂

由于厂房内部空间大，形成了大面积的屋顶，为屋顶的防水、排水带来了困难；根据生产工艺和劳动保护的需要，应满足采光、通风等方面的要求，如热处理、锻工、铸造等车间，为有效采光、散热和除尘，需在屋顶上设置天窗，增加了屋顶构造的复杂程度。

3. 结构承载力大，采用大型构件

由于厂房结构的荷载、跨度和高度大，所以构件的内力大、截面大、用料多，而且厂房还常受动力荷载作用，在设计中要考虑动力荷载的影响。多数厂房结构采用大型的钢筋混凝土构件或钢构件构成的结构体系。

（三）厂房的结构组成

单层厂房约占工业建筑总量的75%左右，广泛地应用于各种工业企业；它能满足大型生产设备、振动设备或重型起重运输设备等对空间和结构的要求；它属于单体厂房，是工厂整体的一个组成部分，也是多层、混合层次厂房的基本单位。基于上述几点，这里主要以单层厂房为例来

介绍厂房的结构组成(以下除有特殊说明外,多是围绕单层厂房展开介绍的)。

装配式钢筋混凝土排架结构是单层厂房常用的结构形式,它承载能力强、耐久性好、施工速度快,适用于跨度、高度、吊车荷载较大及地震烈度较高的单层厂房建筑。装配式钢筋混凝土排架结构单层厂房由承重构件和围护构件两部分组成,如图 12-16 所示。以下主要介绍装配式钢筋混凝土排架结构单层厂房的承重构件和部位。

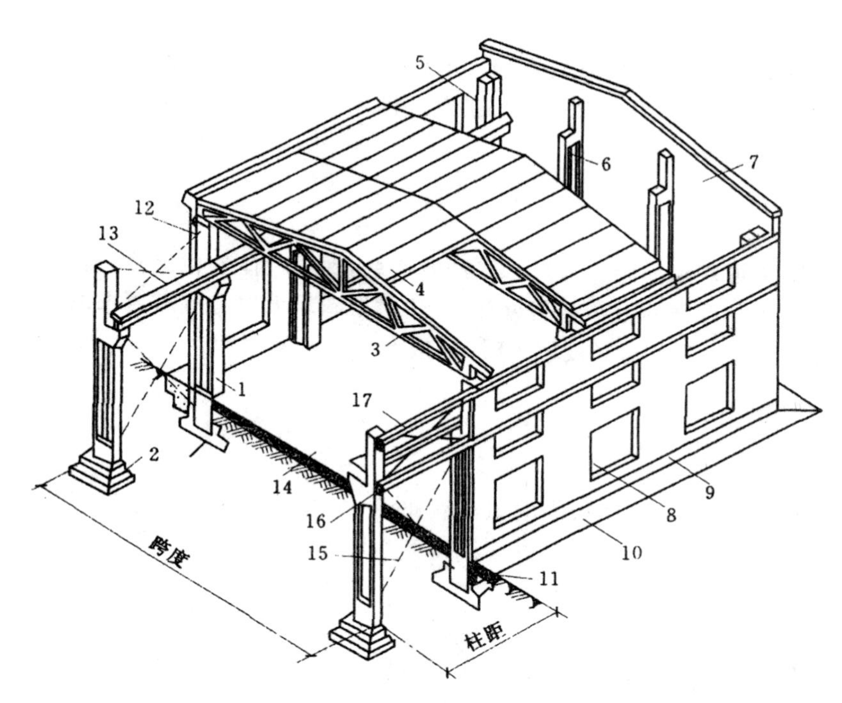

图 12-16　单层厂房结构组成

1. 柱子;2. 基础;3. 屋架;4. 屋面板;5. 端部柱;6. 抗风柱;7. 山墙;8. 窗洞口;9. 勒脚;10. 散水;11. 基础梁;12. 纵向外墙;13. 吊车梁;14. 地面;15. 柱间支撑;16. 连系梁;17. 圈梁

1. 柱下基础

柱下基础一般采用预制或现浇的单杯口基础;当变形缝两侧有双柱时,可采用双杯口基础。

2. 基础梁

装配式钢筋混凝土排架结构单层厂房的外墙一般为自承重墙,其墙下不设专用基础,直接支承在基础梁上。基础梁构造简单、施工方便,能避免墙与柱的不均匀沉降。基础梁有预制和现浇两种形式。

3. 柱

装配式钢筋混凝土排架结构单层厂房的柱子也称为排架柱或列柱,是厂房的主要承重构件。常用的排架柱包括矩形柱、工字形柱、双肢柱和管柱等形式。

4. 屋架与屋面梁

装配式钢筋混凝土排架结构单层厂房的屋架或屋面梁的跨度较大，包括钢筋混凝土屋架、屋面梁和钢结构屋架、屋面梁等。

5. 连系梁

连系梁作为水平构件可以起水平联系和支承作用，对高度较大的墙体，连系梁可以支承墙重，减小基础梁的荷载。小型厂房一般在吊车梁附近设置一道连系梁，当厂房高度较大时，要每隔 4～6m 高设置一道连系梁。

6. 圈梁

单层厂房中的圈梁可以加强砖墙与柱子之间的联系，保证墙体的稳定性，提高厂房结构的整体刚度。圈梁一般布置在厂房的吊车梁附近和柱顶；对振动较大或有抗震要求的结构，沿墙高每隔 4m 左右设置圈梁一道。当厂房高度较大时，应按要求增加圈梁数量。连系梁若能水平交圈，可视同为圈梁。

7. 抗风柱

由于单层厂房山墙的面积大，受较大的风荷载作用，在山墙处设置抗风柱能增加墙体的刚度和稳定性。抗风柱应达到屋架上位高度，以便抗风柱与屋架间的连接。

8. 吊车梁

当厂房内布置吊车设备时，应沿吊车运行方向设置吊车梁，用以安装吊车运行轨道。吊车梁一般有钢筋混凝土吊车梁和钢结构吊车梁，吊车梁一般搁置在排架柱的牛腿上。

9. 支撑

支撑的作用是加强厂房结构的空间刚度，保证结构构件在安装和使用过程中的稳定和安全。单层厂房的支撑有柱间支撑和屋盖支撑。

除承重构件外，厂房还有围护构件，主要包括屋面、门、侧窗、天窗、外墙和地面等。这些构件除满足一般建筑构件的功能要求外，还要满足不同生产工艺的要求。

（四）厂房内部的起重运输设备

为在生产中运输原料、半成品和成品，多数厂房内都设置有起重运输设备。吊车是厂房起重运输的主要设备，吊车的形式与规格，都直接影响到厂房的设计选型。厂房中常用的吊车包括以下 3 种形式。

1. 单轨悬挂式吊车

单轨悬挂式吊车按操纵方法可分手动和电动两种，一般由悬挂在屋架下弦的型钢轨道和吊车组成，如图 12-17 所示。型钢轨道可以布置为直线或曲线，由于吊车荷载直接作用在屋架下弦上，要求厂房屋顶有一定的刚度。单轨悬挂式吊车的起重量一般不大于 5t。

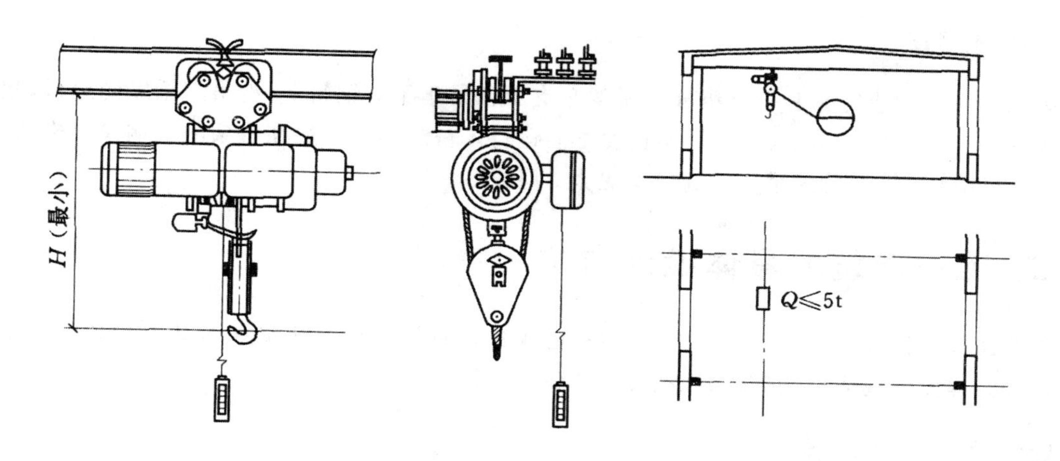

图 12-17 单轨悬挂式吊车

2. 梁式吊车

梁式吊车可分悬挂式和支承式两种形式。悬挂式梁式吊车是在屋架下弦悬挂平行双轨，吊车装于轨道下部，如图 12-18(a)所示；支承式梁式吊车是在两列柱牛腿上设吊车梁，吊车装在轨道上部，如图 12-18(b)所示。梁式吊车的起重量一般不超过 5t。

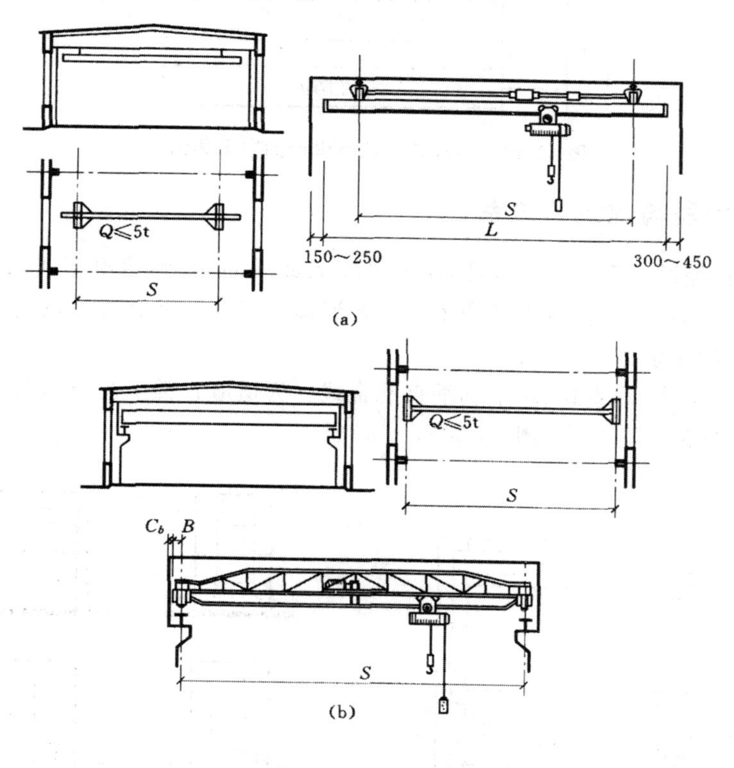

图 12-18 梁式吊车

(a)悬挂式梁式吊车；(b)支承式梁式吊车

3. 桥式吊车

桥式吊车由起重行车和桥架组成。桥架车支承在吊车梁的钢轨上，沿吊车梁纵向运行；起重行车装在桥架上面的轨道上部，沿桥架长度方向运行。桥式吊车一般在桥架的一端设司机室，起重量为5～400t。重型桥式吊车的起重量更大。

二、工业建筑的具体设计方法

工业建筑的设计应满足生产要求，同时还必须创造良好的生产环境和劳动保护条件。工业建筑设计同样要体现适用、安全、经济、美观的建筑方针。

(一)总的设计要素

影响工业建筑设计的主要因素如图12-19所示。在工业建筑设计过程中，应该要特别注意处理好其与生产工艺流程、运输设备、生产条件、卫生防护之间的关系。

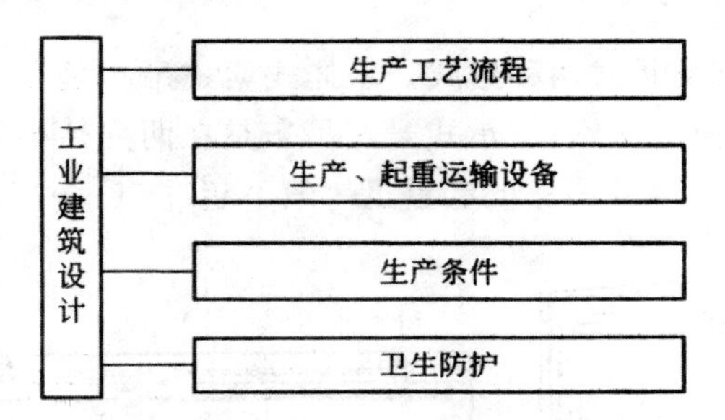

图12-19 影响工业建筑设计的主要因素

1. 生产工艺流程与建筑的关系

原料进入车间，经过一系列加工程序，制成半成品或成品，直到运出车间的全部过程即为生产工艺流程。不同产品的车间，有不同的生产工艺流程。工艺师据此对建筑提出工艺要求图，建筑专业再根据此图的要求进行建筑设计。

工艺流程有：水平式、垂直式、水平和垂直混合式。为适应各类工艺流程的需要，就出现了多种形式的平面和剖面的工业厂房(图12-20)。

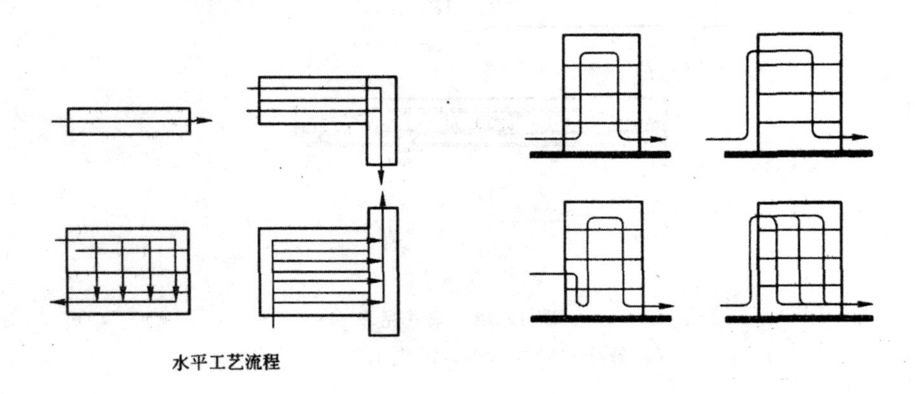

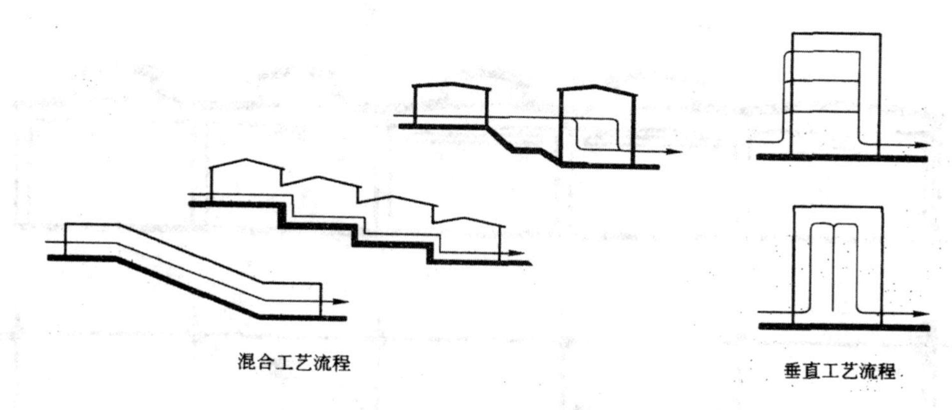

图 12-20　各种生产工艺流程示意图

2. 生产、起重运输设备与建筑的关系

(1)生产、起重运输设备与建筑平面中柱网的关系

柱网就是在车间纵横定位线相交处，设置承重柱所形成的网格。柱网的确定应根据生产设备的外形尺寸、布置方式、设备的操作、检修及加工工件的运输等空间要求，和根据各种规格的起重运输设备的经济跨度来决定。当车间的生产设备较大，或者大型生产设备的基础与厂房的柱基有矛盾时，可采用局部取消柱，扩大跨度的处理措施(图 12-21)。为适应厂房生产工艺和生产设备的更新换代，灵活布置，可采用扩大柱网的设计手法(图 12-22)，使吊车纵横向布置，使用灵活。

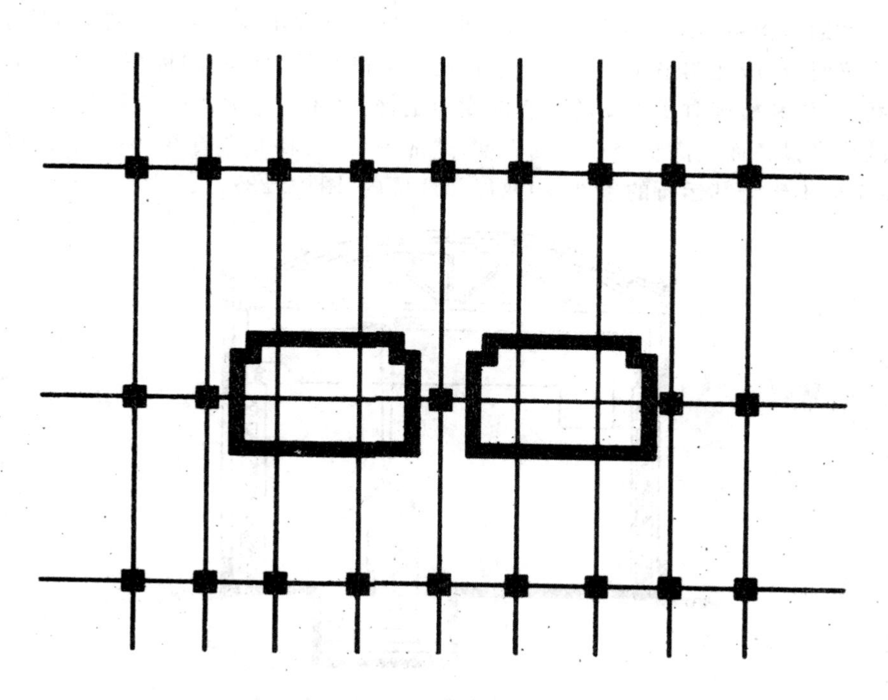

图 12-21　大型设备局部取消柱平面图

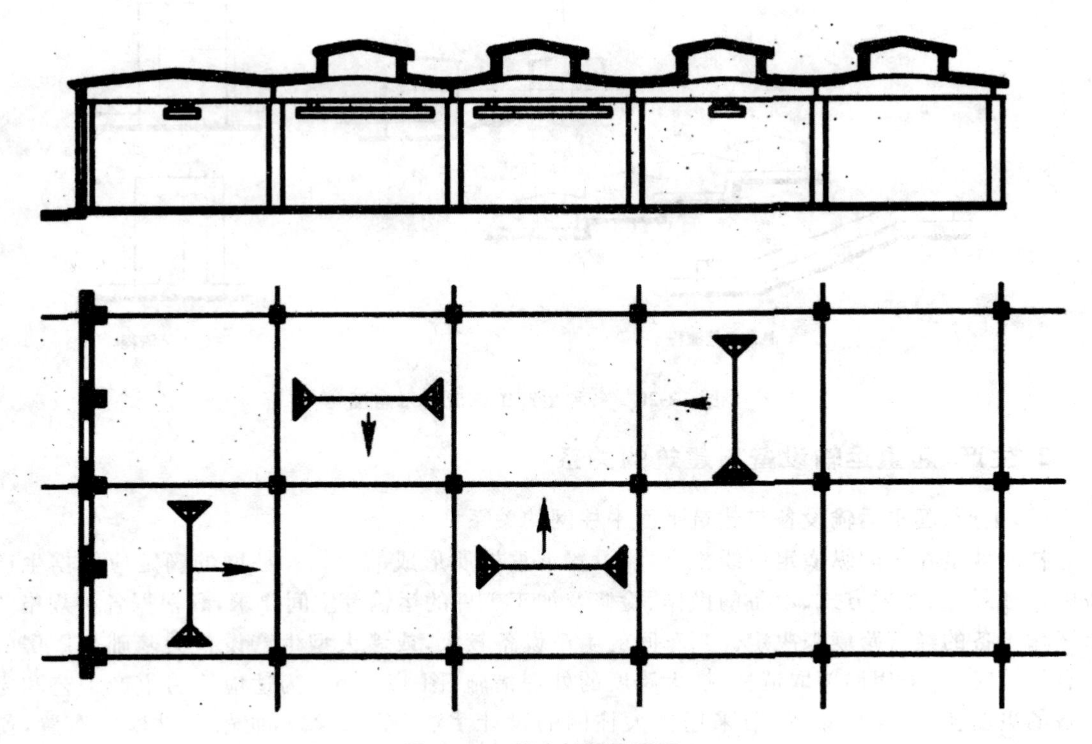

图 12-22　扩大柱网平面图

(2)生产、起重运输设备与厂房高度的关系

厂房高度通常指室内地面至屋架下弦的距离,但标高并不注在屋架下弦,而是注写于柱的顶部。有吊车梁时,还应注明吊车梁上的轨顶标高。无吊车厂房的柱顶标高,一般是按最高的生产设备的安装、操作和检修时所需要的净空高度而定,同时还需考虑通风和采光的需要。为避免因个别高大的生产设备而提高整个厂房的高度,造成浪费,可将其布置在两榀屋架之间(仅在无吊车,或有吊车但不影响其运行的条件下)或局部地坑内(图 12-23)。

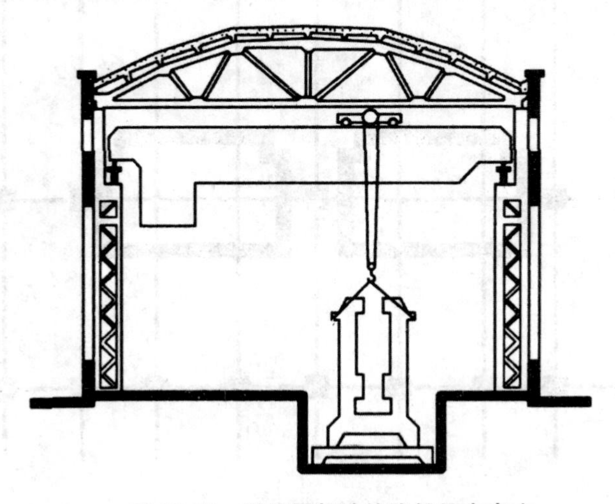

图 12-23　利用局部地坑降低厂房高度

有吊车厂房的吊车轨顶标高的确定，需考虑生产设备的高度，被吊物件的高度，被吊物与生产设备之间的距离以及吊车安全运行所需的空间高度。柱顶标高的确定，还需考虑吊车上端和屋架下弦之间保持一定的距离（图 12-24）。高大的设备应布置在车间的端部，以避免影响吊车的运行。

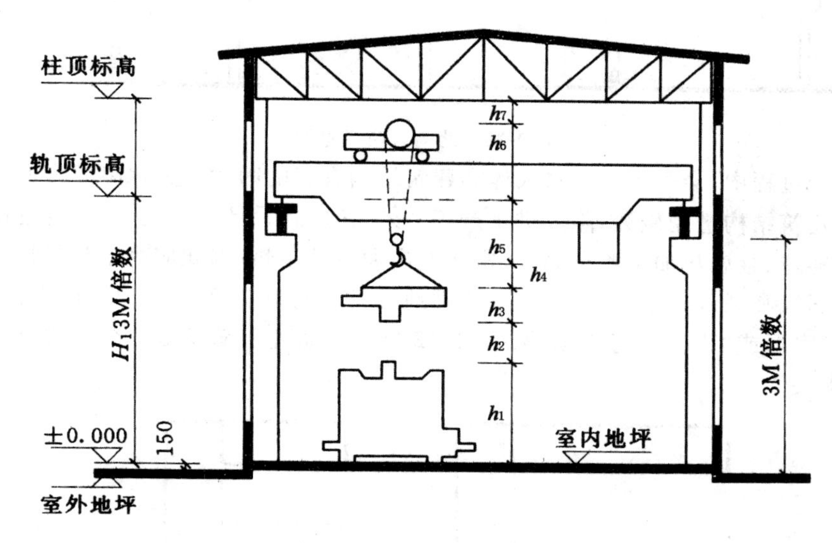

图 12-24　厂房高度的确定

有吊车厂房的柱顶标高计算公式为

$$H = H_1 + h_6 + h_7$$

$$H_1 = h_1 + h_2 + h_3 + h_4 + h_5$$

其中　H_1——轨顶标高，m；

h_1——生产设备、室内分隔墙或检修时需要的高度，m；

h_2——吊车运行时安全超越高度（一般为 0.4～0.5m），m；

h_3——被吊物件的最大高度，m；

h_4——吊钩吊运工件的绳索最小高度（根据加工件的大小确定），m；

h_5——吊钩至轨顶面的最小距离，m；

h_6——吊车轨顶至小车顶面的净空尺寸，m；

h_7——屋架下弦至吊车小车顶面之间的安全间隙，m。

按《厂房建筑模数协调标准》GB/T 50006—2010 的规定：厂房高度，从车间地坪算起到预制柱顶、柱底、架设吊车梁的牛腿顶面标高均采用 3M 即 300mm 的倍数。

3. 生产条件、卫生防护与建筑的关系

某些工业产品本身或生产设备，对生产环境有特殊要求，如恒温恒湿、防振、洁净及无菌等。为满足上述要求，需在建筑上采取相应的措施，如纺织厂，为创造一定温、湿度的生产环境，除采用空气调节装置外，在建筑上将锯齿形天窗设在朝北的方向（图 12-25），以免阳光直接射入室内，引起温湿度的波动过大，影响生产。

精密仪器、仪表、光学仪器、无线电、摄影胶片、显像管等生产厂房，都有不同程度的洁净要求。

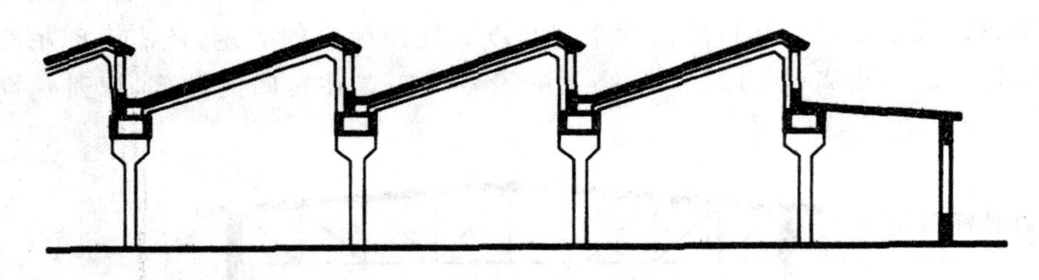

图 12-25 北向天窗示意图

工厂在生产过程中，会产生一些对人体和建筑结构有害的因素。为保障工人的身体健康、安全生产和防止建筑结构遭受侵蚀，除改进生产工艺外，还应在设计厂房时，采取合理的防护措施。例如，在冶炼、铸造、金属热加工等车间中，常散发出大量的余热，因此应将余热尽快地排出室外。除了采取机械通风和局部降温措施外，还要合理地进行车间平剖面设计。例如，车间采用两侧开窗的“冂”、“一”字形或“E”字形等平面形式（图 12-26），剖面上开设天窗（图 12-27），以利排出余热、烟尘及有害气体。

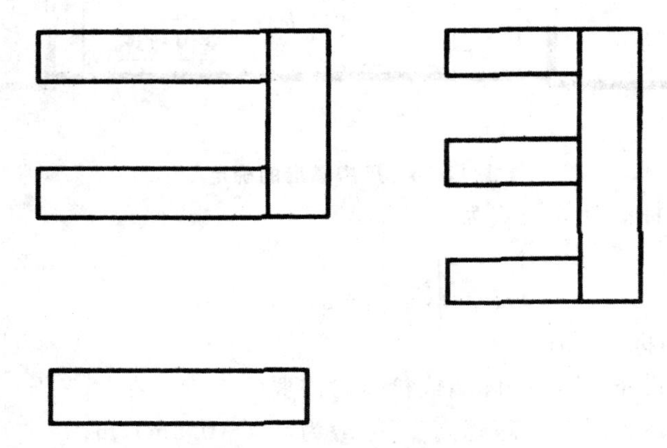

图 12-26 车间两侧开窗的平面形式

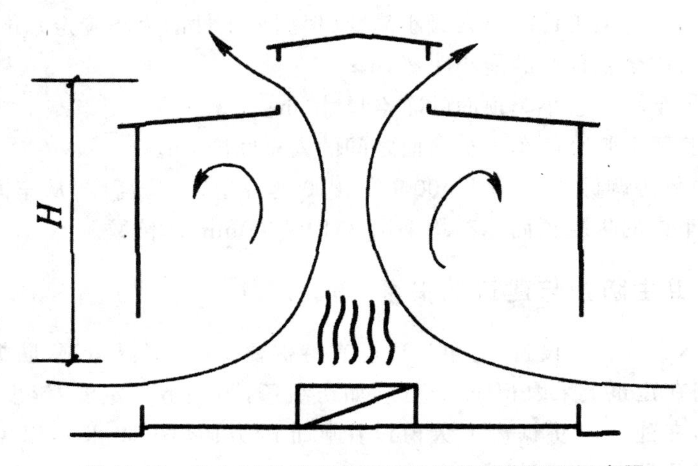

图 12-27 热加工车间利用温差排风的厂房剖面示意图

在净水厂和污水处理厂的水泵车间，为减少噪声干扰，操作间宜布置在车间的端部，对墙体和门窗（包括观察窗）都应采取隔声处理。

就车间的工段安排上，也须将有害工段布置在靠近车间外墙、排风良好、车间下风位及远离生活间等部位。有的则需屏蔽隔开，以免影响其他工段的正常生产。

某些化工厂生产过程中，会散发出易燃易爆的气体，所以应采取一系列报警、防爆等措施。

(二)总平面设计

在进行各单体建筑设计之前，首先进行总平面设计。对此，应该重点考虑以下几个方面的问题。

1. 功能分区

功能分区，就是把性质相同或相近的建筑物或构筑物就近布置，组成各区段。各区段布置得合理与否，将直接影响工厂的生产效率、产品质量和工人的健康。因此，功能分区在总平面的设计中占有很重要的地位。

较典型的厂区，是由行政办公和生活福利区、生产区、动力区、仓储区及构筑物等组成(图12-28)。

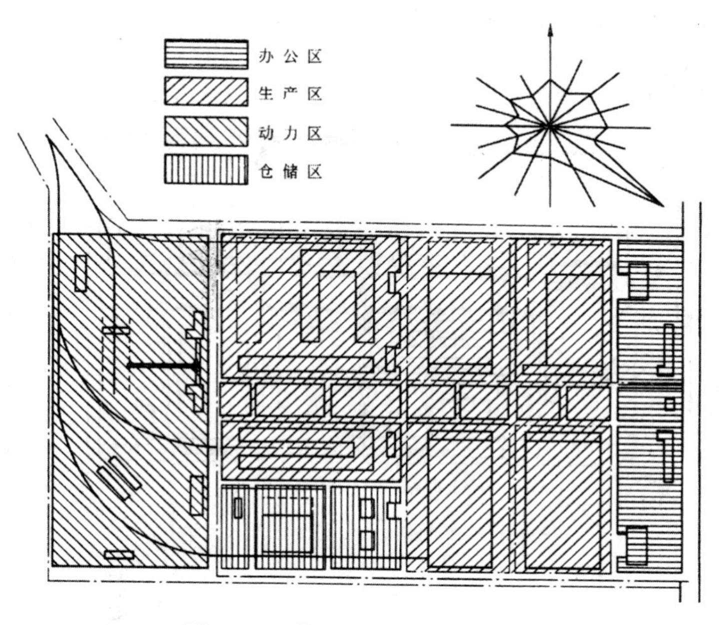

图 12-28　某机械制造厂功能分区图

(1)行政办公和生活福利区

本区又称厂前区，由行政办公用房和生活福利用房所组成。为方便工厂人员上下班和对外的工作联系，通常将本区布置在工厂的主要出入口处，同时在主导风向的上风位，以免受生产车间排出的烟尘和其他有害气体的危害；也有的将其与生产区隔离设置。

(2)生产区

生产区是工厂的主体。它由主要生产车间(机械制造厂中的铸工车间、锻工车间、机械加工车间、机械装配车间等)或主要生产构筑物(净水厂的泵房、沉淀池、滤池、清水池及吸水井等)所组成。本区应靠近厂前区布置，同时将有污染的车间(铸工车间、锻工车间、氯库等)布置在主导风向的下风位。

(3)动力区

动力区是工业生产的心脏。它包括变配电站、锅炉房、煤气站、压缩空气站等。总平面设计时,应将其布置在厂区的能耗负荷中心,或靠近能耗较大的车间布置,以减少能量的损耗。但需考虑对环境的影响问题。

(4)仓储区

仓储区主要包括原材料库、半成品库和发货成品库,宜布置在货流运输方便处。

(5)构筑物

为满足生产、生活需要的构筑物,如泵房、水塔、净水设施、冷却塔等在布置时应注意厂区的美观问题。

2. 合理地组织货、人流

工业厂房从原材料进厂到成品出厂,始终离不开机械化运输。除起重运输设备外,还需借助于各种车辆运送原材料、半成品和成品。运输车辆有电瓶车、叉车、汽车和火车等。

厂区内交通运输是相当繁忙的,加上进出厂的人流较大,组织不当会造成交通阻塞和伤亡事故。因此在进行总平面设计时,应将人流与货流分开,避免交叉迂回,使其井然有序(图 12-29)。

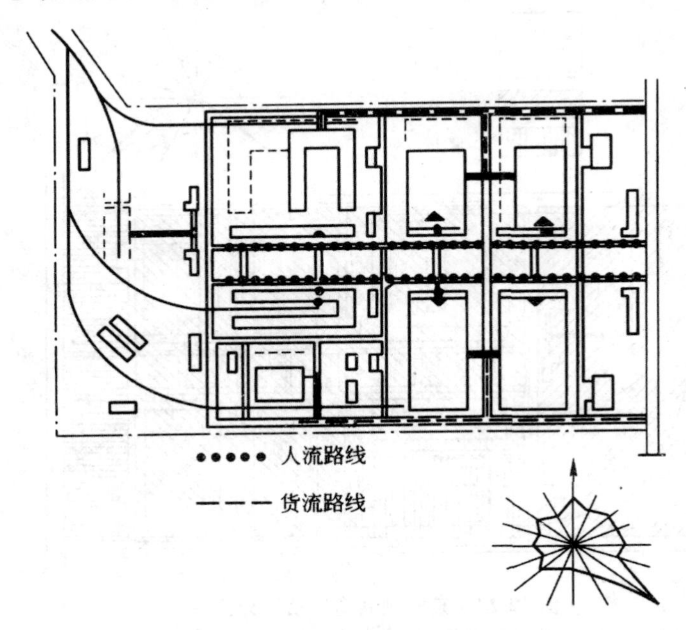

图 12-29 某机械制造厂交通组织图

3. 各生产车间相对位置的确定

工业产品,往往要经过几个车间的加工才能完成。总平面设计时,在厂区功能分区基本确定的基础上,根据产品的加工程序,来确定各生产车间的相对位置。将联系较密切的车间就近布置,可缩短加工件的运输路线,避免其往返交错。以某净水厂生产区构筑物的布置为例(图 12-30),通过一级泵站提升上来的源水,加药后注入沉淀池,沉淀后的水通过滤池过滤,再经消毒,最后流人清水池,经二级泵站进入城市输、配水管网。这三组构筑物密切相关,须依序排列。不应将清水池布置在沉淀池和滤池之间。

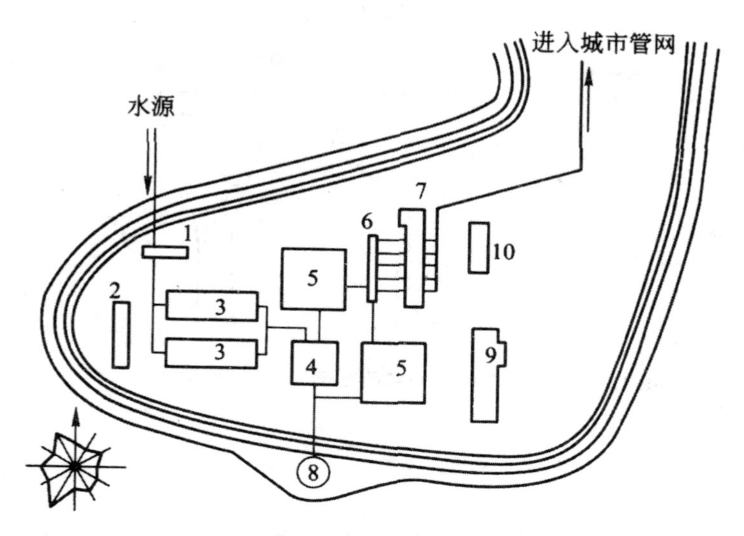

图 12-30　某净水厂总平面图

1. Ⅰ级泵站；2. 加药间；3. 沉淀池；4. 滤池；5. 清水池；6. 吸水井；7. Ⅱ级泵站；8. 水塔；9. 办公楼；10. 食堂

4. 厂区道路

(1)车道宽度

厂区车道一般分单车道和双车道两类，通常以单车道宽 3.5～4.0m，双车道宽 6～7m 为宜。

(2)车道转弯半径

车道的转弯半径与车辆的型号和是否挂有拖车而定(图 12-31)。

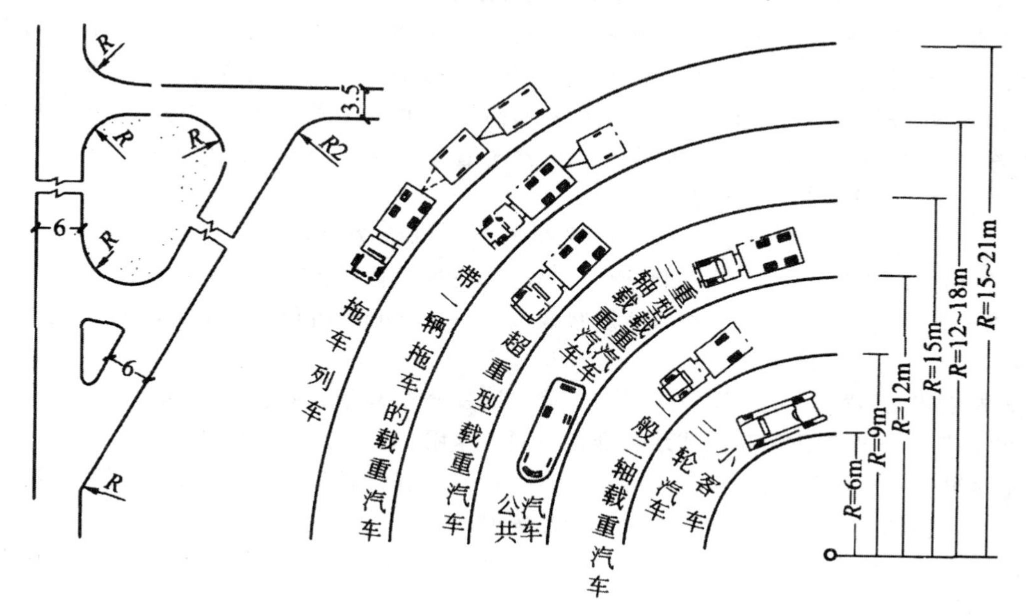

图 12-31　车道转弯半径

(3)停车场和回车场

汽车库前的停车场及尽端路的回车场如图 12-32 所示。

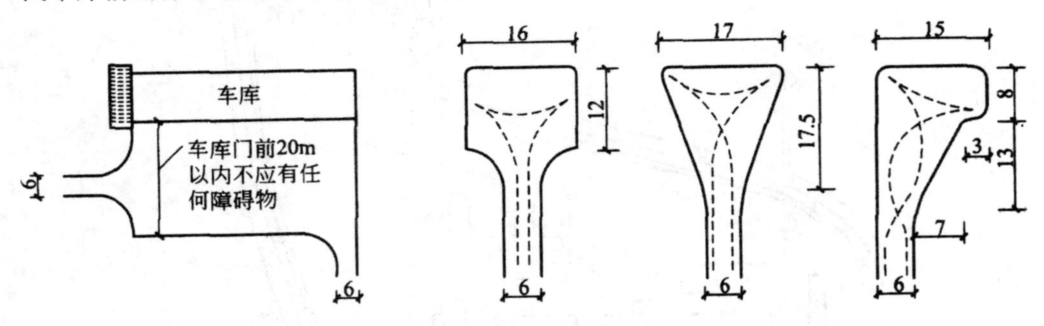

图 12-32　车库前停车场和路尽端回车场(单位:m)

5. 厂区绿化

(1)厂区绿化的作用

绿色植物在进行光合作用时,会吸收二氧化碳,放出氧气。绿色植物是吸收有害气体,净化空气的好卫士。绿化还能吸收、反射声波,可降低环境噪声。因此绿化可以减少环境污染,创造良好的卫生与生产条件。

(2)厂区绿化的配置

绿化由花草、树木组成。树木的种类繁多,有针叶树、阔叶树、常绿树、落叶树、乔木和灌木之分。花卉分草本、木本,其开花季节、花期长短和对自然界的适应能力,随种类而异。树木的栽植,有单株、群株和行列式等方式。单株树多选择树形开展、姿态优美的树种以供观赏,如香樟、雪松、白皮松、银杏、榕树、悬铃木等。群株是由同种或不同种的树木栽植而成。

树种选择应考虑乔木和灌木、常青树和落叶树、针叶树和阔叶树、开花和不开花的树种,进行合理的配置。同时还要考虑树叶色彩随季节而变化的观赏效果。更应注意所选树种必须适应当地的气候和生长条件。树种配置时应以一种为主,高低变化,避免平直呆板和杂乱无章。树种的选择、配置同群株一样,须进行合理搭配,但以选择树冠大、耐病害、少生虫者为宜。

(3)净水厂和污水处理厂的绿化

净水厂和污水处理厂的绿化,一般由行道树、绿篱、草地和花坛组成。

行道树沿道路两侧种植,形成条状绿化。其功能是防止道路上的尘埃向两侧扩散,同时起遮阳、吸收噪声和美化环境的作用。树带宽度常取 1.25～2.00m。树种选用能吸收有害气体和烟尘的树种,如刺槐、悬铃木、臭椿、冬青等。

绿篱常用侧栅、黄杨、女贞、枸杞等灌木组成。以其分隔车道和人行道,分隔生产区、管理区、检修区和加药区,同时起围阻带状或块状绿化空间的作用。

草地多种植在厂前区、行道树的绿带中、建筑物和构筑物的四周以及清水池的顶部,覆盖以裸露的土地,它既能防尘又能减少夏季地面的热辐射。

花坛、喷水池、假山、雕塑以及室外座凳等建筑小品对厂区的美化起着重要的作用,多用在厂前区广场和道路的对景处。

(三)单层厂房的平面设计

1. 单层厂房平面设计与总平面图的关系

单层厂房是工厂整体的一个组成部分,所以应根据工厂总平面布置的要求来确定厂房的平面形式。同样,单层厂房平面设计也必须符合总图对人流和货流进出路线的组织。此外,还应该处理好以下几种关系。

(1)单层厂房平面设计与地形的关系

厂房的平面设计,在满足生产工艺要求的前提下,应尽量适应地形。尤其是在山区建厂时,不宜过于强调厂房的简单、规整,而应因地制宜,尽量减少土石方工程和投资。

(2)单层厂房平面设计与风向的关系

在炎热地区,为使厂房获得良好的自然通风,一般应限制厂房的宽度,不宜太大,最好做成长条形,并使其长轴与夏季主导风向垂直或不小于 45°,采用 Π 形平面并使开口朝向迎风面,这样有利于穿堂风的组织。

在寒冷地区,为使室内不受冷风的影响,一般应使厂房的长边平行于冬季主导风向,并在迎风面的墙上不开或少开窗。

(3)单层厂房平面设计与相邻厂房的关系

厂房的平面设计受到相邻已建厂房的影响,而且还影响着后建厂房的平面形式,因此要综合考虑周围建筑的相互关系。

2. 生产工艺流程对单层厂房平面设计的影响

下面以加工装配车间为例,说明平面设计与工艺流程的关系。

根据生产工艺要求,加工装配车间一般包括机械加工和装配两个主要工段。机械加工工段是将金属毛坯进行车、刨、磨等加工,使之成为机械产品中的零件;装配工段是将已加工好的零件按一定程序装配成部件或产品。这两个工段在整个车间中所占面积较大,对平面的组合起决定的作用。其平面布置一般有以下 3 种形式。

(1)直线布置

直线布置是将装配工段布置在加工工段的延伸部分。毛坯由厂房的一端进入,成品则由厂房的另一端运出,生产线为直线型。零件可直接由吊车运输,生产线路短捷,连续性好,有建筑结构简单、扩建方便等优点。这种方式适用于规模小、起吊重量轻的中、小型车间。

(2)平行布置

平行布置是将机械加工与装配两个工段相互平行布置。零件由加工到装配的生产线呈 U 形。它具有建筑结构简单、便于扩建等优点,但运输线路长,须采用专用运输设备。这种方式适用于中型车间。

(3)垂直布置

垂直布置是将装配工段布置在与加工工段相垂直的横向跨间。零件由加工到装配的运输线路短捷,但须设越跨运输设备。这种布置方式,虽然结构比较复杂,但由于工艺布置和生产运输有一定的优越性,故广泛用于大、中型车间。

3. 单层厂房平面形式

(1)影响单层厂房平面形式的因素

单层厂房的平面形式是以生产工艺平面图为基础的。影响厂房平面形式的因素主要包括以下4项:第一,厂房生产工艺流程、生产特征和生产规模。第二,厂房内部的交通运输方式。第三,厂房的位置及和其他厂房间的关系。第四,厂房基地地形,所在地区气象条件和厂房的结构形式和经济技术条件。

(2)单层厂房平面形式及其特点

单层厂房常用的平面形式包括矩形、方形、L形、Π形和山形等,如图12-33所示。

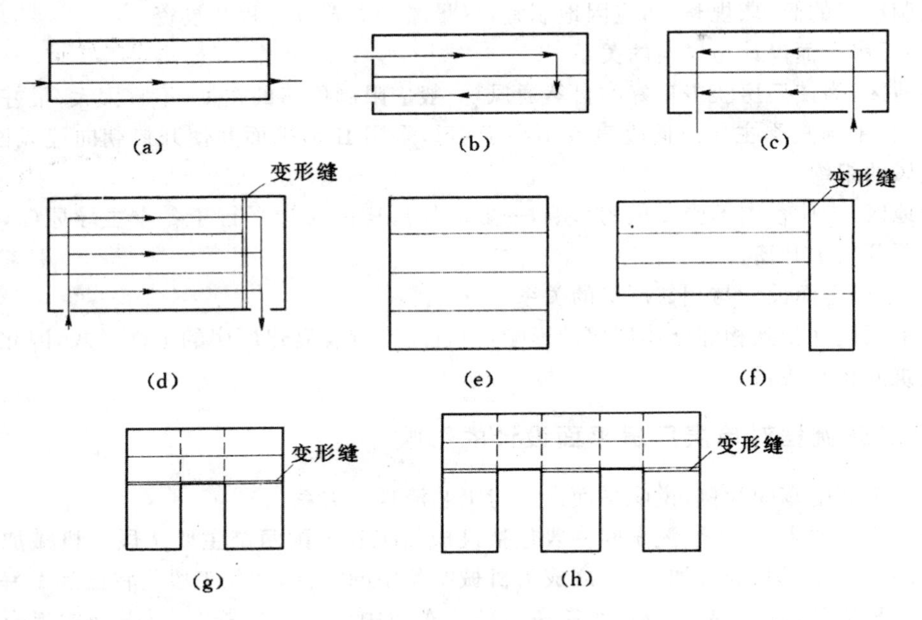

图12-33 厂房平面形式

(a)~(d)矩形;(e)方形;(f)L形;(g)Π形;(h)山形

单跨矩形平面是最简单的平面形式,也是构成其他平面的基本单元。

矩形平面可用于冷加工或小型热加工厂房,适用于直线式生产工艺流程、往复式生产工艺流程和垂直式生产工艺流程。

方形和近方形平面通用性强、抗震性能好,具有良好的保温、隔热性能。方形和近方形平面厂房可节约围护结构25%左右,造价较低。

L形、Π形和山形平面具有良好的采光、通风、排气、散热和除尘能力,适用于中型以上的热加工厂房,如铸造、轧钢和锻造等。然而,这几种平面形式构造复杂,有较多的纵横相交构件,抗震性差,造价较高。

4. 柱网的选择

厂房柱子在平面上排列所形成的网格称为柱网。柱子纵向定位轴线间的距离为跨度,决定了屋架的尺寸;横向定位轴线间的距离为柱距,决定了吊车梁和屋面板的跨度尺寸,如图12-34所示。

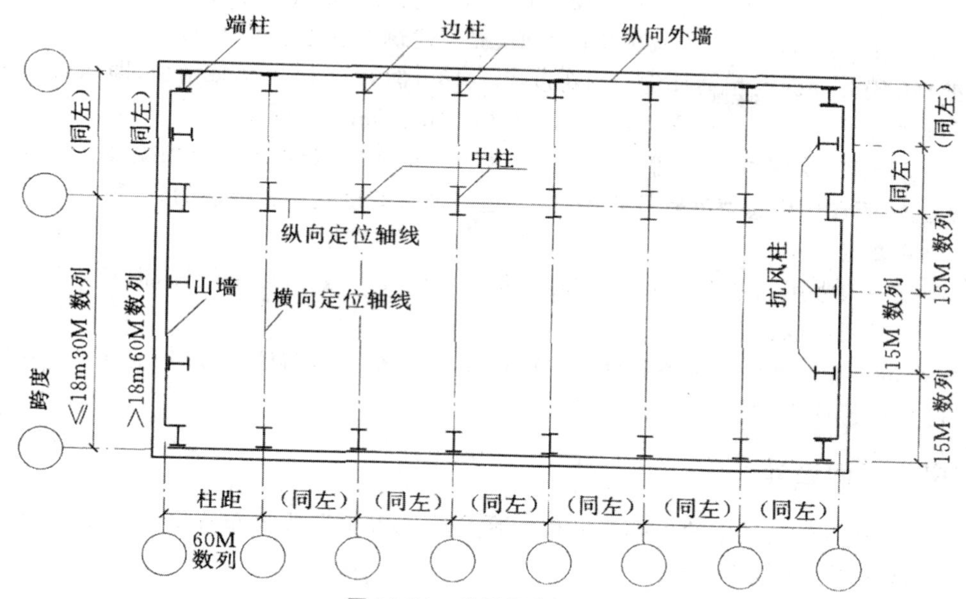

图 12-34　单层厂房柱网示意

(1)选择柱网的原则

第一,满足生产工艺提出的要求。第二,符合《厂房建筑模数协调标准》(GBJ6—86)的规定。第三,全面协调跨度和柱距,尽量使柱网统一,使建筑平面合理。第四,扩大柱网,提高厂房的通用性和经济合理性。

(2)厂房跨度的确定

第一,满足工艺要求。厂房内生产工艺、设备规格、设备布置方式及交通运输和生产操作所需的空间是确定跨度的基本参数,如图 12-35 所示。

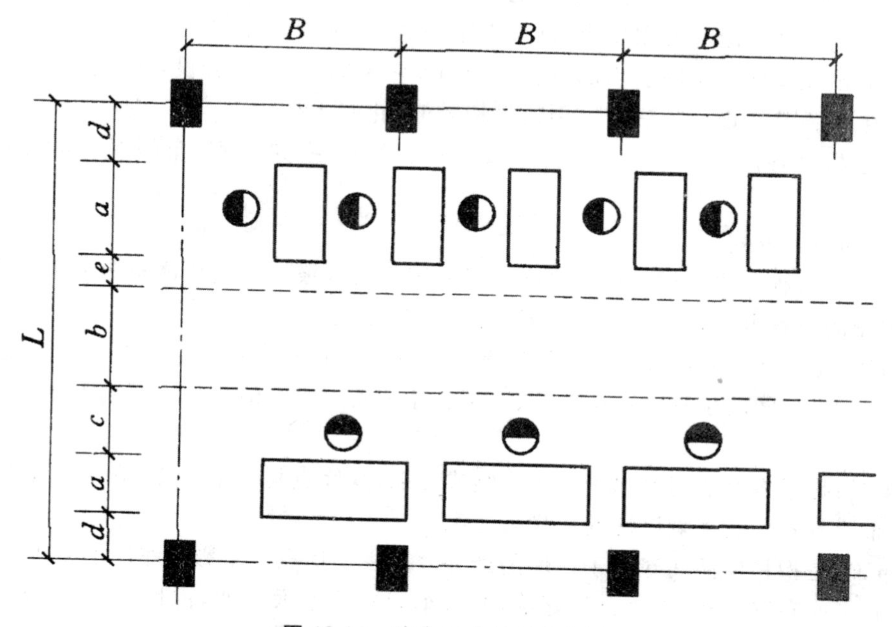

图 12-35　跨度尺寸与工艺布置关系

a—设备宽度；b—行车通行宽度；c—操作宽度；d—设备与轴线间距；e—安全距离

第二，符合模数协调标准。为减少构件类型、提高建筑工业化水平，跨度须满足《厂房建筑模数协调标准》(GBJ6—86)的相关规定。当跨度小于18m时，按3M的倍数增加，即9m、12m、15m和18m；当跨度大于18m时，按6M的倍数增加，即24m、30m和36m。

第三，经济合理。对机械加工等生产设备布置灵活的车间，跨度尺寸可根据技术经济的合理性比较确定。一般在厂房总宽度和柱距不变时，适当加大跨度是比较经济的。

(3)柱距的确定

6m柱距是一般采用的基本柱距，在实际工程中应用较广，经济效果较好，但6m柱距不便布置设备，厂房的通用性也较差。

当厂房内布置有大型生产设备需跨越柱距布置，或运输设备与柱子、设备基础与柱基础发生冲突时，应考虑进行柱距调整，扩大柱距。

5. 厂房生活间设计

为满足工人在生产过程中的生产卫生和生活需要，各车间除需要布置生产工段外，还需设置必要的生活福利用房，一般称为生活间。

(1)生活间的组成和设备

生活间分为生产卫生用室和生活用室两类房间。常见的生活间包括存衣室、车间浴室、盥洗设备、厕所及其他用室。

存衣室用于存放工人的便服、工作服及雨伞和雨鞋等，应按车间的卫生特征等级设置。一般存衣室应男女分设，但没有男女单独换衣间时，也允许设立公用的存衣室。存衣方式以采用闭锁式衣柜为多。

劳动强度大、污染严重及有特殊要求的厂房，应单独设浴室。女浴室与卫生等级为1～2级的男浴室，应采用淋浴设施。其他可采用浴池。

洗设备应根据具体情况和使用要求，可采用盥洗盆、盥洗槽和盥洗池等，也可设专用盥洗室或将盥洗设备分设在车间边角的适当部位。设专用盥洗室时，应男女分设，并设挂衣设备。

厕所的卫生设备及其设计方法与民用建筑相类似，此处从略。

其他用室应根据各厂房的生产特点和需要可设置休息室、进餐室、车间卫生站及妇女卫生室等。

(2)生活间的布置方式

确定生活间的布置方式，要综合考虑气候条件、工厂的规模、性质、总体布置和车间的卫生特征等因素。常见的布置方式包括内部式布置、毗连式布置、独立式布置。

内部式布置：是指在车间内部空闲位置布置的生活间。这种布置方式既便于灵活使用，又经济合理，如利用厂房柱间的位置设置挂衣钩、衣柜和盥洗器等示。但是一定要确保生产卫生状况符合相关标准。

毗连式布置：是指将生活间贴建于厂房一侧或一端，其优点是使用方便、节约外墙面积、用地少等，但这种布置方式可能影响厂房的采光与通风。

独立式布置：是指将生活间建造于厂房的外部。其主要优点是不影响车间的采光与通风，不受厂房的影响，平面布置灵活，卫生条件好等，但与车间联系不太方便，占地面积大，多用于南方和热加工车间。

（四）单层厂房的剖面设计

单层厂房剖面设计的内容是合理选择剖面形式，确定厂房的高度，选择屋盖形式和排水方式解决厂房的天然采光和自然通风等问题。剖面设计通常需结合平面设计和立面设计来综合考虑。

1. 单层厂房的剖面形式

单层厂房的剖面形式与生产工艺、车间的采光、通风要求、屋面的排水方式及结构类型等有关。常见的单层厂房剖面形式如图 12-36 所示。

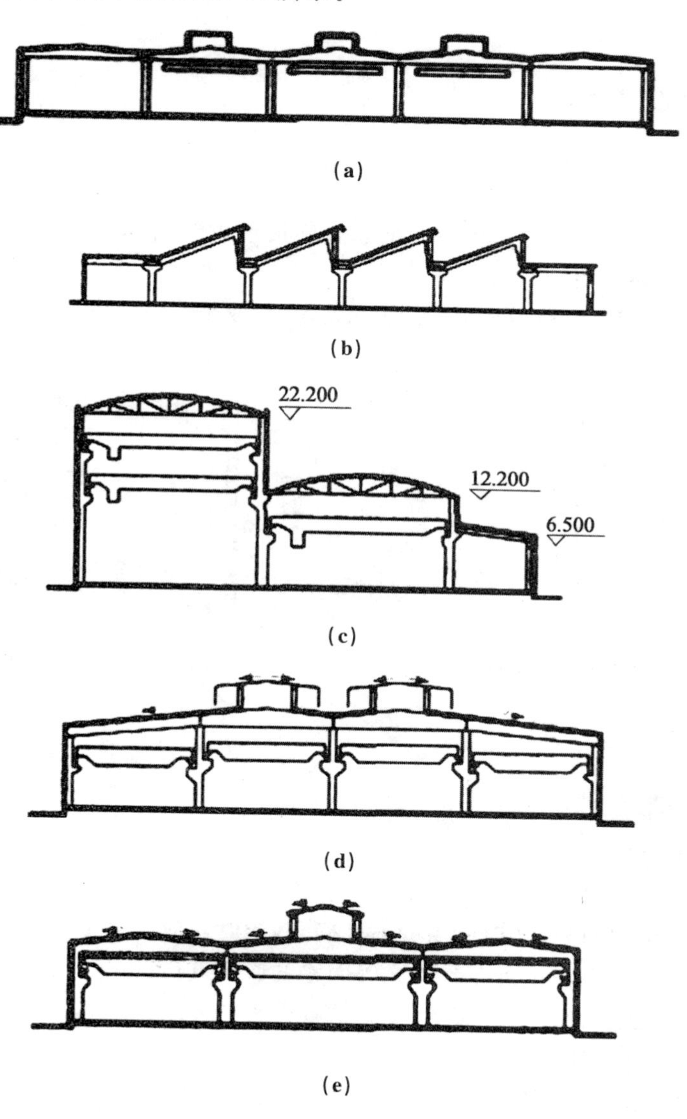

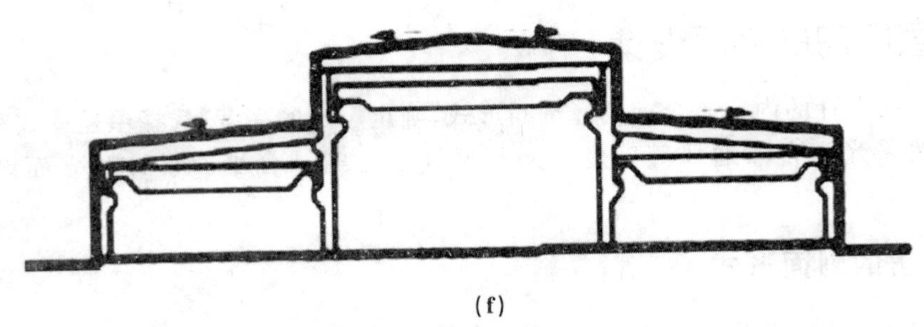

(f)

图 12-36　单层厂房的剖面形式

(a)等高联跨多坡式;(b)锯齿形联跨多坡式;(c)不等高双跨三坡式;(d)等高双跨四坡式;(e)等高三跨六坡式;(f)不等高三跨四坡式

2. 单层厂房高度的确定

(1)厂房高度与模数

单层厂房的高度是由室内地面到屋顶承重结构下表面的距离,如图 12-37(a)所示。如果屋顶承重结构是倾斜的,则厂房高度是由室内地面到屋顶承重结构的最低点。厂房各部分标高及模数要求如图 12-37(b)所示。

为方便设内外运输,厂房室内外高差不宜过大,一般取 150mm。

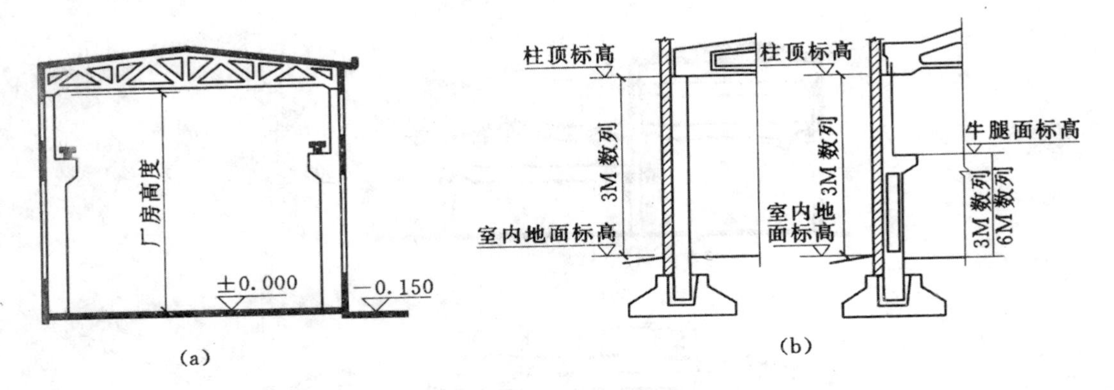

图 12-37　厂房各部分高度

(a)厂房高度;(b)厂房各部分标高

(2)柱顶标高的确定

单层厂房柱顶标高的确定,根据有无吊车而有不同的要求。无吊车厂房的柱顶标高由最大生产设备的高度和安装、检修设备时所需的高度确定,同时还应满足采光和通风等要求。有吊车厂房的柱顶标高受吊车类型和吊车布置方式等因素的影响,应考虑生产设备的最大高度,被吊物体的最大高度等参数,这在前面已经有所介绍,此处不再赘述。

(3)厂房内部空间的利用

厂房高度对工程造价有直接的影响,充分利用厂房内部空间,降低厂房高度,可以有效地降低造价。对个别高大设备或个别要求空间高度较大的设备,可利用两屋架之间的空间或降低室内局部地面形成有效高度(图 12-38)。

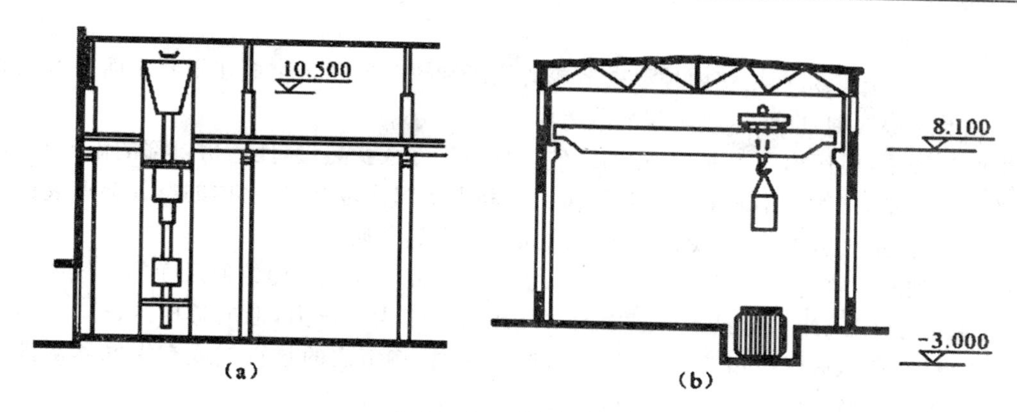

图 12-38　厂房空间的利用

(a)利用屋架空间布置设备；(b)降低局部地面标高布置设备

3. 单层厂房的采光与通风

(1)天然采光

天然采光是利用自然光线进行室内照明，单层厂房天然采光包括侧面采光、上部采光和混合采光等形式(图 12-39)。

侧面采光分单侧窗采光和双侧窗采光，如图 12-39(a)、图 12-39(b)所示。单侧窗采光光线不均匀，适用于进深较小的厂房；双侧窗采光可以提高厂房采光的均匀程度，满足较大进深厂房的采光要求。

上部采光是通过天窗实现的，又分为矩形天窗顶部采光、平天窗顶部采光、M 形天窗顶部采光，如图 12-39(c)、图 12-39(d)、图 12-39(e)所示。上部采光照度均匀、采光率高，但构造复杂、造价高。

混合采光同时利用侧面采光和上部采光，一般适用于仅用单一的侧面采光或上部采光不能满足照度要求的厂房，如图 12-39(f)所示。

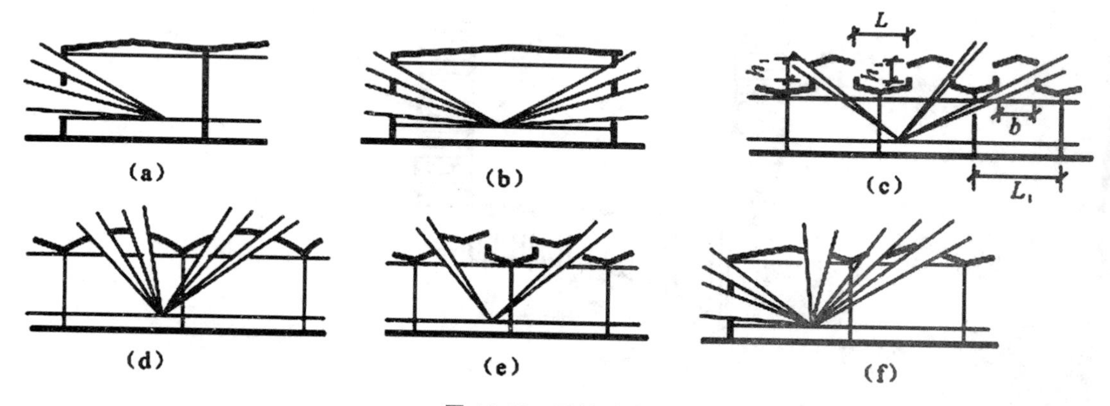

图 12-39　天然采光的形式

(a)单侧窗采光；(b)双侧窗采光；(c)矩形天窗顶部采光；(d)平天窗顶部采光；(e)M 形天窗顶部采光；(f)混合采光

(2)自然通风

单层厂房自然通风是利用室内外温差造成的热压和风吹向建筑物而在不同表面上形成的压力差来实现通风换气的,即热压通风和风压通风。

在生产过程中,厂房内的工业炉、热加工件等热源排除大量热量,使厂房内部的温度升高,室内的空气体积膨胀,密度减小而上升。当厂房上部和下部门窗敞开时,室内的空气会形成良好的通风循环,将室内空气从上部窗口排出,这种通风方式为热压通风。

当室外风吹向建筑物时,遇到建筑物受阻,空气压力发生变化。建筑迎风面的空气压力超过大气压力,形成正压区(+);建筑物背风面的空气压力小于大气压力,形成负压区(-)。如在正压区设进风口,在负压区设排风口,风从进风口进入室内,将室内的热空气或有害气体从排风口排至室外,达到通风换气的目的,这种通风方式为风压通风(图 12-40)。

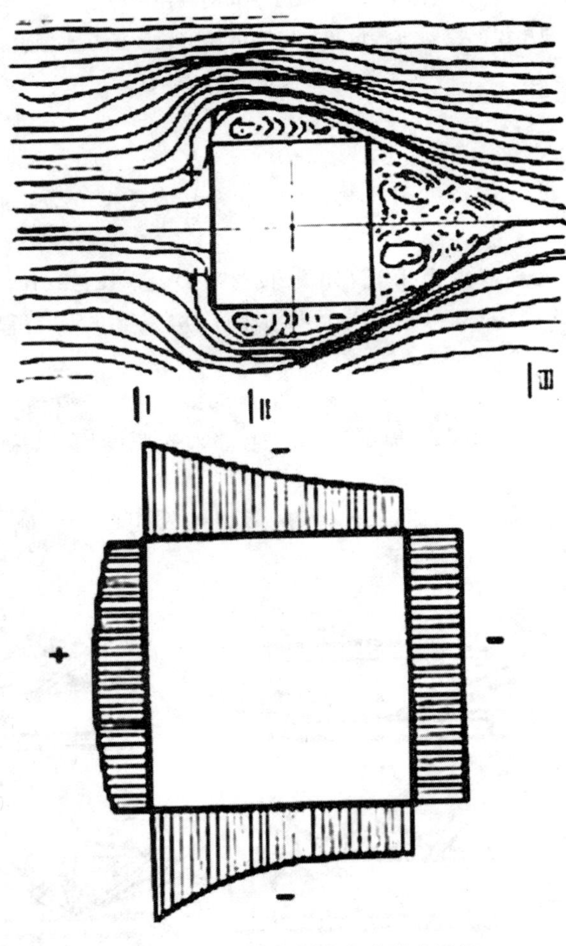

图 12-40 风绕房屋流动形成风压

(五)单层厂房的立面设计

立面设计是厂房建筑设计的一个重要组成部分,在实际工程中,平面、剖面和立面设计是统一考虑综合解决的。立面设计应遵循朴素大方、简洁明快、技术先进的设计原则。

1. 窗口组合

窗口组合是指窗与窗、窗与墙面的相对关系，它可有多种形式。采用不同的形式，可使窗口同墙面形成不同的比例，并给人以不同的节奏感和韵律感，如图 12-41 所示。

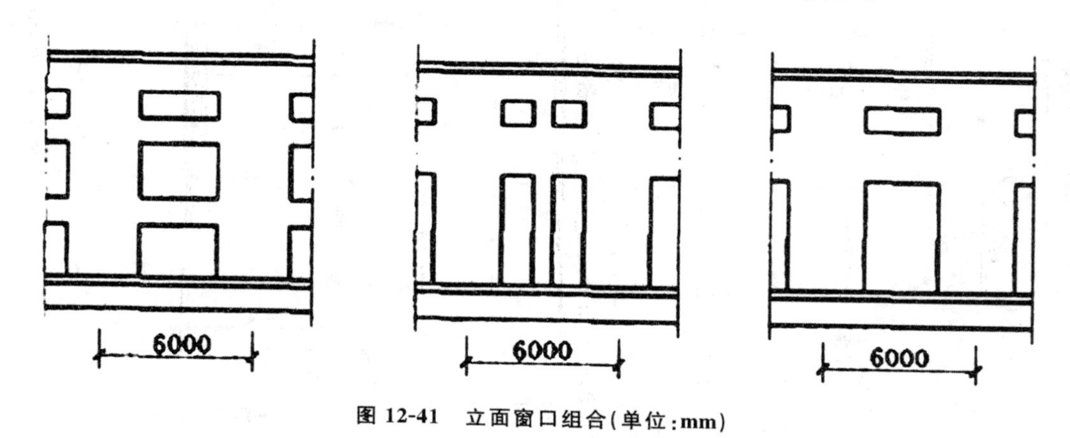

图 12-41　立面窗口组合(单位:mm)

2. 墙面划分

在实际工程中，立面设计常采用垂直划分、水平划分和混合划分的方法。

(1)垂直划分

垂直划分是根据外墙结构和构造的特点，利用柱子、壁柱、凸出的垂直窗间墙和竖向组合的侧窗等构件所构成的竖向线条，有规律地重复分布，使立面具有垂直方向感，厂房显得较为高大、挺拔。

(2)水平划分

水平划分通常是在水平方向设整排的带形窗，用通长的窗楣线和窗台将窗连成水平线条，或利用檐口、勒脚和遮阳板等组成水平线条，使厂房显得简洁、舒展和平稳。

(3)混合划分

垂直划分和水平划分通常不是单独存在的，多数是结合运用，以某种划分为主，或是两者混合运用，从而构成垂直划分与水平划分的有机结合，以取得良好的效果。

3. 立面装修

立面装修是在上述基础上进行的，应根据周围的环境、厂房性质及生产特征来选择装修标准与材料，力求做到既经济又美观。

(六)单层厂房定位轴线的标定设计

定位轴线与厂房建筑设计和结构布置有着密切的关系。例如，柱网尺寸是由定位轴线标定的；厂房构配件安装的位置、厂房内预留的坑槽、孔洞、管线及设备安装等位置，均以定位线来定位。所以，建筑、结构、设备等施工图纸均需注明统一的定位轴线，便于施工。

定位轴线有纵向轴线和横向轴线。与厂房横向骨架平行的轴线称为横向定位轴线，与它垂直的轴线称为纵向定位轴线(图 12-42)。

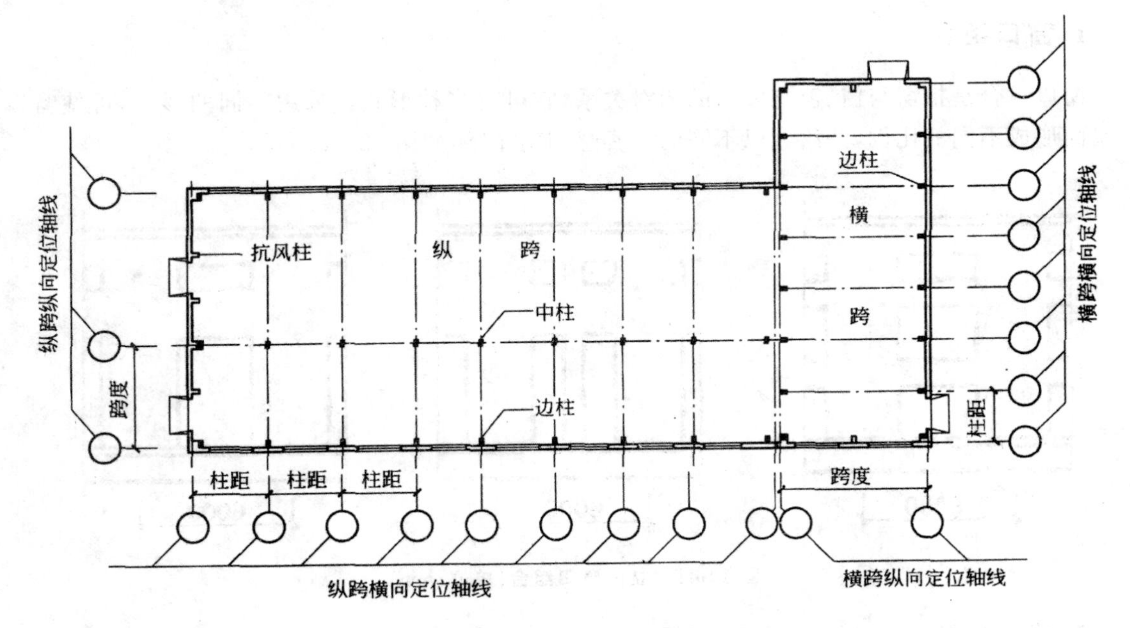

图 12-42　厂房定位轴线平面图

纵横跨的纵横定位线互为垂直关系，即纵跨的横向定位线垂直于横跨的纵向定位线。一般而言，横向定位轴线标在屋面板的横向接缝处，其轴线间的距离与屋面板长度的标志尺寸是一致的。纵向定位轴线标在屋架的端部，其轴线间的距离和屋架跨度的标志尺寸也是一致的。定位轴线间的距离和承重构件长度是统一的，都要合乎模数制。同时要符合《厂房建筑模数协调标准》中的有关规定：

厂房的跨度≤18m 时，采用 $30M_0$（3m 的倍数，即 18m、15m、12m、9m、6m 等）；厂房跨度＞18m时，应采用 $60M_0$（6m 的倍数，即 24m、30m、36m 等），若工艺布置有明显优越性时，可采用 $30M_0$（3m 的倍数，即 21m、27m、33m 等）。

柱距采用 $60M_0$，即 6m 或 6m 的倍数。

关于单层厂房定位轴线的标定，一般都采用封闭式结合。当厂房的外墙内缘与柱子的外缘，重合于同一条定位轴线时，称为封闭式结合，如图 12-43(*a*)所示；否则称非封闭式结合，如图 12-43(b)所示。在非封闭式结合中，轴线所标定的屋架（梁）端部和屋面板板边与外墙内缘之间有空隙 a_c，需加补充构件将其封上。a_c 称作联系尺寸。

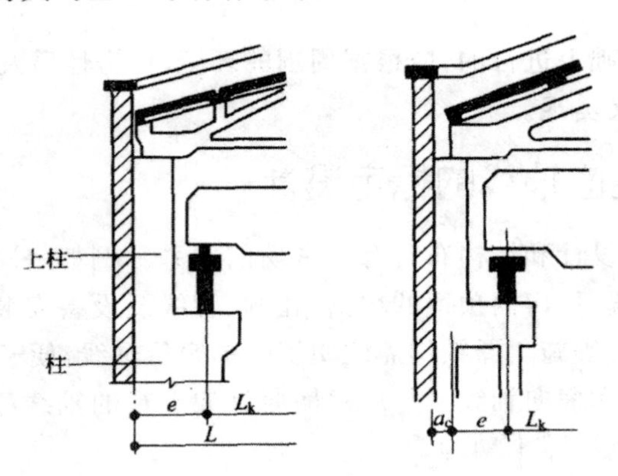

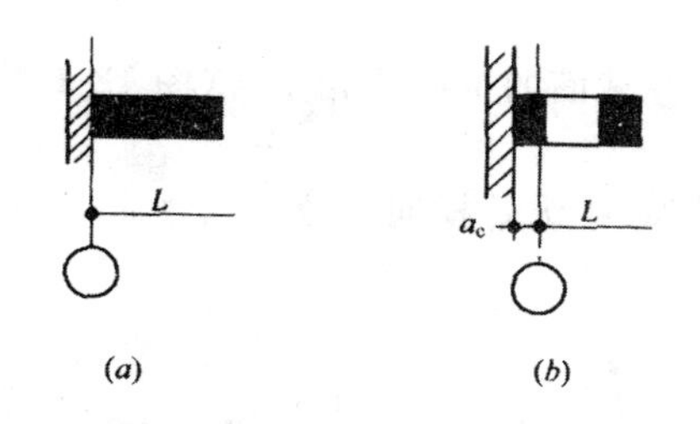

图 12-43 单层厂房定位轴线的标定

(a)封闭式结合;(b)非封闭式结合

a_c—联系尺寸(150mm、250mm、500mm);e—吊车轨中心到纵向定位线的距离;L—厂房跨度;L_k—吊车轨距

定位轴线的标定在单层工业厂房的建筑设计中是比较重要的。以下从三个方面分别进行说明。

1.单层厂房定位轴线的标定

图 12-44 所示的是三个纵跨一个横跨的单层厂房结构布置平面图。其中纵跨车间有两个 18m 和一个 12m 的车间,横跨 18m。12m 和 18m 相邻两跨设为高低跨,皆设有吊车,吊车起重量为 20t。厂房的 1—1、2—2、3—3、4—4、5—5 的定位轴线标定如图 12-45 所示。

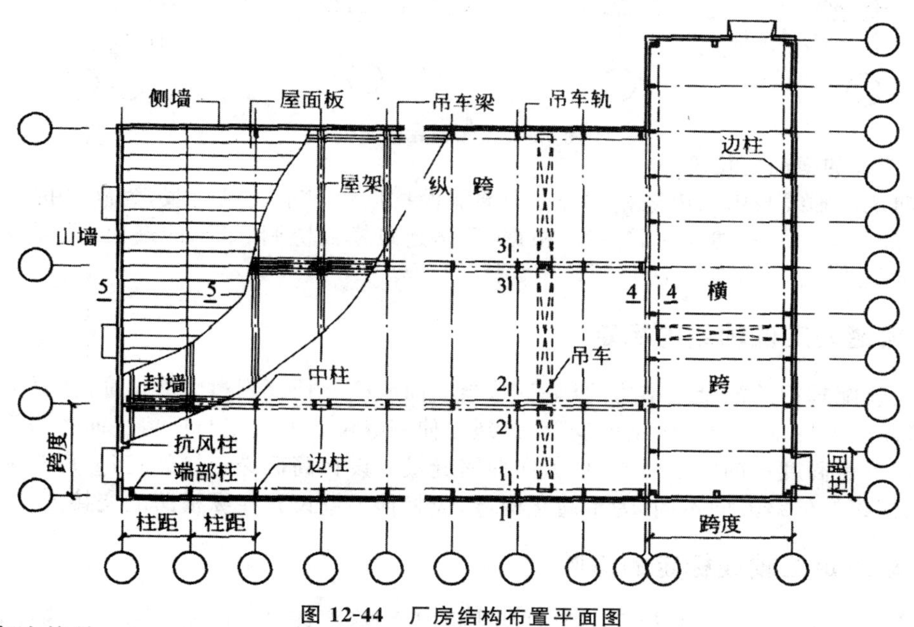

图 12-44 厂房结构布置平面图

(1)在边柱处

边柱的纵向定位轴线与外墙内缘及边柱外缘相重合。边柱的横向定位轴线与柱截面的中心线相重合(图 12-45 的 1—1)。

(2)在高低跨间的中柱处

用高跨外伸的牛腿以支承低跨的屋架;其纵向的定位轴线是与高跨上柱外缘及封墙内缘相重合;其横向定位轴线则与柱截面中心线相重合(图 12-45 的 2—2)。

(3)在等高跨间的中柱处

纵向和横向定位轴线则与柱截面的中心线相重合(图 12-45 的 3—3)。

(4)纵横跨交接处

纵跨紧邻横跨的端部柱内移,距纵跨横向定位线的距离为 600mm。其横跨纵向定位轴线与封墙内缘重合(图 12-45 的 4—4)。

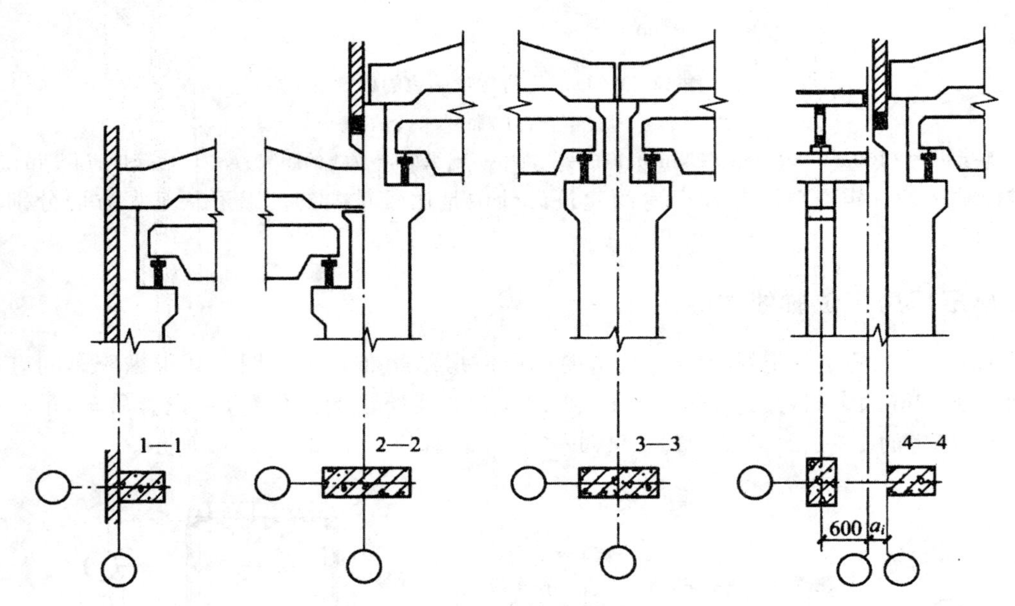

图 12-45　车间轴线定位

(5)山墙处的横向定位轴线

其横向定位轴线与山墙内缘相重合。山墙需设抗风柱以承受风荷载,为满足抗风柱的架设要求,山墙处屋架(梁)和端部柱需内移,根据《厂房建筑模数协调标准》的规定,端部柱的中心线应自横向定位线向内移 600mm。

2. 伸缩缝处定位轴线的标定

在单层装配式钢筋混凝土结构的厂房中,当纵向或横向长度超过 100m 时,就要考虑设置伸缩缝,以避免因温度变化而产生结构变形、开裂。伸缩缝位置的选定与厂房平面各跨间的组合有关。当厂房具有高度不同的平行跨时,纵向伸缩缝最好设在高低跨交接处;当厂房为纵横跨组合时,由于纵横跨的伸缩方向不同,为了简化构造,应将伸缩缝设置在纵横跨的交接处。

3. 吊车对定位轴线标定的影响

厂房定位轴线的标定还必须和吊车的尺寸相配合,以保证吊车的安全运行。为此,在吊车边缘与上柱内缘之间要有一定的安全空隙。

(1)吊车与相关符号的意义

吊车规格表中要求,吊车的轨道中心线距离纵向定位轴线均为 750mm,即吊车的跨度 L_k 比屋架的跨度 L 小 1 500mm(图 12-46)。其中 B 为吊车轨道中心线到吊车端部的距离(它的大小取决于吊车起重量,起重量越大 B 也就越大);K 为吊车端部到厂房上柱内侧的安全空隙;a_c 是为满足安全空隙(K)的需要,柱子向外扩增的尺寸,也就是非封闭式结合的联系尺寸。h 为厂房上柱截面高度。

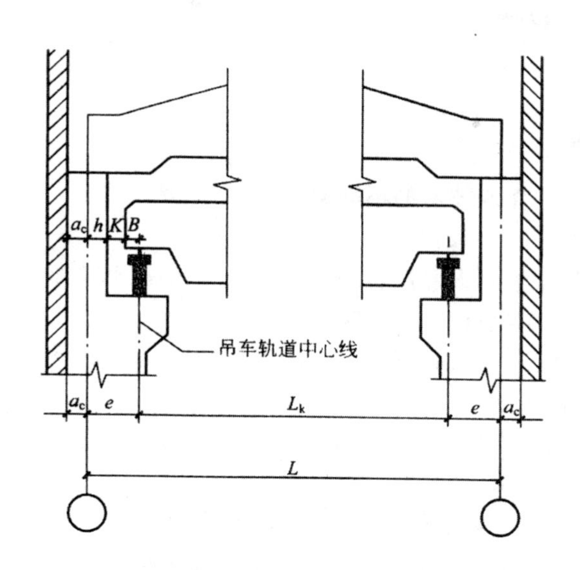

图 12-46　吊车与相关符号的意义

(2)吊车与联系尺寸的关系

当吊车起重量等于或大于 30t 时，厂房柱承担的荷载就相应增大了，其柱断面和上柱的截面高度(h)也会增大；吊车起重量的加大，吊车轨中心到吊车端部的尺寸(B)和吊车运行的安全空隙(K)也相应增大。而吊车跨度和厂房屋架的跨度又不能随意变动，这就满足不了吊车对安全空隙的要求。因此在边柱处、高低跨和纵横跨处定位轴线的标定，就出现了非封闭式结合的轴线定位，如图 12-47 所示。

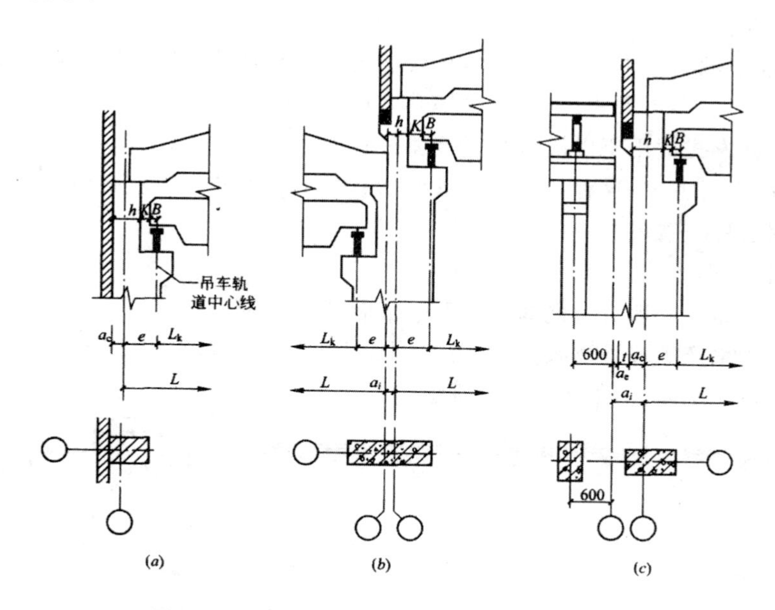

图 12-47　吊车起重量≥30t 时定位轴线的标定

(a)边柱处；(b)高低跨处；(c)纵横跨处

a_i—插入距；t—封墙厚度；a_e—变形缝宽；a_c—联系尺寸；e—吊车轨中心到纵向定位轴线的距离；L_k—吊车轨之跨距；L—厂房车间跨距

(七)多层厂房的设计

1. 多层厂房的特点

随着工业的发展和我国建筑技术的不断提高,多层厂房的数量有明显的增多。与单层厂房相比较,多层厂房具有以下几方面的特点。

(1)占地面积小,节约用地。多层厂房缩短了生产工艺流程,降低了产品成本,缩短了室外各种管网和道路的长度,降低了投资和维修费用。

(2)外围护结构面积小。同样面积的厂房,随着层数的增加,单位面积的外围护结构面积随之减少,从而节约材料和能源。

(3)屋盖构造简单。多层厂房宽度较小,可利用侧面采光,不设天窗,因此简化了屋面构造,且排除雨、雪水比较方便。

(4)柱网尺寸小,工艺布置的灵活性受到一定限制。

(5)增加了垂直运输设备,且人流和货流组织都比较复杂。

2. 多层厂房平面设计

多层厂房的平面设计首先应满足生产工艺的要求,并综合考虑与生产相关的各项技术要求。此外,运输设备、交通联系和生活用房的设置对平面设计也有很大影响。

(1)生产工艺流程与平面布置的关系

生产工艺流程是车间各工段在多层厂房各楼层如何分布和在各层平面中如何布置的主要依据。一般有以下几种布置方式。

第一,自下而上的布置方式,是将原料自底层按工艺流程顺序逐层向上加工成成品。

第二,自上而下的布置方式,是将原料提升到顶层,然后按加工顺序靠自重逐层下降至底层加工成成品。这种方式适用于以散粒状或液体材料做原料的工厂。

第三,往复的布置方式,这种布置方式既包括有自下而上的,也包括有自上而下的生产过程,如印刷厂常采用这种布置方式。

(2)平面布置的形式

多层厂房平面布置一般有统间式、内廊式、混合式这几种。

统间式适用于生产工段面积较大,相互之间联系紧密,不宜以隔墙分开的车间。各工段按生产工艺流程布置在大统间里,如图 12-48 所示。

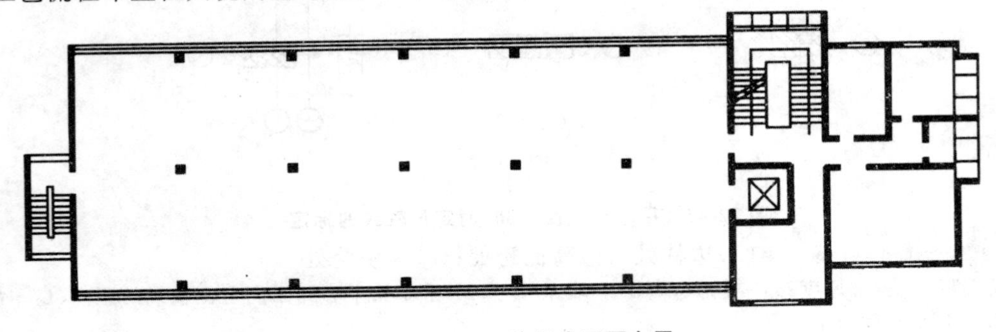

图 12-48　统间式平面布置

内廊式适用于生产工段面积不大，生产上既要联系又要防止相互干扰的车间。各工段按生产工艺流程，布置在内走廊两侧的房间里，如图 12-49 所示。

混合式是根据生产上的不同要求，采用上述平面形式混合布置的方式。它能满足不同生产工艺流程的要求，但平面和剖面形式及结构类型较复杂，对抗震不利。

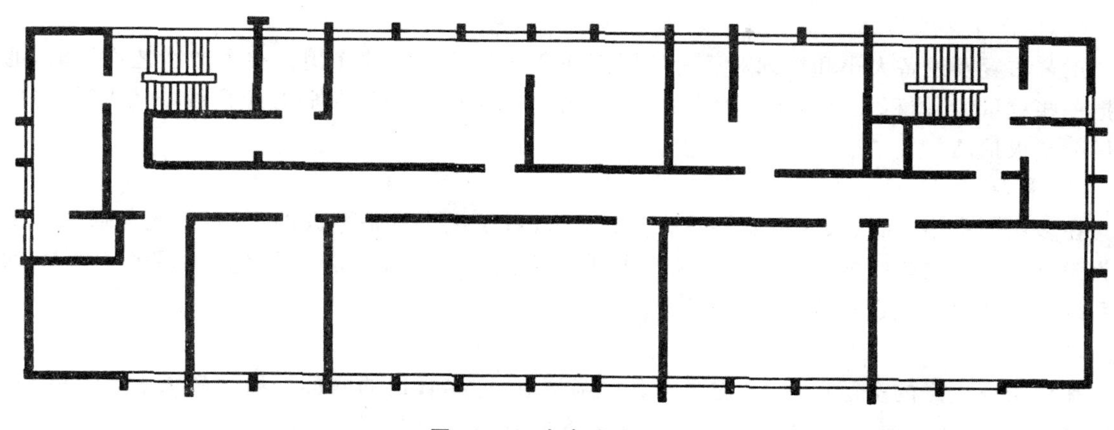

图 12-49　内廊式平面布置

(3)柱网布置

柱网布置是平面设计的主要内容之一。因受到楼层结构的限制，柱网尺寸一般较单层厂房小，但随着科学技术的不断发展，柱网(主要是跨度)有扩大的趋势。多层厂房的柱网一般包括内廊式柱网、等跨式柱网这两种类型。

内廊式柱网在布置上多采用对称式，中间为走道，两侧为车间。其特点是利用走道和隔墙将生产区与交通部分隔离开，做到互不干扰，有利于车间的天然采光与自然通风。厂房的跨度多采用 6.0m、6.6m 和 7.2m；走廊的跨度宜采用 2.4m、2.7m 和 3.0m。

等跨式柱网主要适用于统间式布置的厂房，由多个连续跨组成。其特点是没有固定的通道，也可根据实际需要分隔成内廊式平面布置，使用灵活。其跨度(进深)常采用 6.0m、7.5m、9.0m、10.5m 和 12m。

此外，还有对称不等跨柱网和大跨度式柱网等。

3. 多层厂房层数的确定

多层厂房层数的确定主要受到以下几种因素的制约。

(1)生产工艺要求

工艺流程及其各生产工序所需面积的比例，材料的运行和加工过程确定了层数。在多层厂房中布置的各主要工序面积的相互比例，对厂房层数也起着重要作用。

(2)城市规划的要求

按生产性质，工业企业大约有 40%左右可布置在市区和近郊区。当厂房建在城市干道旁或广场附近时，厂房的层数由于用地紧张、地价昂贵不得不向高空发展，增加了厂房的层数。

(3)层数的技术经济分析

层数的技术经济指标与所在地区的地质、建筑材料、建筑面积及其长宽都有关系。在地质条件较差的地区建厂时，厂房的层数不宜过多。若增加层数，则需采取相应的地基加固措施，有时是不经济的。混合结构与框架结构相比较，在层数较少的情况下，混合结构是经济的，但当为高层时，则必须采用框架结构。

4. 多层厂房层高与宽度的确定

多层厂房的层高与宽度同生产工艺、采光、节能、通风和建筑造价都有密切关系。

(1)生产工艺及设备

工艺布置及设备大小和排列对厂房的层高和宽度起着决定性作用。在生产工艺许可时，通常把一些重量大、体积大的设备布置在底层，而相应地增大底层的层高，当个别设备较大时，可以将局部楼板抬高。

(2)采光

在多层厂房中，天然采光主要靠外墙上的侧窗，对于生产设备不大的厂房，采光与通风可能成为确定层高的主要因素。当厂房宽度增大到一定范围时，需要增加层高才能满足采光要求；通风系统的送回风方式也影响着厂房的层高。

(3)工程管道

在精密性生产的多层厂房中，需要设置空调管道，这些管道的断面一般比较大，为了保持空间的整洁，有时还需要吊顶，因而影响了厂房高度的确定。此外，在空调的房间内，层高还要满足新风和室内空气混合时空气层的高度要求以及恒温区的高度要求。

(4)技术经济分析

层高和宽度与土建造价有关，单位面积的造价是随着层高的提高而增加，层高每增加 0.6m，造价提高 8.3%。当厂房宽度增加时，单位面积的承重结构和围护结构的造价却随之降低。目前我国常用的多层厂房宽度在 18～36m 之间，大于 36m 的宽度由于受天然采光的制约，采用得尚少。

第四节　托儿所、幼儿园建筑的设计方法

托儿所、幼儿园是保育和教养学龄前儿童的机构。托儿所以养为主；幼儿园教、养并重。我国规定托儿所是 3 岁前儿童集体保教的机构；幼儿园是对 3～6 岁幼儿进行学龄前教育的机构。托儿所、幼儿园建筑的设计应符合婴幼儿的特点，保证其安全、健康、快乐成长。

一、托儿所、幼儿园建筑概述

(一)托儿所、幼儿园的类型

按不同的划分方法，托儿所、幼儿园有多种类型。

1. 按管理方式分类

(1)独立管理的托儿所或幼儿园

即托儿所和幼儿园分别自成一个独立单位。这种托儿所或幼儿园性质较为单一，对管理、设

备以及卫生保健等方面都比较简便。

(2)混合管理的托幼机构

即托儿所与幼儿园合并设置,甚至还包括哺乳班。这种方式经济,但对防病隔离不利,管理较复杂。

2. 按受托方式分类

(1)日托制托儿所和全日制幼儿园

所谓日托制和全日制是指收托一天中早来晚归的幼儿,孩子在所或园里吃一顿午饭或早、中、晚三顿饭。这种托儿或幼儿园的建筑面积和设备都较经济,管理简便,人员编制少。同时孩子每日仍回家接受父母的爱护,对儿童各方面的健康发展是有利的。这是托幼机构的主要形式。

(2)全托制托儿所和寄宿制幼儿园

全托制和寄宿制是指收托的婴、幼儿昼夜生活在托儿所或幼儿园内,每半周或一周或节假日由家长接回。这种托儿或幼儿园的建筑面积较大设备较多,管理上较复杂。

(二)托儿所、幼儿园的规模和组成

1. 托儿所、幼儿园建筑的规模

班数的多少是托、幼建筑规模大小的标志。托、幼建筑规模的大小除考虑其本身的卫生、保育人员的配备以及经济合理等因素外,还与托、幼机构所在地区的居民居住密度和均匀合理的服务半径等因素有关。

托儿所的规模一般不宜超过 6 个班。托儿所按年龄应分设:乳儿班(初生到 10 个月以前)、小班(11～18 个月)、中班(19 个月～2 周岁)、大班(2～3 周岁)。托儿所的乳儿班、小班和中班一般容纳 15～20 人;托儿所大班容纳 21～25 人。

幼儿园的规模以 3、6、9、12 班划分为宜,6～9 班幼儿园居多。幼儿园按年龄一般分设小班(3～4 岁儿童)、中班(4～5 岁儿童)、大班(5～6 岁儿童)。小班可容纳 20～25 人;中班可容纳 26～30人;大班可容纳 31～35 人。

全托制和寄宿制托、幼机构,各班人数可酌减。

托儿所的建筑面积为 7～9m^2/人,用地面积为 15～20m^2/人;幼儿园的建筑面积为 8～12m^2/人,用地面积为 20～25m^2/人。其建筑密度不宜大于 30%。

2. 托儿所、幼儿园建筑的组成

托儿所、幼儿园的基本组成分为:儿童使用部分;辅助用房和服务用房;以及室外活动场地等(图 12-50)。

儿童使用部分包括活动室、卧室、乳儿班的哺乳室、乳儿室、配奶间等和卫生间(厕所、浴室、盥洗),还有供儿童集体活动的音体室。

辅助用房包括卫生保健用房(医务室、隔离室等)和管理、教学用房(园、所长室、行政办公室、休息室、传达室等)。

服务用房主要有厨房、主副食库房、洗衣室和烘干室等。

室外活动场地则包括公共活动场地和班级用活动场地。

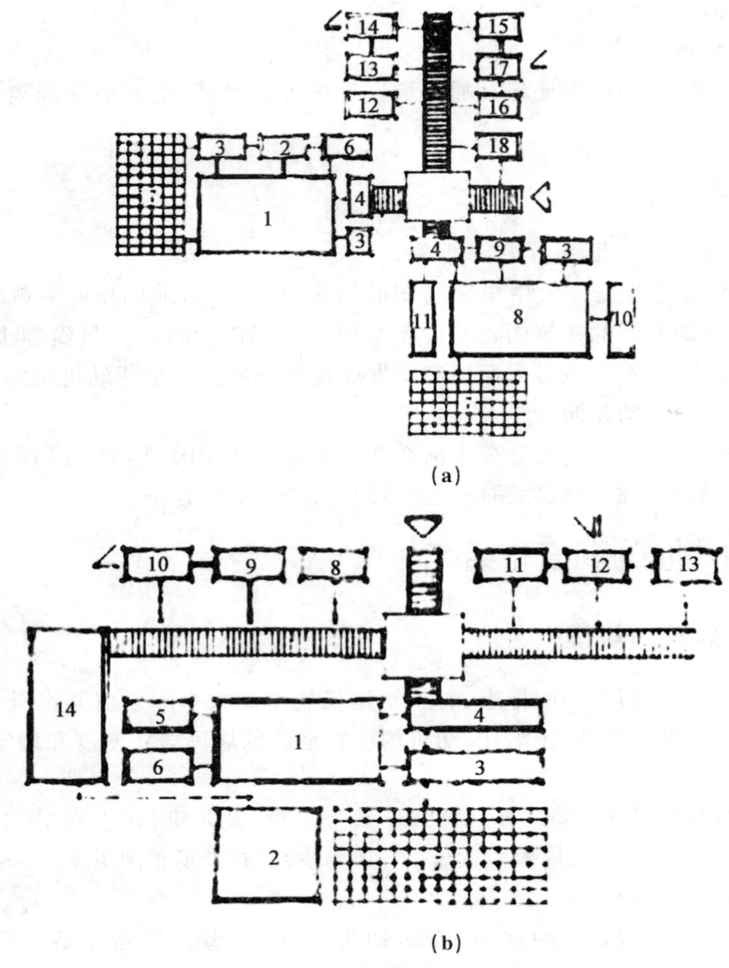

图 12-50　托儿所、幼儿园建筑功能关系图

(a)托儿所功能关系图;(b)幼儿园功能关系图

1.活动室(兼用餐);2.卧室;3.盥洗、厕、浴;4.收容、衣帽;5.茶点;6.贮存;7.室外平台,8.乳儿室;9.哺乳;10.配奶;11.观察;12.办公室;13.医务;14.隔离;15.厨房;16.洗衣房;17.杂物院,晒衣场;18.儿童车库

二、托儿所、幼儿园建筑的具体设计方法

(一)托儿所、幼儿园的用地选择要求

新建的托儿所、幼儿园应该有独立的建筑基地,一般位于居住小区的中心。具体而言,托儿所、幼儿园的用地选择应该符合下列几个方面的要求。

第一,日照条件好,通风良好。力求选择环境优美地区或邻近城市绿化地带,有利于利用这些条件和设施开展儿童的室外活动。

第二,周围环境无污染以及噪声等发生源。如不能远离时,则应处在当地常年主导风的上风向,并有足够的卫生防护距离及必要的防护措施。

第三，托、幼机构的服务半径不宜太大，应使家长接送儿童的路线短捷，并能考虑到上下班接送的顺路。适宜的服务半径不超过500m。

第四，基地应对总体布置中的合理功能分区、主次出入口位置、游戏活动、种植等场地的布置，以及绿化等提供可能的条件。

第五，应有充足的供水、供电和排除雨水、污水的方便条件，力求各种管线短捷。

（二）托儿所、幼儿园的总平面布置设计

1. 出入口布置设计

出入口的设置应结合周围道路和儿童入园的人流方向，设在方便家长接送儿童的路线上。一般杂务院出入口与主要出入口分设，小型托、幼机构可仅设一个出入口，但必须使儿童路线和工作路线分开。

主要出入口内一般应形成一个入口部分，留出一定的用地供人流、车辆的停留、等候。主要出入口应面临街道，且位置明显易识别。次要出入口则应相对隐蔽，不一定要面临主要街道。

2. 建筑物的布置设计

（1）建筑朝向

要保证儿童生活用房能获得良好的日照条件。即冬季能获得较多的直射阳光，夏季避免灼热的暴晒。一般在我国北方寒冷地区，儿童生活用房应避免朝北；南方炎热地区则尽量朝南，以利通风。具体设计时应结合不同地区的气候条件进行。

（2）卫生间间距

要考虑日照、防火的因素，必要时还应考虑通风的因素。

（3）建筑层数

幼儿园的层数不宜超过3层，托儿所不宜超过2层。这样才容易解决幼儿的室外活动，充分享受大自然的阳光、空气和水，以利于增强幼儿的体质等问题。当托、幼机构设在楼房顶层时应注意设置单独出入口和安全疏散口等。

3. 室外活动场地设计要求

室外活动场地一般分班级活动场地和公共活动场地两种。

公共活动场地的面积（m^2）＝180＋20（N－1）其中180、20为常数，N为班数（乳儿班不计）。托、幼合建时，其面积合并计算。场内除布置一般游戏器具外，还应布置跑道、沙坑、涉水池（池深不超过30cm）大型玩具、洗手池等。

班级用活动场地按每班60～80m^2计。托儿所中乳儿班不设班级活动场地。班级活动场地内可设砂池、摇船或占地不大、适合该班使用的户外大型玩具。有条件的还可安排遮阳设施。

（三）托儿所、幼儿园建筑的房间设计

为了培养幼儿良好的生活习惯、卫生习惯和独立的生活能力，要对幼儿生活作息有科学的安排。实践表明，在建筑设计上，将儿童全天生活活动中最为密切的房间组合在一起，形成一个独立的单元——儿童生活单元（或称儿童活动单元）（图12-51），是能满足儿童生活规律的要求，并

有利于教养工作的。下列内容为单元中各类房间的面积指标和相关设计要求。

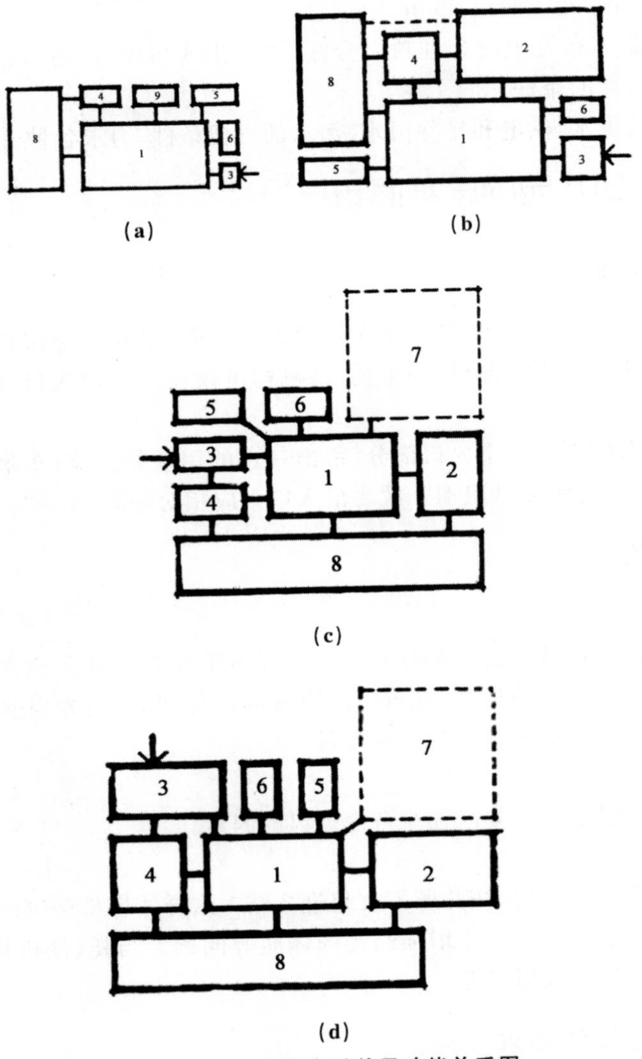

(a)　(b)　(c)　(d)

图 12-51　儿童生活单元功能关系图

(a)全日制托儿单元；(b)寄宿制托儿单元；(c)全日制幼儿单元；(d)寄宿制幼儿单元

1.活动室(兼用餐)；2.卧室；3.收容、衣帽；4.盥洗、厕所；5.贮存；6.茶点；7.音体教室；8.室外平台；9.卧具床橱

1.各类房间的面积指标

下列为各类房间的最小使用面积标准。

活动室：$50m^2$；寝(卧)室：$50m^2$；卫生间：$15m^2$；衣帽贮藏间：$9m^2$；音体活动室：$90\sim150m^2$。

需要注意的是，除音体室为全园共同面积外，其他均为每班面积；活动室和卧室合并设置时，其面积按两者之和的80%计；当集中设置洗浴设施时，每班卫生间面积可减少$2m^2$。

2. 各类房间的设计

(1)幼儿生活用房设计

①活动室设计。

活动室是儿童日常活动的场所，最好南向，以保证良好的日照、采光和通风。其空间尺度要能够满足多种活动的需要，室内布置和装修要适合幼儿的特点，在细部处理方面要充分注意幼儿的安全需要。面积一般按 1.3～1.7m²/人计算。

幼儿桌椅尺寸也有相关的规定，如表 12-8 所示。

表 12-8　幼儿桌椅尺寸表(单位:cm)

图示	年龄段	身高幅度	椅				桌	
			W_1	D	h_1	h_2	h	$L \times W$
	6～7	113～118	31	31	30	29	56	桌一般为多人(4～6 人)用，其标准为 100×70
	5～6	108～113	30	29	28	27	52	
	4～5	102～108	28	26	25	25	47	
	3～4	96～102	26	23	23	22	41	

活动室的家具除桌、椅外，其他的家具设备大致可分为教学和生活两类。它们分别是：黑板、作业教具柜、玩具柜、分菜桌等，其中有的设备如口杯架等是设于卫生间的。

活动室应满足多种活动的需要，主要有上课、作业、就餐和某些室内游戏、讲故事等。活动室的平面形状以长方形最为普遍。其他的平面形状如扇形、六边形等的活动室平面，不少是在特定条件下，根据平面布局的要求而有所变化的。

为了保证活动室有良好的朝向，使冬季有阳光深入室内；夏季能减少阳光照射，此外还要有主导风入室等条件，除在建筑组合中确定建筑方位时予以处理外，房间的设计也宜采取相应措施。

活动室的采光方式在采用侧窗(单侧窗)的情况下，房间的进深一般为 6m 左右，约为房间高度的两倍。外廊式建筑大多双侧开窗，不但有利通风，而且采光均匀，房间的进深可增加到高度的 4 倍。当房间进深大，且只能单侧采光时，可以增开高侧窗或顶窗采光，但要适当改变屋顶的形式。

乳儿班不需活动室，它主要有乳儿室、喂奶间、盥厕、配奶及观察室等。

②卧室设计。

寄宿制幼儿和工程三班轮托的托儿所一般设专用的卧室。托儿小班一般不另设卧室，在活动室内设床位，并辟出一定的面积供幼儿活动。

幼儿床的设计除了要适应儿童尺度外，制作还要坚固省料，使用要安全和便于清洁打扫。材料有木、铁和其他新型材料，而以木床居多。幼儿床的尺寸为简化规格，一般分为两种，即托儿班为 1 100×600mm，幼儿班为 1 300×700mm。

床的排列要便于保教人员巡视照顾，并使每个床位有一长边靠走道。卧室内的走道一般分主、次两种，主走道直接通向卧室内。靠窗和外墙的床要留出一定距离。

全日制幼儿园如设专用卧室来解决幼儿的午睡问题，虽使用方便，但利用率低，很不经济。

大多数的全日制幼儿园采用活动室兼卧室(解决午睡问题)的办法。其方式有:地铺、轻便卧具、活动翻床等。

另外,可考虑适当放大活动室面积(面积可以活动室与卧室面积之和的80%计算)。在房间一侧设置一部分固定床,午睡前再搭一部分活动床。这种办法虽增加了少量面积,但大大减轻了保育员的工作量。同设专用卧室比较,则又节约了很多的面积。

③卫生间(盥洗室、浴室、厕所)设计。

卫生间应临近活动室和卧室。厕所和盥洗、浴室应分间或分隔,并应有直接的自然通风。每班卫生间内最少的设备数量及相关设计要求详见本书第八章,此处不再赘述。

④音体室。

音体室是专供全园幼儿公用的集体活动房间,它不应包括在儿童活动单元之内。音体室的功能主要供班级集会、跳舞、唱歌、家长座谈会及放映录像、电影、幻灯等用。其布置方式可以单独设置;也可以和大厅结合;或与某班活动室结合。

(2)辅助用房设计

辅助用房按性质可分为行政办公、卫生保健等用房。

行政内公用房是行政管理人员工作的房间。这些房间集中在一个区域便于联系工作;同时又要兼顾对外联系的方便。

卫生保健用房主要指医务室、隔离室。卫生保健用房最好设在一个独立单元之内,与儿童活动单元要有一定隔离,并有单独出入口,防止交叉感染。

(3)服务用房设计

服务用房包括厨房、洗衣房、烘干室等。托儿所和幼儿园各班都是由厨房供给食物。厨房应处于建筑群的下风区,以免油烟影响活动室和卧室。厨房门不应直接开向儿童公共活动部分。

烘干室附设在厨房旁,要有良好的隔离。洗衣房可与烘干室相连。

(4)其他设计要求

第一,楼梯栏杆应加设童扶手,当有楼梯井时,应于扶手上附加防滑球,以防止幼儿在玩耍或上下楼时坠落。

第二,活动室、卧室的门应外开,同时不能做落地的玻璃门。

第三,活动室内必须做1.2～1.4m高的墙裙,暖气设备上要加罩或不露明的暖气管。

第四,电器设置必须安置在1.7m以上的位置。

第五,室内所有设备和家具以及户外花池等的楞角处都应做成圆角。

第六,室内地面材料不宜太硬太滑。

第七,除每班有单独活动场地外,应另设公共活动场地,并布置各种活动器械及小亭、花架、绿化、涉水池等。浪船、吊箱等摆动物周围应设安全围护设施。

(四)托儿所、幼儿园建筑的平面组合设计

1.托儿所、幼儿园建筑平面组合的基本要求

第一,各类房间的功能关系要合理。这是建筑平面组合中最基本的要求之一。

第二,朝阳、采光和通风等在托、幼建筑中应受到重视,以利创造良好的室内环境条件。

第三,要注意儿童的安全防护和卫生保健。托、幼建筑组合中应防止儿童擅自外出、穿入锅

炉房、洗衣房、厨房等地区；注意各生活单元的隔离及隔离室与生活单元的关系。

第四，要具有儿童建筑的性格特征。通过建筑的空间组合、形式处理、材料结构的特征、包彩的运用、建筑小品以及其他手法的处理，使建筑室内外的空间形象活泼灵秀、尺度适当、简洁明快，反映出儿童建筑的特点。

2. 托儿所、幼儿园建筑的组合方式

托儿所、幼儿园的建筑组合方式是多种多样的。以活动单元的组合形式来分，有单元式组合和非单元式组合；以平面形式来分，有"一"字形、"L"形（曲尺形）、六边形、圆形、风车形等。但一般我们从房间组合的内在联系方式上对各种布局形式的特点进行归纳，可分为以下几种形式。

第一，以走廊（内廊或外廊，单面布置房间或双面布置房间）联系房间的方式，简称"廊式"或"串联式"。走廊式组合对组织房间、安排朝向、采光和通风等很有利。廊式组合中，由于规模、用地形状、环境以及气候条件等不同，在实践中出现有比较集中和比较伸展的廊式组合。

第二，以大厅联系房间的方式，称"厅式"。厅式组合以大厅为中心联系各儿童活动单元，联系方便、交通路线短捷。一般多利用大厅为多功能的公共活动用，如作为游戏室、放映室、集会、演出等。大厅的采光多采用高侧窗或顶窗，亦可将大厅适当空出采光面，以利采光和通风。

第三，按功能不同，组织若干独立部分，分幢分散组合的称为"分散式"。

第四，围绕庭院布置托、幼建筑的各种用房的手法和方式，称为"庭园式"或"院落式"）。这种组合方式，庭院内部空间安静、绿化成荫，可建良好的户外活动场地，也可布置各种儿童设施。同时庭院兼有通风和采光的作用。

第五，兼而有以上两种组合形式以上的，称为"混合式"。

第五节　寒地建筑的设计方法

一、寒地建筑概述

所谓寒地建筑，是指存在于寒冷地区的建筑。寒冷地区是指最冷月平均气温在－60℃与－10℃之间的地区。在我国，寒冷地区主要包括广大东北地区和内蒙古的东北部。这一区域的气候特点是冬季严寒、漫长，采暖期（年日平均温度＜5℃的天数）均在145天以上；夏季无酷暑，短暂，平均气温≤25℃，相对湿度≥50％；年降水量200～800mm。受气候条件的影响，这一地区的建筑有着不同于其他气候条件下地区的特点，并且会受到很多因素的制约。

（一）寒地建筑的特点

寒地建筑主要具有以下几个特点。

1. 寒地建筑具有良好的保暖功能

由于寒地存在年平均气温较低、日照时间短、风沙大、冬季降雪等特点，因此，保暖是寒地建筑必须要具备的功能之一。众所周知，温度对维持人类的健康、预防和治疗疾病有很大作用。当人的体温下降到35℃时，其死亡率约为30％；低于25℃时，生还的希望非常渺茫。一般来说，有利于人体健康的气候环境应当具备：充足的阳光，不过分剧烈的温度变化，柔和的风以及中等的湿度。然而任何一个气候区都不可能每时每刻提供如此适宜的自然气候环境，恶劣天气的出现是不可避免的，因此，建筑成为满足人类生活舒适性的“庇护所”，在寒冷地区，建筑更是人们的“避风港”。如果寒冷地区的建筑不具备保暖功能，其存在也就没有意义了。

2. 寒地建筑具有良好的节能功能

节能是指加强用能管理，采用技术上可行、经济上合理以及环境和社会可以承受的措施，减少从能源生产到消费各个环节中的损失和浪费，更加有效、合理地利用能源。对于寒地建筑来说，为了保暖需要消耗一定的能源，如何在减少能源消耗同时又能满足人类的保暖要求，是寒地建筑需要考虑的问题之一。从目前寒地建筑发展来看，具有良好的节能功能已经成为了寒地建筑的特点之一。

（二）寒地建筑的影响因素

影响寒地建筑的因素有很多，其中影响较大的主要有以下几个因素。

1. 太阳辐射

作为地球生命的主要来源之一，太阳辐射是形成自然气候的最主要因素，太阳辐射的主要部分是光以及电磁波的辐射，太阳辐射对于建筑的主要影响是光效应和热效应。所谓光效应是指在太阳的辐射过程中，其产生的可见光会对于建筑的照明以及室内的采光产生巨大的影响。所谓热效应是指建筑的墙体以及室内的一些空气环境在太阳的辐射作用下产生加热的作用，让室内变得温暖的效果。① 除了光效应和热效应外，太阳辐射也会对人体与建筑材料产生一定的影响。例如太阳光中的紫外线会对人体产生辐射，并会对建筑材料的表面（例如塑料等）产生破坏作用。在寒冷地区，太阳辐射影响着寒地建筑的采光与保暖。

2. 空气温度

空气温度，简称为气温，是指一种地区热量条件的标志，是一种十分重要的气候要素，一般来讲，气温的主要影响因素便是气流的状况以及太阳的照射程度以及地形等因素，太阳的辐射照度对于气温的影响最大，太阳辐射程度越高，气温的增长幅度便越大。同时气温对于建筑的影响也是巨大的，由于建筑可通过热传导等方式让室内的温度升高，这种室内温度的变化会对建筑的热工性能计算产生影响。因此，气温高低会对建筑热传导的性能产生不同的要求。在我国，陕北的窑洞之所以具有冬暖夏凉的功能，就跟热传导有关。夏天由于窑洞深埋地下，泥土是热的不良导体，灼热阳光不能直接照射里面，因此，洞外如果38℃，洞里则只有25℃，晚上还要盖棉被才能睡觉；而到了冬天，泥土散热的速度慢，因此又起到了保温御寒的作用。这种半地穴式建筑在寒冷地区也是十分常见的，例如我国东北古代肃慎人就住这种房子，赫哲族人一直到新中国成立前还住着地窨子。气温还会对建筑的墙壁厚度产生影响，一般来说，寒地建筑的墙壁往往要比一般的墙壁厚。

---

① 李巍，郑馨：《寒冷地区建筑形态的气候适应性设计研究》，建筑规划与设计，2013年第6期。

3. 大气湿度以及降水量

所谓大气湿度指的是空气中水蒸气的含量。大气中水蒸气的主要来源是潮湿的地表水汽的蒸发升到空中形成的。大气湿度有三种基本形式，即水汽压、相对湿度、露点温度。水汽压（曾称为绝对湿度）表示空气中水汽部分的压力，单位以百帕（hPa）为单位，取小数一位；相对湿度用空气中实际水汽压与当时气温下的饱和水汽压之比的百分数表示，取整数；露点温度是表示空气中水汽含量和气压不变的条件下冷却达到饱和时的温度，单位用摄氏度（℃）表示，取小数一位。气温以及气压会对大气的湿度产生重要的影响。

大气湿度对建筑的影响是很明显的。首先，如果空气中水汽含量过高，潮湿的环境会产生霉菌，从而影响人的健康和生活的建筑环境。其次，过高的水汽含量会让建筑材料腐化，减少使用寿命，甚至会引起材料的化学反应，产生对于人体有害的物质。在寒冷地区，空气湿度容易达到饱和，在水汽压并不太高的情况下，相对湿度可能较高。

降水是影响湿度的主要因素，地表环境的水源大部分是通过降水进行循环和流动的。降水对建筑的影响也是很明显的，比如潮湿的地区降水量多，因此会更加注重排水系统的设置，所选的材料也是以防水为主的。在我国的寒冷地区，大部分降水都持续在夏季，而冬季主要以降雪为主，且时间较长，因此，这些地区的建筑要能够承受得住雨水和冰雪的侵袭。

4. 风

风是地球上的由空气流动引起的一种自然现象，防风是建筑的功能之一，在一些台风频发的地区，对于建筑的防风等级是有一定的要求的。在我国寒冷地区，风对建筑的影响很大的。我国寒冷地区一般会刮西北风，而且风速较大，特别是在冬季，寒风的出现会影响建筑的保暖，因此需要建筑具有较高的防风性能，同时还要考虑风向以及风速等问题。

二、寒地建筑的具体设计方法

（一）寒地建筑的设计原则

1. 适应性原则

适应原本是生物学上的一个概念，是生物特有且普遍存在的现象，它包含两方面的含义：生物的结构适合于一定的功能，生物的结构与其功能适合于生物在一定环境条件下的生存和繁殖。在寒地建筑设计中，适应性原则是指一种顺应自然、与自然友善的态度和面向未来的超越精神，合理地协调建筑与人、建筑与社会、建筑与自然的关系。

寒地建筑设计遵循适应性原则，要做到以下几点。

第一，要适应气候。根据寒冷地区的气候特征，设计者要遵循建筑环境控制技术的基本原理，综合建筑功能形态，合理组织和协调各建筑元素，使建筑具有较强的气候适应和调节能力，削弱寒冷气候对室内热舒适环境的不利影响。同时，要注重对寒地特有资源的高效利用，强调以适应交融的应对态度与灵活弹性的应变方式构建建筑与寒冷地区和谐共生的空间图景，从对环境的被动适应转变为主动利用。

第二，要学会共生。设计者要使当代建筑理论在寒冷地区时空场域中通过转译而获得真实性。换句话来说，就是要探索寒冷地域文化的动态演变与广义拓展。例如在我国东北地区，应该积极探寻建筑与东北寒地环境特征和历史发展的契合点，超越体用之争与中西之分，将东北寒地建筑创作真正纳入当下的全球视野，从狭隘的意识形态延伸到广阔的科学维度中，将其拓展为集哲学、美学技术于一体的复杂性综合关联，加强与其他学科的交流与融合。

第三，要体现契合。设计者要将技术的应用与寒冷建筑的特定需求和现实条件相结合，注重技术应用的适宜决策和综合效益平衡，倡导多种技术整合的适用技术观，以现代技术成果为平台，实现多样化多层次的技术格局，积极拓展新兴技术在寒冷地区建筑中的应用，在追求建筑经济型的同时，获得最优化的建成环境品质。

2. 适度性原则

任何事物都是质和量的统一体，适度是指事物保持其质和量的限度，因为超过了特定的范围事物就会偏离其合理的发展轨迹。在寒地建筑设计中，适度性原则要求寒地建筑设计要实现"形式与功能建筑与城市、传承与发展的和谐统一，促进建筑设计由粗放向精细的转变。

寒地建筑设计遵循适度性原则，要做到以下几点。

第一，要具有适度的功能观。设计者要摒弃过度营建、滥用美学等以浪费资源为前提的超前意识；关注民众的精神诉求、使用需求等建筑基本问题的解决；在功能组织与空间塑造上充分考虑寒冷地区气候因素、自然条件与经济技术的制约，以集约高效的规划布局功能组织与技术应用实现环境效益、经济效益、社会效益的综合平衡与优化；在确保功能实用技术适用的基础上，注重建筑空间的尺度感与情境化，为人们营造能够产生愉悦体验的空间氛围；通过对建筑节能技术的改进以及自然资源的合理使用，提高建筑的舒适度与运行效能，实现节能减耗，保护环境的可持续发展目标；注重建筑功能的相容性与可拓性，针对不同的建筑类型，对其功能进行合理优化，以建筑的空间形态应变寒冷气候对建筑的影响以及未来功能的变化。

第二，要具有适度的环境观。设计者要建立整体观念以平常心关注城市背景建筑的塑造与刻画，理性分析不同建筑类型的差异性与层次性，赋予其恰当的角色与语言，通过布局色调高度、形态、对位关系等一系列规则来寻求群体的统一性和秩序化，还原建筑在城市中的真实身份。目前，在很多地区都存在着忽视背景进行建筑设计的现象。例如在我国的东北地区，常会为了"一枝独秀"而去塑造标志性建筑，一味沉醉于对建筑单体造型的盲目追求，从而出现了许多由时髦设计手法拼凑而成的建筑高度及体量相类似、整体布局杂乱无章的城市街道，导致了建筑个性的丧失与趋同。

第三，要具有适度的审美观。设计者要倡导建筑语言的"沉稳、内敛、理性、简约"，强调对建筑整体性的把握，注重完整的形体组织、规整的平面布局、质朴的建筑语汇，同时赋予建筑灵动的要素，在简约中富于变化。从时间上审视寒地建筑，应该是平实质朴和谐与恒久的，表达一种自信从容浑然天成的意境(图 12-52)，但目前很多的寒地建筑以其简单、机械的模仿方式登堂入室，谬误丛生，使得建筑的整体性丧失，标志意义不断过时。

图 12-52　某艺术中心

3. 原真性原则

原真性原则的核心思想是对人性的关怀对现实的回归。在我国，东北地区的寒地建筑，其形式语言与其文化沉淀有着直接相关的因袭关系。历史上东北寒地是远离政治中心的北部边塞，同时又是个移民地区和开放地带，与内地始终保持着频繁紧密的经济文化交流，深受中原文化影响，其地域文明的主要特征可概括为以汉民族中原文化为主体的多民族文化综合体，它具有多元多流的特征，并处于持续的文化流变与文明融合过程中。相对于南方建筑强调与自然的融合来说，东北寒地建筑在形态上更多地表现为抵御自然的不利因素，实体量、封闭性、外张感并无明确而具体的符号体系。封建社会末期，由于西方列强文化的强势入侵给原本远离中原文化影响的东北寒地带来了巨大冲击，"外来移植、中介型变、中西交融"成为当时东北寒地建筑典型的地域性特征。之后的日伪时期和新中国成立初期也主要沿袭这种中体西用的创作模式。在新中国成立后，东北地区作为全国重要的工业基地之一，工业建筑成为了具有标识性的建筑类型。在这里我们主要对东北地区的寒地建筑设计如何贯彻原真性原则进行简要的阐述。

东北地区的寒地建筑设计贯彻原真性原则要做到以下几点。

第一，要注重自然意境的表达。东北寒地基本地理特征可概括为西、北、东三面都被低山、中山所环绕，呈马蹄形环抱着东北大平原，城市可建设用地较为理想，丰富的河流、广袤的森林，肥沃的黑土是本区域自然景观的综合标志。提及东北寒地，人们自然会想到泼墨写意般粗犷奔放的白山黑水、关东风情，独特的地域条件滋养了东北寒地建筑质朴厚重的气质和舒展大气的表情，同时反映了严酷的气候因素特殊的自然环境对其文明形成的重要影响。① 因此，东北地区的建筑应该如同蓬勃的生命体一样，不仅要"生于大地"更要"长于阳光"，表达一种自然天成的意境，使人体会到破土而出的生命气息。

第二，要注重欧式语汇的转译。东北寒地近代丰富的洋化建筑作为印证历史的宝贵文化遗

① 梅洪元：《寒地建筑》，北京：中国建筑工业出版社，2012 年，第 30 页。

产是我们应当珍视的客观存在。历史建筑风貌区及保护区内的新建建筑可采用现代材料与设计手法诠释经典建筑的意境与地域性生活场景，同时注重建筑群体主次与新旧的和谐，而对于无明确与具体历史场景的建设项目应以现代风格为主，要深入剖析传统建筑的形制注重肌理、空间、尺度色彩细部的协调，结合现代技术与构造方式，采用象征抽象、隐喻等方式使建筑语言更具典型性，形成脱胎于传统地方形式的新语汇，切不可随意混搭或完全复古。

第三，要注重城市记忆的延续。历史上，东北寒地的老工业区曾经为国家建设工业发展作出了历史性贡献。随着社会与经济的转型，那个年代的很多工业建筑已失去了原有功能，在城市快速发展过程中逐渐被人们所遗忘，变得消极而破败。我们不应粗暴地抹杀那些承载城市记忆、印证历史发展的宝贵遗存，而应将建筑保护与人们对新生活的需求结合起来，为城市增添持久与绚丽的色彩。具体来说，就是对这些老工业建筑进行重构，以体现东北人"质朴、粗犷、尚勇，豁达"的民族性格（图 12-53）。

图 12-53　哈尔滨某厂房改为艺术馆

第四，要注重现代品质的诠释。东北寒地建筑设计应立足当下，更要面向未来，在传统思维中寻求突破，在现实经济条件允许的情况下勇于创新，尤其要强化对于建筑现代品质的诠释以及精致化与时代感的提升。例如在一些标志性建筑的塑造中关注由固化的秩序、绝对的理性转向动态的复杂性演绎，可尝试以流动黏性的形体特质取代以往的硬边几何逻辑（图 12-54）。这样的设计理念会使空间流动性界面的拓扑性形态的表现力得到充分拓展，从某种角度上也是东北寒地白山黑水的意境表达。

图 12-54　黑龙江博物馆新馆

4. 共融性原则

共融性原则遵循生态学的适应与补偿原理，关注寒冷地区自然条件制约与建筑形式应变的内在机理，强调以建筑组合、建筑自身及建筑局部的空间形态应变减轻寒冷气候对建筑的影响，综合利用太阳辐射绿色植被改善局部气候创造避风向阳的宏观、微观环境来抵御严寒。任何一个建筑都存在于特定的自然环境之中，并受到环境的制约与限定。特殊的气候条件是影响寒地建筑设计的重要因素。在我国的东北地区，其气候特征是冬季严寒、漫长，采暖期（年日平均温度低于5℃的天数）均在145天以上，冬季昼短夜长，日照时间短、太阳入射高度角偏低，盛行西北风和偏西风，并有大量降雪等；夏季无酷暑，短暂，平均气温不高于25℃，相对湿度不小于50%；年降水量为200～800mm。在这样的气候条件下，其建筑设计应该注重共融性原则，具体来说主要体现在以下几方面。

第一，要具有抵御力，即利用适当的建筑手段削弱寒冷气候对室内热舒适环境的不利影响，在室外气候恶劣的条件下维持一个健康舒适的室内环境。

首先，要注重防风御寒的群体布局。自然风能加强热传导与对流，有利于建筑的通风散热，但在寒冷地区，冬季则会增加建筑采暖能耗，不合理的建筑布局会造成局部风速过大，增加建筑的冷风渗透降低室内热环境质量。因此，在寒冷地区，建筑的群体布局应该“遵循寒地气候特征选择合理的朝向、采用有利于保温防寒的集中式平面布置，使建筑相互形成遮蔽，既利于冬季防风，又可以利用建筑遮挡夏季烈日。建筑长轴应避免与当地冬季主寻风向正交，以避开冬季寒流风向，争取不使建筑大面积外表面朝向冬季主导风向。同时应合理选择建筑布局的开口方向和位置，避免形成局地疾风，还应根据冬季风的走向与强度设置风屏障（如种植树木建挡风墙等）。此外，充分利用周围建筑物的遮挡作用，形成风速较高的加速区和风速较低的风影区，根据不同季节不同人群对风速的要求，进行科学合理的布置，创造舒适的室外活动环境。”①

其次，要注重聚集收缩的单体形构的运用。合理的建筑体形能够减少建筑物与外界的热量交换，其中建筑体形系数对建筑能耗的影响非常显著，在其他条件相同时，体形系数（建筑物外围护面积与其所包围体积之比）越大，单位建筑面积对应的外表面积越大，外围护结构的散热量也越大（体形系数每增大 0.01 能耗指标约增加 2.5%）。从降低建筑能耗的角度出发，寒地建筑造型宜简洁规整，平面布局紧凑，避免复杂的轮廓线，尽量使体形系数不大于 0.4。建筑物的外门窗是冬季冷风侵入夏季阳光入射的主要通道，在保证建筑功能要求的条件下应将窗墙比控制在适当水平，北向不宜大于 0.25，南向不宜大于 0.35，东、西向不宜超过 0.3。②

最后，要注重趋利避害的空间应变。在设计时，要注重建筑的室内外过渡空间，如门厅、楼梯间、阳台、地下室、屋顶平台、空中花园等热缓冲区域的设计，使其成为良好的温度阻尼区。温度阻尼区与外界的温差要小于热舒适度高的中心空间与外界的温差，可阻止室外冷风对室内的直接渗透，减少外围护体系的热损失，提升室内空间热舒适度。南向的温度阻尼区在白天作为阳光间使用，夏季可打开门窗进行自然通风，使其成为可调节可应变的热缓冲空间，同时，加强对地下空间的合理开发利用。③ 此外，要将室内化、半室内化的公共空间系统最大限度地连接起来，可以为寒地城市创造更为舒适的空间环境。

第二，要具有亲和力，即充分利用当地的自然气候资源，在室外气候良好的条件下使室内外环境融为一体。

首先，要重视太阳能的综合利用。在我国，东北寒地冬季漫长气温与同纬度国家相比偏低，但与同纬度的欧洲供暖地区相比冬季日照时间却要长得多，日照百分率也高得多。因此，在东北寒地建筑设计中应充分利用丰富的太阳能特别是南向太阳辐射，这对于节约供暖能耗、提高环境热舒适度具有很大的益处。通过控制阳光和空气在恰当的时间进入建筑，并合理储存和分配热、冷空气，可以使太阳能得到高效的利用。其中，阳光院落与阳光中庭是东北寒地建筑利用太阳能的朴素而原生的有效手段。同时阳光是最为自然与鲜活的建筑语言，可生动地渲染东北寒地建筑的粗犷与厚重，适当的光线变化和光影对比能充分体现建筑与空间的体积层次和场景的深度，斑驳的光影本身也能产生富有韵律和动感的构图，设计中应充分把握阳光的特性，注重光的反射、折射、漫射和投影。

其次，要重视寒地植被的合理配置。绿色植被具有调节碳氧平衡、减弱温室效应、减轻大气污染、降低噪声、遮阳隔热的生态作用。我们可以通过对寒地植被的优化配置来改善建筑室外微环境、室内热环境。由于寒冷气候的影响，寒冷地区的城市景观营造有着先天不利的自然因素，在设计中应注重植被的生态效益，创造性地结合四季分明的气候特征塑造特色鲜明的城市景观，顺应寒地景观的季节性特征，注重植物季相变化。具体来说，寒地建筑周围的植被配置应把握多树少草的原则，加强常绿乔木的比重，并选择高大通直的树形作为景观背景树种，低矮开阔的树形作为景观调和树种。造型奇特的树木可作为孤植树结合列植、群植等多种配置形式，弥补寒地植物配置的季节差异。

最后，要注重冰雪文化的特色挖掘。冰雪文化是寒冷地区特有的文化，其核心内容是冰雕和

---

① 梅洪元：《寒地建筑》，北京：中国建筑工业出版社，2012 年，第 33 页。

② 金虹：《关于严寒地区绿色建筑设计的思考》，南房建筑，2010 年第 5 期。

③ 梅洪元：《寒地建筑》，北京：中国建筑工业出版社，2012 年，第 34 页。

雪雕艺术。作为视觉艺术,冰雪艺术能够直接塑造城市景观,改善城市形象,提升城市内涵。它不仅可以强化寒地城市白天的景观特色,而且还会丰富城市的夜景观,对于昼短夜长的寒冷地区而言具有重要的景观价值。以冰雪文化为主题的建筑设计不仅能够使建筑充满生机和雕塑气质魅力,还能够给人们带来审美享受(图 12-55)。

图 12-55　以冰雪为主题的哈尔滨西客运枢纽站方案

5. 相宜性原则

相宜性原则是根据寒冷地区自然环境、经济技术的实际情况与现实条件,选择合适的技术形式,在合理借鉴传统建筑生态设计手法、挖掘地方技术潜力的同时,提倡自觉吸纳融汇当今科技发展的最新成果,以改善生活环境品质、提高建筑运营效率、减少能源消耗为目标,通过对建筑空间的组织、结构类型的选择、节点构造的推敲以及对本土材料的重新挖掘使用,走一条真正可持续发展的生态化道路,以求达到成本和效益的平衡。

寒地建筑设计遵循相宜性原则要做到以下几点。

第一,要采取优化节能措施。设计者要重视对现有寒地建筑节能技术的改进与完善,力求通过性能化的改良,提高建筑的舒适度与运行效能,实现集约高效保护环境的可持续发展目标。建筑节能重点集中体现为建筑外界面的保温,主要采用的是被动式建筑节能技术,可通过提高建筑外界面材料的热阻系数和建筑材料的蓄热性能实现。外墙保温是寒地建筑保温节能控制的重点,往往采用承重材料与高效保温材料(如岩棉板或聚苯板等)组成的复合墙体。复合墙体主要通过在墙体主体结构基础上增加一层或几层复合绝热保温材料来改善墙体的热工性能,根据保温材料位置的不同可分为外保温外墙、内保温外墙及夹芯保温墙等几种类型。复合墙体在我国东北寒地得到了广泛应用,取得了良好的保温节能效果。屋面是建筑与外界直接接触的重要部位,其隔热和保温性能根据平屋面和坡屋面而有所不同。为达到节能目的,屋面可设置封闭的空气间层,可选择膨胀珍珠岩板、水泥聚苯板、聚苯板等多种保温材料。屋面外表面采用柔性防水时应使用反阳光辐射的材料。门窗是寒地建筑热量散失最严重的部位,可采取的节能措施包括在保证室内采光通风的前提下合理控制窗墙比,加设密闭条以提高门窗气密性并采用热阻大、能耗低密封性能良好的保温节能门窗，窗玻璃尽量选用特种中空玻璃、镀膜玻璃和低辐射玻璃。

第二，要利用新型能源。针对寒冷地区的气候特点，高效合理地利用可再生能源可降低对常规能源的消耗，减少有害气体的排放，促进寒地建筑气候适应能力的提升。

具体来说，寒冷地区可大力开发利用的绿色能源包括太阳能、地热能、风能等。

(1)太阳能

在寒冷地区，利用太阳能可满足建筑中热水采暖空调等的需求，是实现建筑适应寒冷气候、保温节能的有效方法。在寒地建筑设计中，可采取以下几种措施来利用太阳能。

①太阳能技术与建筑屋顶一体化。由于太阳能集热器需要获得充足的日光照射且不能受到遮挡，故屋顶成为了最合适的应用部位，可将集热板局部或整体覆盖在平屋面或坡屋顶之上，使建筑的造型处理具有更大的灵活性。

②太阳能技术与围护结构一体化。将集热器与建筑墙面材料进行集成，集热器成为建筑围护结构的一部分，不仅为建筑供应能源，还能起到保温隔热的作用。

③太阳能技术与建筑构件一体化。将集热器与建筑的雨篷、遮阳板、阳台天窗等构件有机整合，在设计过程中利用建筑构件的外在形式作为太阳能板件的载体，从而赋予板件双重作用。

(2)地热能

地热能技术没有污染是一种很有前景的可再生能源利用技术。地热能的利用是建立在地源热泵技术基础上的。地源热泵技术是以地热(冷)源作为热泵装置的热源或热汇，对建筑进行供暖或制冷的技术。地源热泵通过输入少量的高品位电能可实现能量从低温热源向高温热源的转移，在冬季向室内供热，夏季则对室内制冷实现对建筑内部的温度调节。[①]

(3)风能

寒冷地区的风能资源比较丰富，风能利用有着很好的潜力。风能利用的主要方式是风力制热，目前有两种转换方式，一是风力机带动离心压缩机对空气进行绝热压缩而释放热能；二是将风力直接转换成热能，这种方法制热效率最高也是目前常用的方法。在风能利用方面可采用涡轮风力发电机和全永磁悬浮风力发电机，它们能够实现清风启动、微风发电。目前，风能利用技术存在发电不稳定的缺陷，可为风力发电系统装配一块蓄电池或与电网相连作为弥补的措施。

(二)寒地建筑的隔热设计

在寒冷地区，尤其是在冬季的好几个月里，房间内需要持续供暖。供暖时间非常漫长，而且建筑内部与室外空间的温差非常大。因此，从建筑的设计的角度考虑，需要建筑具有良好的隔热性能，具体来说，就是建筑的墙体、屋顶和窗户等构件都需要使用隔热良好的材料。良好的隔热材料可以减少寒冷地区的供暖耗能，从而起到节能的作用。

建筑常用的隔热设计主要有以下几种。

(1)选择良好的隔热材料，如各种各样的泡沫塑料、高效隔热的玻璃窗等。

(2)在建筑物墙体外表面设置挡风设备，以避免水蒸气在隔热层凝结积累而降低隔热性能。

(3)加厚墙体，一般可采用防火的酚醛泡沫塑料以及矿棉，墙内使用厚度约为 33cm，顶棚内使用厚度为 45cm。

(4)在内墙加一层聚氯乙烯塑料膜，以有效地防止蒸汽进入建筑的墙体内部和屋顶中的隔热

---

① 梅洪元:《寒地建筑》,北京:中国建筑工业出版社,2012 年,第 38 页。

结构中。

(5)建立一个热交换系统，把即将流出房间的空气中的热量提取出来，以此来预热进入房间的空气。

(三)寒地建筑的防风设计

由于寒冷地区的风会比较大，因此，寒地建筑需要具备一定的防风能力，具体来说，我们可以从以下几方面来对寒地建筑的防风功能进行设计。

(1)当建筑物较多时，可尽量将城市中高度相同的建筑排布在一起，这样可以充分阻挡冷风。

(2)将高度相同的系列建筑物排布成较宽的U形或V形，开口面向南。这样的建筑物排列方式在冬天可以达到充分利用太阳能的同时阻挡寒风的目标，在夏天可以增强建筑内部以及其周围环境的自然通风效果。

(3)在多层居住区，要多建造一些可提供多样化室外活动的设施，比如设计一个中庭，这样就可以有一片受到建筑物保护的开敞空间，因为建筑物可阻挡来自各个方向吹向中庭的风。这种围合的中庭形式多种多样，可采用方形(正方形和长方形)、钻石形、椭圆形、圆形等。

(4)在建筑场地的北侧种植松树等常绿树木，以有效阻挡吹向建筑的寒风。同时还可以种植一些乔木与常绿树木搭配，以获得更好的防风效果。

(四)寒地建筑的防雪设计

寒冷地区的降雪量通常会比较大，且不容易融化，因此，寒地建筑需要具有良好的防雪能力，具体来说，我们可以从以下几方面对寒地建筑的防雪功能进行设计。

(1)通过适宜的建筑布局、阳台朝向和距离地面的高度，使建筑物及其周围空间获得尽可能多的太阳辐射能量和最好的防雪效果。

(2)合理设置建筑的开口朝向，要最大化利用太阳能。

(3)迎雪一面的屋顶坡度要缓。

(五)寒地建筑的采光设计

在寒冷地区，自然光对建筑是很重要的，这是因为，寒地建筑的很多热量可以通过自然光来获取，同时这些自然光也会增加人们的舒适感。因此，在寒地建筑中，采光设计是尤为重要的。从整体上看，我们可以通过以下几种设计来增加寒地建筑的采光功能。

(1)正确选择建筑的朝向。对于我国的寒冷地区来说，只有朝向赤道方向(在北半球即朝向南)的墙和窗才能够获得太阳能热量，因此，我国寒地建筑的应该选择朝南，以便有效利用太阳辐射。

(2)采用高性能隔热玻璃窗，以使建筑物能够更加有效地获得太阳辐射。

(六)寒地高层建筑的设计

在寒冷地区，受气候条件的影响，建筑的空间规模与尺度都受到了一定的制约，因此，在寒冷地区，高层建筑要遵循以下几条设计原则。

1. 要具有人文化

在寒冷地区，由于冬季漫长、气候严酷、日照较少、草木凋零、景观单调，尤其是现代科学技术的应用、钢筋水泥的丛林容易给人们带来心理压抑的负面效应。因此，在寒冷地区的高层建筑设计中，一定要具有人文化，以缓解高层建筑给人们带来的压抑感。例如，在哈尔滨，建于20世纪80年代的望江宾馆在当时是一幢颇为现代的建筑，但是从现在来看，它与城市的关系却不甚协调融洽，在造型性格上过于单调枯燥，建筑的空间环境也差强人意。而同样位于哈尔滨的新加坡大酒店，没有一味追求五星级酒店的恢宏奢华而是注意体现对人的尊重与关怀。在该座建筑中，主入口的大堂仅设计了一层，层高空间尺度舒适宜人，给入住的客人一种亲切感和回家的归属感。人们主要的休息交往场所——中庭空间采取封闭式与入口转折联系，大大缓冲了冬季肆虐的寒风的渗透流动。另外在中庭景观设计中加入了咖啡厅酒吧等休闲活动场所，并以曲线优美的旋转楼梯作为主导。又如建于20世纪90年代的哈尔滨融府大厦，在造型上错落有致且富有韵律，与现有环境交接自然，并在沿江风景线中形成标志性控制点，达到了最佳动态效果。

2. 要具有地域文化

寒冷地区的高层建筑要体现出地域化的特点来。例如位于哈尔滨中央大街的龙电大厦就是地域风格明显的高层建筑代表作之一，其平面空间布局规整严谨，形体浑厚，造型风格也巧妙地糅合了地域味十足的尖顶扶窗柱式。建筑顶部采用了欧式屋顶，与分布在城市各个角落的教堂、广场俄式洋楼和谐默契，共同构成了哈尔滨这个北方城市鲜明而优雅的建筑风格。

3. 要具有综合化

高层建筑不仅是建筑面积和功能空间的简单积累和叠加，更是各部分之间的有机组合。在寒冷地区，很多的高层建筑已经由最初的简单地满足衣食住行转向为广大公众提供包括购物、娱乐餐饮等周到细致的多种功能综合。例如哈尔滨的新加坡大酒店包括了旅馆宴会厅、会议厅、中西餐厅酒吧、食街以及附属的游乐设施齐全的康乐宫，即使是在寒冷的冬季，人们只要一踏入酒店大门，便可以在春天般的舒适环境中完成高质量的社交办公、娱乐、餐饮购物等一系列活动，不用再四处奔波饱受冷风的侵蚀。在寒冷地区，一年中有半年的时间在寒冷中度过，气候阻碍了人们的出行。当风雪弥漫、北风呼啸的时候，人们心中渴盼的是一方温暖如春的集多种功能于一身的休闲场所、办公场所、居住场所，高层建筑综合化可以满足人们的这种需求。

4. 要具有城市化

城市是一个巨大的综合体，人们随着生活水平的日益提高，已越来越不愿意在单调或杂乱的城市空间中生活了，对城市空间布局及景观艺术提出了新的要求，希望从中获得精神上的满足，而高层建筑由于其标志性极强的高度和形象成为了城市制高点和象征景观。[①] 因此，在寒冷地区，高层建筑要与城市建设融为一体，要将基地范围内的广场庭院开放为城市公共空间，形成高楼大厦与城市之间的良好过渡，这样不仅可以在城市繁忙的交通中起到缓冲作用，而且还可以成为人们在心理上的放松地带。例如哈尔滨松花江公路桥头与沿江风景线即以新建高楼为核心，

① 梅洪元：《寒地建筑》，北京：中国建筑工业出版社，2012年，第345页。

俯瞰松花江南岸,从航运站至新江桥长达10余公里的沿江街区映现着鲜明的城市印象——近20年来的建筑形态变迁,孕育了一幅中西交融、新旧共存的生动的城市画卷。融府康年酒店、丰光广场以其高耸的傲视一切的视觉形象成为了20世纪90年代以来轮廓线的主宰。

5. 要具有智能化

地球环境的破坏日益严重,资源枯竭能源紧张等问题一直困扰着人类。高层建筑的出现,带来了一系列的问题,如热岛效应、落影遮挡、高能耗高污染、低效能等。在提倡可持续发展的今天,高层建筑如何能符合可持续发展观是摆在建筑设计面前的一个重要问题。在寒冷地区,高层建筑更应该注重其可持续发展性。要想让高层建筑符合可持续发展理念,就必须朝着智能化的防线发展,即在建筑的设计、施工厦后期维护物业管理中引入先进的科技设备通过各种智能手段进行中央控制,以达到全面管理与运作、节约能源减少污染的目的。具体来说,寒地高层建筑的公共空间设计首先必须是静态的密闭系统,以保证隔离防水、保温、不受外界自然环境的影响;其次,公共空间中要具有动态化控制要求与特殊的室内设备设施;再次,要求寒地高层建筑公共空间组合关系与空间形态的转变。

(七)公共建筑中共享空间的设计

公共建筑中的共享空间是指可以在遮风避雨、安全舒适的环境中为人们提供休息、娱乐、社交等多种活动的场所(图12-56),对在寒冷地区公共建筑来说更具积极意义。

图12-56　公共建筑的共享空间

公共建筑中的共享空间要具备以下几种品质。

第一,公共建筑中的共享空间应该是温暖的冬季花园。它应该为人们提供了丰富的空间景观和视觉效果,自然光线、绿色植物、叠石水体、建筑小品等都应该给人以自然亲切的感觉,使人

仿佛置身于室外的庭园之中，同时又不受气候的影响

第二，公共建筑中的共享空间应该是城市的室内广场。它应该能够容纳城市生活涵盖的多种活动，包括个体休息、会餐聚友、城市集会和展监沙龙等。

第三，公共建筑中的共享空间应该是能量的缓冲地带。它应该对室内空间光线空气温度、湿度等起调节作用，使空气停驻，以便用最小的表面积缓冲尽可能多的内表面，以减少其表面的散热，使共享空间周围的室内空间的热损失大大降低。

鉴于上述几点要求，公共建筑中共享空间的设计可以从以下几方面进行。

1. 平面布局

首先，在条件允许的情况下尽可能将共享空间独立设置，避开入口门厅。这是因为共享空间中接待交通等更多空间内容的加入使得功能繁杂人员流动量大、相互干扰加剧、空间的使用效率降低，同时由于门厅面积加大的热压效应的影响易引起烟味流窜冷风渗透、热量损失对整个门厅的保温、节能极为不利。另外，应当优先考虑外向型的开敞式布局形式可以利用顶部天窗和侧窗联合采光，同时又能获取良好的外部景观视域与外部环境，保持一定的信息交流体现真正的贴近自然与回归自然。与内向型围合式布局相比开敞式布局更能发挥共享空间对环境质量的优化作用更有利于创造舒适愉悦的空间氛围。①

2. 朝向选择

寒冷地区的共享空间冬季均为采暖空间，它要求有大量的能量获取，因此其朝向的选择就尤为重要。一般来说，寒冷地区的共享空间朝向选择与采光选择有直接的关系，为了能够有更好的采光，在我国的寒冷地区，“最理想的朝向为南向，即便在冬季太阳高度角较小的时候也可以有阳光射入。北向房间常年处于阴影之中在冬季几乎没有昼光射入，消耗大量热能。如果由于特殊的景观要求或布局的限制，共享空间的主要采光面朝向东，西方向则要采取有效措施避免夏季出现直射的眩光和冬季的大量热耗。”②

3. 尺度控制

现代建筑材料与结构技术的发展使得创造高大宏伟的共享空间成为了可能，目前共享空间的建造有向更高、更大发展的趋势，但高大的空间并非寒地共享空间的适宜尺度。创造共享空间的目的不是仅仅满足其功能要求而是希望达到室内外融合的空间感受与氛围，因此在其空间尺度设计中应主要考虑人的行为心理与精神功能要求。对于寒冷地的人们来说，受相互间的亲密感与温暖感的获得和传统的空间观念与审美特征的影响，共享空间更适宜低层小尺度处理。超尺度空间往往带来压抑感，而为达到舒适环境所需的惊人能耗和巨大的建造投资也使得其恢宏效果得不偿失。

在寒冷地区，应该以一个模数单位限制共享空间，这样既能保证其外部空间特征和公共性要求，又易形成近人的尺度与适宜的景观距离。在剖面尺度上要满足视角观察的要求。由于人的垂直视角的舒适范围一般为27°～45°。27°即D/H(高宽比)＝2，是观赏建筑个体的最佳角度，同时也是满足室内空间围闭感的极限，而视角45°，则为细部观赏尺寸D/H＝1。因此共享空间的剖面尺度设计D/H以1～2之间比较适宜。

---

① 梅洪元:《寒地建筑》,北京:中国建筑工业出版社,2012年,第368页。

② 梅洪元:《寒地建筑》,北京:中国建筑工业出版社,2012年,第369页。

参考文献

[1]何宝通.中国古代建筑及历史演变.北京:北京大学出版社,2010

[2]张义忠等.中国古代建筑艺术鉴赏.北京:中国电力出版社,2012

[3]宋其加.解读中国古代建筑.广州:华南理工大学出版社,2009

[4]罗哲文.中国古代建筑(修订本).上海:上海古籍出版社,2001

[5]刘敦桢.中国古代建筑史(第二版).北京:中国建筑工业出版社,2005

[6]张东月等.中国古代建筑与园林.北京:旅游教育出版社,2011

[7]侯幼彬等.中国古代建筑历史图说.北京:中国建筑工业出版社,2002

[8]张驭寰.中国古代建筑技术史.北京:科学出版社,1985

[9]梁思成.中国建筑史.天津:百花文艺出版社,2003

[10]中国建筑史编写组.中国古代建筑史.北京:中国建筑工业出版社,1986

[11]清华大学建筑系.中国古代建筑.北京:清华大学出版社,1985

[12]王振复.中国建筑的文化历程.上海:上海人民出版社,2000

[13]刘致平.中国建筑类型及结构.北京:中国建筑工业出版社,2000

[14]贾洪波.中国古代建筑.天津:南开大学出版社,2010

[15]王其钧.中国古代建筑鉴赏语言.桂林:广西师范大学出版社,2008

[16]邓庆坦,常玮,刘鹏.图解中国近代建筑史(第二版).武汉:华中科技大学出版社,2012

[17]杨永祥,杨海.建筑概论(第三版).北京:中国建筑工业出版社,2011

[18]杨秉德.建筑设计方法概论.北京:中国建筑工业出版社,2008

[19]王付全.建筑概论.北京:中国水利水电出版社,2007

[20]朱昌廉.住宅建筑设计原理(第三版).北京:中国建筑工业出版社,2011

[21]王崇杰,崔艳秋.建筑设计基础.北京:中国建筑工业出版社,2002

[22]鲁一平,朱向军,周刃荒.建筑设计.北京:中国建筑工业出版社,1992

[23]李延龄.建筑设计原理.北京:中国建筑工业出版社,2011

[24]朱瑾.建筑设计原理与方法.上海:东华大学出版社,2009

[25]黎志涛.建筑设计方法.北京:中国建筑工业出版社,2010

[26]亓萌,田铁威.建筑设计基础.杭州:浙江大学出版社,2009

[27]田云庆,胡新辉,程松雪.建筑设计基础.上海:上海人民美术出版社,2006

[28]沈福煦.建筑设计手法.上海:同济大学出版社,1999

[29]张文忠.公共建筑设计原理(第四版).北京:中国建筑工业出版社,2008

[30]白旭.建筑设计原理.武汉:华中科技大学出版社,2008

[31]邢双军.建筑设计原理.北京:机械工业出版社,2012
[32]周立军.建筑设计基础.哈尔滨:哈尔滨工业大学出版社,2008
[33]张青萍.建筑设计基础.北京:中国林业出版社,2009
[34]潘谷西.中国建筑史.北京:中国建筑工业出版社,2009